군사고전과 전략명저 다이제스트

전략의 엣센스

김학준 편저

도서출판 로얄컴퍼니

지식은 반드시 역량이 되어야 한다.
(Knowledge must become Capability)

- Carl Von Clausewitz (1780~1831) -

이론적 지식은 개인적 역량으로 내면화되어야 하고,
내면화된 역량은 실천으로 전환할 수 있어야 한다.

추 천 사

이 책은 '전략은 무엇이며, 어떠한 역사를 거쳐왔는지, 그 본질은 무엇인가'에 대해 군사 고전과 전략 명저를 통하여 '전략의 엣센스'를 발견하게 하는 '전략 개론서'이다. 특히 유사한 전략들을 묶어서 설명하는 일반적인 '군사 전략론'과는 다르게, 당대를 선도했던 전략사상의 시대적인 배경과 역사, 전략의 본질을 이해할 수 있도록 원서를 개관하여 소개하고 있으며, 전쟁과 정책, 정군관계는 물론, 전쟁 패러다임 변화와 미래전 양상 등 총 16개 장에 달하는 폭넓은 내용을 담고 있어서, 군사 전략에 대해 이해를 넓히고자 하는 연구자들에게 필독서로 권하고 싶다.

전략은 전사 연구를 통해서 실질적인 결과를 얻을 수 있고, 군사이론은 과학의 객관적 형태에서 전략사상이라는 주관적 형태로 발전한다. 저자는 이러한 원리에 근거하여, 동·서양의 주요 전쟁사와 전략사상의 발전과정을 씨줄과 날줄로 하여 전략개론을 엮어냈다는 점에서, 매우 어렵지만 균형적인 시각으로 상호연관성을 일목요연하게 정리하였다고 평가한다.

대부분의 군사전략서들은 전략의 어원, 개념, 주체, 형태 등의 논리적 분석으로 군사이론들을 정리하고, 이것이 전쟁과 어떻게 연관을 맺고 있는지를 개념적으로 살펴보는 형태로 구성되어 있다. 그러나 이 책은 각급 군사교육기관에서 오랜 기간 전략을 연구하고 강의하고 있는 경험을 바탕으로 독자들이 전략론에 쉽게 접근할 수 있도록, 전략의 역사를 스토리텔링으로 설명하고 있으며, 전략의 본질을 다양한 시각으로 풀어서 알려주고 있다.

나폴레옹이 "전술은 교범을 통해 학습될 수 있지만, 전략적 지식과 통찰력은 오로지 자신의 경험과 연구로써만 습득될 수 있다"고 하였다. 이 책을 통해 전략가로서의 소양과 전문지식이 더욱 성장할 수 있으리라 확신한다. 군문에 들어서는 사관생도와 후보생, 군의 중견간부는 물론, 인문학 차원에서 전략을 이해하려는 일반 독자층에게도 매우 유익할 것으로 기대한다.

한국국방외교협회 회장 권 태 환

서 문

인류의 역사는 전쟁의 역사라고 할 정도로 전쟁은 인류사를 지배하여 왔고, 인류는 '전쟁의 원인은 무엇인가'에 대해 고뇌하고, '어떻게 전쟁에서 승리할 수 있는가'를 끊임없이 연구하여왔다. 전자는 '전쟁의 본질'에 관한 것이고, 후자는 '군사력 운용'에 관한 것으로 모두 전략과 관련이 있다.

이같이 전쟁의 본질에 관한 탐구와 전략에 관한 연구의 역사는 인류의 역사와 함께하고 있다. '전략'은 고대부터 '군사적 용병술'에 관한 의미로 통용되었는데, 전쟁 양상과 영역, 수단과 목적이 확대되어 전략의 개념적 확장이 이루어지면서 현대에는 '군사력 운용'뿐만 아니라 정치, 경제, 외교 등을 포함된 '전쟁 기획'을 의미하게 되었다. 따라서 전쟁과 전략에 관한 연구는 전쟁의 본질과 전쟁 승리의 요건, 전승을 위한 준비, 전쟁을 방지하기 위한 노력과 방법, 군사력의 효율적 운용과 이를 위한 준비와 노력의 통합에 이르기까지 다양한 주제를 다루게 되었다.

서구에서는 이러한 전쟁과 전략에 관해 논하거나 개관할 때에는 고전(古典)이라 칭하는 대표적인 저술과 오랜 세월 동안에 온갖 비판을 이겨내며 더욱 가치를 인정받는 명저(名著)들을 모아서 소개하는 출판형태가 주류를 이룬다. 본서에서 소개하는 피터 파레트의 『현대전략사상의 계보』, 로렌스 프리드먼의 『전쟁』, 『전략의 역사』, 토마스 필립스의 『전략의 근원 - 역사상 가장 위대한 군사 고전』 등이 모두 이러한 형태를 취하고 있다.

이처럼 군사고전과 명저를 한 권으로 모아서 전쟁론과 전략을 익히는 개론서가 우리에게도 필요하다는 생각을 하게 된 것은 워 칼리지에 유학한 경험에서 비롯되었다. 워 칼리지에서는 주제와 관련된 도서를 읽고 생각을 정리해서 발표하고 토론하는 세미나 형태로 이루어지는데, 우리에게 시사하는 바가 많았다. 인문학 연구 차원에서 전략과 관련된 군사고전과 명저를 체계적으로 분류하여 소개할 필요성을 느꼈고, 후학들이 폭넓은 군사 전문가가 되기 위해서는 군사이론과 전략사상에 대해 전반적으로 개관한 후에 깊이를 더해가는 것이 좋겠다는 생각에서 본서를 기획하게 되었다.

어떠한 책을 읽어야 할 것인지, 무엇이 양서인지 옥석을 가려내기도 어렵고, 양서를 알아도 모든 책을 읽을 만큼 시간적인 여유가 있는 것이 아니기에 고전과 현대 명저에 전반적으로 어떠한 책들이 있으며, 내용은 어떠한 것이며, 핵심이 무엇인지를 제시하는 것이 본서를 기획한 의도이다.

또한 군사서적에 대해 균형있고 융합적인 독서를 유도하고 싶었다. 단순히 필독도서 몇 권만을 숙제하듯이 읽는다면 독서효과도 없고 고정관념에 빠지기 쉽다. 전략은 획일적으로 일반화시킬 수 있는 것이 아니라, 전략형성에 영향을 미치는 상황과 요소들을 고려하여 포괄적으로 접근해야 한다. '전쟁은 정치의 연속'이라는 클라우제비츠의 명제를 통해 전쟁의 정치적 속성을 이해하는 한편, 최근의 비국가적 단체나 반군에 의한 '종교로 인한 전쟁', '생존을 위한 전쟁', '정의를 위한 전쟁' 등 '비삼위일체 전쟁'이 있다는 반 크레벨트의 반론도 읽어야 한다. NCOE와 '모자이크 전쟁'을 이해하면서도, 그것에만 매몰되어 현지 주민들의 마음을 얻지 못한다면 '4세대 전쟁'에 대처할 수 없다는 토머스 햄즈의 목소리에도 귀를 기울여야 한다.

이러한 의도로 인류 최초의 고전인 호메로스의 『일리아드』에서부터 최근의 현대명저까지 시대별로 동서고금의 총 80편을 균형있게 엄선하였다.

고전(古典, Classic)이라는 단어는 라틴어인 'Classicus'에서 유래되었고, 그 개념은 본서에서도 다루는 그리스 문학 『일리아드』나 『역사』에서 비롯되었다. 알렉산드리아 학자들이 그리스 문학을 근거로 하면서 '안정된 가치로 인하여 역사적으로 그 위치가 인정되는 영원성이 있는 작품'이라는 의미가 생겼다. 또한 '수준이 높아 후세에 모범이 되어있고 하나의 전통을 수립하여 그것을 지속시키는데 뚜렷이 기여하는 저작'으로 정의되고 있다.

명저(名著, Masterpiece)는 '오랜 세월에 걸쳐 온갖 비평을 이겨내고 사랑받아, 다시 세월이 지나도 가치가 인정될 시대를 초월한 걸작'을 말한다. 이러한 고전과 명저를 연대별로, 주제별로 선정하는 것은 쉬운 작업이 아니었다. 동서고금을 통해 전략사상의 근간이 된 명저를 기준으로 했고, 국내외 학술계 및 군사교육기관에서 고전과 명저로 선정한 도서 목록을 참고하였다.

또한 비전문가에 의해 쓰여져 일시적인 베스트 셀러가 된 책, 최근에 출간됐는데 논란이 있거나 검증되지 않은 책은 제외하였고, 시대를 대표하면서 전략사상에 영향을 미친 저서를 위주로 선정하면서 전체적인 맥락을 고려했다. 따라서 본서에는 국내에서 번역 출간되지 않은 책들이 다수 포함되어 있다.

본서는 두 가지 접근방법을 취하고 있는데, 하나는 연대별로 전쟁사적 관점에서 주요 저작들을 살펴보고, 또 하나는 전쟁의 고전부터 현대명저까지 흐르는 전략사상을 통해 전략의 본질을 파악하는 것이다. 각각의 저작들은 시대별로 분류하였지만, 해양전략, 항공전략, 핵전략과 같은 분야의 전략은 별도로 정리하였다. 해당 저작을 더욱 깊이있게 만나고 싶은 독자들을 위해 원서와 한국 내 번역 출판사항에 대한 정보를 각항의 말미에 수록하였다. 수 차례에 거쳐서 내용을 보완했고, 가제본 배포에서 핵심용어는 진한 글씨로 표현하고 영문을 병기하면 좋겠다는 요청이 있어서 이를 반영하였다.

21세기에 들어서면서 전쟁의 모습은 핵무기를 비롯한 대량살상무기의 위협과 함께 비대칭전과 비정규전의 성격을 띠고 있다. 4차 산업혁명으로 인한 정보통신기술의 발전이 무기체계에 반영되고 있고, 군사 이외에 정치, 경제, 사회 등의 모든 요소가 동원되는 형태가 되고 있으며, 하이브리드전의 형태로 비군사와 초군사 영역이 강화되고 있다. 따라서 본서의 후반부는 현대전의 다양한 시각과 이론들에 관한 저서들을 집중적으로 다루었다.

전략에 대해 관심이 있는 일반인도 인문학 교양서로 이용할 수 있도록 알기 쉽게 설명하고 주석을 넣었으며, 16개의 장으로 설계하여 사관학교와 대학교 군사학과 등에서 한 학기용 교재로도 사용할 수 있게 하였다. 아무쪼록 이 책이 군사고전과 전략명저들의 전반적인 숲을 조망하고 핵심을 이해하는데 도움이 되고, 전략적 사고를 습득하는데 일조할 수 있기를 기대한다.

편저자 김 학 준

본서의 접근방법

본서에서 고전과 명저를 통해 전략을 연구하기 위해 구성한 접근방법은 크게 두 가지이다. 하나는 동서양의 '주요 전쟁을 연대별로 분류하여 각각의 전쟁사에 관해 연구를 정리하였고, 다른 하나는 연대별로 '전략사상의 발전과정'을 추적하면서 각각의 전략연구를 정리하였다.

전쟁사를 연구하는 목적은 '전쟁의 원인은 무엇인가?'라는 근본적인 질문에서부터, 전쟁의 원리와 전략, 전술전기 등을 도출하는 것이다. 리델하트는 고대전쟁에서 중동전쟁까지의 수많은 전쟁을 분석하여 '간접접근 전략' 이론을 만들었으며(본서 28항, 리델하트의 전략론), 알프레드 마한은 수많은 해전들을 분석하여 '해양전략'이론을 만들어내었다.(본서 30항, 마한의 해군전략). 또 다른 목적은 전쟁의 본질과 양상에 대한 이해를 통해서 장차전에 대한 양상을 예측하여 전략을 수립하는 것이다. 줄리오 두헤는 1911년 이탈리아-투르크 전쟁에서의 항공력 이용의 가능성을 보고 장차전에서의 항공력 운용의 방향을 제시하고 전략폭격 이론을 창시했다.(본서 32항)

무엇보다도 개개인이 전쟁사를 연구해야 하는 가장 중요한 이유는 전쟁사 연구를 통해서 '전략적 지식'과 '군사적 통찰력'을 함양해야 하기 때문이다. 클라우제비츠는 전쟁의 불확실성과 우연이라는 마찰적 요소를 극복하기 위해서는 통찰력을 갖춘 군사적 천재가 필요하다고 하였다.(본서 20항 클라우제비츠의 전쟁론). 나폴레옹은 임무와 전술은 교범을 통해 학습될 수 있지만, 전략적 지식과 통찰력은 오로지 자신의 경험과 위대한 지휘관들의 전역을 연구함으로써만 습득될 수 있음을 강조하고 있다. 전사를 음미하면서 정독하는 것이 명장이 되는 유일한 길이자, 전쟁술을 터득하는 방법이라고 말하고 있다. (본서 17항 나폴레옹의 전쟁금언)

서양 최초로 전쟁을 기록한 호메로스의 『일리아드』와 동양에서 최초 전쟁기록인 사마천의 『사기』에서 시작하여 현대의 걸프전쟁과 최근의 4세대 전쟁과 하이브리드전까지를 다룬다. <동서양의 주요 전쟁 연대표>와 대조하면서 어느 시대의 전쟁에 관한 것인가를 참조하면서 독서하기를 권한다.

<동·서양의 주요 전쟁 연대표>

시대	서 양	연도	동 양
고대	트로이 전쟁 (본서1항) 그리스-페르시아전쟁(본서2항) 펠로폰네소스전쟁 (본서3항) 로마-카르타고 전쟁(본서43항) 갈리아 전쟁 (본서4항)	BC13세기 BC559~500 BC431~404 BC264~146 BC 58~50	춘추전국시대(BC770~221) -사마천 사기 (본서7항)
중세	십자군 전쟁 칭기즈칸 전쟁 백년전쟁 이탈리아전쟁(1494-98, 13항) 30년 종교전쟁 (본서51항) 7년 전쟁 (본서16항)	220~280 1095~1291 1206~1281 1337~1453 1592~1598 1618~1648 1756~1763	중국 삼국시대 (본서8항) 십자군 전쟁 칭기즈칸 전쟁 *콘스탄티노플함락(1453) 임진왜란(본서10항,11항) *베스트팔렌 조약(1648)
근세	프랑스 혁명전쟁 나폴레옹 전쟁 (본서17,18항) 크림전쟁 (본서18항) 미국 남북전쟁 (본서46항) 보불전쟁 (본서26항)	1797~1802 1803~1815 1854~1856 1861~1865 1870~1871	아편전쟁(1840, 1856) 청일전쟁(1894~1895) 러일전쟁(1904~1905)
근대	제1차 세계대전 (본서47항) 러시아 내전 스페인 내전 제2차 세계대전 (본서48항)	1914~1918 1918~1921 1927~1949 1936~1939 1939~1945	*베르사유조약(1919.6) 중국 국공내전 (본서22항) *일본 만주침공(1931) 제2차 세계대전(본서47항)
냉전	 베를린 위기/장벽설치(1961) 쿠바 미사일 사태 (본서43항) *6일전쟁(1967, 3차) 중국-소련 국경분쟁(1968) 소련 아프간 침공 포클랜드 전쟁 냉전 종식(구 소련 해체)	1948~1949 1950~1953 1962 1965~1966 1955~1975 1979~1989 1980~1988 1982 1991	1차 중동전쟁(독립전쟁) 한국전쟁 (본서49항) *스에즈전쟁(1956, 2차) 인도-파키스탄 전쟁 베트남 전쟁 (본서50항) *욤키플전쟁(1973, 4차) 이란-이라크 전쟁 *CFE(90.11)체결
현대	걸프 전쟁 (본서35항) 코소보 전쟁 아프가니스탄 전쟁 이라크 전쟁 (본서52항) 러시아-우크라이나 분쟁	1990~1991 1999 2001~2021 2003~2011 2014~현재	걸프 전쟁 (본서35항) 아프가니스탄 전쟁 이라크 전쟁(본서52항) *우크라이나 침공(2022~)

또 하나의 접근방법으로 <전략사상의 발전과정>을 추적하면서 연대별로 각각의 전략연구를 수록하였다. 서양의 전략사상은 로마시대 베게티우스의 『군사학 논고』에서 그 뿌리를 찾을 수 있다. "평화를 원하거든 전쟁을 준비하라"라는 그의 금언은 만고의 진리이며, 그의 전략과 군사운영의 핵심 원리는 19세기까지도 군사 지도자들의 바이블이 되었다.

이어 근대전략사상의 시조는 암울했던 중세시대를 유일하게 비추고 있는 '마키아벨리'라고 할 수 있다. 현대에 있어서 '마키아벨리즘'이라는 단어는 국제정치에 있어서 권모술수가 넘쳐나는 교활함과 배신을 연상시키지만, 『군주론』에 나타난 마키아벨리즘의 핵심은 오로지 '공익'과 '국가의 생존' 이었다. 그는 외교에 실패하면 전쟁은 정치의 연장선에서 진행된다고 보아 '제한된 전쟁'이라는 전쟁 철학을 발전시켰으며, 『전술론』에서는 해박한 군사적 지식으로 전략, 전술과 지휘관의 자질 등을 논하고 있다.

이후 나폴레옹 전쟁은 프랑스 혁명, 산업혁명, 기술혁명을 통해 국민전쟁 시대로 변화되면서 군사사상의 발전을 가져오게 된다. 국민전쟁은 이전의 왕조시대에 있었던 군주들만의 이해다툼을 위한 분쟁이 아니라 국민과 국민 간의 생명을 건 투쟁으로, 다른 국가와의 국민 상호 간에 적개심을 형성하고 승리를 위해서는 적을 격멸하는 섬멸전 개념이 발전하게 되었다. 나폴레옹 전쟁에서 나타난 군사사상적 특성이 클라우제비츠와 조미니 등에 의해 정리되고 분석되어서, 근대 군사사상의 기반이 되었다.

각국의 해외진출이 활기를 띠던 19세기말에 마한이 거함거포주의에 의한 함대결전을 주장하면서 '해양전략'의 기틀을 마련하였으며, 지상전에서는 섬멸전 사상이 독일의 몰트케와 슐리펜 등에 의해 강화되어 제1차 세계대전을 맞이한다. 기관총과 참호, 철조망으로 대표되는 소모전을 타개하기 위해 탱크가 만들어져 풀러 등에 의한 '기계화전 이론'이 만들어졌다. 제1차 세계대전을 거치면서 절대 전력으로 성장한 항공기를 유용하게 운용하기 위해 두헤와 미첼 등 항공전략사상가들에 의해 '항공전략'이 발전되었다.

<전략사상의 발전과정>을 고대와 중세로부터 근대, 냉전시기와 21세기까지 구분하여 도표화했는데, 이러한 체계를 이해하면서 독서할 것을 권한다.

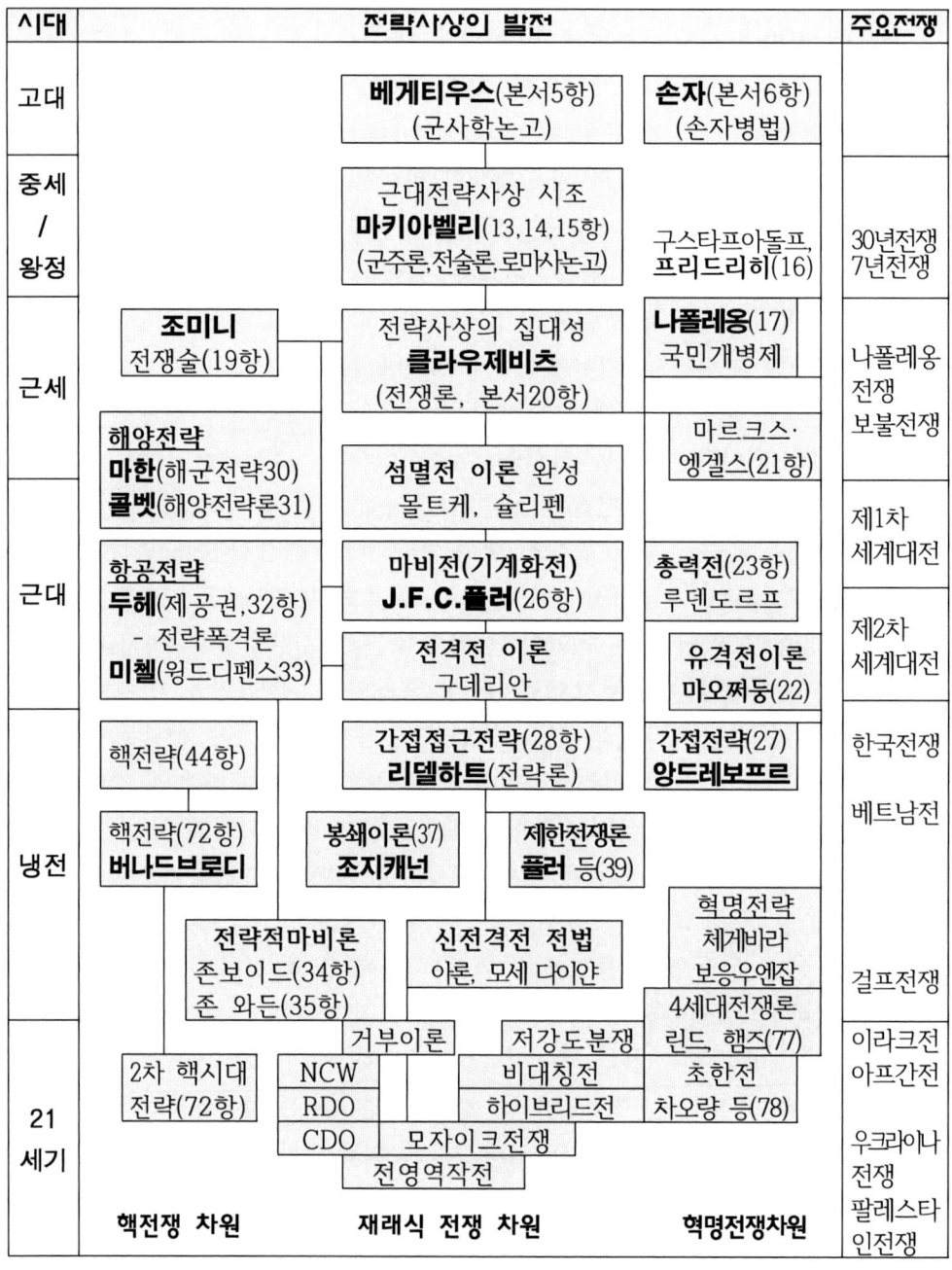

<전략사상의 발전과정>

이처럼 전쟁사를 연구하는 목적은 '전쟁의 원인은 무엇인가?'라는 근본적인 질문에서부터, 전략과 이론, 전술전기 등을 도출하기 위한 것이고, 전략사상을 습득하는 목적은 전사에서 도출된 전략과 이론을 전투에 창의적으로 적용할 수 있는 지혜와 실천적 능력을 제공받기 위해서이다.

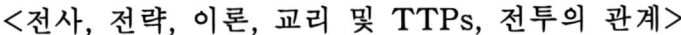
<전사, 전략, 이론, 교리 및 TTPs, 전투의 관계>

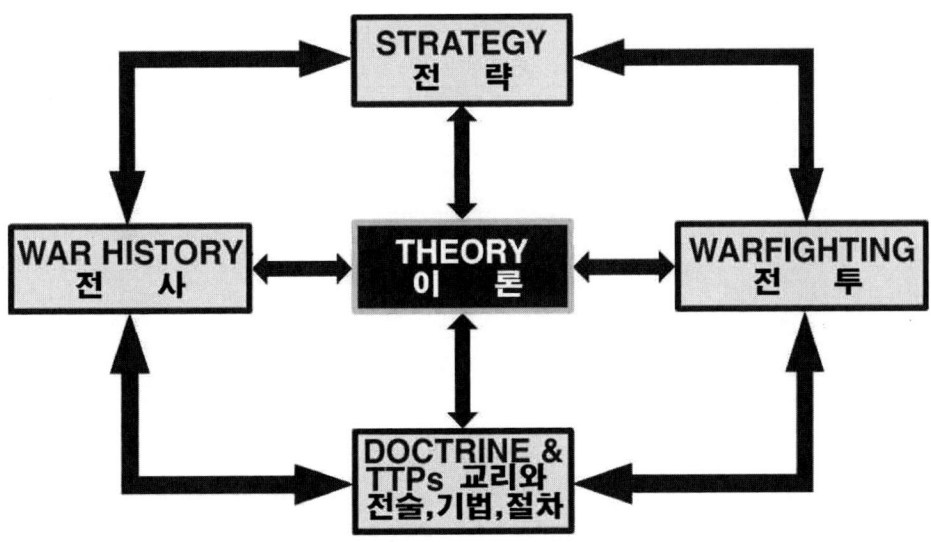

위의 그림은 전사와 전략, 이론, 교리 및 TTPs(전술, 기법, 절차)와 전투의 관계를 보여준다. (Geoffrey Weiss, *The New Art of War*, p.198)

조미니는 전략을 "지도위에서 전쟁을 수행하는 술"로 보았으며, "전략의 원리에 대한 연구는 우리가 위대한 지휘관들의 빛나는 전사들을 기억 속에 간직하고, 그것들을 가상의 전투에 적용하려고 노력하지 않는다면 가치있는 실질적인 결과를 얻을 수 없다"라고 하였다. 전투에 있어서 전략의 실천과 적용은 방법에 관한 것이며, 이론은 그 이유를 설명한다. 고대의 성공한 장군들은 후에 나온 클라우제비츠의 전쟁론과 손자병법에 대해 들어 본 적이 없었지만, 그들은 전사 연구를 통해 전쟁지식을 터득했다.

< 전략의 정의에 대한 역사적 변천 >

구 분	정 의	출 처
고대 그리스 (서양)	장군의 지식, 장군의 지혜, 전술적 용병술	Lawrence Freedman, Strategy: A History, p.173
육도삼략 (동양)	군사의 운용과 관련된 계획과 책략, 지휘관의 지휘술	육도삼략(軍略)
클라우제비츠 Clausewitz	전쟁의 목적을 위해 교전을 사용하는 것	Carl Von Clausewitz, On War (Oxford University Press, 2007), p. 132.
조미니 Jomini	지도위에서 **전쟁을 수행하는 술(art)**(정치, 군사부문 구분)	Lawrence Freedman, Strategy: A History, p.195
리델 하트 Liddell Hart	정치적 목적을 달성하기 위해 군사적 수단을 배분하고 적용하는 **술(art)**	Basil Henry Liddell Hart, The Strategy of Indirect Approach (London: Faber, 1946), p. 187.
콜린 그레이 Colin S. Gray	정치에 의해 결정된 정책 목적을 위한 무력의 방향과 사용 및 위협	Colin S. Gray, The Strategy Bridge: Theory for Practice (Oxford University Press, 2010), p. 29
앤드류 윌슨 Andrew Wilson	정치적 목적이 군사행동으로 전환되는 **과정**	Andrew Wilson, Explanation and Cognition, (Bradford Book. 2000), p.22
앙드레 보프르 Andre Beaufre	대적하는 두 의지가 분쟁을 해결하기 위해 무력을 사용하는 변증법적 **술(art)**-상호작용 강조	Andre Beaufre, An Introduction to Strategy, (Frederick Praeger, 1965), p.22.
조셉 와일리 Joseph Wylie	어떤 목적을 달성하기 위해 고안된 **행동계획**, 목적과 달성을 위한 측정 시스템 -계획 강조	Joseph Wylie, Military Strategy: A General Theory of Power Control (Naval Institute Press, 1967), p. 59.
베아트리체 호이저 Beatrice Heuser	전략적 성공을 달성하기 위한 **기획 과정**	Heuser, The Evolution of Strategy,(Cambridge University Press. 2010). pp. 27-28.
로렌스 프리드먼 Lawrence Freedman	정치적 목적 달성을 위해 군사적 수단을 사용하는 **술(art)**, 힘을 창조하는 기술	Lawrence Freedman, Strategy: A History, (Oxford University Press. 2013). pp. 27-28.
NATO	국가목표를 달성하기 위해 군사력을 개발하고 적용하는 방식을 제시하는 것	AAP-6(V) NATO용어사전집

클라우제비츠는 전략을 "전쟁의 목적을 위해 교전을 위해 사용하는 것"이라고 정의하며, "이론이 역사적 경험과 결합하여 전쟁과 '친밀한 연관성'을 구축하고, 이는 다시 이론이 과학의 객관적 형태에서 기술의 주관적 형태로 발전할 수 있게 한다"라고 하였다. 다시 말해, 이론은 '지식의 실천'에 바탕이 되는 '이해'로 전환하는데 도움을 준다. '이론'은 전사에서 파생되었지만, 전략, 전쟁, 교리 및 TTPs(Tactics, Technique, Procedure)의 교훈을 사용하여 수정될 수 있다. 또한 이론은 전사를 분석하여 다른 요소들을 찾아내는 상황에서 분석의 틀을 제공해, 전사에 대한 체계적인 분석을 돕는다. 클라우제비츠는 "이론은 책을 통해 전략을 이해하고자 하는 사람들에게 길잡이가 된다. 이론들은 길을 밝혀주고, 진보에 있어 어려움을 완화시키며, 판단력을 훈련시키고, 함정들을 피하는데 도움을 줄 것이다."라고 하였다.

이론은 전략과 교리, 그리고 결과적으로 전투에 유사한 영향을 미친다. 밀란 베고(미 합동대 교수)는 "군사이론에 대한 지식은 교리를 이해하고 창의적으로 적용하는데 필수적이다."라고 하였다. 군사이론을 무시하면 전사에 기초하여 전략과 교리를 전투에 적용하는 전반적인 과정과 활동에 있어서의 핵심이 제거되는 것이다. 이론없이 전략을 수립하는 것은 매우 위험하다. 군사 교리(군사력 운용 방법에 대한 일반지침)와 전술, 기법 및 절차와 같은 TTPs(군사력 운용에 대한 구체적인 지침)는 검증된 이론과 역사적 경험(전사)에 근거할 때 가장 효과적이다.

전략을 이해하지 못하면 전승을 위한 의미있는 전쟁이론을 구성할 수 없다. 전쟁이론은 궁극적으로 군사력의 사용범위와 특수성의 균형을 유지하면서 경험과 역사(전사)가 일치하는 틀을 만들어낸다. 너무 일반적인 전쟁이론은 실용성을 희생시키고, 너무 상세한 이론은 교리와 전술을 침해하게 된다. 전쟁이론에는 전쟁의 성격과 본질에 대한 신중한 연구와 전쟁의 변증법에 대한 균형잡힌 시각이 필요하다. 그래야만 전략연구의 결과와 전쟁이론이 마침내 "전쟁이란 무엇인가"라는 근본적이고 완고한 질문에 답하고, 전사 분석, 전략 수립, 전쟁 수행의 실질적인 요구에 부응하게 되며, 이와 같은 전반적인 관계를 이해하면서 형성한 지식이 내면화된 역량이 될 것이다.

목 차

제Ⅰ부 전략의 역사

제1장 역사서이자 전쟁사로서의 서양 고전

Section 01. 트로이 전쟁을 그린 인류 최초의 대서사시 • 24
　　　📖 호메로스, 『일리아드』

Section 02. 최초로 전쟁사를 서술한 역사서의 고전 • 29
　　　📖 헤로도토스, 『역사(歷史)』

Section 03. 전쟁의 원인을 분석한 전쟁사 연구의 시조 • 35
　　　📖 투키디데스, 『펠로폰네소스 전쟁사』

Section 04. 최고 지휘관이 서술한 로마제국 전쟁사 • 40
　　　📖 율리우스 카이사르, 『갈리아 전기(戰記)』

Section 05. 평화를 원하거든 전쟁을 준비하라 • 46
　　　📖 베게티우스, 『군사학 논고(軍事學 論考)』

제2장 병법서 형태의 동양 고전과 우리나라 고전

Section 06. 병학성전(兵學聖典)으로 평가받는 고전 • 54
　　　📖 손자, 『손자병법』(孫子兵法)

Section 07. 흥망성쇠를 군웅할거의 항쟁으로 그리다 • 64
　　　📖 사마천, 『사기』(史記)

Section 08. 전쟁을 사회상과 함께 그려낸 전쟁 역사서 • 68
　　　📖 진수, 『정사 삼국지』(正史 三國志)

C·O·N·T·E·N·T·S

Section 09. 문덕으로 정치하고 무덕으로 적을 제압한다 ●73
　　　　　📖 강태공/황석공, 『육도삼략』(六韜三略)

Section 10. 통한의 왜란을 기록하고 징계하여 경계로 삼다 ●79
　　　　　📖 류성룡, 『징비록』(懲毖錄)

Section 11. 유례를 찾기 힘든 지휘관의 진중 비망록 ●89
　　　　　📖 이순신, 『난중일기』(亂中日記)

Section 12. 고조선에서 고려 말기까지의 전쟁 역사서 ●94
　　　　　📖 『동국병감』(東國兵鑑)

제3장　근대 서구 전략사상의 태동

Section 13. 국가 번영을 위한 정치권력과 군사력 ●100
　　　　　📖 마키아벨리, 『군주론(君主論)』

Section 14. 강력한 국가를 위한 군사적 철학을 밝히다 ●106
　　　　　📖 마키아벨리, 『전술론(戰術論)』

Section 15. 로마 공화정을 통해 부국강병을 논하다 ●112
　　　　　📖 마키아벨리, 『로마사 논고(論考)』

Section 16. 군사적 천재였던 계몽군주의 전술론 ●118
　　　　　📖 프리드리히 대왕, 『군사적 훈령(軍事的 訓令)』

목 차

제4장 나폴레옹 전쟁과 전쟁양상의 변화

Section 17. 전쟁은 정치와 지략을 포함한 거대한 예술 ●128
📖 나폴레옹, 『나폴레옹의 전쟁금언』

Section 18. 나폴레옹의 모스크바 원정을 그린 전쟁문학 ●136
📖 톨스토이, 『전쟁과 평화』

Section 19. 결정적 지점에 전투력 집중이 전승전략 ●141
📖 조미니, 『전쟁술(戰爭術)』

Section 20. 전쟁론을 집필한 위대한 전략사상가 ●146
📖 클라우제비츠, 『전쟁론(戰爭論)』

제5장 제1·2차 세계대전과 전략의 발전

Section 21. 사회주의에 입각한 군사연구 ●158
📖 마르크스·엥겔스, 『마르크스·엥겔스 전집』

Section 22. 오랜 전투 경험으로 빚어진 게릴라전 이론 ●163
📖 마오쩌둥, 『유격전론』

Section 23. 군민이 국가총동원되는 총력전 ●169
📖 에리히 루덴도르프, 『총력전』

Section 24. 지정학 이론과 지리의 결정력 ●172
📖 해퍼드 매킨더, 『매킨더 지정학(地政學)』

CONTENTS

Section 25. 사기와 단결력이 전투의 승패를 좌우한다 ●177
　　　　　📖 아르단트 뒤피크, 『전투 연구 -고대 및 현대전투』

Section 26. 전격전의 사상적 뿌리를 형성한 마비전 사상 ●182
　　　　　📖 J. F. C. 풀러, 『야전교범 3권 : 기계화전』

Section 27. 전략의 비전통성과 간접전략의 중요성 ●190
　　　　　📖 앙드레 보프르, 『전략개론』

Section 28. '간접접근전략'과 서방의 전쟁방식 제시 ●199
　　　　　📖 리델 하트, 『전략론 – 간접접근전략』

제6장　제해권과 해양전략 사상

Section 29. 해양력의 중요성을 주창한 역서 ●208
　　　　　📖 알프레드 마한, 『해양력이 역사에 미친 영향』

Section 30. 역사로부터 도출한 실용적인 해양전략 ●213
　　　　　📖 알프레드 마한, 『해군 전략』

Section 31. 합동성을 강조한 해양전략 사상가 ●218
　　　　　📖 줄리앙 콜벳, 『해양전략의 제 원칙』

목 차

제7장 전장에 항공기의 등장과 항공전략의 발전

Section 32. 항공전략사상의 창시자 ●224
　　　　　📖 줄리오 두헤, 『제공권』

Section 33. 초기 항공력의 운용과 발전방향 제시 ●229
　　　　　📖 윌리엄 미첼, 『항공력에 의한 국방』

Section 34. 20세기에 미국의 가장 중요한 군사전략가 ●233
　　　　　📖 로버트 코람, 『보이드: 전술론을 바꾼 전투기 조종사』

Section 35. 현대 항공전역에서 전략적 마비이론 적용 ●240
　　　　　📖 존 와든 3세, 『항공전역』

제8장 냉전과 제한전쟁 시대의 전략

Section 36. 냉전시대 초기 미국의 국가안보전략 기획 ●248
　　　　　📖 조지 캐넌,　『미국 외교 50년』

Section 37. 세계질서 회복과 영속적 평화 창조 ●253
　　　　　📖 헨리 키신저, 『회복되어진 세계 평화』

Section 38. 제한전쟁 시대에 필요한 '타협'과 '중용' ●258
　　　　　📖 J. F. C. 풀러, 『제한전쟁 지도론(1789-1961)』

Section 39. 핵무기를 전제로 한 제한전쟁전략 ●263
　　　　　📖 로버트 E. 오스굿, 『제한전쟁 : 미국 전략에의 도전』

Section 40. 핵 전략 변천과정에 관한 개관 ●267
　　　　　📖 로렌스 프리드먼, 『핵 전략의 진화』

CONTENTS

제 II 부 전략의 본질

제9장 전쟁이란 무엇인가

Section 41. 전쟁과 전략연구의 학술적 접근 ●274
　　　　　📖 로렌스 프리드먼, 『전쟁』

Section 42. 전쟁을 사회와 문화의 틀에서 고찰 ●278
　　　　　📖 아자 가트, 『문명과 전쟁』

Section 43. 전쟁의 근원을 고찰하여 평화를 보전하자 ●281
　　　　　📖 도널드 케이건, 『전쟁의 근원과 평화의 보전』

Section 44. 전쟁은 보다 폭넓은 문화적 행위 ●289
　　　　　📖 존 키건, 『전쟁의 역사』

제10장 전쟁의 역사 기술과 분석

Section 45. 간결하면서도 포괄적인 유럽전쟁사 고찰 ●294
　　　　　📖 마이클 하워드, 『유럽사 속의 전쟁』

Section 46. 북군사령관이 기록한 미국 남북전쟁사 ●300
　　　　　📖 율리시즈 그랜트, 『그랜트 회고록』

Section 47. 제1차 세계대전 분석의 최고 걸작 ●310
　　　　　📖 마이클 하워드, 『제1차 세계대전』

Section 48. 전쟁의 다양한 측면에서 제2차 세계대전 분석 ●315
　　　　　📖 존 키건, 『제2차 세계대전사』

목차

Section 49. 총체적이고 객관적으로 한국전쟁 재평가 ●320
　　　📖 존 톨랜드, 『존 톨랜드의 6·25전쟁』

Section 50. 베트남 전쟁에 대한 비판적 분석 ●325
　　　📖 해리 G 서머스, 『베트남전에서 미국의 전략』

Section 51. 보급이 전장을 좌우한 군수의 역사 ●331
　　　📖 마틴 반 크레벨트, 『보급전의 역사』

Section 52. 군사부문에 집중한 이라크 전쟁 분석 ●335
　　　📖 윌리엄슨 머레이 외, 『이라크 전쟁 : 군사 역사』

제11장　전쟁사와 전략사상의 체계적인 분석

Section 53. 군사학을 학문으로 체계적 확립 ●344
　　　📖 한스 델브뤼크, 『정치적 틀 안에 있어서 전쟁술의 역사』

Section 54. 사상가의 영향을 중시한 전략연구의 고전 ●347
　　　📖 피터 파레트, 『현대전략사상의 계보』

Section 55. 군사사상의 발전과정 분석 ●350
　　　📖 아자 가트, 『군사사상의 역사』

C·O·N·T·E·N·T·S

제12장 국제관계에서 전쟁의 원인을 찾는다

Section 56. 영구적 평화를 위한 국제관계 발전을 제시 ● 356
　　　　　📖 임마누엘 칸트, 『영구평화론』(1795)

Section 57. 국제정치이론으로 전쟁의 원인 분석 ● 361
　　　　　📖 케네스 월츠, 『인간·국가·전쟁, 국제정치의 3개의 이미지』

Section 58. 국제정치와 분쟁에 관한 교과서 ● 366
　　　　　📖 조지프 나이, 『국제분쟁의 이해-이론과 역사』

Section 59. 국제정치와 국가정책, 전쟁의 관계 ● 371
　　　　　📖 게르하르트 리터, 『국가정책과 전쟁수단』

제13장 전략은 무엇이고 어떻게 발전해 왔나

Section 60. 전략의 본질과 발전의 역사 ● 378
　　　　　📖 로렌스 프리드먼, 『전략의 역사』

Section 61. 안보전략에서 전장전략까지의 전략수립 ● 382
　　　　　📖 데니스 M. 드류 외, 『21세기 전략수립』

Section 62. 전략의 구성요소와 전략개발 ● 387
　　　　　📖 윌리암슨 머레이, 『전략의 형성』

Section 63. 전략은 정책목적을 위한 군사력 운용 ● 391
　　　　　📖 콜린 그레이, 『현대 전략론』

목차

Section 64. 전략에 내재하는 패러독스와 조화 ●394
　　📖 에드워드 루트와크, 『전략 : 전쟁과 평화의 논리』

Section 65. 전쟁사와 전략 개념을 연계한 군사전략서 ●398
　　📖 안툴리오 에체베리아, 『군사전략 개론』

제14장　정치와 군사의 관계를 정의하다

Section 66. 유기적인 생명체로 민군관계를 정의하다 ●404
　　📖 사무엘 헌팅턴, 『군인과 국가 : 민군관계의 이론과 정책』

Section 67. 전략형성에 있어서 문민통제 ●410
　　📖 버나드 브로디, 『전쟁과 정치』

Section 68. 전시에 있어서 최고 리더십의 역할 ●414
　　📖 엘리어트 코헨, 『최고사령부 : 군인, 정치가, 그리고 전시에서의 리더십』

Section 69. 21세기의 전략개념과 민군관계 방향 제시 ●420
　　📖 휴 스트라찬, 『전쟁 지도 : 역사적 관점에서의 현대 전략』

제15장　21세기 전쟁의 이론과 실제

Section 70. 현대전 수행에 관한 주제의 이론과 실제 ●426
　　📖 데이비드 조던 등, 『현대전의 이해』

Section 71. 21세기 전쟁의 속성 분석과 미래전 대비 ●432
　　📖 앨빈 & 하이디 토플러, 『전쟁과 반전쟁』

C·O·N·T·E·N·T·S

Section 72. 냉전시대 핵전략과 21세기 핵전략 비교분석 ●439
　　　　　📖 폴 브래큰, 『제2차 핵시대』

Section 73. 과학기술 발달에 따른 현대전 준비와 수행 ●444
　　　　　📖 제임스 더니건, 『무엇이 현대전을 움직이는가』

Section 74. 현대의 가장 급진적인 전쟁관 ●449
　　　　　📖 마틴 반 크레벨트, 『전쟁의 변천』

Section 75. 현대전쟁의 패러다임 전환을 갈파 ●454
　　　　　📖 루퍼트 스미스, 『군사력의 유용성-현대 세계의 전쟁술』

제16장　전쟁의 패러다임 변화와 미래전 양상

Section 76. 미래에 점점 더 중요성이 강조되는 정보전 ●460
　　　　　📖 다니엘 바트, 『정보전(情報戰)』

Section 77. 4세대 전쟁에 대한 분석과 권고 ●466
　　　　　📖 토마스 X. 햄즈, 『21세기 전쟁-비대칭의 4세대전쟁』

Section 78. 장차전은 한계와 제한을 초월한 비대칭전 ●472
　　　　　📖 차오량(喬良)·왕샹수이(王湘穗), 『초한전(超限戰):제한을 초월한 전쟁』

Section 79. 21세기의 전쟁에서 로봇전쟁 ●479
　　　　　📖 피터 W. 싱어, 『하이테크 전쟁: 로봇 혁명과 21세기 전투』

Section 80. 우주의 활용, 그리고 우주 경쟁과 협력 ●484
　　　　　📖 제임스 C. 몰츠, 『붐비는 우주궤도: 우주에서의 갈등과 협력』

부　록. 군사교육기관별 추천도서/필독도서 목록 ●489

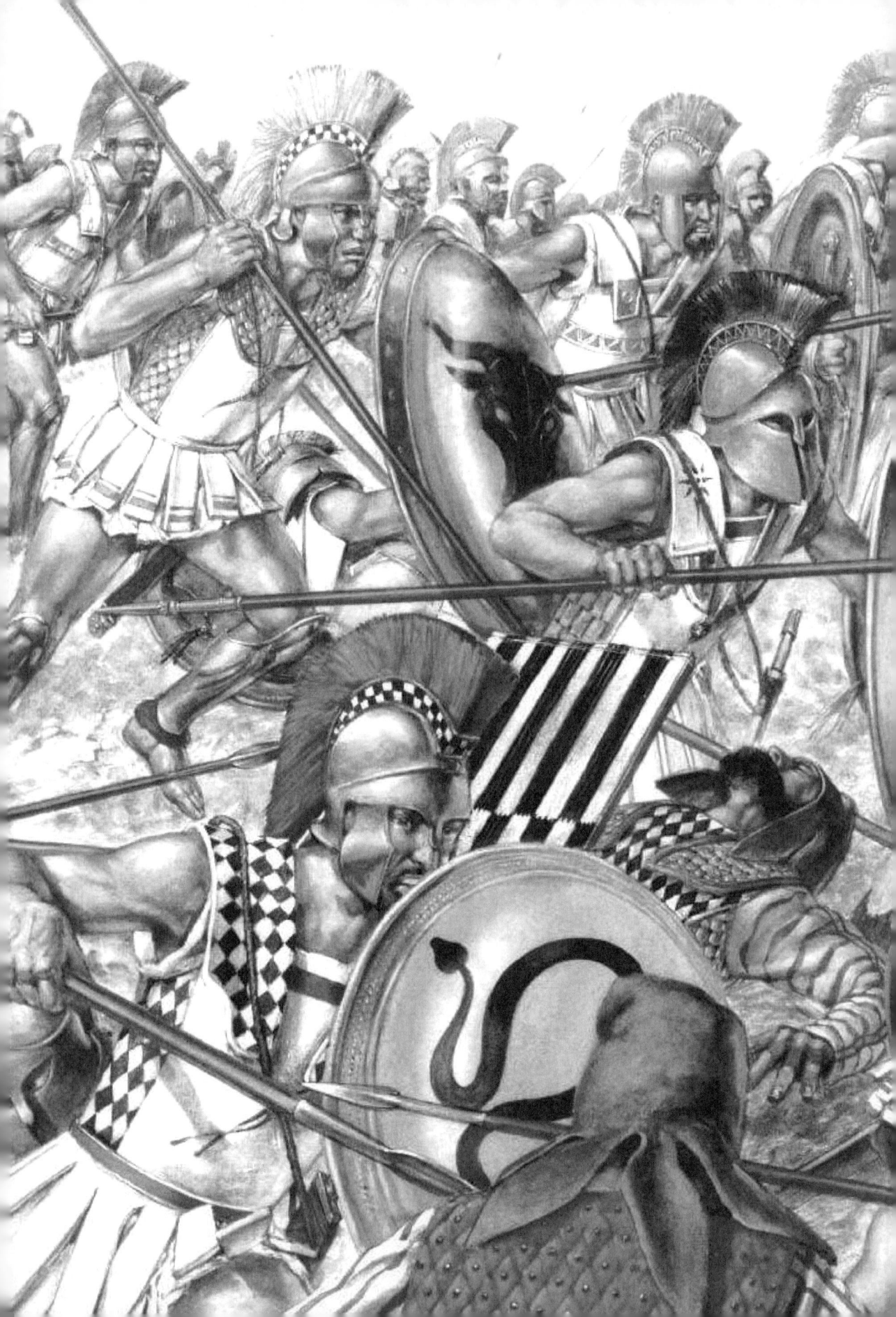

제1장

역사서이자 전쟁사로서의 서양 고전(古典)

인류 문명이 시작되면서 집단 간의 생존을 위한 싸움이 시작되어 각종 무기가 만들어지고 군대가 편성되어 싸우기 시작되었다. 고대 그리스 도시국가들의 장군들이 전장에서 보여준 전쟁술이 전략(Strategy)의 어원이 되었던 것처럼 전쟁의 역사는 깊다. 서양에서는 이민족 간의 약탈이나 국가 간의 침략으로 인해 섬멸전의 성격을 띠었으며, 전쟁의 역사를 통해 배운다는 사상으로 인해 전쟁이 역사서로 기록되기 시작했다. 그리스·로마신화에서처럼 전쟁은 신의 영역으로 여겨졌던 것을 『역사』부터 인간의 영역으로 전환시켜 전쟁사이며 역사서로 기록되기 시작했다.

제1장 역사서이자 전쟁사로서의 서양 고전

1. 트로이 전쟁을 그린 인류 최초의 대서사시

✍ 호메로스(Homeros, BC800년경~BC750년경)

📖 『일리아드』 (Iliad, 기원전 8세기)

◆ 트로이 전쟁을 묘사한 최초의 전쟁사

『일리아드』[1]는 기원전 8세기경에 호메로스(Homeros)[2]가 기원전 13세기경에 에게해 일대의 '미케네'와 '트로이' 간의 전쟁을 그린 서사시이다.

에게 문명의 중심이 기원전 14세기경부터 그리스로 옮겨 갔는데, 그들은 동부 지중해를 비롯해 서쪽으로는 이탈리아반도까지 진출했고, 흑해(소아시아 방면)로 나아가는 과정에서 관문인 다르다넬스 해안에 위치한 '트로이'와 충돌하게 되었고, 이런 과정이 『일리아드』에서 그려졌다.

호메로스, 『일리아드』
16세기에 발간된 '일리아드' 간지 삽화의 가운데에 저자인 호메로스 석상이 표현되었다.

그리스 신화에서는 아킬레우스 부모의 결혼식에 불화의 여신 에리스가 황금 사과를 던지고, 다른 여신 셋이 저마다 사과를 자신의 것이라 주장한다. 그래서 트로이의 왕자 파리스에게 판결이 맡겨지고, 세 여신 가운데 사과를 얻은 아프로디테(비너스)의 도움으로 파리스가 그리스 최고 미인 헬레네를 데리고 트로이로 달아나며, 헬레네의 남편인 메넬라오스가 분노하여 그리스군이 트로이로 쳐들어간다는 내용으로 그려져 있다.

전쟁이 일어난 실제 원인은 다르다넬스 관문을 통과하여 흑해에서 교역을 시도하던 그리스인들과 그곳을 지키며 일종의 통과세를 요구하는 트로이인들의 사이에서 충돌이 발생하면서 비롯되었을 것으로 보고 있다.

---

1) 『일리아드』는 트로이의 왕성인 '일리온'에서 유래되었으며, '일리온의 노래'라는 뜻이다.
2) 호메로스가 『일리아드』와 함께 쓴 『오디세이』는 트로이 전쟁의 영웅 오디세우스의 10년간에 걸친 귀향 모험담을 다루고 있으며, 주인공은 오디세우스(Odysseus)이다.

1. 호메로스, 『일리아드』

◆ 트로이 전쟁(Trojan War)의 경과

그리스군은 2년간 전쟁을 준비하여 트로이 해안에 상륙했다. 트로이는 주위를 잘 통제할 수 있는 요새로서 성내에는 왕궁이 있고, 약 3천 명가량으로 추산되는 수비대가 있었다. 사방에 탑이 있어 접근하는 적을 한눈에 볼 수 있고, 높이 6m, 두께 4.5m의 성벽으로 보호되었다. 이 정도의 성벽만으로도 트로이군은 그리스군의 공성작전을 충분히 막아낼 수 있었다.

그리스군은 부족 별로 군사조직을 가졌는데, 각 부족의 병력과 지휘관의 능력과 덕망에 따라 우열의 차가 심했다. 전투에 임한 병사들은 대부분이 창과 방패로 무장하고 지휘관은 전차(전투용 마차)를 보유했다.

전쟁은 결정적인 승패 없이 9년이나 지속되었다. 그 무렵 그리스군은 두 명의 유명한 지휘관, 즉 아킬레우스(Achilleus)와 아가멤논(Agamemnon, 미케네 왕) 간의 불화로 말미암아 단합을 이루지 못하고 있었다. 지휘관 중에서도 가장 용감한 지휘관이었던 아킬레우스가 손을 놓고 있는 동안에 그리스군은 승리할 수 없었다. 결국 엄청난 위기에 처하게 되고, 그것을 보다 못해 아킬레우스의 절친한 친구인 파트로 클로스가 전투에 참여한다. 그는 적을 격퇴하여 큰 공을 세우지만, 트로이의 전사인 헥토르에게 죽고 만다.

일리아드가 묘사된 고대 그림, 창과 방패와 대형 등 무기와 전투장면이 묘사되어있다.

제1장 역사서이자 전쟁사로서의 서양 고전

그로 인해 친구를 죽인 헥토르에게 분노하여 아킬레우스가 싸움터에 나서자, 그리스군 병사들은 아킬레우스의 갑옷만 보고도 사기충천했다. 아킬레우스는 트로이의 지휘관인 헥토르와 싸워 그를 쓰러뜨렸다.

그러나 트로이는 새로운 동맹자들의 지원을 받아 저항을 계속했다. 그리스군은 구태의연한 방법만으로는 트로이를 정복할 수 없음을 깨닫고, 오디세우스의 제안을 받아들여 특별한 방법으로서 '목마'의 계략을 사용하기로 했다. 그들은 공성을 포기하고 퇴각하는 것처럼 가장한 후, 거대한 목마를 남겨두었다. 트로이는 목마를 성안으로 끌고 들어와 밤새 승리를 자축하는 잔치를 벌였는데, 한밤중에 목마에서 무장한 병사들이 나와서 성문을 열어주고 그리스군이 진입하여 트로이를 함락시켰다.

트로이 전쟁을 지배하는 동기는 '분노'이다. 파리스에게 아내를 빼앗긴 메넬라오스의 분노, 절친한 친구인 파트로 클로스를 죽인 헥토르에 대한 아킬레우스의 분노가 뒤엉켜 전쟁의 원인이 되고 충돌을 가속시킨다.

'트로이의 목마'의 진위 여부에 대해서는 논란이 있으나, 전쟁 서사시에서 최초로 상대를 기만하기 위한 전략으로 등장한다. (영화 '트로이' 중에서)

1. 호메로스, 『일리아드』

■◆ 『일리아드』의 전쟁 묘사와 노블레스 오블리주

옛 서사시들은 사건의 중간에서 시작하되, 사건의 시작과 끝을 그 안에 담고 있다. 『일리아드』도 트로이 전쟁이 일어난 지 10년째 되던 해의 며칠만을 다루지만, 그 안에 전쟁의 원인과 결말을 모두 담고 있다.

전투 첫날은 양쪽 군대가 매우 대등하게 싸운 날이고, 전체적인 서술도 균형이 잡혀 있다. 헬레네를 납치한 파리스와 헬레네의 남편인 메넬라오스가 단독대결을 벌이고, 그리스군의 전사 디오메데스가 대활약을 펼치는 내용이고, 마지막에는 트로이군의 영웅 헥토르와 그리스군의 아이아스의 단독대결이 펼쳐진다. 나머지 3일은 양쪽 진영이 하루씩 번갈아 가며 승리하는 내용으로 되어있다. 전투가 시작된 둘째 날은 그리스군이 대패하는 내용이고, 그 다음 날은 전체적으로 그리스군이 몰리는 가운데서도 양측이 서로 세 번씩 우세한 국면을 맞게 되며, 마지막 날은 아킬레우스의 출전으로 그리스군이 트로이군에 대승을 거두는 장면이 그려진다.3)

군사사항으로, 미케네와 트로이가 해상력을 가지고 있었음에도, 일리아드는 해전을 특징으로 하지 않고 보병 전투만을 묘사하고 있다. 무기인 창과 칼, 방패, 병거의 사용과 전술, 지휘관의 사고방식 등이 상세하게 묘사되어있다. 그리고 일리아드에 나오는 지휘관의 사고방식 중에 **'노블레스 오블리주(noblesse oblige)'**4) 개념이 최초로 등장한다. 트로이 전쟁에서 장군들이 **"전쟁에 나서면 장군인 자신들이 위험을 무릅쓰고 솔선수범하여 일반병사보다 앞에서 싸우다가 먼저 죽어야 할 의무가 있다"**라고 말한다.

또한 일리아드가 전쟁에 있어서 지휘관의 전술적 천재성을 지지한다는 믿을만한 이유가 있다. 전투에서 유리한 상황을 얻기 위해 지휘관이 병력배치를 논의하는 장면들이 나오는데, 이러한 내용들이 후기의 그리스 전쟁에서 완전히 복제되지는 않았지만, 전략을 '장군의 술(art)'로 부르게 되는 것이나, 전술과 교육 등의 많은 부분에 영향을 끼친 것으로 분석되고 있다.

---

3) 그러나 아킬레우스도 트로이의 왕자 파리스가 쏜 화살을 '아킬레스 건'에 맞아 전사한다. 이에 근거해서 적의 강점이 아닌 적의 취약점을 공격하는 것을 **파리스 전략**이라 한다.
4) **노블레스 오블리주(noblesse oblige)** : 프랑스어로 고귀한 신분을 뜻하는 '노블레스'와 책임이 있다는 '오블리주'가 합해진 것으로, '높은 사회적 신분에 상응하는 도덕적 의무'를 말한다. 1808년 프랑스 정치가 가스통 피에르 마스크가 처음 사용했다고 하는데, 그 정신과 표현의 원조는 『일리아드』의 위에 제시한 대목에서 찾는다.

제1장 역사서이자 전쟁사로서의 서양 고전

■ 트로이 목마(Trojan Horse)

일리아드는 서사시로서 신화를 다루고 있기 때문에 의문이 생기는 점이 많다. 역사적 사실에 작가의 신화적 허구가 가미되었기 때문이다. 그러나 트로이가 존재했고, 고대 그리스 도시국가들과 트로이 전쟁을 벌였다는 것이 밝혀졌다. 독일의 고고학자 하인리히 슐리만은 1871년에 튀르키예의 히사를리크 언덕에서 '트로이 유적'을 발굴해냈다. 트로이 전쟁은 소아시아에 위치했던 트로이와 그리스 연합군이 장장 10년 동안 공성전을 벌였다면 반드시 유적이 있을 것으로 예상했다. 슐리만은 트로이 전쟁 당시에 그리스 연합군의 지휘자였던 아가멤논 왕이 통치하던 그리스 '미케네 성'의 발굴도 1876년에 성공하였다.

트로이 전쟁에서 '기만'과 같은 전략의 운용에 주목할만하다. 트로이 목마의 실존 여부는 몰라도, 최소한 그와 같은 종류의 특별한 계략이 있었고, 트로이군이 거기에 넘어갔을 가능성이 있었을 것으로 보고 있다. 공성전이 오래 진행되다가 공격하는 기술상 획기적 변화, 목마와 유사한 형태의 거대한 공성장비를 제작하여 성벽을 넘었거나, 목마 형태의 거대한 충차를 제작하여 트로이 성문을 부수고 성을 점령했을 가능성을 제기하기도 한다.

제사장 라오콘이 목마는 명백한 속임수라고 경고했지만 받아들이지 않았고, 위장투항했던 시논이라는 그리스 첩자가 '트로이 목마는 명물이며 그리스의 선물'이라고 위장 공세를 폈다. 결국 트로이 목마[5]를 성안으로 들여서 트로이는 파멸에 이른다. 여기에서 "호의적인 태도를 보이는 적을 조심하라"는 뜻으로 "선물(또는 꽃)을 든 그리스 사람을 조심하라"는 표현이 나왔다.[6]

『일리아드』는 인간주의적 접근을 시도하며 전쟁을 묘사한 최초의 전쟁문학으로서 의의를 갖고 서양인들의 정신과 사상을 낳는 원류가 되고 있다. 최근 국내 유일의 천병희 교수 번역본에 이준석 교수가 도전장을 내밀었다.

---

[5] 오늘날 '**트로이 목마**'는 컴퓨터 악성 코드(malware)의 대명사로 더 유명하다. 악성코드 중에는 마치 유용한 프로그램인 것처럼 위장하여 사용자들로 하여금 거부감 없이 설치를 유도하는 프로그램들이 있는데, 이들을 '트로이 목마'라고 부른다. 『일리아드』의 '트로이 목마'처럼 치명적인 피해를 입힐 수 있는 무언가를 숨겨 놓은 것이다. 이처럼 악성코드의 상당수를 차지하고 있는 이 트로이 목마는 다양한 방법으로 사용자의 보안에 큰 위협을 가하고 있어서 사이버 보안 차원에서도 관심이 필요하다.

[6] "구체적인 약속없이 평화를 청하는 것은 속이려는 것"이라는 손자병법의 경구와 공산주의의 '화전양면(和戰兩面) 전술'이 이와 맥을 같이 한다.

2 최초로 전쟁사를 서술한 역사서의 고전

✏ 헤로도토스(Herodotus, BC 484~425?)

📖 『역사(歷史)』 (histories), BC 440년

◆ 동서 문명이 충돌한 '페르시아 전쟁'을 묘사

석기시대나 청동기 시대에도 부족 간의 분쟁이 있었지만, 인류의 전쟁이 최초로 역사적인 사실로 기록되고 분석된 것은 헤로도토스의 『역사』를 기원으로 한다.

저자인 헤로도토스는 소아시아 할리카르나소스[7]의 명문가 출신으로, 사모스섬으로 망명하였다가 아테네로 돌아와서 오랜 기간을 지냈다.[8] 그는 본래 군인이 아니라서 전쟁과 군사에 대한 지식을 충분히 갖추었다고 할 수 없었지만, 헤로도토스는 『역사』에서 그때까지 그리스인이 한 번도 경험해 보지 못했던 '페르시아 전쟁'이라는 대규모 전쟁을 성공적으로 묘사해냈다.

헤로도토스, 『역사』

페르시아 전쟁(Greco-Persian Wars)은 BC 492년부터 BC 448년까지 지속된 페르시아 제국의 그리스 원정 전쟁으로, 그리스의 여러 도시국가들이 연합하여 페르시아 제국에 대항한 전쟁이다.

전쟁을 '두 개의 다른 문화가 충돌하는 것'이라는 정의하면, 고대 그리스 세계가 체험한 페르시아 전쟁은 '유럽과 아시아의 대립'이라는 시각으로 본 최초의 전쟁이었다. 그리스인은 자신들을 '에우로페'[9] 사람이라 인식하고 있었다. 그때까지 외부 침입자에 대해 맞서 싸운다는 일체감을 조성하는 일이 없었지만, 아시아의 대제국 페르시아가 그리스 세계에 '침략자'로 출현함으로써, 페르시아 전쟁은 처음으로 두 개의 다른 세계가 맞붙게 됐다.

---

7) 현재 튀르키예의 남서부 '보드룸'으로, 고대도시 할리카르나소스 유적이 많이 남아있다.
8) 이때 아테네에서 정치가 페리클레스, 작가 소포클레스와 친교를 맺게 된다.
9) **에우로페(europe)** : 현재의 유럽과 소아시아를 합친 개념으로, 유럽의 어원이 되었다.

제1장 역사서이자 전쟁사로서의 서양 고전

◆ 최초의 '전쟁사'이면서 '역사서'

헤로도토스의 『역사』10)는 '역사학 연구의 효시(嚆矢)'로 다뤄진다. 이 책은 페르시아 전쟁에 대해 묘사된 '역사'를 주제로 하고 있지만, 헤로도토스는 민족, 자연 등 인문분야에 상당한 지면을 할애하고, 현실에는 도저히 있을 수 없을 일화도 다수 삽입해서 오늘날 독자의 입장에서는 당혹감을 느낄 서술도 상당수가 있다. 이러한 점에서 투키디데스가 펠로폰네소스 전쟁을 철저히 객관적이고 비판적으로 서술했다는 것과는 느낌을 달리하고 있다.

하지만 『역사』는 호메로스의 '일리아드' 같은 영웅 서사시(詩)의 단계를 극복하고 역사 서술의 장을 열었으며, 종래의 산문 작가들에게서 찾아볼 수 없는 대규모적 서술 계획에 입각하여 헤로도토스 특유의 역사 구상으로 쓰인 '인류 최초의 역사서'로 평가받고 있다. 특히, 두 개의 다른 문화권 간의 전쟁임에도 불구하고, 자신들과 다른 사람들에 대해서도 가능한 객관적이고 중립적인 입장에서 서술했다는 사실은 찬사를 받을 만하다.

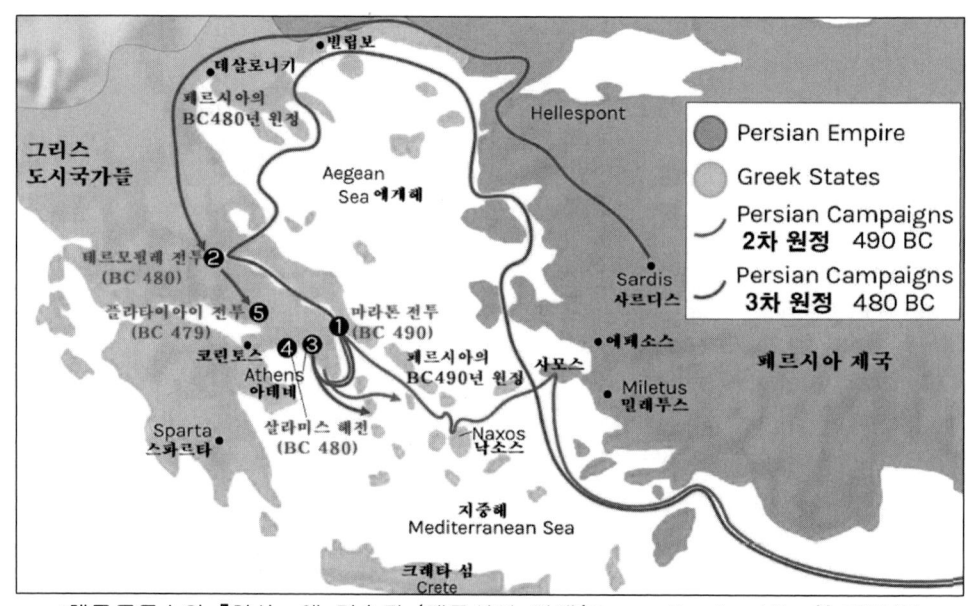

<헤로도토스의 『역사』에 기술된 '페르시아 전쟁(Greco-Persian Wars)' 개요도>

10) 이 책의 '역사(Historiai)'의 의미는 역사(歷史, Histories)와 다소 차이가 있다. '탐구하여 얻은 지식', '탐구결과에 대한 기록'이라는 의미로, "역사적 사실들이 시간이 지나면서 사람들의 기억 속에서 잊혀지는 것을 막기 위한 것이 서술동기였다"라고 밝혔다.

2. 헤로도토스, 『역사』

■◆ 페르시아 전쟁의 원인과 전개를 다각적으로 분석

『역사』 저술에서 매우 흥미로운 점은 전쟁에 관한 직접적인 서술은 물론, 페르시아 전쟁이 일어난 원인에 대해 명백하게 설명하고 있다는 것이다.

그 안에는 당시에 원인을 논의했을 폭넓은 일들과 페르시아의 국내 상황, 페르시아에서 반란을 일으킨 소아시아의 그리스인 식민지와 그리스 여러 나라의 상황을 상세히 기술하고 있다. 물론 그중에는 명백한 오류와 황당 무계한 기술도 일부 포함되어있지만,[11] 당시 그러한 것도 많은 사람들 사이에서 이야기되었다는 점은 중요하다고 할 수 있다. 전쟁에 이르는 과정이 반드시 이성적 또는 합리적인 사고로부터 발생하는 것이 아니라는 점은 당연하나, 어떤 의미에서는 헤로도토스도 그러한 예측할 수 없는 요소들을 충분히 받아들여 『역사』를 서술하고 있다. 그러한 점에서 역사의 복잡성, 다양성을 묘사하는 과도기의 존재로서 지극히 의미있는 논술을 하고 있다.

스파르타군 300과 테르모필레(Thermopylae)를 사수하는 스파르타의 레오니다스 왕 (Jacques-Louis David, 1814년 작). 스파르타 군사들은 청동 방패와 청동투구, 창과 단검으로 무장한 전형적인 고대 그리스 군대인 호플리테스(hoplites)로 묘사되어있다.

---

11) 이에 키케로(로마시대 문인, 정치가)는 그의 저서 『법률론』에서 높은 평가를 하면서도 "헤로도토스의 저술에서도 무수한 작화가 가득 차 있지만"이라고 논평했다.

『역사』는 총 9권으로 구성되었는데12), 그중에서 페르시아 전쟁을 직접 다루는 것은 5권부터 9권까지다. **5권**에는 소아시아의 이오니아인이 반란을 일으키고 아테네가 그 배후에서 지원했기 때문에, 페르시아 왕 다리우스가 그리스 원정의 필요성을 느끼는 것이 기술되어있다. 그리스는 소아시아 해안가에 식민도시를 세웠는데, 그리스 철학이 태동한 밀레투스, 그리스도교 선교기지가 된 에페소스(에베소), 피타고라스의 고향 '사모스' 같은 섬 등이 '이오니아 문명'을 이루고 있었다. 문제는 페르시아 다리우스가 이들 그리스계 도시국가들을 지배하면서, 도시국가 특유의 독립성으로 이 지역에서 반란이 일어나고, 그리스의 지원으로 갈등이 심화되어 전쟁에 이르게 된다.

6권에는 BC 492년의 **1차 원정**13)과 BC 490년 **2차 원정**이 묘사되었는데, 2차 원정에 마라톤 경기의 유래가 된 '**마라톤 전투**'가 그려진다. BC 490년 페르시아 원정군이 아테네를 공략하기 위하여 아티카의 북동 해안에 있는 마라톤 평야에 상륙했다. 그리스군은 밀티아데스의 지휘하에 1만 명의 중장보병(Hoplites)으로 페르시아군을 양익포위 공격하여 승리하였다.14)

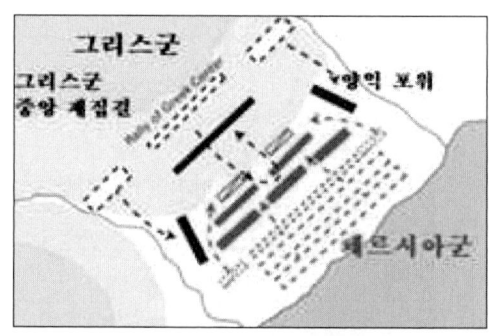
마라톤 전투(BC 490년)

7권은 '다리우스'에 이어 페르시아 왕위에 오른 '크세르크세스'15)가 대군을 이끌고 **그리스 3차 원정**을 하게 된다. 이때 최근의 영화 '300'

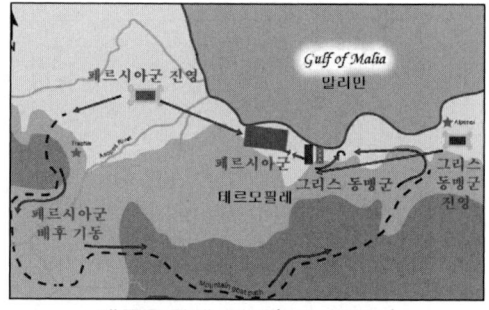
테르모필레 전투(BC 480년)

---

12) 후대의 알렉산드리아 학자들이 편의적으로 9개 여신의 이름을 붙여 구분했다고 한다.
13) 1차원정은 에게해에서 태풍을 만나 300여 척의 전함과 2만 명의 군사를 잃고 철수한다.
14) 풀러는 마라톤 전투의 승리가 유럽의 탄생을 알리는 계기가 되었다고 했고, 세쿤다는 동양문명과 서양문명의 충돌에서 서양문명이 우위를 점하는 계기가 되었다고 평가했다.
15) 페르시아 '다리우스(Darius) 1세'는 구약성서 '에스라'서에 나오는 '다리오 왕'이고, 크세르크세스(Xerxes)는 '에스더'서에 에스더의 남편인 '아하수에로(Ahasuerus) 왕'으로 나오는 인물이다. 헬라어로 '크세르크세스'이고, 히브리어로는 '아하수에로'이다.

으로 유명해진 '테르모필레 전투'로, 길목을 사수하다가 전원이 전사한 스파르타 왕 레오니다스와 그의 300 영웅들의 이야기가 그려진다. 처음부터 힘들었던 첫 전투에서 그의 비장한 전사까지 기술되었다.

8권에는 BC 480년 제3차 페르시아 침공 시 아테네 함대를 주력으로 한 그리스 연합해군이 승리한 '살라미스 해전'이 기술되어 있다. 레오니다스가 7일 동안 페르시아군을 막아내며 그리스 해군의 퇴각시간을 벌어주었고, '테미스토클레스'의 대담한 지휘로 페르시아군을 폭이 좁은 살라미스만으로

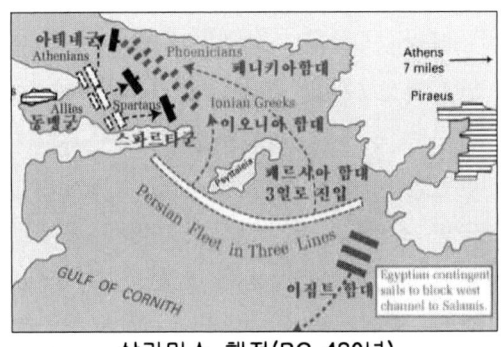

살라미스 해전(BC 480년)

유인하고 전술적, 기술적 이점을 활용하여 승리를 거두었다.16)

9권에는 '플라타이아이 전투'를 기술했다. 살라미스 해전의 패배에도 불구하고 타격을 덜 받았던 페르시아 지상군은 그리스의 북부에서 월동하고 재차 남진하여, BC 479년에 보이오티아 지방의 플라타이아이에서 지상 결전이 벌어졌다. 스파르타, 아테네, 코린트 등 그리스군은 '플라타이아이 전투'에

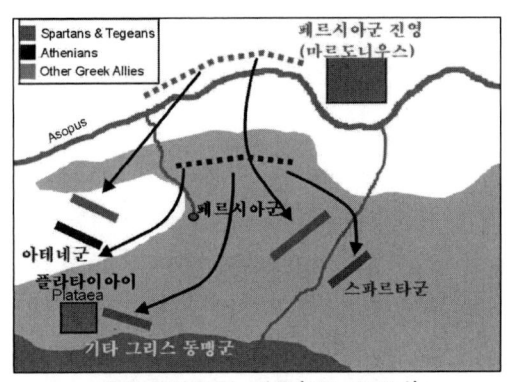

플라타이아이 전투(BC 479년)

서 보급로 차단 등 불리한 상황에 몰렸으나, 승리를 조급히 서두른 페르시아군의 허를 찔러 형세를 역전시켜 승리했다.17) 페르시아와의 최후의 결전인 이 전투에서 서서히 그리스가 승리해가는 모습이 묘사되는데, 이러한 것들이 역사, 전쟁, 문학의 3요소로서 조화되어 절정으로 향한다.

---

16) 헤로도토스의 기록에 의하면, 그리스 측에서는 트리에레스(3단 노선) 378척이 동원되었는데, 아테네는 절반 정도되는 180척의 배를 동원하고, 코린토스 40척, 아이기나 30척, 메가라 20척, 칼키스 20척, 스파르타 16척, 시키온 15척 등을 동원했다고 한다.
17) 아테네와 스파르타의 지휘관이 별도로 표기된 것으로 보아, 합의하에 작전한 곳으로 본다.

제1장 역사서이자 전쟁사로서의 서양 고전

◼◆ 최초로 전쟁을 역사로 기술한 '역사서'로서의 가치

그전까지 '역사'는 과거의 사실을 시간순으로 적는 내용을 의미했는데, 헤로도토스가 『역사』를 저술한 이후에는 "역사는 역사가가 과거의 일을 깊이 생각하고 연구한 내용"이라는 의미를 갖게 되었다.[18]

헤로도토스의 다각적인 시각은 헤로도토스 자신의 유연성과 관용으로 뒷받침하고 있다. 통상적으로 전쟁에 관한 서술이 전장에서의 결전만으로 한정되는 경우가 대부분인데, 이 책은 다각적인 시각으로 전쟁의 원인과 전쟁 전반을 그렸다는 점에서 오늘날까지 많은 시사점을 제공한다.[19] 반면에 순수한 전쟁의 역사서로서 『역사』를 보면, 그리스에 진군하는 페르시아 군대의 규모가 264만 명에 달한다고 묘사하는 등 군사적 전문지식이 부족하다는 것이 발견된다.[20] 하지만 페르시아와 그리스 양측 군대의 상황[21], 전쟁에 이르는 과정, 복잡한 요인의 분석, 불확실한 상황에 대한 시점 분석방법의 근간은 현재의 전쟁을 고찰할 때 필요한 방법과도 많은 공통점을 보인다.

페르시아전쟁은 동서양 문명의 충돌로 세계사의 획기적인 전환점이 되었고, 전제국가와 민주국가의 충돌이기도 했다. 그리스인들에게는 자유를 위한 저항정신과 국가안보에 대한 자신감을 갖게 했고, 이러한 자신감을 기반으로 그리스 문화를 꽃피워서 세계사에 영향을 미칠 수 있었다. 한편 페르시아의 다리우스 1세는 전쟁과 통치를 위해 수도였던 '수사'에서 바빌론과 니네베를 거쳐 '사르디스(Sardes)'에 이르는 2,703km의 도로를 건설하여 교통, 통신 등에 활용하였는데, 90일 걸리던 정보전달이 10일로 단축되었다.[22]

천병희 교수의 『역사-헤로도토스』(2009)가 '지식인의 서재 추천'을 받았다.

[원서 정보] Historiae, K. Hude, 2권, (Oxford. 1927), Herodotus, *The History,* translated by David Gren. (University of Chicago Press. 1987)

---

18) 이러한 의미에서 로마의 문장가 키케로는 헤로도토스를 '역사의 아버지'로 불렀다.
19) 페르시아 대군의 이동을 위해 육·해군이 협력하여 penteconters(갤리선)와 triremes (삼단노선)을 연결한 임시다리를 만들고, 합동작전을 수행한 내용도 상세히 기술되었다.
20) 독일의 군사 사학자 한스 델브뤼크는 19세기의 프로이센군의 전개능력과 비교하여 이 수치가 얼마나 과장된 것인가를 증명하여 제시하였다. (본서 53항)
21) 그리스군은 미늘창과 원형방패를 들고 단검을 소지한 중장보병인 '호플리테스(hoplite)'로 구성되고, 전투 시에는 중장보병의 집합체인 '팔랑크스(phalanx)'를 짜서 싸웠다.
22) 투키디데스는 이 도로를 '왕의 길(Royal Road)'이라고 불렀는데, 페르시아 제국이 멸망한 이후에도 마케도니아의 알렉산더 대왕, 로마제국에 이르기까지 계속 사용되었다.

3. 투키디데스, 『펠로폰네소스 전쟁사』

3 전쟁의 원인을 분석한 전쟁사 연구의 시조
✏ 투키디데스(Thucydides, BC 465년경~BC395년)
📖 『펠로폰네소스 전쟁사』
(The History of Peloponnesian War)

■◆ 그리스 델로스 동맹과 펠로폰네소스 동맹 간의 장기간 전쟁

투키디데스는 헤로도토스와 함께 고전(古典) 세계 역사가로서 쌍벽을 이루고 있다. 본래 아테네의 군인이었던 그는 "스파르타의 명장 브라시다스와 싸워 방어지역(암피폴리스)을 수비하지 못했다"라는 오명을 쓴 채 해직된 후에, 자신이 종군했던 펠로폰네소스 전쟁의 역사를 서술하는 것에 뜻을 두게 되었다.

투키디데스는 헤로도토스와 많은 공통점을 갖고 있으면서도, 특별히 비판적인 역사가로 평가받는다. 헤로도토스는 다른 의견을 함께 표기하여 객관적 시각을 보여주려고 했고 그것을 이야기로 풀어갔지만, 투키디데스는 이를 비판적으로 평하고, 주목한 것을 보다 확실하고 분명하게 역사적 사실로 그려냈다.23)

투키디데스, 『펠로폰네소스 전쟁사』

헤로도토스는 『역사』에서 역사가의 의무를 단순히 사실의 기록이나 전달에 두지 않았다. "내 의무는 내가 들은 모든 것을 전하는 것이지만, 들은 그대로 전할 의무는 없다."라고 말했다.

반면에 투키디데스는 "가장 명백한 사실만을 단서로 하여, 희미한 과거의 일이라고는 하나, 충분히 역사적 사실에 가까운 윤곽을 밝혀낸 결과는 당연히 인정되어도 좋다. 나의 기록에는 전설적인 요소가 배제되어 있어서 이를 읽으면서 재미있다고 생각하는 사람이 적을지도 모른다. 하지만 머지않아 전개될 후대의 역사도 인간성을 따르기에 옛날과 같아지므로, 다시

---

23) 투키디데스는 소년시절에 헤로도토스가 『역사』를 낭독하는 것을 직접 들었다고 한다.

제1장 역사서이자 전쟁사로서의 서양 고전

말하면 '과거와 유사한 과정을 거치는 것은 아닌가'라고 생각하는 사람들이 과거의 진상을 제대로 보고자 할 때, 내가 기록한 역사의 가치를 인정해준다면 그것으로 충분하다." 라고 했다. 이 책은 당시의 독자에게 아첨하여 상을 받기 위함이 아니라, 대대로 유산이 될 수 있도록 썼다는 저자 입장을 분명하게 하고 있다24).

펠로폰네소스전쟁 첫해에 추도연설하는 페리클레스
(필립 폰폴츠 작, 1852년)

이러한 투키디데스의 노력은 이 책의 많은 연설 속에도 표현되어있다. '페리클레스의 추도연설'25) 등의 막대한 양의 연설이 삽입되어 있는데, 연설은 그리스인의 정신세계를 알 수 있는 매우 중요한 1차 사료가 되며, 당시의 모습을 전해주는 것으로서 매우 높은 가치를 지니고 있다.

'펠로폰네소스 전쟁'은 페르시아 전쟁 후에 그리스 세계에서 아테네의 위상이 높아지자, 아테네를 중심으로 한 '델로스 동맹'(또는 아테네 제국)이 만들어졌고, 이를 견제하기 위해 스파르타를 중심으로 형성된 '펠로폰네소스 동맹' 간의 전쟁이다.26) 아테네의 세력이 확장되는 것을 스파르타는 위기로 느꼈고, 아테네의 민주정이 그리스 전역에 확산되면서 노예를 유지하던 스파르타는 위협으로 인지했다. 기원전 431년에서 기원전 404년까지, 27년간이나 계속된 장기전이었다. 전쟁의 배경을 다룬 기원전 432년부터 기원전 411년까지 22년에 걸친 기록을 엮은 것으로, 도중에 중단된 미완성 작품이다.

---

24) 힘의 논리와 세력균형을 그리고, 본대로 묘사했다는 점에서 그를 현실주의자로 본다.
25) 이 연설은 링컨의 '게티스버그 연설', 윈스턴 처칠의 '피, 땀, 눈물, 그리고 노력', 루즈벨트의 '두려움 그 자체가 두려움' 등 유명연설의 모태가 되었다. 민주주의의 우월성, 시민의 권리와 의무, 전몰자의 업적 승화 등을 설득과 수사기법으로 깊이 있게 전달했다.
26) **투키디데스의 함정(Trap)** : 아테네의 위상이 높아지자 이에 대해 스파르타가 견제한 것처럼, 새로운 강대국이 부상하면 기존 세력이 이를 견제하게 되고 그 과정에서 분쟁이 발발한다는 이론이다. 미국 하버드대학교 정치학 교수인 '그레이엄 앨리슨'이 처음으로 사용했다. 새롭게 부상하는 세력과 기존 지배세력 간에 발생하는 충돌을 말하며, 최근에 '중국의 부상에 대한 미·중 간의 상황'을 설명할 때에 자주 사용되는 용어이다.

3. 투키디데스, 『펠로폰네소스 전쟁사』

이 전쟁에서 스파르타를 맹주로 하는 펠로폰네소스 동맹이 승리하지만, 그리스 도시국가들은 내전 성격으로 국력을 소진해서 마케도니아의 알렉산더 대왕27)에게 모두 점령당한다. 페르시아와의 전쟁이 그리스의 번영을 촉진했다면, 펠로폰네소스전쟁은 그리스 도시국가들의 동반 쇠락을 재촉했다.

◆ '전략 결정 과정'을 분석

이 책은 역사적 서술로서도 높은 평가를 받지만, 군사상 서술에 있어서 관심을 끄는 것은 '민주정치국가28) 아테네 민회(에클레시아, ekklesia)에서의 전략결정 과정'이다. 민회 내부의 권력투쟁이 전략의 원활한 전개를 방해하고, 당파 간의 대립이 합리적인 전략계획을 망가뜨리는 결과를 낳는 과정을 이 정도로 훌륭히 표현해낸 역사적 서술은 없다. 크레온 같은 아테네 정치가들의 대립 속에서 아테네의 국가안보전략이 막다른 골목에 몰리는 것은 매우 시사적이다.29)

이에 비해 지도자 페리클레스30)는 매우 긍정적으로 평가되고 있다. 민주주의 국가라고 해도 리더십의 중요성이 거론된다는 점에서, 지도자인 페리클레스를 높이 평가하는 저자의 시각은 명쾌하다. 그러나 페리클레스는 스파르타를 선제공격하자는 주전파의 말도, 스파르타의 체면을 고려해 최소한의 양보를 하자는 주화파의 말도 듣지 않았다. 그는 메가라 법령을 폐지하지 않으며, 스파르타에 양보하지도 않았고, 과도하게 선제공격을 하지도 않고 오로지 성벽에 의지한 채 철통같은 방어에만 전념했다.31)

헤로도토스와 투키디데스 석상

---

27) 알렉산더 대왕(BC356~323) : 마케도니아의 왕으로 그리스, 페르시아, 인도에 이르는 대제국을 건설하여 그리스와 오리엔트 문화를 융합시킨 헬레니즘 문화를 이룩했다.
28) 펠로폰네소스 전쟁 당시에 아테네는 '민주정치국가', 스파르타는 '과두정치국가'였다.
29) 다수결의 원리가 다수의 의사에 기반한 결정이어서, 선동가와 군중심리에 의해 다수가 현명하지 못한 판단을 내리는 경우가 많았는데, 플라톤은 이를 '다수의 우민에 의한 정치(중우정치, 衆愚政治, mobocracy)'로 규정했다.
30) 페리클레스(BC495~429) : BC461년에 정적인 보수파 대표 키몬을 도편(陶片)으로 추방하고, 이후 36년간 아테네와 델로스 동맹을 이끌었다.

아테네에서 추방됨으로써 오히려 자유롭게 행동할 수 있게 된 투키디데스는 스파르타에서도 사료를 수집할 수 있었고, 아테네, 스파르타 중 어느 한 쪽에도 치우치지 않고 중립적인 입장에서 역사를 서술하는 데 성공했다. 이처럼 '정치군사적 의사결정에 있어 정의와 권력의 상호작용'에 몰두하고 있는데, 투키디데스의 논조는 이 주제에 대해 명백히 상반된 모습을 그리고 있다. 전쟁에 대해 정의하고, 이와 관련된 고려사항이 인위적이고 반드시 권력에 굴복한다고 시사하는 듯하지만, 때로는 전쟁으로 고통받는 사람들에 대해서도 상당한 공감을 보여준다.

전투에 관한 기술에서 눈길을 끄는 것은 아테네의 시칠리아 원정에 대한 부분이다. '시라쿠사 포위'32)에 관해서, 그의 시야는 당시의 포위상황, 전투의 상세한 동향, 대치 중인 상호 교전상황 뿐만 아니라, 본국 그리스에서의 아테네와 스파르타의 동향에까지 미치고 있다. 이렇듯 포괄적인 전체상 속에서 파멸적인 실수를 범하게 된 아테네의 시칠리아 원정이 그려진다.33)

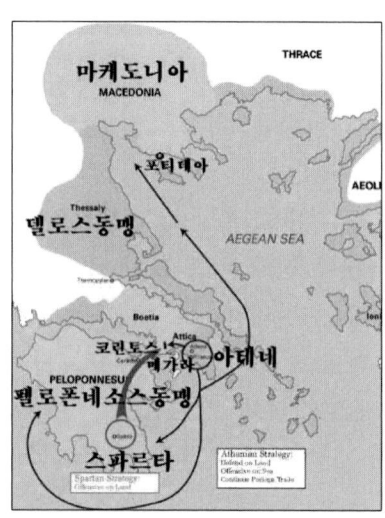
펠로폰네소스전쟁 주요 개요도
(시칠리아 원정은 별도 묘사)

이 작품에서는 '비극을 향한 문학으로의 숭고함'과 '사실의 객관적 묘사'라고 하는 두 가지 역사묘사의 틀을 발견할 수 있다.

◆ 군사기술의 혁신과 해양력의 중요성을 강조

투키디데스는 포위공격과 같은 공성전투나 해전 수행에서 필요한 다양한 군사기술의 혁신을 상세히 서술했다. "아테네는 강력한 해군 없이는 현대 제국이 불가능했다"라고 주장하면서 해양에서의 패권을 매우 중시했다.

---

31) **페리클리언(periclean) 전략** : '유예 거부'와 '과도한 확장 회피'의 소극적 전략 지칭.
32) 아테네가 시칠리아섬의 시라쿠사 성곽을 공격한 전투로서, 주변에 성곽을 쌓아올리고 동시에 아테네 해군이 항구를 봉쇄했다. 함락의 위기에서 스파르타의 기리포스가 구원하여 아테네군을 패퇴시켰는데, 펠로폰네소스전쟁의 향방을 결정지은 전투였다.
33) 시라쿠사 원정 실패 후에 점차 아테네 해군이 괴멸되자, BC 404년에 아테네는 굴욕적인 평화조약을 체결했다. 아테네의 몰락으로 그리스 문명의 전성기도 막을 내린다.

3. 투키디데스, 『펠로폰네소스 전쟁사』

그런 점에서 중요한 것은 그 후 수백 년 동안 최고의 해군함정으로 군림한 '트라이림(trireme, 3단으로 노를 젓는 전투함)'의 초기형태(BC 500년)를 개발한 것이었다. 투키디데스는 해양력 중요성에 관한 주장으로 현대 해군 이론가 알프레드 마한보다 앞선 해양력의 선각자라고 평가받기도 한다.34)

그리스 3단 노 형태의 '트라이림'(복원)

■◆ 전쟁의 이유를 특정한 '전쟁사의 시조'로 평가

무엇보다도 이 책의 제일 큰 특징이라고 할 수 있는 것은, 전쟁이 일어난 원인을 '이익(interest)', '명예(honor)', '공포(fear)'라는 세 가지 요소로 특정한 점이다. 오늘날에 이르기까지 전쟁의 기원론을 둘러싼 저작은 다수 출판되었지만, 이 세 가지 요소야말로 인간의 본성과 전쟁의 본질을 가장 날카롭게 지적한 통찰력이 뛰어난 논의로 평가받고 있는 것이다.(본서44항)

국가 간의 구조적 긴장상태에서 포기할 수 없는 국가 '이익'에 더해 통제하기 어려운 것이 '명예'와 '공포'이다. '명예'는 국민적 자존심과 결부되어 기꺼이 위험을 무릅쓰게 하고, '공포'는 상대에 대한 인식 문제로 실제보다 크게 느껴지기 마련이다. 따라서 전쟁의 원인을 이익, 명예, 공포로 보았다.35)

『펠로폰네소스 전쟁사』는 '근대 역사 서술의 시조'로서, 고전중의 최고 명저로 높이 평가되고 있지만, 근래에는 구성주의(constructivism)의 시점에서도 재평가의 움직임이 일고 있다. 또한, 전쟁 연구에서도 '서방의 전쟁 방법'의 대표사례로서 그리스 세계가 다뤄지는 경우는 많지만, 19세기 독일의 군사사가 한스 델브뤼크가 이 전쟁을 다뤘듯이 성질이 다른 2대 진영의 대립과 장기간에 걸친 전쟁이라는 '소모 전략'의 고전적인 교훈 요소로서도 이 책이 가리키는 역사관은 앞으로도 높은 평가가 계속 유지될 것이다.

---

34) 투키디데스는 코린토스 조선사였던 아미노클레스가 트라이림을 발명했다고 기록했다.
35) 허츠(F. Hertz)는 국익의 3대 요소로서 '국가안전 보장(존립)', 국가복지 번영 보장(경제적, 문화적, 정신적 이익), 국가 위신 보장(명예)로 구분하였는데, 이것은 기원전 4세기에 투키디데스가 전쟁의 원인으로 특정한 '이익', '명예', 공포'와 연관되어 있다.

제1장 역사서이자 전쟁사로서의 서양 고전

4. 최고 지휘관이 서술한 로마제국 전쟁사

✏ 율리우스 카이사르(Julius Caesar, BC100~BC44)

📖 『갈리아 전기(戰記)』
(라틴어: Commentarii de Bello Gallico, Gallia 戰記)

◆ 율리우스 카이사르(쥴리어스 시저)의 전승전략

프랑스 루브르박물관 베르사유 정원에 있는 카이사르 동상

동서고금을 통해 정치가와 군인이 쓴 회고록과 저작은 엄청난 양이 출판되었지만, 역사에 이름을 남긴 인물 중에서 군인으로서 정치가로서도 탁월한 최고의 인물이었던 본인이 직접 기록한 책은 그리 많지 않다. 하물며 그것이 로마제국이라는 역사상 중요한, 그리고 한 시대를 풍미한 영웅적인 인물의 저서라면 그 가치는 더욱더 크다고 할 수 있다.

'카이사르'(영문표기로는 '시저')36)는 제1차 삼두정치37)에서 주도권을 쥐고 제국의 건설을 향해 로마 전체를 움직였다. 『갈리아 전기』 속에서 카이사르는 "전쟁이란 무엇인가"를 항상 생각하고, 그것을 자신이 부하에게 적극적으로 설명한 사실을 선명히 묘사하고 있다. 이 책은 전쟁을 지휘한 최고사령관이 기록한 사료로서의 가치는 물론이거니와, 전쟁에 대해 고찰하기 위한 고전으로서도 매우 높은 가치를 지니고 있다.

로마군 입장에서 갈리아지방에서의 전투를 보면, 끊임없이 개별적인 적을 격파하며 전투를 거듭해도 끝없이 계속된 싸움이었다. 로마군이 몇 번씩이나 공격당해 위기에 처할 정도로 로마의 적은 결코 얕볼 수 없는 존재였다. 7년 동안 지속된 기나긴 전쟁으로 병사들이 때로는 불안해하고 때로는 동요했지만, 이러한 상황 속에서 카이사르는 솔선수범하며 진두지휘했다.

---

36) 카이사르(Caesar)는 독일에서는 카이저(Kaiser), 러시아에서는 차르(Czar)라고 하며, 모두 '황제'를 뜻한다. 카이사르의 이름이 각국에서 모두 황제를 가리키는 말이 되었지만, 정작 카이사르는 황제가 아니었고, 후일 옥타비아누스가 초대 로마 황제가 된다.

37) 로마 공화정 말기인 BC 60년에 카이사르, 폼페이우스, 크라수스 3인이 국가권력을 독점한 정치형태. 2차 삼두정치는 옥타비아누스가 안토니우스, 레피두스와 체결했다.

4. 율리우스 카이사르, 『갈리아 전기』

◈ 장기전을 이겨내기 위한 지휘관의 솔선수범

이러한 그의 노력을 돌이켜보면, 한 시대를 호령했던 영웅이라 할지라도 군대조직의 결속을 도모하기 위해서는 단순히 카리스마에 의존하지 않고 병사들과의 상호이해와 신뢰를 중시했다는 사실을 알 수 있다.

또한 현재에도 불분명한 점이 많은 당시 갈리아인과 게르만족들의 생활과 문화에 대해 상세히 설명하고 있다는 점이 이 책의 특징 중 하나이다. 본래 이 책은 로마의 원로원에 제출하기 위한 전쟁보고서로 쓰여졌지만, 카이사르는 당시 일반적이었던 문학적 표현 기법에 구애받지 않고, 사실만을 정확히 기록하여 전달하는 방법을 사용했다. 이 책에서 담담히 사실을 전하고 가능한 한 객관적으로 보고하는 방법으로 일관한 것은 카이사르가 원로원에 갈리아에서 전쟁을 계속해야 했던 이유를 설명할 필요성과 함께, 자신의 정통성을 확보한다는 정치적 의도가 있었기 때문이다.

갈리아 원정에서 가장 치열했던 '알레시아 전투(BC 52년)'에서 패전한 베르킨게토릭스가 카이사르에게 항복하는 모습을 묘사하고 있다.(Lionel-Noel Royer. 1899년작)

제1장 역사서이자 전쟁사로서의 서양 고전

장기간 로마를 떠나 전쟁을 해야했던 카이사르의 정치적 생명에 있어서, 갈리아 원정이 로마의 번영과 평화를 위한다는 것을 알리기 위해 사태를 가능한 정확하고 객관적으로 전하는 것은 절대적으로 필요한 조건이었다.

이러한 객관적인 시점은 적이었던 갈리아인들에게도 적용되었는데, 어느 쪽에 치우친 시선이 아닌 대등한 적으로 냉정히 묘사하고 있다. 특히 7권에 등장하는 아르베르니족의 수장 베르킨게토릭스(BC82~BC46)는 명예로운 라이벌로 다뤄진다. 사실 베르킨게토릭스는 '알레시아 공방전(BC52)'[38]에서 카이사르에게 패할 때까지 갈리아 부족들을 연합하고 강력한 지도력을 바탕으로 폭넓은 지지를 받던 뛰어난 통찰력을 지닌 통치자이자 전사였다.

이 책에는 적과 실제 이루어졌던 교전도 빈번히 언급되는데, 여기서도 카이사르는 결코 일방적으로 적을 비난하는 서술은 피하고 있다. 오히려 적과 아군의 상호관계 속에서 전황이 시시각각 변하는 사실과 각 전투의 승리와 패배의 이유를 항상 객관적으로 보는 자세로 일관했다. 카이사르의 시각에서 카이사르의 손으로 저술된 책이지만, 그의 의견과 생각이 직접적으로 나타나는 부분은 흔하지 않다는 점이 이 책의 가치를 높인다.

역사가와는 또 다른 최고의 실무가(군인정치가)가 묘사한 전쟁의 역사라는 점만으로도 이 책의 가치는 매우 높다. 게다가 오늘날의 전쟁에서도 일어날 수 있는 예측불가 사태의 상당수가 이미 이 책에서 언급되고 있다. 실제로 전쟁에 있어서 최고 사령관이자, 전장의 지휘관이 주의를 요하는 여러 가지 애매한 사항들(무용, 충성, 명예, 불안, 운, 공포, 잔혹성, 책무, 시간)의 중요성이 전편에 걸쳐서 빠짐없이 기록되어 있다. 클라우제비츠가 현실전쟁을 구분짓는 요소로 제시한 '마찰' 요소로서 '우연'과 '불확실성'이 지배하는 전장 상황과 전략의 본질을 묘사하고 있다.

이러한 다양한 요소를 냉정히 묘사해낸 사실이야말로, 『갈리아 전기』가 단순히 한 시대의 보고서가 아니라, 모든 시대에서 보편성을 지닌 전쟁의 특성을 표현한 책으로서 오래도록 읽혀져 온 이유인 것이다. 지금으로부터 2000년 전의 저작임에도 전쟁과 인간의 관계성, 전쟁과 조직의 관계성에 관한 통찰력이 뛰어나서 전사연구 관점에서도 매우 각광받는 저작이다.

---

[38] 카이사르의 로마군이 약 5만명의 병력으로 요새 안의 8만명의 농성군과 26만명의 포위군을 상대로 승리한 전투로, 카이사르의 천재적인 군사적 능력이 발휘된 전투이다.

4. 율리우스 카이사르, 『갈리아 전기』

갈리아 전쟁 개요와 각 권의 구성

갈리아 전기는 총8권으로 구성되며, 각 권별로 1년간의 기록을 담고 있다.
- 제1권(BC 58년): 갈리아 개관, 헬베티족과 게르만족과의 전투
- 제2권(BC 57년): 벨가이인과의 전쟁, 해변에 살던 여러 부족의 복속
- 제3권(BC 57년-56년) : 알프스 산지의 부족의 토벌, 갈리아 서해안과 아퀴타니아 정벌, 북방부족의 정벌
- 제4권(BC 55년): 라인강 도하와 제1차 브리타니아 침공,
- 제5권(BC 54년): 제2차 브리타니아 침공, 에부로네스족·네르비족 반란
- 제6권(BC 53년): 라인강 도하, 갈리아·게르만족 사정, 에부로네스족 정벌
- 제7권(BC 52년): 베르킨게토릭스 반란과 알레시아공방전
- 제8권(BC 51년): 아울루스 하르티우스 저술, 비투리게스족, 카르누테스족, 벨로바키족의 반란과 욱셀로두눔 점령

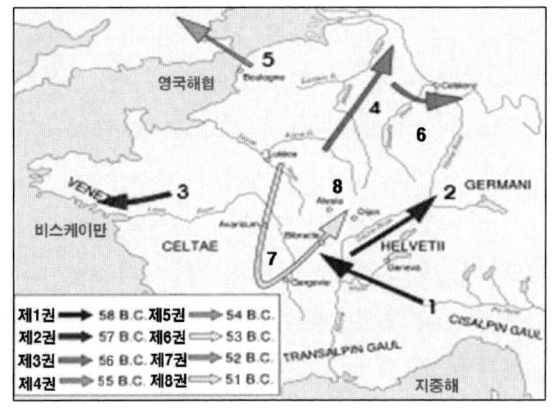

갈리아 전쟁을 통해 갈리아는 완벽하게 로마에 복속되었고, 갈리아 전쟁에서의 뛰어난 성과로 로마에서 카이사르의 인기는 하늘을 치솟고 있었다. 삼두정치로 권력을 삼등분했던 균형이 깨지면서 원로원은 걱정했고, 최종권고를 통해 카이사르에게 군대에 대한 지휘권을 버릴 것을 명령했지만, 카이사르는 그럴 생각이 없었다. 자신을 타도하려는 폼페이우스와 원로원의 음모를 읽고, 군대를 해산하는 것과 군대를 이끌고 루비콘강을 건너는 선택지에서, 카이사르는 "주사위는 던져졌다"라며 루비콘강을 건넜다.[39] 이 시점으로부터 내전과 반란 진압이 이어진다.[40]

---

[39] 이탈리아 동북부 산마리노 북쪽의 작은 강으로, 당시 로마와 갈리아 지방을 구분하는 지형이었다. 이후 '루비콘(Rubicon)강을 건넜다'라는 말은 "돌이킬 수 없을 정도로 진행된 일을 그대로 밀고 나갈 수밖에 없는 상황" 또는 "앞으로 돌이키기 힘든, 중대한 결과를 초래할 선택의 순간에서 결정을 내릴 때" 사용하는 말로 쓰인다.

[40] "veni, vidi, vici(왔노라, 보았노라, 이겼노라)"는 카이사르가 기원전 47년 소아시아 폰토스의 파르나케스 2세와의 전쟁에서 승리한 직후에 로마 원로원에 보낸 전문이다.

제1장 역사서이자 전쟁사로서의 서양 고전

루비콘강을 건너는 카이사르(Francesco and Granachi, 1849년작)

『갈리아 전기』에 대한 평가와 가치

이 책은 이성적이고 객관적인 입장에서 수려한 라틴어 문체로 기술하여 문학사적 가치도 높을 뿐만 아니라, 지리학이나 민속학적 가치도 높다. 갈리아 정복을 중심으로 하고 있지만, 그동안 행하여진 게르마니아(Germania), 브리타니아(Britannia) 원정도 언급하고 있어서 프랑스·독일·영국에 관해서 믿을 수 있는 최고(最古)의 역사적 사료로서도 높은 평가를 받는다.41)

군사적인 가치로는 부대 이동과 전쟁지도 등 전쟁에 대한 구체적인 상황을 묘사하고 있다는 점이다. 카이사르는 적이 예상치 못하는 시점에 예상치 못한 지점으로 빠른 이동과 속전속결을 감행했고, 충분한 정보를 수집하여 전략을 수립하였으며, 모든 전장에서 전황에 따라 직접 지휘하는 군사적 천재성을 발휘했다는 점에서 현대에까지 시사하는 바가 크다.

스티븐 콜린서 저, 『로마의 전설을 만든 카이사르 군단』(다른세상, 2018)을 보면 로마군단 병사의 눈으로 바라보는 갈리아 전쟁을 살펴볼 수 있다. 시오노 나나미의 『로마인 이야기』. 4권과 5권이 율리우스 카이사르에 관한 이야기이며, 4권에 갈리아 전기가 그려졌다. 박광순의 초역과 천병희 교수가 번역한 라틴어 완역본 《갈리아 원정기》(숲, 2012)를 추천한다.

---

41) 프랑스 사상가 몽테뉴는 역사적 관점에서 카이사르를 "가장 명쾌하고, 가장 설득력이 강하며, 가장 진지한 역사가"라고 평가하였다. 또한 알렉산더 대왕과 비교하여 "알렉산더는 패기가 뛰어났고, 카이사르는 지략이 뛰어났다."라고 평했다.

4. 율리우스 카이사르, 『갈리아 전기』

〈 카이사르의 내전기(內戰記) 〉

 카이사르가 8년이라는 긴 세월 동안의 갈리아 전쟁에서 승리한 후, 기원전 49년 1월에 루비콘강을 건너면서 폼페이우스와의 내전을 시작한다. 내전기도 카이사르 본인이 직접 썼다고 전해진다.

 '갈리아 전기'에서 이어지는 '내전기'는 카이사르가 로마 원로원에 급보를 보내면서 시작된다. 이 급보에서 카이사르는 폼페이우스가 군사지휘권을 포기한다면, 자신도 군사지휘권을 포기하겠다고 한다. 이 제안이 받아들이지 않는다면 군사적 행동에 나서겠다고 선언한다.

 갈리아 전쟁으로 전쟁에 익숙해있던 카이사르 군단은 원로원의 예상보다 빠르게 로마로 진군해왔고, 이들과 맞설 병력의 소집이 미처 이루어지지 않은 원로원과 폼페이우스는 이탈리아에서 싸우는 것은 불리하다고 보고, 함께 그리스로 넘어가서 군단을 편성한다. 동맹시 전쟁의 여파로 원로원파와 폼페이우스에게 앙심을 품고있던 도시들은 이들에게 더 많은 시민권과 권리를 약속한 민중파 카이사르를 환영했다.

 카이사르는 로마에 입성하여 단독으로 입후보하여 로마의 집정관이 된다. "먼저 지휘관 없는 군대와 싸우고, 다음에 군대 없는 지휘관과 싸우겠다"며, 스페인으로 건너가 그곳의 원로원 세력을 '일레르다전투'에서 격파하고 폼페이우스와의 대결을 위해 그리스로 건너간다. 그리스의 '디라키움 공방전'에서 수적 열세의 상황에서 포위하다가 맹렬한 반격을 받아 패배하고 만다. 그러나 '파르살루스 전투'에서 폼페이우스의 전략을 예측한 기동으로 대승을 거둔다. 폼페이우스는 이집트로 달아났지만, 프톨레마이오스 왕실에 의해 살해당한다. 기원전 48년 가을, 카이사르가 프톨레마이오스왕의 섭정인 포티누스를 죽임으로써 알렉산드리아 전쟁이 시작되고 내전기의 끝을 맺는다. 클레오파트라를 이집트 왕위에 오르게 한 카이사르는 그녀와의 사이에서 아들도 낳는다.

 카이사르는 5년간의 내전에서 승리한 후, 기원전 44년에 종신 독재를 선언함으로써 다시금 권력싸움에 노출된다. 카이사르는 내전이 끝난지 불과 1년도 안 되어서(기원전 44년 3월) 원로원 회의장에서 살해된다.

5. 평화를 원하거든 전쟁에 대비하라
✎ 베게티우스(Flavius Vegetius Renatus, ~450년)
📖 『군사학 논고(軍事學 論考)』
[The Military Institutions of the Romans]

◼ 평화를 원하거든 전쟁에 대비하라(Si Vis Pacem, Para Bellum)

우리가 알고 있는 군사적 지식들의 많은 부분이 베게티우스의 『군사학 논고』에 뿌리를 두고 있다. 그러나 오늘날 군사학을 연구함에 있어서 흔히 서양 고전 가운데 마키아벨리, 프리드리히 대왕, 조미니, 클라우제비츠의 고전들을 충실히 읽지만, 베게티우스에 대해서는 건너뛰는 경향이 있다. 베게티우스에 대한 연구는 그의 금언 "**평화를 원하거든 전쟁에 대비하라**(Si Vis Pacem, Para Bellum)"를 인용하는 것으로 충분하다고 여긴다.

이는 상대적으로 현대적인 저술들에 보다 친근감을 가지기 때문이겠지만, 베게티우스의 저술은 마키아벨리를 비롯한 후대인이 군사학에서 가장 중요하게 활용한 서양고전 중의 고전이다. 본서의 서문에서 밝힌 것처럼 '전략사상의 시조(始祖)'라고 할 수 있는 중요 저작이다. 베게티우스는 4세기 말 로마의 귀족이자 지식인으로서 개혁주의자였다. 그는 아드리아노플 전투42)에서 로마군단이 패배하는 것을 보고, 로마군단을 개혁하지 않으면 로마제국은 망하겠다고 생각했다. 당시 로마군단의 패배는 선발, 훈련, 군기, 전술 등 여러 가지 면에서 번성기에 비해서 극도로 쇠퇴했기 때문이었다.

베게티우스, 『**군사학 논고**』
(15세기경 이탈리아 피렌체 발간본)

---

42) 로마제국이 쇠퇴기에 빠지자, 게르만족이 서서히 침투하기 시작했다. 게르만족은 정착지에서 세력을 형성했고, 378년 발칸반도에서 불가리아 지역을 침입한 서고트족과 로마군 간에 전투가 벌어졌다. 로마군 수비대가 방어하는 아드리아노플 성을 공략했다.

5. 베게티우스, 『군사학 논고』

베게티우스는 로마인들에게 찬란했던 로마의 영광과 로마군단의 승리가 하루 아침에 이루어지지 않았다는 사실을 일깨워주고, 황제에게 잊혀졌던 과거 로마 군단의 기술을 되살려야 한다는 점을 진언하기 위해 이 책을 서로마 제국의 황제 발렌티니아누스 2세에게 헌정했다.

그러나 불행히도 황제를 비롯한 로마인들은 베게티우스의 진언을 경청하지 않았다. 그들은 아드리아노플 전투에서

"평화를 원하거든 전쟁에 대비하라"는 베게티우스의 라틴어 금언이 **활용된** 사례(마드리드 육군문화센터 부조)

고트족에게 패배한 것은 기병이 약했기 때문이라고 생각했으며, 보병의 시대는 이미 지나갔다고 판단했다. 당시 시대적 조류는 중세시대가 개막되는 단계로서, 봉건주의로 바뀌고 있었다. 정치지도자들은 고대 공화정 시대에 주로 의존했던 다수의 시민 보병보다는 소수 귀족 엘리트 중심의 기병 군대를 양성해야 한다는 생각이 더 컸던 것이다.

그럼에도 불구하고 오랜 기간에 걸쳐 유럽 각국의 개혁적인 지도자들이 군사개혁을 논할 때마다 베게티우스의 저술을 최고의 지침서로 활용해 왔다는 것은 주목할만한 사실이다. '기병의 시대'였던 중세에 군사 개혁가들은 굳이 보병을 부활하려는 노력은 하지 않았지만, "**용맹은 숫자보다 우월하다**"는 베게티우스의 금언을 최고의 가르침으로 받아들여 그것을 기사도의 핵심인 '무용(武勇)'을 강조하는 데 최대한 활용하려고 하였다. 또한 그들은 베게티우스의 주장을 바탕으로 성곽과 진지 구축 등의 방어기술을 발전시키고, 소모전과 속임수의 계략을 활용하는 측면에서 이용했다.

14~15세기에 이탈리아의 각 분야에서 르네상스 붐이 일면서 군사분야에 그러한 경향이 나타났다. 군사개혁가들은 베게티우스의 저술을 재조명하고, 진정한 군사개혁은 보병 부활과 군기확립에 있다는 주장을 펴기 시작했다. 유럽 각국에서 고대의 로마군단과 같이 군대를 보병 위주로 재조직하고 군기와 훈련을 강화하여 강군을 만들어야 한다는 목소리들이 쏟아져 나왔다. 이탈리아의 '마키아벨리', 네덜란드의 '나소의 모리스'(Maurice of Nassau)[43],

제1장 역사서이자 전쟁사로서의 서양 고전

오스트리아의 '라이몬도 몬테쿨리', 스웨덴의 '구스타브 아돌프'(Gustav Adolf) 44)등 선각자들은 이런 주장들과 함께 각국에서 군사개혁 드라이브를 이끌었다. 베게티우스는 이렇게 천 년 이상이 지난 다음에 진정한 동조자를 만났다. 르네상스 이후에 마침내 그의 저술이 빛을 본 것이다.

베게티우스의 저서가 유럽 지도자들로부터 사랑을 받아 군대의 편제와 군기 및 훈련에 크게 영향을 미쳤다는 증거가 곳곳에서 나타나고 있다.

8~9세기에 서유럽을 통일한 '샤를 마뉴'(742~814)45)는 휘하 장군들에게 베게티우스의 책을 휴대하게 하였다. 영국의 '헨리 2세'(1133~1189)와 사자왕 '리처드 1세'(1157~1199)도 전장에 나갈 때마다 이 책을 휴대하고 다녔다. 생고타르(Saint Gothard)에서 투르크족을 정복한 '몬테쿨리'는 자신의 회고록에서 "베게티우스의 가르침을 읽고 나서 마치 마상경기에서 마술과 창술을 완벽하게 구사하는 전사와 같이, 나 자신도 위대한 명장이 된 듯 매우 용감한 기분이 들었다"고 말했다. 오스트리아군의 원수 '리뉴'공작 (Ligne, 1735~1814)은 "베게티우스는 로마군단이 신의 계시를 받았다고 말했으나, 내가 볼 때는 베게티우스야말로 신의 계시를 받았다"라고 극찬했다.

◆ 군사학의 기본원리와 각 권의 구성

이 책은 제1, 2, 3권으로 나뉘었는데, 군사학의 기본 원리를 제공한다. 제1권은 신병의 모집, 훈련, 군기 등에 관한 것으로, "군인들을 행진과 대열에서 정확히 줄을 맞추게 하는 훈련보다 더 중요한 것은 없다"고 했다. 제2권에는 로마군단의 조직과 장비, 인사관리 제도, 군단의 전투대형 등을 기술하고 있다. 베게티우스에 의하면, "로마군단의 성공은 무기와 장비, 그리고 병사들의 용맹 덕분"이었다. 제3권은 '전투를 위한 부대 배치'라는 주제로 전략, 전술과 전투 대형을 다룬다.

---

43) 존 모리스 : 17세기 초에 활동한 네덜란드 총독으로, 전략, 전술에 능했다.
44) 구스타브 아돌프 17세기 '30년 전쟁'에서 싸운 스웨덴 군주로, 현대 전법의 창시자
45) 샤를 마뉴 : 8세기 후반 서유럽을 제패하여 프랑크 영토를 두 배로 늘렸고, 교황 레오 3세와 극적인 제휴를 이뤄 신성로마제국 황제에 등극했다. 프랑스어로는 '샤를 마뉴', 독일어로는 '카를 대제'로 불리고, 영어식으로는 '찰스 대제'로 불린다. 그의 사후 30년 이후에 오늘날의 프랑스, 독일, 이탈리아에 해당되는 영역으로 삼분되었다.

5. 베게티우스, 『군사학 논고』

베게티우스가 중세의 전쟁에 영향을 준 것이 바로 제3권에 해당하는 부분이다. 예를 들어 그는 예비대의 사용은 스파르타인들이 개발하고 로마인들이 도입한 것으로 설명하고 있다.

이 책은 2000년전 당시의 군대에 대한 사항이지만, 훈련과 군기의 중요성, 지휘관의 임무, 예비대의 운용, 지형의 활용과 같이 오늘날에도 중요하게 고

'테스투도'라고 하는 거북등 모양의 공성장비
(군사학 논고 제2권 삽화)

려되는 군사의 핵심원리들을 포함하고 있고 오늘날에도 적용이 가능하다.

베게티우스는 "군대의 생명은 부단한 훈련과 엄격한 군기에 달려있다"라며, 엄정한 군기에 대해 제1권에서 집중적으로 취급할 뿐만 아니라, 제2, 3권에서도 거듭 강조했다. 그는 아예 책의 첫 문장을 "전쟁에서 승리는 전적으로 숫자나 단순한 용기로 결정되는 것이 아니다. 기술과 군기만이 승리를 보장할 것이다"로 시작했다. 군대를 양성하는 나라라면 어느 나라든 시간과 공간을 초월하여 반드시 새겨들어야 할 금언임에 분명하다.

이 책은 한마디로 '군사 금언집'이라고 할 수 있는데, 제3권에서 주로 군사적 금언을 다루고 있다. "평화를 원하거든 전쟁에 대비하라. 승리를 원하는 자는 군인들을 훈련시키는 노고를 아껴서는 안된다. 성공을 희망하는 자는 원칙으로 싸워야 하고 행운만 바라보고 싸워서는 안된다. 전투력이 우세한 군사적 강국에 대해서는 누구도 감히 침범하거나 모욕을 주는 일은 없을 것이다." 등과 같은 금과옥조의 군사적 금언들로 꽉 차 있다.[46]

제4권에서는 도시를 포위하거나 방어하는데 사용되는 모든 기계들을 열거하고 해전의 교훈도 추가하였다. 여기에는 후기 로마제국의 공성술에 대한 설명도 포함되어있는데 중세시대 포위공격에 사용되는 무기도 있다.

---

[46] 제3권에서 제시한 '전쟁의 일반규칙'들은 파울루스, 오렌지공 윌리엄, 마키아벨리, 프리드리히 대왕에 이르기까지 서유럽의 군사지도자들에게 영향을 미쳤다.

제1장 역사서이자 전쟁사로서의 서양 고전

◼️ 베게티우스의 군사(軍師)다운 '보편적 금언'들

① 평화를 원하거든 전쟁에 대비하라 : 유비무환(有備無患)을 강조
② 태어날 때부터 용감한 사람은 없다. 대부분이 훈련과 군기를 통해 용감해진다 : 군대의 군사훈련과 규율의 중요성 강조
③ 위급할 때 필요한 것은 평상시 꾸준히 준비해야한다 : 평소 준비 강조
④ 용맹은 숫자보다 우월하다 : 무용(武勇)과 사기(士氣)의 중요성
⑤ 전쟁에서 우연은 용기 이상으로 전쟁을 지배한다 : 전쟁에서 우연(천재지변 등)의 두려움을 설명(*클라우제비츠보다 훨씬 이전에 강조)
⑥ 지형은 종종 용기 이상의 영향을 미친다 : 유리한 지형 이용 강조
⑦ 적을 알고 나를 아는 장수를 타파하기란 쉽지 않다 : 정보 판단의 중요성 강조(다만 불가역적 요소인 용맹, 우연, 지형 등도 중시)
⑧ 땀을 흘리는 군대는 강해지고 나태한 군대는 약해진다 : 훈련의 중요성
⑨ 좋은 장수에게는 좋은 기회가 얼마든지 있지만, 부득이한 경우가 아니면 전면전에 들어가면 안 된다 : 전투 피해를 고려해야 하며, 결정적인 전투 기회를 잡는 것이 중요함을 강조
⑩ 검은 베는 게 아니라, 찌르는 것이다 : 실용적인 조언

베게티우스는 짧은 시간에 승부를 결정짓는 결전을 중요시했다. 하지만 동시에 결전만으로 해결할 수 없는 상황이 많다는 사실을 인정하고, 교묘한 술책으로 큰 전투를 피하면서 이기는 방법을 권장했다. 전쟁사에서 명장들은 상황에 맞춰 유연한 전법을 구사했다. 이 점을 확실히 이해한 베게티우스는 직접적인 교전이나 정면충돌을 피하고 가능하다면 기동전과 소모전의 방식을 많이 활용하기를 권장했다.

"적을 굶주림, 기습, 공포로 굴복시키는 것은 전면적인 전투보다 훨씬 낫다. 왜냐하면 전투에서는 때때로 행운이 용맹보다 더 큰 몫을 하는 경우가 많기 때문이다." "훌륭한 장교는 호기를 잡았거나 꼭 필요할 때가 아니면 결코 전면적인 전투를 벌이지 않는다." "검보다 굶주림으로 적에게 고통을 주는 것이 최고의 기술이다."

5. 베게티우스, 『군사학 논고』

■◆ 『군사학 논고』에 대한 평가

베게티우스는 고대의 저작들과 법규로부터 터득하였고, 로마를 위대하게 만든 관습과 지혜를 집대성한 것이지 자신의 사상과 이론이 뛰어난 것은 아니라 했다. 그가 활용한 주요자료는 『기원론』을 쓴 카토, 코르넬리우스 켈수스, 파테르누스, 프론티누스의 저작들과 아우구스투스, 트라야누스, 하드리아누스 법규이다.47)

로마 공화정 초기 그리스 에피로스왕 피로스(Pyrrhus)와의 전투. 로마군은 중보병과 중창병 등의 유기적인 조합으로 다양한 전술을 구사했다.

"적들이 로마를 존중하여 타협하려는 이유는 결코 우리의 풍족하고 사치스러운 모습에 반해서가 아니라, 단지 로마 군대가 두렵기 때문이다." "전쟁에서 군기가 병력보다 중요하다. 기술의 본질은 끊임없는 훈련에 있다." 강한 군대는 강도 높은 훈련을 통해 습득된 엄정한 군기와 사기, 전투력에서 비롯된다고 하였다.

유럽에서는 중세시대와 그 이후에도 베게티우스의 금언을 최고의 지침서로 활용하고 전술에 적용하기 위해 인쇄술이 발명되기 전부터 보급되었다. 최초의 인쇄본은 1473년 위트레흐트에서 발간됐고, 최초의 영문판은 1767년 영국인 클라크(John Clarke)가 옮긴 책이다. 1944년 미국인 필립스(Thomas R. Phillips) 준장은 그것을 특별히 현대 시각에 맞추어 필요한 부분들을 발췌해서 편집했다. 4권은 공성전과 해전에 관한 것이고, 5권은 참고자료와 로마 해군의 인물들에 대해 수록해 놓은 것으로 이 부분을 제외하였다. 가장 최근의 영어 번역본으로 1993년 영국인 밀너(N. P. Milner)의 책이 있다. 이 책은 옮긴이가 원저의 거의 각 구절의 출처를 추적하여 수많은 주석을 붙인 것을 특징으로 하는 지극히 전문적인 서적이다. 우리나라에서는 정토웅 역, '지식을 만드는 사람들'에서 2011년에 출판하였다.

---

47) 피로스의 승리 : BC 281년 그리스 에피로스왕 피로스는 로마의 공격을 받고있던 남부 이탈리아 타렌툼의 원조요청을 받고 군사적 명예를 얻기 위해 보병과 기병을 이끌고 아드리아해를 건넜다. 로마와의 두 차례 전쟁에서 승리를 하지만, 많은 희생으로 인해 마지막 최후의 전투에서 패망하고, 로마는 이 전투의 승리로 이탈리아 전체를 석권하게 된다. 피로스의 승리는 패배나 다름없는 '실속없는 승리', '상처뿐인 영광'을 이른다.

중국 진시황(BC259~BC210)릉 병마용(兵馬俑)

제2장

병법서 형태의 동양 고전과 우리나라 고전

　고대 서양에서 전쟁에 대한 역사적인 기록과 문학이 주류를 이룬 반면에, 동양에서는 일찍부터 적을 이기기 위한 병법으로 책략과 전법에 대한 연구가 시작되었다.
　적에게 이기기 위한 최선의 방법으로서 우선 군사력을 사용하지 않고도 정치 외교적 수단에 의해 상대를 굴복시키는 책략(策略)을 사용하고, 이로써 해결되지 못할 경우에 사용하는 것이 전법(戰法)이다. 이를 위한 전·평시 부대지휘와 관리기술에 대한 장수들의 지휘술도 발전되었다.
　우리나라의 고전으로는 류성룡의 징비록. 충무공의 난중일기, 동국병감을 국가전략과 군사전략적 가치를 고려해 수록하였다.

제2장 병법서 형태의 동양 고전과 우리나라 고전

6. 병학성전(兵學聖典)으로 평가받는 고전
✏️ 손무(孫武, Sun Tzu, BC 544 - BC 496)
📖 『손자병법 (孫子兵法)』(The Art of War)

◆ 기원전 6세기부터 읽혀져 내려온 '최고의 병법서'

『손자병법』은 지금으로부터 약 2500년 전인 중국 춘추시대에 손자(孫武)가 집필한 '병법서의 고전 중의 고전'이다. 『손자병법』은 동서고금의 그 어떠한 병법서보다도 전쟁의 본질을 분석하고, 전쟁과 정치의 절대적 연결성에 유의하여 모든 차원에서의 성공적인 전쟁수행방식을 제시하였다. 따라서 손자병법이 세상에 나온 이후에는 동양의 대표적인 전략사상으로 자리매김하고 있다. 이처럼 긴 기간 동안 세계의 많은 사람들에게 영향을 미쳐왔던 전략서는 별도로 존재하지 않는다. 이것이 『손자병법』이야말로 '세계 최고(最古)이자 최고봉의 전략서'로 불리는 이유이다.

사마천의 『사기』 '손자오기열전'에 따르면, 손자병법의 작가가 춘추시대의 말기 오(吳)를 섬겼던 손무와 그로부터 100년 후인 전국시대 제(齊)의 군사(軍師)였던 손빈이라는 2가지 설이 있었다.[48)]

손자는 오나라 왕인 합려[49)]에게 발탁되어 초나라를 공략하여 승리하는데 기여하였으며, 합려가 사망한 이후에는 그의 아들 부차를 보좌하였다. 손자병법은 총 13편으로 구성되는데, 오나라 왕 합려에게 헌정한 책으로, 주변의 이웃 나라 원정(遠征)을 염두에 두고 기술한 책이다.

일본 엔초엔(燕趙園)의 손자 동상

---
48) 『손자병법』의 작가가 손무인지, 손빈인지에 대해서는 1972년 중국의 산동성에서 따로 『손빈병법』이 쓰인 죽간(竹簡)이 발견되면서 손무가 『손자병법』의 저자임이 밝혀졌다.
49) 오나라 왕 합려는 월왕 구천, 진의 문공, 초의 장왕, 제의 환공과 함께 '춘추5패(春秋五霸)'로 일컫는다. 초나라를 다섯 번 공격해서 모두 승리하나, 월의 구천을 공격하다 패배하여 전사한다. 아들 부차가 복수를 다짐하며 와신상담(臥薪嘗膽)하는 고사가 있다.

6. 손자, 『손자병법』

◼︎ 『손자병법』의 구성

1. 시계편(始計篇) : 전쟁에 앞서 승산을 파악하고 기본 계획을 세우는 것의 중요성, 전쟁의 승패를 결정짓는 전략의 다섯 가지 요소(五事)와 서로의 전략 요소를 비교하는 일곱 가지 기준(七計), 그리고 승리를 쟁취하기 위해 적을 속이는 것의 중요성에 대해 언급하고 있다.
2. 작전편(作戰篇) : 전쟁을 치르는데 있어서의 경제성에 대해 논한다. 전쟁의 속전속결을 강조하며, 전쟁수행에서 물자동원을 언급한다.
3. 모공편(謀攻篇) : 손실이 없는 승리를 쟁취하는 방법에 대해 논한다. 싸우지 않고 이기는 것, 그리고 지피지기의 원리를 제시하고 있다.
4. 군형편(軍形篇) : 군의 형세를 보고 승패를 논한다. 먼저 승리할 수 있는 태세를 갖추어 놓고 전쟁을 추구하는 만전주의를 언급하고 있다.
5. 병세편(兵勢篇) : 공격과 방어, 세의 활용을 논한다. 용병에서 정병과 기병의 원용, 타이밍과 전력의 결합에 대하여 언급하고 있다.
6. 허실편(虛實篇) : 주도권과 집중을 통한 상대적 우위 창출을 논하며 적의 강점을 피하고 허점을 노릴 것을 강조하고 있다.
7. 군쟁편(軍爭篇) : 실제 전투의 방법을 서술. 유리한 위치를 선점하는 군쟁과 이를 위한 우회기동(우직지계)의 중요성을 강조하고 있다.
8. 구변편(九變篇) : 변칙에 대한 임기응변, 승리할 수 있는 유리한 조건(오리), 장수가 경계할 위험(오위)과 만전의 대비태세를 강조한다.
9. 행군편(行軍篇) : 행군과 주둔시 유의해야 할 사항, 정보수집을 위한 각종 상황에 대하여 언급하고 있다.
10. 지형편(地形篇) : 지형의 이해득실과 장수의 책임을 논하고 있다.
11. 구지편(九地篇) : 지형의 이용, 적의 취약점 조성과 주도권 쟁취, 기동의 신속성을 강조하고 있다.
12. 화공편(火攻篇) : 화공의 원칙과 방법을 설명하고, 전쟁과 전투를 신중히 할 것을 강조하고 있다.
13. 용간편(用間篇) : 정보의 중요성과 그를 위해 간첩을 이용하는 방법 등 정보와 반정보에 대하여 논하고 있다.

제2장 병법서 형태의 동양 고전과 우리나라 고전

이처럼 『손자병법』은 1편 『시계(始計)』에서 13편 『용간(用間)』까지 총 13편으로 구성되어 있다. 1편 『시계(始計)』부터 6편 『허실(虛實)』에 이르는 전반부는 전쟁을 치를 때의 기본적인 각오와 전쟁의 성질에 대해 설명한 총론적인 기술이고, 후반의 7편 『군쟁(軍爭)』부터 13편 『용간(用間)』까지는 다양한 지형과 전쟁 국면(戰局)에 있어서의 병사의 전개 방식과 전술에 대한 구체적인 설명으로 이루어져 있다.

■◆ '부전이승(不戰而勝)' 개념의 창시자

손자의 병법에서 제일 눈에 띄는 특징은 실제로 전투하지 않고 어떻게 승리를 거둘 수 있는지에 대해 끊임없이 관심을 둔 점일 것이다. 그리고 실제로 전쟁이 시작된 경우에 손자의 목적은 최소한의 유혈로 최대한의 승리를 거두는 것이었다. 그러한 목적을 달성하기 위해 손자는 기동, 양동, 기만, 교란, 정보전과 같은 전쟁의 심리적인 측면을 강조했다. 이렇듯 전쟁의 심리적인 측면을 강조한 손자의 접근방식은 이후에 영국의 전략이론가인 리델 하트가 응용하여 '간접접근 전략'의 기초가 되기도 했다.

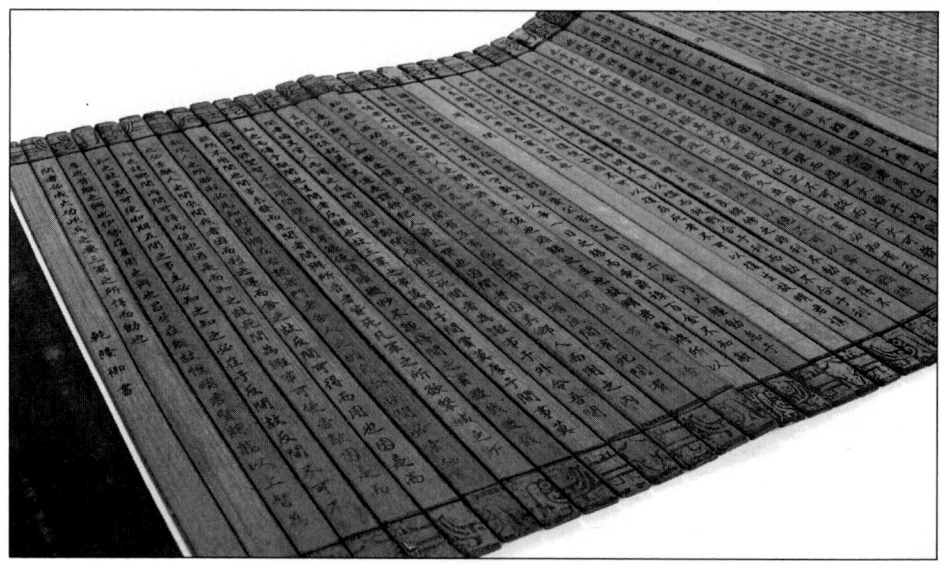

대나무 책(죽간)으로 제작된 고대의 『손자병법』

6. 손자, 『손자병법』

『손자병법』을 관통하는 중심사고는 '**부전이승**(不戰而勝)' 사상이다. 실질적으로 무력을 사용한 전쟁을 벌이지 않고 정치, 외교 차원에서 적을 이기거나 적 군사력을 와해시킴으로써 승리하는 것을 최상으로 보았다. 벌모(伐謀)는 적의 전략을 와해시키는 것이고, 벌교(伐交)는 적의 동맹관계, 벌병(伐兵)은 적의 군사력, 그리고 공성(攻城)은 방비되어있는 적의 성을 공략하는 것이다. 손자는 벌모를 최상책으로 보고, 공성을 최하책으로 보았다.

『손자병법』에 나오는 말 중 제일 중요한 것을 고르라고 한다면, 1편 『시계(始計)』의 서두에 쓰인 다음과 같은 말이다. "병(兵)은 나라의 대사(大事)로 사생(死生)의 터가 되고 존망의 길이 되니 잘 살피지 않을 수 없다. (兵者, 國之大事. 死生之地, 存亡之道, 不可不察也.)" 이는 "**전쟁은 국가의 중대사이자, 국민의 생사, 국민의 존망이 달려있으니 세심히 검토하지 않으면 안 된다**"라는 의미이다. 손자는 전쟁이 인적, 물적으로 너무나 큰 희생을 동반하는 것이기 때문에 가능한 피해야 한다고 말한다. 이런 기본적인 생각에서 "백전백승이 최선이 아니라, **싸우지 않고 적을 굴복시키는 것이 최선**이다(百戰百勝 非善之善也 不戰而屈人之兵 善之善者也).'(謀攻篇)"라는 말에 응축된 손자의 '**부전이승**(不戰而勝)'[50] 전략이 탄생하였다.

『손자병법』과 다른 전략의 가장 큰 차이는 '기만'과 '비대칭 전략'에 초점을 맞춘다는 점이다. 전술 수준에 있어서 손자가 말하는 병법의 요점은 '적의 주력군과의 정면충돌을 피하는 것'으로, 기동, 양동, 기만 등의 방법으로 적의 허를 찔러 기습함으로써 적을 분단하여 각개격파하는 것이다.

또한, 국가전략 또는 외교 수준에서 손자가 말하는 병법은 오늘날 국제정치학에서 말하는 '소프트 파워'를 구사하는 것이 중요한 의미를 갖는다. 미국의 국제정치학자 '조지프 나이'(본서 58항, 국제분쟁의 이해)에 따르면 '소프트 파워'란 무기체계로 대표하는 '하드 파워'와 대비되는 말로, '자국이 바라는 결과를 타국도 바라게 하는 힘'을 뜻한다. 그 나라의 문화, 가치관, 경제력 등을 기초로 하는 '매력의 정도'를 의미하는 것이다. 이러한 비대칭적인 '소프트 파워'를 증대시켜 구사함으로써, 손자가 말하는 "싸우지 않고 적을 굴복시킨다"라는 목적을 달성할 가능성이 높아진다.

---

50) 현대적으로는 비물리적 전력의 승수효과(force-multiplier)라고도 표현한다.

제2장 병법서 형태의 동양 고전과 우리나라 고전

◆ 전략의 다섯 가지 요소(五事)와 일곱 가지 평가기준(七計)

손자는 제1장 시계(始計)편에서 다섯 가지 전략의 요소(道天地將法)들을 가지고, 일곱 가지 기준에 의거하여 상대방과의 전략을 분석하고 평가하여야 한다고 하였고, 이것이 전략수립의 시작이라고 하였다.

다섯 가지 '**전략의 기본요소(五事)**'인 도천지장법(道天地將法)은
첫째, 군주의 정치와 백성과의 일체감을 의미하는 **도(道)**,
둘째, 전쟁의 시기적 상황을 뜻하는 **천(天)**,
셋째, 지리적 환경을 뜻하는 **지(地)**,
넷째, 군사를 지휘하는 장수의 능력을 말하는 **장(將)**,
다섯째, 군대의 조직과 규율, 재정과 병참을 뜻하는 **법(法)**이다.51)

이러한 다섯 가지 요소를 **일곱 가지 기준(七計)**에 의거해 비교평가한다.
첫째, (主孰有道) 어느 편의 군주가 바른 정치(道)를 펴는가?
둘째, (將孰有能) 어느 편의 장수가 더 유능(有能)한가?
셋째, (天地孰得) 어느 편에게 천시(天時)와 지리(地理)를 잘 활용하나?
넷째, (法令孰行) 법령(法令, 법과 명령체계)는 누가 더 잘 행하는가?
다섯째, (兵衆孰强) 군대는 어느 편이 많으며 강(强)한가?
여섯째, (士卒孰練) 장병들은 어느 편이 잘 훈련(訓練)되어 있는가?
일곱째, (賞罰孰明) 상벌(賞罰)은 어느 편이 더 공정하게 시행되는가?

◆ 정군(政軍) 관계

손자는 제3장 모공편(謀攻篇)에서 군주와 장수의 관계에 대하여 다루고 있다. 장수는 군사부문에 있어서 군주를 보좌하는 중요한 존재이다. 군사에 관한 보좌가 주도면밀하면 국가가 강성해질 것이고, 그렇지 못하면 국가는 반드시 약해진다. 군주는 군사 운용에 있어서 장수의 자율권을 보장하여야 한다.

---

51) 오사(五事)를 이종학 교수는 '전략의 5대 요소'로, 김원중 교수는 '전승을 결정하는 5대 요소'로 해석했다. 손자는 오사(五事)와 칠계(七計)를 기초로 지피지기하고, 이를 근거로 상대방보다 유리한 조건을 만들어 주도권을 장악해야 전승한다고 했다. 클라우제비츠가 정의한 전략의 5대요소와 일맥상통하여 전략의 요소로 표현한다.(146면 참조)

6. 손자, 『손자병법』

군주가 군의 지휘권을 지나치게 간섭하여 군을 위태롭게 하는 경우는 첫째, 군사지식과 판단이 부족하면서, 군대가 진격하게 하거나 후퇴명령을 내리는 등 **군사행동을 속박**하는 것이다. 이는 장수의 판단을 흐리게 한다. 둘째, 군대의 내부 사정을 정확히 알지 못하면서 **군사행정에 간섭**하여 군의 내부혼란을 일으키는 일이다. 이는 장수의 공정성에 문제를 야기한다. 셋째, **군대의 지휘계통을 무시하고 군령에 직접 간섭**하여 내부의 불신감을 조성하는 일이다. 이는 장수의 지휘체계를 제한한다.

◆ 장수(將帥)의 덕목과 경계할 사항들[52]

손자는 장수의 역할에 대하여, "무릇 장수는 전장에서의 승리를 달성하여야 하며, 군의 지휘권(軍令)을 엄정하게 확립하여야 하고, 군의 행정(軍政)을 공평무사하게 유지하여야 한다"라고 하였다.[53]

'장수의 다섯 가지 덕목(五德)'을 제1장 시계(始計)에서 제시했다.
① 지혜(智慧) : 다양한 현장감과 위기감, 대안 제시 능력을 갖춤
② 신의(信義) : 확고한 소신과 신념
③ 인애(仁愛) : 성품이 어질고 부하를 사랑하는 마음
④ 용기(勇氣) : 용맹스러우면서 결단력을 갖춤
⑤ 엄정(嚴正) : 공과 사를 구분하며, 군기를 유지하고 위엄을 갖춤

'장수의 다섯 가지 위태로움(五殆)'을 제8장 구변(九變)에서 제시했다.
① 필사가살(必死可殺) : 필사적으로 싸우면, 장수가 죽을 수 있다.
② 필생가로(必生可虜) : 기어코 살려고 하면, 포로가 된다.
③ 분속가모(忿速可侮) : 분노와 성미가 급하면, 기만을 당한다.
④ 염결가욕(廉潔可辱) : 지나치게 결백하면, 모함을 당한다.
⑤ 애민가번(愛民可煩) : 병사를 너무 사랑하면, 번민하게 된다.

---

52) 제10장 지형(地形)편에서 '패배를 불러오는 장수'의 속성으로 ①적의 형세를 헤아리지 못함, ②권위가 없음, ③교육훈련을 충분히 하지 않음, ④쓸데없이 화를 냄, ⑤규율을 지키지 않음, ⑥정예부대를 투입하지 않음을 제시했다.
53) 오자(吳子)는 장수의 중요성과 관련하여, 문무(文武)를 겸비하는 것이 지휘관의 요건이요, 강유(剛柔)를 겸용하는 것이 용병의 요건이라 했다. 장수가 실천해야 할 다섯 가지는 이(理), 비(備), 과(果), 계(戒), 약(約)이다. 즉, ①지휘통솔력 ②대비태세 완비 ③과감한 결단력 ④적을 얕보지 않는 신중함 ⑤군령의 간결성이다.(吳子 제4편 論將)

■ 우직지계(迂直之計) - 전략의 근본

제7장 군쟁(軍爭)편에서 "가까운 길을 곧게만 가는 것이 아니라 돌아갈 줄 알아야 한다"라는 병법의 지혜를 일컫는 말이다. "가까운 길을 먼 길인듯 가는 방법을 적보다 먼저 아는 자가 승리를 거두게 된다. 이것이 군대가 전쟁에서 승리하는 원칙이다"(先知迂直之計者勝, 此軍爭之法也)

"군쟁(軍爭)에서 어려움은 돌아가는 길을 곧은 길로 삼고, 불리한 근심을 오히려 이로움으로 만드는 것이다. 그러므로 그 길을 돌기도 하고, 적을 이익으로 유인하면, 상대방보다 나중에 출발하고서도 먼저 도달하는 것이니, 이를 우직지계를 안다고 하는 것이다."(軍爭之難者, 以迂爲直, 以患爲利. 故迂其途, 而誘之以利, 後人發, 先人至, 此知迂直之計者也)54)

군사행동이나 군사력의 운용에 있어서 '**적이 예상하지 못한 우회(迂廻) 전략을 취하여 적의 허를 찌르라**'는 것이다. 즉 적이 아군의 기동을 눈치채지 못하게 하는 것이니 나중에 출발해도 먼저 도착한다는 뜻이다.55)

전술적인 의미에서 분석하면, '**유리한 장소와 시간을 선점**'하는 것을 말한다. 피아간에 누가 유리한 시간과 장소를 차지할 수 있는가에 승패의 관건이 달려있다. 유리한 시간이라는 것은 아군의 사기가 충만하고 적은 지쳐있는 상황처럼 아군이 유리한 시간을 선택하는 것이다. 유리한 장소는 지형적으로나 환경적으로 적에게는 취약한 환경에 처하게 하는 것을 말한다. 아군이 유리한 지형을 선점하면 적을 견제하거나 공격하기 유리하다.

우직지계의 핵심은 '**적의 예측을 뒤흔드는 변화무쌍한 전략을 수립**'하는 것'이다. 전략의 핵심은 상대의 허점을 찾아 교란해서 적을 오판에 빠뜨리는 것이다. 전사에 남은 전투들은 병력으로나 전세로나 열세에 있던 쪽이 어떻게 이겼는가를 보여주고 있다. 힘과 지혜의 싸움인 전쟁에서 우직지계는 허(虛)를 보여 상대방이 유리한 것으로 오해하게 하고 상식을 뛰어넘는 방법으로 상황을 뒤집어 실(實)을 취하는 것이 전략의 기초임을 제시한다.

---

54) 직접적인 의미는 길을 돌아가면서도 곧바로 가는 것과 같이 목표를 달성한다는 것으로, '**목적을 위해서 수단은 바꿀 수 있다**'라는 것을 말한다.
55) 제7장 군쟁(軍爭)편에서 상황에 따른 군사력의 운용에 대해서 기습은 바람처럼 **빠르게**, 이동은 숲처럼 고요하게(其疾如風 其徐如林), 공격은 불길같이 맹렬하게, 수비는 산처럼 묵직하게(侵掠如火 不動如山)라고 하였다. 이를 줄여 풍림화산(風林火山)이라 표현한다.

🔷 기정지계(奇正之計) - 작전술의 요체

제5장 병세(兵勢)편에서 '병세(兵勢, 군사의 세력)'를 형성하는 핵심은 '기정(奇正)'을 어떻게 잘 조합하고 활용하느냐에 달려 있고, "군대가 적을 맞아 싸우면서 패하지 않는 것은 '기정(奇正)'을 잘 활용했기 때문이다.(三軍之衆, 可使必受敵而無敗, 奇正是也)"라고 했다.

군사작전에서 일반 원칙에 따르는 것이 '정'(正)이고, 원칙을 상황에 따라 융통성 있게 활용하는 것은 '기(奇)'이며, '정(正)'은 정상적이고 일반적인 방법으로 적과 정면에서 맞서 싸우는 용병법인 반면, '기(奇)'는 특수하고 비정상적이고 비정규적인 방법으로 적이 대비하지 않는 곳에 전력을 집중해 적을 이기는 용병법이다. '기(奇)'는 다르게 접근한다는 면에서 '비대칭적 접근'이라고 할 수 있다. 1장 시계편에서 손자는 "적이 대비하지 않는 곳을 공격하고, 적이 예상하지 못하는 곳으로 출정하라(공기불비(攻其不備) 출기불의(出其不意))"라고 했는데, 이것이 '기(奇)'에 해당한다.56)

손자는 "싸움의 세에는 '기'와 '정', 두 가지가 있는데 이들을 잘 이용하면 무궁무진한 변화를 만들 수 있다(戰勢不過奇正, 奇正之變, 不可勝窮之也)"고 했다. 즉, 군사작전에 있어서는 고정된 법칙이 없다는 것이다. 따라서 군사지휘관들은 반드시 실제 전장의 구체적인 상황에 따라 정확하게 판단하고 융통성 있게 대응하는 것이 중요하다. 이론상의 원칙(正)이 현실에서는 다양한 변화(奇)로 나타나는 것이다.

그렇다면 '정(正)'과 '기(奇)'를 어떻게 활용할 것인가? 손자는 "무릇 전쟁의 수행은 정(正)으로 적과 대치하고, 기(奇)로 승리를 얻는다(凡戰者, 以正合, 以奇勝)"라고 했다. 이는 '정'과 '기'를 활용하는 일반적인 원칙이다. '정'과 '기'가 서로 의존하고 보완하는 하나의 시스템이라는 것을 강조한다. '정'은 '기'와 함께 사용해야 하고 '기'는 '정'을 바탕으로 해야 한다. '정'이 약하면 '기'의 효과를 제대로 발휘할 수 없고, 전쟁에서 전체 국면을 통제하기 힘들다. 반면에 작전에서 정(正)만 믿고 기(奇)가 없으면 군대 질서는 정연하겠지만 위력을 발휘할 수 없어 승리하기 어렵다. 따라서 오직 '정'과 '기'를 잘 조합해야 적을 제압할 수 있는 압도적인 병세(兵勢)를 형성할 수 있다.

---
56) 8장 구변(九變)과 리델 하트의 '간접접근전략'이 '기(奇)'와 맥을 같이 한다고 하겠다.

공수지계(攻守之計) - 전술의 핵심

제4장 군형(軍形)편에 전술적 측면에서 공격과 수비의 비결을 다음과 같이 설명하고 있다. "(적이) 이길 수 없는 것은 지키기 때문이고, (우리가) 이기는 것은 공격하기 때문이다. 지키는 것은 부족하기 때문이고, 공격함은 여유가 있기 때문이다.(不可勝者 守也 可勝者 攻也 守則不足 攻則有餘)" 이것은 전력이나 상황이 이길 수 있을 때 공격하고, 그렇지 못하면 지키라는 것이다.

또한 방어가 선행되어야 함을 강조했다. "과거 전쟁을 잘하는 자는 먼저 아군의 태세를 갖추어 적이 이기지 못하도록 하고 자기가 이길 기회를 도모했다(昔之善戰者 先爲不可勝 以待敵之可勝). 이기지 못하게 하는 것은 나에게 달려있고, 이기는 것은 적에게 달려 있다(不可勝在己 可勝在敵). 전쟁을 잘하는 자는 능히 적이 이기지 못하게 할 수는 있지만, 자신이 반드시 이길 수 있도록 할 수는 없다(故善戰者 能爲不可勝敵必可勝). 그러므로 이기는 것은 알 수 있으나, 만들어낼지는 알 수 없다.(勝可知而不可爲)."[57]

방어와 공격의 개념에 대해서는 다음과 같이 설명했다. "방어를 잘하는 자는 땅속 깊숙이 숨어 있는 것 같이하여 적으로 하여금 어디를 공격할지 알 수 없게 방어하며, 공격을 잘하는 자는 높은 하늘에서 움직이는 것 같이 적으로 하여금 어디를 방어해야 할지 알 수 없게 공격한다.(善守者 藏於九地之下 敵不知其所攻 善攻者 動於九天之上 敵不知其所守)"[58]

제6장 허실(虛實)편에서 공격과 수비를 잘하는 방법에 대해서는, "공격하여 반드시 취하는 것은 적이 지키지 않는 곳을 공격하기 때문이며, 방어가 견고한 것은 적이 공격하지 못할 곳을 지키기 때문이다.(攻而必取者 攻其所不守也 守而必固者 守其所不攻也) 그래서 공격에 능숙한 자는 적이 어디를 방어해야 할지 모르게 하고, 방어를 잘하는 자는 적이 어디를 공격해야할지 모르게 한다(故善攻者 敵不知其所守 故善守者 敵不知其所攻)"라 했다.

---

57) 이 말은 모순 같지만, 공격과 방어의 이상형은 그렇게 묘사되며, 공격자가 뛰어나게 공격을 하여도 궁극적으로 승부는 어떠한 경우에도 방어의 성패에 달려 있다는 것이다.
58) 여기에서 구지지하(九地之下)에서 구지(九地)는 다양한 지형을 의미하므로 현대적 의미에서는 다층 방호와 분산 방호를 의미한다고 하겠다. 구천지상(九天之上)은 가장 높은 곳을 뜻하므로, 가장 높은 곳에서의 움직임은 정보·정찰 및 전체적인 군형과 병세에 대한 이해로 해석된다. 제6장 허실(虛實)편에서도 동일한 표현이 등장한다.

6. 손자, 『손자병법』

■◆ 『손자병법』의 현대적 가치

　손자는 전쟁에서의 승리는 적 부대를 격멸하는 것이 아니라, 적의 전쟁 의지를 파괴하는데서 나온다고 하였다. 이러한 손자의 전략사상은 리델 하트의 '간접접근전략'(본서 29항)이나 풀러의 '전략적 마비(본서 27항)'와 조지프 나이의 '소프트 파워'(본서 58항)라는 사고방식을 2천 년 이상 앞선 것으로, 현대에 있어서도 시사하는 바가 크다. 또한 미디어가 고도로 발달한 현대에서는 국제분쟁을 가능한 비군사적인 방법으로 해결하기를 바라는 여론을 무시할 수 없다. 손자는 최소한의 유혈로 승리를 추구할 것을 주장했다는 점에서 이러한 현대의 요구와 가치에 부응한다.

　또한, 제9장 행군편에서 "말을 겸손히 하면서 더욱 준비하는 것은 진격하려는 것이고, 말이 강경하면서 달려 나오려는 듯한 자는 물러가려는 것이다. 아무런 약속없이 평화를 청하는 것은 속이려는 것이다."(辭卑而益備者, 進也. 辭詭而强進驅者, 退也. 無約而請和者, 謀也.)라며 상대가 내세우는 행동을 그대로 받아들이면 안 된다는 손자의 경구는 최근의 북한 태도에 대응할 때에 좋은 참고가 되는 등 현대의 국제정치에도 매우 유용하다.

　게다가 『손자병법』의 가치는 단순한 병법서로서의 가치에 그치지 않는다. 손자병법에 담긴 노하우들은 인간의 본성 그 자체에 초점을 맞추고 있어서 폭넓게 응용이 가능하다. 또한 손자의 인간과 조직의 관계에 대한 깊은 통찰은 '어떻게 조직을 움직이는가'라는 문제에 대한 시사는 현대의 경영에 풍부한 시각을 제공하고 있다. 또한 전략지침서로서 유용한 것은 인류가 경험할 수 있는 가장 극한 형태의 경쟁인 전쟁에서 추출해낸 승리의 기본 원리이기 때문이라고 말한다. 따라서 병법서뿐만 아니라 비즈니스 전략서로도 각광받고 있다. 다양한 해석이 가능한 것이 고전의 조건 중 하나라면, 『손자병법』만큼 고전의 조건에 부합하는 책은 없을 것이다.

　국내에 최근 국내 시판중인 손자병법은 『손자병법 (밀리터리 클래식 1)』 김광수 역(책세상, 1999), 유동환 역(홍익출판사, 2005), 『손자병법(시공을 초월한 전쟁론의 고전)』, 김원중 역(휴머니스트, 2016), 『손자병법(현대인을 위한 고전 다시 읽기 3)』, 이현서 역(청아출판사, 2018) 등이 있다.

제2장 병법서 형태의 동양 고전과 우리나라 고전

7 홍망성쇠를 군웅할거의 항쟁으로 그리다

✎ 사마천(司馬遷, BC 145? ~ BC 86?)

📖 『사 기(史記)』
(Records of the Grand Historian)

◆ 인물중심의 기전체로 군웅할거(群雄割據)의 항쟁을 그려내다

사마천은 전한(前漢, BC 206~AD 8)의 무제가 통치하는 시대에 활약한 중국 역사상 최고의 역사가로서, 중국에서는 '역사학의 아버지'라고 불린다. 전쟁에서 적에 투항한 벗을 변호하다가 무제의 노여움을 사서 궁형59)을 받게 되지만, 그 굴욕을 발판으로 수십 년의 세월에 걸쳐 중국 고전의 최고봉이라 일컬어지는 『사기』를 집필하게 된다. 사마천은 『사기』에서 전설 속의 황제로부터 전한의 무제까지 족히 2000년이 넘는 장대한 역사를 다뤘다.

『사기』는 제왕의 홍망을 그린 '본기(本紀) 12편', 연표를 기록한 '표(表) 10편', 예의와 같은 제도와 관습을 정리한 '서(書) 8편', 춘추전국시대 제후의 사정을 기록한 '세가(世家) 30편', 자객 등 유명 인물의 전기를 다룬 '열전(列傳) 70편'으로 이루어져 있다. 사마천은 이러한 다양한 관점을 결합하여 역사적 사건의 의의와 개인의 내면을 다각적으로 고찰하도록 기술했다.60)

역사를 기록함에 있어서, **연월 순서에 따라 사실을 열거하여 역사를 기록하는 체계**를 '편년체(編年體)'가 일반적인데, 사마천은 역사기술방법에서 **최초로 인물을 중심으로 기술하는 체계**인 '기전체(紀傳體)'를 사용했다.61)

투키디데스는 '전쟁의 원인과 결과를 과학적인 태도로 검증했다는 것'이 특징인 것에 비해, 사마천은 '제후의 홍망성쇠에 초점을 두고 군웅할거의 항쟁을 선명히 그려내는 것'에 능한 역사가였다. 국가정책에 영향을 미쳤던 개인에 대해 여러 차례 다룬 점도 『사기』의 큰 특징이자 매력이다.

---

59) 궁형(宮刑)은 고대중국의 오대형벌(墨刑, 劓刑, 剕刑, 宮刑, 大辟) 중의 하나인데, 죄인을 거세시키는 형벌로, 인간의 존엄성을 말살하는 것인데, 사마천은 이런 치욕을 감내했다.
60) 왕과 제후, 유명인물이 수천 명 등장하여, 가히 '중국의 인물백과사전'이라 할 수 있다.
61) 우리나라의 대표적인 역사서 중에 <삼국사기>와 <고려사>가 기전체로 쓰여졌으며, <삼국유사>와 <조선왕조실록> 등이 편년체로 쓰여졌다.

7. 사마천, 『사기』

춘추전국시대 국제관계와 세력균형

『사기』가 묘사한 중국의 전쟁 속에서 나타난 전투장면에 병사의 수 등은 과장된 부분도 있고, 여러 전설에서 각색된 것으로 생각되는 기술이 보기도 한다. 하지만 국제관계라는 큰 틀 속에서 '각각의 국가들이 어떻게 전쟁을 수행하고 어떻게 억제해왔는가'라는 관점으로 『사기』를 읽는다면 매우 유익한 결과를 얻을 수 있다.

춘추전국시대 중국의 '전국칠웅(戰國七雄)62)' 국가들이 패권을 위해 항쟁하고 최대한 의지력으로 외교정책을 짜냈다. 대립하는 나라들은 세력이 팽팽하고 동질의 문화적 배경을 공유했는데, 이러한 고도의 국제관계는 주권국가 중심의 19세기 유럽의 고전적인 외교관계를 방불케 한다.

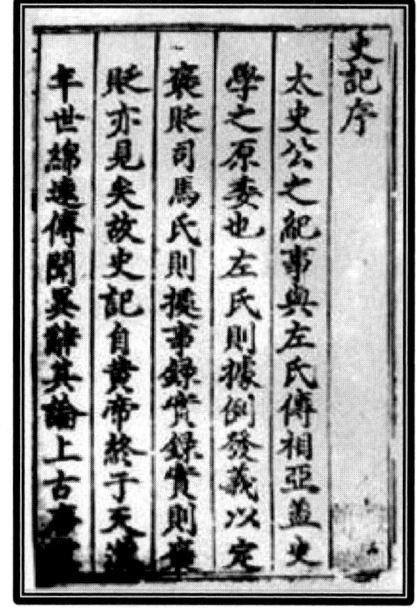

사마천, 『사기』
<사기(史記)의 서문>

중국의 춘추전국시대에 있어서도 각국의 '**세력균형**(balance of power)'을 토대로 한 외교가 이루어졌다. 사마천은 자국의 국익을 냉철히 판별하여 '**합종연횡**(合從連橫)'의 외교를 행하는 나라들의 모습을 선명히 그려내는 데 성공했다. 특히 전국시대에 정치적 식견으로 국가 간 외교에서 활약했던 '종횡가(縱橫家)' 중에서 '소진(蘇秦)'과 '장의(張儀)'라는 두 명의 탁월한 책략가를 등장시킨다. 이들을 통해 허허실실한 외교교섭의 모습을 다각적으로 고찰한 사마천의 기술은 전략의 본질을 명확히 파악했다는 점에서 훌륭하다고 평가할 수밖에 없다. 소진과 장의의 활약을 그린 '열전'에 있어서, 이 대표적인 두 '종횡가'가 각국의 지정학적 위치, 군사력, 경제력, 국민의 성질 등을 종합적으로 분석하고, 그 나라에 가장 효과적인 외교방책을 설득하러 다니는 모습이 현장감 넘치는 필치로 묘사되어 있다. 소진과 장의에 대해서는 '열전(列傳)'에 기록하고 있다.

---

62) 전국시대(戰國時代)는 기원전 403년부터 진(秦)나라가 중국을 통일한 기원전 221년까지의 기간을 가리키며, '전국칠웅'은 이때까지 살아남았던 진(秦), 조(趙), 위(魏), 한(韓), 제(齊), 연(燕), 초(楚)의 일곱 나라를 말한다.

제2장 병법서 형태의 동양 고전과 우리나라 고전

짐을 지고 떠나는 '소진'(좌)과 군중에게 연설하는 '장의'(우)의 행색에서 종횡가의 모습을 엿볼 수 있다

세력균형을 무너뜨리고 있던 강국 진(秦)나라의 융성에 대항하기 위해 소진은 '**합종책**(合從策)'을 세워 진 이외의 6개 나라(조(趙), 위(魏), 한(韓), 제(齊), 연(燕), 초(楚))들이 공수동맹(攻守同盟)을 맺어 연대할 것을 주장했고, 반대로 장의는 '**연횡책**(連橫策)'을 세워 진(秦)의 동방에 있던 6국이 각각 단독으로 진과 동맹(약소국이 강대국과 동맹)을 맺을 것을 주장했다. 합종책과 연횡책, 이 두 가지 유형의 동맹 정책은 현대의 국제관계에서도 그대로 적용되는 것이다.

■ 『사기』에서 배우는 고전의 예지

『사기』의 큰 특징은 독자의 목적에 따라 다양한 독해가 가능하다는 점이다. 예를 들어 『사기』 전체의 클라이막스라고 할 만한 항우와 유방의 천하통일을 둘러싼 항쟁을 그린 부분에서는, 대조적인 두 지도자의 행동을 통해 "천하를 다스릴 만한 인망(人望)이란 무엇인가?" 또는 "지도자의 조건이란 무엇인가?"라는 문제에 대해 생각해 보게 한다.63)

편견과 관습에 얽매이지 않은 냉철한 사마천의 역사적 안목 또한 『사기』의 두드러진 매력이다. 그 예로서, 중국의 많은 정사들에서 이민족에 대해 공통적으로 보이는 고찰은 한(漢)민족의 우위성을 전제로 하는 편파적인 성향이 압도적인데, 『사기』에서는 지극히 냉정하고 객관적으로 기술하고 있다. 또한 손자 등 인물들의 역사사실의 기록으로도 가치가 있다.64)

---

63) 『사기』의 <항우본기(項羽本紀)>에 항우가 쥐루(鉅鹿) 전투에 출전하여, 타고 온 배를 가라 앉히고 군사들의 솥을 깨트리는 극한 상황을 만들어 결사항전했다는 '파부침선(破釜沈船)'의 고사가 나온다. 항우는 이처럼 계책으로 승리하는 훌륭한 장수였지만, 자신의 용맹과 지략만 믿고 부하를 신뢰하지 못하고 인재경영을 하지 못하여, 훌륭한 인망으로 유능한 인재를 적극적으로 활용했던 유방에게 천하를 넘겨주었다.

7. 사마천, 『사기』

그 외에도 사마천은 유방이 천하통일을 이루는 데 기여한 중요인물로 군대를 지휘한 **대장군 '한신'**과 **전략가** 군사(軍師) **'장량'**, 후위의 **'군수와 행정'**에 충실히 수완을 발휘한 **'소하'**의 공적을 높이 평가했는데, 전쟁연구의 시점에서 보면 군수의 중요성에 대해서 이렇게 세심히 고찰한 사실은 동시대의 다른 역사서에서 거의 볼 수 없는 참신한 시도라고 할 수 있다.65)

유방이 진나라의 수도 함양(咸陽)에 입성했을 때 모두가 금은보화에 정신이 팔려있었지만, 소하는 진나라 중요문서와 도면들을 먼저 챙겼다. 파촉(巴蜀)에서 관중의 역양(櫟陽)으로 수도를 옮겼을 때도 태자를 보좌하며 역양의 제도를 고치고

유방의 논공행상을 그린 고화. 유방 왼쪽의 3인이 한신, 장량, 소하이다.

새로운 질서를 정해 나라의 기틀을 세웠다. 유방이 "자신의 능력이 핵심측근인 이 세 사람만 못하다"는 뜻으로 '삼불여(三不如)'라고 표현했다. 100만 대군을 통솔하며 전쟁에서 승리하는 것에서는 '한신(韓信)'만 못하고, 군막 안에서 계책을 짜서 천리 밖 승부를 결정짓는 지략에서는 '장량(張良)'만 못하고, 나라 안정과 백성을 안심시키고 식량조달하는 행정에서는 '소하(蕭何)'만 못하지만, 이들의 능력을 알고 기용했기에 천하를 얻었다고 했다.

『사기』는 공자의 『논어』와 나란히 중국 고전의 최고봉으로 일컬어지는 책으로, 중국인의 사상을 형성하는 토대 그 자체라고 말할 수 있다. 이 중국 고전의 예지에서 배워야 할 점은 한없이 많다.

국내에는 『사기』(상·중·하, 전3권) : (이영무, 범우사, 2003년), 김원중 교수의 『사기』 전권 완역본과 『사기 열전』(민음사, 2015) 등이 있다.

---

64) 『사기』에 '손자'에 대한 기록은, 손무는 제나라 출신인데, 512년에 오자서의 천거를 받아 오왕 합려에게 손자병법을 설명하고 궁녀 300명을 군사조련하여 시험받는 장면, 508년 손무의 계책으로 초나라를 공격하고 월나라를 제압했다는 기록이 나온다.
65) 한나라 건국에 중요한 역할을 한 이들은 한초3걸(漢初3傑) 또는 서한삼걸로 불린다.

제2장 병법서 형태의 동양 고전과 우리나라 고전

8. 전쟁을 사회상과 함께 그려낸 전쟁역사서
✏ 진수 (陳壽, 233~297)
📖 『정사 삼국지(正史 三國志)』
(Romance of the Three Kingdoms)

■◆ 진수의『정사 삼국지』와 나관중의『삼국지연의』비교

『정사 삼국지』는 서진(西晉)의 역사가였던 촉나라 난충 출신의 진수(陳壽)가 3세기 중국의 위(魏)·촉(蜀)·오(吳), 세 나라의 역사를 정리한 기전체 방식의 역사서이다. 중국의 정사(正史)인 24사 중 하나이며, 특히 ≪사기≫, ≪한서≫, ≪후한서≫와 함께 전사사(前四史)로 분류된다.

『정사 삼국지』에서 삼국의 역사는 나라별로 위서(魏書) 30권, 촉서(蜀書) 15권, 오서(吳書) 20권 등 총 65권으로 정리되어있다. 이 중에서 위나라의 역사를 다룬 위서에만 황제들의 전기인 '본기(本紀)'가 수록된 점에서 진수는 위나라가 한(漢)을 계승하는 정통 왕조라고 보았음을 알 수 있다.

『정사 삼국지』의 저자 진수의 고향인 쓰촨(四川)성 난충시에 위치한 진수의 동상. 당시 서진에 몸을 담고 있어서 승자인 위나라를 정통으로 보고, 고향인 촉나라를 두둔했다는 오해를 받기도 하나, 비교적 공정하게 기술하였다는 평가를 받고 있다.

8. 진수, 『정사 삼국지』

삼국의 이야기 말고도 <위서(魏書)>의 끝부분에는 <오환선비동이전(烏丸鮮卑東夷傳)>이라고 하여 오환, 선비, 동이, 왜66) 등 중국 밖의 이민족 역사에 대해서 기록하고 있다. 우리나라의 입장에서 볼 때, 삼국지 이전 시대 사서인 ≪사기≫·<조선열전>에서 위만조선에 대한 내용이 있긴 하지만, 그 내용은 한 무제의 조선 원정과 그 멸망 과정만이 중심이 되어있기 때문에 본격적으로 한반도 일대의 고대국가에 관한 위치와 사회상, 풍속까지 기록한 가장 오래된 사료는 이 책인 『삼국지』의 <동이전>이 된다.67)

『정사 삼국지』를 토대로 삼국시대 영웅호걸의 활약을 그린 소설이 『삼국지연의(三國志演義)』인데, 우리나라에서는 『삼국지연의』 독자가 압도적으로 많다. 『삼국지연의』는 원(元) 시대에 토대가 만들어진 이야기를 원나라 말기에 나관중이 정리하여 쓴 중국의 대표적인 역사소설이다. 소설이라 하지만 '7할의 사실과 3할의 허구'라고 칭해지듯이 완전한 픽션이 아니라, '역사적 사실에 가까운 소설'이라고 할 수 있다.

◆ 시대를 초월한 『정사 삼국지』의 매력

『삼국지』가 시대를 넘어 각국의 수많은 사람들을 매료시키는 이유로서, 첫 번째는 등장인물의 다채로움을 꼽을 수 있다. 조조, 유비, 손권이라는 개성 넘치는 지도자가 이끄는 뛰어난 군사(軍師)와 장수(將帥)들이 천하통일을 위해 사투를 벌이는 모습은 실로 압권이다. 한(漢)왕조의 권위가 실추된 삼국시대는 우리의 삼국시대 이상의 난세로, 계속되어왔던 관습과 권위, 가치관이 통용되지 않고 능력에 따라 입신출세가 가능했던 시대였다.

두 번째 이유는 유방과 항우의 항쟁이나 고대 로마와 카르타고의 대립과 같은 양극 간 대립이 아니라, 위, 촉, 오, 삼국이 외교적 다툼을 하면서, 다른 한편으로는 목숨을 건 사투를 벌인다는 것이다. 매력적인 세 번째 이유로, 항쟁기간이 짧다는 것이 『삼국지』의 역사 전개를 극적으로 만든다.

---

66) 일본에 대해서는 무녀가 통치하는 야마타이국이 위서 동이전(魏書東夷傳) 왜인조(倭人條))가 있는데, 이는 당시 중국과 일본의 문화적 격차가 있었다는 것을 나타낸다.
67) 우리 삼한시대에 대해 상세히 작성되어 한반도 고대사 연구의 중요한 자료가 된다. 중국은 삼국시대 이전의 우리 민족을 예(濊), 맥(貊), 한(韓) 등 여러 이름으로 불렀는데, 『정사 삼국지』에서는 한(韓)으로 표기하며, 마한, 진한, 변한이 있어서 '삼한'이라 했다.

제2장 병법서 형태의 동양 고전과 우리나라 고전

『삼국지』가 그린 동란의 역사는 후한 말 184년 황건적의 난과 '도원결의(桃園結義)'부터 시작되는데, 위나라에게 선위(禪位)받은 서진의 사마염이 마지막까지 살아남았던 오(吳)를 멸하고 중국을 통일한 것이 280년으로, 모든 기간이 채 100년도 되지 않는다. 『삼국지』의 빠른 이야기 전개 속도는 마치 셰익스피어의 희곡을 중국대륙이라는 광대한 무대에서 보는듯한 느낌마저 들게 한다.

중국 우표에 표현된 삼국지 '도원결의'

■◆ 위나라의 승리원인은 앞선 국가체계 - 둔전제와 관리등용제도

위(魏), 촉(蜀), 오(吳), 삼국의 항쟁은 263년에 촉나라가 멸망하고, 위나라로부터 선위를 받은 서진이 280년에 오나라를 정복하는 것으로서 끝이 나게 된다. 위(서진, 西晉)에 최종적인 승리를 가져다준 것은 무엇일까?

군사운용 면에서 보면, 위는 오와 촉에 비해 대량의 병사를 전장에 신속히 투입할 수 있는 능력이 높았다. 특히 위의 조조가 '**둔전제(屯田制)**'를 정비한 것은 동원력을 높이는 데 크게 일조하였다. 몰락한 농민들을 국가가 통제하는 둔전제 하에 모아서 황폐해진 농지를 경작하고 개간하게 한 것이다. 이것은 위나라의 주된 수입원이 되어 경제력으로 오와 촉을 압도하였다.

인재관리 면에서 보면, 위는 '**구품중정(九品中正)**'이라는 재능과 평판을 중시하는 '관리등용제도'를 확립하였는데, 이는 훗날 수나라(隋, 581~618)에서 과거제를 도입하기 전까지 유용한 제도로 계속해서 사용되었다.

한편, 촉나라는 천연의 요새라 할 수 있는 풍족한 수전 지대(水田地帶)를 갖추고 있었다. 하지만 촉은 제갈량의 '**칠종칠금(七縱七擒)**'68)이라는 고사에서

---

68) 촉의 제갈량(諸葛亮)이 맹획(孟獲)을 일곱 번 사로잡은 고사에서 비롯된 것으로, '마음대로 잡았다 놓아주었다 함'을 비유하는 말이다. 당시 촉은 각지에서 반란이 일어났는데, "용병(用兵)의 도리는 최상이 민심을 공략하는 것으로, 군사전은 하책일 뿐 심리전을 펴 적의 마음을 정복하라"는 판단으로 일곱 번을 사로잡았다가 놓아주니 마침내 맹획은 제갈량에게 마음속으로 복종하여 부하되기를 자청했다고 한다.

8. 진수, 『정사 삼국지』

알 수 있듯이 비 한민족(非 漢民族)이 일으킨 반란을 평정하기에 바빠서, 외정(外征)을 행할만한 전력이 부족했다. 유비가 죽고 유선에 이르러, 촉한은 후한(後漢)을 계승한 왕조이기 때문에 후한을 무너뜨린 위(魏)나라를 정벌해야 한다는 유비의 사명을 계승한다는 명분 아래 228년부터 234년까지, 6년 동안 다섯 번의 북벌을 감행했지만, 힘든 싸움이었다. 헌신적으로 촉을 섬기고 충의에 살았던 제갈량은 삼국지 등장인물 중에 단연 인기가 높다. 전력의 열세 속에서도 선왕의 유지를 받들어 북벌을 수행하는 대목이 독자들을 감동하게 한다. 하지만 그의 지략도 뜻을 이루지 못하고 오장원(五丈原)에서 사마의와 대치하다가 병사하면서, 촉(蜀)의 운명도 저물어간다.69)

또한 오(吳)나라는 장강의 중·하류를 영토로 가졌기 때문에 경제적으로는 풍족했으나, 정권은 '오의 사성(四姓 - 張(장), 朱(주), 陸(육), 顧(고))'이라 불렸던 유력한 호족들이 독식하고 있어서, 권력과 군사력이 위나라처럼 중앙의 황제에게 집중된 것이 아니었다. 그렇기 때문에 위(魏)나라의 수도를 제압할만한 **집중된 군사력**이 부족해 결국 위나라에게 제압당하고 말았다.

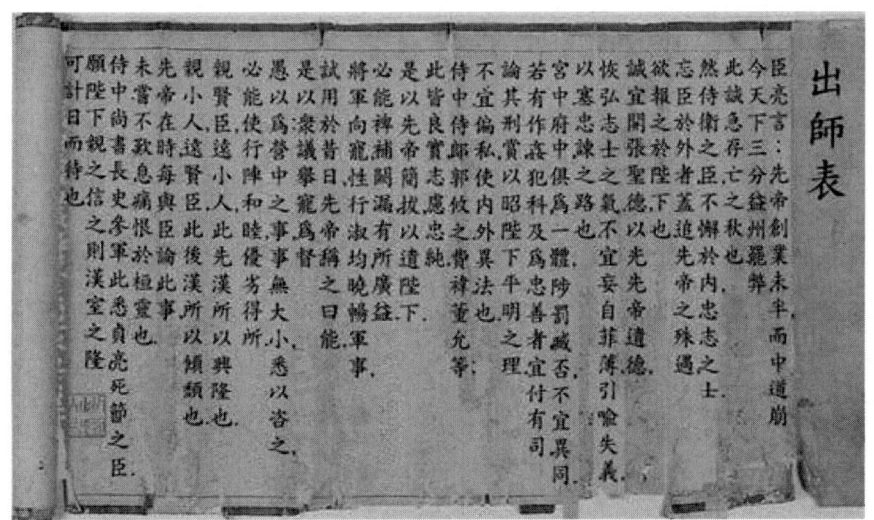

촉한(蜀漢)의 승상이었던 제갈량(諸葛亮)이 북벌을 위해 후주(後主)인 유선(劉禪)에게 올렸던 출사표(出師表). 정사 삼국지에 전문이 전해진다.

---

69) 정사 삼국지의 저자인 진수는 제갈량을 "공평하고 경계하여 가히 다스림의 법도를 아는 인재로, 관중(춘추시대 제나라 명재상)과 소하(한나라)에 버금간다."라고 평했다.

제2장 병법서 형태의 동양 고전과 우리나라 고전

◆ 전략론 관점에서의 삼국지 분석

『삼국지』는 수많은 제제다사(濟濟多士, 재능이 뛰어난 인재)들과 영웅호걸들이 최대한의 지력과 전력을 다하여 사투를 벌이는 모습을 그린 장대한 서사시이지만, 현대에서는 『삼국지』에 등장하는 지도자들로부터 조직의 통솔법과 인재등용의 묘책 등을 배우려고 하는 경영인들이 많다. 확실히 조직론의 측면에서 보면, 전쟁이라는 극한 상황 속에서 조직을 이끄는 삼국지 영웅들의 행동으로부터 배울만한 것들이 참으로 많을 것이다.

하지만 이와는 대조적으로, 삼국지 속에서 펼쳐지는 주요 전투에 대하여 군사학이나 전략론의 관점에서 실증적으로 분석한 연구는 거의 없다. 삼국지에서 최대전쟁이며, 오·촉 연합군이 위나라 군대를 패퇴시킨 것으로 유명한 '적벽대전(赤壁大戰, 208년)'도 세계전쟁사에 있어 유례를 찾을 수 없는 강에서 벌어진 최대 규모의 전투였음에도 불구하고, 사용되었던 전술과 병기의 질적 측면, 보급과 정보 면에 대해 포괄적으로 분석된 사례는 없었다.

반면에, 적벽대전보다도 400년 전에 벌어졌던 제2차 포에니 전쟁의 '칸네 전투(BC 216년)'는 예로부터 서방의 전략가들에 의해 거듭 연구되어왔다. 그 예시로 제1차 세계대전 발발 전에 독일군이 세운 전쟁계획이었던 '슐리펜 계획'이나 걸프전에서 '사막의 폭풍작전'에서의 기동은 한니발의 '칸네 전투'에서 힌트를 얻어 고안된 것이다. 이렇듯 서양의 전략연구와 동양에서의 전략연구 사이에는 질과 양에서 큰 차이가 있음을 알 수 있다.

'화약'은 동양에서 발명되었지만, 동양에서는 불꽃놀이에 사용하고, 서양에서는 대포를 만들어서 전쟁에 활용했다. 전사의 분석에 있어서도 서양은 '전략 연구'로 교훈을 삼지만, 동양에서는 『삼국지연의』처럼 '소설의 소재'로 사용하는 경향이 있다. 『삼국지』에 묘사된 위, 촉, 오의 전쟁 역사 속에서도 지금까지 전략가들이 놓쳤던 중요한 무언가가 숨겨져 있다.

고대학을 비롯한 최신 연구 성과를 받아들인 『삼국지』와 관련된 국내 연구로는 『삼국지의 세계』(김문경 저, 사람의 무늬, 2011)에 상세히 서술되어 있다. 국내에 『정사 삼국지』는 김원중 역(민음사 2007, 휴머니스트 2018)만 있었는데, 2019년 8월에 명문당(진기환 역)에서도 번역 출간하였다.

9. 강태공/황석공, 『육도삼략』

9 문덕으로 정치하고 무덕으로 적을 제압한다
✏️ 육도-강태공(?), 삼략-황석공(?)
📖 『육도삼략(六韜三略)』

🔷 동양의 병서인 무경칠서(武經七書)와 육도삼략(六韜三略)

『육도삼략』은 육도(六韜)와 삼략(三略)을 아울러 이르는 말이며, 중국 고대 병학(兵學)의 최고봉인 '무경칠서(武經七書)'70) 중의 2서(書)이다.

《육도》의 도(韜)는 '화살을 넣는 주머니, 싸는 것, 수장(收藏)'하는 것을 말하며, "변하여 깊이 감추고 나타내지 않는다"라는 뜻에서 '병법의 비결'을 의미한다. 문도(文韜)·무도(武韜)·용도(龍韜)·호도(虎韜)·표도(豹韜)·견도(犬韜) 등 6권 60편으로 이루어지며, 주나라의 강태공의 저서라고 전해진다.

무경칠서에서 다른 병서들은 천지(天地)·전법(戰法)·병기(兵技)·지형(地形) 등 군사부문에 국한하고 있으나, 《육도》는 치세의 대도(大道)에서부

반계에서 낚시하던 강태공을 찾은 주문왕(*강태공이 출사한 배경으로 사마천의 『사기』에 소개되어있다.)

터 인간학·조직학에 미치고, 정전(政戰)과 인륜을 논한 데 특색이 있다.

《삼략》의 략(略)은 기략(機略)을 뜻하며, 사안의 중요한 계기인 사기(事機)의 흐름을 좇은 방략(方略)을 말한다. 삼(三)은 숫자적 의미가 아니라 많다는 것을 뜻한다. 체계는 상략(上略)·중략(中略)·하략(下略)의 3편으로 이루어졌다. 무경칠서 중 가장 간결한 병서로 사상적으로는 노자(老子)의 영향이 강하나, 유가(儒家)·법가(法家)의 설도 다분히 섞여 있다. 한(漢)나라의 지장(智將) 장량(張良)이 황석공(黃石公)에게서 전수했다는 설이 있으나, 실은 후한에서 수(隋)나라 무렵에 성립된 것으로 추정하고 있다.

---

70) **무경칠서(武經七書)** : 중국의 최고병서 7가지를 이르는 말로, 손자(孫子), 오자(吳子), 육도(六韜), 삼략(三略), 사마법(司馬法), 울요자(尉繚子), 이위공문대(李衛公問對)를 말한다. 무경칠서는 조선시대 무과시험의 두 가지 고시과목인 강서(講書)와 무예(武藝) 중에 강서의 주요과목이었다. *김원태의 **무경칠서** 완역본(책과 나무, 2021)을 추천한다.

제2장 병법서 형태의 동양 고전과 우리나라 고전

■ 정치의 요체와 지도자의 조건

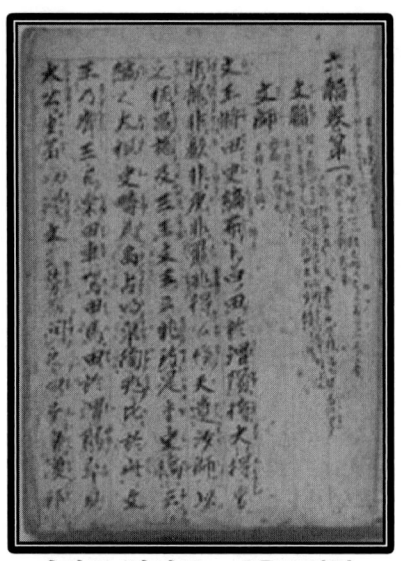

강태공/황석공, 『**육도삼략**』
육도의 제1권 문도(文韜)의 서두

육도에서 정치의 요체는 '백성을 아끼고 사랑하는 일'이라고 단언한다. 이에 따라 '**지도자가 백성을 사랑하는 구체적인 방법 4가지**'를 제시했는데, "첫째, 백성에게 해가 되는 일을 하지 않는다. 둘째, 형벌을 간단하게 한다. 셋째, 세금을 가볍게 한다. 넷째, 백성들이 헐벗고 굶주린 모습을 보면 가슴 아파하고 상이나 벌을 내릴 때는 마치 자기 일처럼 생각한다."이다.

백성의 입장을 배려만 한다고 나라나 조직을 잘 다스리는 것은 아니므로, 리더십의 차원에서 '**지도자가 갖추어야 할 조건 6가지**'를 들었다. 첫째, 천하를 포용할 수 있는 도량을 갖출 것, 둘째, 백성의 전폭적인 신뢰를 얻을 정도의 신의를 지킬 것, 셋째, 백성에게 조건없는 애정을 베풀 것, 넷째, 모든 백성에게 은혜를 두루 베풀 것, 다섯째, 나라를 하나로 단결시키는 강한 권력을 갖출 것, 여섯째, 과감하게 정책을 실행하는 강한 신념이 있을 것이다.

'**지도자의 그릇된 행동 3가지**'로는, 첫째, 선(善)을 보고도 행하지 않는다. 즉 좋은 의견이라고 생각하면서도 좀처럼 실행에 옮기지 않는다. 둘째, 모처럼의 기회가 찾아와도 머뭇거린다. 즉 결단을 못 내리고 우물쭈물하다가 좋은 기회를 놓친다. 셋째, 잘못을 알고도 고치지 않는다.

'**지도자의 행동과 처신**'에 있어서는, 안정되고 여유를 지니되 치밀해야 하고, 부드러움을 유지하지만 결정에 있어서는 절도가 있어야 하며, 선을 베풀되 다투지 말아야 하고, 마음을 비워 뜻을 평안하게 하고, 재물을 대할 때는 바르고 공평하게 해야한다. 또한 지도자의 기상은 산과 같아서 사람들이 우러러보되 높이를 측량하지 못하게 하고, 도량은 깊은 연못과 같아서 사람들이 굽어보되 그 깊이를 측량하지 못하게 하며, 사리에 밝은 덕을 길러서 항상 공정과 안정을 기본으로 삼아야 한다.(六韜 제1편 文韜, 大禮)

9. 강태공/황석공, 『육도삼략』

◆ 인재를 어떻게 골라야 할 것인가(팔징지법, 八徵之法)

'인재를 고르는 8가지 방법'에 대해서 육도에서는 다음과 같이 제시한다. 첫째, 질문을 하고 어느 정도 이해했는지 살핀다(지식, 전문성). 둘째, 몰아세워 순간적인 반응을 살핀다(위기대처, 임기응변). 셋째, 첩자를 보내 유인하고 성실성을 살핀다(성실, 충성심). 넷째, 비밀을 털어놓고 인물 됨됨이를 살핀다(덕성, 인격). 다섯째, 재정을 맡겨 정직함을 살핀다(정직, 청렴). 여섯째, 여자를 접근시켜 강직함을 살핀다(강직). 일곱째, 힘든 일을 주고 용기가 있는지 살핀다(용기). 여덟째, 술을 먹여 술버릇을 살핀다(취중태도).

'등용하지 말아야 할 사람 7가지 유형'을 함께 제시하고 있다.
첫째, 지혜와 계책도 없이 허풍만 떠는 사람, 둘째, 평판과는 다르게 실력이 없고 변덕이 죽 끓듯 하며 이기적인 사람, 셋째, 욕심이 없는 것처럼 보이지만 실제로는 명예욕과 재물욕이 강한 사람, 넷째, 교양을 과시하고 자기는 아무것도 하지 않으면서 남을 비판하는 사람, 다섯째, 확고한 견식이 없고 주위 상황에 맞춰 눈에 보이는 이익만 추구하는 사람, 여섯째, 취미나 향락에 빠져 직무를 소홀히 하는 사람, 일곱째, 사이비 종교에 빠진 사람이다.

◆ 병법의 핵심은 싸우지 않고 이기는 것(不戰以勝)

중국 병법서의 핵심비법은 대부분 싸우지 않고 이긴다는 것이다. 즉, 싸움을 잘하는 사람은 적이 태세를 갖추기 전에 먼저 치고, 난관을 극복하는 사람은 모든 위험을 미연에 방지한다. 싸움에서 이기는 최선의 방법은 싸우기 전에 이기는 것이고, 그보다 더 뛰어난 전법은 싸우지 않는 것이다. 그러나 싸워야 할 경우에는 어떻게 할 것인가?

육도에서는 "승산이 있다고 판단되면 즉각 싸움을 벌이고, 승산이 없다라고 판단되면, 싸움을 피해야 한다"라는 '신전론(愼戰論)' 사상이 들어있다. 또한 육도의 병법에는 유교적 도덕주의는 존재하지 않는다. '무도문벌(武韜文伐)', 즉 무력의 사용은 감추고 계략을 사용하여 상대에게 뇌물을 주어 환심을 사거나, 군주와 지휘부를 타락시켜서 스스로 망하게 하거나, 이렇게 하여 약해진 상대를 공격하라는 것이다.

제2장 병법서 형태의 동양 고전과 우리나라 고전

◼◆ 무력을 사용하지 않고 이기는 12가지 방법(武韜文伐)

첫째, 상대를 거스르는 행동을 삼가고 환심을 산다.
  교만해진 상대는 실책을 범하게 되고 이때 조직을 무너뜨린다.
둘째, 상대가 신임하는 사람에게 접근하여 두 사람이 대립하게 만든다.
  부하가 다른 마음을 품으면 적의 세력은 약해지기 마련이고,
  내부에 혼란이 생긴다.
셋째, 상대측의 사람을 매수하여 자기편으로 만든다.
넷째, 상대를 향락에 빠뜨린다. 여자와 재물을 보내어 비위를 맞추면,
  상대는 싸울 의욕을 상실한다.
다섯째, 상대와 충실한 부하 사이를 이간질한다.
여섯째, 상대의 유능한 부하를 회유하여 자기편으로 끌어들인다.
일곱째, 상대를 경제적 어려움에 빠뜨린다. 뇌물로 측근을 매수하거나
  생산성을 저하시켜 경제적인 어려움에 처하게 한다.
여덟째, 상대의 신뢰를 얻는다. 상대의 신뢰를 얻은 후 우호적 관계를
  거듭하면 언젠가는 상대를 이용할 수 있다.
아홉째, 상대의 비위를 맞춰 우쭐하게 하여 정치를 등한시하게 한다.
열 번째, 상대의 마음을 얻은 후에 기회를 노려 공격한다.
열한 번째, 상대를 고립시킨다. 서로 분열하게 하여 조직을 붕괴시킨다.
열두 번째, 모든 방법을 동원하여 상대를 현혹시킨다.
  부하와 이간질하여 술이나 여색에 빠뜨리나 명견, 명마 등에
  몰두하게 한다.

  이와 같은 열두 가지 방법을 사용한 후에 비로소 무력을 사용하라. 즉 적절한 때를 노려 적이 무너질 조짐이 보이면 공격해야 한다. 이기기 위해서는 인정사정 볼 것 없다. 방법이 도덕적으로 비열해 보일 수도 있지만, 전쟁은 국가의 생존 문제이다.

* 六韜 제2편 武韜(무도) 제14장 文伐編(문벌편)

9. 강태공/황석공, 『육도삼략』

장수의 조건과 장수가 피해야 할 것

● '장수가 군사를 격려(勵軍)하여 사기를 높이는 방법'(將有三勝).
첫째, 예장(禮將) - 병사를 존중하고 혼자 편안함을 누리지 않을 것
둘째, 역장(力將) - 몸소 수고를 아끼지 않을 것.
셋째, 지욕장(止欲將) - 장수가 욕심을 그치고 군사 상황을 살필 것.
 * 六韜 제3편 龍韜(용도) 제23장 勵軍編(려군편)

● '훌륭한 장수가 되기 위해 필요한 5가지 덕목'(5재, 五材)으로
 용(勇), 지(智), 인(仁), 신(信), 충(忠)을 제시했다.
첫째, 용맹스러우면 누구도 범할 수 없다.
둘째, 슬기로운 지혜를 가지면 질서가 문란하지 않다.
셋째, 인자한 성품을 가지면 병사들을 사랑하게 된다.
넷째, 믿음이 있는 자는 사람을 속이지 않는다.
다섯째, 충성스러운 자는 두 마음을 품지 않는다.
 * 손자와 용(勇), 지(智), 인(仁), 신(信)은 같고, 엄(嚴) 대신에 충(忠)을 강조했다.

● '장수가 피해야 할 10가지'(10과, 十過)로 아래의 사항을 제시했다.
첫째, 용(勇)이 지나쳐 죽음을 가볍게 여기는 것.
둘째, 성격이 조급하고, 위급할 때 침착성을 잃는 것.
셋째, 재물에 욕심을 부리는 것.
넷째, 인정이 지나쳐서 다른 사람이 싫어하는 일을 못하는 것.
다섯째, 지식은 많으나 마음이 약하고 겁이 많은 것.
여섯째, 거짓을 말하지 않으나 융통성이 없이 남을 잘 믿는 것.
일곱째, 지나치게 청렴결백하여 남을 아낄 줄 모르는 것.
여덟째, 지혜로우나 결단력이 없는 것.
아홉째, 강직하나 자아의식이 강해서 고집이 세고 제멋대로 인 것.
열 번째, 자신감이 부족하여 직접 나서지 못하고 남에게 떠넘기는 것.
 * 태공은 이와 같은 '장수의 10과(十過)'를 논하면서 이중에 한 가지라도
  해당되는 허물이 있으면 장수가 될 자격이 없음을 강조했다.
 * 六韜 제3편 龍韜(용도) 제19장 論將編(논장편)

제2장 병법서 형태의 동양 고전과 우리나라 고전

◼◆ 장수가 범하기 쉬운 8가지 과오(삼략의 上略)71)

장수된 자가 선비를 구하기를 물을 찾듯 하면 어진 선비들이 모인다.
첫째, 장수가 다른 사람의 충고를 거절하면 영웅이 모이지 않는다.
둘째, 책략을 따르지 않으면, 모사와 반목한다.
셋째, 선악을 가리지 않으면, 공신이 권태를 느낀다.
넷째, 독단적으로 전횡하면, 부하가 잘못을 장수에게 돌린다.
다섯째, 자화자찬하면, 부하가 노력도 안 하고 공을 세우려 하지 않는다.
여섯째, 간신의 참언을 믿으면, 부하와 무리의 마음이 이탈한다.
일곱째, 재물을 탐하면, 부하의 간사함을 금하지 못한다.
여덟째, 사사로이 집안일을 돌보면, 사졸들이 음란해진다.

◼◆ 장수가 갖추어야 할 능력(삼략의 上略)

육도에서 제시한 5개 덕목, 용(勇), 지(智), 인(仁), 신(信), 충(忠)에 더해
첫째, 적국의 풍토와 인정을 파악하는 능력,　　(*적 정세 복합분석)
둘째, 백성의 여론을 살피는 능력,　　　　　　(*민군관계)
셋째, 조정의 주장을 조정하는 능력,　　　　　(*정군관계)
넷째, 역사적으로 국가들의 흥망을 가늠해 볼 줄 아는 통찰력 72)

* 이외에도 『삼략』의 군참(軍讖)에서 장수는 능히 청렴하고, 서두름없이 안정되고, 매사에 공평하고, 충고를 받아들이고, 송사를 명확히 하고, 부하들의 고충을 헤아리고, 적의 풍습을 알고, 산천형세를 그리고, 험난한 곳을 표기하고, 삼군의 권한을 제어해야 한다고 하였다. 삼군의 권한이 장수에게 주어질 때 삼군이 모두 장수의 명령을 따르게 되고, 그러한 군대가 가는 곳에 승리가 있다고 하였다.

---

71) 이런 과실이 하나가 있으면 부하가 복종하지 않고, 둘이 있으면 군대에 문란해지고, 셋이 있으면 부하들이 떠나게 되고, 넷이 있으면 자신과 나라에 화가 미친다고 했다.
72) 전략적으로 구체적이며 복합적인 능력을 강조하고 있다. 이는 현대에 있어서 적의 정세를 복합분석체계(PMESII - 정치, 군사, 경제, 사회, 정보, 기반구조)로 파악하는 것과 유사하며, 국민들의 여론을 고려하는 민군관계, 정치와 군사를 조정하는 정군관계, 군사전략을 국가전략과 연계하는 혜안을 의미하는 것은 일반적으로 장수의 용병술과 관련된 자질을 뛰어넘어 전략적인 관점을 요구했다는 점에서 높이 살만하다.

10. 류성룡, 『징비록』

10. 통한의 왜란을 기록하고 징계하여 경계로 삼다

✎ 류성룡(柳成龍, 1542~1607)

📖 「징비록(懲毖錄)」

◆ 눈물과 회한으로 쓴 쓰라린 반성과 경계의 기록

임진왜란 시기에 조선의 재상으로서 국난 극복에 기여한 류성룡이 전란의 원인, 전쟁 상황을 기록한 책이다. '징비(懲毖)'란 『시경(詩經)』「소비편(小毖篇)」의, "내가 지난 잘못을 징계해서 후환을 경계한다[予其懲而毖後患]."는 구절에서 따온 말로서, 전쟁 시기의 조정과 군무, 백성과 전장 상황 등 몸소 체험한 것들을 기록하여 후대에 경계로 삼고자 한 것이다.

이 책은 임진왜란이 발발한 1592년에서 1597년의 정유재란을 거쳐 1598년(선조 31)에 전란이 종료될 때까지 7년간의 기사로, 류성룡 자신이 쓴 『징비록』의 서문에, "매번 지난 난중(亂中)의 일을 생각하면 아닌 게 아니라 황송스러움과 부끄러움에 몸 둘 곳을 알지 못 해왔다. 그래서 한가로운 가운데 듣고 본 바를 대략 서술한다"라고 밝힌 것처럼 임진왜란이 끝난 뒤에 류성룡이 벼슬에서 물러나 있을 때에 저술하였다.[73]

그리고 외손 조수익(趙壽益)이 경상도 관찰사로 있을 때에 저자의 손자가 조수익에게 부탁해 1647년(인조 25)에 간행했으며, 자서(自敍: 자신이 쓴 서문)가 있다. 처음 간행은 1633년(인조 11)에 저자의 아들 유진(柳袗)이 『서애집(西厓集)』을 간행할 때 그 속에 수록했다가, 10년 뒤 다시 16권의 『징비록』을 간행한 이후에 원본의 체제를 갖추었다는 설도 있다.

책의 내용은 임진왜란이 일어난 뒤의 기사가 대부분 차지한다. 그러나 그 가운데에는 임진왜란 이전의 대일 관계에 있어서 교린사정(交隣事情)도 일부 기록했는데, 그것은 임진왜란의 단초를 소상하게 밝히기 위함이었다. 전쟁뿐만 아니라 천재지변이나 인재를 수습하고 극복하는 위정자들의 위기 극복의 지혜와 태도, 책임있는 자세에 대한 답이 있다.

---

73) 전쟁이 끝나자마자 누군가 책임을 져야 한다는 선조의 생각으로 류성룡이 삭탈관직을 당하자, 류성룡이 한이 맺혀서 비판적 시각에서 징비록을 썼다는 분석이 있다.

제2장 병법서 형태의 동양 고전과 우리나라 고전

경상북도 안동시 하회리 종가의 소장본 『초본징비록(草本懲毖錄)』 (국보132호)

◼◆ 전란을 대비한 재상 류성룡의 선견지명

『징비록』에서 류성룡은 전황에 대한 경과뿐만 아니라, 전란 발생의 원인과 조정의 대응에서 드러난 문제점 등을 기록하고 있다. 사실 전란의 조짐은 이미 감지되고 있었다. 조선으로 파견된 일본 사신74)이 보인 오만한 태도나, "군사를 이끌고 명나라를 치러 가겠다"는 일본의 국서는 일찌감치 전란을 예고하는 징조들이었다. 하지만 조선의 대응은 다른 한편으로는 일본과의 교류가 명나라의 심기를 불편하게 만들지도 모른다며, 어떻게 하면 그 파장을 축소할 수 있을 것인지에만 초점이 맞춰져 있었다.

한편으로는 현실화가 되어가는 전란의 가능성을 애써 외면하려는 모습을 보여주었다. 여기에 부합하는 대표적인 사례가 있다. 1591년 일본에 파견되었다가 귀국한 통신사 일행에게 선조가 전쟁 가능성을 묻자, 통신사 대표 황윤길과 김성일은 상반된 태도를 보여 일본 방비에 혼란을 가져왔다.75)

---

74) 1586년과 1589년, 2차례에 걸쳐 사신을 파견해 국서를 전달하고 통신사를 요청했다.
75) 황윤길은 "반드시 병란의 화가 있을 것"이라고 답한 것과 달리, 김성일은 "신은 왜국에서 그러한 징후를 보지 못했다"라고 답했다. 이 자리에 함께 있었던 류성룡이 이러한 상반된 답변을 하는 이유를 엄하게 따져 묻는 장면이 『징비록』에 기술되어 있다.

국란이 시시각각 다가오는 와중에도 지배층 내부의 당파적 증오로 인해 조정의 국론이 분열되고 민심이 동요한다. 이러한 상황에서 류성룡은 전란을 대비하는 나름의 계책들을 선조에게 건의한다. 일부는 조정의 인사정책에 반영되어 전란 극복에 커다란 보탬이 되었다. 류성룡은 정읍 현감이었던 이순신을 전라 좌수사에76), 형조정랑 권율을 의주 목사로 천거했다. 결과론적 평가이지만, 이는 전란을 대비한 류성룡의 용인술이 돋보이는 대목이다.

◆ 제승방략(制勝方略)의 문제점과 진관(鎭管)체제로의 복귀 추진

전란을 대비해 일선지휘관을 교체하는 것과 함께 류성룡이 추진하려 했던 정책은 '**진관체제(鎭管體制)**77)로의 복귀'였다. 조선 건국 당시에 수립된 지역 방어체제인 진관체제는 각도의 관찰사가 병마절도사의 직책을 겸임하여 주진(主鎭)에 있으면서, 도내의 육군과 수군에 대한 군사지휘권을 행사하게 되어있었다. 주진 밑에는 거진(巨鎭), 제진(諸鎭) 등이 있어서 지역의 수령이 휘하 군사를 거느리고 그 지방의 진지를 지키도록 한 것이었다. 그러나 세월이 흐르며 병역기피자들이 증가하여 병력수급에 어려움을 겪자, 1555년 을묘왜변을 기점으로 '**제승방략(制勝方略)**'78) 체제를 채택하였다.

이 체제는 대규모의 적군과 결전할 때의 병력운용 개념으로, 군사력을 집중시킬 수 있고 기동전에 대응할 수 있는 장점을 가지고 있었다. 하지만 중앙에서 파견된 군 지휘관이 전장에 도달할 때까지 기다려야 해서 급변하는 전세에 기민하게 대처하기 어렵다는 문제점을 안고 있었다.

류성룡의 거듭된 호소에도 불구하고, 조정은 '제승방략' 체제가 오랜 기간 문제없이 사용된 전술임을 들어 그의 건의를 끝내 묵살해 버린다. 개전 초기, 관군의 잇따른 패배가 지방의 군사들이 도성에서 파견된 장수를 기다리다가 왜군의 접근에 겁을 먹고 달아나 버린 데 있었다는 사실에 비추어 볼 때, 류성룡의 진언처럼 진관체제로 복귀하지 못한 것에 아쉬움이 더해진다.

---

76) '종6품'에서 '정3품'으로 7품계를 뛰어넘는 파격적인 승진으로, 전무후무한 사례였다.
77) **진관체제(鎭管體制)** : 행정단위인 읍(邑)을 군사단위인 진(鎭)으로 편성하고 수령이 각 진장(鎭將)을 겸하는 자전자수(自戰自守)의 지역방위체제
78) **제승방략(制勝方略)** : 전투가 벌어질 경우 수령들이 휘하의 군사들을 전장으로 인솔해가서, 중앙으로부터 파견된 군 지휘관의 명령을 받는 체제.

제2장 병법서 형태의 동양 고전과 우리나라 고전

■ 선조의 몽진 수행에 관한 기록

1592년(선조 25년) 4월 13일, 현해탄을 건너온 왜군의 공격에 '부산진'을 비롯한 영남의 여러 성들이 차례로 무너졌다. 전쟁 발발 후 나흘이 지나서야 왜군의 상륙과 잇단 패전을 알리는 급보가 조정에 전해지고, 조정은 수습책을 찾지 못해 혼란에 빠져든다. 조정에서는 대표적인 무장 이일(李鎰)과 신립(申砬)에게 기대를 걸었으나, 무기나 기세에 앞선 왜군에게는 역부족이었다.79)

신립의 패배가 한양으로 전해지자, 조정과 백성은 공황상태에 빠졌다. 선조는 한양을

부산진 순절도(보물392호)

버리고 피난을 가기로 결정했고, 당시 좌의정이었던 류성룡 역시 임금의 몽진을 호위하며 피난길에 나섰다. 왜적의 한양 입성이 임박했다는 긴박한 보고가 속속 전해지는 가운데, 조정은 도성을 버리고 떠날 수밖에 없었다.

왜군은 텅 빈 한양을 거쳐 삽시간에 평양성 부근까지 육박했다. 이처럼 왜군이 급속하게 북상해오자, 피난길의 조정은 다시금 경악에 휩싸였다. 그러나 그보다 더 큰 문제는 피난길에서 목격한 백성들의 동요와 민심 이반의 심각성이었다. 도성과 백성을 버리고 피난을 떠난 임금과 조정에 대한 백성들의 배신감이 극에 달해 있어서, 무엇보다도 민심을 가라앉히는 일이 시급했다. 임시 행궁을 정한 평양성의 백성들 사이에서 임금이 평양성마저 버리고 간다는 소문이 퍼지자, 민심은 조정으로부터 더욱 멀어지게 되었고, 일부는 무기를 들고 왕의 행차를 가로막는 상황이 벌어졌다.

심각한 민심이반 대목은 『징비록』 이곳저곳에서 쉽게 찾아볼 수 있다. 하지만 조정 대신들은 평양성을 버리고 북쪽으로 피난을 떠날 것을 재촉하였으며, 선조는 아예 국경을 넘어 명나라로 피신할 생각까지 하고 있었다.

---

79) 제승방략으로 대구에 모인 수만의 군사는 이일이 도착하기 전에 흩어지고, 신립은 충주 탄금대에서 배수진을 친 채 왜적과 맞서다가 대패하여 전사하고 말았다. 침입한 왜군들조차도 조선의 무대책과 신립 군대의 허무한 전투능력을 보고 탄식했다고 한다.

10. 류성룡, 『징비록』

그러나 류성룡은 임금과 대신들을 설득하여 평양성에서 왜적을 맞아 항전하기로 결정을 이끌어냈다. 대신들도 더 이상 민심의 이반을 방치해서는 위험하다는 정세판단에 동의했다. 그렇게 해서 평양성에서의 소요는 진정되었다. 조정이 항전할 것을 결정함으로써 민심을 다독일 수 있었다. 『징비록』에는 류성룡이 "선조 앞에서 백성들의 의지를 믿고 험한 지형에 의지해 항전을 벌인다면 명나라의 지원을 기대할 수 있지만, 평양성을 버리고 의주로 간다면 결국 나라가 망할 것"이라는 논리를 펼치는 대목이 있다.

◆ 명나라 원병의 도착과 전세의 역전

류성룡은 『징비록』 지면의 상당량을 명나라 원병과 관련된 기술에 할애했다. 개전 초기 관군의 잇따른 패배로 공황상태에 빠져있던 선조와 조정에게 명나라의 원병은 실로 가뭄의 단비와 같은 존재였다. 명나라의 원병이 도착했다는 소식과 더불어, 남해 바다에서 거둔 충무공 이순신의 승전과 각지의 의병 봉기 소식이 전해지면서 마지막 피난지인 의주까지 내몰렸던 선조는 잠시 숨을 돌릴 수 있는 여유를 갖게 되었다.

그러나 7월 17일 명군의 조승훈이 패퇴하자, 심유경(沈惟敬)을 보내 왜군 고니시 유키나가(小西行長)와 강화협상을 진행하고 단기간 휴전에 합의했다. 이후 명나라는 이여송(李如松)의 5만 대군을 출병시켰다. 류성룡은 명나라 군사들이 먹을 양식을 조달하는 일을 맡았는데, 많은 어려움을 겪었다. 갑자기 닥친 전란 앞에서 조정의 권위가 무너져 인력과 물자의 동원이 어려워졌기 때문이다. 관군을 다시 규합하여 명군과 함께 연합작전을 펼치는 것도 수월한 일이 아니었다. 특히 평양성을 공략하는 과정에서 왜군의 전력에 적잖이 놀란 명나라 군대의 장수들은 전투에 소극적이었다.

조명 연합군의 '평양성 탈환도'(국립 중앙박물관 소장)

이여송도 왜군을 두려워하며 평양성 이남을 수복하려는 의지가 없었다. 당시 류성룡은 체찰사의 직분으로 명군에 대한 보급과 협의를 관장하고 있었는데, 종사관을 통해 명군이 평양으로 군사를 물려서는 안 되는 다섯 가지 이유를 이여송에게 전달했다. 거기에는 도성수복에 대한 간절한 염원과 결사항전의 의지가 담겨있었다. 『징비록』에는 전쟁 수행에 소극적인 이여송과 류성룡 사이의 껄끄러운 관계를 보여주는 일화들이 많이 기술돼있다.

그중에서도 부관의 어이없는 모함 때문에 이여송이 류성룡을 잡아들여 곤장을 치려했다. 오해가 발생한 부분은 왜군과의 강화를 반대하는 류성룡이 "명군과 왜군 사이에서 화친을 의논하는 사자들의 왕래를 방해하기 위해 임진강의 배를 모두 없앴다"라는 것이다. 나중에 사실관계를 확인하여 그것이 모함임을 알게 된 이여송이 한동안 겸연쩍어했다. 이 이야기는 지원군의 입장이면서도 실은 점령군이나 다름없는 위세를 가지고 있던 명나라 군사 앞에서 국토를 회복하기 위해 표현 그대로, 울며 애원할 수밖에 없었던 당시 조정의 뼈아픈 현실을 우회적으로 드러내는 부분이라 하겠다.

군세를 수습한 관군과 의병들의 활약도 눈부셨다. 행주산성에서 권율이 거둔 승리와 남해에서 이순신의 거듭된 승전, 각지에서 떨쳐 일어난 의병들의 분전은 전쟁의 양상을 조금씩 바꿔 놓기 시작했다. 마침내 전란 발발 이듬해인 1593년 4월 30일, 왜군이 떠나버린 도성에 명나라 군사가 진입하면서 한양이 수복되었다. 『징비록』의 기록에 따르면, 류성룡 역시 명나라 군사를 따라 도성으로 들어왔다. 전란 발발 초기에 아무런 경황도 없이 떠났다가 1년 만에 돌아온 도성이었으니 그 감격이야말로 표현하기 힘든 것이겠으나, 류성룡의 눈에 비친 200년 도읍지의 모습은 사라지고, 남은 것은 오직 거대한 폐허와 고통으로 몸부림치는 백성들뿐이었다.

도성 수복의 여세를 몰아 한강 이남의 왜군을 추격하고자 했던 조정과 류성룡의 의지는 명나라 군사의 소극적인 태도로 인하여 끝내 관철되지 못했다. 같은 해 10월 선조가 평양성에서 서울로 돌아올 무렵, 명군과 왜군 사이에는 종전협상의 움직임이 본격화되고 있었다. 전쟁의 최대 피해자인 조선의 강화 반대 목소리는 배제시킨 상태였다. 선조와 조정 대신들은 명나라와 왜군 사이의 이와 같은 움직임에 격렬한 반대 입장을 표시했다.

10. 류성룡, 『징비록』

『징비록』에 수록된 이순신 장군에 대한 기록

도성을 수복한 관군과 명군 그리고 남해안 일대에 성을 쌓고 지구전 태세로 본격적으로 돌입한 왜군 사이에서 일진일퇴의 공방전이 벌어지는 가운데, 삼도수군통제사 이순신이 하옥되는 사건이 발생했다.

『징비록』에 기록되어있는 이순신의 하옥 관련 부분은, 자신의 감정 표현을 절제하고 일어난 사건의 경과 위주로 담담하게 기술돼 있다. 물론 이순신에 대한 원균의 비판이

서애 류성룡과 충무공 이순신은 같은 날에 파직되고 전사하는 비운을 맞았지만, 징비록, 난중일기와 함께 살아있는 역사로 남아 있다.

모함이었다거나, 조정이 이중간첩 요시라(要時羅)의 꼬임에 속아 넘어갔다는 내용이 들어있다. 하지만, 그동안 이순신의 가장 강력한 후견인이 다름 아닌 류성룡이었다는 사실을 감안하면, 이순신을 구명하기 위한 그의 적극적인 활동이 『징비록』에 기록되지 않았다는 점은 다소 의아스럽다.[80]

류성룡은 『징비록』의 후반부에서 이례적이라 할 만큼 많은 지면을 할애하여 이순신의 인물됨과 능력 그리고 그와 관련한 일화들을 소개하고 있는데, 이순신의 전사(戰死)와 관련하여 류성룡이 밝힌 다음의 소회는, 이순신이 류성룡에게 단순히 훌륭한 수군사령관 그 이상의 의미를 지니는 인물이었음을 증명해 주는 부분이라고 하겠다.

"이순신은 사람됨이 말과 웃음이 적고 단아한 용모에다 마음을 닦고 몸가짐을 삼가는 선비와 같았으며, 속에 담력과 용기가 있어서 자신의 몸을 돌보지 아니하고 나라를 위하여 목숨을 바쳤으니, 이는 곧 그가 평소에 이러한 바탕을 쌓아왔기 때문이었다. 그의 형님 이희신(李羲臣)과 이요신(李堯臣, 퇴계 문하생으로 류성룡의 절친)은 둘 다 먼저 죽었으므로,[81] 이순신은

---

[80] 이와 관련해서는 이순신에 대한 옹호가 선조의 화를 돋우어 이순신에게 더 큰 화로 돌아갈 것을 염려하였거나, 류성룡과 이순신 둘 사이의 사적인 친분관계를 못마땅하게 여긴 조정 대신들의 반발을 예견해 자제했기 때문이라는 해석이 지배적이다.

제2장 병법서 형태의 동양 고전과 우리나라 고전

그들이 남겨놓은 자녀들을 자신의 아들딸처럼 어루만져 길렀으며, 무릇 시집 보내고 장가들이는 일은 반드시 조카들을 먼저 한 뒤에야 자신의 아들딸을 보냈다. 이순신은 재주는 있었으나 운수가 없어서 백 가지의 경륜 가운데서 한 가지도 뜻대로 베풀지 못하고 죽었다. 아아. 애석한 일이로다."

◆ 종전의 뒤안길에서

1598년 7월, 도요토미 히데요시가 사망함에 따라 남해 주변에 진을 치고 있던 왜적은 전의를 상실한 채 본국으로의 귀환을 서둘렀다. 귀국하려는 왜군의 대규모 함대를 맞아 이순신의 조선군과 명군의 연합함대가 벌인 최후의 결전인 '노량해전'에서 이순신 장군이 전사했으며, 이를 기점으로 순천, 부산, 울산, 사천 선진리 등에 주둔하고 있던 왜군들이 일본으로 철수했다.

전쟁의 종결과 함께 조선 조정은 『징비록』 서문에서 류성룡이 토로한 바와 같이, 임진왜란의 전화(戰火)가 몰고 온 참혹한 피해를 복구하고 재건하는 일이 과제로 남았다. 전쟁 발발 수십 일 만에 서울, 개성, 평양 이른바 삼도(三都)가 모두 무너졌고, 임금은 피난길에 올라 고초를 겪었다. 그러나 어느 누구보다 극심한 고통을 겪었음에도 불구하고 의병을 조직하며 전란을 극복할 수 있는 동력을 제공해 준 이들은 '무명의 백성들'이었다.

"어지러운 난리를 겪을 때 중요한 책임을 맡아서, 그 위태로운 판국을 바로잡지도 못하고 넘어지는 형세를 붙들지도 못하였다"라며 스스로를 책망하는 류성룡의 모습은 당대의 백성들에겐 어쩌면 때늦은 후회로밖에 들리지 않았을지도 모른다. 하지만 "지난 일을 징계하여 뒷날의 근심거리를 그치게 한다"는 『시경(詩經)』의 구절로 자신의 책 제목을 대신한 류성룡의 마음가짐만큼은 오늘날까지도 충분히 공감하게 한다.

◆ '망전필위(忘戰必危)'의 교훈 - 전쟁 대비가 너무도 부족했다.

이처럼 임진왜란과 같은 전란을 예상하며 국방문제로 고심했던 서애 류성룡은 다음의 4가지를 '북변적책의(北邊敵策議)'에 포함하여 상신했으나, 일선 지휘관 천거의 일부 수용 이외에는 대부분이 수용되지 않았다.

---

81) 장군의 부친 이정은 고대 중국의 성군인 복희, 요, 순, 우를 이름자에 붙여서 네 아들 이름을 이희신(李羲臣), 이요신(李堯臣), 이순신(李舜臣), 이우신(李禹臣)으로 지었다.

10. 류성룡, 『징비록』

① 일선 지휘관들을 유능한 장수로 교체할 것을 건의
② 제승방략을 폐지, 지휘권 확립과 반응시간이 단축되는 진관체제 복구
③ 왜란 이전에 견본으로 입수한 왜병의 조총을 도입·장비할 것 건의
④ 남방 각 전략 요충지의 축성과 방어시설 구축과 무기 보강

이에 앞서 율곡 이이는 '진시무(陳時務) 6조'와 '10만 양병설'(十萬養兵說)을 상신했는데, '진시무 6조'의 내용은 다음과 같다.

① 어질고 능력있는 선비를 임용할 것, ② 국방과 관련하여 군민(軍民)을 기를 것, ③ 국가재정을 넉넉히 할 것, ④ 변방의 경계를 튼튼히 할 것, ⑤ 전쟁에 대비하여 전마(戰馬)를 준비할 것, ⑥ 백성을 교화하여 대비할 것

율곡이 1583년 4월에 조정에 건의한 '10만 양병설'은 당시 국내외 정세를 판단해 볼 때, 10년 이내에 토붕(土崩)의 화(禍)가 예상되므로 군사 10만명을 양성하여 도성에 2만, 8개 도에 각기 1만씩 배치하여 호세(戶稅)를 면제해 주고 무예를 연마하게 하여, 6개월씩 나누어 도성을 수비하다가 국가적인 변란이 있을 때는 10만의 군사력으로 나라를 지켜야 한다고 주장하였다. 당시에 국난을 예견하여 인구를 기준으로 1% 수준의 상비군을 유지해야 한다고 주장한 율곡의 탁월한 식견과 분석력은 높이 살만하지만, 위험을 인식하지 못하고 이를 받아들이지 않은 '선조의 무능'과 '조정의 안이함'이 조선을 패망의 위기까지 몰고 갔다고 할 수 있어서 안타깝기만 하다.[82]

『징비록』의 독보적인 가치

『징비록』의 첫 장에서 류성룡은 수많은 인명을 앗아가고 비옥한 강토를 피폐하게 만든 참혹했던 전화를 회고하면서, 다시는 같은 전란을 겪지 않도록 지난날 있었던 조정의 여러 실책들을 반성하고 앞날을 대비하기 위해 『징비록』을 저술하게 되었다고 밝혔다. 이처럼 뚜렷한 목적의식을 가지고 저술되었다는 점에서, 『징비록』은 독보적인 가치가 있다.

---

82) 송복 교수는 『조선은 왜 망했나』에서 임진왜란 시에 조선의 절대군주 선조는 백성을 무시했고, 조정은 명에 의존하자는 의명파(依明派)와 명의 도움을 받되 조선 스스로 국난을 극복해야한다는 자강파(自彊派)로 갈렸다고 했다. 조정에서 류성룡을 제외하고는 의명파가 주류를 이루었고 심지어 선조는 명(明)에 의한 직할통치를 요구했다고 한다. 명(明)과 왜(倭)는 임진강을 경계로 조선을 분할점령하려고 했는데, 이것을 막아낸 것이 류성룡의 전략적 승리이며, 전시 재상으로서의 최고 공적이라고 평가했다.

제2장 병법서 형태의 동양 고전과 우리나라 고전

류성룡이 전란 당시 전황이 돌아가는 급박한 사정을 누구보다 가까운 곳에서 살필 수 있는 중요한 직책을 맡고 있었으며, 일차적 자료가 되는 조정의 여러 공문서들에 접근할 수 있는 권한을 가지고 있었다는 점에 비추어 볼 때, 임진왜란에 대한 총체적인 기록으로서도 가치가 매우 높다.

『징비록』이 갖는 가치와 매력은 학자들에게만 국한되지 않는다. 『징비록』은 전쟁의 경위와 전황에 대해 충실히 묘사하였을 뿐만 아니라, 조선과 일본, 명나라 사이에서 급박하게 펼쳐지는 외교전을 비롯하여, 전란으로 인해서 극도로 피폐해진 일반 백성들의 생활상, 전란 당시에 활약한 주요 인물들에 대한 묘사와 인물평까지 포괄하고 있다.

또한 객관적 입장에서 기록하였다는 점에서도 『징비록』은 신뢰를 받고 있다. 애초에 상대에 대한 건전한 비판과 공론정치의 활성화라는 목적에서 시작된 '붕당정치(朋黨政治)'는 선조 때부터 소모적인 당쟁으로 변질되고 있었다. 집권층은 동인과 서인으로 당쟁하였는데, 전란 3년 전인 1589년에 기축옥사로 동인 1천여 명의 인재가 희생되었다. 전란을 불과 1년 앞둔 1591년에는 다시 동인이 집권하였는데, 거기서 남인과 북인으로 나뉘어 조정의 공론을 분열시켰고 그에 따라 국력은 날로 쇠약해지고 있었다.

류성룡 역시도 동인의 일원인 남인에 들어있었는데, 그는 무능이나 전술의 부재로 전투를 그르친 일부 장수들에 대한 냉정한 평가를 제외하면, 비교적 객관적인 태도를 견지하고 있었음을 『징비록』에서 확인할 수 있다. 한때 상대 정파에 의해 탄핵의 위기에까지 몰렸던 그였지만, 전란을 회고하는 이 노정객의 안타까움과 반성의 심정은 당파적 증오를 넘어섰다.

『징비록』은 바다 건너 일본과 중국에까지 전해져 간행되기도 했다. 『징비록』은 1695년(숙종 21) 일본 교토(京都)의 야마토야(大和屋)에서 『조선 징비록』이라는 이름으로 중간(重刊)되었는데[83], 당시 숙종 임금은 임진왜란 당시 우리 조정의 대처에 관한 내용이 들어있어서, 이것의 해외 유출을 우려하여 일본 수출을 엄금했다는 기록도 전해지고 있다.

---

[83] 서문에 "이 책은 기사가 간결하고 말이 질박하여, 과장이 많고 화려함을 다투는 세상의 책들과 다르다. 가히 실록(實錄)이라 할만하다."라고 적혀있다. 류성룡의 징비록이 일본과 중국에서도 널리 읽혔던 것은 "역사 기록에 대한 보편성과 중립성" 때문으로 평가된다.

11 유례를 찾기 힘든 지휘관의 진중 비망록

✎ 이순신(李舜臣, 1545~1598)

📖 「 난중일기 (亂中日記) 」

◆ 충무공 이순신 장군의 임진왜란 진중일기

『난중일기』는 충무공 이순신 장군이 임진왜란이 일어난 임진년부터 종전에 이르기까지 진중에서 일기 형식으로 기록한 것으로, '서간첩(書簡帖)', '임진장초(壬辰狀抄)'와 함께 우리나라 '국보 제76호'로 지정되었다. 또한, 역사적 사실과 학술연구 자료로서 높은 가치가 인정될 뿐 아니라, 유례를 찾기 힘든 전쟁 중 지휘관이 직접 기록한 사례인 점을 들어 2013년 6월 '유네스코(UNESCO) 세계기록유산(MOW)'으로 등재되었다.

국난을 극복해낸 수군사령관으로서 충무공의 엄격하고도 지적인 진중생활을 평이한 문장으로 기록하고 있다. 특히 그 내용은 유비무환의 진중생활, 인간 이순신의 적나라한 모습과 생각, 부하를 사랑하고 백성을 아끼는 마음, 부하에 대한 사심없는 상벌의 원칙, 국정에 대한 솔직한 간언, 군사행동에 있어서의 비밀 엄수, 전투상황의 정확한 기록, 가족·친지·부하장졸·내외 요인들의 내왕 관계, 정치·군사에 관한 서신교환 등이 수록되어 있다.[84]

『난중일기』에는 두 가지 전적(典籍)이 있는데, 그 하나는 이충무공의 '친필 초고본'으로, 충남 아산의 현충사에 보관되어있고, 다른 하나는 《이충무공전서(李忠武公全書)》에 있다. 본래 충무공은 다만 일기를 썼을 뿐, 거기에 어떤 이름을 붙였던 것은 아니다. 임진일기, 계사일기, 병신일기, 정유일기, 속 정유일기[85] 등 그해의 이름을 붙여 일기로 기록되었는데, 정조 19년(1797)에 이르러 《이충무공전서》를 편찬하면서, 편의상 『난중일기』라는 이름을 붙여 수록한 다음부터 그 이름으로 불리게 되었다.

---

[84] "임진년 1월 1일. 맑다. 새벽에 아우 여필과 조카 봉, 아들 회가 와서 이야기를 했다. 다만 어머니를 떠난 남쪽에서 두 번의 설을 쇠니 간절한 회포를 이길 길 없다."로 시작한다.

[85] 충무공 연구의 대가인 노산 이은상(李殷相)은 '속 정유일기'에 대해 "본시 충무공이 왜 다시 썼는지에 대해서는 알 길이 없으나, 내용이 앞의 책보다 많이 적힌 것을 보아 충무공께서 후일 기억을 되살리가며 새로 적어본 것으로 생각한다"라고 하였다.

제2장 병법서 형태의 동양 고전과 우리나라 고전

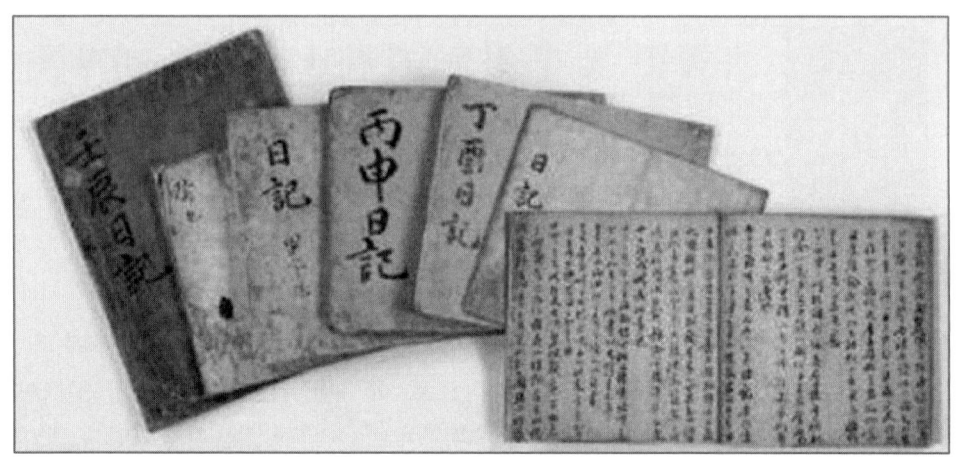

충무공의 『난중일기』. 서간첩, 임진장초와 함께 국보 제76호로 지정되어있다.

이순신 장군의 전장 리더십 - 활인지덕(活人之德)

기강이 무너지고, 허술한 방비상태였던 조선의 수군을 거느렸던 이순신 장군이 23전 23승을 한 것은 공의 선견지명과 특별한 리더십에서 비롯된다.

임진왜란 발발 1년 전인 1591년 2월 13일에 부임하여 왜적의 내침에 대비하여 거북선을 건조하고 수군을 정비했다. 임진왜란은 4월 13일에 일어났으나, 임진일기는 1월 1일부터 적으며 "왜군의 내침 징후가 1년 전부터 보이기 시작하여"라며 일기도 전쟁에 대비해 기록한 것임을 알게 한다.

"이순신은 사람됨이 충용(忠勇)하고 재략(才略)도 있었으며 기율을 밝히고 군졸을 사랑하니 사람들이 모두 즐겨 따랐다"는 『선조실록』 사관의 기록처럼, 충무공은 기율을 바로잡는 엄한 지도자이면서 동시에 '군졸을 사랑하는' 장수였다. 그는 전투 여건이 허락하는 한에서 병사들에게 음식과 술을 내려 오랜 전쟁에 지친 병사들을 위로하였다. "여제(厲祭)가 끝난 후 삼도 군사에게 술을 내리거나, 삼도 사사(射士)와 본도 잡색군(雜色軍)을 먹이고 종일토록 여러 장수들과 같이 취했다"는 기록, 체찰사 이원익이 한산도를 방문했을 때는 체찰사가 베풀어주는 형식을 빌려 '군사 5,480명에게 음식을 내려 잔치를 베풀어' 장병들의 사기를 북돋아 주었다. 장군은 또한 전투가 끝나면 직접 부하들의 전공을 공정하게 작성하여 조정에 보고하였다.

11. 이순신, 『난중일기』

◆ 이순신 장군의 전승 비결 - 먼저 이겨놓고 싸운다(先勝求戰)

이순신의 전쟁 승리의 비결은 무엇보다도 방대한 정보의 수집과 공격보다 방어 전략의 이점을 최대한 살린 신중한 방어 전략, 전투를 앞두고 중요한 휘하 장수들과의 작전회의, 철저한 자기관리와 담대하면서도 솔선수범하는 전투수행 그리고 앞에서 논한 장병 관리 등을 들 수 있다.

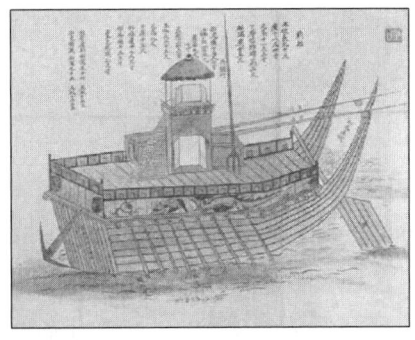

조선 수군의 주력함이었던 판옥선
<각선도본(各船圖本), 규장각 소재>

첫째, **탁월한 정보수집**으로 이를 전투에 활용했다. 이순신은 전쟁기간 내내 다양한 채널을 가동해서 적정은 물론이고 명군의 움직임과 조정의 상황을 파악했다. 그는 조정에서 보낸 선전관이나 휘하의 탐방 군관과 망군(望軍)들의 보고는 물론이고 의병장, 피난민들, 항복해온 왜군, 적진에서 탈출해온 사람, 명나라 장수 등을 통해서 적군의 동태를 파악하고 있었다. 여러 정보 중에서 거짓정보와 진실된 정보를 가려내어 작전계획에 활용했다.

둘째, **방어 전략의 이점을 최대한 활용**했다. "전라도 지역의 수군을 출동시켜 경상도 지역의 왜군을 물리치라"는 요구가 있었다. 선조는 임진왜란이 발발한 이듬해에 선전관을 보내어 "부산으로 나가 적을 무찌르라"고 지시한 것을 비롯해 여러 차례 이순신에게 출동명령을 내렸다. 그러나 이순신은 오해와 질책을 받으면서도 섣불리 움직이지 않았다. 우리가 미더운 것은 오직 수군뿐이며, 적이 험고한 곳에 웅거하고 있는 상황에서 결코 경솔히 나가 칠 수는 없다고 판단했다. 국왕의 압력과 도원수 권율의 독촉, 원균의 선동을 이겨내고 적절한 방어전략을 고수하면서 기회를 얻었을 때 공격적인 태도를 취하고 장점[86]을 살렸던 이순신의 전략은 탁월한 것이었다.

셋째, **작전회의를 효과적으로 이용**했다. 『난중일기』에는 이순신 장군이 휘하의 장수들과 '군사 일을 의논'한 기록들이 자주 발견된다. 그는 식사를 함께 하면서 많은 장수들과 군사 일을 토론하여 전투관련문제를 결정했다. 중요한 정보가 있을 때 작전회의에서 미리 알려주고 대책을 세웠다.[87]

---

86) 판옥선은 격군이 노를 젓는 선실과 전투원 공간이 분리된 2층 구조이며, 천자총통과 지자총통 등 화포를 대거 탑재하여 왜군의 주력함인 '세키부네'에 대해 장점이 있었다.

제2장 병법서 형태의 동양 고전과 우리나라 고전

넷째, **자기관리에 철저하고 솔선수범**하였다. 전투에서는 위험을 무릅쓰고 선봉에서 섰다. 이순신은 세상이 부패하고 혼란한 와중에서도 늘 공적인 마음과 자세를 늘 견지했다. 전투가 없을 때면 둔전(屯田)[88]을 개척하고 어염(魚鹽)을 판매해 군량을 넉넉하게 했다. 전세가 불리해질 경우 그는 대장선을 적선 속으로 몰고 돌진하며 뒤에 있는 군사들을 독려하곤 했다.[89]

■◆ 평범한 인간의 감동적인 자기 극복 - 끊임없는 자기성찰

이순신 장군은 무너진 군대의 기강을 바로 세워 국가의 운명을 위기에서 구해냈다. 그런데 그의 탁월한 리더십과 공훈 때문에 이순신을 '타고난 성웅'이나 '초인적인 영웅'으로 간주하기 쉽다.[90] 하지만 『난중일기』에는 '한탄'과 '꿈', '죽음' 등의 인간적인 단어가 수없이 많이 발견된다.

그는 평범한 남편이요 아들이며, 정이 많은 아버지였다. 아내의 병이 위중하다는 소식에 괴로워하였으며, 어머니의 부고를 듣고 '찢어지는 아픔'에 울부짖었다.[91] 막내아들 이면의 전사 소식을 들었을 때는 "천지가 깜깜하고 해조차도 빛이 변했구나. 나를 버리고 어디로 갔느냐"라며 슬퍼했다.

이순신은 뜻밖에도 강인한 체력의 소유자가 아니었다. 무과시험을 통해 관직에 진출했지만, 전장에서 늘 몸이 아파 괴로워하고, 전란 내내 '온백원(溫白元)'이라는 위장약을 상비해야만 했다. 그는 나라의 일, 집안의 일 그리고 자신의 일로 '마음이 산란하여' 밤늦게까지 뒤척이다가 새벽녘이 되어서야 잠을 청하곤 했다. 이순신은 온 국토가 적에게 들어가고 원군으로 온 명나라 군대조차도 싸우기는커녕 화친을 주장하거나, 압박해 힘들게 했다.

---

87) 예를 들어, 정유년 9월 탐방군관의 적정을 보고받은 이순신은 "여러 장수들에게 군령을 내려 재삼 신칙(申飭, 단단히 경계)"하게 하여 적선의 공격을 막아냈다. 그날 저녁 무렵 이순신은 여러 장수들을 불러 모아 밤에 반드시 적의 야습이 있을 것임을 알려 대비케 하여, 밤 8시에 적이 야습을 해왔으나 치밀한 대응으로 패퇴시킨 일도 있었다.
88) 중앙 및 지방의 각 병영과 행정관청의 군수 및 경비에 충당하도록 설정된 공적 토지.
89) 명량해전 전날 밤인 1597년 9월 15일, 부하들에게 "죽고자하면 살고, 살고자하면 죽을 것이다"(必死則生 必生則死)라고 훈시하고, 다음날 죽기를 각오하고 진두지휘하였다.
90) 일본에서 <조선정벌기>, <조선이순신전> 등에 이순신 장군을 기록했는데, 책의 삽화에서는 모두 이순신 장군을 공포의 대상으로, 무서운 거인의 모습을 그렸다.
91) 1597년 초에 죽음의 문턱에 이르렀다가, 가까스로 풀려나 백의종군의 길을 떠났다. 4월 2일 류성룡을 만나 밤새 나랏일을 나누다 '닭이 울어서야 헤어져' 한양을 떠났고, 아산을 지나다 모친의 부고를 듣고 좌절하는 대목에서 인간적인 아픔을 느끼게 한다.

11. 이순신, 『난중일기』

　더군다나 자신은 원균을 비롯한 많은 사람들의 견제를 받고 국왕으로부터도 불신을 받기도 했다. 원균의 칠전량 패전(1597.7.15.)으로 무너진 수군을 다시 맡고서, 나라의 운명과 자신을 믿고 들어온 전라도 인근의 많은 백성들의 목숨을 책임져야 한다는 생각에 하루도 마음을 놓을 수가 없었다.

　요컨대 『난중일기』에서 발견되는 이순신 장군의 모습은 태어나면서부터 용감하고 완전한 인간이 아니라, 불완전하고 연약한 존재지만 동시에 끊임없는 자기반성을 통해 부족한 점들을 극복해 간 존재였다. 우리는 이러한 인간 이순신으로부터 더욱 감동받게 되며 마음으로 존경하게 된다.

『난중일기』의 역사적인 가치

　러일전쟁을 승리로 이끈 일본 연합함대의 수장 도고헤이 하치로(1848~1934)가 "나를 넬슨에 비교하는 것은 가하나, 이순신에 비교하는 것은 감당할 수 없는 일"이라고 말했고, 세계 해전사 전문가 발라드(1862~1948) 제독이 "어떠한 전투에서도 그가 참가하기만 하면 승리는 항상 결정된 것과 같았다"고 극찬했던 것처럼 충무공의 전승은 역사 속에서 길이 빛난다.

　『난중일기』는 임진왜란 7년 동안의 상황을 가장 구체적으로 알려주는 일기[92]로서, 전란 전반을 살피는 사료로서 가치있고, 나라의 위급을 구해낸 영웅의 인간상을 연구할 수 있는 자료라고 할 수 있다. 생사를 걸고 싸우던 진중일기(陣中日記)로서 그 생생함이 더욱 돋보이며, 전쟁사 이상의 가치가 있다. 초서로 흘려 쓴 공의 친필 초고는 치열한 전투가 벌어졌던 해일수록 흘림의 정도가 더욱 심하여 당시의 긴박함을 생생하게 보여준다.

　그 당시의 정치·경제·사회·군사 등 여러 부문에 걸친 측면사와, 당시 수군의 연구에 도움을 준다. 충무공의 꾸밈없는 충(忠)·효(孝)·의(義)·신(信)을 보여주는 글이라는 점에서 후세인들에게 큰 귀감이 되고 있으며, 무인의 글답게 간결하고도 진실성이 넘치는 문장과 함께 그 인품을 짐작게 하는 필치는 예술품으로서도 뛰어나다. 이은상의 『난중일기』 국역본이 후대의 연구에 지대한 영향을 미쳤다. 2013년 유네스코 세계기록유산에 등재될 때 심의자료로 제출되었던 '교감완역 난중일기(민음사)'를 추천한다.

---

[92] 임진년(1952년) 1월 1일부터 무술년(1598년) 11월 17일까지 7년 동안 출전한 날에는 일기를 기록하지 못한 경우도 있었지만, 날마다 간지와 날씨까지 기록하셨다.

제2장 병법서 형태의 동양 고전과 우리나라 고전

12 고조선에서 고려말기까지의 전쟁 역사서
✒ 문종의 지시에 의거 편찬
📖 「동국병감 (東國兵鑑)」

▣ 고조선에서 고려에 이르기까지의 한민족 전쟁사 총정리

『동국병감』(東國兵鑑)은 고조선 시대부터 고려 말까지 총 37차례에 걸친 대외 전쟁을 정리한 역사서이다. 조선의 5대 문종이 절재 김종서 장군 등에게 명하여 편찬한 이 책은 고조선부터 고려시대에 이르기까지 중국과 북방민족과의 전쟁사를 총정리하여 편찬한 전쟁사이다.

또한 이 책은 단순 전쟁사를 기록한 것에 그치지 않고, 북방민족과의 전쟁과 관련한 전략까지 연구할 수 있는 사료로서 가치도 높았고, 조선시대 장수들이 갖추어야 할 필수 소양이었다.

현대적인 역사학이 도입되기 이전에 우리나라의 역대 전쟁사를 국가 차원에서 정리한 역사서는 이 책이 유일하다. 시기별로는 한 무제의 침략을 묘사한 고조선 시대의 전쟁이 1개 항목, 고구려의 선비 토벌 등 삼국시대 전쟁사가 16개 항목, 고려시대가 20개 항목으로 구성되어있다. 특히 고려시대 전쟁사는 '고려사'나 '고려사절요' 등 다른 고려시대 역사서에 나오지 않는 내용도 다수 포함되어 있다.

이 책의 최초 간행 연도나 집필자는 밝혀지지 않고 있다. 현존하는 '동국병감'에는 서문에 해당하는 발문(跋文)이나 간행 기록인 간기(刊紀)가 빠져 있기 때문이다. 다만 '조선왕조실록'에 '동국병감' 편찬 과정에 대한 기록이 남아있어 문종(재위 1450~1452) 시대에 편찬을 시작하여 세조 4년(1458) 이전에 편찬이 완료됐다는 사실만 확인이 가능한 상태이다.

<문종실록> 즉위년(1450) 3월 11일 자를 보면, "우리나라 전쟁사를 정리해 오늘의 귀감으로 삼겠다"는 의정부의 건의에 대해, 문종이 적극적으로 수용하여 "빨리 책으로 엮어 널리 알리도록 했다"라고 기록하고 있다.

12. 『동국병감』

◆ 「동국병감」에 기록된 이민족과의 주요 전쟁들

- **병사가 많을 때는 싸우고, 적을 때는 지켜라.**
  고구려 3대 대무신왕 11년(28년) 한나라 요동태수가 침략해왔으나, 국내성 성문을 굳게 닫고 항전하는 **청야입보(淸野立堡)**[93] 전략으로 패퇴시켰다.

- **한 사람이 길목을 지키면 만 사람도 당할 수 없다.**
  고구려 8대 신대왕 8년(171년) 한나라가 침입해왔으나, 완강하게 저항하다가 적이 지쳐서 철군할 때 기병으로 추격하여 전멸시켰다.

- **을지문덕, 살수에서 수나라 군사를 쳐부수다.**
  고구려 26대 영양왕 9년(598년) 수 문제가 30만 대군으로 고구려를 침입했으나 전염병과 풍랑으로 실패하고, 611년 수 양제가 침입했으나. 을지문덕이 살수까지 끌어들여 **이일대로(以逸待勞)**[94] 전략으로 대파했다.

- **당 태종을 무릎 꿇린 안시성 전투.**
  고구려 28대 보장왕 4년(645년) 당나라 태종이 안시성을 공격했으나. 결사항전하는 고구려의 저항에 뜻을 이루지 못하고 철군하다.

- **신라, 한반도에서 당나라 세력을 몰아내다.**
  신라 30대 문무왕 16년(676년) 당나라 설인귀를 맞아 대승하여. 수년간의 나당전쟁의 종지부를 찍고 당나라 세력을 몰아내었다.

- **의식이 족하면 성을 지킬 수 있고, 싸우면 이길 수 있다.**
  고려 6대 성종 12년(993년) 거란이 침입하자 서희가 여진을 몰아내고 거란과 통교할 것을 약속하며 외교로서 거란을 철군시켰다. 고려는 약속대로 여진을 토벌하여 '강동 6주'를 설치하고 거란과 통교했다.

- **두 차례의 여진 정벌 후에 동북방에 9성을 쌓다.**
  고려 16대 예종 2년(1107년) 여진족이 동북방 국경을 위협하자. 윤관 장군에 명하여 여진을 정벌하여 북방으로 밀어내고 안정시켰다.

 * 동국병감에는 37개의 이민족 침략전쟁과 이에 대한 극복을 기록했다.

---

93) **청야입보(淸野立堡)** : 전략 요충지에 견고한 성을 구축하고 식량과 병기 등을 저장하였다가, 유사시에 성에 입성하여 장기적인 방어전을 수행하는 전략
94) **이일대로(以逸待勞)** : 아군 작전에 유리한 지점으로 적을 깊숙이 끌어들여. 적의 전쟁 피로와 보급선 신장을 강요하여 전투력을 감소시키며 공격하는 전략

제2장 병법서 형태의 동양 고전과 우리나라 고전

◼◆ 『동국병감』의 가치-민족의 단결과 주체성을 갖는 정신적 자산

오늘날 『동국병감』은 서울대 규장각과 한국학연구원 장서각 등에 소장되어 있다. 규장각의『동국병감』은 1608년 인쇄, 태백산사고(太白山史庫)에 보관된 것이며, 장서각 소장본은 무주 적상산사고(赤裳山史庫)에 보관된 것이다. 실록을 보관하는 사고에 특별히 보관했을 만큼 높은 평가를 받은 책인 것이다. 조선시대에 이 책은 무장들이 꼭 읽어야 하는 필독서로 간주되었다. 중종실록을 보면, 이 책에 대해 "우리나라의 형세(形勢)와 병가(兵家)의 승패가 기록되지 않은 것이 없어 무사들이 마땅히 배워야 하는 책"이라고 평가하고 있다.

임진왜란 당시 의병장으로 활약하다 장렬히 산화한 중봉 조헌(趙憲·1544~1592) 선생은 "만약 군을 잘 지휘하고 우리 조상들이 마련한 법도를 잘 지키려면 장수들은 『동국병감』을 익히도록 하고, 군졸들은 '오위진법'95)을 통달하도록 해야 한다"라고 주장하기도 하였다.

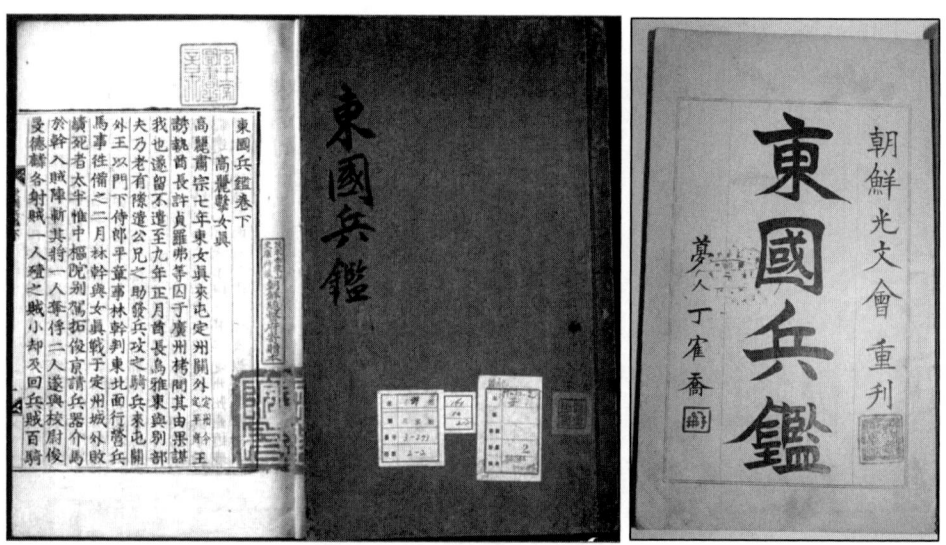

1608년 인쇄된 **규장각『동국병감』**(좌)과 1911년 광문회에서 중간한 『동국병감』(우)

---

95) **오위진법(五衛陳法)** : 조선시대의 진법으로 기본진형은 곡(曲), 예(銳), 직(直), 방(方, 사각형), 원(圓)진의 다섯 가지이며, 각 진법에는 기병과 보병의 세부 배치가 포함된다.

12. 『동국병감』

『동국병감』은 중국에도 널리 알려졌었다. 임진왜란 당시 조선에 온 명나라 장수들이 이 책을 요구했지만, 국왕 선조가 명나라 측에 절대로 이 책을 제공하지 말라고 지시한 사례도 있다. 당시에 조선은 『동국병감』을 일종의 국가 기밀로 생각한 것이다.

근대 이후 이 책의 중요성은 더욱 부각된다. 고전 간행을 통해 민족의식을 고취하는 활동을 펼쳤던 광문회(光文會)는 치욕적인 경술국치(1910년) 다음 해인 1911년에 본서를 현대 활자로 인쇄, 널리 보급했다. 『동국병감』이 수많은 외침을 극복한 우리 역사를 잘 정리한 책으로 생각했기 때문이다. 이 책을 통해 나라를 잃고 실의에 빠진 당시의 조선인들에게 외적의 침략을 물리친 조상들의 단결과 주체성을 널리 알리려 했다. '동국병감'은 독립 투쟁에 힘을 보태 주는 정신적 자산이었던 것이다.

이밖에 조선시대에 간행된 병서로 총통등록, 역대병요, 병장도설이 있다.

● **총통등록** [銃筒謄錄]

1448년(세종 30) 9월에 간행된 화포 및 화약사용법에 관한 책이다. 1445년 개량된 규식(規式)에 따라 모든 화포를 새로 주조하여 전국에 배치하였고, 과거의 화포들은 폐기하였다.

● **역대병요** [歷代兵要]

1450년(세종 32) 세종이 정인지 등에게 명해 역대의 전쟁과 그것에 대한 선유(先儒)들의 평을 집성하도록 하였다. 1451년(문종 1년) 문종이 기록을 원전에 확인하고 음에 대한 주를 보완하도록 하였고, 1453년(단종 1년) 단종에게 완성된 것을 바쳤다. 1456년(세조 2년)에는 세조가 내용이 번다하다 하여 원본을 간략히 줄여 무신들에게 교육할 것을 명했다.

● **병장도설** [兵將圖說]

1492년(성종 23)에 간행된 《진법》을 1742년(영조 18)에 『병장도설』로 책명을 바꾸어 복간한 책으로 진법과 내용은 같으나 후기가 들어있다. 후기에 따르면 "오군영(五軍營)이 설치된 후 오위제(五衛制)가 무너져 여러 군문에서도 《진법》이 있음을 모르고 있었으나, 우연히 이것이 발견되었으므로 중외에 널리 반포한다"라고 되어있다.

백년전쟁 중 크레시 전투(1346년)
-장 프루아사르의 연대기

근대 서구 전략사상의 태동

전쟁양상에 따른 전략개념의 변천과정을 구분할 때, 세계대전 이전의 근대 시대를 구분하는 것은 중세 및 왕조시대(5세기~18세기)와 나폴레옹 전쟁 이후의 국민전쟁 시대(19세기)로 구분한다. 또 다른 학자들은 중세시대, 왕조 및 국민전쟁 시대로 구분하기도 한다. 이러한 시대구분에는 이견이 있으나, 근대 서구 전략사상의 원조가 '마키아벨리'라는 데에 이견이 없다. 어두운 중세시대를 마치고 근대의 서막을 알린 르네상스시대에 활동했던 '마키아벨리'는 걸출한 전략사상으로 전략의 르네상스를 꽃피우기 시작했다. 마키아벨리는 그의 불후의 명저인 <군주론>과 <전술론> 등을 통해 국가안보를 위해서는 군사력 육성과 군사개혁을 소홀히 하면 안 된다는 것을 역설했다.

13. 국가 번영을 위한 정치권력과 군사력

✎ 마키아벨리(Niccolò Machiavelli, 1469 ~1527)

📖 「군주론(君主論)」(Il Principe 伊, The Prince 英)

◆ 최고의 정치조직체인 국가를 강력하게 만들기 위한 정치

현대에 있어서 '마키아벨리즘'이라는 단어는 국제정치에 있어 권모술수가 넘쳐나는 교활함과 배신을 연상시킨다. '마키아벨리즘'이란 말의 토대가 되는 '마키아벨리'는 이탈리아의 피렌체에서 태어난 관료 정치가였다.

그는 『군주론』에서 "군주된 자는 나라를 지키려면 때로는 배신도 해야 하고, 때로는 잔인해져야 한다. 할 수 있다면 착해져라. 하지만 필요할 때는 주저없이 사악해져라. 군주에게 가장 중요한 일은 나라를 지키고 번영시키는 일이다. 일단 그렇게만 하면, 그렇게 하기 위해 무슨 짓을 했든 칭송받게 되며 위대한 군주로 추앙받게 된다."라고 했다. 이것이 "정치에 도덕은 필요치 않다"라고 비춰져[96], '정치의 존엄을 땅에 떨어뜨린 인물'이라는 비판을 받았다.[97]

하지만 마키아벨리의 사상이 비판받는 것은 『군주론』이 충분히 이해받지 못했기 때문이다. 그가 저서에서 논하고 싶었던 것은 정치상의 교활한 사술이 아니라, '어떻게 강력한 국가를 만들어 내는가'라고 하는 문제였다. 그는 국가와 정치의 본질을 연구를 통해 밝혀내기 위해 고대 그리스·로마 시대에까지 거슬러 올라가 수많은 정치가들에 얽힌 '성공과 실패의 역사'를 분석해냈다.

마키아벨리, 『군주론』
1550년 발간된 군주론의 표지

---

96) 국익추구와 도덕성의 딜레마에서 생존을 위해서는 국익추구를 선택해야한다는 주장이다.
97) 18세기 프로이센의 계몽군주 프리드리히 대왕이 자신이 믿는 '정치의 도덕성'을 방패로 『반마키아벨리론』을 저술하여 '마키아벨리즘'을 통렬히 비판하기도 했다.

13. 마키아벨리, 『군주론』

■◆ 『군주론』의 시대적 배경

당시 이탈리아는 476년 로마제국이 게르만 용병대장 '오도아케르'에 의해 멸망된 이래 5개의 도시국가 상태에 있었다. 즉, 교황령, 밀라노, 피렌체, 베네치아, 나폴리가 주도권을 갖고 오랜 균형을 유지하고 있었다. 이들 도시국가들의 균형은 정교한 외교적 수단과 지속된 분쟁에 의해 지탱되었다. 교황령을 비롯한 5개 도시국가들은 자신들의 세력 강화와 자국 방어를 위해 외세를 끌어들여서, 이탈리아는 주변국가인 스페인, 프랑스, 스위스, 독일의 빈번한 침공과 끔찍한 살육에 시달리고 있었다.

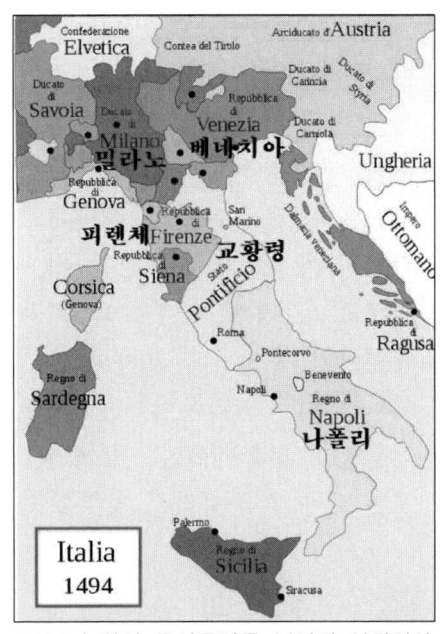

1494년 당시 도시국가로 분리된 이탈리아

이탈리아가 통일을 실현하지 못하고 국제적 개입을 초래하게 되었던 이유는 당시 이탈리아반도 전체를 통일할 만큼 강력한 세력이 부재했던 것에 기인하는데, 마키아벨리는 당시 교황이 이탈리아를 장악할 만큼 충분히 강력한 힘을 갖지 못하면서 다른 세력이 융성해지는 것을 용납하지 않았기 때문에 교황과 교회로 인해 이탈리아가 통일되지 못한다고 생각했다. 교황이 이탈리아 내의 강력한 세력 부상을 견제하기 위해 자주 외세의 개입을 호소하였는데, 마키아벨리는 "교회의 이탈리아 내분 조장과 교황의 외세 개입 유발에 의해 이탈리아 전역이 자주 침공을 당하고 있다"라고 개탄했다.

1494년에는 프랑스의 샤를 8세가 65,000여 명의 대군으로 이탈리아를 침입해 피렌체를 점령하고 로마로 진격했다. 이듬해에는 나폴리를 함락하고, 베네치아와 밀라노 연합군에게 승리를 거둠으로써 전 이탈리아를 수중에 넣었다. 이 침략은 이탈리아의 도시국가들뿐만 아니라 나폴리를 자기 소유라고 주장하던 스페인, 북부 이탈리아와의 무역에 관심이 있던 신성로마제국 등을 끌어들여 전쟁이 확대되고, 용병에 국방을 의존했던 이탈리아가 고스란히 피해를 입고 혹독한 패전의 멍에를 써야만 했다.

제3장 근대 서구 전략사상의 태동

마키아벨리는 큰 충격을 받아 국가안보를 위해서 군사력 육성과 군사개혁을 서둘러야 한다고 주장하게 된 것이다. 용병에 의존하던 국방체제를 과감히 개혁하여 시민군을 창설하고, 강력한 군주아래 이탈리아가 통일되어 로마의 과거 명예를 되찾아야 한다고 역설했다. 전술적으로는 보병과 포병 위주의 군사력을 갖추고, 결전을 통한 승리 추구 등을 주장하게 된다.

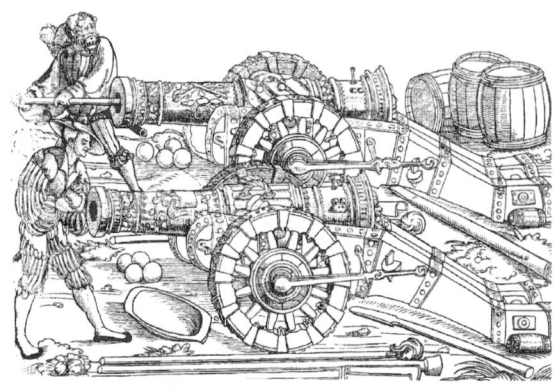

포병의 급속한 발전은 16세기 전쟁의 핵심특징이다. 마키아벨리는 보병과 포병 위주의 군사력을 논했다.

▶ 『군주론』의 구성

『군주론』이 쓰여졌던 당시 이탈리아는 도시국가들로 형성되었지만, 『군주론』은 앞으로 다루어질 국가를 서술하는 것으로 시작한다. 첫 문장에서 마키아벨리는 '공화적이든 전제적이든 모든 형태의 최고 정치권력 조직체'를 중립적으로 포괄하기 위해 '국가(stato)'라는 단어를 썼다.[98]

군주론은 4부 총 26장으로 구성되어 있는데, 제1부에서는 '군주국의 종류와 주권의 획득 및 유지방법'을 고찰하고 있다. 1장~2장은 신생 군주국, 3장~5장은 복합 군주국을 다루는데, 3장은 종래 군주국에 병합된 새로운 점령지, 4장은 정복된 왕국, 5장은 자신들의 법에 따르는 자유로운 국가를 다스리는 법에 대해서, 6장~9장은 신생군주국과 시민 군주국 등 전적으로 새로운 국가를 다루고 있다. 제2부(12장~14장)는 '군사론'을 기술하는데, 자국군의 필요성과 군주의 군사상의 의무를 설명하고 있다. 제3부(15장~23장)는 '군주의 통치 기술', 즉 군주가 갖추어야 할 덕목에 대해 설명하고 있으며, 제4부(24장~26장)는 결론으로 이탈리아의 위기적 현상의 원인을 밝히고, 군주가 운명에 어떻게 대처해야 할 것인가에 대해 기술하고 있다.

---

[98] 마키아벨리가 『군주론』에서 사용한 'stato'가 'state(국가)'의 어원이 되었다.

13. 마키아벨리, 『군주론』

◆ 지도자에게 있어서의 운명(運命, fortuna)과 역량(力量, Virtu)

마키아벨리의 저서 『군주론』과 『전술론』에서 일관된 점은 그가 '운명(포르투나, fortuna)'와 '역량(비르투, Virtu)'을 중심에 두고 역사를 고찰한 것이다. 물론 운명과 역량, 모두를 겸비한 군주가 정치를 맡는다면 그보다 더 좋은 일은 없을 것이다. 하지만 현실에서는 정치를 맡은 인물이 이 두 가지 특성을 동시에 갖춘다는 것은 매우 어려운 일이었다.

'운명'은 변화무쌍한 것으로, 정치가는 다음에 무엇이 일어날지 전혀 알 수 없다. 실제로 운명은 정치가에게 예상치 못한 성과를 가져다주기도 한다. 운명은 그때까지 은혜를 입어온 정치가에게 돌연 태도를 돌변하여 역으로 절망적인 상황에 몰아넣기도 한다. 이렇게 예측불가의 사태를 초래하는 것을 '운명'이라고 불렀다. 반면에 혼돈의 상황을 극복하기 위해 정치가를 후원해주는 것도 있다. 이것이 바로 마키아벨리가 말하는 '역량'이다. **정치가가 갖춘 우수한 '역량'만이 '운명'을 통제할 비장의 카드라고 보았다.**[99]

『군주론』에서 마키아벨리는 역사상 운명과 역량이 실제로 작용한 수많은 사례를 다루고 있다. 고대 그리스·로마시대의 정치가부터 마키아벨리와 동시대에 활약한 인물과 그가 섬겼던 인물까지 사례로서 등장한다.[100]

마키아벨리의 저서를 읽으며 놀라는 점은 약 500년 전의 것임에도 불구하고, 등장인물의 행동분석이 적절하고 확실하여 오늘날의 독자도 위화감 없이 그의 사상을 이해할 수 있다는 것이다. 마키아벨리는 인간의 강점, 약점, 성격 등을 알기 쉽게 해설하고 있는데, 오늘날의 시각으로 보아도 이러한 인간의 본질은 바뀌지 않는다. 시대가 변화해도 인간의 본질은 같고, 정치가는 어느 시대든지 변화무쌍한 '운명'과 정치가가 갖춘 우수한 '역량'에 의해 좌우되는 정치 세계와 끝까지 싸우지 않으면 안 된다.

마키아벨리는 이러한 세계의 역사로부터 필요한 교훈을 이끌어내고, 정치가에게 적절한 처방을 제시하고자 했는데, 이러한 시도는 성공했다.

---

[99] '역량'은 이상적인 정직과 신뢰보다는 '운명을 견뎌내는 능력'이라며 현실을 강조했다.
[100] 그 예로서 발렌티노공 '체자레 보르지아(1475~1507)'를 드물게 역량을 갖춘 인물로 높게 평가하고 있다. 보르지아가 군주로서 군림했을 뿐 아니라, 자신의 정치권력을 민중의 지지와 군사력으로 강화한 이상적인 군주라고 분석한다. 마키아벨리에게 있어 보르지아는 군사력과 권모술수를 구사하며 의연한 행동으로 국가를 통치한 영웅이었다.

제3장 근대 서구 전략사상의 태동

◆ 정치권력과 군사력은 상호 의존적 관계

마키아벨리는 '정치권력의 원천을 군사력'이라고 생각했다. 그는『군주론』에서 '시민군, 용병군, 외국의 원군, 혼성군(混成軍) 등의 여러 형태의 군대 중에서 어느 것이 제일 우수한가'에 대해 검토하는데, 그의 결론은 '자국민으로 구성된 시민군(militia)'이 다른 군사조직에 비해서 지극히 뛰어나고 중요하다는 것이었다. 그는 군주가 민중의 지지를 얻을 필요가 있으며, '군주를 지지해주는 민중으로부터 군대를 편성하는 것'만이 정치를 안정시키는 방법이라고 서술하고 있다. 당시 유럽세계에서 일반적이었던 용병군을 전혀 신뢰하지 않았고, 피렌체 민중으로 이루어진 시민군으로 대표되는 자국민만으로 편성된 군대, 즉 '자국 군대'만을 유일하게 의지하였다.

마키아벨리는 르네상스 시대의 이탈리아인답게 고대 그리스·로마 시대의 군사조직에 주목한 저서인 『전술론』을 남겼는데, 여기에서도 도시의 민중을 중심으로 하는 군대로 싸우는 것이 중요하다고 역설하고 있다. 하지만 민중을 중심으로 한 군대로 프로 집단인 용병군과 맞서 승리를 얻는 것은 당시 이탈리아의 상황에서 보면 상당히 어려운 것이었다.

<파울로 우첼로의 산로마노 전투(1432년 6월)>. 피렌체는 시에나 및 밀라노와 분쟁을 벌였는데, 피렌체 북부 산로마노에서 벌어진 용병전투로, 백마탄 지휘관이 톨렌티노이다.

13. 마키아벨리, 『군주론』

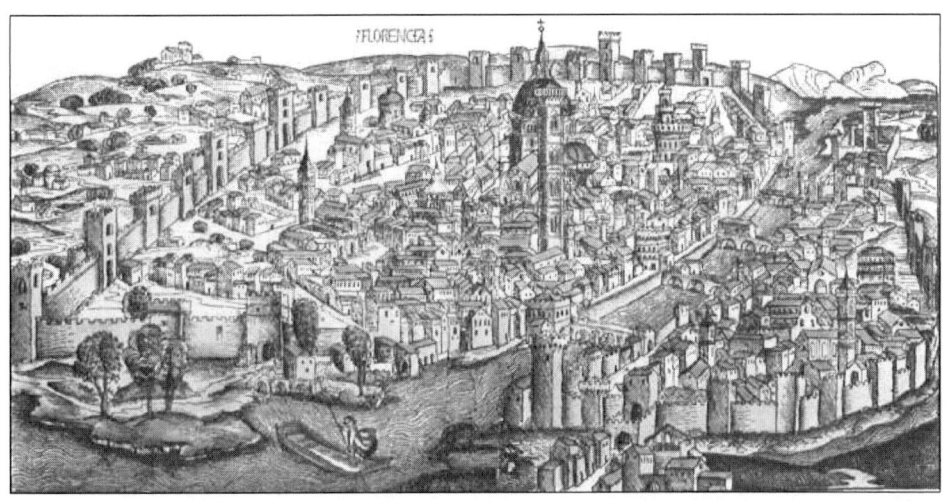

마키아벨리 시대인 1493년 피렌체의 모습(뉴렌베르크 연대기 수록 목판화)

"민중을 중심으로 한 자국 군대를 창설하자"라는 마키아벨리의 구상은 당시의 이탈리아 피렌체에서는 시기상조였다. 하지만 이러한 구상은 프랑스 혁명 이후 유럽 각국에 도입된 '국민군'[101]의 사상적 배경이 되었다.

정치의 본질인 '운명'과 '역량'의 중요성에 주목하고, 정치권력에 있어 군사력이 결정적으로 중요하다는 사실을 간파해낸 정치사상가로서, 그리고 정치체와 군사제도의 관계를 체계적인 전략 안에서 고찰한 전략사상가로서 마키아벨리의 저서는 오늘날에도 시사하는 바가 크다.

마키아벨리는 "국가의 존망이 걸려있는 경우에 어떠한 수단도 목적에 대해 유효하다면 정당화된다. 이것은 위정자뿐만 아니라 국민 모두가 명심해야 한다. 무엇보다도 우선적으로 생각해야 하는 것은 국가의 안전과 자유의 유지이기 때문이다."라고 했다. 국가의 안보와 전쟁에 있어서 권모술수는 선악의 관점에서 보는 반도덕적 문제가 아니라, 비도덕적 문제이다.[102]

[원서 정보] Niccolò Machiavelli, *De Principatibus(Il Principe)*, (Italy, Antonio Blado d'Asola. 1532)

---

101) 프랑스 혁명 이전의 유럽국가 군대들은 국가위임군(state commission army) 형태였으나, 프랑스 혁명을 통해 국민개병군(popular conscript army)으로 변화했다.
102) 마키아벨리즘은 줄곧 목적을 위해 수단과 방법을 가리지 않는 비열함을 뜻했지만, 18세기부터는 '조국의 암담한 현실을 어떻게든 타개해 보려는 애국자의 고민'으로 이해되었다.

제3장 근대 서구 전략사상의 태동

14 강력한 국가를 위한 군사적 철학을 밝히다
마키아벨리(Niccolò Machiavelli, 1469 ~1527)
『전술론(戰術論)』(The Art of War)

◆ 유일하게 마키아벨리 생전에 발간된 저서

마키아벨리, 『전술론』

『전술론』은 이탈리아의 르네상스 정치철학자이자 역사가인 마키아벨리가 전쟁과 정치에 대한 핵심적 사상을 담은 군사관련 저술이다. 마키아벨리의 저서 중에 가장 유명한 것은 군주정에 대한 자신의 정치론을 당시까지의 유럽 역사를 인용하여 증명한 『군주론』이고, 학계가 가장 중요하게 평가하고 있는 것은 근대 공화주의이론의 체계를 성립한 『로마사 논고』이다. 이에 비해 『전술론』은 덜 유명하지만, 마키아벨리의 중요한 3대 저서로 꼽히고 군사학 분야에서는 가장 중요한 저서이다.

마키아벨리의 『전술론』은 그의 초기 작품이며, 보다 널리 읽혀지는 작품인 『군주론』과 『로마사 논고』의 많은 주제, 이슈, 아이디어와 제안들을 반영한다. 현대의 독자들에게 마키아벨리의 대화는 비현실적으로 보일 수도 있으나, 그의 이론은 단순히 고전과 현대의 군사행위에 대한 연구와 분석에 바탕을 둔 것이 아니었다. 마키아벨리는 피렌체 공화국 위원회의 서기장으로 14년 동안 근무하는 동안에 민병대를 운영했고, 효과적인 군대의 규모, 구성, 무기, 사기, 병참 능력에 대해 그의 정부에 직접 관찰하고 보고했기 때문에 당시의 군사적 식견은 충분히 갖추고 있었다고 할 수 있다.

14. 마키아벨리, 『전술론』

『전술론』이 쓰여졌던 당시에 유럽은 지방영주 중심의 봉건주의 체제가 무너지고 강력한 중앙집권적 강대국들이 세력을 확장하고 있었다. 강대국들은 군사력을 이용하여 약소국들을 식민지화했으며, 이러한 현상은 향후에 신대륙 발견과 식민지를 삼는 제국주의의 배경이 되었다. 하지만 이탈리아는 여전히 봉건체제에 머물러 있어서 주변 강대국들에 의해 도시국가들이 수탈을 당하고 있는 실정이었다. 이에 마키아벨리는 "이탈리아의 정치와 군대를 개조해서 강해져야 한다"라고 자강론(自强論)의 목소리를 높였다.

마키아벨리는 정치 안에 과대포장된 종교적, 윤리적인 부분을 걷어내고 정치의 현실주의를 밝히기 위해 노력했다. 그것의 핵심이 **'정치 지도자의 현실을 바탕으로 한 리더십'**과 **'리더십을 지원할 수 있는 군사력'**이었다.

동서고금을 막론하고 어느 시대에서든 스스로 힘이 있어야 다른 세력에 휘둘리거나 타국의 영향권 내에 들지 않고 국가를 지켜낼 수 있다. 겉으로는 평화와 정의, 종교 등으로 포장하지만, 냉혹한 국제질서를 움직이는 원동력은 결국 군사력을 중심으로 하는 국력이었다. 이러한 상황에서 마키아벨리가 『전술론』을 저술한 것은 어쩌면 당연한 것이었다.

자유주의 정치철학은 간섭받지 않으면 자유롭다고 생각하지만, 마키아벨리와 같은 공화주의자들은 스스로가 경제적으로 독립하고 외세로부터 자신을 방어할 수 있을 때 비로소 진정한 주체로서의 자유를 누리는 것이라고 강변한다. 『전술론』은 이러한 정치철학에 기초해 고대 로마의 시민병 제도에 기초한 군사적 개념과 강령들로 군사조직을 재편해야 한다는 것이었다.

마키아벨리는 메디치 가문[103]이 복귀하면서 공직에서 제외되었다가, 이 작품이 쓰여진 1519년에서 1520년 사이에 피렌체의 공식적인 역사가로 임명되었고, 사소한 공무도 맡았었다.[104] 그는 이 시기에 루첼라이 가문에서 주최하는 지식인 모임인 '오르티 오리첼라리(Orti Oricellari)'에 참여하며 코시모 루첼라이 등과 같은 젊은 지식인들과 교류했다. 1521년에 출간된 이 책은 마키아벨리가 생전에 인쇄한 유일한 역사서 또는 정치 작품이었다.

---

103) 15~17세기 사이에 피렌체에서 부를 쌓고 피렌체를 실질적으로 지배했던 가문이다.
104) 1527년 신성로마제국 군대가 로마를 점령하면서, 피렌체도 메디치 정권이 무너지고 다시 공화국 정부가 수립되었으나 메디치 정권 당시의 이 전력으로 또 외면당한다.

제3장 근대 서구 전략사상의 태동

◆ 사회적 대화체로 작성 - 루첼라이 정원에서의 토론

『전술론』은 1490년대에 피렌체 귀족과 인문주의자들이 '루첼라이 정원' (Rucellai)에서 토론하는 일련의 대화 형식을 취하고 있다. 주된 논의를 이끌어가는 인물인 '파브리치오'를 마키아벨리로 볼 수 있다. 작품에서 마키아벨리는 대화를 소개하고, 나레이터도, 대화자 역할도 하지 않고 물러난다. 파브리치오는 로마 공화국 초기와 중기의 로마군단에 매료되어 로마군사제도를 르네상스 피렌체의 현대 상황에 어떻게 재현할 수 있는지를 소개한다.

파브리치오는 그의 지식과 지혜, 통찰력으로 토론을 지배한다. 코시모나 루이지와 같은 다른 등장인물들은 대부분 단순히 그의 뛰어난 지식에 굴복하고 단지 주제만 꺼내어 그에게 질문을 하거나 해명을 요구한다. 이러한 대화들은 종종 파브리치오와 함께 군대를 키우고, 훈련하고, 조직하고, 배치하고, 고용해야 하는 방법을 상세히 기술하는 독백이 된다.

"루첼라이 정원의 만찬" Frederic, Lord Leighton (English, 1830-1896). 코시모데 메디치가 피렌체 근처 카레지에 마련한 플라톤 아카데미의 전통을 살려서, 피렌체의 정치 및 사회적 엘리트의 일원이었던 베르나르도 루첼라이가 피렌체에 있는 그의 집 정원을 열어 공화주의자 모임인 팔라조 루첼라이 모임을 주관해 문예부흥을 이끌었다. 마키아벨리가 이 모임에 참여했다. 『전술론』에 나오는 대화를 보면서 마키아벨리가 루첼라이 정원에서 젊은 후학들과 어떠한 방식으로 교류했는지를 유추해 볼 수 있다.

14. 마키아벨리, 『전술론』

◆ 『전술론』의 구성 - 전략과 전술, 지휘관의 자질

이 책은 서론과 총 7개의 장으로 구성되어 있으며, 정치와 군사, '전략'과 '전술'의 적용, '지휘관의 자질' 등을 다루고 있다.

마키아벨리는 "**전쟁은 분명히 정의되어야 한다**"라고 주장하며, '제한된 전쟁'이라는 철학을 발전시켰다. 클라우제비츠가 역설한 '전쟁은 다른 수단에 의한 정치의 연속'이라는 개념과 일맥상통한다. **외교가 실패하면 전쟁은 정치의 연장선**이라고 보았다. 주로 시민군의 필요성을 강조하고,[105] 모든 사회, 종교, 과학, 예술이 군대가 제공하는 안보에 놓여있다고 믿었다.

제1장은 시민군에 대한 고찰, 제2장은 시민군의 무기, 훈련, 전술에 관해 기술했다. 시민병제는 금전적 동기에 의해 배신할 수 있고, 배신까지는 아니라도 굳이 고용주를 위해 목숨까지 걸고 싸울 동기가 없는 '용병'에 비해, 자신이 국가 공동체에 소속감과 동질감을 느끼고 자기 삶의 터전과 가족을 지키려고 하는 **시민군을 더 신뢰할 수 있다고** 본 점은 현대의 국민개병제와 상통하는 점이 있다.[106] 또한, 시민군은 용병에 비해 유지비가 저렴하기 때문에 같은 비용으로 대규모의 병력을 유지할 수 있다는 장점이 있다.[107]

제3장은 로마군단의 전술, 제4장은 지휘관의 자세에 대해 기술하고 있다. 마키아벨리는 군사적인 체제나 제도가 찬란했던 로마시대를 본받자고했고, 공화정 로마시대에 사심이 없었던 장군들의 내면정신을 본받아야 한다고 주장한다. **로마의 보병중심제도를 응용하고 로마 군대의 강력하고 엄격한 규율과 훈련을 계승하여 자국을 강화시키자**는 것이 주된 내용이다.

제5장에서 7장은 지상전투의 전술적인 부분으로, 제5장은 기동간 상황조치, 제6장은 진지작전, 제7장은 도시방어에 관한 것이다. 마키아벨리는 원칙적으로 '적극적인 공세'를 지향하지만, 필요하다면 방어진지를 구축하고 철저히 수비할 것을 권장하고 있다. 이러한 내용이 6장과 7장에 기술되어 있다.

---

[105] 그가 기초한 <시민군 조직에 관한 법>(올디난자)에 "오랜 정치 경험과 대규모 재정, 여러 가지 위험이 우리에게 용병제도는 쓸모없는 것이라는 사실을 가르쳐준다."라고 했다.
[106] 마키아벨리는 "평시에는 용병에게 약탈 당하고, 전시에는 적군에게 약탈 당한다. 용병은 평시에는 군주의 군사인 듯하나, 전시에는 사라져 버린다"라며 용병을 비난했다.
[107] 이러한 특성 때문에 근대 이후 국민 개병제에 의해 징병된 시민군들이 직업적 용병을 밀어내고 군사력의 주축을 차지한 것은 분명한 사실이다

제3장 근대 서구 전략사상의 태동

◆ 지휘관의 자세 - 적절한 훈련과 엄정한 군기, 정신적 지도력

마키아벨리는 『전술론』의 제4장 '지휘관의 자세'에서 지휘관의 덕목과 마음가짐에 대하여 논하고 있다.108) 병사들을 규율있게 통제하여 공격하는 것이 전투의 승패를 결정하는 만큼 **'평소의 적절한 훈련과 엄정한 군기의 유지'**가 전쟁의 승패를 판가름한다. 강한 군기와 훈련은 전쟁 시에 용기 이상으로 중요하다. 군기의 유지를 위해 적절한 처벌을 통한 공포의 유지, 보상과 권위의 유지를 통해 반란이나 내분, 폭동 등의 위험을 예방해야 한다.

지휘관의 마음가짐은 전쟁수행에 있어서 중요한 요소 중 하나다. 지휘관은 자신의 주변에 신뢰할 수 있는 인물을 두어야 한다. 그 인물은 전쟁과 전술의 베테랑이며, 매사에 진중해야 한다. 적의 동정과 병사들의 상태에 대해 그런 인물과 논의해야 한다. 또한 지휘관은 병사들의 전장의 피로와 권태, 공포를 벗어나도록 아군의 사기를 높여야 하며, 이를 위해 적에 대한 분노를 적절하게 표출할 필요가 있다. 그러기 위해서 지휘관은 알렉산더 대왕처럼 '웅변가'여야 한다. 아군에게 용기와 의지를 불러일으키고 적절한 전략과 전술을 설명하고 감정을 자극할 열변을 토할 수 있어야 한다. 이를 통해 병사들로부터 '조국애'와 '지휘관에 대한 존경'을 이끌어낼 수 있다.

지휘관의 정신적 지도력 또한 지휘관이 갖출 덕목으로 중요하다고 했다. 지휘관의 정신적 지도력이 용감한 병사들을 만들어내기 때문이다. 어떤 일에도 굴하지 않는 정신은 지휘관과 조국을 위한 신뢰, 애정에서 드러난다. 이러한 신뢰감은 부대에 영향을 주는 것, 즉 **'군사훈련, 승리, 지휘관의 명성'**에서 기인한다. 부하들에게 있어서 지휘관을 존경하는 마음은 지휘관이 그들을 친절하게 대하느냐가 아니라, **'지휘관의 능력'**에 달려있다.109)

지휘관이 알아야 할 사항(군기 총칙)에서는 **정보와 작전보안의 중요성, 강한 군기와 훈련, 충분한 보급과 무기의 준비** 등을 강조하고 있다.

---

108) 지휘관의 자질은 다양하지만, 무엇보다도 당신 앞에 기다리고 있는 것이 승리인지 죽음인지를 정하는 결정적 요소는 '용맹스러움'이라고 했다.
109) 이것은 경영학에서 말하는 '상관(상사)의 신뢰요인'과 관계있다. 민간사회에서는 상사의 배려와 부하직원을 대하는 태도를 말하는 '정서적 신뢰'가 상사를 신뢰하게 하는 요인을 주도한다. 반면에 군에서는 상관의 지휘능력과 업적, 업무수행의 정당성 등의 '인지적 신뢰'가 더 상관을 신뢰하는 요인으로 작용하는 것으로 연구분석되고 있다.

14. 마키아벨리, 『전술론』

명장이 갖추어야 할 자질로는, 첫째 "기본적인 훈련을 거듭하여 군단을 완성할 수 있어야 하고, 쉽게 움직이고 안전하게 지휘하는 능력을 갖추어야 한다." 둘째로 "단순히 적을 무찌르기 위해 병사들을 결집시킬 뿐만 아니라 적이 있는 곳에 도달하기 전에 자신의 군단을 능숙히 편성하고 제대로 훈련시켜야 한다"라고 하였다.

『전술론』의 평가와 후세에의 영향

그가 『전술론』을 쓰고 있을 때, 기술적으로나 전술적으로나 '총기'는 초기단계에 있었는데, 심지어 포로 무장한 군대를 제압하는 것으로 장창과 검과 방패를 운영하는 것을 실행가능한 전술로 제시하였다. 게다가 마키아벨리는 진공상태에서 글을 쓴 것이 아니었다. 『전술론』을 이탈리아 도시국가들이 의존하고 있는 '신뢰할 수 없는 콘도티에리 용병[110]'들의 대안으로 피렌체의 통치자들에게 '시민군'을 제안하는 방편으로 쓰였다. 기병대를 형성하면 시민들의 상비군은 상황이 조금 나아졌을 것이다. 그러므로 마키아벨리는 피렌체가 자신의 자원으로부터 현실적으로 강제하고 장비할 수 있는 무기를 갖춘 민병대의 장점을 제안하였던 것이다.

콘도티에리 용병 그림
(피렌체 우피치 미술관)

그러나 로마식 관행을 모방한다는 그의 기본 관념은 나소의 모리스(네델란드 주총독, 1527-1625)와 구스타프 아돌프(스웨덴 사자왕) 등 후대의 많은 통치자와 지휘관들에 의해 천천히, 그리고 실용적으로 각색되었다.

『전술론』은 전쟁 이론가들이 오늘날까지 계속 검토하고 있는 근본적인 질문들을 요약해서, 군사 역사, 전략, 이론에 대해서 누구에게나 필수적인 참고가 된다. 미국에서 대대적인 주목을 받았고, 미 육사의 필독도서이다.

국내에서는 이영남 역(인간사랑, 2017)의 3차 개정판이 출판되어 있다.

---

[110] 콘도티에리 용병은 13세기 말부터 16세기 중반까지 이탈리아 중소도시 국가들이 고용했던 용병대장들로, 15세기부터는 주로 이탈리아인들이 이를 맡기 시작했다.

15. 로마 공화정을 통해 부국강병을 논하다

✏ 마키아벨리(Niccolò Machiavelli, 1469 ~1527)

📖 「로마사 논고(論考)」 (Discourses on Livy)

◆ 로마 공화정의 위대함을 정치철학적으로 분석

『로마사 논고(Discourses on Livy)』는 16세기 이탈리아의 정치사상가인 마키아벨리가 국가 생존에 관해 깊이 고민하여 공화주의와 관련된 정치 역사에 대해 집필한 저서로서, 원래 제목은 《티투스 리비우스의 처음 10권에 대한 논고》인데, 이를 줄여서 『로마사 논고』라고 부르고 있다.

이 저작은 고대 로마의 역사가 티투스 리비우스가 지은 《로마 건국사》(총 140권) 가운데 15세기에 발견된 제1권부터 제10권까지에 수록된 공화정 시대 로마의 사례를 참조하면서 3권에 걸쳐 공화정에 대한 논의를 전개하였다. 마키아벨리는 1513년부터 이 책을 집필하기 시작했는데, 그 과정에서 『군주론』을 발표하면서 1517년에 모두 완성하였다.

마키아벨리는 정치체제를 전통적인 아리스토텔레스의 정체구분법에 따라 '군주정(君主政), 귀족정(貴族政), 민중정(民衆政), 참주정(僭主政), 과두정(寡頭政), 중우정(衆愚政)'으로 나누고, 각각의 정치체제가 타락할 가능성이 있다고 지적한다. 그래서 각각의 정치체제중 특징을 겸비한 체제가 가장 최적이라고 주장했다. 고대 로마의 '공화정'을 모범사례로 삼아, 역사의 흐름 속에서 구체적으로 어떠한 정치체제가 바람직한지를 고찰하고, 공화정이 어떻게 운영되고 있었는지를 보여주며 현실주의 정치사상을 전개하고 있다.[111]

『군주론』에 가려 주목받지 못했던 저작이지만 근대 공화국 형성에 있어 가장 중요한 저서로 인정받고 있고, 몽테스키외의 《법의 정신》과 흡사하다. 그가 쓴 『군주론』과 함께 『로마사 논고』는 오늘날에도 살아있는 정치사상의 고전으로 평가받는다. 자신의 정치사상에 관한 생각을 밝히면서 이를 뒷받침하는 '군사 운용'에 대한 부분들을 곳곳에 기록하고 있다.

---

111) 그는 역사를 "현재를 위해 과거로부터 유용한 교훈을 얻을 수 있는 방법"이라고 했다.

15. 마키아벨리, 『로마사 논고』

■◆ 로마의 영광 재현을 꿈꿨던 마키아벨리

마키아벨리는 1498년, 30세의 나이로 피렌체 공화정에 참여하여 외교사절의 임무를 띠고 프랑스 루이 12세의 궁정에 파견되었다. 당시 피렌체 외교관의 주된 임무는 피렌체의 피사 공격과 관련해 프랑스의 군사적 협력을 구하는 것이었다. 로마에 파견되어 교황 율리우스 2세를 근거리에서 볼 수 있었다. 율리우스 2세는 바로 직전 교황인 알렉산더 6세의 아들인 '체사레 보르지아(Cesare Borgia)'의 도움으로 교황이 되었는데, 이후 단호한 행동으로 세력을 불려갔다. 마키아벨리는 율리우스 2세[112]의 처세술에 영향을 받은 것으로 보인다. "초인적 용기의 소유자이며, 놀랄 만큼 빠르게 결단을 내리고 실행에 옮긴다."라며 찬사를 보냈다.

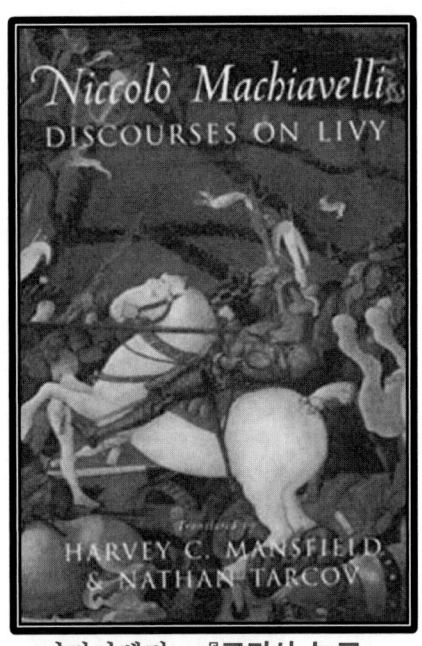

마키아벨리, 『로마사 논고』

그가 훗날 집필하게 된 『군주론』은 이 당시의 외교사절로서 겪은 생생한 체험과 관찰에 근거하고 있다.

1512년 메디치家가 피렌체를 다시 다스리게 되면서, 마키아벨리는 공직에서 추방당했다. 설상가상으로 다음 해에 메디치가를 몰아내려다 실패로 끝난 음모에 연루되었다는 혐의로 체포되어 고문 당하고 투옥되고 말았다. 특사로 풀려난 그는 공직에 참여하기 위해 계획을 짜기 시작했고, 그 계획의 하나로 『군주론』을 1513년 말경에 집필한 것이다. 그러나 『군주론』을 헌정 받은 로렌초 메디치(Lorenzo de Medici)는 들춰보지도 않았다고 하니, 마키아벨리의 계획은 실패로 끝난 것이었다.

다만 이 시기에 마키아벨리는 공화주의자들과 만나기 시작했는데, 이들과의 교류에서 공화정의 의미와 가치에 눈뜨게 되었다. 이를 바탕으로 티투스 리비우스(Titus Livius)의 <로마사>의 처음 10권에 대한 논평을 쓰게 되는데, 그것이 바로 독창적인 저술로 평가받고 있는 『로마사 논고』이다.

---

112) 외국의 지배에서 해방된 강하고 독립적인 교황직을 정립하고자 했다. 그러나 교황령의 정치적 안정과 이탈리아반도의 통일이라는 원대한 꿈을 끝내 이루지는 못했다.

제3장 근대 서구 전략사상의 태동

마키아벨리는 이 책에서 로마 공화정의 위대함을 정치철학적으로 분석하였다. 로마가 누린 영광을 단순히 행운으로 치부한 기존의 주장을 정면으로 반박하고 자유와 독립을 강조했다. 그가 보기에 '자유'와 '독립'은 공화정이 지켜야 할 가장 필수적인 덕목으로, 당시 공화정을 표명하면서 실제로는 독재적으로 권력을 휘두른 메디치가에 전한 진심어린 충언이었다.

『로마사 논고』는 군사부터 내정까지 각 분야에서 공화정이 자유와 독립의 가치 위에서 무엇을 해야 하는지를 상세하게 다루고 있다. 오늘날 많은 국가가 '공화국'을 표방하는 만큼 시민으로서 반드시 읽어볼 만하다. 『군주론』보다는 덜 주목받은 저작이지만, 근대 공화국 형성에 있어서 영향을 미친 중요한 저서로 인정받고 있으며, 몽테스키외 저술의 민중적 정신에 비롯한 국가적 시스템에 반하는 『법의 정신』과 흡사하다는 평을 받는다.

리비우스의 <로마사> 1권에 등장하는 《호라티우스 형제의 맹세》(1785). 로마 건국 초기인 기원전 669년경 로마를 위해 알바시의 구리아티우스 가문과 싸웠던 호라티우스 삼형제 이야기를 자크 루이 다비드가 그린 작품. 혼인관계로 비탄에 빠진 누이들을 뒤로하고 결의하는 모습을 그려, "정치적 이상이 개인적 동기에 우선한다"라는 메시지를 전한다.

15. 마키아벨리, 『로마사 논고』

◆ 근대 정치사상의 기원을 연 마키아벨리즘(Machiavellism)

　마키아벨리가 근대 정치사상사에 남긴 탁월한 공적은, 정치가 윤리나 종교 등 다른 영역과 구분된다는 점을 명료하게 밝히고 나아가 종교나 윤리에서 자유로워야 한다고 주장한 것이다. 이로써 그는 사상적으로는 현실주의 정치사상을 대변하고 정치적으로는 당시 대두하고 있는 중앙집권화된 근대 국가의 정당성을 옹호할 수 있었다. 이는 르네상스 이래 전개되어온 세속화 경향을 정치 영역에서 철저히 추구하고 관철시키고자 한 것으로, 마키아벨리가 서양 정치사상사에서 근대의 기원을 연 인물로 평가받는 이유이기도 하다. 이 연장선에 '마키아벨리즘'이 있다. 마키아벨리즘은 간단히 말해 **"국가의 공익을 위해서는 수단의 도덕적 선악과 관계없이 다만 효율성과 유용성만을 고려하는 것(어떠한 수단과 방법도 허용)"**을 말한다. 마키아벨리의 이러한 태도는 『로마사 논고』에서도 잘 드러난다.

　"절대적으로 자기 조국의 안전이 걸린 문제일 때, 정당한 것인지 정당하지 않은 것인지, 자비로운 것인지 잔혹한 것인지, 칭찬을 받을 가치가 있는 것인지 치욕스러운 것인지는 고려할 필요가 없다. 그 대신 모든 양심의 가책을 제쳐놓고 인간은 모름지기 어떤 계획이든, **조국의 생존과 조국의 자유를 유지하는 계획을 최대한 따라야 한다.**"

　"공화국에서 태어난 사람들은 이 방식을 따라야 하며, 젊었을 때 어떤 비범한 행위로써 특출하게 되고자 노력해야 한다. 많은 로마인들은 젊었을 때 공익을 위한 법을 제안하거나 어떤 유력한 시민을 법의 위반자로서 고발하거나 아니면 무엇인가 다른 주목할 만하고 새로운 행동을 통해 인구에 회자됨으로써 명성을 얻었던 것이다."

　이처럼 마키아벨리즘의 핵심은 '**공익(公益)**'과 '**국가의 생존**'이다. 그런데 많은 사람이 이 부분을 오해한다. 즉 "어떤 개인이나 파당의 이익만을 추구"하는 것, 또는 "사회의 삶 속에서 자신의 이익을 위해 거리낌 없이 남을 희생시키는 처세"로 인식하여 비판한다. 하지만 이러한 개인적 이익추구 태도는 오히려 마키아벨리가 강력히 비판했던 것이다. 이러한 의미에서도 『로마사 논고』는 마키아벨리즘을 정확히 이해하는 데 큰 도움이 된다.

제3장 근대 서구 전략사상의 태동

◼︎ 주로 3권에서 다룬 군사에 관한 주제들

제1권에서는 국가의 정치체계에 대해 설명하고, 제2권은 로마 공화정이 제국의 확장체계에 관해 서술하고, 제3권에서 군사적인 전략전술을 논한다.
제3권 제10장 적이 온갖 수단으로 전투를 걸어오면 전투를 회피할 수 없다.
제11장 비록 열세일 때에도, 최초의 공격을 격퇴할 수만 있다면 승리한다.
제12장 현명한 장군은 온갖 수단으로, 자기 군인들에게는 전투의 필연성을 각인시키고, 적의 군인들에게는 그 필연성을 박탈하기 위해 애쓴다.
제13장 약한 군대를 거느린 훌륭한 장군과 반대중 누가 더 믿을만한가.
제14장 전투 중 여태껏 사용된 적이 없는 새로운 계책의 효과에 대하여.
제15장 다수가 아니라 한 명의 장군이 군대를 지휘해야 한다.
제17장 한번 혼이 난 인물에게 중요한 임무나 지휘를 맡겨서는 안 된다.
제18장 적의 계략을 간파하는 일은 장군의 가장 중요한 임무다.
제38-39 군대에 신뢰감을 주는 장군의 자질. 장군은 지형을 이해해야 한다.
제40장 전쟁에서 속임수를 사용하는 것은 명성을 얻을 만한 가치가 있다.
제41장 치욕스럽게든 영광스럽게든 조국은 방어되어야만 한다.
제44장 폭력과 대담함을 통해 통상적인 방법으로는 얻을 수 없는 것을 얻는다.
제45장 전쟁에서 방어후 반격과 처음부터 맹렬한 공격중 더 나은 전술.

로마건국사를 다룬 <사비니 여인들의 중재(Les Sabines)>, 자크 루이 다비드, 1799. 비극적인 전쟁을 막기위해 양팔을 벌리고 선 흰옷의 여인이 사비니의 왕 타티우스의 딸이자, 로마왕 로물루스의 아내인 헤르실리아이다. 평화, 화해, 공존의 메시지를 전한다.

15. 마키아벨리, 『로마사 논고』

■◆ 『로마사 논고』에 대한 평가

　로마는 로물루스의 '군주정(君主政)'으로 시작해서 원로원 중심의 '귀족정(貴族政)', 호민관으로 대표되는 '민중정(民衆政)', 삼두정치의 '과두정(寡頭政)', 카이사르로 상징되는 '참주정(僭主政)'을 모두 겪었고, 이 모두가 로마 정치의 일면이었다. 그래서 로마는 건강했고 제국을 건설할 수 있었다.

　마키아벨리는 각각의 정치체제에서의 장점을 살리는 방법을 고민하였다. 로마사의 다양한 사례를 바탕으로 정치, 외교, 군사제도를 분석하고, 보다 강력한 국가를 건설하기 위해 공화정에 대한 신념을 드러낸다. 마키아벨리의 이 저작은 이후에 '계몽주의'와 '삼권분립'에 영향을 주었으며, 근대의 공화주의 이론에까지 강력한 영향을 주었다. 마키아벨리는 고대 로마와 근대를 연결하는 가장 르네상스적인 인물이자 시대를 초월한 천재였다.[113]

　새로운 화약무기의 영향과 군사발전에 대한 경제적 영향에 대한 이해가 부족했음에도 불구하고, 로마군을 모델로 삼은 그의 이론은 후세에 전쟁의 역할에 대한 인식을 넓히는데 지대한 영향을 주었다. 중세시대 동안 사회의 특수층만이 전쟁을 한다고 여겼는데, 마키아벨리는 로마 연구를 통해 국가방위는 동시대에 살고 있는 모든 사람의 관심과 노력으로 수행되어야 한다는 교훈을 제공했다. 당시에 『로마사 논고』도 이후에 거의 잊혀진 저작이 되었다. 하지만 걸작은 언젠가 반드시 빛을 발하는 법이다. 『로마사 논고』는 『군주론』과 함께 근대를 넘어 현대에까지 많은 위정자, 사상가, 혁명가들에게 영감을 제공하고 용기를 북돋아 주었다.

　마키아벨리가 정치적 목적을 위해서라면 온갖 수단과 방법을 가리지 말라고 한 것은 아니다. 마키아벨리는 강력한 국가의 건설을 위해 사익보다는 공익, 도덕과 기강을 중시했다. 법가는 군주에 의한 부국강병을 이야기 했지만, 마키아벨리는 '공화제에 의한 부국강병'을 이야기한 것이다.[114]

---

113) 회심의 걸작인 『군주론』이 메디치가에서 외면받고 상심한 마키아벨리에게 군주제에 대한 회의가 밀려들었다. 『로마사 논고』의 공화제는 그런 배경에서 출발했다고 한다.
114) 근대에 와서 마키아벨리에 대한 긍정적 평가가 줄을 이었다. 마이네게는 1925년, 국가가 모든 것을 초월해서 국가목적을 추구하는 것을 '국가이성'이라 하고, 마키아벨리가 근대적인 국가 개념의 초석을 쌓은 인물이라고 평가했다. 그로체는 1926년, 정치의 자율성이 국가 본래 기능이며, 마키아벨리가 정치를 도덕으로부터 독립시켰다고 했다.

제3장 근대 서구 전략사상의 태동

16 군사적 천재였던 계몽군주의 전술론
✎ 프리드리히 대왕(Friedrich der Große, 1712~1786)
📖 『 군사적 훈령 』 (Military Instruction)

◈ 봉사하는 계몽군주 프리드리히 대왕(Friedrich der Große)

프로이센 왕국의 제3대 국왕, 프리드리히 2세(재위 1740~1786)는 '프리드리히 대왕'이라 불리는 대표적인 '계몽 군주'115)이다. 『반마키아벨리론』을 저술하여 군림하는 군주가 아닌 '봉사하는 군주'의 역할을 강조했으며, 국가와 국민에 대한 '봉사'라는 의지를 실현하여 합리적인 국가 운영을 통해 프로이센의 국력을 크게 신장시켰다.116) 이러한 국력 안정을 바탕으로 선왕이 육성한 강력한 군대를 활용해, 활발한 정복전쟁을 벌여 서프로이센, 슐레지엔 등 프로이센의 영토를 크게 확장시켰다. 그가 즉위할 당시 독일의 변방 국가에 불과했던 프로이센은 그의 치세를 거치면서 강력한 국력과 군사력을 지닌 유럽의 대표 강대국으로서 입지를 확고히 다졌다.

프리드리히 2세는 자신이 강조한 것처럼 합리적인 사고와 '국가에 봉사하는 태도'로 국가를 운영해 나갔다. 국왕 스스로 검소한 생활을 유지하고 또한 부지런히 일하였으며, 관료 조직의 규모를 축소시키되 효율적으로 일하도록 만들기 위해 노력했다. 이러한 것은 당시까지도 군림하는 군주에서 벗어나지 못한 오스트리아나 프랑스와 같은 주변 유럽 국가의 군주들과는 전혀 다른 놀라운 모습이었다. 또한 과학의 발달을 추구하는 동시에 사상의 자유와 종교의 자유를 최대한 보장하려 노력했으며, 이처럼 당시로서는 파격적이라 할 수 있는 행보를 보임에 따라 여전히 지속되던 가톨릭과 개신교 간의 갈등을 피해 유럽 각지의 저명한 학자와 유능한 인재들이 프로이센의 날개 아래로 모여들어, 프리드리히 대왕이 역설한 강력한 국가의 체계를 뒷받침할 수 있는 탄탄한 지식 기반을 이루게 되었다.

---

115) 17~18세기 유럽의 계몽주의 사상의 영향을 받아 근대화를 실현하려고 합리적이며 개혁적인 정치를 추구한 군주를 말한다. 인간의 경험과 이성을 통해 국민의 삶에 집중했다. 그는 종교에 대한 관용정책을 펼치고 재판과정에서 고문을 근절한 계몽군주였다.
116) 전쟁과 대흉년으로 황폐해지자, 신작물인 감자를 보급해 '감자대왕'이라는 별칭도 있다.

16. 프리드리히 대왕, 『군사적 훈령』

◆ 프리드리히 대왕의 저술

그는 정치철학과 합리적인 사고에 있어 놀라운 능력을 갖추고 있었으며, 특히 정치에 관한 저술은 아마추어의 수준을 훌쩍 뛰어넘은 것이었다. 프랑스의 볼테르와 서신 왕래를 하면서 저술한 『반마키아벨리론』에서 그의 사상이 잘 드러난다.

프리드리히 2세는 1752년에 '정치적 유언', 1768년에 '군사적 유언'이라는 저작을 후세에 남겼다. 1771년에 저술한 『군사적 훈령』은 그가 영향력있는 군사 이론가로서 그의 개인적인 전장경험과 전략, 전술, 기동과 군수 문제 등을 다루었다.

대표적인 계몽군주 프리드리히 대왕

『군사적 훈령』은 저작으로 남겼다기보다는 지속되는 전쟁 중에 자신이 지휘하는 프로이센 장군들과 지휘관들에게 전쟁의 원칙을 가르치기 위해 작성해서 비밀리에 배포한 '**군사 지침서**'이다. 전쟁 중에 적에게 체포된 프로이센 지휘관이 소지하고 있다가 빼앗기면서 존재가 알려지고, 주변국에게까지 중요한 '**전쟁술 교범**'으로 신속히 확산되었다.

당시 적이었던 오스트리아 황제 요셉 2세[117]는 "프로이센 왕(프리드리히 대왕)이 연구한 전쟁술은 견고하고 사실적이고 역사적 증거를 제시해 많은 교훈을 준다"고 하였고, 역사가 로버트 시티노[118]는 프리드리히의 전략적 접근방식을 이것을 근거로 하여 설명하였다. "전장에서 그는 승리만을 바라보았는데, 적군을 고착시키고 주변과 상황을 조종하여 유리한 입장에 올라서고, 예상치 못한 압도적인 타격으로 적을 분쇄하였다. 그는 당 시대에 가장 공격적인 사령관이었고 가능한 한계까지 밀어붙였다."라고 평가했다.

---

117) 마리아 테레지아 여제의 뒤를 이었고, 재위기간은 1764년에서 1790년까지이다.
118) 미국의 독일군사사 권위자. 제2차세계대전과 현대작전교리 관계 등의 연구가 있다.

제3장 근대 서구 전략사상의 태동

■ 프리드리히 대왕의 『군사적 훈령』 구성과 내용

　프리드리히 대왕이 군사적 연구와 전쟁경험을 바탕으로 장군과 지휘관들에게 지침과 전술을 제시한 것으로, 『군사적 훈령(Military Instruction)』 또는 『프리드리히 대왕의 전술론(Art of War)』이라고 명명되고 있다.

　제1장은 총론 성격으로, 이 책의 취지, 프로이센 군대의 우수성과 결함, 일반적인 용병술에 관해 이야기하고 있다. 프로이센 군대의 절반은 자국민이지만, 절반은 외국인 용병으로 구성됐는데, 용병들은 특별한 애착이 없이 복무를 그만둘 기회만 찾는 자가 많아서 적절한 관리가 필수적임을 주지시키고 있다. 하지만 그들의 경험을 고려하여 지속적인 고용이 불가피함을 설명하고 있다. 탈영 시의 처리로서 탈영이 적의 보상을 바란 것인지, 다른 관습에 빠진 것인지를 확인하고, 위법사항, 정보 누출사항 등을 심문할 것을 강조하고 있다. 주둔지 주위에는 "항시 경기병의 순찰을 강화하고, 박모 시에는 이를 두 배로 늘려서 경계하고, 숲 지역을 행군할 때는 경기병을 좌우에 배치할 것" 등의 용병 원리를 제시하고 있다.

　제2장은 보급소의 설치와 군수품의 조달에 관한 지시이다. 전쟁을 통해 습득한 지역별 보급소 설치 노하우를 설명한다. 곡물류는 귀족이나 농민들이 보급소까지 가져오게 하여 현지 시세로 거래하고, 공급업체를 고용하지 말 것을 당부한다. 특정 공급업체를 지정할 경우에는 독점을 이용하여 공급가격을 높이거나 부당 이익을 붙여 되팔게 됨을 경고한다.

　제3장은 보급에 관한 것으로 병사들에게는 하루에 2파운드의 빵과 일주일에 2파운드의 고기를 제공하기 위해 필요시에는 소 떼를 동반하고, 지역 양조업자를 통해 맥주와 브랜디를 우선적으로 조달할 것을 지시한다.

　제4장은 기병 운영에 필요한 마초와 건초, 녹색사료를 확보하는 방법에 대해서 계절별, 지역별로 상세하게 설명하고 있다.

　제5장은 지형을 평가하는 방법을 설명한다. 전투의 현장이 될 수 있는 모든 산과 강, 마을 등 지형을 구체적으로 조사하여 적들이 점령했을 때 공격하기 불리한 요소와 아군이 방어편성하기 유리한 요소를 제시한다. 지역별 수로의 깊이와 계절별로 통과할 수 있는 지역들을 명시했다.

16. 프리드리히 대왕, 『군사적 훈령』

제6장은 지형을 확보하는 방법에 대해서, 제7장에서는 군대의 배치에 대해 논한다. 지상 공간이 저명한 곳을 확보하고, 속도를 활용하기 위해 기병대는 평원에서 사용을 계획하고, 소총부대가 측면을 확보하지 않은 상태로 평원에서 노출되지 않도록 배치할 것 등에 관해 설명한다.

제8장은 군의 진영설치와 야영지에 관한 것이고, 제9장은 캠프를 확보하는 것이다. 진영과 야영지의 설치 위치와 방법, 참호의 형성과 방법, 캠프 확보에서는 과거 전투에서의 성공과 실패사례를 분석해서 제시했다.

제10장은 군대의 분리와 의사소통과 그 방법에 대해 설명하고, 제11장은 기만과 전술에 대한 것이다. 전장에서는 사자의 용맹함만큼이나 여우의 꾀가 필요함을 강조하며, 기습, 포위공격, 방어시 장애물 활용법 등을 다룬다.

제12장은 정보와 스파이 활용에 관한 것으로 스파이를 네 수준으로 구분했다. 첫째, 관심사에 고용하기로 선택한 일반인(일회성), 둘째, 이중 스파이, 셋째, 결과적 스파이, 넷째, 불쾌한 역할을 강요당하는 사람이다. 적이 의심치 않게 일반인 즉, 농민, 기계공, 사제 등을 적의 야영지로 보내 알아오게 하고, 탈영자의 정보를 전적으로 의존하지 말 것, 이중 스파이는 거짓정보를 적에게 전달하기 위해 활용할 것을 지시한다. 오스트리아와의 전쟁에서는 정탐꾼을 얻기 어려울 수 있는데, 이것은 오스트리아인들은 다른 나라 사람보다 뇌물수수에 덜 현혹되어 발생한다고 설명하였다.[119]

제13장은 적의 의도를 발견할 수 있는 표식들로, "오스트리아인들이 올로모츠[120]에 보급소를 개설한다면 그들이 슐레지엔[121]을 공격하리라는 것을 확신할 수 있다. 오스트리아인들은 출정하는 날에 요리하는 관습이 있어서 아침 5시에서 6시 사이에 캠프에서 많은 연기가 감지되면 해당일 출정을 당연한 것으로 간주할 수 있다" 등의 경험적인 노하우를 제시했다.

---

119) 정보의 가치를 인식하고 중요성을 강조한 대목에서 프리드리히 대왕의 전략가적인 면모를 엿볼 수 있다. 손자도 용간(用間)편에서 "전쟁에서 첩자를 부리는 것은 필수적이며, 첩자의 정보에 의해 군대의 행동이 결정된다"라고 했다.
120) 올로모츠(Olmutz) : 현재 체코의 동부에 위치한 중소도시로 슐레지엔의 입구이다.
121) 현재 폴란드 서남부와 체코 동북부 지역을 일컫는 역사적인 지명으로, 영어명으로는 '슐레지엔'이고, 현지이로는 '실레지아'라고 한다. 여러 민족이 뒤섞여 살았고, 자원이 풍부하여 이 지역 귀속을 두고 당시 주변국 간에 분쟁이 잦았다. '7년 전쟁'의 결과로 프리드리히 대왕의 프로이센이 오스트리아로부터 '슐레지엔' 지방을 획득하였다.

제3장 근대 서구 전략사상의 태동

제14장은 프로이센과 중립적이거나 적대적 국가에서의 행동지침이다. 호른프리트베르크 전쟁시 슐레지엔 산악인들이 자발적으로 오스트리아 병사들을 잡아 온 사례를 들며, "전쟁 수행 시에 현지주민들과 신뢰와 우정을 쌓을 것"을 강조한다. "모든 종류의 약탈을 엄금하고, 종교가 다르다는 이유로 적대감이 생기지 않도록 그들의 믿음의 견해를 존중하라"고 지시한다.

제15장은 군대의 기동과 점령, 배치를 다루는데, 정찰, 기동, 행진시의 부대배치, 퇴각, 이동순서, 전투순서 등을 구체적으로 지시하고 있다.

제16장은 경기병(hussar)과 경보병(Trenck's Pandurs)의 피정에 필요한 예방적 조치를, 제17장에서는 프로이센 군대의 분석을 다룬다.

제18장과 19장은 도강하는 방법, 강을 통로로 사용 시에 지켜야 할 방식 등을 지시하고 있는데, 이때가 매우 취약함을 강조하고 있다.

제20장은 전투행위에 대해 다루는데, "강 상류에 위치한 적과는 교전하지 말 것" 등의 지침은 『손자병법』에서도 동일하게 강조되고 있어서 전술의 원리는 동양과 서양의 구분이 없다는 생각이 들게 한다.

제21장은 전장에서의 회의/지도방법[122], 제22장에서는 동계전투를 논한다.

프리드리히 대왕은 "**예지력**(선견지명)은 적과 싸울 때 가장 중요한 지휘관의 속성중 하나인데, 차별되는 지휘관은 모든 일이 발생하기 전에 확인해야하므로 그에게 새로운 것은 없다."라며 전투 이전에 모든 상황을 고려하고 대비할 것을 강조하고 있다. "**유연성**은 군대의 성공에 매우 중요하다"라고 하면서 현장의 지휘관들에게 많은 **자율성**을 부여했다. "나는 나 자신에게 일어난 것 이외에 다른 예를 인용하지 않았다. 내가 말한 내용은 명확하고 이해하기 쉬워야 한다는 점에 주의를 기울였지만, 혹시라도 모호한 부분이 있으면 나와 의사소통하라. 당신의 의견이 내 것보다 낫다고 여겨지는 면은 그것을 적용하라. 나의 전쟁경험이 새로운 전장에의 진지한 적용과 그것을 연구하는데 도움이 되기 바란다. 내가 말한 바에 따라 장교들이 전쟁연구에 자극을 갖는다면 영광을 얻게 될 것이다."라며 마무리한다.

---

122) 프리드리히 대왕은 여기에서 "장군들은 자신의 업무의 1/4을 부대현장을 방문하여 군대의 상태를 조사하는데 사용하고, 장교들은 병사들의 교육훈련뿐만 아니라 생활에 대해 관심을 가져라."라며 부대 현장지휘의 중요성에 대해 강조하고 있다.

16. 프리드리히 대왕, 『군사적 훈령』

◆ 오스트리아 왕위계승 전쟁(1740~1748)

프로이센은 선왕 프리드리히 빌헬름 1세 이래 부국강병책을 쓰면서 국력을 신장시켰는데, 프리드리히 2세 즉위 직후 8만 명 정도였던 프로이센의 군대는 19만여 명에 이를 만큼 거대하게 성장하였다. 즉위하자마자 같은 시기에 오스트리아에서 마리아 테레지아가 즉위하자, 여성 상속을 부정하는 '살리카 법'을 반대명분으로 하여 오스트리아 왕위계승 전쟁을 일으켰다.[123]

이 전쟁을 통해 독일의 작은 연방국이었던 프로이센은 슐레지엔을 얻어 단숨에 유럽의 강대국의 반열에 올랐고, 프리드리히는 탁월한 군사적 재능을 겸비한 젊은 '계몽 군주'로 전 유럽 시민들에게 큰 주목을 받게 되었다.

오스트리아 전쟁중 프리드리히대왕은 '호엔프리트베르크 전투'(1745년)에서 작센과 오스트리아를 상대로 결정적 승리를 거두었다. 바이로이트 용기병대의 돌격은 후세 프로이센과 독일장교들에게 **'공세전술'**의 모델로 연구되었고, 프리드리히대왕이 프로이센군에 심어놓은 공세전술과 장교들에게 상당한 독자행동권을 준 것은 후세의 독일에 **'임무지휘'**의 전통으로 이어지게 된다. 이 전투에서 오스트리아 보병대를 재빠르고 과감한 작전을 통해 포위하고 격멸시킨 것은 후세의 '기동전'에 큰 영향을 끼치게 된다.

호렌프리트베르크 전투에서 포로가 된 작센과 오스트리아 장교들을 바라보는 대왕

◆ 7년 전쟁(1756~1763)과 '브란덴부르크가의 기적'

프로이센에 평화는 오래 지속되지 않았다. 프로이센에 패한 오스트리아에 실망을 느낀 영국은 든든한 동맹을 찾는 프로이센과 서로 이해가 일치하게 되었고, 이러한 상황을 지켜보던 오스트리아와 프랑스의 이해가 일치하는 구도가 형성되어 결국 프로이센과 영국이, 프랑스와 오스트리아가 동맹을 맺게 되는 이른바 '동맹의 역전'이 벌어진다.

---

123) 오스트리아, 프랑스, 러시아라는 동맹세력에 둘러싸인 프리드리히 대왕은 위협을 극복하는 길은 적들이 규합하여 공격해오기 전에 먼저 위협을 제거해야한다고 생각했다.

제3장 근대 서구 전략사상의 태동

오스트리아를 초반에 굴복시키기 위해 빠른 속도로 진군한 프로이센군은 로보지츠, 라이헨베르크, 프라하 등에서 오스트리아군을 연파하며 보헤미아로 진입했으나 콜린 전투에서 패배하기도 하였다. 하지만 프리드리히 대왕은 다음 해인 1757년, '로스바흐 전투'와 '로이텐

로이텐 전투를 지휘하는 프리드리히대왕
(Hugo Ungewitter 그림, 1906년작)

전투'에서 잇달아 승리하면서 다시 한번 천재적인 전술역량을 보여주었다. 프리드리히 대왕은 열세한 병력으로 승리했는데, 로스바흐 전투에서는 42,000명의 프랑스-오스트리아 연합군을 22,000명의 병력으로, '로이텐 전투'124)에서는 80,000명이 넘는 오스트리아군을 36,000명으로 대파했다.125) 그러나 동쪽의 러시아, 서쪽의 프랑스, 북쪽의 스웨덴, 남쪽의 오스트리아가 각각 동시다발적으로 진격해 와서 이후 여러 차례 전투에서 패배한다.

러시아의 예리자베타 여제가 급서하고 1762년에 표트르 3세가 즉위하며 상황이 급변했다. 프리드리히를 지지한 표트르 3세는 전쟁 이전의 영토를 기준으로 화의를 맺자고 제의했고, 프리드리히는 역전의 발판을 마련해 오스트리아 군대를 격파하면서 다음 해에 7년 전쟁을 승리로 마무리하며 '슐레지엔'을 얻었다.126) 1772년에 폴란드-리투아니아 연방에서 '서프로이센'을 분리해 브란덴부르크 본토와 동프로이센을 잇는 대업을 달성했다.

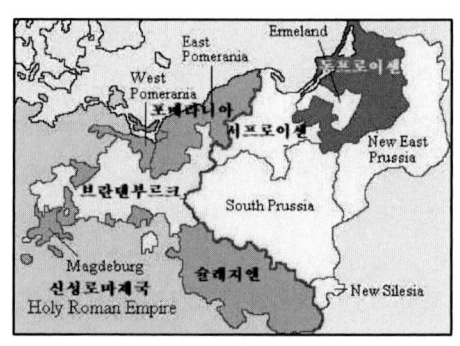
프리드리히대왕이 얻은 영토(노란색, 고동색)

124) **로이텐 전투** : 1757년 12월 5일, 8만여 명의 오스트리아군은 8km에 걸쳐 전개되어 있었는데, 프리드리히 대왕은 좌익을 공격하면서 우익을 향하고 있는 것으로 기만하여 예비대를 우익으로 향하게 하였다. 그사이에 좌익을 격파하고 우익기병까지 분쇄하며 적군의 전열을 물리쳤다. 프리드리히를 연구한 나폴레옹은 "로이텐 전투는 기동과 결단이 낳은 걸작품이다. 로이텐 전투 하나만으로도 프리드리히 대왕에게 불멸의 명예와 명장의 칭호를 부여하기에 충분하다"라고 극찬했다.
125) 프리드리히는 병력열세를 극복하기 위해 **사선대형**(oblique order)을 즐겨 사용했다.
126) 프리드리히 대왕은 이 승리를 '**브란덴부르크 가(家)의 기적**'으로 칭했다.

16. 프리드리히 대왕, 『군사적 훈령』

◆ 프리드리히 대왕의 전략에 대한 평가

그는 전쟁이 국가의 운명을 결정지으며, 결코 끝나지 않을 분쟁에 마침표를 찍을 수 있다고 생각했다. 그는 단기전에 능했고, 초기에 뛰어난 전략으로 많은 성공을 거두었는데, 이것은 군대의 철저한 훈련과 엄격한 군기를 바탕으로 하였다. 하지만 후에 여러 번의 패전을 경험하면서 전쟁을 신중하게 대하게 된다. 따라서 결정적 전투보다는 작은 전투의 작은 승리들을 축적하는 과정을 통해 최종 승리를 거두는 쪽으로 전략이 변화했다.

프리드리히는 자국에서 멀리 떨어진 곳에서 전쟁하기를 꺼렸으며, 전쟁을 통해 적을 섬멸하겠다는 생각이 없었으며, 정면공격을 피했다. 그는 수적 열세 상황에서도 병력을 절감하여 새로운 전력을 만들어내고, 이것을 적의 취약점에 집중하는 전략을 구사하여 많은 승리를 가져왔다.

나폴레옹은 프리드리히 2세를 가장 위대한 군사적 천재로 보았다. 나폴레옹은 1807년 프로이센에 원정하여 포츠담 성당에 있는 프리드리히 대왕 무덤을 참배했을 때, 그는 자신의 휘하 장군들에게 "제군들 모자를 벗게. 이분이 살아있다면 우리가 여기 있지 못했을걸세"라고 말했다고 한다.

프리드리히 대왕 무덤을 참배하는 나폴레옹

'클라우제비츠'는 그의 저서 『전쟁론』에서 "프리드리히 대왕은 7년전쟁에서 오스트리아를 타도할만한 힘을 결코 가지지 못했었다. 그러나 그는 전력을 교묘히 절약하여 7년이라는 긴 세월동안 적의 동맹군들을 괴롭혔고 마침내 그는 적들로 하여금 전력의 지출이 방대해졌음을 깨닫게 하여 강화를 맺지 않을 수 없게 하였다."라고 평가했는데, 이것을 '**소진전략**'으로 본다.

『프리드리히 대왕의 전술론'(Art of War)』이라 할 수 있는 이 책은 국내에 번역되지 않아서 특별히 내용을 상세하게 번역하여 소개하였다. 조만간 프리드리히 대왕과 관련된 연구서적들이 국내에서 발간되기를 기대한다.

제4장

나폴레옹 전쟁과 전쟁양상의 변화

프랑스 혁명과 나폴레옹 전쟁은 세계전쟁사에 획기적인 혁명을 야기했는데, 이는 자발성에 따른 수적, 정신적 우위에 서는 국민군대의 출현이다. 조국에 대한 자발적 애국심과 자부심으로 충만한 국민군대는 주변의 군주국들을 정복하며 '국민전쟁시대'를 야기했다. 국민군의 형성으로 대규모 군사력의 동원이 가능해졌고, 무기와 조직의 표준화가 이루어졌다. 또한 기동성의 증대와 전투의지의 고양으로 대규모의 포위섬멸전이 가능해져서 나폴레옹이라는 불멸의 군사지휘관에 이어, 클라우제비츠와 조미니 같은 위대한 전략사상가를 탄생시켰다.

제4장 나폴레옹 전쟁과 전쟁양상의 변화

17 전쟁은 정치와 지략을 포함한 거대한 예술

✎ 나폴레옹(Napoleon Bonaparte, 1769~1821)

📖 「 나폴레옹의 전쟁금언 」
(The Military Maxims of Napoleon)

■ 가장 위대했던 '역사적 영웅'이자 '군사 지휘관'

나폴레옹은 모든 시대의 가장 위대한 군대 지휘관 중의 한 사람이며, 군사·정치적 천재로 간주되고 있다.127) 프랑스 혁명 후에 나타난 국민군을 효과적으로 편성하여 군사적으로 연전연승하면서 명성을 쌓았던 나폴레옹은 유능한 정치가로서 다방면의 개혁을 성공시키기도 하였다.

나폴레옹은 자신의 전략과 전술적 개념들을 체계적으로 기록으로 남겨놓지는 못했다. 이 책의 내용은 후세에 전해지고 있는 것을 그의 추종자들과 역사가들이 그의 말과 단편적인 글들을 모아놓은 것이다. 그러나 이것들 대부분이 나폴레옹이 남긴 글과 말에서 나온 것임은 의심할 여지가 없다. '나폴레옹의 서신들'에서도 금언들이 발견되었고, 나폴레옹이 유배된 세인트헬레나에서 구술한 내용도 포함되었다.128) 그곳 롱우드하우스에서 버트란드 장군이 나폴레옹의 구술을 받아 정리한 노트에는 나폴레옹이 직접 수정하고 가필한 흔적들이 있다. 이러한 각종 서한집과 포고문, 일일명령, 정부의 공식문서에 있는 나폴레옹의 각종 '전쟁금언'들을 정리하고 해설한 것이다.

『나폴레옹의 전쟁금언』은 나폴레옹의 전쟁 지식과 지혜의 본질, 그의 실제 경험의 결실, 위대한 제국건설에 관한 그의 연구가 들어있는 전쟁술에 관한 독특한 교리이다. 나폴레옹은 "전쟁은 정치와 지략 등 모든 것을 포함한 하나의 거대한 예술"이라고 하였는데, 이 책을 통해서 그의 전쟁에 관한 정치와 지략의 단면들을 볼 수 있다.

---

127) 알렉산더 대왕, 카이사르, 징기스칸과 함께 4대 영웅, 또는 4대 정복자로 불리운다.
128) 나폴레옹은 유배 당시에 당대 및 후대에게 나폴레옹 자신을 옹호하기 위한 노력으로 '전쟁금언'을 정리하였다고 전하지만, 편역자는 위대한 장군들의 전쟁 원칙과 전략들이 현대전에서 어떻게 성공적으로 적용되는지를 보여주기 위함이라고 적고 있다.

17. 나폴레옹, 『나폴레옹의 전쟁금언』

◆ 나폴레옹의 전쟁원칙과 성패

나폴레옹은 사단과 군단을 보다 정교하게 만들고, 수송을 경량화해 유연성을 확보하며, 군의 '**기동력**'을 크게 강화시켰다. 군단에게는 행동의 자유와 인접군단과의 협동의무가 있었다.

또한, 나폴레옹은 전투가 시작되기 전에 먼저 전역에서 이기기 위해 노력했다. 기회만 포착되면 빠른 기동력을 이용하여 적 후방 병참선을 차단하기 위한 우회기동을 감행해서 적에게 불리한 싸움을 하도록 강요했다. 마렝고(1800년), 울름(1804년), 예나(1806년) 전역에서 전투를 시작하기 전에 이겨놓고 싸웠다.

그는 우세한 적의 동맹군들을 기만하고 혼란에 빠뜨리기 위해 항상 빠른 기동을 실시하고, 마지막 순간까지 최대한 병력을 분산시킨 채 안정적인 식량 확보에 주력했다. 그러나

나폴레옹 보나파르트,
『나폴레옹의 전쟁금언』

일단 시기가 오면 '**가장 빠른 시간 내에 결정적 지점에 전투력을 집중**'시킴으로써 전반적으로 열세한 병력에도 불구하고 전투 현장에서는 항상 병력의 우세를 달성할 수 있었다. 리볼리(1797년), 프리트란트(1807년), 드레스덴(1813년) 전역이 대표적인 사례이다.

나폴레옹은 전투에서 처음으로 포병과 기병을 대규모로 사용하고, 결정적인 순간에 예비대를 능숙하게 투입하는 전술을 도입했다. 두 개 이상의 강력한 적군들을 상대하게 되었을 때에는, 반드시 적군을 먼저 분리한 후 병력을 집중시킴으로써 각개격파하였다. 나폴레옹은 또한 야전에서 적의 주력을 전술적으로 패퇴시킨 후에는 재빨리 적국의 수도와 전략적 정치적 중심부를 점령함으로써 '**적의 저항의지를 마비시키고 아군의 의지를 강요하는 전략적 기동**'을 실시했다. 그는 새로운 전략을 만들었다기 보다는 위대한 명장들에 대한 연구와 성찰에서 나온 전술을 적용했다고 평가된다.

제4장 나폴레옹 전쟁과 전쟁양상의 변화

나폴레옹의 주요 명언의 살펴보면, "전투의 승리는 최후의 5분에 있다." "작전계획을 세우는 것은 누구라도 할 수 있다. 그러나 전쟁을 실행할 수 있는 사람은 적다." "민첩하고 기운차게 행동하라." "공격은 병사들을 고무시키고 새로운 힘을 부가해주며, 자신감을 불러일으키고 적을 혼란케 하며, 결정적인 지점에 병력을 집중하여 전과를 얻으라"는 것을 강조했다.[129]

나폴레옹을 두려워했던 상대방들도 그가 살아있을 때부터 그의 전략적, 전술적 개념들을 연구하고 모방하기 위해 최선을 다했다. 그들은 점차 사단, 군단 체제를 도입하고, '선형 위주의 전술'에서 **'종심을 갖춘 전투대형'**으로 전환하며, **'결정적 지점에 전투력을 집중'**하고 **'예비대를 보유'**하는 등 나폴레옹의 장점들을 모방하거나, 강점에 대비하였다.

나폴레옹은 주로 **'공세적인 행동'**을 취했는데, 그 이유는 아무리 숙달된 기동능력을 갖춘 군대라도 후퇴는 부대의 사기를 약화시킬 뿐만 아니라, 공세를 취하는 측은 승리의 기회를 얻게 되는 반면에, 수세를 취하는 측은 전장에서의 주도권과 승리의 기회를 잃어버린다는 믿음 때문이었다.[130]

러시아군과 격돌한 '아일라우 전장'에서의 나폴레옹 1세(1807년 2월 29일).
종군화가 앙투안 장그로(Antoine Jean Gros) 작품. 루브르 박물관 소장

---

129) 나폴레옹은 "승패는 한 수에 달려있다. 그릇의 물을 넘치게 하는 것은 단 한방울의 물이다."라면서 결정적 시기에 결정적 지점에 전력을 집중시키는 것을 강조했다.
130) 나폴레옹의 '공세주의 맹신' 전통은 '엘랑비탈(elan vital, 삶의 약동)'이라는 근대 프랑스 육군의 공세적 교리까지 이어진다. 포슈 원수도 사기 고양차원에서 이를 강조했다.

17. 나폴레옹, 『나폴레옹의 전쟁금언』

◆ 전쟁계획과 전쟁목표의 설정(2항, 5항)

전쟁계획을 수립함에 있어서 적의 모든 행동을 예측하고 대책을 강구하는 것이 필수적이다. 전쟁계획은 주변상황과 지휘관의 재능, 부대의 성격, 그리고 작전지역 특성에 따라 언제나 수정될 수 있어야 한다.

모든 전쟁은 하나의 명확한 전쟁목표를 가져야 하기 때문에 확고한 원칙과 전술적 법칙에 의해 수행되어야 한다. 또한 전쟁은 모든 장애를 극복할 수 있는 규모의 군대에 의해 치러져야 한다.

전투력의 집중이 중요한데, 전투를 결심했다면 모든 가용 전투력을 집결하여야 하며 아무것도 분산시키지 말아야 한다. 단 한 개의 단위대대가 때때로 전체 전투의 승패를 결정짓기도 한다.

전장에서 지휘통일은 매우 중요한 요소로서, '통일된 전장지휘'만큼 전쟁에서 중요한 것은 없다. 따라서 적군을 상대로 전쟁을 수행할 경우에는 오직 단일 지휘관에 의해서 통일된 지휘통제가 이루어져야 하며, 가능한 하나의 전투에서는 단일 기지에서만 작전하는 단일 군의 편성이 필요하다.

◆ 지휘관의 건전한 판단(66항, 73항)

전장에서 지휘관은 혼자서 판단할 수 있어야 한다. 즉 자기 자신의 뛰어난 재능과 결단력으로 모든 어려움을 스스로 극복할 수 있어야 한다.

지휘관의 첫 번째 자격요건은 냉정한 두뇌로, 있는 그대로 정확하게 평가할 수 있는 '판단력'이다. 좋은 소식에 우쭐대지도, 나쁜 소식에 의기소침해서도 안 된다. 하루 동안 받은 다양한 인상들은 마음속에서 있어야 할 제 위치에 정확하게 분류하여 자리잡게 하고, 다양한 인상들을 중요성에 따라 비교하고 고찰하여 추리하고 판단해야한다. 어떤 사람들은 매사를 판단할 때, 고도로 채색된 매개들을 통해 자기만의 독특한 시각으로 사물을 바라볼 정도로 정신적, 육체적으로 특이하게 형성된 경우가 있다. 그들은 모든 사소한 경우에도 일일이 신경을 쓰고 지나치게 관심을 쏟는다. 그러나 그러한 사람들이 가진 지식이나 재능, 용기와 기타 장점들이 무엇이든 간에, 이러한 특성은 군 지휘나 대규모 군사작전 지도에는 적합하지 않다.

제4장 나폴레옹 전쟁과 전쟁양상의 변화

◼️ 위대한 지휘관들의 지휘원칙과 전사연구(77항, 78항)

최고 지휘관은 자신의 경험과 재능에 의해 좌우된다. 공병이나 포병장교의 전술과 자기발전, 임무 그리고 기타사항에 관한 지식들은 교범을 통해 학습될 수 있지만, 전략지식은 오직 자신의 경험과 과거 위대한 지휘관들의 전역을 연구함으로써만 습득될 수 있을 것이다.

알렉산더 대왕, 한니발 장군, 카이사르, 프리드리히 대왕, 구스타브 아돌프, 튀렌 등은 모두 동일한 원칙 아래 움직였다. **'부대의 단결유지', '취약부분 엄호', '주요지점에 대한 신속한 장악'** 등이 바로 그런 것들이다.

이러한 '지휘원칙'들이야말로 전장에서 승리를 이끌어내고, 아군에게는 충성심을 유지하게 하고, 적으로 하여금 아군의 위력에 대한 공포심을 자극하여 굴복하게 하는 제 원칙들이다.

알렉산더, 한니발, 카이사르, 프리드리히 대왕, 구스타브 아돌프[131], 튀렌[132], 외젠[133]의 전사(戰史)를 몇 번이고 음미하며 정독하라. 그리고 그들을 본받으라. 이것만이 위대한 명장이 되는 유일한 길이자 전쟁술의 비밀을 터득하는 방법이다. 당신 자신의 재능은 이 방법에 의해 더욱 계발되고 연마될 것이며, 나아가 당신은 이처럼 위대한 지휘관들이 제시한 원칙에 위배되는 다른 모든 금언들을 거부하는 방법을 배울 수 있게 될 것이다.

---

131) **구스타브 아돌프**(1594~1632) : 스웨덴 국왕으로 유럽의 30년 종교전쟁에서 신교도 측에서 싸웠다. 1631년 브라이텐펠트 전투 등에서 많은 승리를 거두었지만, 뤼첸전투에서 전사했다. 국민징병제를 채택했고, 군조직의 유연성과 기동성을 갖추었다. 화력을 중시하여 창병보다 머스킷 병사들을 집중배치하는 등 전투대형을 변경했고, 포병을 경량화하며 다양한 포병전술을 발전시켰으며, 전술단위조직과 관련되는 참모조직을 발전시켰는데, 이러한 획기적인 군사적 개선으로 '근대전의 아버지'로 불린다.

132) **튀렌**(1611~1675) : 프랑스 장군으로 30년 종교전쟁에 종군하여 1640~1643년에 에스파냐군을 격파하였고, 프롱드의 난에서 궁정군 총사령관으로서 반란군을 궤멸시켰다. 루이 14세에게 중용되어 1658년 에스파냐를 공략하고, 1667년 플랑드르전쟁의 총사령관으로 에스파냐군을 제압했다. 1672년 네덜란드 전쟁에 총사령관으로 참전하여 전사했다.

133) **외젠**(1663~1736) : 파리에서 출생하였고 프랑수아 외젠으로 불린다. 오스트리아 신성로마제국 레오폴트 1세의 군대에서 복무했는데, 1683년 오스만투르크군에 포위된 빈을 구하는데 공을 세웠고, 1688년 베오그라드 점령에 이바지했다. 1697년까지 헝가리군 사령관으로 복무하며 젠타에서 오스만투르크군을 전멸시켰다. 1701~1704년 에스파냐계 승전쟁에서 활약했고, 1708~1709년 말플라케 전투에서 네덜란드군에게 승리했다. 1716~1717년 페케르바로드와 베오그라드에서 오스만투르크군에게 승리했다.

◆ 『나폴레옹의 전쟁금언』에 대한 평가

　나폴레옹의 판단이나 전쟁지도가 항상 성공적인 것은 아니었다. 전략적 실수도 있었는데, 통령에 부임하자마자 프랑스 육군만이 보유하고 있던 '열기구 관측부대'(1783년 프랑스 몽골피에 형제 발명)를 해체하여 스스로 C3I 능력을 감퇴시켰다. 독특하며 유용한 이 정보수집기구를 계속 활용했다면, 1815년 6월 18일, 진군해 오는 프러시아군 3개 군단을 오후 1시 30분이 아니라 적어도 오전 10시에는 발견했을 것이다. 또한 와브르에서 헤매며 '소재 불명'이었던 부하인 그루시(Grouchy) 원수의 기병군단을 찾아내, 접근해 오는 모든 적의 부대에 대처시킬 수도 있었을 것이다. 그러면 워털루 전투에서 극적인 위기극복이 가능했을 것이라고 전략가들이 평가했다.

　그럼에도 불구하고 나폴레옹의 전략과 지략은 높이 평가받고 있으며, 『나폴레옹의 전쟁금언』은 군사적, 외교적, 정치적 승리의 원칙을 밝히고 있어서 나폴레옹의 통찰력과 지혜를 엿볼 수 있게 한다.

1794년 플뢰휴스 전투에서 오스트리아군의 움직임을 상세히 보고중인 열기구 르'엔트플레뇽(l'Entreprenant). 이 덕분에 프랑스군은 오스트리아 연합군에게 승리했다.

제4장 나폴레옹 전쟁과 전쟁양상의 변화

특정 금언 속에서 보편적 의미를 지닌 메시지를 찾아내려면 상당히 주의를 기울여야 한다. 나폴레옹이 언급한 내용에 대해 불변의 가치를 부여하기 위해서는 먼저 당시의 주변상황에 대한 세심한 평가가 이루어져야 한다.

오스트리아의 막크 장군은 울름전투에서 나폴레옹에게 패배한 후에 "나폴레옹은 전쟁을 정석으로 싸우려하지 않는다"라고 개탄했듯이 나폴레옹은 각국에서 통용되던 구태의연한 획일적 전법에서 탈피했다. "전쟁에는 고유한 진형이란 있을 수 없다"라는 자신의 금언과 같이 전사에서 찾아낸 심오한 진리를 바탕으로 당시의 주변상황에 맞추어 다양한 전략을 세우고, 예민한 통찰력과 신속과감한 결단력으로 다양하고 창의적인 용병술을 구사했다.

클라우제비츠는 『전쟁론』에서 "군사적 천재는 선천적이며, 이러한 특질은 환경적 요인과 어떻게 잘 결합하느냐에 따라 그 천재성이 발현되고 진가가 결정된다"라고 하였다. 나폴레옹의 선천적인 자질과 야망이 그 시대의 정치·사회적 환경과 후천적 노력이라는 요인들과 잘 결합된 결정체였다.

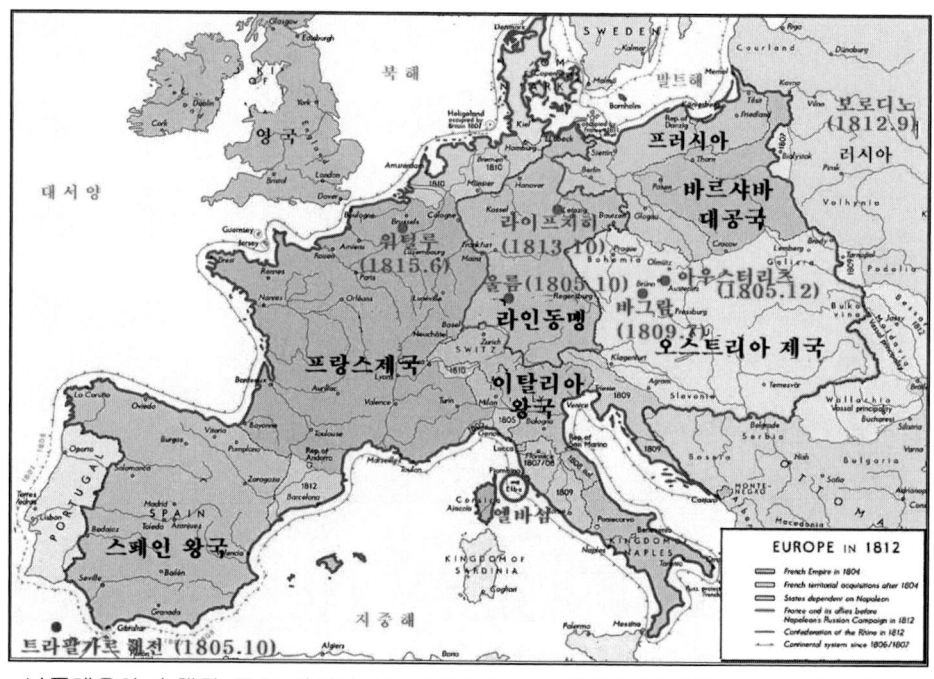

나폴레옹이 수행한 주요 전투와 1812년의 프랑스 제국(굵은 선이 최대확장선이다.)

17. 나폴레옹, 『나폴레옹의 전쟁금언』

나폴레옹이 패퇴하게 된 것은 주변국들이 군사력의 양적우세를 바탕으로 프랑스에 대해 '장기 소모전을 강요'했기 때문이며, 피점령 국가들에 대한 나폴레옹의 '지나친 강압통치'가 외교적 고립을 가져왔기 때문이지만, 무엇보다도 '러시아 원정 실패'로 인한 엄청난 전력손실에 있었다. 모스크바를 점령했지만, 동장군과 초토화 전략134)으로 인한 피해로

1812년 러시아 원정에서 퇴각하는 나폴레옹. (Adolph Northen 작). 러시아에서의 패배는 나폴레옹 몰락의 결정적 원인을 제공하였다.

후퇴하는 상황에서 공격을 받아서 엄청난 정예 병력과 장비의 손실을 입으며, 러시아 원정군 자체가 붕괴되는 궤멸적인 타격을 입고 말았다.

나폴레옹을 최종적으로 패배시킨 것은 유럽에 확산되고 있던 '내셔널리즘'이라는 분석이 있다. 나폴레옹은 1813년 '라이프치히 전투'에서 국가적 민족주의를 기반으로 영국, 프로이센, 러시아 등 모든 유럽국가로 구성된 반프랑스 연합군에 의해 패배하여 유럽에서의 패권을 완전히 상실했다.135)

이 책은 1987년에 나폴레옹 역사가인 데이비드 챈들러는 윌리엄 케인즈 초판이 나온지 100년이 되어 현대적인 감각으로 해설을 할 필요가 있다며, 이전 버전의 나폴레옹과 다른 갈등을 다루고 지휘관들이 나폴레옹의 지도를 따르거나 지키지 않았던 방식들을 포함해서 분석했다.

우리나라에서는 '책세상'에서 기획한 밀리터리 클래식 시리즈 2권으로 1998년에 발간되었는데, 한국 번역본도 챈들러판을 기준으로 하고 있다.

[원서 정보] Napoléon Bonaparte, *The Military Maxims of Napoleon by Daniel G. Chandler (Introduction)*, William E. Cairnes (Editor) 1987.

---

134) **초토화 전략(Scorched earth)** : 적에게 유용할 수 있는 모든 것을 파괴하는 것을 목표로 하는 군사전략이다. 적이 사용할 수 있는 모든 자산이 표적이 될 수 있으며, 여기에는 일반적으로 명백한 무기, 식량과 수송체계, 통신시설 및 산업자원이 포함된다.

135) 독일의 예를 들면, 철학자 '피히테'는 《독일 국민에 고함》이라는 연설과 책을 통해 내셔널리즘(민족주의)를 고양시켰고, 클라우제비츠의 스승 '샤른 호스트'가 단행한 군 제개혁으로 내셔널리즘으로 무장한 의용병들의 자발적인 참전이 가능해졌다.

18. 나폴레옹의 모스크바 원정을 그린 전쟁문학

✎ 톨스토이(Lev Nikolayevich Tolstoy, 1828-1910)

📖 『전쟁과 평화』 (War and Peace)

◼◼ 전쟁사 기록에서도 높은 평가를 받는 대문호의 역작

톨스토이는 19세기 러시아가 배출해낸, 세계문학사에서 위대한 대문호(大文豪)이다. 그는 모스크바 근교에서 러시아의 명문 백작 가문의 4남으로 태어났으나 부모를 일찍 여의고, 멀리 카잔에 있는 친척들 손에서 자라며 내성적인 유년시절을 보냈다. 16살에 카잔대학에 입학했지만 바로 퇴학하고, 고향으로 돌아가 농업에 종사하려 했지만 이마저도 실패했다.

그 후 군대에 입대한 것이 톨스토이의 인생을 크게 바꾸었다. 특히 당시 크림전쟁(1853~1856)[136]의 주전장이었던 세바스토폴의 포위전을 르포르타주 형식(보고기사나 기록문학 형식)으로 그려낸 『세바스토폴(Sevastopol) 이야기』 3부작이 러시아의 문학계에서 높이 평가받게 되고, 이것이 그 후에 톨스토이의 인생 대표작이 된 『전쟁과 평화』의 집필로 이어진다.

톨스토이는 1855년에 퇴역하고 집필활동에만 전념하여, 명작 『안나 카레니나』 등의 장편소설과 『바보 이반』을 비롯해 러시아 민화를 소재로 한 아동문학을 다수 발표한다. 게다가 근대예술의 의의를 되묻는 『예술이란 무엇인가』 등의 논문을 차례차례 발표하고, 나아가 농민의 해방을 위해 다양한 계몽활동과 자선활동 등을 열정적으로 전개하였다.

이렇듯 톨스토이는 소설가라고만 한정적으로 정의할 수 없는 폭넓은 분야의 지식인으로서, 그의 예술관과 사상은 시대를 초월하여 세계인들에게 커다란 영향을 미쳤다. 그중에 1812년 나폴레옹의 러시아 침공을 소재로 한 『전쟁과 평화』는 톨스토이의 대표작으로 꼽히고 있고, 19세기 러시아 문학을 대표하는 걸작일 뿐만 아니라, 세계문학사에 있어서도 기념비적인 불후의 명작인 동시에, 위대한 '전쟁 역사서'로 평가받고 있다.

---

136) **크림전쟁**(Crimean War): 크림반도와 흑해를 둘러싸고 러시아와 오스만투르크, 영국, 프랑스 등 연합국과의 전쟁으로, 러시아는 이 전쟁에서 패해 군의 근대화를 추진한다.

18. 톨스토이, 『전쟁과 평화』

◆ '나폴레옹의 모스크바 원정'을 역사와 문화로 표현

『전쟁과 평화』는 4권으로 이루어져 있다. 제1권은 1805년 아우스터리츠 전투[137)]에서 러시아의 패배부터 그 후 나폴레옹의 러시아 진격 시 자국 군인과 민중이 보여준 용감한 활약까지의 역사의 흐름을 세로축으로, 당시 러시아 상류계급의 일상생활을 가로축으로 이야기를 전개한다. 역사 속의 인간의 모습을 그렸는데, 역사의 흐름이라는 세로축과 상류계급의 일상생활이라는 가로축이 교차하는 곳에 톨스토이는 두 명의 젊은 주인공 '피에르 백작'과 '안드레이 공작'을 두고 있다.

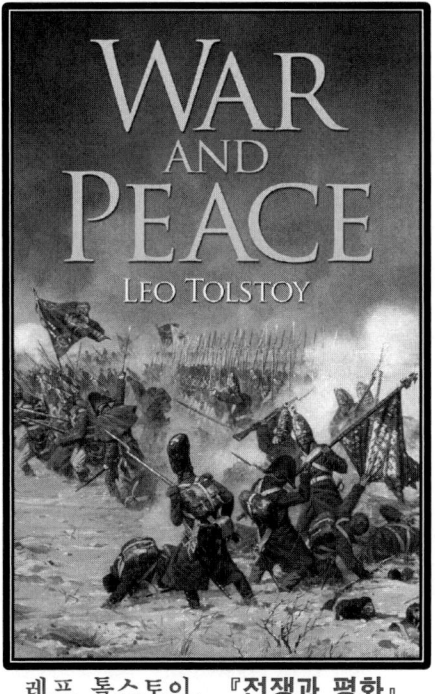

레프 톨스토이, 『전쟁과 평화』

피에르는 막대한 재산을 상속받았지만 방탕한 생활을 보내며 정신적으로 유약한 자성적인 청년으로, 안드레이는 쿠투조프 장군의 부관으로 활약하며 자신이 놓인 위치에 대해 항상 의문을 품는 청년장교로 묘사된다. 이 두 사람의 사색과 행동을 통해 당시 러시아의 사회정세와 상류계급의 실정이 부각됨과 동시에, 나폴레옹 군이 모스크바에서 퇴각하는 1812년이 제4권에 그려질 때까지 500명이 넘는 등장인물의 삶과 사고방식이 선명히 그려진다.

러시아와 유럽 전체 사회정세를 뛰어난 역사관으로 바라보는 넓은 안목과 수많은 이야기의 줄기와 가지를 자유자재로 다루는 전개력, 특히 일상생활 속의 현실을 구석구석 면밀히 감지하는 통찰력을 기초로 한 탁월한 표현력은 톨스토이의 작품들에서 나타나는 공통된 특징으로, 그러한 그의 모든 능력의 결정체라고 할 수 있는 것이 이 책인 『전쟁과 평화』이다.

---

137) **아우스터리츠 전투**(Battle of Austerlitz) : 1805년초에 영국, 오스트리아, 러시아는 제3회 대(對) 프랑스동맹을 결성했다. 오스트리아 황제는 북으로 달아나 러시아 황제와 합류하여 8만의 동맹군과 나폴레옹군이 격돌해서 삼제회전(三帝會戰)이라고도 한다. 12월 2일 나폴레옹이 아우스터리츠에서 오스트리아와 러시아의 동맹군을 격파했다.

제4장 나폴레옹 전쟁과 전쟁양상의 변화

■◆ 격전의 전장을 뛰어난 전투 묘사로 그려내다

　세계문학사에서 불후의 명작으로서 확고한 지위를 쌓은 『전쟁과 평화』가 전쟁과 전략에 관심을 가진 사람들에게 있어서 상당히 매력적인 점은 무엇보다도 아우스터리츠 전투, 모스크바 초토작전138), 보로디노 전투 등에 관한 뛰어난 전투묘사이다. 톨스토이는 이 작품을 쓰기 위해 막대한 양의 공문서를 꼼꼼히 찾아봤을 뿐 아니라, 나폴레옹 작전의 실상을 전하는 개인의 편지와 수기를 수없이 접하고 분석했다. 그 결과, 『전쟁과 평화』에서는 병사들의 호흡과 긴장감, 대포의 진동과 말의 울음소리까지 눈앞에 있다고 착각할 만큼 현장감 넘치는 필치로 묘사되어 있다.

1812년 9월 7일의 '보로디노 전투(Battle of Borodino)'. 이는 나폴레옹의 모스크바 원정에 있었던 최대의 격전으로, 25만 명의 병력이 투입되어 7만 명의 사상자가 발생했고, 전쟁의 전환점이 되었다. 『전쟁과 평화』를 통해 생생하게 그려진다. (1822년 루이스 프랑수아, 바론 르제네의 그림)

---

138) 1812년 6월에 나폴레옹이 러시아 원정길을 떠났다. 동맹국군을 합친 50만 병력으로 그 해 9월 모스크바에 도달했으나, 러시아의 초토작전(焦土作戰, Scorched Earth)에 대응하지도 못한 채, 10월 무렵 퇴각을 시작하였다. 추위와 러시아군의 기습공격이 퇴각하는 나폴레옹을 끊임없이 괴롭혔고, 나폴레옹의 러시아 원정은 참담한 결과로 끝났다.

18. 톨스토이, 『전쟁과 평화』

그렇기 때문에 많은 전문서적을 읽는 것 보다도, 이 책 『전쟁과 평화』 한 권을 통독하는 것으로 나폴레옹의 러시아 침공 전투의 양상을 보다 실감나게 이해할 수 있게 된다는 것이 전문가들의 견해이다.

톨스토이는 전장에서 반드시 나타나는 불확실성과 애매함, 즉 '전쟁의 안개'라고 불리는 현상을 비롯한 전쟁의 온갖 양상을 빠짐없이 훌륭하게 그려냈다. 이러한 전투의 묘사에 있어서는 『전쟁과 평화』가 다른 문호의 명작과 비교할 수 없을 정도로 매우 뛰어나다. 청년장교인 안드레이 공작의 말과 행동들, 사색을 통해 상류계급의 젊은 남성들 사이에 명예(名譽), 충성(忠誠), 인애(仁愛), 예의(禮儀)를 존중하는 **기사도(騎士道, chivalry)**[139] 정신이 짙게 남아있는 것을 볼 수 있다. 그들에게 있어 전쟁이란 전적으로 부정하고 싫어하는 것이 아니라, 무료하고 단조로운 일상생활로부터의 도피를 약속해 주는 것이었고, 개인의 명예와 훗날의 출세를 도모하기 위한 활약의 장이기도 했다는 사실을 알 수 있다. 이렇게 당시 러시아 전략문화의 일면을 엿볼 수 있다는 점도 『전쟁과 평화』의 매력 중 하나이다.

■◆ 역사를 움직이는 것은 민중의 힘과 지혜

나폴레옹 전쟁이 러시아 사회에 미친 충격을 묘사하며 복잡한 러시아 사회의 본질을 해명하는 것이 『전쟁과 평화』의 큰 주제이지만, 톨스토이가 이 작품을 통해 추구한 또 하나의 중요한 주제는 '진정 역사를 움직이는 것은 무엇인가' 라는 질문이다. 그리고 그가 내린 결론은 "역사를 움직이고 만들어내는 것은 나폴레옹 같은 한 명의 천재가 아니라, 러시아가 공격당했을 때 보여진 이름 없는 수많은 러시아 민중의 힘과 지혜"라는 것이다.

톨스토이는 크림전쟁에서 겪은 경험을 바탕으로 러시아군의 구조화 과정을 생생하게 묘사했다. 그는 표준 역사, 특히 전쟁과 평화에 있어서 비판적이었다. 그의 소설 3권 첫머리에 역사가 어떻게 쓰여져야 하는지에 관한 자신의 견해를 설명한다. 『전쟁과 평화』는 역사적 서술과 소설 사이의

---

139) 기사 서임식 선서에 '무용, 성실, 명예, 예의, 겸양, 약자 보호 등의 덕목이 명시되었다. 기사도는 폭력을 관리하는 무인들의 도덕적 규범으로 전사(戰士)들의 동기부여가 되었으며, 존중, 관용, 봉사 등의 신사도로 발전하여 사회적 응집력의 원천이 되었다.

경계를 모호하게 하고 있는데, 이것은 그가 제2권에 기술한 바처럼, 진실에 더 가까이 다가가기 위해서였다고 한다.140)

역사를 움직이는 민중의 힘에 희망을 걸었던 그는 이윽고 세상의 모든 권력과 권위, 사유제도를 부정하기에 이르러, 러시아 정교회로부터 파문을 당한다. '자기희생, 근로, 금욕의 실천'에 대해 말하는 그의 사상은 '**톨스토이주의**'라 불리며 20세기의 예술과 문학에 큰 영향을 미쳤을 뿐 아니라, '**무저항주의**'로 인도 독립을 쟁취한 간디 등 많은 사상가와 '**절대 평화주의**'141)에 영향을 끼쳤다.

말년의 톨스토이(1908년). 그의 유일한 칼라사진이다.

정치철학자인 월터 갈리도 톨스토이의 전쟁관을 클라우제비츠와 같은 전략사상가들과 함께 분석하고 있을 정도로 톨스토이의 전쟁과 평화사상은 군사적으로도 가치가 높다. 미국 군사역사가 그룹이 정한 '전쟁사 서적 TOP 10'에 투키디데스『펠로폰네소스 전쟁사』, 클라우제비츠『전쟁론』등과 함께 선정(본서 부록 참조)될 정도로 전쟁사적 위치에서도 높은 평가를 받고 있다.

『고슴도치와 여우 – 우리는 톨스토이를 무엇이라고 부르는가』(이사야 벌린 저)는 톨스토이의 복잡한 역사관에 대해 훌륭히 설명하고 있어서 일독할 가치가 있다. 또한 톨스토이의 삶에 대해 새롭게 조명한 고전 작품으로는 『톨스토이의 생애』(로맹 롤랑 저)가 있다.

[원서 정보] Leo Tolstoy, *War and Peace*, (The Russian Messenger (serial), first edition 1869)(Russian)

---

140) 기존의 역사관과 클라우제비츠식 전쟁관에 반기를 들었는데, 특히 『전쟁과 평화』의 개정판에 클라우제비츠가 등장인물로 나온다. 그가 "전쟁이 확대되어야 한다"라고 주장하고, 이것을 주인공인 안드레이가 엿듣고 마음 불편해하는 장면으로 묘사했다.

141) **절대평화주의(Pacifism)** : 종교적 사랑이나 자비, 인무주의의 입장에서 전쟁과 폭력에 반대하고, 세계에 평화를 가져오려는 사상이다. 따라서 이들은 양심적 병역 거부, 반전운동, 대체복무제 등의 방법으로 전재에 반대하고, 무저항, 불복종 등으로 대응한다.

19. 조미니, 『전쟁술』

19	결정적 지점에 전투력 집중이 전승전략
	✎ 조미니(Antoine-Henri Jomini, 1779~1869)
	📖 『전쟁술 (戰爭術)』
	(The Art of War)　　*초판 1838년

◆ 전쟁의 보편적 원리와 원칙이 존재한다고 주장

스위스 출신의 전략사상가 앙트완 앙리 조미니는 1779년에 태어나 90세까지 장수를 누렸다. 1805년 나폴레옹 전쟁에 프랑스군 장교로서 참전했던 그는 나폴레옹에게 그의 재능을 인정받아서 집필활동을 하면서 전쟁에도 참전했지만, 1813년부터는 군적을 옮겨 러시아 군인으로 활동했다.142)

이 책 『전쟁술』을 비롯해서 다수의 저작을 남긴 것으로 유명한 조미니이지만, 그러한 저작 중에서 그의 주장은 확고하고 간결하였다. 조미니는 여하한 전쟁에 있어서도 그의 밑바탕에는 "보편적인 원리원칙이 존재한다"라고 주장하고 있는데, 그것이 클라우제비츠와 확연히 다른 점이다.

조미니의 핵심 사상은 "전쟁에 있어서 핵심이 되는 전략은 불변의 과학적 원리원칙에 의해 지배되며, 전쟁에서 승리로 이끄는 전략은 **'결정적 지점' 또는 전선 중에 격파해야 할 '목표지점'에 전투력을 집중하는 것**"이다. 또한 그는 "집중을 위해서는 전략적인 기동을 통해 전장의 결정적 지점과 적의 병참선상으로 연속적으로 대규모 군을 투입하고, 결정적 지점에 투입된 대규모 병력은 적시에 충분한 충격력을 가져야 한다"라고 하였다.143)

지리적인 전략적 중요지점과 기동상의 결정적 지점(decisive point)을 구분했는데, 적의 수도는 교통 연결의 중심지이면서 국가권력의 중추로서 전략적 중요지점이며, 기동상의 결정적 지점은 적 주력군의 위치와 이에 대해 지향하는 아군의 작전 관계에서 중요성을 갖는 지점을 의미한다.

---

142) 1813년에 프랑스 군내 모함으로 퇴직하고, 러시아 알렉산드르 1세의 참모가 되었다. 나폴레옹의 러시아원정 때에 조미니는 러시아군 장군으로 나폴레옹 군대에 맞섰으며, 크림전쟁(1853~1856) 때에는 러시아 니콜라스 1세의 군사 조언자 역할을 했다.
143) 조미니의 업적은 "전략이 어떤 문제를 다루어야하는지 명확한 개념을 제시"한 점이다.

제4장 나폴레옹 전쟁과 전쟁양상의 변화

앙트완 조미니, 『전쟁술』

◆ 조미니와 클라우제비츠의 전쟁관 비교

조미니는 "일단 전쟁이 발발하면 군사의 영역이 정치에 우월해야만 한다"고 확실하게 말하고 있다. 결국 전쟁은 정치보다는 군인의 전권사항이라고 보고 있다. 전쟁관에 있어서 이러한 조미니와 클라우제비치의 상이함은 근원적 내지는 결정적이라는 것임을 말할 필요도 없는데, 당시에는 조미니의 견해가 당연한 것으로 받아들여지고 있었다.

모든 것을 포함해서 말하면, 시대를 초월해서 군인들은 설령 클라우제비츠의 선봉자임을 자인하는 사람들조차 『전쟁론』(본서 20항)중의 중요한 경구, "전쟁에 있어서 중대한 기도와 보조계획을 순수히 군사적인 판단에 맡기는 것이 좋다는 주장은 정치와 군사를 명확히 구별하려고 하는 인정하기 어려운 사고이며, 그 이상은 유해할 뿐이다."라고 말한 클라우제비츠의 지적을 경시하는 경향으로 볼 수 있다.

조미니의 견해는 헬무트 폰 몰트케, 알프레드 폰 슐리펜, 파울 폰 힌덴부르크, 그리고 에리히 루덴도르프로 대표되는 '독일 통일전쟁'부터 제1차 세계대전에 걸친 독일 군인의 일반적인 전쟁관을 능숙하게 설명한다.

또한 조미니는 전쟁을 사회적, 정치적 현상으로서 이해하고 있지 않다. 조미니가 정치와 전쟁의 관계성을 정확히 파악하고 있지 않았는데, 예를 들어 나폴레옹의 군사적 공적을 '프랑스 혁명에 의해 모아진 에너지를 전쟁목적에 유효하게 활용했다는 사실'이 아니라, 나폴레옹이 '전쟁의 과학적 원리를 발견해서 그것을 전쟁에 응용했다는 점'에서 찾고 있다.

결국 원리의 존재를 절대시하는 조미니는 나폴레옹을 단지 그 원리에 충실한 수행자로서밖에 받아들이지 않고 있다. 그렇기 때문에 조미니는 프랑스 혁명이 만들어낸 사회적, 정치적 의의를 대부분 버리고, '전쟁의 원리'에 기초하여 비교적 단순한 논의로 종결하고 있다.

또한 나폴레옹 전쟁에서 스페인에 침공한 프랑스군에 대항하여 게릴라 전쟁이 왜 자발적으로 발생하고 그러한 현상이 장래적으로 어떠한 의미를 갖게 될 것인가에 대해서도 이해가 부족했다. 클라우제비츠가 날카롭게 지적한 것처럼 "전쟁이라는 것은 지극히 사회적 내지는 정치적인 현상"인데, 이러한 맥락을 착안하지 않고 군사전략 수준만을 보고 전쟁을 논하려고 했던 조미니의 한계가 여기에 있다.144) 전쟁수행을 각종 원칙과 도해를 통해 너무도 과학적으로만 다룬 나머지 다른 면을 간과하고 있는 것은 조미니 이론의 큰 약점으로 지적되고 있다. 클라우제비츠가 지적한 것처럼 우연성과 마찰이 존재하는 복잡한 전쟁을 지배하는 절대적인 법칙이라는 것은 존재하지 않는 것이다. 전쟁에서 사람들은 너무나 많은 불확실하고 예상하지 못한 요인들로 인하여 고민하기 마련이라는 사실을 간과해서는 안 된다.

◼◆ 지휘관과 참모의 자질 - 실행력 있는 지휘관, 이론적인 참모

조미니는 전쟁에는 최고의 기량을 갖춘 장군이 필요한데, 그중 한 명은 '**실전 경험이 풍부한 실행력 있는 장군**'이어야 하고, 다른 한 명은 '**교육을 잘 받아서 이론적으로 완전무장한 참모장교**'이어야 한다고 했다.

대부대 **지휘관의 자질**로서, "사단이나 군단의 **지휘경험**이 있어야 하고, **전쟁학을 연구한 전투병과 출신**"이 대부대의 적임자이며, **총사령관의 구비조건**은 "첫째, **뛰어난 인품**, 둘째, 과감한 결단을 내리는 **도덕적 용기**, 셋째, **전쟁술에 대한 지식을 겸비하여야 한다**"라고 하였다.

참모장교 중에서는 특히 **참모장의 역할**을 강조하였는데, "**참모장은 지휘관과 완벽하게 조화를 이뤄야 하되, 지휘관의 판단을 제한해서는 안 되고, 지휘권에 영향을 주는 행동을 자제해야 한다**"라고 강조하고 있다.

전승을 위한 과학적인 원칙을 제공하고 그 실행방법을 구체적으로 제시한 조미니이지만, 결국 모든 것이 전투현장에서 상황을 판단하고 결심하고 실행하는 지휘관과 이를 이론적으로 보좌하는 참모의 역할이 중요하며, 그들에게 전쟁의 승패가 달려있다고 보고있는 것이다.

---

144) 조미니는 무력의 결정적 사용이 항상 적합하지는 않으며, 지역주민을 적절히 다루는 것이 목표를 달성하는 데 중대하게 기여할 수 있다고 했다.

제4장 나폴레옹 전쟁과 전쟁양상의 변화

당대에는 클라우제비츠보다 조미니의 영향력이 압도적이었다.

클라우제비츠의 위대함을 아는 독자들은 의외라고 생각될 수 있겠지만, '조미니'와 '클라우제비츠'를 비교할 때 바로 후대의 전략사상 발전에 미친 영향에 관해서 말하면, 처음부터 압도적으로 조미니 쪽으로 평가가 기운다.

그것은 예를 들면, 나폴레옹 전쟁 후의 유럽 주요 국가들의 정치가와 군인이 프랑스 혁명이 가져다준 '내셔널리즘'이라는 거대한 에너지에 시선이 향해지고 있었고, 나폴레옹은 몰락하였지만, 나폴레옹의 전술에 열광했던 군사전문가들이 조미니의 저서를 반겼기 때문이다.

조미니는 나폴레옹 전쟁을 분석하여 "전쟁은 불변의 과학적 원리원칙에 의해 지배되며, 전쟁에서 승리로 이끄는 전략은 '결정적인 지점에 전투력을 집중하는 것'이다"라는 식으로 단순명쾌하게 설명하여, 클라우제비츠의 다소 난해한 논의에 비해서 비교적 이해하기 쉬웠던 것이다.[145]

아우스터리츠 전투(프란시스 제라드 작) : 1805년 12월 2일, 나폴레옹은 러시아-오스트리아 연합군을 결정적으로 격퇴했는데, 조미니는 "나폴레옹이 적의 취약한 부분에 군사력을 집중하여 승리할 수 있었다"라고 분석했다. 나폴레옹은 이 전투에서 승리한 것을 기념하여 파리에 개선문을 만들었다.

---

145) 클라우제비츠는 조미니가 말한 전쟁의 '과학적 원리' 자체를 부정한 것은 아니고, 원리의 한계를 인식해야 한다며 불가측한 요소의 중요성을 강조했다. 클라우제비츠는 전쟁은 우연이라는 '안개와 마찰'이 차고 넘치기 때문에, 용기와 통찰력으로 무장한 군사적 천재가 필요하며, 불가측한 정신적 용소가 결정적인 역할을 한다고 주장했다.

19. 조미니, 『전쟁술』

19세기에 유럽에서 프로이센을 제외한 모든 국가들, 이후에 미국에서도 조미니의 이론을 크게 환영했다. 전쟁수행에 대해 기술적으로 분석하고, 군인들이 관심을 가진 주제들을 명쾌하게 제시하여 큰 호응을 얻었던 것이다. 이에 따라 "적시에 결정적 지점에 전력을 집중하라"는 등 그가 강조한 전쟁원칙은 각국 군사교리의 기초를 이루었다.[146]

그래서 1860~70년대에 걸쳐서 있었던 독일통일전쟁에서 프로이센 육군 참모총장이었던 대 몰트케가 크게 활약하고 나서, 그 후에 그가 클라우제비츠의 『전쟁론』을 칭찬하기까지는 클라우제비츠의 영향은 극히 한정된 수준에 머물렀으며, 유럽 국가들과 미국의 전략사상은 조미니의 영향하에 놓여있었다고 할 수 있다. 실제로 미국 남북전쟁 이전에 웨스트포인트는 조미니의 전략사상에 강하게 영향을 받았고, 사관생도들은 그의 사상만을 공부했다고 한다. 남북전쟁에서 남군과 북군의 장군들 대부분이 "한 손에는 사벨(sabel, 지휘도), 한 손에는 조미니의 『전쟁술』을 집어들고 싸웠다"라고 말해질 정도였다.

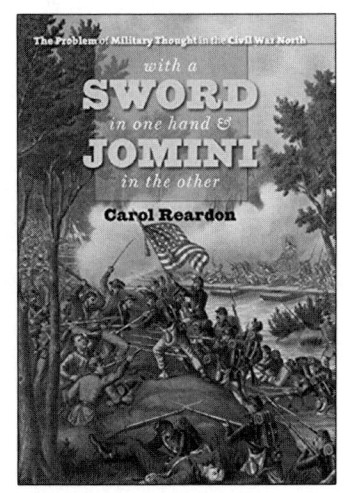

확실히 조미니가 처음으로 명확히 정의한 '결정적 지점'과 '목표지점', '작전선', '내선'과 '외선'이라는 개념은 오늘날에 이르기까지 사용되고 있다. 또한 미국 해양전략사상가인 알프레드 마한의 해양전략이론에 대해 비평가가 "마한의 이론은 조미니의 전략사상을 해상전투에 적용한 것에 지나지 않는다"고 혹평할 정도로, 마한에게도 조미니의 영향이 농후하게 보여진다. 국내에는 앙리 조미니 저·이내주 역, 밀리터리 클래식 시리즈 4, 『전쟁술』, (도서출판 책세상, 2015)로 소개되었다.

[원서 정보] Jomini, Le Baron de. *Précis de l'Art de la Guerre*, Brussels: Meline, Cans et Copagnie, 1838.

---

[146] 이처럼 조미니와 클라우제비츠의 전략에는 일부에서 유사성이 보이는데, 이는 두 명의 전략가가 모두 ① 프리드리히 대왕의 전역에 대한 역사적 관심이 지대했고, ② 함께 나폴레옹 전쟁을 경험했고, ③ 서로의 책을 읽었다 라는 공통점에서 비롯된다.

20 전쟁론을 집필한 위대한 전략사상가

✎ 클라우제비츠(Carl Von Clausewitz, 1780~1831)

📖 「전쟁론」 (英 On War, 獨 Vom Kriege)

◆ 프로이센에서 탄생한 '최고의 전략사상가'

서양의 전쟁에 대한 연구에서 불멸의 고전은 클라우제비츠의 『전쟁론』이라는 것에 아무도 이의를 제기하지 않는다. 오늘날에도 그의 이론이 생명력을 유지하고 있는 것은 그의 이론을 통해 전쟁의 본질에 대한 이해와 폭 넓은 대안을 모색할 수 있는 비판적인 통찰력을 얻을 수 있기 때문이다.

클라우제비츠는 프로이센과 독일의 군인(한때 러시아 군적)이었으며, 오늘날까지도 전략사상가로서 저명하다. 그는 12세에 군대에 입대하여 1801년부터 프로이센 육군사관학교에서 공부하였고, 당시 부교장이었던 게르하르트 샤른호스트[147]에 공감하여 프로이센 군대개혁의 일익을 담당하기도 하였다.

클라우제비츠는 나폴레옹 전쟁에서 한때 포로가 되었다가[148] 귀국한 후에 참모본부에 배속되었다. 그러나 그는 그 후에 프로이센과 프랑스의 동맹에 항의하여 군을 사직하고 러시아 군적으로 나폴레옹 전쟁을 계속하게 되었다. 1815년 워털루 전투에는 프로이센군 장교로 복귀하였고, 추후에 중장까지 승진하였는데, 포젠(Posen)-서프로이센에서 발생한 폴란드인 봉기의 진압 때문에 파견되었다가 콜레라에 감염되어 전장에서 사망하였다.

오늘날에도 유명한 클라우제비츠의 『전쟁론』은 그가 죽은 후에 부인을 중심으로 하는 유족들에 의해 발간됐다. 1832년 발행된 전 10권의 유고집 중에 첫 3권 부분으로 수록되어있다. 후에 클라우제비츠의 업적을 칭송한 미국의 국제정치학자 버나드 브로디가 "클라우제비츠는 최고의 전략사상가라기보다는, 유일한 전략사상가이다."라고 표현한 것이 매우 유명하다.

---

147) 나폴레옹전쟁 당시에 프로이센의 군 제도를 개혁한 군사전략가로, 근대적인 참모본부 제도를 세계 최초로 창시하고, 일반시민에게 병역의무를 부여하는 징병제를 시행했다.
148) 예나(Jena) 전투에서 호헨로헤 장군휘하로 전투에 참가했으나, 우유부단한 호헨로헤의 지휘로 인해 그가 모시던 아우구스트 황태자와 함께 나폴레옹군의 포로가 되었다.

『전쟁론』의 구성

『전쟁론』은 3권, 8편, 125장으로 구성돼있다. (1권은 1~4편, 2권은 5~6편, 3권은 7~8편)

제1편 '**전쟁의 본질**'에서는 전쟁의 2가지 개념형태인 절대전쟁과 현실전쟁을 논한다. 또한 전쟁에서 목적과 수단, 군사적 천재, 마찰, 그리고 전쟁의 삼위일체 개념에 대해 밝혔다.

제2편 '**전쟁 이론**'에서는 전쟁술을 분류했고, 이론의 가능성과 한계를 개관하고 있다. 주요 방법론적 분석을 포함하고 있다.

제3편 '**전략 일반**'에서는 전략을 정의하고 전략의 다섯 가지 구성요소를 논했는데, 병력, 시간, 공간, 정신적 요인들을 상세히 취급하였다.

제4편 '**전투**'에서는 전쟁의 본질적인 수단인 전투에 있어서 작전적 문제와 함께, 사기와 물질적 요인의 상호작용을 다루고 있다. 전쟁의

클라우제비츠, 『전쟁론』
(1832년 초판본 표지)

목적을 물리적, 정신적 효과에 따라서 단순 또는 복합형으로 구분하였다.

제5편 '**전투력**'은 전투 병력의 수와 편제, 전투력의 유지, 지형과 배치의 일반적인 관계를 논의했다. 제6편 '**방어**'는 방어와 공격의 상호관계, 방어의 우월성[149], 열세한 프로이센의 국토방위를 다루고 있는데, 이때 절대전쟁관에서 현실전쟁으로 입장을 전환하게 된다.

제7편 '**공격**'에서는 공격의 특성과 공세종말점의 개념, 공격과 승리의 극한을 다루는데, 현실전쟁의 관점에서 논의했다.

제8편 '**전쟁계획**'에서는 전쟁의 본질과 전쟁과 정치의 관계 등의 주제를 재고찰하고, 이론적·역사적 논술을 통하여 전쟁의 정치적 성격과 정치의 전략에서 상호관계를 분석했다.

---

[149] 공격이 우세한지, 방어가 우세한지는 군사전략에 있어서 주요한 논제 중의 하나이다. 클라우제비츠는 방어의 용이성, 역사적 경험, 방어 측이 진지와 지형 활용에 이점 등을 들어, 『전쟁론』에서 방어의 우월성을 수십 차례 강조했다.

◆ 전략의 정의와 전략의 다섯 가지 요소

클라우제비츠는 제3편 전략일반에서 '전략'을 '**전쟁이나 전역의 목표를 달성하기 위한 전투운용에 관한 술(術)**'이라고 하였으며, 전략은 개개의 전투계획을 작성하고, 전투에서 개별적 전투를 질서있게 만드는 것이라 했다.

> 전쟁의 목표를 달성하기 위한 전투를 선택하고 조직화할 때 고려해야 할 '**전략의 다섯 가지 요소**'로 분류할 수 있는데, 이들이 내적으로 결합되어 있어서 총체적으로 인식해야 한다고 하였다.150)
> ① **정신적 요소**로서, 군대와 국민의 정신적 특성, 군사 지휘관의 재능, 무용 등 정신적 특질과 효과에 의해 생기는 것이 여기에 포함된다.
> ② **물리적 요소**로서, 전력의 규모와 편성, 병종의 비율, 수적 우위 등 전투력 수준에 관한 것으로, 전쟁의 진행과 결과를 직접 좌우한다.
> ③ **수학적 요소**로서, 작전선의 각도, 외부에서 중심으로 향하는 구심적 운동과 중심151)에서 외부로 향하는 이심적 운동이 여기에 속한다.
> ④ **지리적 요소**로서, 지형 특성이 전투에 미치는 영향으로, 전망, 산지, 하천, 도로 등 작전의 고려요소이며, 이를 잘 활용해야 승리한다.
> ⑤ **통계적 요소**로서, 자원과 이의 보급 등 군수와 관련된 모든 수단 등으로 이러한 경제적인 요소는 전쟁지속능력에 영향을 미친다.

전략의 제 요소를 별도로 배당하여 개별 분석한다면 전혀 생명이 없는 분석의 폐단에 빠지게 되고, 추상적인 기초적 요소에서 현실에 접목할 수 없는 악몽과 같은 것이 되므로, 절대로 분류해서 다루지 말 것을 경고했다.

클라우제비츠는 특히 군의 정신적인 요소를 첫 번째에 두었다. 정신적 요소에는 장수의 재능, 군의 무용, 군에 있어 국민정신을 뜻하는데, 이중에서 '**무용(武勇)**'을 중시하였다. 무용은 군인으로서의 용맹, 개인적 욕구를 억제하고 '규율'과 지시를 수용하는 '단체정신', 결심을 행동으로 옮기는 '대담성', 의도한 것을 지켜나가는 '끈기'를 말한다. 최고지휘관의 천재성이 전체를 지도할 수 있지만, 개별적 부분은 훈련과 실전을 통해서 계발된다고 했다.

---

150) 클라우제비츠의 '전략의 다섯가지 요소'는 손자가 제시한 전략의 요소 및 평가기준인 '오사칠계(五事七計)'와도 일맥상통한다고 할 수 있다.(본서 6항)
151) 중심(COG) : 모든 힘과 움직임의 중심이며, 모든 에너지가 집중되어야 하는 지점.

20. 클라우제비츠, 『전쟁론』

◆ 전쟁의 2가지 개념 형태 - '절대전쟁'과 '현실전쟁'

『전쟁론』중에서 클라우제비츠는 전쟁의 본질을 '확대되어진 결투'라고 표현하고 있다. 전쟁이란 일종의 '힘'을 둘러싼 행위이며, 그 목적은 상대에게 자신의 의사를 강제하는 것이다. 전쟁은 항상 생생한 힘의 충돌이기 때문에 이론적으로는 상호작용으로 발생하는 것이 불가피하며, 반드시 극한까지 도달하기 마련이다. 이것은 오늘날에도 에스컬레이션(상호갈등 상승)으로 알려진 개념이지만, 위의 이론으로부터 클라우제비츠는 전쟁의 원형, 즉 '**절대전쟁**(absolute war)'이라는 개념형태를 도출해냈다. 반면에 클라우제비츠는 전쟁이 그 자체의 독립된 사회현상이 아니라는 것도 이해하고, 전쟁은 현실의 세계에 있어서는 수정이 되어 이른바 '현실전쟁'이 생긴다고 지적한다. 그것이 클라우제비츠가 제시한 두 가지 종류의 전쟁의 개념인데, 이론상의 '절대전쟁'과 현실에 있어서 제한되는 '**현실전쟁**(real war)'이다.

여기서 중요한 점은 클라우제비츠가 제시한 '절대전쟁'은 전쟁의 본질을 설명하는 척도(frame of reference)로의 개념이고, 실제로는 정치라는 요소와 관련한 또 하나의 개념인 '현실전쟁'의 중요성을 강조하고 있다. '현실전쟁'은 정치적 목적이 지배하는 전쟁으로, 전쟁이 정치적 수단으로 존재한다.[152]

◆ 전쟁은 다른 수단에 의한 정치의 연속

『전쟁론』에서의 클라우제비츠의 논의 중에 오늘날까지 무엇보다 중요시되어 온 것은 '전쟁이 정치에 속해있는 것'으로 자리매김했다는 것이다. 그에 의하면 "전쟁은 정치적 행위일 뿐만 아니라 정치의 도구이며, 적과 아측의 정치교섭의 계속에 지나지 않으며, 외교와는 다른 수단을 사용하여 정치교섭을 수행하는 행위이다"라는 것이다. 정치적 의도가 언제나 '목적'의 위치에 있고, 전쟁은 그 '수단'이다. 전쟁은 정치의 하나의 표현형태이다. 전쟁에 있어서 정치가 담당하는 역할이 논리적으로 '절대전쟁'이라는 극한을 지향하는 전쟁을 억제하는 가장 중요한 현실적인 요인이 된다.

---

[152] 클라우제비츠는 『전쟁론』의 '방어'편을 가필하는 과정중에 전쟁의 2가지 개념형태의 중요성을 도출해냈다고 한다. 오늘날의 그다지 주목하지 않고 있는 '방어'편이 오히려 전쟁 수행을 둘러싼 클라우제비츠의 현실전쟁에 관한 구체적인 제언들이 넘쳐난다.

제4장 나폴레옹 전쟁과 전쟁양상의 변화

◆ 전장의 마찰(摩擦)과 전쟁의 삼위일체(三位一體)

클라우제비츠는 현실의 전쟁과 책상위의 전쟁을 구분하는 유일한 요소는 '마찰(friction)'이라고 지적하고, 전쟁을 수행하거나 '마찰'의 개념에 대한 고려를 잊으면 안된다고 했다. 마찰은 절대전쟁과 현실전쟁을 구분짓는 근거로서, 구체적으로는 전쟁환경을 지배하는 위험, 육체적 고통, 우연성, 불확실성을 들고 있다. 이로 인해 전쟁의 폭력행위가 극한으로 치닫게 되는 것이 아니라 제한전의 양상이 나타나게 되었으며, 정치와 전쟁의 상대적 관계도 변화하게 된다. 전쟁의 '위험'은 인간의 이성과 사려깊은 판단을 저해하는 요인이 되고, '육체적 고통' 등이 마찰요인으로 작용한다. '불확실성'은 정보부족이나 불완전성에서 오며, '우연성'은 지휘관들에게 예상치 못한 사태에 직면케하여 전쟁수행에 막대한 지장을 초래한다. 그렇기 때문에 클라우제비츠는 이러한 '위험, 육체적 고통, 불확실성, 우연이라는 마찰요소를 극복하기 위해 '정신력'과 '군사적 천재'가 전쟁에 있어서 중요하다고 했다.

전쟁의 3요소로 '정치적 목적'(이성, 정부), '폭력'(열정, 국민), '우연성'(마찰, 군대)을 들었다. 클라우제비츠는 전쟁을 '정치', '국민', '군대'라는 세 개의 요소가 엮여서 펼쳐지는 사회현상이라고 파악했고, 그것이 '전쟁의 삼위일체(trinity of war)'라는 개념으로 알려졌다. 이 세 가지 요소는 다양하게 관계를 맺고 있다. 어떤 전쟁이론이 이 요소 가운데 하나를 무시하거나 이 요소의 상호관계를 자의적으로 고정시키려 한다면 모순에 빠지고, 그 이론은 쓸모없는 것이 되고 말 것이라고 했다.153)

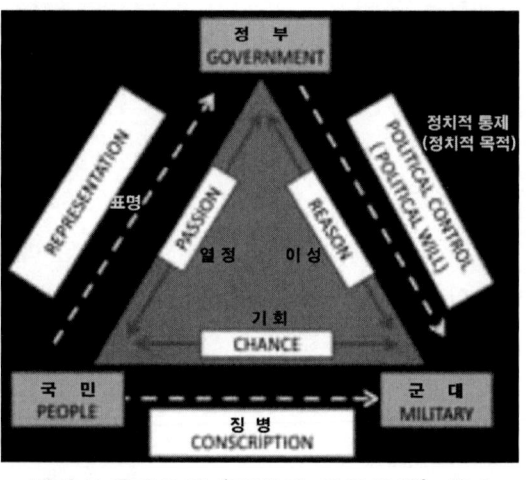

클라우제비츠의 '전쟁의 삼위일체' 개념

---

153) 삼위일체론의 두 요소로 인해 절대전쟁이 현실전쟁으로 전환된다고 했다. 첫째 우연성, 마찰, 불확실성으로 인해 상대방에 대한 무제한적 폭력으로의 승화가 저지되는 경우이다. 둘째, 합리적 이성과 자제력을 지닌 정부가 기능을 발휘하여 전쟁을 통제하는 경우이다.

20. 클라우제비츠, 『전쟁론』

◆ 클라우제비츠가 말한 '군사적 천재'의 7가지 자질

클라우제비츠는 전쟁의 불확실성과 우연성을 극복하며, 전쟁을 성공적으로 수행하기 위해서 다른 능력과 함께 **용기**(courage)와 **통찰력**(intellect), **결단력**(determination)을 조화롭게 연합하는 '**군사적 천재**'(Military Genius)가 필요하다고 하였다. 통찰력은 '사실과 상황을 신속하게 파악하는 능력'이고, 결단력은 '의심스러운 상황을 극복하는 능력'이라고 하였다.

전쟁을 승리로 이끌기 위해서는 지위에 맞는 천재성이 필요한데, 낮은 지위에 있는 지휘관도 그에 상응하는 정신력을 반드시 갖추어야 한다고 주장하였다. '**군사적 천재에게 필요한 7가지 자질**'로서 **용기, 정신력, 의지력, 야망, 강인한 성격, 지형지물의 파악력, 정치성**을 들었다.

'전쟁을 맡길 수 있는 인물'로서는 창조적인 사람보다 **치밀한 사람**, 한쪽을 추구하는 사람보다 **전체를 포괄적으로 이해하는 사람**, 열정적인 사람보다 **냉철한 사람**임을 강조하였다.

◆ 클라우제비츠의 영향과 평가

『전쟁론』의 가치는 병법차원의 방법론적 기술뿐만 아니라, 전쟁의 본질과 성격을 논하여서 전쟁을 사회과학적 이론으로 끌어올렸다는 점이다.[154] 지금으로부터 200여 년 전(1832년)에 출판된 『전쟁론』의 전쟁철학과 전쟁이론이 아직도 유효한 이유를 학자들은 다음과 같이 보고 있다.

첫째, 전쟁의 본질과 구조에 대해 포괄적이고 깊이있게 다루었다. 둘째, 전쟁과 정책(정치)의 관계를 정립하여 오늘날의 문민통제(civilian control) 원형을 제시하고 있다. 셋째, 전쟁 수행 및 전략전술론의 기본적인 고려요인을 충실히 고찰하였다. 넷째, 전쟁이론의 방법론적 이론적 기초를 제시하였다.

클라우제비츠는 적의 격멸을 목적으로 하는 절대전쟁의 한계를 제시하고 전쟁의 목표를 제한하는 현실전쟁관으로 입장을 바꾸었으며, 전쟁과 정치의 관계를 설정하여 지금까지도 『전쟁론』이 영향을 미치고 있다.

---

154) 루트와크는 클라우제비츠의 전쟁론이 지금도 유용한 이유를 "이 책이 전쟁수행의 비법을 제공하는 매뉴얼이 아니라, 전쟁의 본질을 규명하고 이해하기 위한 길잡이가 되며, 그의 사상의 목적이 전쟁수행의 기발한 방법을 발전시키기 위해서보다는 전쟁에 대한 이해를 증가시키는 방법을 발전시키고자 한 것이었기 때문이다."라고 피력했다.

제4장 나폴레옹 전쟁과 전쟁양상의 변화

◆ 베트남 전쟁 패전을 규명하기 위한 『전쟁론』 재고찰

가장 유명해진 『전쟁론 영역본』이 1976년에 출판되어진 배경은 미국이 베트남 전쟁에서 최종적으로 패배했다는 사실에 있다. 주지하고 있는대로 미국은 베트남 전쟁에 있어서 개별 전투에서는 대부분 승리를 거두었음에도 불구하고, 전쟁자체에서는 완패를 당하고 말았다. 그 결과 미국 국내에서 '왜 베트남 전쟁에서 패배했는가'에 대해서 그 원인을 규명하고자 하는 움직임이 활발했다. 그 하나의 흐름으로 전쟁과 전략의 고전과 명저들을 다시금 되풀이해서 번역하고 출판하여 고찰하는 시도가 있었다.

베트남전쟁 패배원인 규명의 일환으로 기획된 『전쟁론 영역본』(1976년)

이러한 움직임 가운데 당시에 미국에서는 '클라우제비츠 연구(전쟁론)'와 더불어 '손자 연구(손자병법)'가 적극적으로 행해졌다. 이러한 고전연구가 시사하는 것은 아무래도 당시 미국이 '정치와 전쟁의 관계', '외교와 전쟁의 관계'에 대해서 충분히 이해하지 못했었다는 통렬한 반성에서 비롯되었다.

클라우제비츠가 『전쟁론』에서 서술한 것과 같이 "전쟁은 정치적 행위일 뿐만 아니라, 정치의 도구이며, 적아의 정치교섭의 계속에 지나지 않고, 외교와는 차이가 있는 수단을 사용하여 정치교섭을 수행하는 행위"이며, 또한 "전쟁에 있어서 중대한 기도와 보조계획을 순수히 군사적인 판단에 맡기는 것이 좋다는 주장은 정치와 군사를 명확히 구별하려고 하는 인정되기 어려운 사고이며, 그 이상은 유해할 뿐이다"라고 말하고 있다. 이러한 전쟁에 대한 정치적 관점이 새롭게 번역된 『전쟁론』영역본을 관통한다.

편집과 번역은 핵 시대의 최고 군사연구가인 '피터 파레트'와 '마이클 하워드'가 맡았으며, 핵전략 연구의 거장 '버나드 브로디'가 해설로 참여했다.

21. 클라우제비츠, 『전쟁론(영역판)』

◆ 『전쟁론 영역본』 연구자들의 해설논문

『전쟁론 영역본』은 지금까지도 여러 가지의 책들이 출판되었지만, 어느 것이나 모두 번역문의 내용에 상당한 문제를 포함하고 있는데, 이러한 점에서 독일어 원문의 의미를 가장 충실하게 영역한 걸작이라고 평가받았다.

본서의 서두에는 핵시대 최고의 전략가들인 피터 파레트와 마이클 하워드, 버나드 브로디, 3명에 의한 클라우제비츠와 『전쟁론』에 관한 우수한 해설논문이 게재되어 있다. 피터 파레트의 <전쟁론의 탄생>, 마이클 하워드의 <클라우제비츠의 영향>, 버나드 브로디의 <전쟁론의 불변하는 중요성>이라고 제목 붙인 해설논문 모두가 저마다 지극히 수준 높은 논문이다. 이러한 해설논문만으로도 이 영역본은 충분히 일독의 가치가 있다. 최초에 3개의 해설논문과 안내서를 읽은 후에 클라우제비츠의 『전쟁론』 자체를 읽으면, 그 내용을 보다 명확히 이해할 수 있게 된다고 하였다.

이 책은 세계에서 『전쟁론』을 이해하기 위한 필독서로 자리매김하고 있다. 이전에 하워드는 어떤 강연 중에 이 책의 인세만으로 자택을 신축할 수 있었다고 농담했는데, 확실히 그 중후한 내용에도 불구하고 현재까지도 미국과 영국에 있어서 어느 서점에서나 입수가 가능한 베스트셀러이면서, 최초 발간 후 수십 년이 지난 지금도 주목을 받는 스테디셀러이기도 하다.

피터 파레트(1924~2020, 독일태생 미국 전쟁사학자)는 **<전쟁론의 탄생>** 에서 포괄성, 체계적인 접근, 정확한 스타일에도 불구하고, 『전쟁론』은 완성된 작품이 아니라고 주장한다. 저자가 만족할 만큼 완성되지 못한 것은 주로 그의 사고방식과 집필방식에 의해 설명된다. 클라우제비츠는 20대 초반에 군사 과정의 본질과 사회 및 정치에서 전쟁의 위치에 대한 생각을 처음으로 적었다. 뚜렷한 현실감, 당 시대의 가정과 이론에 회의적이었고, 과거에 대한 비교리적인 관점이 이러한 관찰과 격언을 특징짓고 내적 일관성의 척도를 제공했다고 하였다.

전쟁사학자 피터 파레트

제4장 나폴레옹 전쟁과 전쟁양상의 변화

마이클 하워드(1922~2019, 영국을 대표하는 전쟁역사가)는 <클라우제비츠의 영향>에서 클라우제비츠의 부인이 남편 사망 1년 후인 1832년에 『전쟁론』을 출판했을 때, 이것은 프로이센 군사개혁가의 한사람이고, 샤른호르스트의 제자이고, '그나이제나우'의 동료였던 클라우제비츠의 명성에 더 많은 빚을 지고있는 존경심으로 받아들여졌다고 했다. 클라우제비츠 사상에 필수적인 변증법적 방법을 사용하지 못한 19세기에는 그 내용에 대한 깊고 광범위한 연구보다 왜곡되었다고 했다. 절대전쟁과 섬멸전은 무력충돌이 되었고, 전쟁을 제한하고 통제하려는 주장은 무시되거나 설명되지 않았다고 했다.

전쟁역사가 마이클 하워드

버나드 브로디(1910~1978, 핵 전략의 기초를 확립한 미국 군사전략가)의 <전쟁론의 불변하는 중요성>에 대해, "헐버트 로진스키(1903~1962)는 그의 연구 <The German Army>에서 『전쟁론』을 '현재까지 나타난 전쟁에 대한 가장 심오하고 포괄적이며 체계적인 연구'라고 했다. 그러나 다른 곳에서는 그 효과에 대해서는 어느 정도 우려했다."라고 했다. 『전쟁론 영역본』의 마지막 부분에는 버나드 브로디가 쓴 <『전쟁론』을 읽을 때의 안내서>가 장황하고 상세한 해설과 가이드를 제공한다.

군사전략가 버나드 브로디

앞에 기술한 것과 같이 피터 파레트와 마이클 하워드는 미국과 영국을 대표하는 전쟁 역사가이며, 또한 브로디는 냉전기의 미국에 있어서 핵무기와 항공력의 운용을 포함한 주요 전략문제에 대해 적극적인 연구와 발언을 계속해온 국제정치학자이자 군사전략가이다. 핵시대에 가장 저명한 세 명의 연구자가 모든 국제정치를 생각하기 위한 힌트를 얻기 위해 클라우제비츠의 『전쟁론』에 주목하였다는 사실만으로도 클라우제비츠의 위대함과 그의 전략사상이 미친 영향력의 다대함을 다시금 통감하게 된다.

21. 클라우제비츠, 『전쟁론(영역판)』

◆ 클라우제비츠의 『전쟁론』에 관한 후대의 해석

클라우제비츠의 『전쟁론』에 관한 해석은 크게 세 부류로 나뉘어진다. **첫째**는 제1, 2차 대전 당시 독일 군부의 군사사상으로, 클라우제비츠의 '전쟁은 나의 의지를 적에게 강요하기 위한 폭력행위'라는 정의를 '**결전주의**'로 받아들여서, 적을 섬멸하는 것을 군사적 미덕으로 생각하는 부류이다. 국내외 정치와 외교적 갈등을 전쟁이라는 수단으로 해결할 수 있을 것이라는 생각에 젖어있었다. 섬멸전 전통을 수립한 군국주의 독일 군부의 슐리펜, 몰트케, 루덴도르프 등이 이에 속한다.155)

전략사상가 클라우제비츠

둘째는 제2차 세계대전이후 미국과 영국의 전략이론가들에 의해 제기된 입장으로, '전쟁은 다른 수단에 의한 정치의 연속'이라는 관점에서 '**전쟁의 정치적 관점에 집중**'한다. 마이클 하워드, 피터 파레트, 버나드 브로디 등 본서의 편저자들과 국제정치학자들로 로버트 오스굿 등이 포함된다.

셋째는 위의 두 가지 해석을 모두 수용하는 입장으로, 클라우제비츠가 제시한 '**전쟁의 이중성에 주목**'한다. "전쟁의 섬멸적 승리 추구와 정치현실적 제한을 반영하지만, 최종적인 결정은 정치적 목적에 종속되는 이중성을 지닌다"라는 것이다. 한스 델브뤼크, 레이몽 아롱 등이 대표적이다.

전쟁은 정치의 연장으로서 '전쟁'은 근본적으로 예술이나 과학의 영역보다는 사회적 영역에 속한다. '전략'은 주로 아트의 영역에 속하고, '전술'은 주로 과학의 영역에 속한다는 그의 주장과 전략적·작전적 중심(centers of gravity), 공세전환점(culminating point of the offensive), 결정적 지점(culminating point of victory) 등의 용어는 현대에도 널리 사용되고 있다.

국내에서는 류제승 역, 『전쟁론 (밀리터리 클래식 3)』(책세상, 1998) 이후에, 허문순 역 『전쟁론 (월드북 104)』(동서문화사, 2009) 등이 있다.

[원서정보] Carl Von Clausewitz, *On War, Edited by Michael Howard and Peter Paret*(Princeton, NJ: Princeton University, 1976) *국내 미발간

---

155) 소위 '클라우제비치언(Clausewitzian)'이라고 불리는 독일군부의 결전주의자들이다.

제1차·2차 세계대전과 전략의 발전

　인류는 두 차례의 세계대전을 겪으며, 국가 총력전의 형태를 띠게된다. 기관총과 철조망으로 대표되는 제1차 대전의 참호전은 항공기와 전차가 등장하면서 제2차 대전에서는 전략폭격과 기동전의 형태로 변화되었지만, 대량소모전의 양상을 보였다.

　사회적으로는 제1차 세계대전 중인 1917년 러시아 혁명으로 소련이, 지리한 국공내전 끝에 중국에 공산주의 국가가 설립되었으며, 제2차 세계대전의 끝으로 독일의 제3제국과 일본의 제국주의는 종말을 가져왔다. 이러한 가운데 두 차례의 세계대전을 겪으면서 전략은 눈부시게 발전하게 되었다.

21 사회주의에 입각한 군사연구

✎ 마르크스(Marx, 1818~1883)·엥겔스(Engels, 1820~1895)

📖 『마르크스·엥겔스 전집』
(MEGA; Marx-Engels Gesamtausgabe)

◆ 사회주의 혁명을 위한 군사연구

칼 마르크스와 프리드리히 엥겔스는 모두 독일에서 태어난 후 영국으로 이주했다. 이 두 사람은 과학적인 사회주의를 제창하여 자본주의 사회를 바꾸려는 세계관을 가진 인물로서 잘 알려져 있다. 두 사람이 남긴 저작은 경제학의 영역에 그치지 않고 다양한 방면에 걸쳐있어, 오늘날에 이르기까지 국가와 지역에 관계없이 방대한 양의 연구가 이루어져 왔다.

마르크스와 엥겔스의 사후 그 저작과 유고의 편찬과 간행은 독일 사회민주당 출판부를 중심으로 제1차 세계대전 전에 일단 끝마쳤으나, 미흡한 점이 적지 않았다. 제1차 세계대전 후 소련의 마르크스-엥겔스-레닌주의 연구소가 막대한 자금을 투입, 자료를 수집하고 편집을 새로이 하여 마르크스-엥겔스 전집의 발행을 계획하였다. 그런데 편집방침도 여러 번 바뀌어 40여 년이 지나서 완성을 보게 되었다.

소련의 마르크스-엥겔스 연구소에서 최초로 나온 작품에는 1848년까지 두 사람의 수기나 노트, 왕복서한까지도 수록되었는데, 러시아어판 저작집은 1928~1947년에 전29권이 완결되었으며, 제2판은 1956~1966년에 전39권이 완결되고 보유편까지 간행되었다. 이 제2판에 의거한 독일어판은 마르크스-레닌주의 연구소에서 전 40권을 1956~1968년에 완료하였다.

이처럼 방대한 마르크스와 엥겔스의 저서 중에 군사분야에 관한 저작은 그 양이 많음에도 불구하고 경제분야로 대표되는 분야에 비해 충분히 연구되지 않고 있는 경향이 있다. 특히 엥겔스가 열심이었던 군사연구에 대한 주목도는 극단적으로 낮다고 할 수 있다. 엥겔스는 군사에 그만큼 큰 관심을 두지 않았던 마르크스와는 달리 탁월한 군사연구자였다.

21. 마르크스·엥겔스, 『마르크스·엥겔스 전집』

■◆ 마르크스의 전쟁관

마르크스는 '전쟁은 다른 수단에 의한 정치의 연속'이라는 클라우제비츠의 명제를 수용하지만, 전쟁을 국내 또는 국제관계에 있어서 계급 간의 폭력대결로 본다. 따라서 **'전쟁을 폭력수단에 의한 계급정치의 연장'**이라고 해석했다.

마르크스는 전쟁론에 '계급'과 '경제'라는 분석의 틀을 도입했다. 전쟁이 자본주의의 모순에 기인하는 바, 전쟁을 자본의 논리와 연관지어 파악할 수 있다는 것이다. 전쟁은 사회적 모순의 결과로서 폭발한 것이며, 혁명도 사회적 모순의 해소를 위해 요구된다고 보았다. 전쟁에 의한 질서의 혼란은 혁명을 수행하기위한 좋은 기회를 제공한다고 본다.

『마르크스 · 엥겔스 전집』

이 때문에 전쟁과 공산주의 혁명은 필연적으로 연관되어 있는 것이다.

마르크스는 혁명적 관점에서 '진보 전쟁'과 '반동 전쟁'을 구별하였다. 진보 계급이 반동계급에 행하는 전쟁을 '진보 전쟁'이라고 하였고, 반동 계급이 진보계급에 행하는 전쟁을 '반동 전쟁'이라고 하였다.156)

■◆ 군대의 사회주의화 - 사회주의 혁명의 선봉장 역할을 기대

엥겔스의 군대에 관한 관심은 독일에서의 무장봉기에 참여한 경험에서 비롯되었다. 1848년의 쾰른 혁명봉기의 실패 이후, 1849년 남독일 무장봉기에 참여했다. 그는 사회주의자 동료들로부터 '장군'이란 별명으로 불리며,157) 꽤 이른 시기부터 군사에 관심이 높아 군사문제에 관한 저작을 남겼다.

---

156) 레닌은 이러한 마르크스의 전쟁관을 구체화하여, 진보적 전쟁은 첫째 부르주아지에 대항하는 프롤레타리아 전쟁, 둘째 혁명적 민족의 반제국주의적 민족전쟁, 셋째 자본주의 국가에 대한 프롤레타리아 국가의 전쟁이라고 하였다.
157) 1849년 프러시아 군대와 맞선 혁명세력의 분견대를 훌륭히 지휘한 후에 붙여졌다.

제5장 제1·2차 세계대전과 전략의 발전

　무장봉기가 진압되었을 때, 엥겔스는 난민신분으로 독일을 벗어나서 스위스 국경을 넘어 영국으로 탈출했다. 이후에 엥겔스는 프로이센에 대항한 당시 무장봉기 군사작전에 대해 기록하고, 군사에 관한 연구를 개시하였다. 1850년대에는 당시 최신의 군사조직, 병기, 전술 등을 분석한 논문을 미국, 영국, 프랑스, 독일에서 발표했다. 엥겔스의 논문은 각지에서 화제가 되어, 그를 망명에 이르게 한 프로이센의 군 내부에서도 그를 일급 군사연구자로서 평가했던 것은 아이러니한 사실이다.

　『반(反)뒤링론』158)에서 서술되어진 것처럼, 엥겔스의 군사분석에서 특징적인 것은 전쟁과 폭력을 어디까지나 경제적인 요인에 대한 부차적인 것으로 이해한다는 점일 것이다. 군인도 경제면을 포함하여 사회와의 연계를 무시할 수 없고, 전쟁에서 사용되는 병기조차도 경제분야가 있음으로 해서 비로소 공급된다는 것을 그는 항상 염두에 두고 있었다.

　이렇듯 사회와 전쟁의 관계성에 주목한 엥겔스는 군대의 규모에 대한 수량분석도 행하였다. 그는 통계 데이터를 이용하여 각국의 인구와 교육수준의 지표를 군대와의 관련을 통해 분석했을 뿐만 아니라, '군대에 어떠한 계급의 사람들이 존재하는가'라는 주제에까지 연구의 폭을 넓혔다.

　흥미롭게도 엥겔스는 군대의 규모가 확대되면 그 병력을 보충하기 위해 정부에 대해 비판적인 노동자도 군대에 들어가게 된다고 생각했다. 즉, 엥겔스는 노동자가 군대에 많이 들어가면 군 내부에 사회주의 세력이 확대되고, 유사시에는 그들이 사회주의 혁명의 선봉장이 될 것이라고 예측했다. 군대를 사회주의화하는 기회가 생기면 정권을 장악한다는 희망이야말로 엥겔스가 그의 생애에 걸쳐 군대에 지대한 관심을 가졌던 이유였다.

　엥겔스의 이론에 따라 사회주의자들의 군대 침투 노력은 계속되었는데, 당시 유럽의 주요 국가들중에 특히 독일에서는 '군대가 사회주의의 아성이 되는 것은 아닌가'라는 두려움이 상당히 심했다. 따라서 당시에 독일에서는 군 내부에 사회주의자가 섞여있지 않은지 철저히 조사하였으며, 사회주의에 교화된 군인에 대해 사상교육이 이루어졌다는 사실은 잘 알려져 있다.

---

158) 프러시아 출신의 학자 '뒤링'을 부르주아적 사이비 사회주의로 비판하며 변증법적 유물론과 사적유물론, 마르크스의 경제학 이론, 공산주의를 부연 설명한 엥겔스의 논박서.

21. 마르크스·엥겔스, 『마르크스·엥겔스 전집』

■◆ 엥겔스의 군사기술과 전쟁의 미래 예측 연구

군사기술의 발전에 주목했던 것도 엥겔스의 군사연구에서 두드러진 특징이다. 그는 1850년 이후 대량으로 개발된 병기에 주목하고 그 의의에 관한 연구를 거듭하였다. 당시 철도에 주목했던 인물은 드물지 않지만, 엥겔스처럼 소총과 대포 등 실제로 병사가 손에 쥐고 사용하는 병기에 대한 연구부터 전술연구에 이르기까지 폭넓은 주제를 대상으로 연구했다.

엥겔스는 일반 노동자라 할지라도 병기에 숙련될 기회를 얻을 수 있다면 당장이라도 직업군인에 대항할 수 있는 유능한 군인으로 거듭날 수 있다고 기대했다. 그렇기 때문에 그에게 있어 사회주의를 위한 인민전쟁론과 병기(兵器) 연구는 서로 끊을 수 없는 중요한 주제였던 것이다.

오늘날에도 많은 군사평론가가 열심히 무기체계에 대해 연구하는 모습을 볼 수 있는데, 군사연구에서 무기체계는 매력적인 주제이기 때문이다.

하지만 이러한 군사평론가와 엥겔스가 다른 점은 엥겔스가 항상 '사회에서 군대가 어떤 역할을 차지하는가'라는 문제에 대해 큰 관심을 보였다는 점일 것이다. 엥겔스는 매니아적인 관심으로 무기를 연구한 것이 아니라, 사회과학의 틀을 기초로 하여 철저히 학술적인 태도로 연구에 임했다.

엥겔스의 '전쟁의 미래에 관한 예측' 연구도 주목할만하다. 1887년 그는 장래에 유럽에서 발발하게 될 전쟁이 장기전이 되어 방대한 수의 군인들이 대치하는 상황을 예상했다. 그가 생각했던 이러한 장기전이 가져올 결말은 유럽 전체의 황폐화와 혁명이었다. 엥겔스의 이러한 예측이 제1차 세계대전에서 어느 정도 적중한 것을 생각하면, 그의 연구에 새삼 놀라게 된다.

자유민주주의와 시장경제체제 가치를 추구하는 우리나라에서의 전략연구에 있어서 마르크스·엥겔스에 관해 관심을 가져야 하는 이유는 러시아와 중국, 북한의 군사학 연구 방법론이 대체로 마르크스·엥겔스의 '유물변증법(唯物辯證法)'에 기초하고 있기 때문이다.

엥겔스의 군사평론은 『마르크스 엥겔스 전집』의 10, 11, 13, 14, 15, 16, 17, 20, 22권 등에 수록되어 있다. 또한 마르크스와 엥겔스의 전략이론에 대해서는 피터 파레트 저, 『현대전략사상의 계보 - 마키아벨리부터 핵시대까지』의 9장에서 참고할 수 있다.

⟨소련 이론가들이 구분한 전쟁의 세 가지 유형과 문제점⟩

　소련 이론가들은 마르크스-레닌주의에 입각해, 전쟁을 자본주의 국가 간, 자본주의 국가와 사회주의 국가 간, 식민지 해방전쟁이라는 세 가지 유형으로 구분했다. 첫 번째로 **자본주의 국가들 사이의 내부 전쟁**은 두 차례의 세계대전을 초래한 것과 같은 자본주의 경쟁과 제국주의 경쟁에서 발생한다고 가정했다. 두 번째의 **자본주의 국가와 사회주의 국가 사이의 전쟁**은 계급투쟁의 기본원칙을 표현한 것이므로, 사회주의 국가가 준비해야 할 전쟁이었다. 세 번째로 **피지배자들과 식민지 지배자들 사이의 식민지 해방전쟁**을 주요 전쟁으로 보았다.

　그러나 이 이론의 약점은 예상되는 두 가지 주요 유형의 전쟁인 자본주의 간의 전쟁과 자본주의-사회주의 전쟁 간의 전쟁이 소비에트 이론가들이 예측한 것만큼 자주 실현되지 않았다는 점이었다. 게다가 이 이론은 소련과 사회주의 진영의 상황을 적절하게 분석하지 못했다.

　공산주의 국가에서도 민족주의는 사회주의보다 더 강력한 것으로 판명되었다. 공산주의 정권에도 불구하고 소비에트 연방내에서 '민족해방' 운동이 나타났고 강제로 진압되어야 했다. 또한 사회주의 국가들 사이의 전쟁은 독트린이 지적한 것처럼 상상할 수 없는 것이 아니었다. 소련군이 1956년 헝가리와 1968년 체코슬로바키아와의 전면전을 막았다. 소련과 중국 간의 국경분쟁 등 전쟁은 1962년 중소 분할 이후 20년 동안 심각한 상태에 있었다.

　그리고, 중국과 베트남이 동남아시아에서 가장 강력한 국가가 된 후에 중국과 베트남 사이에 무력충돌이 자주 발생했었다.

　또한 이 이론은 1979년부터 1989년까지 소련에 대항하여 아프가니스탄 무자헤딘이 수행한 것과 같은 사회주의 국가에 대한 민족해방전쟁을 설명하지 못했다.

1968년 소련의 체코 프라하 침공

22 오랜 전투 경험으로 빚어진 게릴라전 이론
✍ 마오쩌둥(毛澤東, Mao Zedong, 1893~1976)
📖 『유격전론(遊擊戰論)』

◆ 세계의 사회주의 독립운동에 영향을 미친 이론

　마오쩌둥은 중국 후난성 출신의 사회주의 혁명가로, 중국공산당의 최고 지도자로서 일본군 및 중국국민당과의 전쟁을 승리로 이끌었다. 청년시절에 5.4운동[159]에 참가하며 마르크스·레닌주의에 확신을 굳힌 후, 1921년 중국공산당 설립에 참여하였다. 그로부터 10년 후인 1931년 장시성(江西省)의 루이진(瑞金)시[160]에서 중화 소비에트 공화국 임시정부의 주석으로 뽑힌 그는 항일유격투쟁을 전개하고, 제2차 세계대전에서 일본군에 승리를 거둔 후에는 국민당을 중국대륙으로부터 밀어내고 중화인민공화국을 건국하였다.

　그 사이 마오쩌둥은 일관되게 중국공산당의 군사들을 지도하였고 항일 전쟁의 승리와 국민당과 싸움에서의 승리를 거쳐 중국혁명을 이끌었는데, 그의 정치적·군사적 수완은 높게 평가되고 있다. 제2차 세계대전 이후, 풍부한 경험으로 뒷받침된 그의 게릴라전 이론은 알제리 전쟁, 쿠바 혁명, 베트남 전쟁 등 세계의 사회주의 독립전쟁에 큰 영향을 미쳤다.

　마오쩌둥이 게릴라전 전투방법에 대해 이론을 강조한 논고(論考)로는 『중국 혁명전쟁의 전략문제』, 『지구전론』, 『전쟁과 전략의 문제』, 『항일유격전쟁의 전략문제』 등이 있는데, 모두 게릴라전의 전투 방법에 대한 핵심이 민중에게 간단히 이야기하듯이 쉬운 문체로 쓰였다. 『유격전론(遊擊戰論)』에는 『항일유격전쟁의 전략문제』만이 수록되어 있는데, 그 외의 논고도 포함하여 마오쩌둥의 견해를 소개하고자 한다.

　일본군에 대한 마오쩌둥의 게릴라전 이론의 중심에는 "작고 강한 나라인 일본에 크고 약한 나라인 중국이 공격당하고 있다"라는 기본인식이 있다. 마오쩌둥은 일본군을 장비가 우수하고 병사가 용감하여 강하다고 보았다.

---
[159] 1919년 중국 베이징 학생시위를 계기로 일어난 중국의 반제국주의·반봉건주의 운동.
[160] 루이진 시는 '홍색고도(紅色古都)'라는 별칭이 있을 정도로 중국 공산당의 성지이다.

제5장 제1·2차 세계대전과 전략의 발전

마오쩌둥, 『유격전론』

반면에 국토가 작고 인구와 자원이 적으며 적은 병사로 광대한 중국 지역을 점령하고 있는데다 침략국 특유의 잔학성·야만성이 있다는 많은 약점을 지녔다. 한편, 중국은 아직 개발도상 중에 있어서 병사의 질 등은 상대적으로 불리한 점이 있지만, 국토가 넓고 인구가 많다는 이점이 있으므로, 일본군의 병력과 자원부족이라는 약점을 이용해 전쟁을 게릴라전(guerrilla [161])을 주로 하는 지구전으로 끌고 간다면 최종적인 승리는 중국이 얻게 될 것이라고 마오쩌둥은 구상하였다.

그의 게릴라전 이론이 세계정세에 입각하여 글로벌한 범위의 전략관을 갖춘 것이었다는 사실은 특별히 거론할 가치가 있다. 즉, 당시의 일본군은 공세의 입장에서 중국군을 포위하는 형태로 싸우고 있었지만, 지구전에 돌입하여 시간이 경과하면 할수록 중국 대륙의 일본군은 미국과 영국이라 하는 외부세력의 커다란 포위망에 갇히게 되고, 결과적으로는 내부의 중국군과 외부의 연합국 군대로부터 협공을 당하여 패배하게 된다는 것이 마오쩌둥의 전략관이었다.

■◆ 게릴라전의 역사

전쟁의 역사를 보면, 적대하는 국가의 정규군에 맞서 비정규 조직이 민중으로부터 지원과 협력을 받는 형태로 전쟁을 시도하는 사례를 많이 찾아볼 수 있다. 그 예로써 나폴레옹 전쟁 시에 이베리아반도에서 스페인의 민중을 중심으로 하는 대규모 반란이 일어나서 나폴레옹을 곤욕스럽게 했던 역사적 사실이 있다. 스페인 국민들의 게릴라 공격에 프랑스군은 속수무책이었고, 결국은 막대한 희생을 치룬 후에 퇴각할 수밖에 없었다. 대규모 게릴라 전쟁의 출현으로 인한 국가해방의 첫 번째 사례로 여겨진다.

---

[161] 비정규 유격대원을 말하는 스페인어. 파르티잔(러시아), 빨치산(한국어 음차)과 동의어

클라우제비츠가 『전쟁론』(본서 20항)에서 이러한 정규군과 비정규군 간의 싸움을 '인민의 전쟁'이라고 정의한 것은 잘 알려져 있다. 하지만 이러한 게릴라 형식의 전투방법을 이론적인 면에서 고찰한 연구는 비교적 최근에 들어서까지 거의 존재하지 않았다.

아마도 <아라비아의 로렌스>로 유명한 영국의 토머스 로렌스가 제1차 세계대전 중 아랍 독립을 위해 터키군에 맞서 게릴라전을 실시한 경험을 정리한 『지혜의 일곱 기둥』이 이러한 전투방법의 이론을 설명한 선구적인 저작일 것이다. 로렌스는 『지혜의 일곱 기둥』에서, 민중의 지원을 받으면서 보급의 근거지가 되는 장소를 확보하고, 적이 공격하면 후퇴하고, 적이 지쳐 주둔하고 있을 때 기습을 감행하는 '히트 앤 런'이라는 유연하고 탄력적인 전투법에 대해 구체적으로 설명하고 있다. 하지만 이러한 '로렌스의 게릴라전 이론'은 기본적으로는 전술 수준의 기술론에 그치는 것으로서, 전장에서의 전투방법을 구체적으로 설명한 매뉴얼과 같은 것이었다.162)

마찬가지로 쿠바혁명을 이끈 체게바라, 베트남의 보응우옌잡 등의 저작들도 게릴라 부대의 전술이나 작전수준의 전투방법을 제시한 수준에 머물렀다.

◆ 중국내전에서 마오쩌둥의 정치 중시, 인민과 연대한 게릴라전

한편 마오쩌둥은 게릴라전에서 결정적이라 할 수 있을 만큼 중요한 '**정치의 역할**'에 주목한 점에서 다른 게릴라전의 지도자와는 확실하게 구별된다. 마오쩌둥에게 있어서 게릴라전은 '**새로운 국가의 수립이라는 명확한 정치목적을 달성하기 위한 수단**'을 의미하는 것으로, 그러한 싸움을 성공으로 이끄는 열쇠는 무엇보다도 차후 '**새로운 국가의 국민이 될 민중을 얼마나 많이 자기의 편으로 끌어들이는가**' 라는 점이었다.

더욱이 게릴라 부대에 의한 '히트 앤 런(hit & run)'을 위주로 하는 전법만으로는 적을 완전히 격멸할 수 없다는 것을 인식한 것도 마오쩌둥이었다.

---

162) 로렌스는 게릴라전은 '돌격전'이 아니라 '정보전'이며, 히트 앤 런 전술의 승리요인은 '기동성, 보안(적의 목표 거부), 명중도(모든 주체를 아군에게 유리하게 전환하려는 아이디어)'라고 하였다. 또한 게릴라전의 강점은 ①기지가 적에게 공격받지 않는다. ② 상대군대는 게릴라가 작전하는 지역을 관리할 수 없다. ③주민이 게릴라군에게 우호적이다. 라고 주장하였다. (『지혜의 일곱 기둥』)

제5장 제1·2차 세계대전과 전략의 발전

그는 적을 완전히 격멸하고 새로운 국가를 수립하는 과정에 있어 게릴라 부대의 활동만으로는 불충분하며, 정규군의 전개를 중심으로 생각한 뒤에 게릴라 부대에는 보조적인 역할을 할당할 필요가 있다고 했다.

마오쩌둥은 1934년부터 10월, 국민당군의 공격으로 인해 괴멸될 위기에서 홍군을 본거지인 정강산(井岡山)에서 1만 킬로 이상 이동시키는 '대장정(大長征)' 수행과정까지는 주로 게릴라전을 수행했는데, 산시성(陝西省)의 옌안(延安)에 근거지를 만든 이후에는 점차 정규군을 조직했다. 대장정을 수행한 1방면군에 2방면군과 4방면군이 합류하여 홍군은 약 3만 명이 되었는데, 이들이 정예 정규병력으로 이후의 항일투쟁과 공산혁명의 중심부대가 되었다.

마오쩌둥 홍군의 대장정 경로. 농촌을 기반으로 유격전술로 다져진 홍군은 1935년 10월 옌안에 자리를 잡기까지 1년 이상을 국민당군의 봉쇄망을 뚫고 지방군벌과 싸우면서 11개 성을 통과하고 18개 산맥을 넘고 17개의 강을 건너, 1만 2,500km의 대장정(大長征, The Long March)을 이룩해냈다. 마오쩌둥은 지도부가 유격전이 아닌 진지전을 전술로 택한 것을 비판하며 공산당의 주도권을 잡고 복귀했다. 주력인 제1방면군은 8만여 명으로 장정을 시작하여 가혹했던 대장정을 끝냈을 때 남은 인원은 8천여 명에 불과했다.

22. 마오쩌둥, 『유격전론』

마오쩌둥은 '대약진운동'의 실패로 권좌가 흔들릴 때도 민중(인민)과의 연대를 통해 돌파해나갔다. 특히 민중 가운데에서도 지도자와 일체감을 갖고 폭력적으로 행동하는 민중과의 연대였다. '문화혁명'이라는 간판을 내걸고 폭력적인 민중인 홍위병(紅衛兵)을 통해 정치적 경쟁세력을 제거했다. 마오쩌둥은 문화혁명으로 개인적인 권력장악을 시도하여 성공했지만, 중국을 10년 이상 후퇴시켰다. 권력자가 맹목적인 충성도가 높은 대중을 선동해서 관제데모나 파괴적 행위를 하는 것은 사회주의에서 자주 관찰된다.

◆ 마오쩌둥의 게릴라전 이론과 현대적 유용성

마오쩌둥의 게릴라전 전술로 대표적인 것이 '**16자 전법**'이다.163) 중과부적(衆寡不敵)인 상대에 대해 정면대결은 철저히 회피하고, 유인과 교란, 기습, 상대의 허점을 노리는 전투방법이다.

> 이러한 전술을 담은 **마오쩌둥의 게릴라전**은 크게 3단계로 분류되는데, **1단계**는 '**전략적 방어**'단계로, 결전을 회피하며, 지역주민에 대한 정신적 교화로 분란군의 정신적 우월성을 심어주면서 세력을 규합하는데 노력한다. **2단계**는 '**장기적 대치**'단계로, 적의 심신을 소모시키기 위해 전투를 장기화하며 분란군이 기반지역의 주도권을 잡고 세력을 농촌에서 도시로 확장한다. **3단계**는 '**전략적 반격**'단계로, 규합되고 축적한 군사력을 바탕으로하여 '분란전'을 '기동전'으로 전환해 적을 공격하여 와해시킨다.164)

이러한 게릴라전 이론은 오늘날에도 유효하다. 게릴라전에서 최종적으로 승리를 얻기 위해서는 마오쩌둥의 지론처럼 민중의 협력이 필요한 것은 분명하며, 외부세력으로부터 많은 원조를 확보하는 것이 중요하다. 베트남전쟁에서 북베트남 측이 미국에게 승리를 얻어낸 배경에 소련을 중심으로 중국, 북한 등 공산진영의 물질적 지원이 중요한 역할을 했음이 자명하다.

---

163) 敵進我退(적이 전진하면 아군은 퇴각한다), 敵駐我擾(적이 주둔하면 아군은 교란시킨다), 敵疲我打(적이 피곤해하면 아군은 공격한다), 敵退我追(적이 물러나면 아군은 추격한다).
164) 1938년에 제시한 '게릴라전의 3단계론'은 1936년 <중국혁명전쟁의 전략문제>에서 제기한 바 있는 '전략적 방어-전략적 반격'의 2단계론에서 '전략적 대치'라는 개념을 가운데에 추가한 것으로, 깊은 종심을 이용하여 전략적 방어를 수행하다가 적이 공세 종말점에 넘어서게 되면 공세로 전환하여 적을 격멸하여 승리한다는 개념이다.

제5장 제1·2차 세계대전과 전략의 발전

　냉전기의 지역분쟁은 미국 진영과 소련 진영의 대리전쟁 성격이 강했고, 게릴라 측은 양자대립을 이용해서 한쪽 진영으로부터 물질적 지원을 얻어낼 수 있었다. 하지만 냉전이 종결된 오늘날에는 게릴라 측이 이러한 국제정치의 대립을 이용해서 물질적 지원을 얻어내기는 어려워졌다.

　또한 미디어가 발달한 오늘날에는 국제여론의 동향이 게릴라전의 성공에 중요한 영향을 미치게 된다. 게릴라 측은 호의적인 국제여론을 환기하고 국제사회의 인도주의에 호소하여 국제사회의 동정을 얻기 위해서는 게릴라 측이 약하고 무고한 희생자라는 인상을 심어 줄 필요가 있는 것이다.

　하지만 국제사회의 동정을 얻기 위해 게릴라 측이 자신들의 약세를 보여준다면, 현명한 적은 게릴라 측의 실정을 간파하고 게릴라 측을 공격하는 동기가 높아질 수 있다. 또한 게릴라전에서 최종적으로 승리를 거머쥐기 위해서는 '히트 앤 런' 위주의 방어적 전법으로부터 공격적인 통상전쟁으로 발전시켜야 한다. 많은 유혈과 희생을 동반하는 이 단계의 전투에 있어서 미디어가 게릴라 측을 꼭 호의적이지는 않을 수 있다.

　이렇게 보면, 오늘날에 있어서 게릴라전을 성공시키려면 외부세력으로부터의 원조 획득과 국제여론의 동향 문제 등 많은 장벽이 있다. 오늘날의 세계정세를 보면 무력분쟁은 개발도상국을 중심으로 국가 이외의 주체에 의한 게릴라전 형태의 전쟁이 압도적으로 많다. 그렇기 때문에 게릴라전을 수행하여 승리를 얻은 경험을 정리한 중국 혁명가의 저작은 앞으로도 계속 읽혀지고, 다른 한편에서는 이의 대응을 위해 분석되고 연구되어질 것이다.

　'체게바라'의 게릴라전 관련이론을 정리한 대표작으로서는 『게릴라전』(체게바라 저)이 있다.165) 베트남 보응우옌잡 장군166)의 게릴라전 이론에 대해서는 『인민의 전쟁, 인민의 군대』(보응우옌잡 저)를 참고할 수 있다.

---

165) 아르헨티나 출신으로 쿠바혁명에 참여한 체게바라는 이 책에서 ① 군대에 대항하여 싸우는 전투에서 대중의 힘은 승리할 수 있다. ② 혁명적 상황이 일어나기를 기다리기 보다는 창조되어야 한다. ③ 라틴아메리카의 저개발국가에 있어서는 농촌지역이 혁명을 위한 최상의 전장이다. 라고 주장했다. (『게릴라전』)

166) <인디펜던트>지는 보응우옌잡을 20세기의 위대한 군사지도자 중 1명으로 평가했다. 그는 "베트남 승리를 결정한 것은 인간적인 요소였다. 우리는 미군을 몰아낼 만큼 강하지 못했고, 무력으로 이기는 것이 목표도 아니었다. 우리의 의도는 전쟁을 계속 하려는 미국의 의도를 꺾는 것이었다.'라고 회고했다. <The Independent> 2013.10.4.

23. 루덴도르프, 『총력전』

23 군민(軍民)이 국가 총동원되는 총력전
✎ 루덴도르프(Erich Ludendorff, 1865~1937)
📖 「총력전」 (總力戰, The Total War)

◆ 제1차 세계대전의 체험으로 국가적 총력전 제시

　루덴도르프의 『총력전』은 제1차 세계대전의 체험을 토대로 해서 장래의 총력전을 위해 필요한 것은 무엇인가를 논한 책이다. 루덴도르프는 제1차 세계대전에서 힌덴부르크와 함께 러시아 군대에 대응하기 위하여 동부전선에 파견되어 압도적인 병력의 러시아군을 탄넨베르크 전투167)로 격파하였다.

　당시 독일군이 서부전선에 집중하는 상황에서 러시아는 "독일에 대항하여 동시공격을 감행하자"는 프랑스의 제의로 충분한 준비없이 2개 군을 투입하였다. 제1군은 인스텔부르크로 진출하여 독일 제8군을 동북방에서 견제하여 전선에 고착시키고, 제2군은 남방으로 우회하여 북상함으로써 독일 제8군의 병참선을 차단하고 배후공격을 실시하는 작전계획을 수립하였다. 그러나 독일군은 항공정찰 및 통신감청으로 러시아군 상황과 기도를 포착하여 러시아 제1군 정면에 1개 기병사단만으로 견제한 뒤, 증강된 4개 군단으로 러시아 제2군을 포위섬멸하여 러시아군 13만 5천 명의 사상자, 포로 9만 명을 발생시켰다. 이어 벌어진 1군과의 미수리안 전투에서 러시아군 12만 명 전사, 포로 6만 명의 전과를 획득하였다. 이로 인해 루덴도르프는 위기에 처한 독일을 구한 영웅으로 명성을 얻었다. 힌덴부르크 휘하에서 참모차장을 역임했다.

탄넨베르크 전투를 지휘하는 신임 8군사령관 힌덴부르크와 참모장 루덴도르프(맨 우측)

---
167) 탄넨베르크 전투는 1차대전 초기인 1914년 8월 20일부터 8월 30일까지 약 10일간에 걸친 독일과 러시아군의 동부전선 전투이다. 탄넨베르크 전투는 섬멸전략의 전형이며, 전사에서 전쟁의 원칙인 '절약'과 '집중'의 효과를 모범적으로 보여준 사례로 꼽는다.

제5장 제1·2차 세계대전과 전략의 발전

▰ 총력전(Total War) 이론과 이데올로기의 결합

루덴도르프는 제1차 세계대전 이후 장래의 전쟁이 총력전의 형태가 될 것을 확신했다. 총력전 사상의 기원을 클라우제비츠에서 찾을 수 있지만, 정치와 국민의 관계와 연계하여 다음과 같이 차별하여 주장하였다.

"클라우제비츠가 세운 모든 이론은 폐기되어져야만 한다. 전쟁은 정치와 함께 국민의 생존을 위해 행해지는 것이며, 특히 전쟁은 국민의 생존의사의 최고 표현이다. 따라서 정치는 전쟁지도에 봉사해야만 한다."
첫째, 전쟁은 전선지역에서만 수행되는 것이 아니라, 전 지역으로 확대되어 총력전으로 수행된다. **둘째**, 군의 강약은 국민의 육체적, 경제적, 그리고 정신적 강약에 좌우된다. 총력전으로 승리하기 위해서는 국민이 하나되어 전쟁에 적극적으로 협력하고, 참가하고, 군대와 일체화되는 것이 매우 중요하며 경제체제도 전쟁수행에 적합하도록 개편되어야 한다.168)
셋째, 총력전의 주체가 국민이기 때문에 국민참여를 위해 다양한 선전방법으로 국민의 사기를 고양하고, 적 국민의 전의와 정치체제의 혼란을 위해 노력해야한다. **넷째**, 무력전, 경제전, 심리전은 평시부터 장기간에 걸쳐 정책적 배려가 요구되기 때문에 전쟁발발이전부터 준비해야한다.
다섯째, 효율적인 전쟁수행을 위해 총력전은 한 사람의 최고사령관에 의해 전쟁지도 되어야 한다.

군 최고지도자가 국가의 외교, 경제, 선전정책 등 모든 분야를 통제해야 한다고 주장하여 전쟁은 다른 수단에 의한 정치의 연속이라는 클라우제비츠의 말을 부정하고 정치가 오히려 전쟁수행에 이바지해야 한다고 주장했다.

전쟁은 국민의 협력없이 수행하는 것이 불가능하며, 그 협력을 얻기 위해 모든 수단이나 선전을 구사하여 국민의 단결을 도모해야만 한다. 그래서 전쟁에 협력하는 집단에 속해있지 않은 사람들이나 전쟁에 협력을 거부한 사람들은 철저히 배척되어져야 한다는 것이 루덴도르프의 주장이다.169)

---

168) 루덴도르프는 유태인, 로마 카톨릭 정교, 사회민주주의자 집단에게 제1차 세계대전의 패배 책임을 전가하고, 그들이 총력전에 필요한 국민의 단결을 방해했다고 규탄했다.
169) 이러한 그의 사고는 독일에서 강화되는 군국주의와 민족주의적 성향에 의해 받아 들여졌고, 이후에는 제3제국에 의해 그 주장이 철저하게 실행되었다.

23. 루덴도르프, 『총력전』

◆ 강력한 전쟁지도체제를 주장

루덴도르프는 향후 전쟁은 국가의 모든 군사적, 경제적, 인적자원의 총동원에 의해 승패가 결정된다고 보았다.170) 그래서 그는 총력전에 필요한 경제적 요인, 군사편제와 신무기의 도입 등에 관해서도 언급하고 있는데, 특히 강조한 것이 전쟁지도 방법이다.

그는 제1차 세계대전에서 독일의 군사조직이 제각기 행동했다는 사실을 체험하고 있었다. 카이저(독일황제), 육군성, 육군참모본부, 해군성, 해군참모본부가 제멋대로 행동했고, 그 조정이 충분하지 못했다는 경험으로부터 그는 총력전에서 강력한 지도자가 필요하다는 것을 통감했다. 최고지도자가 정치와 군사의 전권을

루덴도르프, 『**총력전**』

장악하고 강력한 전쟁지도체제를 만들어내야 한다고 주장했는데, 제2차 세계대전중 히틀러의 전쟁지도체제를 보면, 루덴도르프의 주장이 받아들여져 반영되어진 것으로 보인다.

독일이 제1차 세계대전에서 패전한 후 군의 중심적인 포스트에서 떠나 정치활동과 집필활동을 계속했다. 제3제국에서는 일체의 공직에 오르지 않았지만, 『총력전』의 주장은 제3제국에 큰 영향을 미쳤다. 예를 들면, 최고지도자에 종속되어 그를 보좌하는 역할을 담당하는 '국방참모'의 구상은 육·해·공군으로부터 독립되어 히틀러 직속의 국방군최고사령부(오베르만도 데어 베어마흐트)와 총장(빌헬름 카이텔)이라는 형태로 실현되었다.

루덴도르프와 당시의 독일의 전략에 대해서는 윌리암슨 머레이의 『전략의 형성 - 지배자, 국가, 전쟁』(본서 62) 제12장이 참고가 된다.

[원서 정보] erich ludendorff, der totale krieg(Munchen: ludendorff verlag)

---

170) 그의 예상대로 유럽에서 제2차 세계대전은 국가의 국력이 총동원되는 총력전이었다. 하지만 그의 총력전 개념은 클라우제비츠의 절대전쟁을 '결전주의'로 해석해서 국가의 모든 역량을 전시체제로 총동원하여 운용한다는 군국주의적 발상에서 시작되었다.

24. 지정학(地政學) 이론과 지리의 결정력

✎ 해퍼드 매킨더(Halford Mackinder, 1861~1947)

📖 『매킨더 지정학-민주주의의 이상과 현실』
(Democratic Ideals and Reality: A Study in the Politics of Reconstruction.)

■◆ 제국주의 시대 대영제국의 상황이 만들어 낸 지정학(Geopolitics)

해퍼드 매킨더는 오늘날 '지정학의 아버지'라 불리는 영국의 위대한 지정학자이다. 1861년 영국의 벽촌에서 의사 집안의 장남으로 태어난 그는 옥스퍼드대학에 장학생으로 진학했다. 그는 레딩대학교와 런던대학교 교수로 재직하면서, 대학의 학문이 현실과 동떨어져 있는 경향에 크게 위기감을 느껴, 이른바 '새로운 지리학'을 제창했다.[171] 이것은 지리 및 역사 연구를 그때까지의 학구적인 폐쇄적 환경으로부터 분리하고, 국민들의 생활의 편익에 직접적으로 관련된 것을 지향하는 것으로, 그 기본적인 사고의 일부가 대표작인 『민주주의의 이상과 현실』의 최종 부분에 표현되어 있다.

또한 매킨더의 이상적 발전을 고려할 때 간과할 수 없는 점은 그가 학자인 동시에 저명한 탐험가였다는 사실이다. 그는 탐험가로서 아프리카 대륙에서 킬로만자로(해발 5895m)에 이어 두 번째로 해발고도가 높은 케냐산(해발 5199m)을 유럽인으로는 최초로 등정하는데 성공하기도 했다.

매킨더가 살았던 시대는 대영제국의 번영이 극에 달했던 시기와 겹친다. 해외에 다수의 광대한 식민지를 지닌 대영제국의 엘리트들은 세계를 글로벌한 발상과 시야로 보는 것을 자연스럽게 몸에 익힌 경향이 있다.[172] 그러한 의미에서 매킨더는 제국주의 시대의 대영제국이라는 특수한 사회적 배경이 만들어낸 인물이며, 그의 이론은 그 연장선에서 이해할 수 있다.

---

171) 1887년 새로운 지리학의 선언문 격인 『지리학의 범위와 방법에 대하여(On the Scope and Methods of Geography)』를 발표했다.
172) 이러한 배경의 저서로 『영국과 영국해(Britain and the British Seas)』가 있다.

24. 해퍼드 매킨더, 『매킨더 지정학』

■ 심장지대(Heart land) 이론

매킨더의 이름을 후세에 남기는 데 결정적으로 중요한 역할을 한 것은 그가 1904년 런던의 왕립지리학회의 강연에서 발표한 '역사의 지리적 회전축(The geographical pivot of history)'이라는 논문이다. 매킨더가 이 강연에서 '심장지대(Heart land) 이론'이라 하는 지정학상 기념비적인 이론을 제창한 사실은 일찍이 알려져 있다. 이러한 논문은 그의 저서인 『민주주의의 이상과 현실』에 수록되어 있다.

매킨더는 유라시아대륙의 내륙부를 **'심장지대(Heart land)'**로 명명하고, 심장지대가 유럽의 주변지역과 연안지역에 대해 많은 전략상 이점을 지니고 있다고 논했다. 심장지대를 차

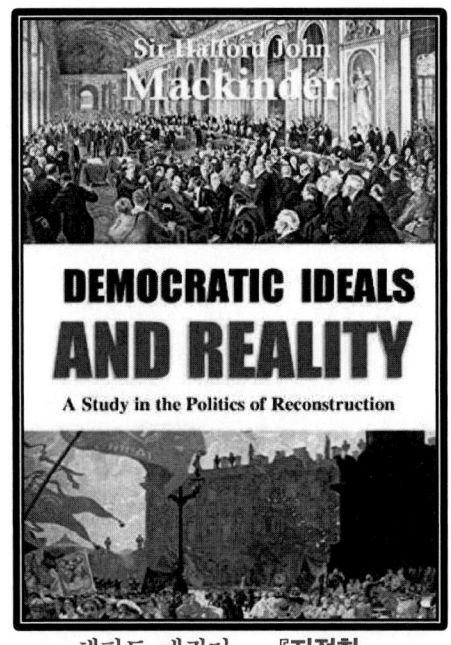

해퍼드 매킨더, 『지정학』

지한 세력이 세계의 패권을 장악할 수 있다고 주장했다. 심장지대가 지닌 전략상의 이점은 이 지역이 유라시아 대륙의 중심축이 되는 지역을 차지하고 있다는 것, 해군력(sea power)을 갖춘 유라시아 대륙의 서방세력(영국)으로부터 이 지역을 지킬 수 있다는 것이다. 매킨더는 이러한 고찰에서 심장지대를 얻은 유라시아대륙의 국가가 세계를 지배할 것이라고 결론지었다. 그리고 19세기와 20세기의 경계에 있던 시기에 이 심장지대를 지배하는 데 거의 성공했던 러시아야말로 세계를 얻은 나라라고 인식했다.173)

이후 1917년 러시아에서 '10월 혁명'이 일어나고, 1930년대 이후에는 독일의 나치 정권하에서 '심장지대 이론'에 대한 관심이 높아짐으로써 매킨더의 이름이 '지정학의 아버지'로서 널리 알려지게 되었다. 당시 독일에서는 이러한 지정학이 나치가 동방에 제국주의를 확대시키는 것을 이론적으로 뒷받침하기 위해 이용되었다.

---

173) 미국의 국제관계 교수인 '니콜라스 스파이크맨은 지정학의 중요성에 동의하지만, '심장지대'(Heart land)'보다는 이를 둘러싸고 있는 '림랜드(Rim land)'(유라시아의 동부, 서부, 남부)가 지정학적으로 더 중요하다는 **림랜드 이론**'을 제시했다.

제5장 제1·2차 세계대전과 전략의 발전

<매킨더가 제시한 지리적 Pivot 지역>

특히 적자생존(適者生存)을 핵심으로 하는 다윈의 진화론으로부터 큰 영향을 받은 라첼의 '레벤스라움'(Lebensraum, 생존권)과 셀렌의 '아우타키' (Autarkie, 자급자족) 사상이 독일에서 찬양받게 되고, 이 두 개념을 기초로 독일의 지정학 발전에 기여한 인물이 '카를 하우스호퍼(1887~1919)'이다.

하우스호퍼는 제1차 세계대전 이후 전쟁으로 약화된 독일 민족의 생존을 걸고 세계지도를 경도·위도에 따라 4개의 생존권(범아메리카, 범아시아, 유라시아·아프리카, 범 러시아)으로 분할하고, 각각의 생존권을 미국, 일본, 독일, 러시아가 맹주로서 통치할 것을 주장하는 '통합지역론'을 제창했다.

확장되는 매킨더의 지정학 이론

제2차 세계대전 이후 세계질서의 청사진을 그린 조지 캐넌의 '봉쇄 정책'도 사실은 매킨더의 이론으로부터 많은 힌트를 얻어서 지리적으로 중요한 지역을 차단하는 것을 발전시켰다고 한다. 또한, 항공력이 발달하면서 공중공간을 지정학에 접목한 이론들이 등장했다.[174] 매킨더의 이론은 시간상으로는 현재까지도 적용되고, 공간상으로는 우주공간에까지 확장된다.[175]

---

174) 세바스키는 1942년 그의 저서 『항공력을 통한 승리』에서 항공력이 결정적 공간을 장악해서 전쟁에서 승리할 수 있다는 <결정지역 이론>을 제시했다.
175) 태양과 지구의 중력이 균형을 이루는 '라그랑주 점'이 우주지정학에서 각광받고 있다. 이곳에 위성을 두면 연료를 많이 쓰지 않고도 오랜 기간 안정적인 궤도를 유지할 수 있다.

24. 해퍼드 매킨더, 『매킨더 지정학』

일찍이 매킨더는 '동유럽을 지배하는 자가 심장지대를 지배할 것이고, 심장지대를 지배하는 자가 세계도(世界圖, World Island)를 지배할 것이며, 세계도를 지배하는 자가 전 세계를 지배할 것이다'라고 말한 바 있다. 여기서 '심장지대'란 동유럽에서 동쪽으로 펼쳐진 유라시아 대륙의 대부분이다.

현대의 지정학은 매킨더의 고전적인 '심장지대 이론'을 우주공간으로 원용해 막대한 자원을 가진 태양계를 우주공간의 심장지대로 간주하고 있다. 지구와 우주 사이에 위치한 공간(earth space)을 전략상 제일 중요한 장소로 간주하기도 한다. 환언하면 '지구와 우주의 사이에 있는 공간을 지배하는 자가 태양계 전체를 지배할 것'이라는 의미가 되고, 우주공간의 심장지대를 둘러싼 싸움이 이미 시작된 것이라는 견해까지 존재한다. 이러한 견해에 따르면, 오늘날 이 지대를 실효지배하고 있는 미국 등이 정찰위성, (위성에 의한) 정보수집, 미사일에 대응하는 조기경보 시스템 등의 군사 분야에서 우위에 있다고 볼 수 있고, 각국이 우주개발에 진력하는 이유가 된다.

최근에 동북아에서는 지정학에 대한 관심이 매우 높아지는 경향이 있다. 중국 시진핑 주석의 '일대일로(一帶一路)'[176] 구상은 아시아를 넘어 유럽과 아프리카까지 육로와 해로로 연결한다는 국제 프로젝트이다. 일본 아베 수상이 중국을 견제하자며 미국, 일본, 호주, 인도를 연결하여 만든 '안보 다이아몬드 전략 구상'과 미국의 '인도·태평양전략'도 모두 지정학에 근거하고 있다.

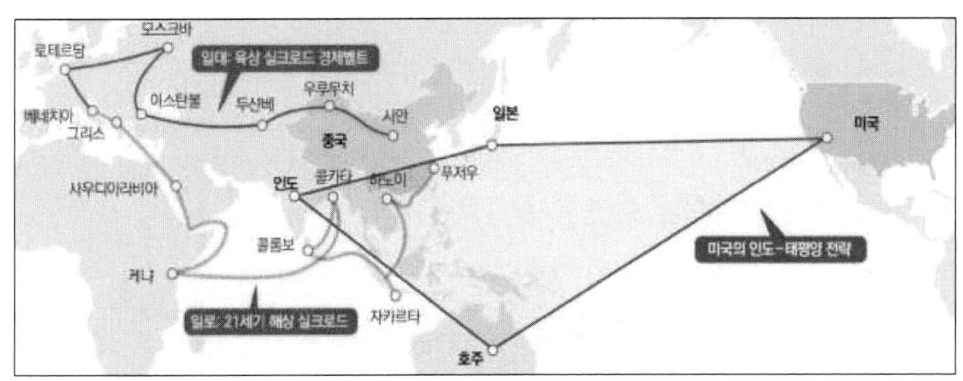

지정학에 근거한 미국의 '인도·태평양 전략'과 중국의 '일대일로 전략'

---

176) 시진핑이 제창한 경제권 구상으로, 2013년 9월에 '실크로드 경제벨트 구상'(一帶)이, 10월에 '21세기 해상 실크로드 구상(一路)'이 제창되어 이것을 '일대일로(一帶一路)라 한다.

지정학과 한반도의 지정학적 리스크

세계의 미래를 고려해 볼 때 지정학은 점점 중요한 위치를 차지하게 될 것이다. 지정학은 국제관계와 세계체제의 전통적인 패러다임으로 그 중요성과 가치가 주목받고 있고, 현실 정책적 차원에서도 중심적인 주제가 된다. 최근에는 지정학의 경제적 특성을 고려한 지경학177)이 주목을 끌고 있다.

세계적으로는 냉전체제의 갈등이 어느 정도 종식되었지만, 한반도에는 고스란히 남아있고, 21세기의 새로운 국제질서를 둘러싼 국가 간의 혼란과 갈등이 변화를 거듭하고 있다. 이러한 가운데 지정학은 불변의 조건으로 국가가 위치한 지리적, 정치적 위치에 관한 것으로, 대륙세력과 해양세력이 만나는 한반도의 지정학적 조건은 우리 민족적 삶의 피할 수 없는 국제정치적 조건이 되어왔다.

대륙세력인 원나라는 고려를 기지로 삼아 일본 원정을 감행했었고, 해양세력인 일본은 임진왜란 당시에 조선에게 명나라를 치러 갈테니 길을 열어달라며 정명가도(征明假道)를 전쟁의 명분으로 삼았다. 구한말 러일전쟁과 중일전쟁의 주요 전장은 한반도와 그 주변해역이었다. 해양국가 입장에서 볼 때, 한반도는 내륙으로 가는 통로였고, 내륙의 입장에서는 해양으로 나가는 길목이었다. 남북분단과 한국전쟁도 지정학적 리스크에 기반했다고 할 수 있다.

최근에 한반도는 북 핵문제로 인한 갈등이나 북한의 미사일 발사가 있을 때마다 '지정학적 리스크'의 원천으로 거론되고 있다.178) 지정학은 한반도를 둘러싼 동북아의 역동적인 변화를 일관성있게 이해하고 한반도 통일을 모색하는 과정에서 반드시 필요한 관점으로, 진지하고 엄밀하게 연구돼야 한다. 국내에는 이병희 역, 『민주주의의 이상과 현실 - 국제관계의 지리학』(공주대학교 출판부, 2004)으로 번역 출판되었다.

[원서 정보] Mackinder, H.J. *Democratic Ideals and Reality: A Study in the Politics of Reconstruction.* New York: Holt, 1919. Mackinder, H.J. "The geographical pivot of history". The Geographical Journal, 1904.

---

177) **지경학(Geoeconomics)** ; 지리적 특성이 경제, 대외경제정책에 미치는 영향을 연구.
178) **지정학적 리스크** : 지역분쟁, 내전, 대량살상무기 제조 등으로 특정지역의 정치적, 군사적 갈등이 높아짐으로 인해 세계 경제 전체가 받는 리스크.

25. 아르단트 뒤피크, 『전투 연구』

25 | 사기와 단결력이 전투의 승패를 좌우한다
아르단트 뒤피크 (Ardant Du Picq, 1821~1870)
『 전투 연구 – 고대 및 현대전투 』
(Battle Studies: Ancient and Modern Battle)

■ '인간중심'과 '정신력'을 강조한 뒤피크의 전술론

뒤피크는 19세기 중반의 군사 이론가로 나중에 다른 이론가들에 의해 해석되어 프랑스 군사이론에 큰 영향을 주었다. 그의 삶은 상대적으로 거의 알려지지 않았지만, 그의 군사전략에 관한 저서들은 그를 위대한 군사이론가 반열에 오르게 하는데 충분하다.

아르단트 뒤피크

프랑스 군대는 뒤피크가 그의 유명한 『전투 연구』를 쓰기 전에는 조미니의 저작에 크게 의존하였다. 뒤피크는 생전에 이미 『Combat antique(고대 전투)』를 출판했는데, 나중에 그의 원고에서 현대전에 관한 내용을 발췌하여 포함하여 발간함으로써 "고대에서 현대전투(Combat antique et moderne)"라는 부제가 붙여졌다. 이 책은 사후인 1880년에 일부 출판되었으며, 전체 본문은 1902년에야 발간되었다. 프랑스 군대와 그 조직의 개혁을 둘러싼 어려움은 광범위하게 토론되었는데, 그의 저작이 참조가 되었다.

이 책의 가치는 1870년 프로이센과의 전투에서 프랑스군의 패배에 대한 예측과 그 원인 규명, 제1차 세계대전에서 프랑스군이 승리할 수 있었던 이유를 가장 잘 설명해주고 있다는 점이다. 뒤피크는 이 책에서 현재까지 적용될 수 있는 중요한 '전투 원칙'들을 제시하고 있다.[179]

---

179) 뒤피크는 기술의 발전이 근본적인 인간의 상태와 사람들이 전쟁에 반응하는 방식 자체를 바꿀 수는 없다며, 전투의 도덕적, 심리적 측면을 강조했다. 그가 특히 강조한 군대의 '사기' 측면은 페르디낭 포슈 원수를 통해 넓게 전파됐다.

제5장 제1·2차 세계대전과 전략의 발전

아르단트 뒤피크, 『전투 연구』

◆ 『전투 연구』의 영감

뒤피크의 군사사상은 당대에 뛰어난 뷔죠오(Thomas Bugeaud, 1784~1848) 원수의 군사작전에 대한 지식과 견해의 영향을 받았다. 뷔죠오는 나폴레옹의 전직 장군이었던 쉬세트(Suchet) 원수와의 경험으로 마틴(Marshal)을 거쳐 뒤피크에게 전해지는 인상을 남겼다.

뷔죠오는 1840년 알제리 총독 및 최고사령관으로 재직시에 알제리주둔 프랑스군의 개혁을 주도했다. 또한 뷔죠오 원수의 부하장군인 루이 쥘 뜨로쉬(Louis Jules Trochu)가 전쟁에서의 심리적 어려움을 강조한 『1867년의 프랑스 육군(L' Armée Française en 1867)』의 저작에서 영감을 받았다. 이 책에서 제시된 '병사들이 느끼는 전장에서의 공포에 관한 문제'와 '군대 심리학에 관한 내용'들이 뒤피크의 인간중심적이며 전투에서 사기를 강조하는 군사사상에 영향을 주었다.

그의 이론에 가장 많은 영향을 준 요인은 뒤피크 자신의 참전경험이었다. 그의 군대 경력 중에 두 가지 경험이 그의 전략사상에 영향을 주었는데, 먼저 크리미아 전투(1853, 프랑스 바르나 원정대로 참전, 대위)에서 부대지휘 경험을 통해, 수적으로 우세한 군대는 비전투원의 비율이 너무 높아 실제 전장에서는 오히려 취약하다는 것이다. 둘째는 뒤피크가 시리아(1860~61, 소령)와 아프리카 알제리(1864~66, 중령)에의 참전경험으로, 대부대가 반드시 승리하는 것은 아니라는 점을 뼈저리게 인식했다. 또한 뒤피크의 전략사상에 영향을 준 사건은 1866년 오스트리아-프러시아 전쟁에서 프러시아가 승전한 이후에 시작된 프랑스 육군의 개혁이다. 1867년 니엘 원수가 육군장관에 임명되면서 프랑스 육군을 새롭게 무장하고, 대규모 강력한 예비군을 창설함으로써 현역군을 강화시키고 국민개병제를 실시한 것이다.

25. 아르단트 뒤피크, 『전투 연구』

◼️◆ 훈련(Discipline)과 단결력(Unit Cohesion)

뒤피크는 **훈련**(discipline)과 **단결력**(unit cohesion)[180]은 전투에서 통일을 보장하고, 실질적으로 가능한 전술적 배치를 위해서 중요하다고 강조했다. 이것은 모든 전투원들의 수준을 원시적인 전투에서 보았던 전사의 수준만큼 향상시키는 것이다. 고대전투에서 더 이상 혼자가 아니기 때문에 전투대형이 필요한 것이다. 전투대형에서 굴복하는 자는 그의 지휘관과 동료들을 죽음으로 몰아넣는 배신자가 되기 때문에 전투대형은 부대의 단결력 과시이며, 훌륭한 전투대형은 훈련을 통해서만 유지될 수 있었다. 공포감이 고대전투에서 도출된 인간 요소의 핵심이기 때문에, 훈련을 통한 전투 밀집대형은 전쟁에서 이러한 공포를 극복하는 수단을 제공하였다.

가장 좋은 전술 및 부대배치는 전투 중에 있는 전투대형의 측방을 엄호해주면서 각자의 노력을 가장 쉽게 연결해주는 것이다. 실제적으로 교전에 필요한 행렬만 전투에 참가하고, 나머지는 정신적 긴장감이 최고도에 달한 분위기의 직접적인 영향권 밖에서 지원자나 예비대로 보유되는 것이다. 그가 연구한 고대전투에서 로마군단의 우월성은 그러한 전술과 엄정한 기강 속에서 찾을 수 있는 것이라고 분석했다. 가장 건설적인 군사사상의 출발점은 군사적 영웅주의도 덕성도 아니다. 그 시발점은 공포심이라는 것이다. 세상에 어느 것도 인간의 본성을 변화시킬 수 있는 것은 아무것도 없다. 그러나 다만 훈련을 통해서만 승리를 획득하는데 꼭 필요한 순간, 즉 최후의 수 분간 병사들의 공포심을 억제할 수 있도록 만드는 것이다.[181]

뒤피크는 '**평시 교육훈련의 중요성**'을 강조했고, '**심리적으로 통합된 군대**'를 가져야 한다고 주장했는데, 지금도 중요시해야 할 부분이다. 단위부대의 '**단결력**'과 '**자신감**'은 즉흥적으로 만들어질 수 있는 것이 아니다. 군대는 즉석에서 편성될 수 없으며, 만약에 어떤 국가가 어쩔 수 없르는 사정으로 급조한 군대를 전투에 급파하게 되면 그 결과는 영웅적 전투일지는 모르나 결코 승리할 수 없다는 것을 강조하고 있다.

---

[180] 단결력(부대 응집력)은 전장에서의 전투방해요인(스트레스, 두려움, 고립)을 줄이고, 사기와 팀워크를 증진시킨다.(Roger Kaplan, 1987)라고 연구되었다.
[181] 병사들의 대열이 무너지는 순간에 결속감과 안정감은 고립감과 공포감으로 변하여 무기를 던지고 도망가다 살육을 당해 패배한 쪽의 인명피해가 수십 배에 이른다고 했다.

제5장 제1·2차 세계대전과 전략의 발전

전투에서의 사기(士氣, Morale)

전투의 본질은 전투원의 수보다는 '**전투원의 사기(morale)**'에 달려있다. 전투에서 싸우는 것은 두 개의 물질적 힘이 아니라, 두 개의 정신적 힘이다. 파괴력이 동등 내지는 열세하더라도 결사적으로 항전하는 자가 승리하고, 정신력이 강한 자가 승리하는 것이다. 정신력은 공포심을 극복하게 하고, 오히려 공포심이 극단적인 폭력을 사용하도록 하는 도구가 된다고 보았다.

뒤피크는 고대전투를 연구함으로써 사기에 대한 활용을 고대전투의 메커니즘으로 간주하고 있다. 돌격거리에 있는 부대들은 서로의 적 부대에게 병사들 상호 간의 지원과 방어에 필요한 요소들이 허용하는 범위 내에서 전속력으로 행진한다. 상호 간에 결전을 하기위한 최후의 수단으로써 정신적 충격을 가하기 위해 부대의 질서와 돌진의 속도를 분명하게 하였다. 결국, 전투의지가 약한 부대는 결연한 부대가 발산하는 정신적 충격에 의해서 전의를 상실한 채 철수하게 되는 것이다. 뒤피크의 관점에서 지상전투에서 승리할 수 있는 전술은 "전투에 임하는 **병사들이 공포감을 느끼지 않도록 전투대형을 결정하고**, 상호 간에 지원할 수 있는 거리 내에서 **협조된 기동을** 하며, 부대의 사기를 유지하면서 주도권을 갖고 공격하는 것"이었다.[182]

전문화된 정예부대 - 일체감과 단결력이 확립된 부대

뒤피크는 양보다 질을 강조한 점에서 대규모의 '밀집부대 이론'을 부끄러운 이론이라고 단정하고 있다. 그는 한스 본 젝트(Von Seekt)와 드골(De Gaulle) 장군의 군사사상에 중요한 영향을 주었다. 그는 나폴레옹식의 대규모 부대운용에 대한 결별을 예견했는데, 이는 소규모라도 전문적이고 훈련된 정예군의 필요성을 강조하는 것이다. 장거리 파괴무기가 발달하는 장차전에 있어서도 소규모 군대가 올바른 판단력이나 재능과 사기와 장비를 잘 보유하고 있다면 비슷한 무기로 무장한 대군에 대해서도 영웅적 승리를 쟁취할 수 있다고 생각하였다. 뒤피크는 우수한 부대를 조직하기 위해서는 구성원들의 정신력이 강해야 하며 이를 위해서는 귀족다운 성품이 살아있어야 한다고 보았다. 따라서 뒤피크는 동원에 의해 급하게 구성된 대규모

---
[182] "진격할 결의를 가진 자가 승리한다."는 공세 우월주의 교리를 정당화하는데 사용됐다.

25. 아르단트 뒤피크, 『전투 연구』

의 군대를 강한 군대라고 생각하지 않았다. "강한 군대는 오랜 기간 훈련과 친숙함으로 서로 간에 의지하고 믿을 수 있는 일체감과 단결력이 확립된 부대"이며, 이러한 부대가 기강이 확립된 정예부대가 될 수 있다.

◆ 『전투연구』에 대한 평가

뒤피크의 전략사상은 인간중심이었고, 관심사는 전투에서 도덕적 힘[183], 심리적 측면에 있었다. 전투에서 인간적 요소를 강조했는데, 인간적 요소는 이론보다 중요하다. 전쟁은 과학(science)이라기보다는 여전히 술(art)이다. 『전투연구』에서 이 결론을 보여주는 유명한 말은 "어떤 군대에도 현명하게 처방될 수 있는 것은 없다. 전투의 순간에 근본적인 도구, 사람, 자신의 상태, 사기에 대한 정확한 지식 없이는 승리할 수 없다."라는 것이다.

뒤피크는 전투에서 '**규율(군 기강)**'과 '**단결력**'의 중요성을 강조했다. 군 기강은 전투원의 일체감을 강화시켜주는 수단이며, 군 기강의 목적은 병사들로 하여금 자신도 모르게 함께 싸우게 만드는 힘이다. 기강이 서지 않는 부대는 존재가치가 없고 전투에서 승리할 수 없다고 하였다.

『전투연구』는 1차 세계대전으로 이어진 프랑스 육군의 핵심 교과서가 되었다. 전투에서의 심리적 요인과 행동적 요인이 강조되었는데, 뒤피크가 강조한 '전쟁에서의 사기' 양상은 육군 원수 포슈에 의해 더욱 강조되었다. 그는 기술 발전이 인류의 상태와 사람의 전쟁대응 방법을 바꿀 수 없다고 결론지었다. 그의 군사전략사상은 프랑스 군사 개혁에 깊은 영향을 끼쳤으며, 포슈, 조프르, 페탱에 의해 계승되었다.

프랑스-프로이센전쟁의 '메츠 공방전(1870)'을 그린 프랑스의 기록화 엽서. 저자인 뒤피크 대령은 치열했던 이 전투에서 전사했다.

---

183) **도덕적 우위 (Moral ascendancy)** : 지휘관은 자신이 이끄는 부하들을 법과 질서로 통제할 수 있는 도덕적 힘이 필요하다. 군사상황에서 적에 대한 도덕적 우위는 군대의 사기, 훈련, 능력으로 확장될 수 있다. 뒤피크(Du piq)는 "상황이 변해도 전쟁의 인간적 요소는 변하지 않기 때문에 도덕적 힘은 모든 군사행동의 비장의 카드"라고 했다.

26. 전격전의 사상적 뿌리를 형성한 마비전 사상

✎ J. F. C. 풀러(J. F. C. Fuller, 1876~1966)

📖 「야전교범 3권: 기계화전」(Armoured Warfare)

◆ 마비전 사상의 배경은 대량살상에서 벗어나려는 시대적 열망

풀러(J. F. C. Fuller)는 전차와 항공기를 중심으로 한 기계화부대로 적의 신경 중추부를 타격해야 한다는 '마비이론'을 주장하고 있다. 이는 산업혁명 이후 각종 기계의 발명과 군사분야의 적용, 막대한 대량살상을 가져온 제1차 대전의 참호전 수렁에서 벗어나고자 하는 시대적 열망에서 비롯되었다. 제1차 대전은 '전차'와 '항공기'라는 새로운 무기체계의 발달을 가져왔고, 이 새로운 무기에 가치를 부여한 비전통적이고 인습에 물들지 않는 풀러의 예지가 결합됨으로써 그 빛을 보게 되었던 것이다.

18세기 후반 증기기관이 해군에 도입되어 해상 터빈 엔진과 잠수함이 발명되었으며, 동력차량과 무선전신의 개발은 군의 보급반경을 확장시키고 장갑의 재도입을 선도하여 전차를 출현시켰다, 이는 정찰거리를 연장시킴으로써 전략에 영향을 미치고 재래식전쟁의 중추무기인 탄환을 이겨내기 때문에 전술에 영향을 미치게 되었다. 항공기의 발명은 전쟁을 3차원으로 격상시켰으며, 지상군을 포위할 수 있음으로서 새로운 용병술의 차원이 전개되었다. 이와 같이 산업혁명의 결과에 의하여 전쟁양상도 산업화의 추세를 따르게 되었으며, 전쟁의 과학화와 기계화가 시대적 요청이 되었다.[184]

제1차 세계대전은 포병과 기관총이 전장에 대량 투입되고 이에 대응한 철조망과 참호로 인해 전선은 고착된 습한[185] '참호전'[186]의 양상을 띠게 됐고, 이것은 기관총과 포병의 대량 사용에 의해 방자(防者)의 화력이 공자(攻者)의 타격력을 무효화시켜 기동전에서 진지전으로 변화시켰음을 의미했다.

---

184) 화력의 증대는 두 전력 사이의 개방영역 횡단에 잠재적 문제를 야기했으며, 포슈는 이를 '죽음의 지대(zone of death)'라고 했는데, 기관총의 발명은 이를 확장시켰다.
185) 프랑스 우기로 인해 참호는 잠기고 양모로 만든 외투는 짐이 됐다. 따라서 내수성이 뛰어난 개버딘 원단으로 만든 '트렌치 코트(trench coat)'를 보급하여 유래가 됐다.
186) 참전했던 리델하트는 당시 참호를 '진흙 영묘(mausoleums of mud)'라고 표현했다.

26. J. F. C. 풀러, 『기계화전』

이러한 상황 하에서 지상전투의 기동성을 부활시킨 것이 '전차'였는데, 이 전차는 영국에서 제작되어 제1차 대전 말기에 등장하였다. 충격효과가 적극적인 전투행위자로서 가능성을 보여주었다. 이러한 전차는 전술에 기동성(mobility), 방호력(security), 공격력(offensive power), 파괴력(destructive power)을 증가시켰고, 전략에는 기동공간의 영역을 확대시키는 등 전쟁양상에 혁신적인 일대 변화를 불러일으켰다.

풀러의 사상체계와 마비 개념의 도출

풀러는 1878년 영국의 치체스터에서 출생하여 19세에 샌드허스트 육사에 입학하였으며, 보어전쟁(boer war:1800-1902)에 정보장교로 참전, 이 전쟁 후 인도파견, 1907년 런던의 지원병부대 부관, 1913년 참모대학에 입학하여 <돌파 전술 : 독일의 수적우세에 대한 대응>이라는 논문을 발표했다.

제1차 세계대전 발발 후 창설전차대의 참모장에 보직되어 1917년 11월 깡브레 전투시에 전차대를 직접 지휘하는 경험을 얻었다, 이 전투에서 전차의 중요성과 가능성을 인식하게 되었다. 이후 육군성에 근무하면서 1918년 5월에 마비이론의 효시인 <plan 1919>를 작성하였고, 1922년 참모대학 교수부장, 1926년 참모총장 군사보좌관, 13보병여단 지휘관, 1930년 소장에 진급하였고, 1932년 전차전에 관한 그의 대표작 <야전교범 제3권 : 기계화전>을 발간하였다. 그는 1966년 90세 나이로 사망하기까지 일생 동안 45권이라는 다작의 저술 활동을 하였다.

이러한 풀러가 마비전 개념을 도출하게 된 동기는 제1차 세계대전에서 포병화력으로부터 전선을 유지하기 위한 종심방어[187]의 참호

J. F. C. 풀러, 『기계화전』

제5장 제1·2차 세계대전과 전략의 발전

속에서 기동력을 부활시킨 전차, 전쟁의 차원을 한 단계 높인 항공기의 등장, 전쟁에서 정신적인 면의 중요성을 확인시킨 캉브레 전투, 1918년 연합군을 대혼란에 빠뜨렸던 독일의 춘계공세 시에 '후티어 전술(hutier tactics)'[188]의 충격을 바탕으로 전차의 실전경험을 통해 습득한 이론을 현실에 적용하고자 한 것이다.

풀러는 후티어 전술에 대한 충격적 경험을 행동반경이 넓은 쾌속전차의 가능성과 결합한다는 생각으로 "중형D 전차의 행동반경과 속도에 의한 공격전술" 보고서를 작성하고, "**결정적 공격목표로서의 전략적 마비**(strategic paralysis as the object of the decisive attack)라고 개칭하여, 이것이 곧 <plan 1919>로 공식 명칭화되었다.

당시에 개발중이던 중형D전차

풀러의 '마비 이론'의 사상적 기반은 다음과 같이 요약될 수 있다.

"군의 잠재적 전투력은 조직에 의존하고 있으므로, 우리의 목표는 적의 조직 파괴에 있다. 조직을 파괴하기 위해서 조직이 작용하지 못하게 마비시켜야 한다. 현재 이론은 인원을 섬멸하는 것인데 반해, 우리의 새로운 이론은 지휘체계를 격파하는 것이 되어야 하며, 적은 공격받았을 때 완전한 무질서 상태가 되어야 한다. 그러므로 이러한 무질서를 조성키 위해서는 아군 전투력이 신속히 적의 지휘부에 도달해야 하는데, 적의 저항지대를 돌파할 수 있는 것으로서 '항공기'와 '전차'를 제시할 수 있다. 또한 기동의 목적은 적의 균형을 깨뜨려 적의 두뇌를 우리들에 의해 통제되도록 해야 하는 것이다. 그러므로 적의 신체를 파괴하기보다는 적 지휘부의 마비를 통해 적을 와해 또는 붕괴시켜야 한다."

---

187) **종심방어전술**(縱深防禦, Defense in depth) : 프랑스의 구로우 장군이 개발한 깊은 방어구조로, 지역방어의 한 형태이며, 전방에는 최소한의 병력을 배치하고 종심지역을 활용하여 종심 후방에 주진지를 설치하여 효과적인 방어를 실시하는 전술.

188) **후티어 전술(hutier tactics)** : 제1차 세계대전 말기 독일군이 개발한 전술로써, 적의 약한 곳에 대한 기습적인 병력의 집중으로 적의 전선을 붕괴시킨 뒤에 적의 방어진지를 무력화하고, 후퇴하는 적을 추격하여 적의 예비대가 반격할 틈을 주지 않고 적을 섬멸하면서 전과를 확대하는 전술.

26. J. F. C. 풀러, 『기계화전』

■◆ '기갑전 이론'의 창시자

앞에서 서술한 바와 같이 풀러는 일찍이 '기갑전 이론'의 주창자였고, 그 개념은 제2차 세계대전에서 독일군에 의한 '전격전' 이론으로 계승되었다. 풀러는 천재적인 군인이었지만 전간기에 일어난 영국 육군내 기갑화의 흐름을 자신을 필두로 한 예언으로 완전해진 개혁파와 기득권을 지키고자 하는 반동적인 수구파의 대립이라고 매우 단순하게 받아들였기 때문에, 육군 내에서 불필요한 마찰과 대립을 만드는 결과를 불러일으켰다.

풀러의 진정한 재능은 라이벌을 논의를 통해 설득하는 것이 아니라, 많은 적을 만드는 것밖에 없다며 비꼬는 평가도 있을 정도였다. 이 점에 대해서는 동시대의 예지력이 있었던 리델 하트와도 공통되는 특징이다. 하지만 기갑전 이론에 관해서는 리델 하트조차도 항상 풀러의 이론에 주목하고 있었다는 것은 널리 알려진 사실이며, 풀러야말로 '진정한 기갑전 이론의 창시자'라고 할 수 있다.

기갑전 운용계획으로 1919년 춘계공세의 청사진인 「작전계획 1919」로 명명된 '결정적 공격목표로서의 전략적 마비' 계획을 수립해서 보고했는데, 이것이 추후에 전격전 이론에 많은 영감을 주었고, 존 보이드와 존 와든까지 이어지는 '전략적 마비' 이론의 핵심사상이 된다.

풀러가 주장한 기계화 이론의 주요 내용은 독일 군부가 예하부대를 통제할 시간없이 전차와 항공기에 의해 신속히 공격하며, 경전차부대가 적 배후를 공략하여 적의 의지를 마비시키고, 중전차부대와 포병이 주공이 되어 독일군 정면을 돌파하게 되면, 기계화된 보병부대가 적을 소탕하고, 퇴각하는 독일군을 추격하는 것을 골자로 하고 있다.

전차의 운용을 둘러싼 풀러와 리델 하트의 차이를 말하자면, 대체로 풀러가 보병부대를 후방연락선과 고정기지의 방위라는 매우 종속적인 역할로 격하한 것과는 대조적으로, 리델 하트는 전차가 맡는 역할을 중요시했다고는 하나, 항상 기갑화 부대에 불가결한 요소로서 보병의 필요성에 대해 주장했다는 점이다. 이것이 전차부대와 보병부대를 일체화한 리델 하트의 '탱크 마린' 개념인데, 풀러에게 있어서는 전차만이 유일하게 중요했던 것이다.

제5장 제1·2차 세계대전과 전략의 발전

◆ 독일의 전격전 개념에 이론적 영향

독일은 제1차 세계대전 말기에 등장한 항공기와 전차라는 새로운 무기체계를 바탕으로 진지전과 소모전으로부터 탈피하기 위한 공세적인 전략개념을 확립하고자 하였다. 이를 위해 항공기와 전차의 운용분석, 빠른 속도와 충격 개념에 의해 적의 중추를 마비시켜 조직력을 와해하고, 저항력을 박탈하는 것을 목표로 하였다.

독일은 이처럼 속도전을 구현할 수 있는 기갑사단의 운용개념을 정립해 판저(Panzer) 부대를 창설하였고, 공군의 급강하 폭격기 Ju-87 수투카(Stuka)와의 합동작전을 실시해서 효과를 거두고자 하였는데, 구데리안이 이러한 개념을 구체화 한 것이다. 이렇게 탄생한 전격전 (電擊戰, Blitzkrieg, 블리츠크리크)

전차와 근접지원 공격기를 결합시켜 파괴력과 기동력을 극대화한 전격전(電擊戰)

개념은 제2차 대전 당시 독일군이 전차와 근접지원 공격기를 결합시켜 파괴력과 기동력을 최대한 추구한 전술교리로 자리잡았다.

독일군의 구데리안이 창시했다고 하지만, 완전히 새로운 전술이 아니라, 전통적인 프로이센의 기동전과 포위섬멸 전술, 제1차 대전시의 후티어 전술을 계승하였으며, 기동의 주체가 전차와 항공기로 바뀐 것뿐이며, 구데리안은 이를 종합한 것이라고 할 수 있다.

전격전의 이론적 배경에는 '풀러의 기계화 이론'을 근간으로, '두헤의 항공전 이론'과 '루텐도르프의 총력전 이론' 등의 군사이론을 독일의 전통적인 군사사상과 당시의 전략적 상황을 종합하여 형성한 것으로 제2차 세계대전 최고의 걸작품이며, '전략적 마비 이론'의 근원이 되었다.

전격전의 3요소로서 3S는 surprise(기습), speed(속도), superiority(압도적 화력 우세)을 의미한다. 기습은 적에게 심리적 충격을 가하여 합리적인 대응 행동을 못하게 교란시키는 요소이며, 속도는 신속히 전진하여 적의 재편성과 대응조치를 박탈하는 것으로, 풀러는 속도야말로 대표적인 심리적 공격무기라고 하였다. 압도적 화력우세는 전격전 수행의 핵심요소이다.

26. J. F. C. 풀러, 『기계화전』

■◆ 전략이론(마비, paralysis)의 내용과 적용. 발전

풀러가 1918년 5월 24일 연합군 총사령부에 작성 제출한 <결정적 공격 목표로서의 전략적 마비>라고 하는 보고서에서 주장하고자 했던 '마비(paralysis)'의 개념은 신체의 혈액이나 신경과 같은 것으로서, 군의 지휘 지휘체계를 갑자기 제거하거나 차단시킴으로써 적의 전투력이 지휘가 없는 상태, 명령의 흐름이 단절된 상태로 남겨지도록 하는 것을 의미한다. 연이은 타격으로 피를 많이 흘려 죽게 하기보다는 적의 중추신경을 한발로 관통시켜 **무력화(demoralization)와 와해(disorganization)**시키는 방법이다.

즉, 신경의 마비를 통해 지휘관의 의지를 공격하는 것이 병사의 신체를 타격하는 것보다 유리하다는 것이다. 중추신경은 각 사령부의 지휘관과 그 참모진을 의미한다. 마비의 목표는 물리적인 것보다 심리적인 것이고. 적의 신체를 와해시키기 위하여 적의 의지를 무력화시키는 것이다. 그러므로 적은 격파되기 전에 정상적으로 무력화와 와해의 과정을 거쳐야 한다. 공격의 제1의 목표는 전선에 위치한 적 전투부대가 아니라 그 후방에 있는 적의 사령부이다. 결국 '마비'란 제1차 세계대전의 특징인 '소모전과 같이 파괴보다는 무력화를 통해 적을 와해시키는 것'이다.

■◆ 소모전(Attrition Warfare)과 마비전(Paralysis Warfare)의 비교

작전수행 면에서 보았을 때, '소모전(attrition warfare)'은 적의 전투력을 닳아 없어지게 하는 방법으로서 화력과 물질적 우세가 승리의 주요요소가 되고, 용병술의 적용에 의한 기대이상의 결과를 기대하기보다는 '결정적인 지점에 상대적으로 우세한 병력과 장비의 집중'이 요구된다. 이에 비해 '마비전'은 적의 중추신경을 찔러 적의 조직을 와해시키고 저항력을 박탈하여 무력화시킨다. 소모전은 자원의 정도와 화력에 힘의 근원을 두고 물질적 우세에 따라 성공을 기대해야 하며 적의 전투주력의 격멸을 목적으로 하고 전선지역을 목표로 한다. 기동의 목적은 보다 빨리, 조직적으로 적보다 상대적으로 유리한 위치에 병력을 수송하거나 위치하는데 있으므로, **소모전에서는 화력의 요소가 제1의 요소이고, 기동은 제2의 요소였다.**

그러나 **마비전(paralysis warfare)**에는 부대지휘방법, 기동력 있는 부대편제, 훈련정도에 따라 적 약점식별의 정확성, 기습달성, 신속한 기동이 성공을 좌우하며, 전력의 가장 효율적인 운용을 요구하고 최소의 노력으로 최대의 성과를 기대한다. 그러므로 지휘관의 '실천적인 지적판단(prudence)'이 요구되며 이는 술의 영역에 속한다. 또한 적의 중추신경 타격, 또는 적 조직을 와해시키는 것에 주력함으로서 공격의 목표는 전선이 아닌 그 후방이 된다. 따라서 **마비전에서는 기동이 제1의 요소가 되고 화력은 제2의 요소일 뿐이다.** 이러한 의미에서 기동의 목적은 파괴가 아니라, 적의 배후로의 기동을 통해 적의 배치변경을 강요하고 균형을 흐트러뜨려 혼란을 가져오게 하는 것이며, 나아가 적 지휘관의 마음을 교란시키는데 두게 된다. 그러므로 마비전에서는 **기동, 기습, 주도권의 장악이 중요한 문제**로 대두되며 변화하는 상황에 신속히 대처할 수 있는 융통성이 보다 많이 요구된다.

■◆ 마비전 수행방법은 무력화와 와해를 거친 적 붕괴

마비전 수행방법은 적을 고착시킨 후에, 고착된 적의 전선중 가장 약한 지점을 기습적으로 돌파하여 후방에 있는 적의 지휘부를 마비시켜, 지휘의 상실로 무기력하게 하는 것이다. 따라서 적을 고착시키고 효과적인 기습을 달성키 위해서 적을 기만해야 한다. 강력한 적의 전선을 돌파하는 방법으로 공격부대는 타격의 강도를 높이기 위해 종심으로 배열되며 이때 차량화, 기계화된 각 부대는 시간간격을 줄임으로 타격의 지속력을 유지할 수 있다. 여기에서 중요한 것은 타격되어지는 돌파정면의 넓이와 타격속도인데, 충격행동의 효과는 좁은 정면에 지향되는 중량의 속도에 좌우되므로 그 정면은 가능한 한 좁아야 하고 타격의 속도는 빨라야 한다. 타격의 속도는 돌파점으로 집중되는 기동의 신속성을 말한다.

전진 중에 강력한 적의 저항을 만나면 곧 새로운 방향으로 선회하여 약한 지점을 찾으며, 그 저항의 소탕과 처리는 후속부대에 위임된다. 그러므로 전차선봉대는 계속 일련의 전환을 통해 적의 저항을 회피하는 전술을 택하게 되고, 리델 하트가 주장하듯 최소저항선을 따라 전진해 간다.

26. J. F. C. 풀러, 『기계화전』

마비전 수행방법은 구체적으로, 마비의 궁극적인 목표는 적의 체계를 와해(disorganization)시키기 위하여 적의 의지를 무력화시키는 것이며, 적을 격파되기 이전에 먼저 **무력화(demolition)와 와해(disorganization)**의 긴 과정을 거쳐야 한다. 그래서 항공기에 의해 강력하게 엄호되고 빠르게 기동하는 강력한 전차부대와 차량화 보병, 자주화 포병은 이미 오합지졸의 지리멸렬한 집단으로 전락한 적을 수집만 하면 된다. 적을 체계적으로 와해시키는 것은 포위작전의 정리단계에서 이루어지게 되는데 이는 포획된 포로의 수가 공격부대의 병력 수를 훨씬 초과하는 시기가 된다. 이 단계에서 쌍방 간의 재래식 전투서열의 비교는 아무런 의미가 없게 된다.

■◆ 풀러 사상의 적용과 발전

파괴보다는 와해를 추구하는 '마비이론'과 전쟁의 과학적 연구를 통해 미래전쟁을 연역하고자 한 그의 논리는 제2차 세계대전에서 중요한 공헌을 하였고 뒤이은 군사사상과 전략개념 발전에 뚜렷한 지침이 되었다.189)

기계화시대에 하나의 혁명을 가져온 풀러의 마비사상은 미래전쟁에 대한 예견자적인 안목을 가진 독일의 구데리안과 소련의 투하체프스키가 이러한 선구적 사상을 받아들여 **'전격전'과 '종심전투이론'**을 발전시키게 된다. 또한 앵글로-아메리카 학파계통은 지휘관의 의지를 강요하는 기본도구로서의 화력이나 클라우제비츠의 파괴의 개념에 기초하여 잘못 수용하기는 했지만, 다른 학파는 풀러와 그의 동료에 의해 개척되고 리델하트에 의해 모양이 갖추어지고 독일의 구데리안과 러시아의 투하체프스키에 의해 적용되어 클라우제비츠의 **파괴(destruction) 개념을 대체하는 '붕괴(disruption)' 개념으로 발전** 수용하게 되었다. 또, 공격의 주역으로 등장한 전차의 운용 면에서도 영국, 프랑스, 미국 등은 보병위주로, 풀러, 리델하트, 독일, 소련에서는 전차의 독립운용을 강력히 주장하게 된다.

우리나라에는 최완규 역 『기계화전』(책세상, 1999)으로 발간되어있다.

---

189) 풀러가 미래전과 관련하여 강조한 개념 중에 **'지속적인 전술적 요소'**(Constant Tactical Factor)가 있다. 새로운 무기나 전술의 도입은 일시적으로 우위를 제공하지만, 상대편의 대응발전을 유발하여 장기적으로는 균형이 회복된다. 이처럼. 기술적 경쟁과 전술적 우위는 계속 변화하는데, 이러한 변화에 적응할 준비가 된 군대가 유리하다. 풀러는 지속적인 군사혁신으로 인한 우위달성과 상대의 변화에 대한 적응을 강조했다.

제5장 제1·2차 세계대전과 전략의 발전

27 전략의 비전통성과 간접전략의 중요성
✎ 앙드레 보프르(Andre Beaufre, 1902~1975)
📖 『전략 개론』 (An Introduction to Strategy)

■◆ 다양한 경험에서 비롯된 앙드레 보프르의 전략

1945년 일본에 원폭이 투하된 이래 전쟁의 양상은 변화되었다. 핵무기는 '억제'란 용어를 만들어냈고 냉전체제를 가져왔다. 냉전체제에서의 전쟁은 국지전쟁으로 변해갔다. 보프르는 핵 시대의 전면전을 방지하며, 국제관계에서 자국의 정책수행을 위해 어떻게 분쟁을 해결할 것인가에 전략이론을 집중했다. 앙드레 보프르는 프랑스의 아프리카 식민지 전쟁에 참여했으며, 제2차 세계대전 시에는 프랑스가 어떻게 붕괴되었는지를 체험하였다. 1939년 8월에는 영국, 프랑스, 소련 삼국의 군사동맹을 위한 회의에서 두멩 장군을 수행하여 소련에 갔었으며, 그곳에서 열강들이 자국의 이익을 위하여 협상을 전개하는 과정을 경험했다. 그 후 1956년 수에즈 위기에서 프랑스군을 지휘했고, 알제리 전쟁에 참여하여 외부책략과 정책의 일관성의 중요성을 인식하였다. 그리고 1960년 워싱톤에서 NATO 상임 프랑스 대표임무를 수행하면서 국제정치 및 국제사회에서 힘의 역학관계를 직접 체험하기도 했다.

스에즈 위기시에 영국, 프랑스 지휘관들과 함께한 앙드레 보프르(맨 좌측)

따라서 그의 전략이론은 총체적이고 정책과 전략이 체계있게 융합되어 있다. 대표적인 저서에는 『전략 개론(An Introduction to Strategy)』, 『행동전략(Strategy of Action)』, 『1940년 프랑스의 붕괴(1940 The Fall of France)』 190), 『나토와 유럽(NATO and Europe)』 등이 있다.

---

190) 보프르는 이 책에서 '1940년 프랑스군의 이상한 붕괴는 20세기의 가장 중요한 사건'이라고 썼다. 세계 최대 규모의 군대를 보유했던 프랑스가 불과 6주만에 독일에 항복한 것은 '전략의 부재'라고 했다. 프랑스가 독일의 공세를 견뎌냈다면, 히틀러 정권은 초기에 무너지고, 홀로코스트도 없었고, 소련에 의한 동유럽 장악도 없었을 것이라고 했다.

27. 앙드레 보프르, 『전략개론』

◆ 전략의 비전통성(非傳統性)

보프르는 "전략이란 고정적이고 불변의 개념이 아니고 각각의 상황에 따라 변할 수 있는 융통성이 있어야 하며, 당시의 상황에 최선을 다하는 것이어야 한다"고 주장했다.

또한 "전략개념은 전통적인 고전적 개념에서 탈피하여 총체적 개념으로 사고함으로써 냉전체제하에서 분쟁해결이 대안을 모색할 수 있다는 것이다. 또한 현대와 같이 전쟁이 총력화된 시점에서는 전통적인 전략개념으로는 전쟁에서 승리할 수 없다"고 보았다.

즉 전쟁은 힘의 국제역학관계에서 발생함으로써 외부적으로 여건이 조성되고, 내부적으로는 전쟁수행을 위한 능력이 구비되어야 하며, 이는 간접전략에 의해 성취할 수 있다는

앙드레 보프르, 『전략 개론』

것이다. 또한 핵위협을 배경으로 하는 억제는 분쟁의 범위를 한정시킬 수는 있으나 방지할 수는 없으며, 냉전 하에서는 군사력의 우세만으로 분쟁이 해결될 수 없다고 주장하였다. 즉 정치, 경제, 사회, 이념, 과학기술적 수단을 포함하는 정책의 전반적 수단을 총체적으로 사용해야 한다고 했다.191)

보프르는 "**전략은 하나의 사고방식이며, 그 목적은 각 현상을 체계적으로 배열해서 우선순위를 확정하고 가장 효과적인 행동방안을 선택하는데 있다**"고 하며, 각국의 상황에는 그에 맞는 전략이 있는 것이지 고정된 것이 아니라고 하였다. 제2차 세계대전에서 프랑스가 붕괴된 것은 변해가는 국제정세에 적응할 수 있는 전략을 발전시키지 못하고 승리감에만 도취되어, 적을 이해하지 못하고 무모한 시도만을 한 결과라고 비판하였다.

---

191) 핵 억지력과 관련하여 보프르는 당시 프랑스 드골 대통령의 주요 과제였던 '프랑스의 독립 핵 억지력 보유'를 옹호하면서 명성을 얻었다. 핵 확산에 반대하는 미국 당국과 우호적인 관계를 유지했지만, "프랑스의 핵 독립이 소련에 대한 서방의 예측 불가능성을 심화시켜서 NATO 동맹의 억지력을 강화할 것"이라고 주장했다.

제5장 제1·2차 세계대전과 전략의 발전

■◆ 전략의 목표와 전략의 5가지 유형

클라우제비츠는 전략을 '전쟁목적을 달성하기 위한 수단으로서 모든 전투를 사용하는 술'이라고 정의했으며, 리델하트는 '정책의 모든 목적을 달성하기 위하여 군사적 수단을 분배하고 적용하는 술'이라고 정의한데 비해, 보프르는 이들의 정의가 군사력만 다루었기 때문에 너무 한정적이라고 하면서 "**전략이란 정책에 의해 설정된 목적을 달성하려는 방향으로 가장 효과적으로 공헌하도록 군사력을 운용하는 술**(The Art of Employing Force)"이라고 정의하였다.

또한 보프르는 군사적인 면에만 국한하지 않고 전략의 목표를 수단이나 방법보다는 결과를 중요시하여 전략의 목표를 '**우리가 적에게 부과하고 싶은 조건을 적이 수락하도록 강요하는 것**'이라면서 그와 같은 것은 심리적 효과가 적에게 주어질 때 달성된다고 심리적 면을 강조했다.

이러한 전략목표와 수단에 기초로 '**전략의 유형**' 5가지를 분류했다.
① 핵무기를 배경으로 초강대국 억제전략의 기초가 되는 '**직접위협**'
  - 신중한 목표를 위한 매우 강력한 수단
② 행동의 자유가 제한되는 경우 적의 직접위협의 억제를 피해가면서 정치, 경제, 외교 등 은밀한 방법으로 목표를 달성하는 '**간접압력**',
  - 신중한 목표에 비해 부족한 수단
③ 1930년대 히틀러가 오스트리아, 체코슬로바키아를 차례로 병합하며 사용했던 것으로, 행동의 자유가 제한되어있고 가용수단이 제한되어 있어도 목표가 대단히 중요할 때 직접위협과 간접압력을 병용하여 연속적 행동으로 목표를 달성하는 '**일련의 연속적 행동**'
  - 중요한 목표에 비해, 수단과 행동의 자유는 제한적임.
④ 게릴라전을 위주로 식민지 해방전쟁에 사용했던 '**저강도 지구전**'
  - 정권 붕괴를 목표로, 행동의 자유는 크지만, 수단이 약함.
⑤ 고전적 전략이었던 '**군사적 승리를 위한 치열한 싸움**'
  - 전략목표는 적의 의지이며, 군사적 수단으로 신속한 승리

위의 유형 중 ①, ③, ⑤ 유형은 **직접전략**에 속하며 ②, ③, ④ 유형은 **간접전략**에 속한다고 했다.

27. 앙드레 보프르, 『전략개론』

◆ 전략의 원칙 - 공세, 수세, 실제 전력에 관한 19가지 성분

클라우제비츠에 의하면 3가지 기본법칙이 있는데, 이는 노력의 집중, 즉 **'적 주력군에 대해 병력상 우세를 유지'**하고, **'주요작전전투에서 승리'**, **'가능하다면 수세공격전술'**을 주장했다. 이 법칙은 통합전략과 작전전략에 관련되어있으며, 이는 보프르의 ⑤유형인 '군사적 승리를 목적으로 하는 치열한 싸움'이 적용된다. 리델하트는 적극적 6개 법칙과 소극적 2개 법칙을 제안하고 있는데, 이는 보프르의 ③유형인 '일련의 연속적 행동'에 적용되며, 모택동의 '16자 전법'은 보프르의 ④유형인 '지구전'에 관련되며, 레닌과 스탈린은 3가지 주요원칙을 정하고 있는데, 이는 총력전략에 있어서 국가와 군대가 심리적으로 밀착되어야 한다. 이때 후방지역은 대단히 중요하며, 심리적 행동은 군사적 행동을 가능케 해야된다는 것으로서 보프르가 강조한 모든 유형에 관계되는 '총체 전략(total strategy)'을 의미한다.

전통적인 프랑스 전략사상은 행동의 자유(liberty of action), 병력절약(economy of force), 전력집중(concentration of force)으로 법칙이 요약된다. 보프르는 이에 더해 **펜싱**을 예를 들어 원칙을 설명했다. **공세**에는 공격, 기습, 양동, 기만, 돌진, 약화, 추격, 위협의 8가지 자세, **수세**에는 경계, 이탈, 방비, 반격, 철수, 교전중지의 6가지 자세, **실제전력**에 관해서는 5가지 가능한 의사결정형태로 집중, 분산, 절약, 증강, 감소의 5가지 등 총 19가지 성분으로 구분하여, 시·공간 요소의 견지에서 결합되고 배열되어야 한다고 했다.

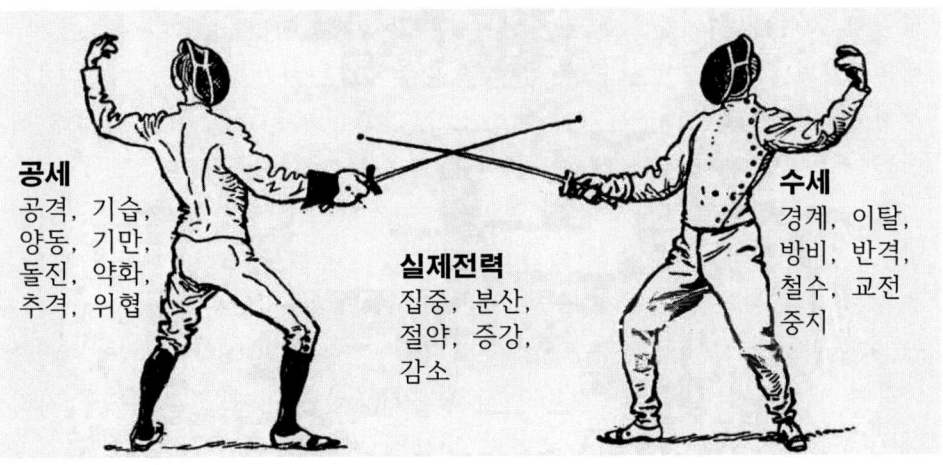

직접전략(Direct strategy)과 간접전략(Indirect strategy)

보프르는 리델하트가 기동을 전제로 한 개념과는 다르게 총합화된 국가전략의 개념하에서 심리적인 면을 중요시한 '간접전략'을 전개하였다. '간접형태의 총합전략'이라고 표현되기도 하는데, 정치목표를 달성하기 위한 국가전략 중 하나의 형태로 군사력을 운용하는 개념이다.

직접전략은 군사력이 주무기이고, 승리나 억제는 군사력의 사용이나 유지에 의하여 이루어진다는 개념이고, **간접전략**은 상위개념으로 군사력의 직접적인 충돌에 의한 것보다는 다양한 간접적 방법으로 목적을 달성하는 전략으로서, 방법론에서는 정치, 경제, 외교, 군사가 모두 동원된다.

간접전략의 특징은 군사적 승리보다 다른 방법으로 목표를 달성하고자 모색하는 것이며, 이 전략의 내부에는 행동의 자유가 아주 특수하게 위장되어 나타난다는 것이다. 이러한 행동의 자유는 문제가 야기된 지리적 지역에서 진행되는 작전에 영향을 받는 것보다 대부분이 지역 외의 요인에 영향을 받는다는 것이다. 따라서 보프르는 지역 외에서 이루어지는 것을 '외부책략', 지역 내에서 이루어지는 것을 '내부책략'으로 구분하고 있다.

외부책략(External Stratagem)과 내부책략(Interior Maneuver)

외부책략(External Stratagem)은 분쟁지역의 문제를 범세계적 여론에 호소하여 분쟁지역에 영향을 미치는 전략이다. 외부책략의 핵심적 특징은 행동의 자유를 최대한으로 보장하는 동시에 적을 강력히 억제함으로써 무력화시키는데 있다. 이를 위한 행동은 일차적으로 심리적인 것이며, 부가해서 정치, 경제, 외교, 및 군사적인 제반조치도 병행해서 수행된다. 핵시대 이전에는 주로 분쟁의 초점을 싸움이 일어나고 있는 지역에서 찾으려고 하였다.

외부책략은 적의 대규모적인 반발을 방지하는데 충분할 정도로 위협이 될 수 있는 군사적 핵 억제(재래식 포함)를 보유해야 하며, 계획된 모든 행동은 하나의 논리적 명제가 될 수 있도록 구상된 정치노선과 일치되어야 하는 것이다. 계획된 목적을 달성하기 위해 관련된 지역밖에서 외부책략에 의하여 행동의 자유를 최대화하고 확전방지를 위한 억제력을 구축해, 지리적 지역내에서 사용할 책략을 인출하게 되는데 이것이 내부책략이다.

내부책략(Interior Maneuver)은 실질적인 폭력, 정신력, 시간, 상황이 적용할 수 있는 구성요소이다. 무력이 월등히 우세하면 정신력에 좌우되지 않고 작전을 단기간에 종결할 수 있는데, 이것이 '단편적 방법'이다. 하지만, 무력이 열세일 경우에는 강력한 정신력이 요구되는 작전이 전개되어야하며, 불가피하게 '침식방법'이라는 지구전이 될 것이다.

'단편적 방법(piecemeal)'은 주로 군사전략적 계산에 입각해서 시행하기 때문에 단순하다. 목표달성을 위하여 직접적으로 군사력을 개입시키는 것이 아니라, 최소의 희생으로 성취하기 위해서 무력이 우세하더라도 최종목표를 향하여 직행하지 말고 간접접근 방법을 사용해야 한다. 그러나 이 방법도 침식방법과 마찬가지로 외부책략의 기여가 중요한 역할을 한다.

단편적 방법은 신속히 중간목표를 점령하고 협상의 발판을 만들지 못하면 확전이나 장기전의 위험에 빠져들게 된다는 것이다. 중간목표는 국제여론에서 용인될 수 있을 정도로 극히 제한된 성격을 띤 것처럼 보이게 한다. 단편적 방법은 신속을 요구하기 때문에 방법에 있는 국지작전이 대규모적 성격을 띠게 되며, 작전수행은 기습과 속도로 적의 약점에 신속히 병력을 집중하고 곧이어 즉각적인 전과확대를 실시해야 한다. 그러나 이 방법은 한계성이 있기 때문에 자주 사용해서는 안 되며 범위 선정을 잘해야 한다.

'침식방법(erosion)'은 자기보다 월등히 우세한 적에 대하여 한정된 자원만을 사용하여 적으로 하여금 지극히 냉혹한 조건을 받아들이게 하는 것이다. 이 방법의 특징은 지구전이 되므로 군사력의 열세를 보완하기 위하여 정신력을 더욱 강화해야 하며, 물리적 및 심리적 국면을 동시에 수행해야 한다.

이 방법의 필수조건은 최후까지 견디어 내는 것이다. 공산주의자난 정부 전복자들에 의해 오랜 역사를 가진 게릴라전을 의미하며, 심리적인 활동은 '기본적인 정치노선'과 '선택된 심리전술'로 구분된다. '기본적인 정치노선'은 외부책략에서 사용된 정치노선과 일치함으로써 국민들의 잠재적 애국심을 자극하여 전쟁에 참여하게 하고, '선택된 심리전술'은 선전, 사상의 주입과 주민의 조직화 등이 포함된다. 침식방법의 특징은 작전이 면밀히 계획되고 성공적으로 수행될 때에 내포된 위험성이 적은 반면에 이익이 많다는 것이며, 작전이 실패하더라도 적에게 보다 더 많은 피해를 준다는 것이다.

외부책략과 내부책략에 대한 대응책

'**외부책략에 대한 대응책**'은 핵 억제력을 보완하기 위하여 가능한 최대의 억제력을 창조하는 것이다. 억제력은 상대체제의 취약점을 기초로 하여 창조해야 하는 것이다. 순수한 수세적 정치노선은 억제효과를 발휘하지 못한다. 이는 억제의 관건이 위협능력에 있기 때문이다. 따라서 정치노선은 명백히 공세적이어야 한다.

'**내부책략에 대한 대응책**'은 이용 가능한 전술부대를 보유해야 하며, 고도화된 기동전략 예비대를 보유하면 가장 좋다. 침식전략에 대처 시에는 막대한 자원을 투입함이 없이 정부의 통제력을 유지해야 하며, 장기전이 되어서는 안 된다. 근본적으로 내부의 불만요인을 제거해야 하며, 적뿐만 아니라 일반 주민에 대한 심리적 효과를 염두에 두어야 한다. 간접전략에 대한 공격에 직접 방어책으로 대응하려는 것은 어리석은 것이다.

'**간접전략은 이면적으로 수행되는 총력전**'이라 할 수 있다. 정치, 경제, 사회, 심리 등 비군사적 수단을 우선적으로 사용하여 결정적 승리를 쟁취하는 간접전략과 군사력을 사용하는 직접전략이 일차적으로 추구하는 근본적인 핵심은 '행동의 자유(freedom of action)'이다. 다만 행동의 자유를 획득하기 위한 수단이 따를 뿐이다. 간접전략과 직접전략은 상호 보완적이어야 한다.

앙드레 보프르에 대한 평가

앙드레 보프르는 19세기의 전통적이고 고전적인 전략개념을 부인하면서 그의 새로운 전략사상을 전개해 갔다. 현대와 같이 국제문제가 복합된 상황에서는 전통적인 전략개념으로는 국제분쟁을 해결할 수 없다고 강조하며, 전략이 불변성을 갖는다고 생각이 전략 발전을 제한하며 새로운 상황에 직면했을 때 해결책을 제시하지 못한다고 주장하였다.

따라서 전략은 상황에 따라서 변화해야 하며, 항상 당시의 상황에 최선을 다하는 것이다. 전략의 목표는 수단과 방법보다는 결과에 중점을 두어야 하며, 적에게 부과하고 싶은 조건을 적이 수락하도록 강요하는데 있으며, 이는 심리적 효과에 의하여 달성될 수 있다고 강조하고 있다.

27. 앙드레 보프르, 『전략개론』

보프르는 "전략에는 불변의 법칙이 없다"고 주장하면서도 유사한 원칙을 찾아내려고 하였다. 만약 전략에 원칙이 있다면 이를 주축으로 운용하는 방법만 발전시킴으로서, 전략이 계속 학문으로 발전할 수 있다고 주장하였다. 또한 전략의 구조를 국가발전개념인 '총합전략'과 해당분야에서 필요한 '통합전략'과 '작전전략'으로 구분함으로써, 정책과 전략 사이의 혼란을 해결해주고 있다.

앙드레 보프르의 회고록

보프르는 제1차 세계대전 이후 전쟁이 총력전 양상으로 바뀌어, 과거와 같이 군사력이 전쟁에서 승리의 최선의 방법이 되지 못한다고 주장했다. 즉 간접전략에 의해서 국제문제를 해결할 수 있다는 것이다. 전쟁지역 밖에서 외부책략에 의해 적의 행동의 자유를 제한하고 자국의 행동의 자유를 확대시킴으로서 적을 마비시킬 수 있으며, 이를 위해 적의 대규모 반발을 저지할 수 있는 군사적 억제력이 필요하다. 내부책략에서는 적보다 군사력이 우세하면 전쟁이 확대되고 장기화되는 것을 방지하기 위하여 단편방법을 사용하는데 이는 최종목표로 직행하는 것이 아니라, 국제적으로 용납될 수 있는 적절한 중간목표를 선정하여 신속히 점령 후 협상으로 전쟁을 종결시켜야 한다. 군사력이 열세하면 침식방법에 의하여 적을 피로케 하여 우리의 요구조건을 수락하도록 강요하여야 한다.

이와 같은 간접전략은 방법론 측면에서 볼 때, 정치, 경제, 외교, 군사를 모두 동원한다는 개념은 현대전에서 DIME역량을 발휘해야 한다는 '총력안보' 측면과, 비군사적 수단을 사용하는 중국의 초한전 이론과 일맥상통한다. 보프르의 주장은 간단하다. "**당신이 공세를 취하지 않는다면, 적들이 그렇게 할 것이고, 당신이 적절한 총체적 전략을 가지고 있지 않는다면, 적들이 그렇게 해서 당신을 곤욕스럽게 할 것이다.**" 우리나라에서는 국방대학교에서 1974년에 앙드레 보프르 저, 『전략론』으로 번역 발간되었다.

[원서 정보] André Beaufre, *An Introduction To Strategy,* Published 1965 by Frederick A. Praeger, Publishers (first published 1963)

⟨오늘날 간접전략의 실제와 적용⟩

앙드레 보프르가 주장한대로, "전략은 정치에 의해 설정된 목적을 달성하기 위해 군사력을 운용하는 술(Art)"이며, "적의 강점을 피하고 약점을 공격한다"라는 간접전략의 본질은 현대에도 매우 유용하다.

국가가 DIME(국력의 외교, 정보, 군사 및 경제 요소)에서 직접전력을 결정하면 군사적 수단이 우세하고 다른 수단이 지원된다. 반대로 DIME을 간접적으로 적용하면 비운동적 수단(non-kinetic instruments, 외교, 경제, 정보)들이 전체적인 전략적 대응에서 우세하게 작동되며, 군사적 수단은 조정된 지원 역할을 하게 된다.

그러나 러시아와 중국은 '간접전략'을 전쟁과 평화 사이의 경계를 흐리게하는 '회색지대 전략'과 영향을 미치기 위한 수단으로 사용하고 있다.

러시아는 소련 붕괴 이후 서방과의 직접적인 군사대결을 피하고 대신 소위 '하이브리드전'으로 경쟁자로 간주되는 사회를 혼란, 분열 및 약화한다. 본질적으로 러시아 전략가들은 바로 '전쟁의 규칙'이 진화했다고 선언하면서 "정치적 및 전략적 목표를 달성하기 위한 비군사적 수단"이 성장했으며 많은 경우 그 효과가 군사력을 수배 능가했다고 지적했다.

중국의 군사 전략가들도 하이브리드전과 유사하게 '초한전' 이론을 제시하며, 이제는 "상대가 자신의 이익을 받아들이도록 강요하기 위해 무력 또는 비무력, 군사 및 비군사, 살상 및 비살상 수단을 포함한 모든 수단을 사용"하는 것을 포함한다고 주장한다. 이러한 초한전에서 '새로운 전장'에는 예를 들어 금융전, 무역전 등의 경제전에 문화전쟁 및 법률전, 환경전 등과 범죄적 수단까지도 포함될 수 있다고 했다.

게다가 중국이 2003년 중국인민해방군 정치공작조례로 채택한 '삼전(三戰, three warfares)'인 '여론전', '심리전', '법률전'은 모두 물리적인 군사력의 사용이 아니라 정치, 경제, 외교, 정보 등 비물리적인 수단을 활용한 정치공작으로 '군사력 사용을 대체하는 공격방법'에 포함된다.

러시아와 중국의 적용하는 공통적인 간접전략적인 사고방식은 서방의 강점을 피하고 약점을 공격하며, 직접적인 군사력의 사용보다는 경제 등을 중요시한다는 점에서 간접전략을 유용하되, 전체주의국가에서의 목적 달성하기 위해 수단과 방법을 가리지 않는 방법으로 해석된다.

28. 리델 하트, 『전략론 - 간접접근전략』

'간접접근전략'과 서방의 전쟁방식 제시
✍ 리델 하트(Basil Henry Liddell Hart, 1895~1970)
📖 『전략론 - 간접접근전략』
(Strategy: the indirect approach *1954 초판)

◆ 다양한 분양의 연구 업적을 달성한 전략사상가 리델 하트

리델 하트는 영국의 군사사학자이며, 20세기의 대표적인 군사이론가로서, 기동전 사상에 큰 영향을 미쳤다. 1895년 파리에서 영국인 목사의 아들로 태어난 리델 하트는 명문 사립 세인트 폴 학교와 캠브리지 대학에 입학했지만, 당시에 뛰어난 학생은 아니었다.

1914년에 제1차대전이 발발하자 왕립 요크셔 경보병연대에 자원입대하여 서부전선에 배치되었으나, 1915년에 계속된 부상으로 후송되었다가 1916년 대위로 진급하여 솜므전투에 참전했다. 그는 독가스에 중독되어 전선을 이탈하게 되는데, 공격 첫날 영국군은 6만 명의 사상자가 발생할 정도로 참혹했다. 그가 경험한 전

기관총, 독가스, 참호전으로 점철된 제1차대전 솜므 전투에서의 영국군

장의 참화는 지금까지 자신이 갖고 있던 영웅적이거나 낭만적 이미지와는 너무나 차이가 있어서 큰 충격을 받았고, 이러한 충격이야말로 그가 후에 전략사상을 형성하기 위해 부단히 노력하는 원동력이 되었다. 군 복무기간에 군사교범을 편찬하며 명성을 얻었고, 이후에 군사저술가로 활동했다.

회고록에서 "전쟁에서 동일한 목적달성을 위해, 필요한 인적희생과 물적 손해를 최소화하려면 어떻게 해야만 하는가"라는 문제의식이야말로 '간접접근전략'의 원점이 되었다고 밝혔다. 또한 제1차대전이라는 원초적 체험을 통해 비로소 "현대의 전쟁에서 이미 승리는 전쟁목적으로서의 의미를 상실했고, '전쟁과 평화' 구상이 없는 전쟁지휘는 무의미하다"라는 확신을 가졌다.

리델 하트의 핵심저작인 『전략론』

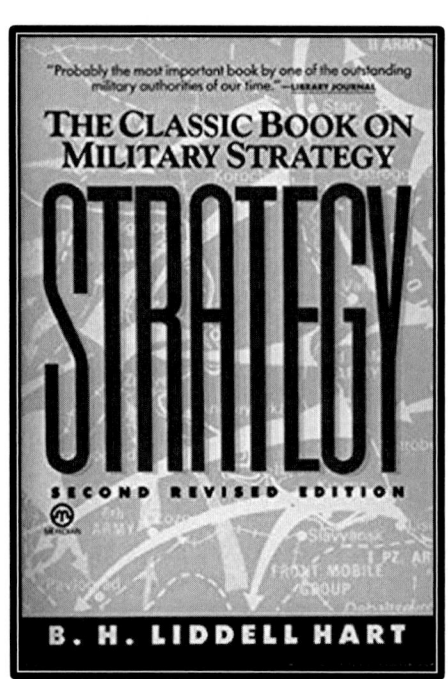

리델 하트, 『전략론』

『전략론』은 리델 하트의 가장 유명한 저작이라고 말해진다. 그 내용은 너무나 방대하여 여기서 모두를 다룰 수는 없고, 핵심 부분만을 소개한다.

리델 하트에 의한 전략은, 반드시 적의 군사력을 격멸하는 것을 유일한 목적으로 하지는 않는다. 그가 '**제한목표 전략**'이라고 부제를 붙인 것에 대해 『전략론』에 다음과 같이 서술하고 있다. "제한목표 전략을 채용하는 일반적인 이유는 세력균형의 변화를 의도하기 때문이다. 이를테면, 적의 반격을 받을 위험한 행동이 아니라, 적을 가시로 찔러서 약화시키는 방법에 의해 적의 병력을 서서히 고갈시키는 것을 목적으로 사용하는 것이다. 적 전력의 고갈이 우군에 비해 불균형을 이루도록 하는 것이 이 전략의 불가결한 요건이다."

이러한 전략의 목적은 "적의 보급선 공격, 적 병력에 대한 격멸 또는 불균형이 될 때까지 손해를 강하게 입히는 것, 적이 불리한 공격을 시도하도록 유인하는 것, 적 병력을 과도하게 분산시키는 것, 그리고 무엇보다 중요한 것은 적의 정신적, 육체적 에너지를 소모하게 하는 것에 의해 달성된다

이러한 인식을 전제로 리델 하트는 '**전략**'을 '**정치목적을 달성하기 위해 군사적 수단을 배분 적용하는 술**(術, art)'이라고 정의했다.[192] 왜냐하면 전략은 단지 병력의 운용에 영향을 주지 않고, 그 효과에 대해서도 영향을 받기 때문이다. 리델 하트는 손자병법의 영향을 받아서 전략이론체계에서 용병술이라는 기초 위에서 전략의 개념을 구축하려고 하였다.[193]

---

192) 리델 하트, 『전략론 - 간접접근전략』, pp. 335-336.
193) 서두에 손자병법의 중심사상 13개를 수록해서 이 책이 손자의 영향을 받았음을 밝혔다. 리델 하트가 『전략론』 서문에 인용한 『손자병법』 중심사상은 pp. 204~205 참조.

대전략(Grand Strategy) - 전략이론체계의 최상위에 위치

리델 하트는 『전략론』에서 기원전 5세기부터 제2차 세계대전에 이르기까지의 전쟁사 연구내용을 보여주고 있는데, 4부에서 대전략의 서열적 관계를 제시하고 있다. 그에 의하면 '전술'이 '전략'의 아래에 위치하는 것과 같이 '전략'은 '대전략194)'의 아래에 위치하는 것이다. 리델 하트는 대전략이 전략이론체계의 최상위에 위치하는 것으로 보았다.

그는 **'대전략'**의 개념을 다음과 같이 제시하며 그 중요성을 강조했다.195)

첫째, 대전략은 각 군종을 유지하기 위해 국가의 경제적, 인적자원을 감안해서, 그것을 발전시켜야 한다. 또한 국민의 의지를 함양하는 것은 물질적 자원의 유지와 같이 중요하기 때문에, 정신적 자원의 발전도 필요하다.

둘째, 대전략은 각 군종간, 군과 산업 간의 자원배분을 조정하는 역할을 한다.

셋째, 대전략은 적의 의지를 약화시키기 위해 경제적, 외교적, 도덕적 압력을 적용해야만 한다. 군사력은 대전략의 구성요건의 하나이다.196)

그가 전략과 대전략의 영역을 비교하여, 전략(군사전략)의 영역은 전쟁 자체에 한정되지만, 대전략(국가전략)의 시야는 전쟁의 한계를 초월하여 전쟁 후의 평화까지 확대되어야 한다고 주장하였다. 그는 전략을 군사적 수단을 분배하고 적용하는 술로 보고, 용병술의 개념으로 정의하였다. 전략의 목적을 '적의 저항 가능성을 감소시켜서 최소의 전투로 승리하는 것'이라고 하였다. 목적의 하위로 목표가 되는 것은 '적을 물리적, 심리적으로 교란하여 전략적 교란을 달성하는 것'임을 강조하였다.

간접접근(Indirect Approach)전략과 전쟁의 원칙

『전략론』에는 전략(군사전략)을 설명함에 있어서 '견제', '최소저항선', '최소예상선', '교란', '대체목표'로 대표되는 리델하트가 주창한 간접접근전략을 지지하는 주요한 개념이 다수 제시되어있다.

---

194) **대전략(Grand Strategy)** : 국가목표를 달성하기 위해 정치, 경제, 사회, 심리, 군사, 기술 등 제반 국력을 통합한 전략으로, '국가전략"과 "국가안보전략"이 이에 속한다.
195) 리델 하트는 이러한 개념을 바탕으로 대전략을 "전쟁의 정치적 목표를 달성하기 위해 하나의 국가 또는 국가군이 모든 자원을 조정하고 관리하는 것"이라고 정의하였다.
196) 에체바리아는 이것을 "군사전략은 장군의 관심사를 의미하며, 대전략은 국가원수의 관심사로 볼 수 있다."라고 설명했다.

제5장 제1·2차 세계대전과 전략의 발전

'간접접근전략'은 적의 측면을 우회하여 배후를 지향하는 기동으로 적의 저항을 회피하여 물리적으로는 '최소저항선'을 취하고 심리적으로는 '최소예상선'을 취하게 된다. 또한 리델 하트는 전쟁의 원칙으로 '집중'을 강조했다. 전쟁의 원칙에는 단지 하나의 원칙이 아니라 다수의 원칙으로 구성되어있는데, 그것을 모아서 하나로 응축시키면 '집중'으로 표현할 수 있다. 그러나 그것은 '약점에 대한 힘의 집중'이라고 부연해야 한다. 그것에서 무엇인가 실질적인 가치를 도출하려면 '약점에 대한 힘의 집중'은 적의 힘을 분산시키는 것이고, 적의 힘의 분산은 아군의 표면상의 분산 및 분산의 부분적 효과에 의해 발생되어야 한다. 아군의 분산, 적의 분산, 아군의 집중, 그것은 인과관계를 구성하는 것이고, 각각의 결과로서 발생되는 것이다.

◆ 전략의 6가지 적극적 측면과 2가지 소극적 측면

리델하트는 전사연구를 통해서 일반적으로 적용이 가능하며, 근본적이고 경험적인, 전략과 관련된 8개의 금언을 제시하고 있다.

● 적극적 측면으로는

첫째, 목적을 수단에 적응시켜라. 통찰력으로 목적 세우고 신념으로 하라.
둘째, 목적을 항상 명심하라. 계획을 상황에 적용하되 목적을 잊지마라.
셋째, 최소예상선을 선택하라. 적 입장에서 보고 예상못한 방책을 택하라.
넷째, 최소저항선을 활용하라. 전술적 성공이 발생하는 곳을 활용하라.
다섯째, 대체목표로 변경가능한 작전선을 취하라. 단일목표를 지향하지마라.
　　　　적을 딜레마에 빠뜨려 방어가 가장 약한 곳을 공격하라.
여섯째, 계획과 배치를 상황변동에 맞게 적용가능한 유연성을 확보하라.

● 소극적 측면으로는

일곱째, 상대가 경계를 갖추거나 우군의 공격을 격퇴, 회피할 수 있는
　　　　태세를 갖추었다면 아군의 병력을 공격에 투입하지마라.
여덟째, 작전이 실패한 경우에, 동일한 작전선으로 공격을 재개하지마라.
　　　　단순한 병력 증강만으로 상황을 변화시킬 수는 없다.

28. 리델 하트, 『전략론 - 간접접근전략』

사고방식으로서의 간접접근전략

전략가 리델 하트에 대해 지속적인 연구가 이루어지고 있다.

리델 하트의 간접접근전략 개념은 전장에서 적의 군대를 직접 파괴하기 보다는 항공기에 의한 폭격으로 적의 심장부나 공업지대를 파괴하여 적의 전투능력과 의지를 조기에 마비시키는 것이었다.197) 그러나 제2차 세계대전에서는 런던과 독일에 대한 결정적 파괴에도 불구하고 저항의지를 말살시키지 못한 것을 보고, 간접접근전략의 진정한 목적은 "전투를 구하는 것이 아니라 전략상황을 유리하게 하는 것"이라고 견해를 수정했다.

간접접근전략은 "강력한 적을 정면공격하는 것은 피해야 한다.", "적을 공략하여 균형을 잃게하는 것은 공격이 시작된 이후가 아니라, 전쟁을 시작하기 이전에 끝내야 할 문제이다."라는 두가지 명제에 근간을 두고 있다. 이는 1990년대 군 사상에서 지배적 요소인 기동이론의 발전에 중요한 영향을 끼치기도 하였으며, 손자의 사상을 현대적으로 재현하였다는 평가도 받고 있다. 그가 주장한 대전략198)과 전략적 사고는 국가전략과 군사전략의 관계를 명확히 하였다는 점에서 의미가 있다. 이외에도 리델하트는 전략에 대해 다양한 시점으로 분석을 했지만, 리델 하트에 의한 전략은 '사고방식', 또는 '감각'이라는 단어로 표현할 수 있다. 전략은 확실히 다가가는 방법, 어프로치를 의미하는 개념이다.199) 국내에는 주은식 역(밀리터리 클래식 8), 『전략론』(책세상, 1999)으로 소개되어 있다.

[원서정보] Basil Henry Liddell Hart, *Strategy: the indirect approach*, third revised edition and further enlarged(London: Faber and Faber, 1954)

---

197) 1925년에 출판한 『파리 또는 전쟁의 미래(Paris, or the Future of War)』에서 리델 하트는 그리스 신화를 이용하면서, 적국의 아킬레스건을 발견하고, 그곳에 압도적인 항공폭격을 가해서 적의 신경중추(국가기능)을 마비시켜야 한다고 주장했다.
198) "전후의 보다 나은 평화"를 추구할 수 있는 경우에 한하여 전쟁을 해야한다고 했다.
199) 리델하트가 주장한 간접접근전략은 독립된 전략이기보다는 마비나 섬멸 등 다른 형태의 전략개념과 함께 사용되어 이들의 성공 확률을 높이는 역할을 한다고 보고 있다.

제5장 제1·2차 세계대전과 전략의 발전

--- < 리델 하트가 『전략론』 서문에 인용한 『손자병법』 중심사상(1)> ---

1. 용병은 기만에 근거한다. 따라서 능할때는 능하지 못한 것처럼하고, 용병할 때는 사용하지 않는 것처럼 하고, 가까이 있을 때에는 적에게 우리가 멀리 있다고 믿게 해야 하며, 우리가 멀리 떨어져 있을때는 가까이 있는 것으로 믿게 해야 한다. 적을 이롭게 해서 적을 유인하며 혼란하게 해서 적을 격파하라. (兵者 詭道也, 故 能而示之不能 用而示之不用, 近而示之遠 遠而示之近, 利而誘之 亂而取之, 제1장 始計篇)

2. 전쟁을 오래하여 국가이익을 도모한 나라는 아직 없다.
   (兵久而國利者 未之有也, 제1장 始計篇)

3. 전쟁의 해악을 알지 못하는 자는 용병(효과적인 전쟁수행)을 이해할 수 없다.(不盡知用兵之害者 則不能盡知用兵之利也, 제2장 作戰篇)

4. 싸우지 않고 적을 굴복시키는 것이 최상의 방책이다. 그러므로 적의 계획을 사전에 좌절시키는 것이 최선의 용병술이라면, 차선은 외교적으로 고립시키는 것이고, 그 다음이 적의 군대를 치는 것이고, 최하가 견고히 준비된 적의 성을 공격하는 것이다.(不戰而屈人之兵 善之善者也, 故 上兵伐謀 其次伐交 其次伐兵 其下攻城, 제3장 謀攻篇)

5. 전쟁의 수행은 정(正)으로 적과 대치하고, 기(奇)로 승리를 얻는다.
   (凡戰者, 以正合, 以奇勝, 제5장 兵勢篇)

6. 적이 대비하지 않은 곳(최소저항선)을 공격하고, 적이 뜻하지 않은 곳(최소예상선)으로 나아가라(攻其無備 出其不意, 제1장 始計篇)

7. 공격하여 반드시 성공함은 적이 지키지 않는 곳을 공격하기 때문이며, 방어가 견고함은 적이 공격하지 못할 곳을 지키기 때문이다.
   (攻而必取者 攻其所不守也 守而必固者 守其所不攻也, 제6장 虛實篇)

28. 리델 하트, 『전략론 - 간접접근전략』

〈 리델 하트가 『전략론』 서문에 인용한 『손자병법』 중심사상(2) 〉

8. 전쟁을 잘하는 자는 능히 적이 이기지 못하게 할 수는 있지만, 자신이 반드시 이길 수는 없다. 그러므로 이긴 것은 누구나 알 수 있으나, 어떻게 하여 이겼는지 전략을 누구나 알 수 없다.
(故善戰者 能爲不可勝敵 必可勝, 勝可知而 不可爲, 제4장 軍形篇)

9. 무릇 용병은 물의 흐름과 같다. 물은 높은 곳을 피하여 낮은 곳으로 나아가고, 용병은 실한 곳을 피하고 허한 곳을 친다. 물은 지형에 따라 그 흐름을 조절하고, 용병은 상대하는 적에 따라 적을 제압해 승리를 만들어 나가는 것이다. (夫兵形象水, 水之形 避高而趨下, 兵之形 避實而擊虛, 水 因地而制流 兵 因敵而制勝, 제6장 虛實篇)

10. 군쟁의 어려움은 돌아감으로써 곧은 길처럼 만들고, 불리함을 이롭게 이용해야하기 때문이다. 돌아가면서 적에게 이로운 듯이하여 적을 유인하며, 적보다 늦게 출발하고도 먼저 도달하는 것이니, 이는 우직지계를 아는 것이다.(軍爭之難者, 以迂爲直, 以患爲利. 故迂其途, 而誘之以利, 後人發, 先人至, 此知迂直之計者也, 제7장 軍爭篇)

11. 가까운 길을 먼 길인듯 가는 방법을 적보다 먼저 아는 자가 승리를 거두게 된다. 이것이 군대가 전쟁에서 승리하는 원칙이다.
(先知迂直之計者勝, 此軍爭之法也, 제7장 軍爭篇)

12. 깃발이 질서정연한 적을 치지 말고, 당당하게 준비된 적군도 치지 말라. 이것이 변화를 다스리는(상황판단을 잘하는) 것이다.
(無邀正正之旗 勿擊堂堂之陣 此治變子也, 제7장 軍爭篇)

13. 적을 포위하더라도 퇴로를 열어두고, 궁지에 몰려있는 적을 끝까지 내몰지마라.(圍師必闕 窮寇勿迫, 제7장 軍爭篇)

트라팔가르 해전(1805년)

제6장

제해권과 해양전략 사상

　인류의 문명이 진보하여 해상을 통한 활동을 시작한 이래 해양력은 강대국으로 성장하기 위한 필수요건이었으며, 국가의 생존과 번영에 큰 영향을 미쳤다. 이에 각국은 자국의 해양이익을 보호하고 지속적인 국가 번영을 위하여 적극적인 해양전략을 펼치고 있다. 제해권과 해양통제의 중요성을 강조한 대표적인 해양전략 사상가인 알프레드 마한과 줄리앙 콜벳의 저서를 통해 해양전략사상을 살펴볼 수 있다.

제6장 제해권과 해양전략 사상

29 해양력의 중요성을 주창한 역서
✎ 알프레드 마한(Alfred Thayer Mahan, 1840~1914)
📖 『해양력이 역사에 미친 영향(1660-1783)』
(Influence of Sea-Power upon History, 1660-1783)

◆ 세계 주요국가 해군의 바이블

'알프레드 테이어 마한'은 1890년에 이 책을 발간하면부터 국제적인 명성을 얻게 된 해양전략가이다.[200] 그는 미국의 해군대학 교관으로서 해군의 독자적인 전략이론을 이끌어냈다. 세계 주요국가들이 해군을 대폭적으로 증강하고 치열한 수상함정의 건조 경쟁을 벌이고 있던 당시, 어느 나라든 해군에 큰 관심을 기울이고 있었다. 이러한 세계정세 가운데 마한은 역사적 사례를 바탕으로 해군이 승리를 얻는 법칙을 분석한 것이다.[201]

마한은 이 책에서 범선시대의 해군의 역사를 분석했는데, 특히 영국해군의 역사에 크게 주목하였다. 당시 해군에 현저한 기술혁신이 일어나 풍향에 좌우되지 않고 증기엔진의 힘으로 작전행동이 가능한 군함이 보급되었다.

또한 유사이래 최대 규모를 자랑하는 화포와 장갑을 갖춘 군함이 잇따라 건조되었던 시기였음에도 불구하고, 마한은 이상하게도 이 책에서 구태여 이러한 최신기술에 주목하지 않았다. 그는 새로운 병기가 효과를 높일 전투에 시선을 돌리지 않고, 보다 상위에 위치하는 전략의 문제를 중시했던 것이다. 어느 시대에서든 역사는 교훈을 가져다주므로, 그는 과거의 성공에서 미래에의 교훈을 얻을 수 있을 것으로 기대했다. 또한 그는 해상교통로 확보를 위해 함대결전에 의한 '결정적 전투'와 '해상 봉쇄'의 중요성을 강조했다.

역사적 중요성에도 불구하고 많은 역사가가 해상전투와 전략에 충분한 주의를 기울여오지 않았던 것을 비판한 마한은 일찍이 세계의 패권을 쥔 국가가 어떻게 해양을 지배하고 있었는가? 라는 문제를 분석했다.

---
200) 영국의 군사역사가 존 키건은 그를 "19세기의 가장 중요한 미국 전략가"로 평가했다.
201) 마한은 이 책에서 대영제국의 부상에 해양력이 중요한 역할을 했다는 분석을 제시했는데, 2년 후에 『해양력이 프랑스혁명과 제국에 미친 영향』이라는 보충서를 출간했다.

29. 알프레드 마한, 『해양력이 역사에 미친 영향』

그는 우선 해양의 자율성을 강조했다. '해양은 위대한 공로(公路)'이며, '육로에 비해 해상운송이 매우 유리하다'라고 주장했다. 마한에 의하면 방대한 물량의 운반을 가능하게 하는 해상운송이야말로 해상에서의 전략의 본질이며, 해상교통로의 방위야말로 '통상(通商) 보호를 위해 존재'하는 해군의 가장 중요한 역할이다. 특히 영국의 역사는 확실히 통상을 위한 '해상교통로'202)의 유지가 국제적인 패권 형성에 결정적인 영향을 미친 실증적인 사례라고 하였다.

▪️ 마한의 해양력(Sea Power) 이론

마한은 이 책에서 영국이 강대한 제국이 된 이유를 '해양력'에서 찾고있다. 해양력은 생산, 해운, 식민지를 연결하는 고리이며, 그것은 '무력에 의해 해양 또는 그 일부를 지배하는 해상의 군사력뿐만 아니라 평화적인 통상 및 해운'까지도 포함한다. 즉 "해양력은 제해권 장악은 물론이고 해상교통로를 확보하는 능력까지를 의미"한다.

알프레드 마한, 『해양력이 역사에 미친 영향(1660-1783)』

기본적인 개념으로는 해양력을 국력 성장에 가장 효과적이고 필수적인 요소로 보았다. 해양력을 확보하기 위해서는 해군력(Naval Power)의 확장이 필수적이라고 했다. '**해군력을 육성할 때 고려 요소**'는 '**제해권, 전함 위주의 해군 구성, 필요한 위치에 해군 기지 확보 및 유지**'라고 주장했다.

마한은 해양력을 규정하는 '**해양력의 6가지 요소**'를 표면적인 군사력이 아닌 **지리적 위치, 자연적 형태, 영토의 범위, 주민의 수, 국민성, 정부의 성격**이라는 국력의 총체로서 강조했다.

'지리적 위치'는 지정학과 유사한데, 육지에 군사력을 사용하는 정도가 적을수록 해양력의 발전 속도가 빠르다는 것이다.

---

202) 'Sea Lane' 또는 'SLOCs(Sea Lines of Communication)'으로 혼용해서 표현하고 있다. 'Sea Lane'은 일반적인 해로(海路) 또는 국제무역로(國際貿易路)의 의미이고, SLOCs은 국익을 위해 해상연결을 확보한다는 해양안보와 관련된 군사적 의미가 강하다.

제6장 제해권과 해양전략 사상

지리적 위치	도서국가 〉 반도국가 〉 대륙국가
자원적 형태	항구 등 각 나라가 가지고 있는 고유한 조건과 환경요소
영토의 크기	국토의 면적, 해안선의 길이
인구의 수	인구의 총계, 해양업무에 종사하는 인구, 예비병력(해군)
국민성	국민들의 해양에 관한 사상과 가치관
정부의 성격	정치형태, 통치성격, 국민의견 수렴, 해양력관련 국가정책

<마한이 주장한 국가의 해양력을 구성하는 6대 요소>

'자원적 형태'는 해양으로의 진출이 용이한 해안선을 갖추고, 수심이 깊어서 많은 항구를 갖고, 항로에 가까이 위치할수록 좋다. '영토의 크기'는 해안선의 길이를 말하며, 해안선이 길수록 해군력이 많이 필요한데, 해군력이 부족하며 긴 해안선이 오히려 안보위협으로 작용한다. '인구의 수'는 총인구뿐만 아니라, 해양업무에 종사하는 인구를 고려한다. '국민성'은 국민들이 해양으로 나가서 세계와 교역하려는 의지의 정도이다. '정부의 성격'은 정부와 국민의 관계와 해양력에 관한 국가정책을 말한다.

마한의 역사에 대한 견해는 당시의 역사가와 비교해도 상당히 독특하다. 그는 해양력 이론을 이끌어내기 위해 기원전 31년 악티움 해전(옥타비아누스가 안토니우스 격파)과 제2차 포에니 전쟁, 1571년 레판토 해전(신성동맹이 투르크함대 격파), 1798년 나일 해전, 1805년 트라팔가르 해전을 다룬다.203) 오늘날에 생각해보면 지역, 문화, 사회, 역사 등 전혀 다른 해전을 다룬다는 것은 다소 무모한 방식이다. 하지만 마한은 해양력 이론이 시대를 초월한 존재라고 생각하여 역사적인 공통성이라는 측면을 중시한 것이다. 또한 '전술은 사람이 만든 무기를 도구로 사용하는 것'으로, 세대에 걸쳐 인류가 변화하고 진보함에 따라서 함께 변화하고 진보하는 것으로 보았다.

"전술이라는 상부기구는 때때로 변하거나 전면적으로 파괴되어야 하지만, 전략이라는 본래의 기초는 마치 암석 위에 세워진 것처럼 지금까지 그대로 남아있다"라는 마한의 주장은 "전략의 본질은 시대가 경과해도 변화하지 않는다"라는 그의 확신을 잘 표현하고 있다.

---
203) 이 해전들은 모두 '함대 결전(decisive battles)'으로 구분되는 해전들이다.

29. 알프레드 마한, 『해양력이 역사에 미친 영향』

◆ '해상 교통로'의 중요성 - 국가안보를 넘어 글로벌 안보 이슈

마한은 해전에서 중요한 두 가지 요소는 **'적절한 곳에 위치하는 해군기지'**, **'본국과 기지 사이에 유지되는 안전한 해상교통로'**라고 했다. 여기에서 **해상교통로**는 군수지원 개념을 포함하고 있어서 보급을 위한 기지로의 자유로운 접근까지를 포함한다. 또한 해양력의 근간이 되는 통상을 보호하기 위해서는 안전한 해상교통로 확보가 필수적이다.

결국 해상교통로는 함대의 생존과 통상을 보호하기 위한 생명선의 역할을 하는 것이다. 따라서 이의 확보를 위해 적극적인 함대운용이 뒷받침되어야 하며, 이러한 공세적인 함대활동을 위해서는 주기적인 군수보급이 원활하게 이루어져야 한다는 것이 제해권과 관련된 마한의 핵심적인 주장이다.

마한은 이 책에서 영국-네덜란드 전쟁, 루이 14세와의 전투, 7년 전쟁, 미국독립전쟁에 대해서도 다루었는데, 해상에서의 전략의 변천에 주목하면서도 안타깝게도 육상전투를 중심으로 서술하고 있다. 그러나 확실히 마한이 인식하고 있었던 것처럼 영국의 세계적인 패권획득을 가능하게 했던 것은 무엇보다도 해상교통로를 계속해서 지배할 수 있었던 것이고, 마찬가지로 영국 국내에서 통상파괴가 위험시된 배경에는 영국 패권의 원천인 해상교통로 지배가 위협받는 것에 의구심을 품었기 때문이다.

"왜 영국이 패권을 손에 넣을 수 있었는가"라는 마한의 문제 분석은 사람들의 관심을 크게 모았다. 오늘날에도 마한이 주장한 해상교통로의 중요성에는 전혀 변화가 없다. 예를 들면, 19세기 중반에는 한때 모습을 감췄던 해적이 오늘날 소말리아 등 정치적으로 혼란이 계속되는 지역에서 공해상에 출몰하여 많은 민간 선박에 피해를 주고 있다. 그 결과, 각국은 해상교통로를 보호할 필요성을 다시 한번 강하게 인식하게 되었다. 게다가 최근에는 예멘의 시아파로 구성된 후티 반군이 홍해에서 민간선박을 상대로 위협하고 공격을 감행하면서 해상교통로의 중요성이 다시금 인식되고 있다.204)

오늘날 각국의 공급망 의존도가 심화되고 초연결 물류시대가 도래함에 따라서 해상교통로 확보는 국가안보를 넘어 글로벌안보 이슈가 되었다.

---

204) 미국은 다국적 해군으로 구성된 임무조직 CTF-153을 강화하여 대응하겠다고 밝혔다. 최근에는 대규모 항공모함과 B-2 스텔스폭격기를 전개시켜 대규모 공격을 실시했다.

제6장 제해권과 해양전략 사상

■◆ 마한의 해양력 사상이 각국에 미친 영향

마한의 해양력 사상은 각국 해군교리에 영향을 미쳐 제2차 세계대전에서 각국 함대행동의 지침이 되었는데, 독일은 루드비히 보르켄하겐205)에 의해 처음으로 소개되었다. 이후 독일 해군에서는 카이저 빌헬름 2세가 장교들에게 마한의 저서를 독서할 것을 지시하고, 알프레드 폰 티르피츠(1849~1930) 제독이 마한의 명성을 이용해 강력한 해상함대를 건설하였다.

1890년에서 1915년 사이, 마한과 영국의 재키 피셔(Jackie Fisher, 1841~1920) 제독은 "어떻게 두 가지를 다 할 만큼 강하지 않은 해군력으로 고국과 먼 바다를 지배할 것인가"라는 문제에 직면했다. 마한은 "강한 함정을 내해에 집중시키고, 원해에는 전력을 최소화한다"라는 보편적 원칙을 주장했다. 반면에 영국해군의 개혁을 이끌던 재키 피셔 제독은 "기술 변화를 활용해 내해 방어를 위한 잠수함을 활용하고, 원해에서는 제국주의 이익 보호를 위한 기동전 순양함"206)을 제안함으로써 마한의 입장을 뒤집었다.

1914년 프랑스 해군 독트린은 마한의 해양력 이론을 따랐고, 결정적인 전투에서 승리하고 바다의 지배를 획득하는 데 초점을 맞췄다. 그러나 제1차 세계대전에서 독일 함대가 결정적인 전투를 벌이는 것을 거부하고, 1915년 다르다넬스 원정, 잠수함전 개발, 호송 조직 등이 모두 육군과의 합동작전에서 해군의 새로운 역할을 보여주면서 생각을 바꾸었다.

마한의 해양력 이론은 미국의 해양전략의 근간이 되어왔으며207), 21세기에도 계속적으로 영향을 미치고 있다.208) 김주식 역, 『해양력이 역사에 미치는 영향』(책세상, 1999)으로 소개되었다.

[원서 정보] Alfred Thayer Mahan, *Influence of Sea-Power upon History*, 1660-1783(Little, Brown and Co, 1890)

---

205) 독일 해군 제독으로, 메킨더의 지정학과 마한의 해양사상을 도입하는 역할을 했다.
206) 피셔 제독이 원양에서 행동가능한 대형구축함의 소요를 제기하여 '스위프트급 구축함'이 건조되고, 1910년 8월에 영국 해군에 인도되어 제4구축함대 기함으로 활동했다.
207) 미 해군은 베트남 전쟁이후의 1980년대에는 '600-ship Navy'전략개념을 고수했다.
208) "원해에서의 해양통제를 위해 대함대(Big Fleet)를 건설해야 한다"는 마한의 해양력 이론은 21세기에도 중국의 해양진출을 저지할 수 있는 방안으로 평가되고 있다. 반면에 줄리앙 콜벳의 이론대로 "중국이 민감하게 생각하는 해상교통로에 소함대(Small Fleet)를 배치하여 전략적 병목해역을 봉쇄하는 것이 더 효율적"이라는 주장이 있다.

30. 역사로부터 도출한 실용적인 해양전략

✍ 알프레드 마한(Alfred Thayer Mahan, 1840~1914)

📖 『해군 전략』
(Naval Strategy: Compared and Contrasted with the Principles and Practice of Military Operations on Land)

◆ 기술혁명 시대의 해군전략

마한의 『해양력이 역사에 미친 영향』은 세계로부터 높은 평가를 받았고, 명성을 얻게 되었다. 어느덧 마한은 역사가로서도 전략가로서도 미국뿐만 아니라 영국, 독일, 일본 등에서도 널리 알려진 존재가 되었다. 그는 계속해서 다수의 저서를 출간하여 해군전략에 관한 견해를 발표하기도 하고, 미국 정부로부터 초대를 받아서 직접 의견을 제시하는 경우도 많았다.

그러나 시대는 급격히 변화하였다. 기술의 발전은 폭발적으로 진행이 되어 해군의 모습도 많이 변했다. 마한의 『해양력이 역사에 미친 영향』은 범선시대의 해군에 관한 분석으로 이루어진 것이라서, 바로 적용가능한 실용적인 해군전략을 새롭게 구하게 되었다. 국제정세의 변화는 미국의 근해에도 크나큰 영향을 주었다. 영국과 독일의 함선건조 경쟁으로 대표되는 것처럼, 당시 세계 각국의 함대의 증강은 잇따라 진행되었다. 최신기술이 거대한 '드레드노트급 전함209)'을 탄생시켰고, 잠수함이나 어뢰정 같은 새로운 무기체계도 등장하였다. 그러한 상황하에서 마한은 미국 해군에 있어서 장차 전장이 될 멕시코만이나 카리브해에서 방위를 담당할 후학들에게 해군전략을 제시하기 위해 이 책을 집필했다.

거함거포 시대를 연 전함 '드레드노트'

---

209) 1906년 영국이 건조한 전함으로 30센티 함포 10문을 장착하였는데, 당시로서는 역사상 유래가 없는 강력한 전함이었고 세계최강 영국해군의 상징이었다. 이후 세계 해군전함의 표준이 되었으며, '거함거포주의(巨艦巨砲主義)'의 상징이 되었다.

전략의 엣센스 // 213

제6장 제해권과 해양전략 사상

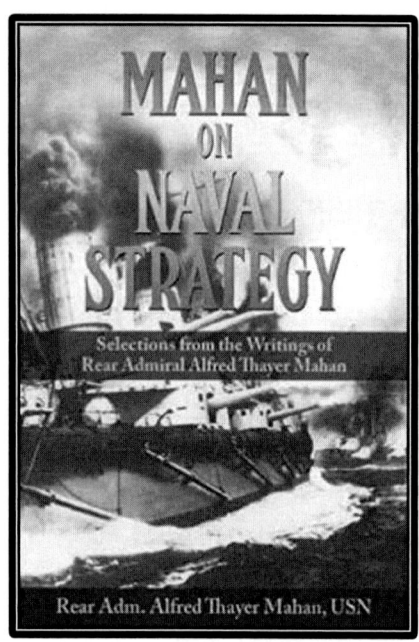

알프레드 마한, 『해군전략』

역사의 사례에서 해군전략을 도출

마한은 1887년부터 미국 해군대학에서 계속해서 해군전략을 강의했었는데, 1908년에는 종래의 강의내용을 대폭적으로 변경하였다. 마한이 당시에 강의내용을 변경한 내용을 모아서 편집한 것이 이 책인 『해군전략』이다.

『해군전략』을 작성하면서, 해상에서의 전투에서 시대를 초월해서 통용되는 기본원리를 찾아내기 위해 많은 전쟁의 역사를 분석했다. 그중에서 흥미를 끄는 것은 해상에서의 전투 이론을 만드는 것인데, 육군의 사례를 많이 취급하였다는 것이다. 예를 들어, 나폴레옹 전쟁에서 활약한 오스트리아의 카를 대공210)이 수행한 육상전투와 해상에서의 전투를 비교분석하여 두 가지 전투의 공통점을 착안하기도 했다. 역사로부터 도출한 이론을 스스로 당 시대에 활동했다는 점이 마한의 특징이며, 그의 논리는 그대로 미국 해군장교들을 교육하는 이론이 되었다.

일견 생각해보면, 해군은 육군과는 다른 지형이나 장애물 등의 영향을 받게 된다고 생각할 수 있다. 그러나 마한은 해군에 있어서도 '전략적인 위치'가 군사행동에 결정적인 영향력을 미친다고 지적했다. 그는 '집중(concentration)', '전략적 위치(strategic location)', '내선(interior line)'이라는 원리를 육군전략과 동일하게 해군전략에도 중요한 것이라고 생각했다.

실제로 마한은 조미니의 연구를 받아들여 해상전투의 원리와 원칙을 추출하는 방법을 획득했다고 말해진다. 마한의 관점에 따르면, 해전에서의 진정한 목표는 항상 '적의 함대'이며, 하나의 국가는 적군의 전투함대를 파괴하거나 결정적 지점에 해군력을 집중시킴으로써 '제해권(command of the sea)'을 얻었다는 것이라고 '함대결전' 사상을 주장했다.

---

210) 프랑스 혁명전쟁과 나폴레옹전쟁 당시 뛰어난 전략적 식견을 보유한 연합군 사령관

30. 알프레드 마한, 『해군 전략』

마한이 조미니의 『전쟁술』에 입각해 발전시킨 '해전의 원칙'을 정리하면,
① **우수한 전투선단 확보와 함대의 공격력 극대화** : 화력의 집중을 위해서 함대는 전시든 평시든 절대로 분리해서 운영해서는 안 된다.
② **주력 함대 격멸을 목적으로 적극적 공세작전**: 제해권의 확보를 중시해 해군전략은 연안방위보다는 적과의 결전을 지향하고, 적이 안 보이면 적을 찾아내서라도 결전을 감행해서 제해권을 확보해야 한다.
③ **집중의 원칙**: 전투가 시작된 경우 4분의 1 구간에서는 함정을 집중해 우세를 달성하고 신속히 적 함대를 격파해야 한다. 그리고 나머지 4분의 3 구간에서는 함정을 분산 운용하여 결정적 성과까지 적을 견제한다.
④ **내선(內線)의 이점 활용**: 아군은 중앙에 위치하여 좌·우측 어디든 신속하게 기동할 수 있어야 하며, 적이 분리된 채 열세한 상황에서 아군으로부터 공격을 받도록 해야 한다.
⑤ **해군기지 확보** : 보급을 위해 뛰어난 접근성을 갖춘 해군기지를 확보해야 한다.

마한은 역사에서 해군전략의 논리를 도출했지만, 그는 이론을 근해인 멕시코만이나 카리브해에 있어서 미국의 국익과 국방에 적용했다.

마한은 한반도 주변에서 벌어졌던 '러일전쟁(1904-1905)'에서 일본과 러시아의 쌍방이 실행했던 해군전략에 대해서도 분석을 시도했다. 특히 양국의 함대가 전략목표에 자원을 집중하는 것에 성공했는지 실패했는지에 대한 문제에 많은 관심을 기울였다. 일반적으로는 1905년의 '대마도 해전'은 전함과 장갑함에 의한 함대결전이었고, 일본 해군이 일방적으로 러시아 해군을 격파했다고 이해되어졌는데, 마한은 해상전투 그 자체에는 거의 주목하지 않았다. 그는 일본 해군이 전략목표에 자원을 집중한 것이 승패를 가르는 중요한 포인트가 되었으며, 러시아 해군은 전략목표에 자원을 집중하지 못하고 일관성을 유지하지 못했기 때문에 패전했다고 분석했다.

기술적인 측면에 좌우되지 않고 역사의 비교연구로부터 독자적인 이론을 모색한 마한의 연구방법은 제2차 세계대전에도 많은 영향을 주었다.

제6장 제해권과 해양전략 사상

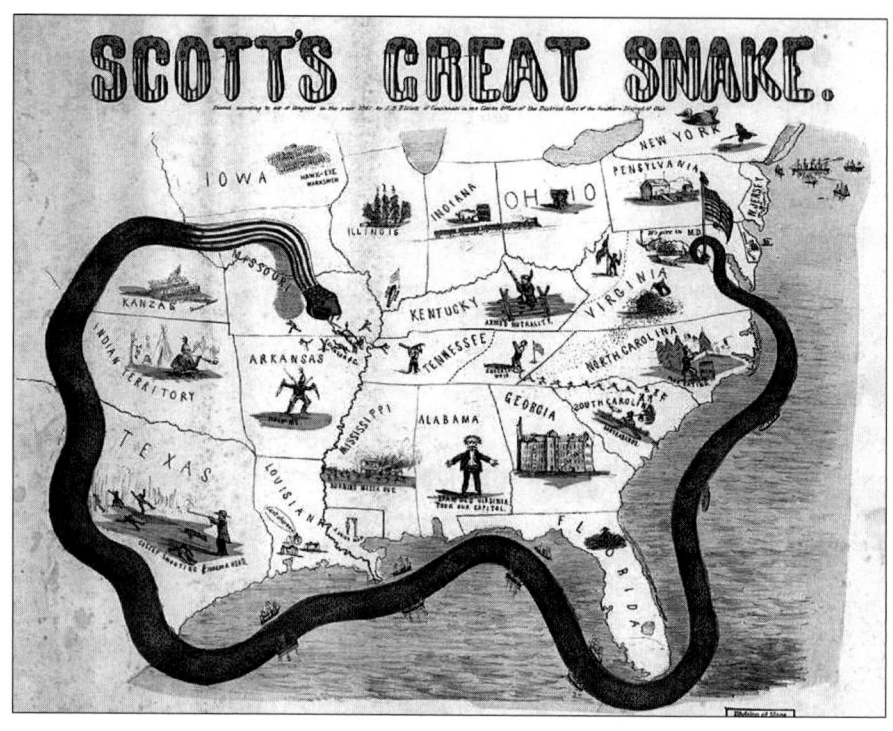

미국의 남북전쟁 당시에 북군 장군인 윈필드 스콧에 의해 제안된 '아나콘다 계획'. 북군의 우세한 해군력으로 미시시피강으로부터 남부해안을 봉쇄한 계획으로 수행되었는데, 마한은 이것을 남북전쟁의 승리요인중 하나로 꼽았다. 최근에 중국의 해양진출에 대하여 미국이 '알프레드 마한의 아나콘다 전략'으로 중국포위전략을 구사하고 있다는 분석이 나오면서 마한의 전략이 새롭게 주목받고 있다.

■◆ 해양전략에 있어서 마한의 영향

해상력에 대한 마한의 글은 세계적으로 영향력이 컸다. 그의 가장 잘 알려진 저서 『해양력이 역사에 미친 영향, 1660~1783년』, 『해양력이 프랑스 혁명과 제국에 미친 영향, 1793~1812년』이 각각 출간됐으며, 그의 이론은 1898~1914년 해군 군비경쟁에 기여했다.

미국의 제26대 대통령인 시어도어 루즈벨트(재직기간 1901~1909년)는 해전사에 관한 뛰어난 역사가로서 마한의 사상을 면밀히 따랐다. 대통령이 되기 이전인 1897년부터 1898년까지 해군 차관보를 역임하면서 마한의 해양전략사상을 미국의 해군전략에 통합시켰다.

30. 알프레드 마한, 『해군 전략』

이후에 대통령에 오른 시어도어 루즈벨트는 마한의 전략을 받아들여211) 세계 최고 수준의 전투함대를 구축하였고, 전 세계에 그의 '백색 함대212)'를 파견하여 모든 해군 강대국들이 이제 미국이 주요국이라는 것을 확실히 부각시키려고 노력하였다. 파나마 운하 건설은 동부 해안지역에서 태평양

백색함대의 귀환을 맞아 함포 포탑에 서서 연설하는 시어도어 루즈벨트 대통령(1909년)

무역을 열려는 의도뿐만 아니라 새로운 해군이 전 세계에 걸쳐 자유롭게 이동할 수 있도록 설계되었다.213) 루즈벨트는 세계 최고수준의 경제력을 갖추고 있으면서도 걸맞지 않은 해군력을 개탄하며, 미국이 해양세력으로 거듭나야 만이 번영할 것이라고 굳게 믿고 있었다. 미국의 해양력은 마한이 기초를 세우고, 시어도어 루즈벨트가 그 위에 기반을 다졌다고 할 수 있다.

이러한 미국의 해군력 건설 노력은 스페인과의 전쟁에서 승리하게 하면서, 미국이 푸에르토리코섬 뿐만 아니라 태평양에도 영토 보유권을 확보하게 하는 근간이 되었다. 유럽에서는 해양력 지배 이론에 몰입한 영국과 독일이 유럽에서 가장 강력한 해군을 보유하기위해 함정건조 경쟁을 하였다. 동양에서는 일본이 마한 이론을 받아들여 강력한 해군 건설을 지향하였다,

[원서정보] Alfred Thayer Mahan, *Naval Strategy: Compared and Contrasted with the Principles and Practice of Military Operations on Land.*

---

211) 전략가 '마한'과 정치가 '시어도어 루즈벨트'의 관계는 각별했다. 두 사람의 인연은 시어도어 루즈벨트가 해군에 복무하던 시절부터 친분을 쌓아 해군 차관보 시절까지 이어졌다. 마한의 저서 출간시 이틀만에 완독했다고 답을 줄 정도였다. 루즈벨트가 해군 대학 초빙강사 시절에 마한과 함께 해군전략을 토론했고, 해군 차관보 시절부터 마한과 함께 '강한 해군 건설을 통한 미국의 번영을 꿈꾸었다'라고 했다.
212) **백색함대(Great White Fleet)**는 시어도어 루즈벨트 대통령 때의 미국 해군 전투함대의 별칭. 루즈벨트는 미국의 강성해지는 군사력과 외양해군 능력을 과시하여 여러 조약 및 해외 자산 보호에서 이점을 얻고자 백색함대의 세계 일주를 명했고, 1907년 12월 16일에서 1909년 2월 22일에 걸쳐 세계일주 항해를 했다
213) 루즈벨트의 해군외교는 『시어도어 루즈벨트의 해군 외교 (The U.S. Navy and the Birth of the American Century)』(한국해양전략연구소, 2010)를 참고할 수 있다.

31 합동성을 강조한 해양전략 사상가

✎ 줄리앙 콜벳(Julian Corbett, 1854~1922)
📖 『해양전략의 제 원칙』
(Some Principles of Maritime Strategy) *1911년

■▶ 클라우제비츠 이론을 접촉한 해양전략

전략론의 대표적인 인물은 말할 필요도 없이 '클라우제비츠'이다. 클라우제비츠는 독일 육군이었는데, 그의 『전쟁론』에 전개된 이론은 당연히 육상에서의 전쟁을 중심으로 발전된 것이다. 그렇다면 클라우제비츠가 제시한 전쟁의 원칙들이 해상에서도 적용이 가능할 것인가를 추적하며 연구한 사람이 영국의 '줄리앙 콜벳'이다. 따라서 마한은 조미니의 영향을 받았다고 말해지는데 반하여, 콜벳의 『해양전략의 제 원칙』214)은 클라우제비츠의 『전쟁론』 영향이 농후하게 보여진다. 콜벳은 캠브리지 대학에서 법학을 수학해 변호사가 되었으나, 곧바로 해군 역사를 집필하는 저술가가 되었다. 그는 공적을 인정받아서 1902년부터 영국 해군대학의 강사로 채용되었고, 영국해군의 개혁에도 참여하여 많은 공헌을 하였다. 콜벳은 해군 군인으로서의 군 경력이 없었는데, 이러한 점이 마한과 많은 차이를 낳고 있다.

콜벳은 클라우제비츠와 마찬가지로 '전쟁을 다른 수단에 의한 정치의 연장'이라고 보았다. 그러나 해군력만으로 전쟁에 승리하는 것은 불가능하다고 생각했다. 인간은 해상에서 정착할 수 없기 때문에 전쟁은 필연적으로 육상에서 승부가 난다. 그래서 해군력만으로는 적의 육군력을 파괴하기 어려워서 육군과의 협력이 필수적이라고 보았다. 그래서 콜벳에 의한 해군전략은 육군과의 관계에 있어서 해군력이 담당하는 역할을 결정해야 하고, 전쟁 전체의 전략의 하나로서 설정해두어야 한다고 했다.215)

---

214) 원칙은 항상 지키기 위함이 아니라, 이를 언제 어겨야 할지도 알기 위함이라고 말했다.
215) 줄리앙 콜벳은 이에 따라 전략을 주요전략(Major Strategy)와 부차전략(Minor Strategy)으로 구분해야 한다고 주장하였다.

31. 줄리앙 콜벳, 『해양전략의 제원칙』

■◆ 해상교통로 통제의 중요성

그러면 해양에 있어서 해군력이 담당해야 하는 역할은 무엇일까? 콜벳은 해양에 있어 가장 중요한 것은 '제해권(制海權)을 확보'하는 것이라고 했다. 그러나 육상과는 달리 해양은 점령하는 것이 불가능하다. 그래서 콜벳이 중시한 것은 '**해상교통로의 확보**'이다. 해상교통로는 국가가 필요로 하는 물자를 수송하기 위한 것뿐만 아니라, 해상무역을 통한 수입을 하기위해서도 불가결하다. 특히 콜벳의 모국인 영국은 해외무역에 의존하고 있어서 해상교통로의 안전을 확보하는 것은 사활적인 의미를 지니고 있다. 만약 해상교통로를 봉쇄당한다면 영국은 경제적인 곤경에 처하고, 그 봉쇄를 풀기 위해서는 함대결전을 시도하던가, 아니면 공격 측에 굴복하

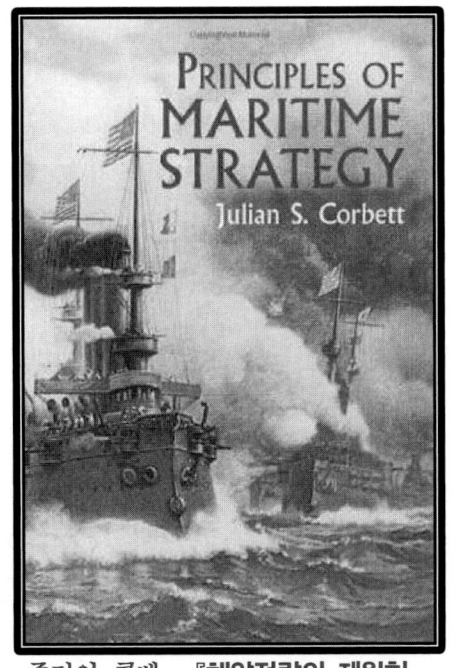

줄리앙 콜벳, 『**해양전략의 제원칙**』

여 불평등한 평화를 체결할 수밖에 없다. 따라서 콜벳은 "**제해권은 상업적이든 군사목적이든 오직 해상교통로를 통제하는 것**"이라고 하였다.[216]

콜벳은 함대결전에 중점을 덜 두었다는 점에서 마한과 달랐다. 콜벳은 해전과 육전의 상호의존성을 강조하며, 해상전투보다 해양통제의 중요성에 집중하는 경향이 있다. 함대의 주된 목적은 적의 함대를 찾아내서 파괴하는 것이 아니라, 자신의 통제를 확보하면서 적의 함대를 교란시키는 것이며, **제해권**은 일반 또는 국지, 임시 또는 영구적인 것으로 분류될 수 있는, 절대적인 것이 아니라 상대적인 것이다. 콜벳은 '해양통제권 장악을 위한 근본적인 방법'을 적 군함과 상선의 실제 **'물리적 파괴(destruction)나 나포 (capture)'**[217], 다른 하나는 '**해상 봉쇄(naval blockade)**'[218]라고 정의했다.

---

216) 콜벳은 모든 바다 전체가 아니라 상황에 가장 적합한 지역만을 통제한다는 개념이다.
217) 영해침범이나 적대·불법행위 등의 군함, 선박을 자국의 지배하에 두는 행위로 실시.
218) 최근에는 국제법상 적법성 등을 고려하여 교전의 의미를 지닌 '봉쇄'보다는 격리(Quarantine), 차단(Interdiction), 입출항금지(Embargo) 등을 사용하는 경향이 있다.

제6장 제해권과 해양전략 사상

그래서 콜벳은 '함대결전(decisive battle)'이 반드시 일어난다고 생각하지는 않았다. 영국과 같이 압도적인 해군력을 보유하고 있는 경우에는 적의 함대가 응전하기가 상당히 제한되어 항만으로 퇴피하거나 안전한 해역으로 이동하거나 하여 함대결전을 행하는 것이 곤란한 경우도 생각되어졌다. 그래서 콜벳은 마한과 같은 해군끼리의 함대결전을 사활적인 것으로 보지는 않았다. 오히려 함대결전에 필요한 전함만이 아니라 해상교통로의 중요성을 생각하여 상선이나 수송선을 호위하는 함정도 필요하며, 또한 적의 해상교통로를 방해하기 위한 전력도 필요하다고 주장했다.

결국 콜벳은 "**적의 함대를 격파하기 위한 전력과 해상교통로의 확보에 필요한 전력의 사이에 밸런스를 취하는 것**"이 제해권(Command of the Sea)219) 확보에 매우 중요한 사항이라고 생각한 것이다.

◆ 육·해군의 합동작전 – 수륙양용작전

콜벳은 해군력과 육군력의 상호의존성을 강조하면서 해군력이 담당해야할 중요한 역할의 하나로서 '**수륙양용작전**'을 강조했다. 간신히 육군만을 보유했던 영국이 세계의 열강이 된 것은 강력한 해군을 건설하여 육군과 효과적으로 조합하여 승수효과를 거둔데 있었다. 육군을 함선으로 수송해서 적의 약점을 급습함으로써 전쟁의 승패를 좌우하는 작전이 가능했다. 그러나 수륙양용작전을 효과적으로 수행하는 것이 항상 용이하지는 않다. 예를 들어 상륙지점의 선정에도 목표와 가까운 곳에 상륙하고 싶은 육군과 적의 함대로부터 공격을 경계하는 해군과는 의견 차이가 심하다. 그런 이유로 콜벳은 육·해군의 상이한 입장을 보다 좋게 이해하기 위해 밀접한 연락이 필수불가결하며, 이러한 필요로 '**합동참모본부를 설치**'할 것을 주장했다.

이처럼 콜벳이 '**육군과 해군의 합동작전의 중요성**'을 일찍부터 강조했다는 점에 유념할 필요가 있다. 그런 반면에 해군전략의 입장에서 볼 때, 일각에서는 합동작전이라는 이름으로 해군을 육군에 종속시켜서 상대적인 지위를 저하시키는 결과를 초래했다는 해군의 내부적인 비판도 있었다.

---

219) 전통적인 '**제해권(Command of the Sea)**' 개념을 대체해서 최근에는 현실적 개념인 '**해양통제(Sea Control)**'가 주로 사용한다. 이는 무기체계의 발달로 해상과 해중, 해상 공중으로 통제 범위가 확대되면서 완전한 해양지배는 제한된다는 인식에 따른 것이다.

31. 줄리앙 콜벳, 『해양전략의 제원칙』

함대결전보다는 '**해양통제**'를 강조하고, 정치목적을 달성하는 수단이라는 관점에서는 당시에 경쟁적 위치에 있던 '**육군과 해군의 합동성**'을 주장한 것이나 '**해군에 의한 군사력 투사(파워 프로젝션)의 역할220)**'을 강조한 점은 오늘날의 전략환경을 생각하면 오히려 매우 높은 평가를 할 수 있다.221)

◈ 마한과 콜벳의 해양전략 비교

마한과 콜벳은 19세기 중반부터 20세기 초반까지 거의 동시대에 활동했음에도 불구하고 그들의 해양전략에는 많은 차이가 있다. 마한은 '조미니'로부터 영향을 받아 역사적 사례를 분석하여 해양력에 관한 원칙의 일반화가 가능하다고 보았고, '집중'

해양전략의 양대 거두인 마한(좌)과 콜벳(우)

과 '공격'의 중요성을 강조했다. 반면에 콜벳은 '클라우제비츠'의 영향을 받아서 전쟁의 속성, 해전의 본질과 목표, 수행방법에 대한 논의를 전개하였으며, '분산을 통한 집중'과 '전략적 방어의 이점'을 역설했다.

마한은 제해권을 달성하기 위해서는 강력한 해양력을 보유해야 한다는 해군 우선주의자로 당시의 미국, 독일, 러시아, 일본 등의 해군정책에 영향을 미쳤다. 반면에 해전과 지상전의 상호의존적 관계를 인식하고 합동작전의 중요성을 강조한 콜벳의 전략사상은 그 실효성으로 인하여 오히려 오늘날에 이르러 더욱 인정받고 있다. 이 책은 국내에서 줄리언 콜벳 저, 김종민·정호섭 역, 『해양전략론』(한국해양전략연구소, 2009)으로 출판되어 있다.

콜벳이 제시한 해상전략의 상세한 내용은 한국해양전략연구소에서 발행한 『현대해양전략사상가』'제7장 줄리안 콜벳'을 참고할 수 있다.

[원서정보] Julian Corbett, *Some Principles of Maritime Strategy*(Naval and Military Press), 1911.

---

220) 현대에 있어 원거리 군사력 투사는 '해외기지 건설, 전략수송기 보유, 항공모함 운용' 등을 의미하는데, 당시 콜벳이 주장한 '해군에 의한 군사력 투사'는 "제해권을 확보한 함정으로 육군을 수송하여, 육군으로 해외거점을 확보하는 수륙양용작전"을 말한다.
221) 최근에는 해군의 능력을 '군사력'에 더해 '외교력'과 '경찰력'을 강조해 삼위일체로 묘사하고 있다. (Eric Grove, 호주 해군교리 등)

제2차대전중 유럽전역에서 B-17에 의한 전략폭격(1943년)

제7장

전장에 항공기의 등장과 항공전략의 발전

1903년 라이트 형제가 최초로 동력비행에 성공하고 나서, 그 유용성으로 인해 전장에 항공기가 등장하기까지는 그리 오랜 시간이 걸리지 않았다. 1911년 이탈리아 육군항공단이 리비아의 터키군을 폭격하는 형태로 시작되어, 제1차 세계대전중에는 주로 정찰과 폭격, 이를 방해하기 위한 공중전이 치열하게 전개되기 시작했고, 제1차 세계대전을 통해 항공정찰의 유용성과 제공권 장악의 필요성이 입증되었다. 이에 따라 전략폭격과 같은 독자적인 항공력 운용에 대한 전략사상이 두헤, 미첼, 트렌차드, 세바스키 등의 선구적인 항공전략가에 의해 제기되어 제2차 세계대전에 적용되면서 항공전략은 급격히 발전하게 되었다.

제7장 전장에 항공기의 등장과 항공전략의 발전

32. 항공전략사상의 창시자
✈ 줄리오 두헤 (Giulio Douhet, 1869~1930)
📖 「제공권(制空權)」
(The Command of the Air) *1921년 초판

◆ '항공력의 선각자' 두헤의 항공전략사상

줄리오 두헤는 20세기 초에 활약한 이탈리아의 군인으로, 항공력의 태동기에 있어서 항공전략의 발전에 누구보다도 크게 공헌하였으며, 항공기의 군사적 이용 가능성에 한발 먼저 주목하고 이를 이론적으로 체계화한 '항공력의 아버지'라고 할 수 있다. 두헤는 전장에서 **항공력(Air power)**의 운용 역사가 사실상 시작되었다고 말할 수 있는 1911년의 '이탈리아-투르크 전쟁'[222]에 9대의 항공기로 구성된 항공대의 지휘관으로 참전했다. 항공대는 전투정찰, 폭격임무와 사진정찰을 수행하여 승리에 결정적으로 기여하였으며, 이와 같은 전과로 1915년 이탈리아는 제1차 세계대전 참전과 함께 그에게 이탈리아 육군항공부대의 창설을 본격적으로 추진하게 하였다.

이후 그는 전쟁지휘와 항공기의 운용을 둘러싸고 군의 상층부와 격렬히 충돌해 군법회의에서 유죄 판결을 받아 일시적으로 물러났으나, 이탈리아의 카포레트 패전[223]을 분석한 결과, 그의 정당성을 인정받아 제1차대전 직후에 육군항공부대 사령관으로 복직하였다.

항공력의 선각자로 불리우는 항공전략가 3인, 줄리오 두헤, 빌리 미첼, 휴 트렌차드(좌측부터)

---

222) 이탈리아가 투르크령 리비아를 침공함으로써 벌어진 오스만 투르크와의 전쟁. 이탈리아는 통일 후 아프리카에 대규모 식민지를 계획하고 있었는데 마침 투르크제국에 혁명이 일어나고 제2차 모로코사건으로 독일·프랑스를 중심으로 한 국제관계가 긴장된 틈을 타 투르크령 트리폴리와 키레나이카를 점령함으로써 전쟁이 시작되었다.
223) 제1차 세계대전 중이던 1917년 10~11월에 벌어진 이탈리아와 독·오 동맹국 간 전투

32. 줄리오 두헤, 『제공권』

그러나 두헤는 이탈리아 군 지도부에 여전히 팽배해 있는 항공력 배척 정서와 충돌하다 결국은 사임하고, 공군의 독립과 건설, 항공력의 장래 모습에 대한 집필활동을 시작했다.

그 시기의 항공기가 군사적으로 이용되기 시작한 결과, 전쟁수행방법에 혁명적이라고 할 수 있는 변화를 일으켰다. 육·해군은 기본적으로 2차원의 운동만 가능하지만, 항공기는 3차원의 공간을 자유롭게 이동하는 것이 가능하여 전투공간이 대폭적으로 넓어지게 되었다.

두헤는 전쟁의 승리를 위해서는 **제공권(Command of the Air)을 획득**하여야하며, 이를 위해서는 항공력으로 적의 모든 항공수단을 파괴함으로써 달성될 수 있고, 이러한 능

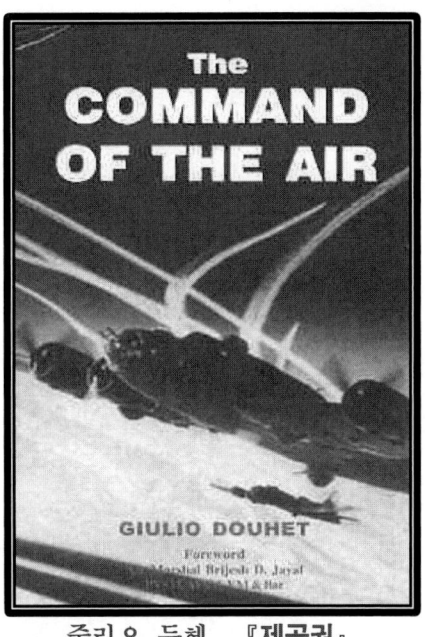

줄리오 두헤, 『제공권』

력을 갖춘 **독립적인 공군**에 의해서만 보장될 수 있음을 강조하였다. 또한 두헤가 가장 중요하게 생각한 점은 항공기가 지상의 전투지역 상공을 초월하여 **"적의 군사와 산업의 중추를 직접 타격하는 능력을 갖추었다"**는 것이다.

따라서 전선의 적을 타격하기보다는 항공력의 3차원 공간 운용능력으로 전선을 뛰어넘어 적의 군사와 산업의 중추를 직접 공격하여야 한다고 주장했다.224) 이렇게 해서 **"아군의 불필요한 희생을 치루지 않고 항공력 주도로 전쟁에서 승리한다"**는 '**전략폭격(Strategic Bombing) 사상**'이 탄생했다.

두헤가 주창한 '전략폭격 사상'이 등장한 것에 의해서 전쟁을 후방에서 지원하는 산업지역과 후방에서 사람들이 적국의 공격으로 벗어나는 것이 불가능해졌다는 것은 매우 중요한 의미를 갖게 되었다. 전략폭격으로 인해 전선과 후방의 구별이 없어지고, 전투원과 비전투원의 구별도 의미가 없어져서, 인류는 국민이 총동원되어 전쟁에 임하는 '총력전' 시대에 접어들게 됐다.

---

224) 제1차 대전 중에 항공기는 전선 일대에서의 지상관측과 지상전투지원, 상호 간에 이를 방해하기 위한 공중전이 주를 이뤘는데, 두헤와 같은 항공력 선각자들이 전쟁 승리를 위해서는 '제공권 획득'이 필수적임을 주장하고, "항공력은 전략목표를 직접 지향해야 한다"라는 '전략폭격이론'을 제시하여 제2차 세계대전에 반영되었다.

두헤의 대표작 『제공권』의 핵심사상

두헤는 많은 저작을 집필하였지만, 그중에서 가장 유명한 것은 1921년에 출판된 『제공권』이며, 중요논점은 다음과 같다.

① 장차전쟁에 있어서 무엇보다 중요한 항공력의 운용은 적의 항공기를 상공과 지상에서 격파하여 '**제공권**'을 획득하는 것이다.

② 적국의 전쟁수행능력의 기반인 도시의 산업시설과 국민의 저항의지를 일거에 격파하기 위해 대량의 폭탄을 탑재한 '**항속거리가 긴 폭격기가 필요**'하며, 이를 위해 폭격기를 중심으로 공군을 편제해야 한다.

③ 높은 고도의 상공을 고속으로 비행하는 적의 항공기의 공격으로부터 자국을 방위하는 것은 기술적으로 불가능하며, 방공시스템을 구축하기 위해 자원을 투입하는 것은 무의미하다. 이것을 역으로 말하면, 자국을 최대한 지키기 위해서는 적의 중추에 대한 **전략폭격** 공세를 취하는 것이 유일한 방법이 된다. 따라서 전투기에 의한 방어보다는 폭격기에 의한 공세를 중시한 항공 독트린을 개발할 필요가 있다.

④ 위와 같은 항공력을 실현하기 위해서는 육군이나 해군으로부터 완전히 '**독립된 공군**'을 새롭게 창설해야만 한다.

'전략폭격(Strategic Bombing) 사상'과 전쟁 양상의 변화

두헤는 미래의 전쟁은 항공력으로 적의 군사력과 산업력을 파괴함으로써 결정적인 승리를 거둘 것임을 주장하였는데, 이러한 사상은 주로 'Bomber Mafia'[225]라고 불리는, 미국 공군의 전신인 육군항공대 전술학교에 의해 실천되었다. 미국의 전략폭격은 제2차 세계대전에서 많은 성과를 거두었지만, 대량의 폭탄을 중무장한 폭격기의 육중한 형태와 둔한 기동성으로 승무원들의 많은 희생이 동반되었다.[226] 영국도 이를 실천했는데, 폭격기 1000대로 1000년 고도 '쾰른'을 전략폭격한다는 '밀레니엄 작전'이 대표적이다.[227]

---

[225] '폭격기 신봉집단'정도로 해석가능하다. 2차대전기간중 끊임없이 전략폭격을 실천했다.
[226] 1991년에 개봉된 영화 '멤피스 벨'이 당시의 폭격과 희생현장을 생생하게 그려냈다.
[227] 1943년 7월의 함부르크 공습(고모라 작전)은 3000대로 9000톤의 폭탄을 투하했다.

32. 줄리오 두헤, 『제공권』

1942년 5월 27일, 영국은 '밀레니엄 작전'으로 보유한 1047대의 폭격기를 총동원하여 쾰른을 전략폭격했다. 독일군의 요격기에 의해 폭격기 40대가 피격되었으나, 쾰른 시내가 완전 초토화되었다. 짓는데만 632년 걸린 쾰른 대성당(사진 좌측)을 제외하고, 250여 개 공장이 파괴되고 5만 명 이상이 죽거나 다쳤다.

전략폭격의 효과는 확실히 다대하였는데, B-17 등에 의한 독일 공습으로 산업동원이나 무기생산에 막대한 차질을 빚었다. 독일에 50만 명 이상의 사망자가 발생했고, 지속되는 전략폭격으로 인해 1944년 봄부터 독일국민들의 80%는 "이미 전쟁에서 졌다"라고 비관하며 심각한 공포에 빠졌다.[228]

이러한 전략폭격 사상은 핵 시대에도 이어져 핵무기 운반수단의 하나로 전략폭격기를 구비하게 되었고, 스텔스기로 생존성을 보완한 B-1, B-2, B-117과 같은 스텔스 폭격기의 개발로 이어졌다.

■◆ 현대전에 있어서 항공공격의 중요한 가치

두헤의 전략사상에 대해서 일부의 비판이 있었다. 예로서, 소수의 항공폭격만으로도 사람들을 간단히 패닉에 빠지게 할 수 있다고 했는데, 국민의 저항의지를 과소평가했다는 평가가 있다. 제2차 세계대전에서 런던이나 동경, 독일에 대한 전략폭격의 사례에서 나타난 것과 같이 대량의 항공폭격으로

---

[228] 1945년 3월 9일, 346대의 B-29에 의한 도쿄 공습으로 8만 3000명이 사망했다. 이는 1일 최대 폭격 희생자로, 독일의 함부르크와 드레스덴 폭격 희생자의 합보다 많다.

제7장 전장에 항공기의 등장과 항공전략의 발전

피해가 엄청났지만, 생존과 관계되면 사람들은 최후까지 끈기있게 저항을 지속했다는 반론이 있다.229) 그러나 제2차 세계대전 초기에 진주만 기습에 대한 보복으로 실시한 '두리틀의 도쿄 폭격'230)만으로도 일본 본토는 안전하다고 생각했던 일본인들에게 큰 충격을 안겨주었던 것이 사실이다.

"항공기 공격으로부터 완벽히 방어하는 것은 불가능하다"는 두헤의 예측도 다소 차이는 있다. 물론 완벽한 방공시스템을 구축하는 것은 불가능에 가까울 수 있지만, 기술의 발달로 레이더와 전투기를 조합하는 것에 의하여 어느 정도 효과적으로 방공시스템을 구축하는 것이 가능해졌기 때문이다.

두헤의 전략이론에 이러한 논의가 있다고 해도, 전쟁에 있어서 항공기가 군사적·정치적인 문제에 신속한 해결책을 제공한다는 두헤적 발상이 오늘날에 이르기까지 강하게 이어져오고 있다. 특히 1991년의 걸프전에서 스텔스 공격기나 정밀유도무기 등의 최신 하이테크 항공무기체계를 투입한 군사작전에서 항공기가 결정적인 역할을 담당한 것을 계기로 두헤에 대한 재평가가 활발해졌다. 게다가 1999년의 코소보 분쟁에서는 항공기에 의한 공격만으로 지상전을 수행하지 않고 NATO 측이 승리를 거두면서, 드디어 전 세계는 두헤가 구상한 이상의 실현에 가까워졌다는 인상을 받았다.

오늘날의 전쟁에서 적아의 희생자나 부차적인 피해를 최소한으로 억제하기 위하여 항공기에 의한 공격이 서방측 국가 지도자가 최초로 선택하는 군사적 수단, 때로는 사실상 유일하게 선택가능한 군사적 수단이 되는 경향이 강하다. 그러한 의미에서 두헤의 전략폭격이론은 전쟁의 본질이나 의의를 정확히 이해했다는 점에서 현대에도 중요한 의미를 제공하고 있다.

국내에 이명환 역, 『제공권』(밀리터리 클래식6)(책세상, 1999) 등이 있다.

---

229) **카사블랑카 지침** : 1943년 1월 연합국들은 카사블랑카 회의에서 추축국의 무조건 항복을 요구하기로 합의했다. 이 회의에서 독일에 대한 전략폭격의 효율성을 증진하기 위해 도시 폭격에서 다음과 같은 군수산업으로 전략폭격 우선순위를 변경하였다.
 1) 독일 잠수함 공장 2) 독일 항공기 산업 3) 운송 4) 정유시설 5) 기타 군수산업시설
230) 진주만 공습에 대한 미국의 보복과 미 국민의 사기진작을 위해 1942년 4월 18일, 두리틀이 지휘하는 B-25 미첼 경폭격기 16대가 USS CV-8 호넷 항모에서 이륙하여 일본 동경, 오사카 등 주요도시를 폭격했다. 피해는 크지 않았지만, 진주만 기습만큼 심리적 효과가 컸다. 이에 일본은 초계선을 동쪽으로 이동하고 4개 비행군을 본토로 불러들였다. 미 항모 섬멸을 위해 미드웨이 공략을 서둘렀고 주력항모 4척을 잃어 패망의 길로 접어들게 된다. 이 작전을 기념하여 오산 미 공군 비행장 주 정문을 '두리틀 게이트'라고 명명했다.

33. 빌리 미첼, 『항공력에 의한 국방』

33 초기 항공력의 운용과 발전방향 제시
빌리 미첼(William Billy Mitchell, 1879~1936)
『항공력에 의한 국방 : Winged Defense
현대 항공력의 발전과 가능성-경제와 군사』

■ 항공력의 십자군 '빌리 미첼'

제1차 세계대전 당시 뛰어난 항공부대 지휘관이었던 빌리 미첼은 독립 공군과 통합사령부의 선구적인 지지자였다. 그는 확고한 항공력 주장으로 1919년에 공군독립법안을 제출했지만, 1920년 6월, 육군은 군을 개편하여 항공병과를 보병, 포병에 이은 3대 병과로 지정했다. 1921년 2월에 미첼은 항공기로 거대한 함정들을 격침시킬 수 있다는 것을 실증하기위해, 폭격대를 지휘하여 폭탄 몇 발로 거대한 전함을 격침시켰는데, 이것이 대단한 성과를 거둔 반면에 미 해군 수뇌부의 심기를 매우 불편하게 만들었다.

육·해군으로 구성된 군 지휘부는 미첼을 감찰관으로 임명하여 1922년에는 유럽으로, 1924년에는 하와이로 파견231)하여 공군의 독립을 주장하는 미첼을 정치가와 언론으로부터 분리시키려고 노력하였다. 이러한 과정에서 미첼은 더욱더 항공력의 중요성을 알리기 위해 1925년에 본서를 발간하였는데, 미첼과 육·해군 지휘부와의 관계는 더욱 어려운 상황이 되었.

감찰관으로 비행선 셰난도호의 추락사고를 조사한 미첼은 육·해 지휘부가 국방을 잘못 이끌고 있다는 이유로 고소하겠다고 발언한 것이 문제가 되어, 군기위해죄로 군법회의에 회부되었다.232) 그로 인해 1926년에 군문을 나서는 결과를 가져왔는데, 그에 대한 육·해군의 노골적인 공세의 결과였다. 미첼의 항공력에 대한 전략폭격, 대규모 항공작전, 비행기에 의한 전함 침몰 등 많은 그의 제안과 예언은 2차 세계대전에서 엄정한 사실로 입증되었다.

---

231) 빌리 미첼은 1924년 하와이 파견근무 당시에 진주만의 전략적 취약성을 인식하고, 일본에 의한 진주만 기습을 예언하며 이를 대비해야 한다고 주장하였다.
232) 빌리 미첼의 군사재판 당시에 더글러스 맥아더 장군도 군사재판의 심판관이었다. 이 상황은 미국에서 1955년에 명감독 오토 프리밍거에 의해 <빌리 미첼의 군사재판>이라는 제목으로 영화화되었다. 명배우 '게리 쿠퍼'가 '빌리 미첼' 역을 맡았다.

제7장 전장에 항공기의 등장과 항공전략의 발전

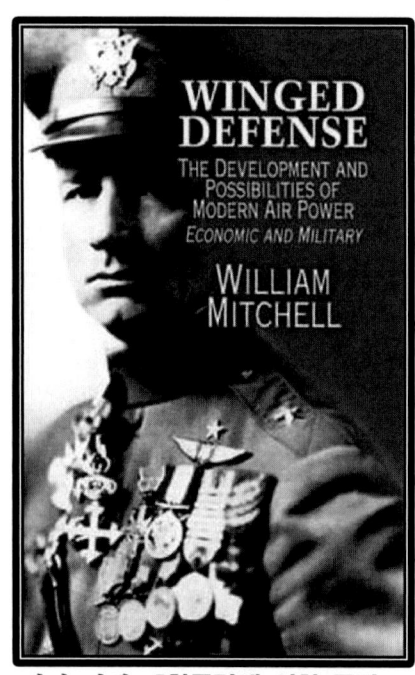

빌리 미첼, 『항공력에 의한 국방』

◆ 빌리 미첼이 저술한 'Winged Defense'

미첼은 항공력에 대한 미국의 현재와 미래에 관해 기술했다. 의회 기록, 공공 저널 기사, 개인적 경험으로 구성된 '윙드 디펜스(항공력에 의한 국방)'는 군사 및 상업적인 측면에서 항공력의 중요성을 설명하고, 미국의 항공 리더십, 해군 함정과 항공력에 대한 항공기의 지배력, 방공 시스템 구축의 중요성에 대해 논하였다.233) 국제 군비를 수정하고 제한하는 항공력의 영향, 항공기에 대한 방어적 조치, 그리고 많은 다른 주제들을 다룬 이 책은 항공력 선각자234)의 분명한 증언이었다.

1925년 8월, 미첼은 의회에서의 증언, 이전의 다양한 사건에 대해 공개저널에 실린 수많은 기사와 그의 개인적인 경험과 바탕으로 책을 썼는데, 『Winged Defense』 저술 이유를 첫째, 국민들에게 공군의 조직과 우리의 국방이 무엇인지를 설명하고 싶다. 둘째, 일반적으로 항공력 발전에 관한 사실을 설명할 책을 제공하고 싶다. 셋째, 군에 있는 군인과 정부 및 의회에 현대적이며 실제 경험의 결과인 항공에 관한 자료를 제공하고 싶다라고 밝혔다.

『Winged Defense』에서 미첼은 항공력이 다른 군을 지원하는 부속물이 아니라 전쟁의 주역이 되었다고 주장했다. 따라서 국방력을 완전히 재구성해야 한다며, 그는 항공군사력을 해군과 동등한 수준의 독립적인 공군으로 구성하고 항공력을 국방 관련사업으로 국가가 주도해야 한다고 주장했다.

---

233) 빌리 미첼이 항공전력 운용에 두헤가 주장한 전략폭격에 더해, 방공(적기요격)과 전술공격(함정공격 등)을 추가했다. 최초로 공군의 임무로써 '방공(防空)'을 규정했다.
　육·해군으로 분리된 병력과 장비 방공형태는 비효율적이어서, 공군이 관측에서 탐지, 식별과 전력을 이용해 대도시의 방공까지 통합적으로 임무를 수행해야 한다고 주장했다.
234) 두헤와 미첼 이외에 항공력의 선각자로는 1918년에 세계최초로 공군을 독립시킨 영국의 '휴 트랜차드'가 있다. 트랜차드는 공중우세 달성이 필수적이며, 이는 1) 공중장악, 2) 생산수단 공격, 3) 아군 전투력 유지, 4) 적의 전투방해를 통해 달성된다고 했다.

33. 빌리 미첼, 『항공력에 의한 국방』

1921년 7월 21일, 빌리 미첼은 케이프 헨리 부근에서 노획한 독일군함(오스프리즈랜드함)을 표적으로 항공공격에 의해 군함을 침몰시킬 수 있다는 것을 실증해 보였다. 선체를 직접 타격할 수도 있고, 선체 근처에 폭탄을 투하하여 수중폭발을 일으켜 수압증가로 인한 선체분리가 가능하다는 것을 시현했다. 그가 시현했던 이론들은 급속히 공대함 무기체계로 실현되어, 제2차대전 중에 미드웨이 해전이나 비스마르크 해전 등에서 수많은 항공모함과 수상함정들이 항공기에 의한 공중공격에 의해 침몰되었다.

미첼은 '함정에 대한 항공기의 지배'에 완전히 1개의 장을 할애하고 있는데, 이것은 1921년에 포획한 독일함정 '오스프리즈랜드함'을 대상으로 항공폭격을 가해 침몰시키면서 시현했던 믿음의 발로였다.

국가적인 항공력의 발전에 대해서도 제언하고 있는데, '교통은 문명의 본질'이기 때문에 군용기뿐만 아니라 민간항공과 상업항공을 개발하는 것이 중요하다고 역설하고 있다. 또한 국가가 항공력에 대해 투자하면 광범위한 편익을 얻을 수 있으며, 항공력이 '세계 발전의 지배적 요소'임을 강조했다.

'공군 구성원 만들기' 장에서는 새로운 유형의 전사인 '공군인(Airman)'의 출현과 새로운 전쟁관을 가진 그의 견해, 그리고 공군인 개인들에게 요구하는 특별한 훈련과 개발에 대해 기술하고 있다.

제7장 전장에 항공기의 등장과 항공전략의 발전

■◆ 수많은 저항에 봉착했던 빌리 미첼의 견해

급진적인 그의 항공력에 관한 주장은 육·해군으로부터 집중적인 견제와 포화를 받았으며, 당시의 상황이 『Winged Defense』의 영향을 손상시켰다. 원래 최초 버전은 극도로 아팠고 사임에 가까웠던 전쟁장관 존 위크(John Weeks)를 비웃는 정치만화를 포함하고 있었다. 이 피할 수 있었던 조치는 장관을 존경하고 있던 많은 사람들에게 불쾌감을 주었다. 출판대에 나온 책을 사기 위해서는 4시간을 기다려야 했고, 토마스 하트 미 국방부 대변인의 강연에서 이 책은 몇 단락도 언급되지 않았다.

평론가들은 내용이 반복적이어서 혼란스럽고 다소 독창적이지 않다고도 평가했다. 그럼에도 불구하고, 이 책은 전날 밤에 법원에서 미첼이 진술했던 항공력에 대한 견해와 미래 항공력의 운용에 관한 내용으로 가득 차 있으며 탁월한 식견을 제공하는데 충분했다.

결과적으로, 『Winged Defense』의 판매는 초기에 미첼이 예상한 것보다는 낮았다. 2016년 1월에 군법회의에 회부된 뒤에 군대에서 퇴임하여 미첼은 육군 항공에서의 지휘권을 잃었다. 그는 적절한 시기에 정보에 액세스하지 못하고 점점 더 외곽에서 의견을 피력하는 수밖에 없었다.

미첼의 항공전략사상은 그의 사후에 빛을 발했다.[235] 제2차 세계대전에서 미국은 항공력을 이용하여 독일과 일본에 대한 전략폭격에 집중하였고, 미드웨이 해전 등에서 수많은 전함들이 항공기의 공중공격으로 격침됐다. 공군 독립법안을 제출하며 공군의 독립을 주장했던 미첼과 국가의 이익보다는 자군의 이익에 급급했던 미국 육·해군 지휘부의 싸움은 결국 1947년 미 공군이 독립함으로써 미첼의 승리로 종결되었다. 이 책이『전략의 근원 - 역대 가장 위대한 군사 고전』에 선정될 정도로, 항공력의 선구자였던 그의 역할과 저서는 군사전략 연구분야에서 높이 평가받고 있다.

우리나라에서는 강호석 역, 『항공력 시대의 개막』(2002)으로 출판됐다.

[원서 정보] William Mitchell, *Winged Defense: The Development and Possibilities of Modern Air Power-Economic and Military* (New York: G. P. Putnam's Sons, Press, 1925.)

---

[235] 두리틀폭격대가 도쿄공습을 수행한 'B-25 미첼'은 빌리 미첼을 기리기 위해 명명됐다.

34. 로버트 코람, 『보이드: 전술론을 바꾼 전투기 조종사』

34 | 20세기에 미국의 가장 중요한 군사전략가
✎ 로버트 크람(Robert Coram)
📖 『보이드 : 전술론을 바꾼 전투기 조종사』
(The Fighter Pilot Who Changed The Art of War)

◆ 미국 합동참모본부의 필독도서로 선정된 '존 보이드' 전기

미국에서는 존 보이드를 미국 군대 역사상 가장 주목할 만한 전략가이며, 역대에 있어 가장 위대한 미국의 전투기 조종사로 기억한다. 그는 모의 공대공 전투에서 40초 이내에 모든 도전자를 물리친 교관조종사이며, 전투기 마피아의 일원으로서 '경량 고성능 전투기 프로그램(LWF)'에 기여했으며, 미국의 가장 전설적인 전투기인 'F-15와 F-16의 아버지'로 기억되고 있다.

보이드는 그 무엇보다도 전략공군사령부의 전투기 역할 축소론으로부터 전투기를 구해냈다. 그의 '전투기 전술 매뉴얼'은 세계의 모든 공군이 비행하고 싸우는 방식을 바꾸어놓았다. 그는 전투기가 설계되는 방식을 완전하게 바꾼 '에너지-기동성(E-M) 이론'은 전투기들의 성능을 효과적으로 비교하는 척도가 되었고, 항공기 설계의 세계적인 표준이 되었다. 그는 '경쟁적 상황하에서의 의사결정 이론(OODA loop)'을 개발하고 이를 근간으로 세계적으로 채택된 '전략적 마비'라는 군사전략 이론을 개발했다. 이것의 효율성을 극대화하기 위해 비즈니스 모델에도 적용됐다. 그리고 현대 군사역사에서 가장 놀랍고 알려지지 않은 이야기 중 하나로서, 이 공군 전투기 조종사는 '분쟁이론'으로 미 해병대에게 '기동전' 방식을 새로 정립하게 하였다. 그의 전략적 사고는 걸프전에서 미국의 신속하고 결정적인 승리에 영감을 제공하는 등 전략가로서 지대한 영향을 미쳤다.[236] 미 육군은 존 보이드의 'OODA'를 "먼저 보고, 먼저 이해하고, 먼저 행동을 취하여, 결정적으로 종료한다"라고 하는 'SUAF 개념'[237]으로 변형하여 발전시켰다.

---

[236] 최근에 미국 합참에서는 15권의 필독 도서를 선정했는데, 그중에서 전기작가에 의해 기술된 전기는 조지 워싱턴, 조지 마샬, 존 보이드 이상 3명 뿐이다.
[237] SUAF 개념 : See First, Understand First, Action First, Finish Decisively.

제7장 전장에 항공기의 등장과 항공전략의 발전

로버트 코람, 『보이드: 전술론을 바꾼 전투기 조종사』

1960년대에 '경량 고성능 전투기(LWF)'의 개념 설계를 맡은 존 보이드와 피엘 스프레이, 헤리 힐레이커가 한 팀을 이뤘는데, 세상은 그들을 '전투기 마피아(Fighter Mafia)'라고 불렀다.238)

그는 F-111이 베트남에서 저고도 침투중 지대공미사일과 대공포에 의해 손실되어 재난을 초래한다고 결론짓고, "F-111의 유일한 장점은 멍청한 소련이 미국의 선전을 믿고 그들만의 쓸모없는 백파이어 폭격기(Tu-22M)를 만들게 한 것"이라고 해서 공군 관계자들을 당혹스럽게 만들었다. 1985년 펜타곤이 그레나다 침공 실패를 은폐하는 것에 분노하며 이에 대한 혐오감을 드러내는 보고서를 발표했다. "그레나다는 매우 혼란스러웠다. 그나마 크렘린에도 멍청한 개자식들이 있어서 다행이었다. 그들이 00만큼 두껍지 않았다면 그레나다는 미국이 얼마나 약한지를 증명했을 것"이라고 폭로했다. 그러나 그는 개인적 차원에서 기분을 상하게 할 수 없는 장군을 만나지 못했다. 그는 시끄럽고, 거칠고, 불경스러웠다. 대담하고, 사나운 열정과 다루기 힘든 고집 쎈 변혁가이며, 개인적 명성이나 재산이 목표가 아니라 국가만을 생각한 시대의 반역자였다. 그는 진정한 애국자였고, 근시안적이고 이기적인 펜타곤 관료주의에 끊임없이 도전했던 경력을 갖춘 전문가였다.239)

이러한 열정의 강렬함과 타협을 모르는 대립적인 스타일을 유지하면서도 보이드가 자신의 길에 놓인 장애물을 극복하고 '영원한 유산'을 남길 수 있었던 것은 보이드가 삶을 통해 보인 끈기와 확신을 제시한 증거라고 했다.

---

238) 전기작가인 코람은 이것은 존 보이드 팀이 공군으로부터 기존 질서에 도전하며 기존의 사고를 위협하는 지하조직처럼 보였기 때문이라고 했다. 그는 미국이 보이드와 그의 추종자들, 즉 '아콜리테스'라고 알려진 사람들에게 많은 빚을 지고 있다고 했다.

239) 존 보이드는 후배장교들에게 'To be or To do(존재할 것인가, 행동할 것인가)'의 갈림길에 서게 될 것이라고 했다. "불의에 적당히 타협하고 순응하면서 존재할 것인가, 아니면 조직을 변화시키고 발전을 가져오는 생산적인 행동을 할 것인가. 자기 보신주의 유혹이나 편협함에 굴복하지 않는, 정직과 도덕적 용기가 필요할 때가 있을 것이다."

34. 로버트 코람, 『보이드: 전술론을 바꾼 전투기 조종사』

◆ 육군 항공대 입대와 공군 조종사로 한국전쟁 참전

존 보이드는 1927년 1월 23일 펜실베이니아주에서 태어났다. 1944년 10월 30일 육군항공대에 기술부사관으로 입대했다. 그는 기본훈련과 기술훈련을 받고 제2차 세계대전이 끝날 무렵 항공기 포탑 정비사로 복무했다. 대학을 졸업할 때까지 공군 예비역으로 복무하며 1951년 아이오와 대학교 경제학과를 졸업했는데, 아이오와 대학교 ROTC 과정을 마친 후 공군 소위로 임관했다. 공군에서 비행훈련을 받고 1953년 3월 27일, F-86 조종사로 한국에 도착했다. 7월 27일 휴전이 될 때까지 보이드는 한국전쟁 중 F-86으로 미그회랑에 대한 22번의 출격 기록을 가졌다. 한국에서의 복무 이후, 그는 넬리스 공군기지에 위치한 전투무기학교(FWS)에 입과하였다. 보이드는 최고의 전투기 조종사로 거듭나는 이 과정을 수석으로 졸업했다.

◆ 공대공 전투의 바이블을 제시한 전술무기교관 존 보이드

졸업과 동시에 그는 FWS에서 교관으로 임명되어 연구과장이 되었고, 전술학교를 위한 공중전투 전술 매뉴얼을 작성했다. 저서 **『공중공격 연구 (Aerial Attack Study)』** 는 주어진 상황에서 공격과 대응기동을 제시하고 그러한 기동을 선택하는 이유를 제시한 공중전 교본이라는 점에서 공대공 전투에 혁명을 일으켰다. 보이드는 조종사들의 생각을 바꿨다. 그의 전술

필자의 미공군 넬리스기지 전술무기학교 방문. 존 보이드가 여기서 전술무기교관을 했고, 이를 기념한 '보이드 홀'에 기록물이 있다.

매뉴얼 이전에, 조종사들은 공대공 전투가 완전히 이해되기에는 너무 복잡하다고 생각했지만, '공중공격 연구'의 발표와 함께, 조종사들은 많은 문제가 해결되었다는 것을 깨달았다. 보이드는 공중전에 돌입하는 조종사는 '적의 위치'와 '적의 속도'라는 두 가지를 명심해야 한다고 했다. 적의 속도를 고려할 때, 조종사는 적이 무엇을 할 수 있는지를 결정할 수 있다고 했다.

이 연구는 '전투기 공대공 전투의 표준'으로, 지금까지도 미 공군과 전 세계 공군에서 사용되고 있다. 또한 그는 공중전투기동에 있어서 어떠한 불리한 위치에서 출발하여도 40초 이내에 상대 조종사를 물리칠 수 있다는 교관 조종사로서의 스탠딩 베팅으로 '40세컨드 보이드'라고 불리워졌다.

세계의 항공기 설계표준이 된 '에너지-기동성(E-M) 이론'

보이드는 항공기를 조종하면서 직관적으로 이해한 공중전의 성능을 과학적 근거로서 설명하고 싶어했다. 1960년대 초, 조지아 공과대학에서 산업공학을 연구하면서 민간인 수학자 토머스 크리스티의 도움을 받아 공중전의 '에너지-기동성(E-M)이론'을 만들었다. 전설적인 독불장군 보이드는 이 이론을 증명하는 데 필요한 수백만 번의 계산을 하기 위해 컴퓨터 시간을 훔쳤다고 알려졌다. 그러나 이후의 감사결과, 이 시설의 모든 컴퓨터 시간은 공인된

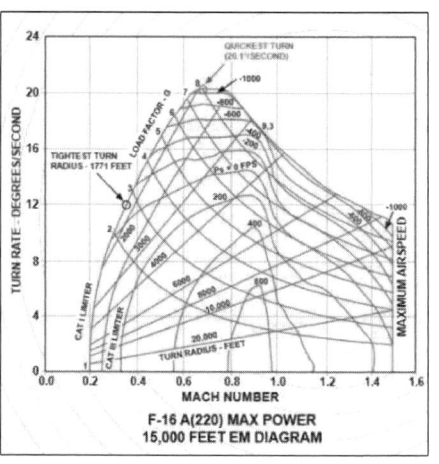

F-16 EM Chart. 추력, 선회성능, 중력 가속도 관계로 항공기 성능을 보여준다.

프로젝트에 적절하게 청구되었으며, 어떠한 부정행위로 기소될 수 없었다. 그가 만든 'E-M이론'은 이 이후로 전투기 설계의 세계표준이 되었다. 세계의 조종사들은 E-M을 통해 그 기종이 가장 잘 싸울 수 있는 영역대를 알게 되었고, 기동성을 극대화하면서 에너지를 유지하는 방법을 터득하게 되었다.

공군의 FX 프로젝트(이후 F-15)가 허우적거리고 있는 상태에서, 보이드는 전투기 조종사로의 베트남전 배치명령은 취소되었고, 그는 E-M 이론에 따라 트레이드 오프 연구를 다시 수행하기 위해 아서 소장에 의해 펜타곤으로 불려왔다. 국방부 장관의 시스템 분석 과정을 통과하기 위해 맥도널 더글러스 F-15 이글 프로그램을 지원하는 수학적 분석을 수행했다. 그의 작업은 최종 제품이 그가 원했던 것보다 크고 무거웠음에도 불구하고, FX 프로젝트가 비용만 많이 드는 공룡이 되는 것을 막는데 큰 도움을 주었다.

34. 로버트 코람, 『보이드: 전술론을 바꾼 전투기 조종사』

■◆ FX 프로젝트(F-15 개발)와 LWF(F-16 개발)에 참여

보이드는 리치오니, 스프레이, 힐레이커와 함께 USAF 본부 내에 자신을 '전투기 마피아'라고 부르는 연구조직에 참여했다. Riccioni는 연구개발부서에 배치된 조종사였고, Sprey는 시스템 분석 관련 통계학자였고, Hillaker는 항공기 설계이론가였다. 보이드는 F-15의 초기작업에 할당되었고, 당시는 'Bigger-Higher-Faster-Farther'가 항공기설계의 만트라로서, '블루버드'라고 불리고 있었다. 그는 '블루버드'의 마하 2.5+가 아닌 최고속도 마하 1.6수준의 '레드버드'를 제안했다. 무게를 줄이기 위해 최고속도가 희생될 것이었다. 그들은 이 개념을 공군본부에 제안했지만 그 제안은 반영되지 않아, 블루버드계획에 변화는 적었지만, 보이드의 기동성과 에너지 개념이 반영됐다.

국방부 장관은 이들의 저가 전투기 아이디어에 매료되어 F-16이 된 '경량 전투기 프로그램(LWF)'에 대한 연구 프로젝트에 자금을 지원했다. 국방부와 공군은 모두 프로그램을 진행했고 300대 이상의 항공기에 대해 사본당 300만 달러 이하의 '비용 설계' 기준을 규정했다. 미 공군은 'Hi-Low Mix' 전력구조의 아이디어를 고려했고, LWF 프로그램을 확장했다. 그들이 구상했던 것은 단순히 공대공 전문기가 아니라, 진보된 항공전자장치, 능동 레이더 및 레이더 유도 미사일을 갖춘 더 무거운 '다역 전투기'가 되었다.

■◆ 'OODA loop(의사결정 주기)' 및 '전략적 마비 이론'

Boyd의 핵심 개념중 하나는 조직(개인 또는 조직)이 경쟁적인 상황에 대응하는 프로세스인 '의사결정 주기(OODA loop)'이다. 그는 창의성과 변화하는 환경에 대한 반응에 관한 '파괴와 창조(Destruction & Creation)'라는 논문을 썼다. 작전적 이슈, 즉 '기동성'에 대한 더 철저한 정의를 적용했다. 한국전쟁에서 F-86은 MiG-15보다 에너지-기동성 면에서 우월하여 놀라운 격추율을 달성했으며, 1940년 독일의 전격전, 1976년 이스라엘의 엔테베작전 등은 하나의 기동에서 다른 기동으로 빠르게 작전템포를 전환, 급변하는 환경을 조성하여 전략적 마비를 달성한 것이 승리의 원인이라고 했다. 존 보이드가 창시한 'OODA 루프' 이론은 미군의 '의사결정(DM) 이론'의 기초를 제공하여 '군사 의사결정과정(MDMP) 교리'를 형성하고 있다.

OODA loop는 Observe(관찰)-Orient(방향설정)-Decide(결정)-Act(실행)의 단계를 상대보다 빠른 템포로 지속적으로 반복수행하여 경쟁상황을 풀어내고, 상대에게는 공황과 혼란, 파괴적이며 끔찍한 상황을 유발하게된다. OODA loop의 가장 놀라운 점은 이러한 경쟁에서 작전템포가 늦어서 패배하는 상대는 무슨 일이 일어났는지를 이해하지 못하며 패배한다는 것이다.

OODA loop는 민간영역에도 폭넓게 적용되기 시작하였으며, 이후 증인과 반대 변호인의 행동을 형성하기 위한 인지과학, 게임이론의 사용을 통합하는 소송전략이론 등에도 핵심적 개념으로 사용되고 있고, 업무 중심 학습 및 경영 교육을 위한 도구로도 제안되는 등 폭넓게 사용되고 있다.

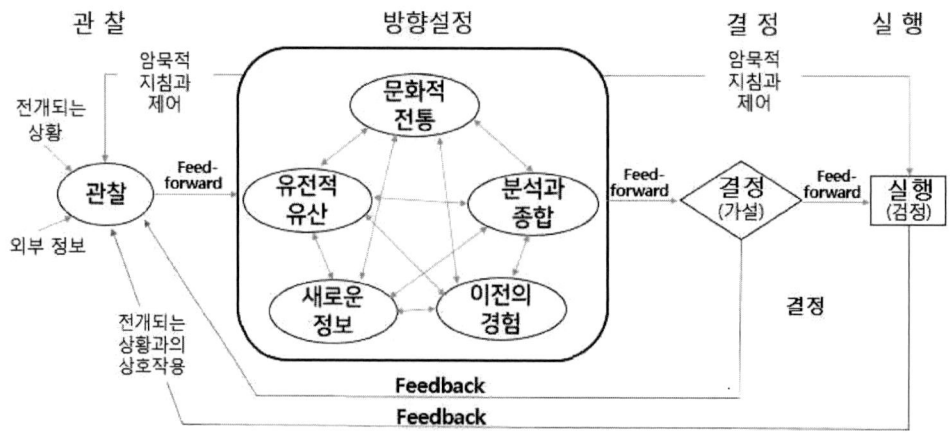

보이드는 '전략적 마비'와 관련된 '의사결정이론'을 '임무지휘(Mission Command)'와 연결하였다. 전격전 상황에서 지휘관은 높은 작전 템포를 유지하고 부하들이 자신의 의도를 알기 때문에 기회를 빠르게 활용할 수 있었다. 상세지휘보다는 '임무지휘'를 받았는데, 이것은 그들이 지휘관의 의도를 이해하고 있으며, 그들의 임무가 그 의도를 이해하고 필요한 모든 것을 수행하는 것임을 의미한다. 부하와 지휘관은 공통된 견해를 공유하고 서로를 신뢰하며, 이 신뢰는 형태가 없는 것처럼 보이는 노력을 하나로 묶는 접착제이다. 신뢰는 명시적 의사소통보다는 암묵적 의사소통을 강조한다. 신뢰는 통합이며, 부하에게 더 큰 행동의 자유를 제공한다고 했다.

34. 로버트 코람, 『보이드: 전술론을 바꾼 전투기 조종사』

◆ '분쟁이론'으로 미 해병대의 '기동전 이론' 제시

1980년 1월부터 보이드는 미국 해병대 AWS(상륙전 학교)에서 OODA loop를 통해 개발된 자신의 '**분쟁 이론**'[240]에 대해 강의했고, 이것은 존 보이드와 마이클 월리가 상륙전 학교의 교육과정을 바꾸도록 이끌었다. 트레이너(Trainor) 장군에 의해 현재 해병대 교리로 새롭게 정립된 '기동전 이론'을 해병대를 위한 새로운 전술 매뉴얼로 작성하도록 요청되어졌다.

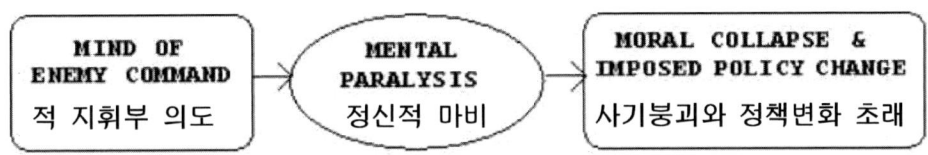

MCDP-1은 기동전을 "적군이 대처할 수 없는 격동적이고 빠르게 악화되는 상황을 생성하는 다양한 신속하고 집중적이며 예상치 못한 행동을 통해 적의 응집력을 산산조각내려는 전투 철학"으로 정의하며 핵심요소는 다음과 같다.

첫째, 기동전은 본질적으로 정신적이거나 도덕적인 패배 매커니즘을 우선시한다. 물리적 파괴는 적의 패배에 기여할 수 있지만, 인지적 영역에서 적을 산산조각 내는 것이 가장 훌륭하고 결정적으로 승리하는 방법이다.

둘째, 기동전은 적의 딜레마가 위기로 확대되도록 시간요소를 활용해야 한다. 이러한 시간 조작은 적이 처한 상황에 대처할 수 없는 무능력에 결정적으로 기여한다. 보이드의 모델은 적이 할 수 있는 것보다 빠른 템포를 적에게 강요하여 무질서를 발생시키고 상황처리를 생성할 수 없게 한다.

셋째, 적에게 영향을 미치고 이상적으로는 적을 패배시키는 방법을 이해해야하는데, 가장 좋은 것은 적의 관점에서 적을 이해하려고 노력해야한다. 이를 위해 적의 강점, 약점, 의도를 밝히기 위해 항상 조사분석해야한다.

넷째, 기동전은 비대칭성을 사용하는 것이다. 일반적으로 힘에 직접 힘을 가하는 것을 피하는 것으로 이해되지만, 그 의미는 훨씬 더 미묘하고 복잡하다. 비대칭은 물리적 영역보다 인지, 시간 및 인간영역에서 더 강력하다.

---

240) 존 보이드는 '분쟁 이론'을 통해 물리적이거나 공간적인 것이 아닌 심리적이고 시간적인 차원의 방법을 중시했다. 군사적 목적은 "기습적이며 위협을 줄 수 있는 작전적·전략적 차원의 상황을 선도하여 적 지휘부의 정신과 의지를 분쇄하는 것"이다. 이러한 목적달성을 위해서 적보다 신속한 작전의 수행이 요구되고, 이를 통해 마비를 달성한다.

제7장 전장에 항공기의 등장과 항공전략의 발전

35 현대 항공전역에서 전략적 마비이론 적용
✍ 존 와든 Ⅲ세(John A. Warden Ⅲ, 1943~)
📖 『항공전역(航空戰役)』
(The Air Campaign : Planning for Combat)

■◆ 걸프전에서 항공전역을 기획한 현대의 항공전략 이론가

존 와든 Ⅲ세는 미 공군 조종사로서 많은 실전 경험을 거치면서 그의 전략적 사상을 발전시켜왔다. 1967년 4월, 북한의 푸에블로호 납치사건이 발생했을 때 제1진으로 F-4E 전투기를 조종하여 한국에 급파됐었고, 1969년에는 베트남전쟁에 참전해 OV-10을 조종하며 임무를 수행했다.241)

베트남전쟁에서 와든은 일관성 없이 적용되는 교전규칙과 전략적 수준에서 부서 간의 긴밀한 협력이 결여되어있다는 점을 우려했다. 그는 베트남전쟁을 통해 일관성 있는 전략적 접근, 압도적인 군사력, 명확한 목표, 출구전략, 정치-군사의 결합 등과 같은 전쟁의 전략적 혜안을 갖게 만들었다. 베트남전쟁 경험은 그가 앞으로 진력하게 되는 항공력 이론과 전략의 중요성을 강조하는 캠페인(전역작전계획)의 기조가 되었다.

와든은 '국가 대전략 수준에서의 정책결정과정'에 관한 논문으로 석사학위를 받았고, 펜타곤에서 중동업무를 담당하였는데, 걸프전 기획에 있어서 결정적인 기여를 하게 됐다. 그는 일반적인 전투기 조종사들 보다도 전력구조, 개념, 교리 등에 관한 전략사상과 전략적 사고체계에 많은 관심을 가지고 있었고, 이미 항공전략사상가로 자리잡고 있었다.

와든은 종종 빌리 미첼에 비유됐다. 군인들이 종종 빠지게 되는 자신이 속한 조직의 발전에 연연하지 않고, 정치적 여건이나 자신의 신상에 미칠 영향 등에 구애받지 않고 급진적인 변화를 갈구하는 혁명가였기 때문이다. 와든은 1988년 그의 항공전략사상의 결정판인 『항공전역(The Air Campaign)』을 출간하였는데, 이 책의 내용은 1991년 걸프전에서 대부분이 구현되었다.

---
241) 와든은 266회의 전투출격을 수행하는 동안 탑승한 항공기가 여러 차례 적의 포화에 의해 손상을 입었고, 한번은 심각한 손상으로 착륙이 어려운 상태로 귀환하기도 했다.

35. 존 와든 3세, 『항공전역』

■◆ 현대전 승리의 결정적인 전력

와든은 전통적 교리였던 공지전투개념에 정면으로 도전하여 항공력이 현대전 승리의 결정적인 전력임을 강조했다. 와든은 미 육군의 공지전투교리(Air-Land battle)는 "항공력이 지상작전을 위한 지원전력이며 항공력 자체로는 전략적 수준이 될 수 없다"는 자군중심 사상이 근저에 깔려있다고 비판했다.

그는 전쟁 전역계획의 작전 단계에서 항공력을 사용하는 것에 중점을 두었다. 전역 지휘관에게 가장 중요한 임무는 국가 차원의 전쟁목표를 작전수준의 전술계획으로 바꾸는 것이라고 주장했다. 작전단계 전략의 숙달이 미래전쟁에서 승리하기 위한 열쇠가 된다는 점을 강조하면서 역사적인 사례를 통해 매력적

존 와든 3세, 『**항공전역**』

인 사례를 제시하였다. 이 책은 다양한 항공작전에서 다양한 적의 능력에 대비하여 항공력을 향후 항공전역에 사용하는 방법에 대한 계획을 보다 잘 이해하게 한다. 저자의 중요한 공헌 중 하나는 전역을 구상할 중대한 책임이 있는 사람들에게 승리하는 항공전역계획을 제시했다는 점이다.

■◆ 항공력에 의한 전략적 마비(Strategic Paralysis)

1990년 사담 후세인이 쿠웨이트를 침공했을 때, 미 중부사령부 사령관 슈워츠코프 장군은 8월 초에 펜타곤에 '이라크군을 목표로 하는 전략폭격 기획자'를 투입해달라고 요청했다. 떠오른 모델은 1986년 리비아 공습으로 행한 '엘도라도 캐니언 작전'이었는데, 쿠웨이트 해방을 위해서는 이보다 대규모의 전략폭격 기획이 필요했다. 이 모든 임무가 '존 와든'과 그의 팀에게 부여되었고, 그의 프로메테우스적 항공전역 기획은 성공적이었다.242)

---

242) 'Checkmate 프로젝트'는 소련 위협의 대응을 위해 1970년대에 구성되었지만, 1980년대에는 사용되지 않다가, 1991년 걸프전 계획을 위해 존 와든에 의해 부활했다.

제7장 전장에 항공기의 등장과 항공전략의 발전

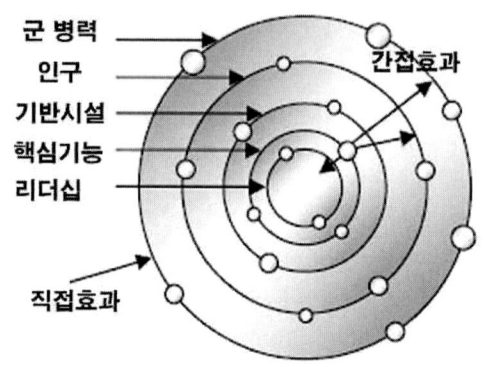

5개 전략동심원(Five Strategic Rings) 모델

걸프전쟁(1991)은 현대전에서 항공력의 결정적 역할이 얼마나 중요한지를 보여준 좋은 사례였다. 만약 미군 지휘부가 육군의 공지전투(Air Land Battle) 개념을 적용해 쿠웨이트 주둔 이라크군을 항공력과 포병으로 약화시키고 지상군의 공격으로 이라크군을 축출하는 계획을 채택하면 2만 명 이상의 다국적군 지상병력 사상자가 발생할 것이라고 계산됐다. 그러나 존 와든은 **전략적 마비**이론을 적용하여 최소의 희생으로 효과를 극대화하였다. 적을 하나의 시스템으로 보는 '5개 전략동심원 모델'을 택해, 그 시스템 내에서 전략적 중심인 지휘통제, 통신의 중요성을 인식하여, 이에 대한 전략폭격을 통해 기능적 혼란, 전략적 마비를 달성한 전역기획이 이뤄졌다.

또한 항공전역의 기본원칙인 공세적 개념을 적용, 정밀유도무기와 스텔스 항공기 등으로 개전과 함께 적의 전략·작전·전술적 주요 목표를 동시에 공격하는 **병행전**(Parallel warfare) 방식을 택했다. 목표를 하나씩 차례로 공격하는 과거의 **순차공격**(Serial Attack)과는 다른 방식이었다. 개전 후 수 분 만에 바그다드는 정전이 되었고 종전 때까지 그 기능은 돌아오지 않았다. 이라크는 전쟁이 시작된 후 곧바로 공중우세를 상실했다. 이라크군은 방공통제체계가 파괴된 이후 미군 항공기들이 이라크 비행장 상공에서 대기하고 있는 것도 모른 채 출격했으며 이라크 공군은 무용지물이 됐다.

걸프전 당시 합참의장이었던 콜린 파월은 "사막의 폭풍작전의 핵심에 항공력에 관한 존 와든의 독창적인 개념이 들어있었다"고 말했고, 다국적군 사령관이었던 슈워츠코프는 "존 와든이 궁극적으로 사막의 폭풍에서 다국적군의 위대한 승리를 이끈 전략적 개념을 고안해냈다"라고 선언했다. 미국의 역사가인 데이비드 할버스탐은 그의 저서에서 "뉴스잡지가 걸프전을 승리로 이끈 인물의 사진을 표지에 실리고 싶었다면, 그는 파월이나 슈워츠코프가 아니라 존 와든이다."라며 그의 역할에 대대적인 찬사를 보냈다.

35. 존 와든 3세, 『항공전역』

◆ 항공전역 계획에 대한 전반적 이해 제공

이 책에서 제9장 전쟁의 조화(The Orchestration of War)와 10장 항공전역 계획 수립(Planning the Air Campaign)이 가장 핵심적인 부분이다. 9장에서는 무엇보다 전쟁목표를 달성함에 있어 적의 **중심**(Center of Gravity)[243]을 식별 및 파괴하여 비용과 시간을 최소화하는 방법에 대해 설명한다.

10장에서는 항공전역 계획을 수립할 때, ① 적 지상군 공세가 급속하게 진행되고 있는 비상상황에서 항공력을 사용하는 문제, ② 후방차단작전과 근접항공지원작전 두 가지 임무 가운데 어느 쪽에 상대적으로 어느 정도의 노력을 기울여야 하는가에 대한 문제, ③ 공중우세 달성, 후방차단작전 및 근접항공지원작전을 동시에 수행해야 할 상황, 이상의 3가지를 고려해야 한다고 설명하고 있다. 존 와든은 특히 '**범세계적 도달, 범세계적 타격** (Global Reach - Global Power)'이라는 캐치프레이즈로 '**항공력은 국가 전략차원의 결정적 군사력**'이라는 개념을 확산시켰다.

이러한 전략사상으로 수행한 '인스턴트 썬더 작전'[244]은 전략적 차원과 작전적 차원에서 미국의 전쟁관을 바꾸었다. 효과기반 계획에 기초한 그의 전략적 마비 이론과 항공력의 목적과 운용에 관한 그의 급진적인 사고는 그를 제2차 세계대전 이후 가장 영향력있는 항공력 이론가로 만들었다.[245]

항공전략가 필립스 멜링거[246]는 존 와든을 제2차 세계대전 이후 가장 영향력있는 항공전략가로 평가했고, 데이비드 메츠는 존 와든을 줄리오 두헤, 빌리 미첼과 같은 항공전략사상가 반열에 올려야 한다고 주장했다.

국내에는 박덕희 역, 『항공전역』(연경문화사, 2003)으로 출판되었다.

---

[243] 적의 정신적, 물적인 힘, 행동의 자유 또는 전투의지를 제공하는 능력, 힘의 원천
[244] 존 와든이 걸프전 항공전역 작전명을 "인스턴트 썬더(Instant Thunder)"로 한 것은 베트남전 당시의 단계적인 공중공격을 의미하는 롤링 썬더(Rolling Thunder)개념을 단호하게 배격하고, 일시에 병행전을 실시한다는 대비의 의미에서 지었다고 한다.
[245] 걸프전 이후 와든의 전략적 항공이론은 더욱 정밀해졌다. 와든이 걸프전에서 얻은 교훈은 1) 전략적 공격의 중요성과 전략적 공격에 대한 국가의 취약성, 2) 전략적, 작전적 공중우세 상실의 치명적 결과, 3) 병행전의 압도적 효과 4) 새롭게 정의되는 대량공격과 기습작전에서 정밀무기의 가치, 5) 핵심전력으로서의 항공력의 우위성
[246] '존 와든' 이외에 현대 항공전략사상가는 의사결정주기인 'OODA loop모델'을 제시한 '존 보이드(1927~1997)', '효과중심작전(EBO)'을 창시한 '데이비드 뎁툴라(1952~)', '현대 항공력의 10가지 명제'를 제시한 '필립스 멜링거(1948~)' 등이 있다

제7장 전장에 항공기의 등장과 항공전략의 발전

◆ 존 보이드와 존 와든의 '전략적 마비' 이론의 함의

존 보이드는 적보다 빠른 템포의 작전을 통하여 전략적 마비를 달성할 것을 주장한 반면에, 존 와든은 첨단기술력을 활용하여 항공력의 극대화된 효과성과, 최소의 비용으로 전략적·작전적 우위를 통해 전쟁의 전략적 목적을 달성할 것을 주장하였다. 존 보이드가 적이 대

걸프전쟁 당시의 항공전략사상가 존 와든 (중앙)과 항공전역 기획 그룹 '체크메이트'

응할 수 없는 매우 유동적이며 위협적인 상황을 만들 것을 주장한 반면에, 존 와든은 적의 주요 전략적·작전적 요충지에 대한 병행공격을 주장하였다. 그리고 존 보이드가 적의 'OODA 과정'에 대한 작전을 통해 적의 지휘통제 체제와 과정을 와해하는데 중점을 둔 반면에, 와든은 적의 '5개 전략 동심원(5 ring)' 모델의 상호의존적 체계에 대한 공격에 초점을 맞추었다.

이러한 두 전략가의 접근방법에 대한 차이에도 불구하고, 존 보이드와 존 와든의 '전략적 마비' 이론은 다른 모태에서 태어났지만 맥을 같이하는 전략사상이라고 할 수 있다. 이 두 명의 공군 전투기 조종사 출신의 전략 사상가들은 20세기 항공사상 발전에 분명한 기여를 하였으며, 그들의 업적은 전략적 항공이론의 근본적인 변화(경제적인 개념을 통한 마비이론으로부터 지휘통제개념을 통한 전략적 마비 이론으로의 전환)를 이루어 놓았다.

존 보이드와 존 와든의 이론은 서로 보완하며, '지휘통제전을 통한 전략적 마비' 이론의 시대를 열었다. 이러한 전략적 마비 이론은 전쟁형태의 다양성에도 불구하고, 미래 정보화시대에서도 여전히 지배적인 전략사상으로 작용하게 될 것이다. 존 보이드와 존 와든이 주장하는 '지휘통제전을 통한 전략적 마비'의 추구는 미래전에서 항공우주력의 조직, 준비, 적용에 대한 최선의 방책을 내포하고 있다고 할 수 있다.

[원서 정보] John A Warden III, *The Air Campaign: Planning for Combat,* (Indiana, iUniverse, 1998)

35. 존 와든 3세, 『항공전역』

< 항공력에 관한 10가지 명제 (필립스 멜링거) >

1. 하늘을 지배하는 자는 대개 지·해상도 지배한다.
만약 우리가 하늘의 전쟁에서 패배한다면 전쟁 전체를 패배하게 되고, 그것도 매우 빠른 시간 내에 그렇게 된다. -버나드 몽고메리-

2. 항공력은 본질적으로 전략적 전력(戰略的 戰力)이다
항공력은 전쟁 억제력으로서, 전시에는 적의 전쟁수행 능력을 파괴하고 전쟁수행의지를 치명적으로 손상시키는 뛰어난 전력이 되었다. -브래들리-

3. 항공력은 일차적으로 공세무기(攻勢武器)이다
전쟁을 일단 시작했으면 공세적으로 그리고 적극적으로 수행하여 적이 공세를 받아넘기지 못하도록 하여 적을 완전히 패배시켜야 한다. - 마한 -

4. 항공력의 핵심은 표적선정이고 표적선정의 핵심은 정보이며, 정보의 핵심은 항공작전의 효과에 대한 분석이다. 적에 대해서 무지하면서 그들에게 무엇을 해야 할 것이라고 어떻게 말할 수 있겠는가? - 조미니-

5. 항공력은 시간을 지배함으로써 육체적 및 심리적 충격을 생산한다.
모든 군사작전에서는 시간이 전부라는 말은 정말 사실이다. - 웰링턴-

6. 항공력은 어떤 전쟁수준에서도 병행작전을 동시 수행할 수 있다.
항공력은 고유의 융통성이 있기 때문에 작전전구 내에서 목표를 다른 곳으로 바꿀 때도 기지 이동이 불필요하다. - 버나드 몽고메리-

7. 정밀 항공무기는 대량의 의미를 재정의하였다.
승리의 대가로 치명적인 손실을 입으면 결정적인 승리도 소용이 없다.-처칠-

8. 항공력의 고유한 특성은 항공인에 의한 중앙통제를 필요로 한다.
항공전을 작은 부분으로 분할하면 안 된다. 항공력은 지해상에서의 경계선을 모른다. 그것은 단일체이고 지휘의 통일을 요구한다. - 아더 테더 대장 -

9. 기술과 항공력은 필수적이며 상승작용적인 관계가 있다.
과학은 정치와 군사문제를 앞지른다. 과학은 제도가 수용해야 하는 새로운 조건들을 만들어 낸다. 과학의 발전을 재빨리 따라가자. - 스파아츠 -

10. 항공력은 군사적 자산에 항공우주산업과 상업항공까지 포함한다.
국가의 미래는 항공인과 함께 항공력의 발달에 달려있다. -빌리 미첼-

냉전과 제한전쟁 시대의 전략

제2차 세계대전 이후 미국은 소련과 중국을 대상으로 냉전체제를 형성하고, 제한전쟁 전략을 내세웠다. 제한전쟁 이론은 미국의 대외정책에 있어서 중요한 역할을 담당하여 왔으며, 제한전쟁을 억지하고 수행하는데 크게 기여했다.

그러나 한국전쟁 이후에 미국의 제한전쟁 전략은 베트남전을 통해서 중대한 시련을 겪었으며, 이후에도 제3세계에서 새로운 도전을 받게 되어 지속적으로 전략을 수정하게 된다.

1980년대 중반 고르바초프의 '페레스트로이카'가 등장한 이후 1989년 베를린 장벽 붕괴를 시발로 1991년 소련이 해체되고 사회주의 블록체제가 무너짐에 따라, 미소 양국 중심의 냉전체제는 종언을 고하고 세계는 탈냉전 시대를 맞이하게 된다.

제8장 냉전과 제한전쟁 시대의 전략

36 냉전시대 초기 미국의 국가안보전략 기획
✎ 조지 캐넌 (George F. Kennan, 1904~2005)
📖 『미국 외교 50년』
(American Diplomacy, 1900-1950)   *1951년

◆ 소련에 대한 미국의 봉쇄정책(Containment Policy) 입안자

조지 캐넌은 제2차 세계대전 직후에 소련에 대한 '**봉쇄정책**'을 입안하고, 냉전기 미국의 세계정책의 기축을 이론적으로 지지한 인물로 알려져 있다. 그는 1904년 미국 위스콘신주에서 태어나 프린스턴 대학에서 역사학을 공부한 후에 국무성에 들어갔다. 1946년에 신설된 국무성 정책기획실의 실장으로서 제2차 세계대전 후의 미국 외교의 청사진을 구상하였고, 그 이후에 주 소련 대사와 주 유고슬라비아 대사 등을 역임했다.

『미국외교 50년』의 제1부는 1950년에 캐넌이 시카고 대학에서 미국외교론에 대해 강연한 내용을 6개의 장으로 나누어 수록하고 있다. 제1부에 캐넌은 1898년의 미국-스페인 전쟁과 1899년의 문호개방선언 이후 50년간의 미국외교 역사를 돌아보면서, 미국의 안전은 우선 영국의 지위에 좌우되어왔다는 것, 그 영국의 지위는 유럽 대륙에 있어서의 세력균형에 의존해 왔다는 것, 따라서 미국의 안전보장상의 사활적인 문제는 유럽 대륙에 있어서 강력한 육군력을 갖는 국가가 패권을 쥐는 것을 여하히 저지할 것인가에 있었다는 점에 대해 밝히고 있다. 제2부에는 1947년에 '포린 어페어(Foreign Affairs)'에 게재되어 미국에서 큰 반향을 불러 일으켰던 이른바 'X논문(X Article)'이 실려있다.

미국 봉쇄정책의 상징적 그림

36. 조지 캐넌, 『미국 외교 50년』

■◆ 장문 전보(Long Telegram)와 X논문

제2차 대전 후의 국제정치의 모든 양상을 특징지은 미소대립의 냉전의 기원을 찾아가면, 독소전쟁이 시작된 1941년까지 올라갈 수 있다. 독일과 소련이 유라시아 대륙의 지배를 둘러싸고 싸웠던 사상최대규모의 전쟁에서 소련은 미국과 영국에 동맹을 맺고 연합하여 싸웠기 때문에 독일은 패전하였고, 독일의 세력권이었던 지역에 '**힘의 공백**(power vacuum)'247)이 발생하였다. 소련은 발생된 '힘의 공백'을 감지하고 병사들을 재빠르게 힘의 공백이 생긴 동유럽 각국에 파견하였다.248)

조지 캐넌, 『**미국외교 50년**』

동유럽에 대한 소련의 급격한 세력확장에 대한 대응을 둘러싸고, 미국의 트루먼 정권 내에서 대규모 논의가 있었다. 공산주의의 세계적인 확산을 목표로 하는 스탈린이 통솔한 소련은 역사적으로 '**팽창주의**'249)임이 식별되었고, 소련의 확장에 대해서 강경한 외교를 전개할 필요가 있다는 견해가 주류를 이루었다.

이때 소련의 재빠른 행태에 대해 고심하고 있던 미국정부가 소련에 대해 강경한 외교를 취하도록 정책을 입안하고, 이러한 정책을 펼치는 과정에서 실제로 주도적인 역할을 담당했던 사람이 '조지 캐넌'이었다. 1946년 2월, 당시 주소련 대사관의 캐넌250)은 소련의 행동을 역사적이며 상세히 분석한 '**장문 전보**(Long Telegram)'라고 불리워진 의견서를 워싱턴에 보냈다.

---

247) **힘의 공백**(power vacuum) : 국내정치에서는 중앙권력이나 권한이 없는 상태로, 힘의 공백이 생기면 무장민병이나, 반군, 군부 쿠데타 형태로 진공을 채워가는 경향을 시사한다. 국제관계에서는 유지되던 세력의 소멸이나 세력균형을 이루던 세력의 철수 등으로 발생되는 급작스런 공백을 말한다.
248) 영국의 처칠 수상은 동유럽에 대한 소련군의 진주 상황을 "서부 연합국 앞에 '**철의 장막**(The Iron Curtain)'이 드리워졌다"라고 표현하며, 깊은 우려를 표명했다.
249) **팽창주의**(expansionism) : 제2차세계대전이후 소련의 영향력과 통제력을 높이기 위한 전략. 공산주의 정부 수립, 소련 이데올로기 확산, 군사적 개입이 포함되어 있었다.
250) 캐넌은 1929년부터 독일에서 소련 정세를 분석했고, 1933년부터는 소련주재 미 대사관에서 근무했고, 1944년 7월부터는 주소련 대사대리로 근무중인 소련통이었다.

제8장 냉전과 제한전쟁 시대의 전략

　장문의 의견서 중에서 그는 "역사적 관점과 지정학적 관점으로 볼 때, 세력확장에 대한 욕구야말로 소련의 모든 행동을 규정하는 불변의 본질이며, 소련의 세력확장에 대한 욕구에는 제한이 없다"는 견해를 밝혔다. 더욱이 소련의 본질인 세력확장에의 욕구에 대해서는 외부로부터 여하한 실질적인 영향도 미칠 수 없으며, 소련과의 평화 공존과 소련을 상대로 교섭을 하는 것은 불가능하고, 그러한 교섭을 소련도 행하지 않을 것이라고 결론지었다.
　'장문 전보'는 당시 소련과의 관계설정에 고민하던 워싱턴의 미국 정부 관계자들 간에 크나큰 반향을 불러일으켰고, 조지 마샬의 요청으로 국무성 정책기획실의 실장으로 조지 캐넌이 취임하는 계기가 되었다.
　1947년 7월, 캐넌은 외교전문지 '포린 어페어(Foreign Affairs)'에 '소련 행동의 원천(The Sources of Soviet Conduct)'이라는 타이틀의 논문을, 외교관 신분이었던 캐넌이 신분을 밝힐 수 없어서 익명을 뜻하는 'X'라는 이름으로 발표했다.251) 이 논문에서 "만약 소련이 평화롭게 안정된 세계의 이익을 침식하는 징후가 나타난다면 어디에 있어서도 미국은 단호한 대항력을 갖고 소련에 대처하기 위한 계획을 확고히 하는 **봉쇄정책(Containment Policy)**을 충분한 자신을 갖고 수행하는 것이 중요하다"라고 역설하였다. 또한 소련의 팽창주의적 경향에 대해 인내하며 대처하지만, 단호하게 경계하는 장기적인 봉쇄를 주문했다. 계속 변화하는 일련의 지리적, 정치적 요소에서 소련 행동의 변화와 책략에 대응함에 있어서 기민하면서도 신중하게 대항세력을 활용함으로써 소련을 봉쇄할 수 있을 것이라고 예견했다. 이러한 '봉쇄정책' 논의는 '반공'을 서두르는 트루먼 정권의 외교정책을 이론적으로 지탱하는 것으로 큰 반향을 불렀으며, 얼마 안 있어 경제면에서 피폐해진 유럽 국가들의 경제 부흥을 목표로 하는 '**마샬 플랜**(유럽 부흥계획)'을 실시하게 된다.

트루먼대통령(좌), 조지마샬과 마샬플랜에 대해 논의 중인 '조지 캐넌'(맨 우측)

251) 그것이 이른바 'X논문(X Article)'이라고 명명되어지게 된 유래이다.

36. 조지 캐넌, 『미국 외교 50년』

또한 군사적인 면에서는 동구권 공산주의 세력에 대항하기 위한 군사동맹으로 'NATO(북대서양조약기구)'의 창설로 발전되었다.

우측의 그림은 동유럽 지역에 있어서 1938년에서 1948년의 국경선의 변화를 보여준다. 스탈린은 소련의 인접국가들을 병합했으며, 위로는 동독과 폴란드에서, 아래로는 알바니아와 불가리아에 이르기까지 많은 나라들을 위성국가로 만들었다.

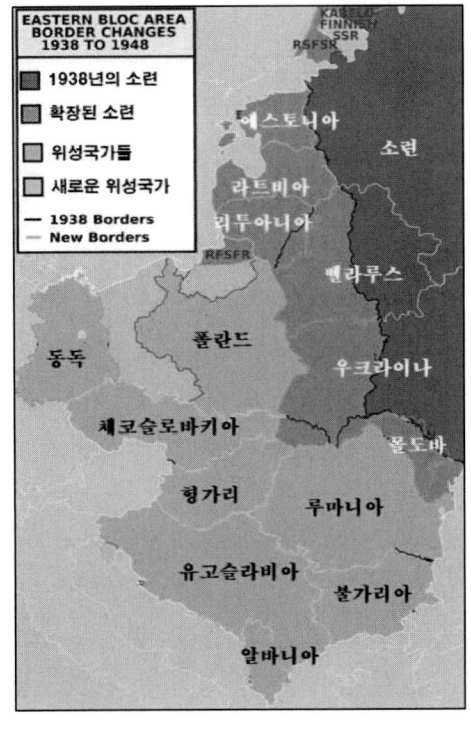

소련이 얄타 및 포츠담회담의 합의사항을 위반하며 터키와 그리스를 위협하며 세계질서를 어지럽히자, 미국은 소련에 대항하는 반공을 내세운 '트루먼 독트린(1947.3)'[252]을 선포했다. '그리스'와 '터키'가 공산화되면 소련이 지중해에 대한 직접적 통로를 제공받을 것을 염려하여 군사적·경제적 원조를 제공해 공산화를 막았다.

■◆ 전략가로서의 조지 캐넌에 대한 평가

캐넌에 대한 평가로, 소련이라는 공산주의 세력으로부터 민주주의를 보호하는데 큰 역할을 담당했다는 평가와 함께, 일부에서는 소련과 통상적인 외교관계를 구축하는 가능성을 실질적으로 배제했다는 비판도 있었다.

이러한 형태의 정책을 캐넌이 제안한 배경에는 미국이 국가 간의 경쟁에 있어서 선악의 관점을 대입하였고, 현실을 무시한 과도한 이상주의적인 외교를 추진해왔다는 것에 대해 반대입장에 서 있었기 때문이다.

---

252) **트루먼 독트린**: 1947년 3월 12일 미 의회 연설을 통해 공포되었다. "공산주의가 전 세계로 퍼지는 것을 저지하기 위해 자유와 독립 유지에 노력하고, 소수의 정부 지배를 거부하는 세계 각국에 대해 군사적·경제적 원조를 제공한다"는 것이 주요 내용이다.

제8장 냉전과 제한전쟁 시대의 전략

『미국외교 50년』 중에 그는 이러한 미국의 이상주의적인 외교의 결점을 '법률가적·도덕가적 어프로치'라고 칭하며 비판하였다. 이른바 '법률가'나 '도덕가'가 전쟁이나 폭력을 세상에서 추방하겠다는 고매한 이상을 내세우며, 전쟁을 일으킬 때에는 국익을 지키겠다는 현실적 동기를 잃어버리고 무법자인 적국을 철저히 굴복시킬 때까지 싸움을 그치지 않는 경우가 많다고 말한다. 그 결과로 그들은 이상과는 반대로 오히려 전쟁을 격화시키고 길게 끌고가게 된다. 그 단적인 예로서 캐넌은 제2차 세계대전 중에 미국이 내걸었던 '무조건 항복 정책'253)을 들었다.

『미국외교 50년』은 미국에서 높은 평가를 받으며 많은 대학의 국제관계론이나 미국 외교사 연구의 주요 교과서로 사용되고 있고, 그 분야의 고전이라고 일컬어지고 있다. 특히 이 책에 수록되어 있는 'X논문'으로 알려진 '소련 행동의 원천'은 당시 미국 전략형성의 근간으로 평가받고 있다.

캐넌은 "공산주의는 내부의 부패로 붕괴할 것이므로, 공산주의 확산을 억제할 필요는 있으나, 공산주의의 붕괴나 변화를 시도할 필요는 없다"고 주장했다. 이러한 **봉쇄정책(Containment Policy)**은 **억지정책(Deterrence Policy)**과 함께 냉전시대 미국 대외정책의 기조가 되었는데, 소련의 붕괴로 정책의 성과를 입증하였다(지구상에서 북한만이 조지 캐넌의 주장이 입증되지 않고 있다). 조지 캐넌이 이끌었던 소련에 대한 '봉쇄정책'과 NATO와 같은 '공동안보'는 아자 가트 등의 학자에 의해 미국과 영국으로 대표되는 자유민주주의 국가에 합치하는 전쟁방법, '서방의 자유주의 전쟁방법'으로 명명되고, 이를 이끌어 온 '조지 캐넌'은 중요한 전략가로 평가받고 있다.

국내에는 『조지 캐넌의 미국 외교 50년, 세계대전에서 냉전까지, 20세기 미국 외교 전략의 불편한 진실』,(가람기획, 2013)로 소개되었다.

[원서 정보] George F. Kennan, *American Diplomacy, 1900-1950*, Published March 15th 1985(University Of Chicago Press, first published 1951)

---

253) **무조건 항복(Unconditional surrender)** : 전쟁에서 승전국이 제시하는 항복조건에 패전국이 그대로 승복하는 것. 군사적 의미는 병력과 무기 등 조건없이 승전국의 권한에 맡겨서 분쟁을 종결짓는 것을 뜻하며, 국제정치상의 의미로는 패전국이 조건없이 승전국의 정치적 지배에 들어가는 것을 말한다. 제2차 세계대전시에 연합국측이 독일, 이탈리아, 일본 등에 대해서 세운 전쟁 종결방침은 '정치적 무조건 항복'이었다.

37. 헨리 키신저, 『회복되어진 세계 평화』

세계질서 회복과 영속적 평화 창조

✎ 헨리 키신저 (Henry A. Kissinger, 1923~2023)

📖 『회복되어진 세계 평화』
(A World Restored : Metternich, Castlereagh and the Problems of Peace, 1812-1822)   *1957년 초판 발행

◆ 세계평화에 기여한 전략가, 헨리 키신저

헨리. A. 키신저는 1923년에 독일에서 태어나서 나치의 박해를 피하기 위해 미국으로 건너왔다. 하버드 대학을 졸업하고 모교에서 교수로서 정치학을 가르쳤다. 1969년에 닉슨 대통령의 안전보장 담당보좌관이 된 이래, 그는 1970년대 미국 외교의 실질적인 책임자로서 폭넓게 활약했다. 특히 중국을 개방시키고 닉슨에 의한 중국방문을 실현시켰으며, 소련과의 데탕트 정책을 개척하여 두 초강대국 사이에 긴장완화를 달성했고, 베트남과 중동에서의 평화공작 등에서 그가 중심적인 역할을 수행했다고 알려지고 있다.

키신저는 카터 행정부에서 안보담당 보좌관을 지낸 공산권문제 전문가 비그뉴 브레진스키[254]와 함께 미국을 대표하는 전략가라고 평가받고 있다.

이 책인 『회복되어진 세계평화』의 주요 테마를 말하면, "전쟁이 종결된 후에 어떻게 하면 안정적이고 영속적인 질서를 만드는 것이 가능할 것인가"라는 문제를 해명하는 것이다.

이 책에는 프랑스 혁명과 나폴레옹 전쟁이 유럽에 가져다준 미증유의 대변혁과 그것에 동반한 혼동스러운 상황의 가운데, 유럽의 정치가가 새로운 국제질서를 만들어가는 과정에 초점을 맞추어서 그 정치가들의 성공과 좌절을 선명하게 그리고 있다. 그 시대를 대표하는 정치가로서 대륙국가인 오스트리아 외무장관 '메테르니히'와 해양국가인 영국 외무상인 '캐슬레이'가 수행했던 다양한 외교교섭을 사례연구로서 채택하였다.

---

[254] 브레진스키는 그의 저서 『대실패(The Grand Failure)』를 통해 소련 공산주의체제가 붕괴할 수밖에 없는 이유를 정확하게 기술하였는데, 그의 예측대로 소련은 해체되었고, 러시아는 시장경제체제로 전환되었다.

제8장 냉전과 제한전쟁 시대의 전략

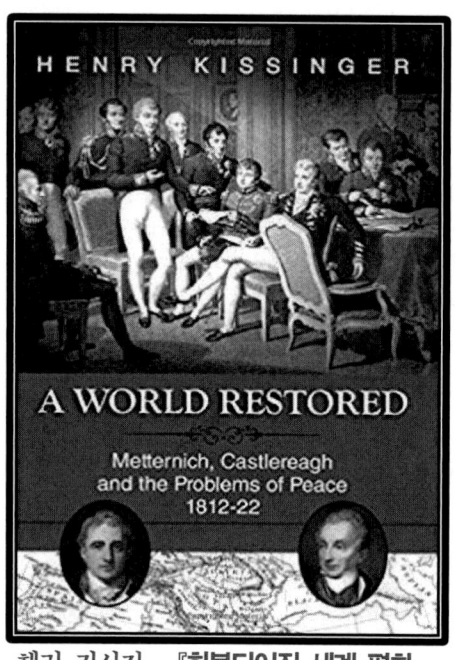

헨리 키신저, 『회복되어진 세계 평화』

정치가들의 외교적 수완

1814년 메테르니히는 나폴레옹전쟁의 전후처리를 위한 국제회의를 빈에서 주최하고 그 회의의 의장으로서 새로운 질서의 형성에 매진했다. 영국, 프로이센, 오스트리아, 러시아를 비롯한 유럽전역으로부터 크고 작은 90여개의 왕국과 53개의 공국의 대표인 군주와 정치가 210명이 빈(Wien)회의에 모였는데, 영토배분에 관한 모든 국가들의 이해가 복잡하게 뒤얽혀 있어서 회의는 당초부터 지지부진했다. 그 당시 빈 회의의 난항 상황을 가리켜서 "회의는 춤을 추지만, 진척은 없다"라는 유명한 말이 있다.255) 길고 긴 회의 끝에 '빈 의정서'가 채택되어 '빈 체제(Wiener System)'라고 불리는 새로운 질서가 유럽에 만들어졌는데, 키신저는 유럽에 이러한 질서를 회복시킨 것은 전적으로 오스트리아 외무장관 메테르니히와 영국 외무상 캐슬레이의 탁월한 외교적 수완이었다고 평가했다.

전쟁이후에 질서회복과 영속적 평화창조가 중요

『회복되어진 세계평화』를 읽어나가면 전쟁의 목적은 단지 전장에서의 군사적 승리를 획득하는 것에 그치지 않고, 관계된 제 국가에 있어서 안정적이고 영속적인 질서를 창조하는 것에 있다는 것을 이해하게 된다.

키신저는 이 책을 통하여 세계 평화에 있어서 나폴레옹 전쟁의 사례를 제시하는데, 전쟁은 군인에 의한 '라이프치히 전투'256)와 같은 전장에서 결착이 만들어지지 않고, 어디까지나 '빈 회의'에 모인 정치가들과 외교관들에 의한 평화교섭 테이블에서 해결을 보았다고 보는 것이다.

---

255) 회의가 난항을 거듭하면 회의를 중단하고 파티를 거행했기 때문에 생겨난 말이다.
256) 1813년 10월 16일~19일까지 벌어졌으며, 나폴레옹이 겪은 가장 결정적인 패배중의 하나이다. 양측 50만명이 넘는 병력이 참전해 1차대전 이전에 가장 규모가 큰 전투였다.

37. 헨리 키신저, 『회복되어진 세계 평화』

◼️ 전쟁이후 안정적이고 영속적인 질서회복을 위한 조치

전쟁이후 질서 회복과 영속적 평화창조를 위해 저자가 제시한 것은

첫 번째로, 적의 군대를 무력화해서 전장에의 군사적 승리를 획득할 것. 그러나 전장의 승리 자체가 전쟁 전체의 결말을 결정해주는 것은 아니다. 전승국의 정치가에게 있어서는 그러한 군사적 승리를 '변환'해서 자기에게 유리한 '평화'를 창조하기 위한 정치적 작업이 중요하게 된다.

두 번째로, 패전국 중에서 강화조건을 받아들일 의지와 능력이 갖춘 지도자를 찾아내어, 그 지도자가 주도하는 정부를 수립하는 것이다. 다만 그 패전국의 지도자는 국민으로부터 전폭적인 신뢰를 얻고 있는 인물이 지도자가 되어야만 한다. 국민으로부터 '배신자'라는 딱지가 붙여진 것 같은 인물이 지도자가 되면 전후에 안정적이고 영속적인 질서를 확보하는 것은 매우 어려워진다.

세 번째로, 전쟁을 수행하는 중에 지도자는 그 전쟁에 여하한 관심을 갖는 제3국에 의한 개입을 배제할 것. 동시에 전쟁의 결과와 강화를 위한 조건도 당사국은 물론이고, 제3국에 의해 받아들여질 수 있는 가능한 것이 되어야만 한다.

키신저는 빈 회의에 있어서 메테르니히와 캐슬레이가 이러한 조건을 만족시키는 것에 성공했다고 평가했다. 나폴레옹 전쟁이 발생시킨 혼란 중에 유럽에 그 후 약 100년에 걸쳐 계속된 안정적인 질서를 만들어내는데, 그들이 성공한 이유로서 그들이 '세력균형'과 '정통성'에 대한 날카로운 감각과 인식력을 갖추고 있었다는 점을 강조하고 있다.

'**세력균형(balance of power)**'이란 어떠한 하나의 국가가 지배적 지위를 점하는 것을 저지하고 각국이 서로가 균형적인 힘을 가져서 전쟁이 일어날 가능성을 낮게 하는 시도이다. 국제정치에 대한 키신저의 시각은 냉철하고 현실적인 것이어서, 이 책에서도 '힘의 균형이 존재하는 경우에만 평화를 확보하고 유지하는 것이 가능하다'는 그의 지론이 반복되어지고 있다.

제8장 냉전과 제한전쟁 시대의 전략

'정통성(legitimacy)'의 개념은 키신저가 특특한 의미로 사용하고 있고, 이 책에서도 장소에 따라 다른 의미로 사용되고 있어서 이해하기 쉽지 않지만, 요컨대 '현재 보유하고 있는 외교적 수단으로 무엇을 달성할 수 있을 것인가를 가려낼 능력'이라고 생각해도 좋다. 다시 말하면 당사자가 갖고 있는 외교수단의 한계에 알맞은 수준까지 정치목표를 낮추는 능력이다.

더욱이 키신저의 '정통성'에 관해서 중요한 점은 그것은 '정의'와는 무관한 개념이라는 것이다. 결국 키신저에 의한 외교의 본질은 권선징악의 사고방식이나 종교상의 신조나 이데올로기에 의한 관계가 아니라, '당사자가 갖는 외교수단의 한계에 맞는 수준까지 정치목표를 낮추는 것'이라는 극단적으로 현실감각이 풍부한 것을 말한다.

냉전에서 데탕트를 이끌어내 세계평화에 기여하다

『회복되어진 세계평화』가 매우 흥미로운 것은 1차 자료를 포함한 방대한 양의 역사자료를 기초로 하면서, 나폴레옹 전쟁 후의 유럽의 복잡한 외교교섭의 실상을 선명하게 그려냈다는 점에 그치지 않고, 메테르니히와 캐스러레이의 고찰을 통해서 외교의 본질을 밝혀냈다는 것이다. 이러한 점에서 이 책은 17세기부터 냉전의 종결까지의 유럽 제국가의 외교관계를 개관적으로 설명한 키신저의 다른 저작 『외교(Diplomacy)』와 맥을 같이 한다

국제정치학의 관점에서 볼 때, 키신저는 한스 모겐소와 케네스 월츠 사이의 고전적 현실주의 국제정치학자로 자리매김한다. 국제정치의 정의는 '권력과 냉정한 국익'이라는 관점을 견지했다. 그는 대통령의 안전보장담당 보좌관과 국무장관에 재임 중에 19세기의 메테르니히처럼 이데올로기와 과도한 이상주의를 배제한 형태로 '국익중심의 현실주의 외교'를 추진하였다.

1969년 '닉슨 독트린'[257)]에 관여하였고, 1971년 7월 중국을 방문하여 '핑퐁외교'라 불리는 미중관계를 개척하였고, 1972년 중동평화협정 조정, 미국-소련 간의 전략무기제한협정(SALT) 조인, 1973년 1월 북베트남과 접촉해 10여 년간의 베트남전쟁을 종식하는 '파리 평화협정'을 체결하였다.

---

257) 1969년에 발표한 닉슨 행정부의 아시아 정책. "동맹국에 핵우산을 제공하되, 베트남 전쟁과 같은 군사적 개입은 피한다"는 국제사회에서 미국의 역할 조정내용을 담고 있다.

37. 헨리 키신저, 『회복되어진 세계 평화』

1974년 소련의 블라디보스톡 미소정상회담에서 만난 미국의 포드 대통령과 소련의 브레즈네프 서기장 간에 따뜻한 분위기를 만드는 키신저 국무장관. 키신저는 본인이 메테르니히의 역할을 수행해야 한다고 굳게 믿고 있었다.

1977년 국무장관에서 물러날 때까지 데탕트[258]를 달성하여 국제평화에 기여한 그의 외교적 성과는 매우 놀랍다. 냉전시대의 세계평화에 가장 위대한 공로자로 인정받았으며, 그 공로로 노벨평화상을 수상하였다.[259]

그의 평화적 외교정책을 이론적으로 받쳐준 것은 전술한 '세력균형'과 '정통성'[260]이라는 사고방식이었다. 키신저는 스스로의 이론을 실천하는 입장에 서 있었던 아주 드문 연구자였다. 이 책은 냉전이 긴장완화로 엄청나게 변화하던 1970년대의 미국외교와 안보정책을 깊이 이해하는데 도움이 된다.

미국외교의 개관은 키신저의『외교(Diplomacy, 1995)』를 참고할수 있다. 국내에서 박용민 역, 『회복된 세계』(북앤피플, 2014.)로 출판되었다.

---

258) **데탕트(detente)** : '긴장완화'를 뜻하며, 프랑스 드골 대통령이 재임 중에 소련 및 동유럽국가들과의 관계 개선을 추진할 때 활발히 사용했다. 1970년대에 들어 미국의 닉슨 정권하에서 키신저가 소련과의 정치대결을 회피하고 대화와 군비관리의 틀을 구축하기 위해 추진된 정책을 추진하여 동·서간에 약 10년간 데탕트가 지속되다가, 1979년 12월, 소련의 아프간 침공으로 데탕트는 깨지고 '제2의 냉전'이 시작된다.
259) 냉전은 1947년부터 1989년까지 40년간 지속되었다. 1960년대까지는 냉전이 절정에 달해 미·소간에 진지한 협상은 거의 없었다. 1970년대 초부터 키신저가 조성한 데탕트 이후에야 미·소가 빈번히 접촉했고, 지속적으로 군축협상에 임했다.
260) 키신저는 '정통성'을 "이행가능한 합의들의 성격과 외교정책으로서 허용가능한 목표와 수단에 대한 국제적 합의"라고 정의했다.

제한전쟁 시대에 필요한 '타협'과 '중용'

38

✎ J.F.C.풀러(John Frederick Charles Fuller, 1878-1966)

📖 『제한전쟁 지도론(1789-1961)』
(The Conduct of War, 1789-1961: A Study of The Impact of The French, Industrial, and Russian Revolutions on War and Its Conduct) *1961년 초판

◆ '통상적이지 않고 매우 독특했던' 영국 군인

리델하트와 함께 영국의 군사사상을 대표하는 전략사상가 존 프레더릭 찰스 풀러(J.F.C.풀러)의 이름은 군사전략 수준에서의 '기갑전 이론'의 주창자로서 널리 알려졌지만, 사실 그는 전쟁과 사회의 관계성에 주목하면서 오랜 기간 전쟁 역사서를 저술한 인물로서도 높게 평가받고 있다.

1878년에 태어난 풀러는 영국 육군에 입대해 남아프리카 보어전쟁에 종군한 후, 제1차 세계대전이 발발하기 직전까지 영국 육군참모대학에서 연구에 종사했다. 제1차 세계대전 중 새롭게 개발된 전차의 기동력에 주목하고, 1917년 캉브레(Cambrai) 전투에서는 전차를 주체로 한 공세작전을 계획하여 주목을 받았다. 그 후 결국 실현하지 못했다고는 하나 전차의 대량 및 집중적 운영을 취지로 하는 '작전계획 1919'를 작성한 것으로 알려져 있다.

1933년에 퇴역한 풀러는 1966년 서거하기까지 집필활동에 전념했는데, 그의 연구대상은 군사의 영역은 물론, 광의의 전쟁사, 나아가서는 사상과 철학까지 미치고 있다. 그는 자기 생애에 있어 45권의 저작을 세상에 발표했는데 모두 수준이 높다. 그는 시대를 앞서가는 혜안을 가진 선각자였다. 그는 이 책에서 제한전쟁 시대에 정치가와 군인은 어떻게 전쟁을 바라봐야 하는지에 대해 독특한 관점에서 설명하고 있다. 『통상적이지 않은 군인의 회고록(Memoirs of an Unconventional Soldier)』이라는 풀러의 자전적인 회고록 표제가 있는데, '통상적이지 않은 군인'이라는 표현만큼이나 관습에 얽매이지 않는 그의 독특한 성격을 잘 나타내는 것은 없다고 할 수 있다.

38. J. F. C. 풀러, 『제한전쟁 지도론』

◆ '제한전쟁 사상'의 발전과 의의

제2차 세계대전 이후의 핵 시대에 있어서 핵전략은 핵무기 위협을 통한 제재적 억제, 또는 보복적 억제 전략을 의미했고, 이러한 억제전략이 군사전략 전반을 지배했다. 그러나 억제전략이 절대적이라고 확신하거나, 영속적인 평화를 보장할 수는 없다고 생각했다.

이러한 이유는 먼저 아무리 가혹한 제재나 보복의 위협일지라도 항상 억제가 실효성을 가질 수는 없다는 점이다. 사회에서 법적 처벌의 위협이 아무리 강해도 살인을 없애지 못하는 것처럼 억제 수단이 모든 분쟁을 막을 수는 없다. 또한 억제는 상대의 합리적인 양심과 행동을 예상하고 시행되지만, 전체주의 국가나 지도자는 합리적으로 반응하지 않

J. F. C. 풀러, 『제한전쟁 지도론』

기 때문에 억제가 전쟁 자체를 종식시킬 수는 없는 것이다.

그래서 전쟁을 수행할 수 있는 수단들을 준비하여 제한전쟁 능력을 강화함으로써 억제력을 보장해야 한다고 보았다. 이처럼 '제한전쟁 이론'은 전쟁은 일어날 수 있다는 것과 전쟁이 일어나면 당사국들은 공히 막대한 피해를 입을 것이기 때문에 '제한전쟁화' 되지 않을 수 없다는 것이다.

제한전쟁은 당시 미국과 소련이 핵을 대량으로 사용하는 전면적인 세계전쟁에 대칭되는 개념이었다. 제2차 대전 이후 핵시대에 첫 번째 전쟁이라 할 수 있는 '한국전쟁'을 미국은 여러 가지 의미에서 제한적으로 수행하면서 '제한전쟁'이 개념화되었다. 핵무기를 사용한 세계대전은 인류의 종말을 의미할 수 있다는 인식이 지리적인 제한, 수단의 제한 등을 갖게 하였다. 이후에는 지리적으로 제한되어있는 전쟁, 제한된 목표를 위해 수행되는 전쟁, 핵이 아닌 재래식 무기라는 제한된 수단으로 수행되는 전쟁 등을 의미하는 용어로 사용되기도 하였다.

제8장 냉전과 제한전쟁 시대의 전략

전쟁지도 지침으로 '타협'과 '중용'의 원칙 제시

이 책은 부제가 나타내듯이, 프랑스 혁명의 발발부터 냉전기에 걸쳐서 사회의 변혁이 어떻게 전쟁의 양상과 전쟁지도에 영향을 미쳤는가에 대해 논하는 책이다. 제1장의 '절대군주의 제한전쟁'부터 제14장의 '평화의 문제'까지 실질적으로는 약 200년간에 걸친 유럽 전쟁의 역사를 다루었다.

절대통치자 시대에 가능했던 제한된 전쟁과 이러한 상황에 혁명과 민주적인 정부가 미친 파괴적인 영향을 분석하는 것으로 시작한다. 프랑스 혁명과 함께 시작된 나폴레옹 시대의 새로운 군대는 거대한 규모와 군사력을 가졌을 뿐만 아니라, 전쟁이 수행된 목적도 변화하기 시작했음을 지적하고 있다. 전쟁의 목적은 더 이상 상대 정부에게 특정한 방식으로 정책을 바꾸도록 강요하는 것의 문제가 아니었고, 전쟁의 목적은 해당 정부의 파괴와 국민의 절대적인 항복이 되었다. 풀러는 그러한 전쟁의 개념 변화를 '야만으로의 처참한 귀환'이라고 주장했다. 각각의 전쟁은 필연적으로 불안정한 상태로 이어지며, 이는 새로운 갈등이 발생할 때까지 지속적으로 악화된다고 하였다. 이후의 산업혁명, 러시아 혁명을 중심으로 그 충격과 전쟁의 양상에 미친 영향을 분석한다. 풀러는 클라우제비츠의 전쟁론을 열렬히 숭배하여 그의 책에서 클라우제비츠의 제한된 전쟁이론을 발전시켜서 현대 전쟁의 역사에 그 적용 가능성을 보여준다. 아울러 大몰트케, 페르디낭 포슈(프랑스, 1851-1929)와 이반 블로흐(폴란드, 1836-1901)[261] 같은 사상가의 영향까지 다루고 있기 때문에 상당히 참고할 만하다.

또한 풀러는 이 책에서 특히 핵무기가 등장한 제2차 세계대전 후반 이후부터 냉전기에 있어서 '무제한 전쟁'을 회피하기 위해 어떻게 '제한전쟁'을 지도할 필요가 있는지에 대해 사색한 결과, 전쟁 지도의 큰 지침으로 **'타협'(compromise)과 '중용(moderation)'**의 중요성을 제시하였다.

실제로 풀러는 이 책을 '어떻게 전쟁을 지도해야 하는가'라는 관점과는 별개로, '어떻게 전쟁을 지도하면 안 되는가'에 대해 주로 정치가와 군인을 대상으로 썼다고 서술하고 있다.

---

261) 정치경제학적 관점에서 전쟁의 미래문제를 다룬 『전쟁의 미래』는 기념비적 저작이다.

38. J. F. C. 풀러, 『제한전쟁 지도론』

■◆ 전쟁의 목적 - 최소한의 희생으로 국가정책 강요

일찍이 영국의 경제학자 존 메이너드 캐넌즈가 제1차 세계대전의 결말로 맺은 베르사유조약을 '카르타고 평화'262)라며 엄격히 비판한 사실은 널리 알려져 있는데, 풀러도 그의 저작 『전쟁의 재편성』에서 1차 대전을 다음과 같이 비판하였다. "전쟁의 진짜 목적에 대한 큰 오해에 기초로 하고 있다. 전쟁의 목적이란 적군과 아군을 가리지 않고 최소한의 희생으로 어느 한 국가의 정책을 강요하는 것이다. 문명국가의 시련은 상호적으로 너무나 강하게 이어져있기 때문에, 어느 한 나라를 파괴하는 것은 동시에 그 이외의 모든 나라들을 상처 입히는 것이 된다"라고 클라우제비츠와 리델 하트와 같은 전쟁관에 기초하여 비판하고 있다.

J.F.C.풀러는 45권의 책을 저술한 다작의 전략가이다.

또한 풀러는 '미래에 전쟁은 인도적이고 합리적이게 될 것'이라고 기대했다. **"어떤 국가를 파괴하는 것은 평화의 참된 목적을 파괴하는 것이 된다. 반대로 파괴가 적으면 적을수록 승자에게 승리는 완전한 것이 된다"**라고 했다. 또한 **"미래에는 전쟁은 보다 좋은 평화를 구축하는 방법으로 간주될 것이고, 반대로 전쟁이 모두 소모된 평화를 만드는 방법으로서 생각될 일은 없을 것이다."**라고 하였다.

리델 하트는 풀러의 『전쟁의 재편성』을 '20세기를 대표하는 문헌'이라고 칭찬했는데, 이 책 『제한전쟁 지도론 (1789-1961)』은 『전쟁의 재편성』에서 풀러가 제시한 전쟁관을 더욱 발전시켜서 총합한 것이다.

[원서정보] J. F. C. Fuller, *The Conduct of War, 1789-1961: A Study of The Impact of The French, Industrial, And Russian Revolutions on War and Its Conduct* (Rutgers University Press, 1961)   *국내 미발간

---

262) 패배한 쪽을 영구적으로 불구로 만들기 위한 매우 '잔인한 평화의 조건 부과'로서, 포에니전쟁의 결과로 로마 공화국이 카르타고 제국에 부과한 평화조건에서 유래되었다. 로마는 2차 포에니 전쟁 이후 모든 식민지 철폐, 비무장, 조공, 전쟁금지를 부과했다.

제8장 냉전과 제한전쟁 시대의 전략

< 전쟁의 9가지 원칙(Nine Principles of War, 풀러)>

풀러가 1926년에 주장한 전쟁의 9가지 원칙은 단독적이라기 보다는 서로 중첩되어 보완된다고 하였다. 영국군 전쟁원칙의 기초가 되었다.

1. **목표**(Direction): 전반적인 지향점(목표)은 무엇인가? 목표를 달성하기 위해 어떠한 것을 충족해야 하는가.
2. **집중**(Concentration): 사령관은 어디에 가장 노력을 집중할 것인가
3. **배치**(Distribution): 사령관은 군사력을 어디에 어떻게 배치할 것인가
4. **결정**(Determination) : 싸울 의지, 인내할 의지, 전쟁에서 승리할 의지가 유지되어야 한다.
5. **기습**(Surprise): 적의 의도를 파악하여 적의 의도를 뒤집을 수 있는 사령관의 능력. 제대로 실행된 기습은 적의 사기를 꺾고 적에게 불균형을 유발시킨다.
6. **지구력**(Endurance): 압박에 대한 군사력의 저항력. 이것은 얽히고 설킨 어려움과 위협을 예상하는 군사적 능력에 의해 판가름 난다. 적의 압박을 회피하고 극복하거나 무력화하는 최선의 방법을 계획하여 이러한 방법의 군사력을 적절히 교육하고 훈련시켜야한다.
7. **기동**(Mobility): 적의 군사력을 능가하면서 아군의 군사력을 조종할 수 있는 지휘관의 능력
8. **공세**(Offensive Action): 전투에서 주도권 장악 및 유지하는 능력. 적절하게 실행된 공격행동은 적을 교란시켜 혼란과 무력화를 유발
9. **경계**(Security): 위협으로부터 군사력을 보호하는 기능

- 제어 원칙 (1,4,7), 압력 원칙 (2,5,8), 저항 원칙 (3,6,9)
- 정신적 영역 (1,2,3), 도덕적 영역 (4,5,6), 물리적 영역 (7,8,9)

* 1926년에 발간한 『전쟁과학의 기초』에서 이러한 원칙을 제시했다.
* 미국 군의 9가지 전쟁원칙도 이와 유사하나, 3.배치, 4.결정, 6.지구력 대신에 (병력)**절약**, **간명**, **지휘통일** 원칙이 적용되었고, 2011년에 **절제**, **인내**, **합법성**의 3가지 합동작전원칙이 추가되었다.
* 우리 군의 전쟁원칙은 미국 군과 동일하다.(합동교범0군사기본교리)

39. 로버트 E. 오스굿 『제한전쟁 : 미국 전략에의 도전』

핵무기를 전제로 한 제한전쟁 전략

✎ 로버트 E. 오스굿(Robert E. Osgood, 1921~1986)

📖 『제한전쟁 - 미국 전략에의 도전』
(Limited War : The Challenge to American Strategy)
(University of Chicago Press 발간)

■◆ 제1차 핵시대의 '제한전쟁(Limited War) 전략'

클라우제비츠는 '전쟁은 다른 수단을 활용하는 정치의 연장'이라고 갈파했지만, 19세기까지의 전쟁은 매우 제한된 정치목적을 달성하기 위해 한정된 수단에 의해 이루어진, 이른바 '제한전쟁'이었다. 하지만 프랑스 혁명 이후 국민군의 등장과 산업혁명의 영향으로 군사력의 규모는 극적으로 확대되었고, 제1차 세계대전에서는 국가의 모든 국력을 건 '총력전'이라는 개념이 생겨났다. 이로 인해 국가는 가진 모든 자원을 전쟁에 투자하게 되고, 전쟁의 수단에 제한이 없어지게 되었다. 그 후 제2차 세계대전에서는 연합국 측이 독일과 일본이라는 추축국 측을 '무조건 항복'시키는 것을 목표로 한 전쟁이 되어, 마침내 전쟁목적 자체도 '무제한'이 되어버렸다.

하지만 이 총력전 개념을 크게 변화시킨 것이 '핵무기'이다. 재래식 무기로 승리를 얻을 수 있는 상황이 되어도 핵무기로 보복 당한다면 자국은 막대한 손해를 입게 된다. 즉, 핵무기는 '정치목적을 달성할 합리적 수단으로서의 전쟁'이라는 개념을 완전히 부정해 버리는 것이다. 그렇지만 냉전의 역사를 보면, 핵무기가 등장했다고 해서 무력분쟁 자체가 없어진 것은 아니라, 핵무기가 지배하는 냉전기에 있어서 외교정책의 합리적인 수단으로서 군사력을 어떻게 행사해야 하는가, "핵무기의 존재를 전제로 한 제한전쟁을 어떻게 싸워야 하는가"라는 것이 미국의 사활적 문제가 됐다.

격납되어 있는 미국의 대륙간 탄도미사일 LGM-25C 타이탄 II

제8장 냉전과 제한전쟁 시대의 전략

로버트 E. 오스굿,
『제한전쟁 : 미국 전략에의 도전』

이 문제에 몰두한 이가 바로 미국의 매우 저명한 국제관계전문 대학원인 존스홉킨스 대학교 고등국제관계대학원(SAIS) 교수였던 로버트 오스굿이다. 그는 닉슨 대통령이 취임하자 국가안전보장회의(NSC) 상임위원으로 정권에 입문하는 등, 미국 외교정책의 형성에 강한 영향력을 발휘한 인물이기도 하다.

냉전시대의 제한전쟁

오스굿이 이 책을 집필한 배경에는 "미국은 제한전쟁에 대응할 수 없는 것은 아닌가"라는 강한 우려에 있었다. 제한전쟁에서는 목적을 명확히 한정하고 그것에 알맞은 수단을 이용하는 것이 제일 중요해진다. 하지만 오스굿은 민주주의 국가인 미국에서는 군사력을 정치의 수단으로 간주하는 것은 어려울 것이라고 생각했다. 당시의 소련 같은 공산주의 국가는 공산당의 지배를 강화하고 공산주의 사회의 건설을 위해 폭력 행사를 적극적으로 인정했으며, 군사력도 공산주의를 확대하기 위해 필요한 수단으로 간주해왔다. 그렇기 때문에 미국을 중심으로 하는 서방국가들과는 대조적으로 소련이 이끄는 공산진영은 냉전기에 있어서도 외교목적을 달성할 수단으로서 군사력을 적극적으로 행사하였던 것이다.263)

이러한 공산진영의 군사력에 대한 자세를 여실히 보여주는 것이 냉전의 계기가 된 '열전'의 '한국전쟁'이다. 이 전쟁에서 처음에는 열세였던 미국을 중심으로 하는 연합군이 중국 국경까지 북한군을 거의 밀어내서, 한반도의 통일이 가능해 보였지만, 중공군의 개입으로 무산되고 말았다.

---

263) 콜린스는 이러한 냉전을 "분쟁범위에서는 가장 낮은 한 끝에 위치한 국제긴장의 적극적인 상태로, 무력전투의 상황만 없을 뿐, 정치적, 경제적, 사회적, 심리적, 군사적, 기술적 조치가 국가의 제 목표를 달성하기 위해 총체적으로 작용하는 상태"라고 하였다.

39. 로버트 E. 오스굿 『제한전쟁 : 미국 전략에의 도전』

중국의 인해전술로 인해 38도선 부근에서 교착상태에 빠지고, 2년 후 휴전하게 되었다. 이 전쟁에서 미국은 명확한 승리를 얻지 못했고, 전면적인 승리를 얻기 위해 핵무기를 사용하는 것도 허용되지 않았던 '**제한전쟁**'이었다. 제2차 세계대전까지 전면적 승리를 지향하고 그것을 획득해왔던 미국에게 있어 한국전쟁은 처음 경험하는 유형의 전쟁이었고, 제한전쟁이 전면전쟁과는 전혀 다른 성격을 가진 전쟁이라는 것을 시사하게 되었다.

■ 제한전쟁시대에 정치목적의 달성을 위한 군사력 운용

오스굿은 '핵전쟁이 아닌 한국전쟁'을 미국이 냉전기에 있어서 직면한 전쟁의 전형이라고 생각했다. 그리고 "미국은 제한전쟁에 적응한 군사력과 전투 독트린을 갖고 있지 않으며, 언제 어떠한 장소에서 어떠한 국익을 위해 군사력을 행사할지를 명확히 의식하고 있지 못하고 있다"고 주장했다.

한국전쟁 이후의 냉전은 오스굿이 예상한대로 전개되었다. 공산주의 진영은 냉전기를 통해 제3세계[264]에서 제한전쟁을 일으키고 공산주의 세력을 조금씩 확대해나갔다. 이에 대해 제한전쟁에 대한 대비가 부족했던 미국은 효과적인 대응을 하지 못했다. 이것의 전형적인 사례라고 할 수 있는 베트남전쟁에서는 사활적인 국익의 존재가 의심스러웠던 전쟁임에도 불구하고, 미국은 수렁으로 끌려 들어가서 미국과는 비교도 안될 정도로 열등한 전력을 보유했던 베트콩에게 고전을 면치 못하고 불명예스럽게 철수했다.

핵무기를 사용한 전면전쟁이 일어날 가능성은 적어졌지만, 전쟁 위험 그 자체가 줄어든 것은 아니었다. 냉전시대에 동유럽과 한반도는 여전히 불안하고 중동은 화약고는 언제 전쟁이 발발할지 몰랐다.[265] 전쟁이 존재하는 이상, 정치목적의 달성을 위해 군사력을 행사하고 그 목적에 맞는 수단을 만들어 낼 필요가 있다며 클라우제비츠로 돌아갈 것을 예언했다.

---

264) 냉전시기에 제1세계(자유진영)과 제2세계(공산진영)에 속하지 않는 중남미, 아프리카의 국가들을 지칭했다. 제1세계에 착취당했다는 **종속이론**을 만들어 공산주의를 확장했다.

265) **원윈(Win-Win) 전략** : 베트남전쟁이후 1990년 초까지의 미국은 두 지역(예를 들어 한반도와 중동)에서 동시에 전쟁이 일어나도 동시에 수행하면서 승리한다는 원윈전략을 수립해놓고 있었다. 1991년, 미국 딕 체니 국무장관과 콜린 파웰 합참의장이 이것을 수정하여 'Win-Hold-Win전략'을 제시하여, 1993년에서 2001년 '9·11동시다발 테러'가 발생할 때까지 세계군사분쟁에 대응하는 미국의 핵심전략이 되었다. 현재는 이 원윈전략이 '양방 서로에게 이익이 되는 방식'이라는 의미로 사용되어지고 있다.

베트남 전쟁이후 미국의 제한전쟁 전략 이해

제2차 세계대전 이후 미국의 제한전쟁 이론266)과 전략은 미국의 대외정책에 있어 중요한 역할을 담당해왔다. 그러나 한국전쟁 이후, 미국의 제한전쟁전략은 베트남 전쟁을 통해서 중대한 시련을 겪었다. 이에 따라 미국은 베트남 전쟁이후에 국방비가 감소되는 상황에서 **'옵셋전략'**267)을 제시하였고, 급변하는 국제정세에 부응하는 '새로운 제한전쟁 전략'을 모색하였다.

이러한 상황에서 오스굿이 이 책을 제안하였고, 많은 부분이 정책에 반영되었다. 데탕트는 만들어나가되, 소련의 팽창주의에 대해서는 지속적인 봉쇄가 필요하며, 유럽에서 동·서방 간의 군사력 균형이 필요함을 강조하고 있다. 중동이나 라틴 아메리카 등의 제3세계에 있어서의 제한전쟁 전략과 군사력 사용시기에 대해서도 논하고 있다. 동맹국인 한국과 일본 등에 대한 **핵우산**268) 제공에 대해서도 논한다. 핵무기는 미소 간에 **'공포의 균형'**269)을 이루고, 국지적으로는 지역이나 규모, 전쟁의 목적이나 공격목표, 전투수단을 일정한 범위로 한정해야 한다는 제한전쟁 전략을 강조한다.

국내에는 권문술·유재갑·은인영 공역, 『신 제한전쟁론』(국방대학교 안보문제연구소, 1981)로 소개되었다.

---

266) **제한전쟁**은 정치적 목적에 따라 목표, 지역, 수단 등에 제한을 가하는 것을 말하는데, 오스굿은 제한전쟁을 "한 국가의 의지에 완전히 굴복시키는 데까지 이르지 않는 목적을 위해 싸우는 전쟁이며 또한 교전국의 모든 군사적 자원의 극히 일부의 수단으로 적대국의 민간인과 군대를 대부분 보존하면서 협상으로 종식을 유도하는 전쟁으로 인지되고 있다"라고 하였다. 오스굿은 미국의 정치지도자들이 대중의 폭발적인 열정과 군대의 공격적인 본능을 억제시키는 것이 제한전쟁전략의 핵심이라고 보았다.

267) **옵셋(Off set) 전략** : 비대칭, 특히 군사적 경쟁에서 단점에 대한 보상전략으로, 불리한 부분의 경쟁에서 상대와 맞추는 대신에 다른 강점으로 열세를 상쇄하는 전략. 가능한 평화를 유지하면서 오랜기간 동안 잠재적 적 보다 우위를 유지하기 위한 일종의 경쟁전략이다. 베트남전 이후에 국방지출이 대폭 감소된 미국이 NATO군에 비해 3배에 이르는 바르샤바 조약군의 재래식 전력과 양적 열등성을 상쇄하기 위해 '기술적 우월성'을 유지한 전략이다. 1975년에서 냉전이 종식되는 1989년까지 유지된 냉전시대 미국의 옵셋전략은 새로운 미국 전쟁방식의 원천으로 평가되고 있다. 탈냉전과 함께 도래한 하이브리드전쟁 시대에 맞춰 미국의 군사전략은 다시금 변화하게 된다.

268) **핵우산(Nuclear Umbrella)** : 핵무기를 미보유한 동맹국이 핵공격을 받으면 자국의 핵무기로 보복공격을 한다는 미국의 정책이다.

269) **공포의 균형(Balance of Terror)** : 핵 보유국들은 서로를 두려워해서 직접적인 전쟁을 피하면서 안정과 균형을 이룬다는 논리로, 미국의 오펜하이머가 주장했다.

40. 로렌스 프리드먼, 『핵 전략의 진화』

핵 전략 변천과정에 관한 개관

✎ 로렌스 프리드먼 (Lawrence Freedman, 1948~)

📖 『핵 전략의 진화』　　　　　　＊1981년 초판
(The Evolution of Nuclear Strategy)

◆ 전략폭격 사상에서 선제공격론까지

1945년 8월에 히로시마와 나가사키에 원자폭탄이 투하된 이후에 현재까지는 핵무기가 사용되지 않고 왔다. 특히 미국과 소련은 냉전기를 통해서 대량을 핵무기를 보유하였고, 40년 이상에 걸쳐서 극심한 대립관계를 유지했음에도 불구하고 핵무기가 실전에서는 사용되지 않았다. 그러나 미국과 소련은 함께 자국의 안전보장을 확보하기 위하여 핵무기의 사용을 진지하게 검토를 계속해왔고, 다양한 핵전략을 고안해냈다. 이러한 핵전략에 관해서 핵무기 등장 이전의 전략폭격 사상으로부터 2001년의 '9·11 미국 동시테러 사건' 이후의 선제공격론에 이르기까지 구미의 전략논쟁을 중심으로 개관한 것이 로렌스 프리드먼의 『핵 전략의 진화』이다.

이 책은 1981년에 초판이 발행되었지만, 보충된 제3판이 2003년에 출판되었다. 기본적으로 초판부터의 기술이 대폭적으로 변경되지는 않고, 시대의 경과에 맞춰서 내용을 보충하는 형태가 되어왔다. 그 사이에 이 책은 핵무기의 끔찍한 파괴력을 군사적, 정치적으로 대치하려는 시도의 역사를 다룬 표준저서로서, 핵전략에서 미사일방어까지에 대한 깊은 통찰이 인정받아서 미국과 유럽의 많은 대학에 있어서 교재로 널리 사용되고 있다.

로렌스 프리드먼, 『핵 전략의 진화』

미국의 핵 전략 변천과정 (제1차 핵시대)[270]

1940년대에서 50년대 초반까지 미국이 핵무기를 독점하고 있던 시기의 미국의 핵전략은 전쟁을 억제한다기보다는, '**전쟁 시에 있어서의 핵 사용**'을 염두에 둔 것이었다. 이것은 미국 전력의 동원 해제, 서유럽 국가들의 전력 약화라는 시대적 배경에서 소련의 군사적 위협에 대비하여 억제보다는 '필요시 사용'이라는 개념을 갖고 있었던 것이다.

1950년대의 핵전략으로 '**대량보복 전략(Massive Retaliation)**'을 견지했다. 1952년 아이젠하워 행정부는 '뉴룩'을 통해 국가안보전략을 재검토하였고, 1954년 1월 델리스 국무장관이 '대량보복 독트린'을 발표했다. 미국은 공산주의자들의 대리전쟁을 포함한 군사적 모험에 대해 대량의 핵무기로 즉각 보복하겠다는 내용을 담고 있었다.

1961년에 케네디 행정부가 등장하며 '**유연반응 전략(Flexible Response)**'을 제시했다. 이는 위기 상황의 대체에 있어서 선택 가능한 '다수의 옵션'을 제공하여 융통성을 발휘한다는 것으로 맥스웰 테일러 대장이 주장한 전략이다. 게릴라전에서 핵전쟁에 이르기까지 전쟁의 모든 단계에서 효과적인 기동적 공세와 수세를 갖추고 상대의 도전 양상에 따라 재래식 무기에서 핵무기까지 유연성을 가진 대응방책으로 대처한다.

1960년대 중반에 맥나마라가 유연반응전략을 구체화하고 체계화한 것이 '**상호확증파괴 전략(MAD, Mutual Assured Destruction)**'이다. 1964년에 '상호확증파괴 개념'이 등장하는데, 이것은 "적의 제1격을 흡수한 후에도 적에 대해 '감당할 수 없는 피해(Unacceptable Damage)'[271]를 가할 수 있는 제2격 능력을 유지하여 적의 핵 공격을 억제한다"라는 개념이다.

1970년대에는 상호확증파괴의 실효성에 대해 의문이 제기되면서, **데탕트로 인한 긴장 완화와 군비통제** 협상으로 해결의 실마리를 찾으려 했다.

1980년 카터 행정부에서 해럴드 브라운 국방장관은 '**상쇄전략(Off set)**'을 내놓았다. 이는 더 많은 대응 옵션을 개발하여 확실한 생존으로 전략을 전환하는 것을 의미하는데, 이것이 이후에 '핵무기 방어' 논의로 이어졌다.

---

270) 냉전시대(1945-1991) 미소 양극 체제에서 대규모 핵전쟁 가능성 속에서 안정시기.
271) 맥나마라는 상대국 산업기반의 50% 파괴 및 인구의 20~25% 살상으로 정의했다.

40. 로렌스 프리드먼, 『핵 전략의 진화』

◆ 핵무기에 대한 방어 논의

이 책의 제목은 『핵전략의 진화』이지만, 핵전략은 실제로 '진화'하고 있는 것인가? 프리드먼은 미국에 의한 핵의 독점이 무너지고 핵 보유국 간의 억지가 핵전략의 중심적인 과제로 옮겨져 온 가운데, 냉전기부터 냉전 후에 이르기까지 이 문제를 둘러싼 같은 형태의 논쟁이 계속 반복되어왔다.[272]

그중에 으뜸가는 문제가 '핵무기에 대한 방어'에 관한 논의이다. 핵무기를 탑재한 탄도미사일에 대하여 유효한 방어수단은 존재하지 않는다고 생각해 왔지만, 1960년대부터 적의 핵미사일을 요격하는 '**탄도탄 요격미사일(ABM)**'[273]의 개발을 진행시켜 왔으며, 핵 셸터를 건설하는 등 핵무기에 의한 피해를 최소화하기 위한 민간 방호 등도 함께 검토되었다. 그러나 방어수단은 안정적인 억제를 위협하는 것으로 간주되어 맥나마라 국방장관 시대에는 오히려 방어를 포기하고 핵 공격을 행하면 상호가 파멸을 초래한다는 상황을 만드는 것으로 억지를 강화하려는 '상호확증파괴(MAD)'의 사고방식이 제시되었다. 그것이 오랫동안 미국 핵전략의 기반이 되었었고, 'ABM 제한협정'의 기초논리가 되었다.

이 전략이 미국 국내에서는 국민의 생명을 인질로 하여 안정을 확보하는 것이라며 전략에 대해 도의적인 반발도 강하였다. 또한 소.련의 공세에 대하여 전면적인 핵전쟁인가? 아니면 방관할 것인가?라는 양자택일밖에 없는 실정에 대한 저항도 뿌리깊게 발생하였다. 그 때문에 1980년대에는 레이건 정부가 우주에 배치된 레이저 위성 등으로 핵미사일을 요격한다는 '**전략방위구상(SDI, Strategic Defense Initiative**, 이른바 스타워즈 계획)을 발표하였고, 핵무기에 대한 방어가 재검토되기 시작하였으나 냉전의 종결로 인해 축소되어 한정적인 핵공격에 대한 방어만이 검토되고 있다.

---

[272] Jack L. Snyder는 『소련의 전략문화』(1977)라는 보고서를 통해 "각국은 특이한 전략문화를 갖고 있다"라며, 이러한 역사적, 제도적, 정치적 요인을 제시했다. 미국의 교리는 소련의 뿌리깊은 신념과 충돌하여 미국의 전략개념이 적용되지 않을 수 있다고 주장했다.

[273] **ABM(Anti-Ballistic Missile)** : 개별 무기체계보다는 미국에서 개발하여 배치된 'ABM체계'를 말하는 것으로, 이 체계는 미 본토로 날아오는 적의 탄도미사일을 탐지하고 추적하는 '레이더'와 '요격용미사일', '제원처리 유도장치'로 구성된다. 북미방공사령부의 탄도미사일 조기경보체계인 BMEWS와 연결되어있다. 요격미사일은 대기권 밖의 원거리 광역방어용인 스파튼미사일과 단거리방어용인 스프린트미사일로 구성된다. 개별 대탄도 요격미사일은 THAAD와 SM-3를 운용하는 이지스 시스템, 패트리어트 체계가 유명하다.

제8장 냉전과 제한전쟁 시대의 전략

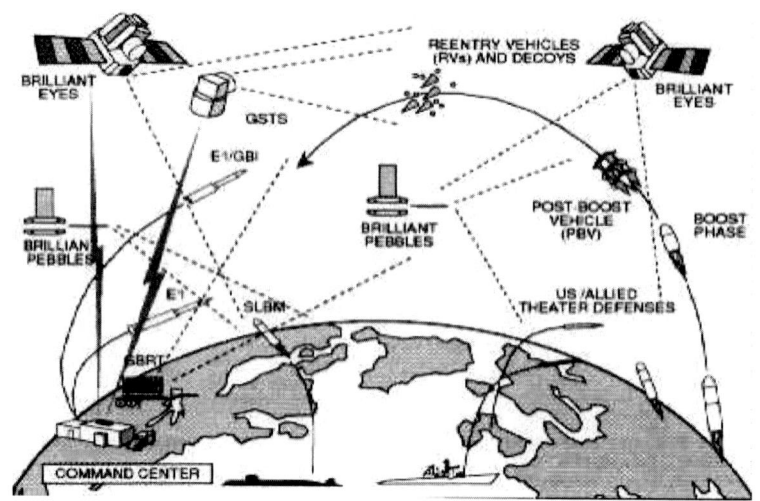

전략방위구상(SDI) : 적국의 핵 미사일을 요격하고자 하는 구상으로, 레이건 행정부에 의해 1983년에 계획이 수립되었다. 레이저, 입자빔무기와 지상 및 우주기반 미사일 체계, 이를 통제하는 명령 및 제어 시스템 등을 연구했다.

특히 냉전 후에 문제가 된 것은 이라크나 북한 같은 이른바 '불량국가'에 의한 핵공격 가능성이 있어서 그것에 대하여 방어하기 위한 '**미사일 방어(MD)**'[274]의 개발이 계속되어왔다. 그러나 미사일 방어에 있어서 안정적인 상호억제관계를 위협하고 있는 러시아와 중국으로부터의 저항이 강하고 MD체계의 배비를 둘러싼 논쟁이 계속되어왔다.[275]

핵전략에 있어서는 다른 주제는 공격목표를 둘러싼 논쟁(도시 또는 군사목표에 대한 공격)과 군비관리에 대한 논쟁 등, 예전부터 새로운 문제가 반복하여 논쟁되어왔다. 그래서 핵전략은 진화되어 온 것이 아니라 예전부터 있었던 테마가 마치 새로운 문제처럼 튀어나오고 다시금 취급되는 사이클이 반복되는 과정에 지나지 않는다고 보는 견해도 가능하다.

---

274) 부시 행정부는 2002년 러시아와의 ABM제한협정을 폐기했으며, 2004년부터 본격적으로 MD 구축에 들어갔다. TMD와 NMD를 통합하여 글로벌 미사일 방어체계를 구축한다는 것으로, MD의 목표는 ICBM 뿐만 아니라 크루즈미사일과 공대지미사일도 방어하는 것이다. 발사 및 상승단계 요격, 궤도요격, 재진입/하층방어의 3단계로 이루어진다.
275) 최근에 미국과 일본이 공동개발한 이지스 상층방어용 SM-3 블록2A가 배치되고 있고, 극초음속 미사일 요격을 위해 GPI(Glide Phase Intercepter)를 개발하기로 하였으며, 위성 컨스텔레이션을 통해 극초음속 항공체를 탐지하는 것을 개발 검토 중이다.

40. 로렌스 프리드먼, 『핵 전략의 진화』

핵 전략의 비전략성(非戰略性)

프리드먼은 이 책의 서두에서 '핵무기는 어떤 목적을 달성하기 위해 유효한 수단으로서 사용되는가'라는 근본적인 문제를 독자들에게 던지고 있다. 왜냐하면 핵무기라는 단어 자체가 '최종전쟁', '홀로코스트' 등을 말하는 의미가 연상되어지는 것처럼 그 막대한 파괴력을 어떠한 유효한 목적을 달성하기위해 활용할 수 있는 것이 아니기 때문에, 핵전략이라는 용어 자체가 모순이 되는 것이기 때문이다.

냉전기 이래 핵전략은 전략연구의 중심적 테마가 되어왔고, 핵무기의 특수성에 창안한 연구가 수없이 발표되어왔다.276) 그러나 핵무기가 아무리 중요한 위치를 점하고 있다고 해도 그것이 국가전략의 전부는 아니라고 프리드먼은 강조한다. 핵무기의 중요성이 현저히 높은 것은 냉전이라는 특수한 정치적 상황이 배경이 되었기 때문이며, 그러한 정치적 상황으로부터 떼어놓고 핵전략만을 바라보는 것은 전략연구를 왜곡하는 것이다.

결국 프리드먼의 말을 빌리면, "순수한 핵전략이라는 것은 존재하지 않는다"는 것으로, 핵무기만이 아니라 정치적 상황 등의 폭넓은 요소들을 고려한 전략을 추구하여야만 한다고 주장한다. 그러나 그런다고 하더라도 오늘날에 있어서 핵무기가 전략적으로 중요하지 않다는 것을 의미하는 것은 아니다. 오히려 냉전 후에 핵무기의 확산이 진행되어 테러리스트에 의한 핵무기의 사용까지 염려되는 사태에 직면하고 있다. 그러한 탓에 핵무기를 보유했을 때의 지위의 변화도 있어서 핵무기를 고려한 핵전략의 중요성은 현재는 물론이고 장래에 있어서도 불변할 것이라고 주장하고 있다.277)

[원서 정보] Lawrence Freedman, *The Evolution of Nuclear Strategy*, (Palgrave Macmillan; 3rd edition, 2003)   * 국내 미발간

---

276) 핵전략 연구에서 중요한 방법 중의 하나는 게임이론(game theory)이다. 게임이론은 한 주체의 행위가 다른 주체의 행위에 미치는 상호의존적, 전략적 상황에서의 의사결정이 어떻게 이루어지는가를 연구하는 이론이다. 2005년 토마스 셸링이 핵 억지력을 게임이론으로 규명하여 노벨상을 수상했다.
277) 현대 핵전략의 핵심은 '핵 억지력'의 강화이다. 3대 핵전력은 전략폭격기로 발사하는 ALCM, 잠수함에서 발사되는 SLBM, 대륙간 탄도미사일 ICBM 등 3가지 수단이 존재한다. 미국은 핵무기 탑재가 가능한 20대 B-2, 46대의 B-52를 보유 중이며, 1만 8000톤급의 전략핵잠수함(SSBN) 14척을 운용중, ICBM시설 현대화를 추진중이다.

전쟁이란 무엇인가

인류가 공동체를 형성하며 살기 시작한 이래 전쟁은 끊임없이 계속되어 왔으며, 인류의 역사는 전쟁의 역사라고 할 수 있다. 따라서, 전쟁으로 인한 피해와 희생경험, 불안정한 안보현실에 처해있는 우리는 전쟁을 진지하게 연구해야한다.
전쟁은 무엇이고, 전쟁은 왜 발생하며 어떻게 진화되어 왔는가 라는 전쟁의 본질적인 문제를 다룬다.
클라우제비츠는 전쟁을 다른 수단에 의한 정치의 연속이라며, 폭력을 사용하는 정치행위임을 강조하고 있다. 투키디데스는 전쟁의 원인을 이익, 명예, 공포라고 하였고, 아자 가트는 전쟁은 인류문명의 발달로 인한 사회의 진화와 무기체계의 발달과 함께 진화하여 왔다고 보았다.

제9장 전쟁이란 무엇인가

41	전쟁과 전략연구의 학술적 접근
	로렌스 프리드먼(Lawrence Freedman, 1948~)
	『전쟁』 (WAR)

로렌스 프리드먼, 『전쟁』

킹스 칼리지 전쟁연구학부의 필독서

전쟁의 해설과 분석을 시도한 저작은 워낙 많지만, 포괄적으로 전쟁의 본질에까지 다다른 논문, 또는 사람들이 전쟁에 대하여 진지하게 생각하게 하는 저서는 극히 드물다. 그 중에도 이 책 『전쟁』은 사람들이 전쟁을 이해하게 하는 다양한 실마리를 제공하고 있다.

이 책은 원래 학부생 및 대학원생을 위한 필독서로 편집되었다. 런던대학 킹스 칼리지는 1960년대에 전쟁연구학부를 개설한 이래 대학원 수준에 있어서 전쟁과 전략에 관한 연구는 세계 최고봉임을 과시하고 있다. 최근에 새롭게 학부생을 받아들이기 시작했는데, 이러한 학부 학생의 필독 교과서의 하나로 편집되어진 것이 이 책이다. 그렇다고는 해도 이 책은 전쟁연구를 하는 연구자들이나 전쟁의 본질을 이해하고자 하는 이들에게도 많은 시사점과 자극을 주는 최고 수준의 저작이라 할 수 있다.

이 책의 구성과 세부내용

이 책은 7개의 장으로 구성되어있다. 제1장에는 나폴레옹 전쟁에서 보스니아 분쟁(1992~1995)에 이르기까지의 다양한 '전쟁의 경험'을 소개하고 있는데, 군인과 일반국민, 모든 승자와 패자를 불문하고 실제 전쟁을 경험한 사람들이 전쟁이라는 것을 어떻게 받아들였는가에 대해 말하고 있다. 전장에는 공포와 실의로부터 감동과 영웅주의(heroism)[278]에 이르기까지 상호 간에 모순되는 감정들이 폭넓게 혼재한다는 사실을 가르쳐주고 있다. 전쟁의 경험한 사람들의 산문적인 회상을 무심한 듯 태연하게 제시하는 방법에 의해 독자가 반대로 자기 자신의 전쟁을 생각하게 하는 결과를 갖게 하는데, 이것이 유럽만의 독특한 연구 접근방법이라는 생각이 든다.

제2장에서는 다양한 '**전쟁의 원인**'을 다루고 있는데, 생물학적 논의부터 지정학에 이르기까지의 논의에 더해서, 국제정치에 있어서의 현실주의와 이상주의적 입장을 소개하고 있다. 게다가 20세기에 있어 민주주의의 발전과 그것에 따르는 정의로운 전쟁관을 다룬 '정전론(正戰論)[279]'에 관해서도 골몰히 생각하게 하는 여러 관점을 제공한다.

제3장과 제4장에서는 사회학적, 도의적 시점으로 고찰한 전쟁을 논하고 있다.

제3장에서는 전쟁과 군사조직이 근대 주권국가시스템 발전의 중추를 맡았다는 사실을 전제하고, **국가와 전쟁의 관계, 국가와 군대의 관계, 사회 전체에 대한 전쟁과 군대의 관계**를 고찰한 논의를 제공한다.

제4장은 '**전쟁 윤리**'로 전쟁을 완전부정하는 견해로부터 한스 모겐소로 대표되는 현실주의 입장, 또한 제재와 전쟁재판에 관한 다양한 논의를 소개하고 있다. 여기에는 법이 '전쟁 윤리'를 적절히 표명하는 도구가 될 수 있을 것인가라는 난해한 문제를 독자들이 생각해보도록 제시하고 있다.[280]

제5장은 '**전략**'으로 저명한 전략가의 전략사상을 발췌하여 그것에 연계하여 제2장에서 논의한 전쟁의 배경을 설명하고 있다. 클라우제비츠로 대표되는 나폴레옹 전쟁이후 오늘날까지에 이르는 전략사상가들이 전쟁이라는 현상을 어떻게 파악하였고 전승전략을 제시했는지를 소개하고 있다. 이 책의 5장을 읽고 전략사상가들의 저서를 보면 더욱 이해하기 쉽다고 말하고 있다.

---

278) 위대한 활약이나 희생을 영웅으로 고양하는 것으로, 공익에 우선하거나 보편적 정의의 수행을 칭송하지만, 과도도 정당화될 수 있다는 우려, 프로파간다 부작용도 있다.
279) **정전론(theory of just war, 正戰論)** : 전쟁을 정당한 전쟁과 부당한 전쟁으로 구분하고, 정당한 원인에 의한 전쟁만을 합법으로 인정하려는 이론.
280) 전쟁에 대한 윤리적 인식은 첫째, 전쟁온 도덕으로 절대 정당화될 수 없다는 '윤리적 비관론', 둘째, 전쟁은 윤리적 영역에서 논의할 이유가 없다는 '윤리적 무관론', 셋째, 전쟁은 역사적으로 인간사회에서 불가피하며 일부 전쟁은 도덕적으로 정당하다는 '윤리적 낙관론'이라는 세 가지 관점에서 출발한다.

제9장 전쟁이란 무엇인가

이에 더하여 '전략이라는 개념을 어떻게 파악해야 하는가'를 제시한 에드워드 루트와크, 마이클 하워드, 토마스 쉘링의 논의가 주는 풍부한 시사점을 제시하고, 전략을 협의로 파악하는 독자들에게 전략에 관해 보다 넓고 풍부한 시야를 갖도록 안내해 준다.

제6장은 '**총력전과 열강**'으로, 전쟁이 전면전쟁의 모습을 나타내게 된 역사적 배경부터, 핵시대에 있어서 목적과 수단의 관계성에 이르기까지 넓은 범위의 논의를 소개하고 있다.

제7장은 '**제한전쟁과 개발도상국**'으로, 식민지 전쟁과 게릴라전쟁을 둘러싼 문제를 제시함과 아울러, 무기수출문제와 대량살상무기의 확산문제까지 분석의 대상으로 확대하고 있다. 안전보장상의 핵문제 논의에만 한정하지 않고 국제사회의 핵무기 확산방지와 핵 군축이 분리될 수 없는 문제가 되고 있다. 또한 이 장부터는 독자들에게, 여러 개념을 설명하는데, 예를 들어 제한전쟁이란 용어가 어떠한 오해를 초래하기 쉬운 개념인지 설명한다.

전략연구의 학술적 어프로치

이 책의 편저자인 프리드먼이 기술하고 있는 이 책의 특징을 살펴보면 다음의 4가지로 정리할 수 있다.

첫째, 이 책에는 '19세기 초 이후의 전쟁을 고찰의 대상'으로 삼고 있다. 나폴레옹 전쟁은 그 범위나 규모로 볼 때에 그 이전의 전쟁들과는 명확히 구별된다고 생각한 것으로, 이것은 타당하다고 말할 수 있다.

둘째, 역사자료라는 것이 전쟁에 관해 말하고 있다는 것을 노리기 때문에, '전쟁에 관한 생생한 기술이 많다'는 것이 이 책의 특징이다.

셋째, 이 책은 '전쟁연구의 학술적 어프로치를 목표'로 하고 있어서 역사가와 정치학자는 물론이고 철학자, 사회학자, 경제학자, 게다가 의학자에 이르기까지 폭넓은 논의가 가능하다.

넷째, 확실히 이 책에는 '앵글로 색슨의 시각으로 전쟁을 기술한 부분이 많다.' 그러나 나폴레옹 전쟁 이후 근대에 이르기까지 현대의 전쟁 특징을 보면 그것도 어느 정도 타당하다고 말할 수 있다.

41. 로렌스 프리드먼, 『전쟁』

◆ '전쟁과 전략이란 무엇인가'를 생각하게 하는 명저

이처럼 이 책은 '전쟁'이라는 인류의 크나큰 행위를 모든 단면에서 분석한 수준 높은 최고의 저작이다. 실제 전쟁을 경험한 사람들의 직접 진술은 워털루에서의 프랑스 보병 경험, 게티스버그에서 남부연합의 교전, 유틀란트 해전281)에서의 독일 해군의 반응, 블리츠282)를 경험한

영국과 독일 간의 유틀란트 해전(1916년)

민간인의 인상, 나가사키의 원자폭탄 투하에 따른 일본 의사의 시련, 베트남에서의 혼란 등으로 독자들에게 전쟁의 실상을 실감하게 한다.

이 책을 읽어나감에 따라서 독자는 전쟁이란 무엇인가? 왜 그 원인을 생각하게 하는가? '안보'란 무엇을 의미하는가? 전쟁과 도덕이라는 복수의 문제를 어떻게 다루어야 하는가? 외교의 하나의 수단으로서의 전쟁은 이미 그 존재이유를 잃어버린 것인가? 처음부터 전쟁은 아무것도 해결하지 못한 것인가? 현대 국제사회에서 갈등의 본질은 무엇인가? 전쟁에서 도덕적 원칙뿐만 아니라 어떠한 전략과 행동들이 전쟁의 모습을 바꾸었는가? 등 전쟁이라는 현상을 둘러싼 근원적 문제에 이르게 한다.

이 책은 전쟁과 전략이라는 문제를 진정으로 생각해보고자 하는 독자에게 귀중한 실마리를 제공하고 있는 명저이다. 이 책이 우리나라에서 번역되면 각급 군사교육기관이나 각 대학의 군사학과에서 중요한 교재 또는 보충교재로 사용될 수 있을 것으로 생각한다.

[원서 정보] Lawrence Freedman, *WAR* (Oxford : New York : Oxford University Press, 1994)　　　* 국내 미발간

---

281) **유틀란트 해전**(1916년 5월31일~6월1일) : 1차대전시 영국의 해상봉쇄를 깨고 대서양으로 진출하려는 독일과 영국 함대간의 해전. 유틀란트 반도에 면한 북해에서 벌어졌으며, 세계전사에서 마지막 주력함대간의 전면해전으로 기록된다. 영국해군의 피해가 더 컸지만, 해상봉쇄에 성공하여, 이후 독일은 '무제한 잠수함전'으로 전환한다.
282) **영국 대공습**(The Blitz) : 제2차세계대전중 1940년부터 1941년까지 독일공군이 영국에 가한 일련의 공습을 일컫는다. 히틀러와 괴링은 영국공군을 괴멸시키고 영국상륙작전(씨라이언작전)을 수행하려 했으나, 영국공군의 헌신적인 노력에 막혀 수포로 돌아갔다.

제9장 전쟁이란 무엇인가

42 전쟁을 사회와 문화의 틀에서 고찰

✎ 아자 가트(Azar Gat, 1959~)

📖 『문명과 전쟁』　　　　　　*2006년 초판
(War in Human Civilization)

■▶ 전쟁사 연구의 새로운 시도 - 인류 문명은 전쟁의 역사

　이스라엘의 역사가 '아자 가트'는 지금까지도 협의의 군사사상사를 중심으로 뛰어난 저작을 계속 발표해왔지만, 이 책에서는 그 틀에서 크게 벗어나 '문명의 역사'와 '전쟁의 변천'이라는 매우 광범위한 시야로 전쟁과 전략을 논하고 있다. 본문만으로도 600페이지가 넘는 대 저작이면서, 그 내용들도 다방면에 걸쳐있어 매우 흥미로운 책이다.

　저자는 이스라엘에서 자라면서 1967년의 '6일 전쟁'때에 여덟 살이었고, 이후에도 전쟁의 불안 속에서 성장하면서 '전쟁'이라는 주제는 저자의 삶에 있어서 중심적인 생각을 차지해왔음을 고백하고 있다. 이것이 옥스퍼드대학에서 전쟁에 관한 연구로 박사학위를 받고 지금까지 군사사상 연구로 이어졌는데, 궁극적으로는 전쟁이 무엇인지 더 깊이 이해하기 위해 '전쟁'이라는 현상과 맞붙어 씨름한 결과가 본 연구라는 것이다.

　저자는 서문에서 이 책을 집필하는데 1996년부터 2005년까지 9년이 걸렸다고 밝히고 있다. 냉전이 끝나고 새로운 세계질서가 선포되었지만, 세계에서 전쟁은 계속되고 2001년의 '9·11 미국 동시테러'는 종래와는 다른 분쟁의 가능성을 예고하고 전쟁이 다시 대중의 관심과 염려의 대상이 되고 있음을 우려하고 있다. 전쟁에 대한 포괄적인 이해를 목표로 했으며, 전쟁이라는 수수께끼를 푸는데 도움이 되길 바란다고 기술하고 있다.

　이 책은 이를 위해 선사시대부터 현대에 이르기까지 인류의 문명과 전쟁이 어떻게 상호작용을 해왔는지, 어떻게 진화하여 왔는지를 인류의 역사에 대한 깊은 통찰을 통해 설명하고 있다.

42. 아자 가트, 『문명과 전쟁』

■◆ 인류 문명과 전쟁의 관계

이 책은 <서문 - 전쟁의 수수께끼> 이후에 **제1부 <지난 200만년간의 전쟁 - 환경, 유전자, 문화>**로서, 제1장 도입 : 인간의 자연상태, 제2장 평화적인가 호전적인가: 수렵채집인도 싸웠을까, 제3장 인간은 왜 싸우는가: 진화론의 관점에서, 제4장 동기: 식량과 성(性), 제5장 동기: 욕망의 그물, 제6장 원시전쟁: 어떻게 치러졌는가, 제7장 결론: 진화적 자연상태에서의 싸움, 이렇게 총 7개의 세부적인 장으로 구성되었다.

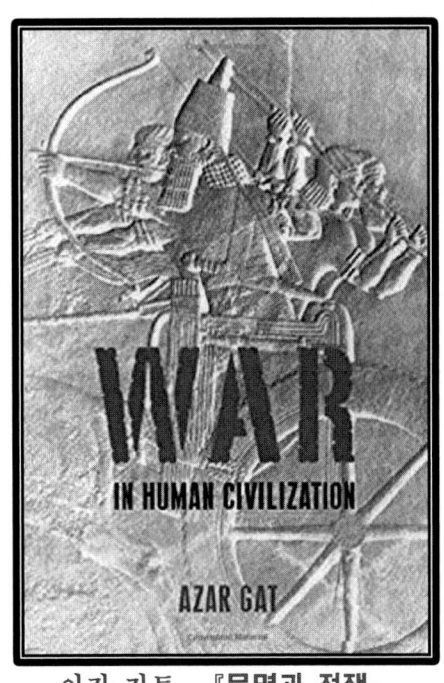

아자 가트, **『문명과 전쟁』**

제2부 <농업, 문명, 전쟁>은 제8장 도입: 진화하는 문화적 복잡성, 제9장 농경사회와 목축사회의 부족 전쟁, 제10장 국가의 등장과 무장 세력, 제11장 유라시아의 선봉 : 동부, 서부, 스텝지대, 제12장 결론: 전쟁, 리바이어던, 문명의 쾌락과 고통, 총 5장으로 구성되었다.

제3부 <근대성: 야누스의 두 얼굴>은 제13장 도입 : 부와 권력의 폭발, 제14장 총포와 시장: 유럽의 신흥 국가들과 지구적 세계, 제15장 풀려난 프로메테우스와 결박된 프로메테우스 : 기계화 시대의 전쟁, 제16장 풍족한 자유민주주의 국가들, 최종 무기, 그리고 세계, 제17장 결론 : 전쟁의 수수께끼 풀기의 총 5장으로 구성되었다.

■◆ 전쟁을 사회와 문화라는 틀에서 고찰한 학술적인 연구성과

이 책의 구성에서 볼 수 있듯이, 협의의 군사사와 전략사상사의 틀을 넘어, 인류학과 고고학, 그리고 생물학과 심리학 등을 포함하여 전쟁을 사회와 문화라는 큰 틀에서 포괄적으로 고찰한 매우 의욕적인 작품이다. 인류의 역사는 전쟁의 역사로 보고, 문명과 전쟁의 상호작용을 분석하였다.

제9장 전쟁이란 무엇인가

인류는 왜 전쟁이라는 처참한 활동에 참가하는 것인가? 전쟁은 인류의 본성에 관련된 활동인가? 혹은 인류가 창조한 것인가? 라는 전쟁을 둘러싼 수수께끼의 해명이 시도된다. 아자 가트는 2023년 3월에 진행된 인터뷰에서 2022년 우크라이나 전쟁에서 발생한 대량파괴를 언급하면서, 러시아 푸틴 대통령이 잔혹한 정책을 원했을 것이라고 의심했다.

이 책은 영국의 권위있는 서평지 <타임스 리터러리 서플리먼트>에서 '2006년 최우수 도서상'을 수상했다. 이 책의 애초의 문제의식은 '전쟁은 인간성에 불가피하게 뿌리 박혀있는 것인가'라는 것인데, 거기에는 농경사회와 전쟁의 관계성, 홉스의 세계관과 루소의 세계관의 상극, 클라우제비츠 전쟁관의 시비, '민주주의에 의한 평화론'의 타당성, 나아가서는 종교 및 경제와 전쟁의 상관관계 등, 학제적인 주제가 넘쳐나서 충분히 읽어볼만하다. 로렌스 프리드먼은 이 책을 "놀랄 만큼 야심적인 연구이며, 풍부한 학식과 넓은 시야를 겸비한 연구이다. 전쟁을 둘러싼 문제에 관심을 가진 사람이라면 모두 앞으로 이 최고의 연구서를 읽어 볼 의무가 있다"라고 극찬했다.

이 진정한 세계적 연구에서, 주요 군사 역사학자 아자 가트는 초기 수렵 채집자에서부터 21세기의 비전통적인 테러리즘에 이르기까지 인류 역사를 관통해서 전쟁의 수수께끼를 풀려고 시도하였다는데 의의가 있다. 이 과정에서, 이 책은 인류가 시대를 거쳐온 놀라운 여행의 모든 주요 측면에 대해 놀랍도록 많은 독창적이고 매혹적인 통찰력을 만들어내며, 다양한 학문들을 참여시킨다. 이 책의 내용을 보다 깊게 이해하기 위해서는 앞의 44항에서 기술한 존 키건의 『전쟁의 역사』(본서 45항)를 참조하기 바란다.

국내에서는 아자 가트 저, 오숙은·이재만 역, 『문명과 전쟁』, (교유서가, 2017)로 번역 출판되어있다. 아자 가트의 최신작 『전쟁의 원인과 평화의 확산』이 『전쟁과 평화』(교유서가, 2020)라는 이름으로 번역출간되어있다. 19세기 '홉스'와 '루소'를 비교하고 있는데, 홉스는 '만인의 투쟁이 인간의 역사'라고 했고, 루소는 '문명의 발전이 전쟁을 유발한다고 했다'. 원 제목처럼 전쟁의 원인을 찾고 평화를 확산시키는데 깊은 통찰력을 제공한다.

[원서 정보] Azar Gat, *War in Human Civilization*. (New York: Oxford University Press. 2006.)

43 전쟁의 근원을 고찰하여 평화를 보전하자

✍ 도널드 케이건(Donald Kagan, 1932~2021)
📖 『전쟁의 근원과 평화의 보전』
(On the Origins of War: And the Preservation of Peace)

◆ 고대에서 현대까지 5개의 전쟁 분석

서양고전학과 서양고대사 분야에서 저명한 학자 중 한 사람으로, 미국내 신보수주의자로 잘 알려진 이 책의 저자 도널드 케이건은 예일대학교에서 오랫동안 고대 그리스 역사를 가르쳤으며, 역사학과의 스털링 석좌교수였다.

이 책은 냉전붕괴 이후 발표된 책으로, 1987년 출간된 폴 케네디의 『강대국의 흥망』에 필적하는 작품으로 평가받았다. 또한 이 책은 투키디데스의 『펠로폰네소스 전쟁사』이후 전쟁의 원인분석에서 최고의 역작이라고 평가를 받기도 했다. 또한 이 책은 기원전부터 현대까지 전쟁을 통해 전쟁의 기원과 원인을 세밀히 분석한 저서이다. '펠로폰네소스 전쟁'을 시작으로 로마와 카르타고의 '제2차 포에니전쟁', '제1차 세계대전', '제2차 세계대전', '쿠바 미사일 위기'라는 5개의 분쟁을 수록했는데, 각각 전쟁의 과정과 주변국들의 이해관계, 전쟁의 원인을 통해 전쟁의 의미를 되돌아봤다.

케이건은 국가들이 왜 전쟁을 선택했는지를 '국제관계'에 초점을 맞추며, 결정적인 요소들을 고대 그리스의 군사사학자 투키디데스가 말하는 '**이익, 명예, 공포**'로 보았으며, 그는 두 종류의 갈등을 비교할 수 있게 해준다. 펠로폰네소스 전쟁과 제1차 세계대전은 모두 갑자기 걷잡을 수 없게 된 복잡한 상황에 의해 시작되었지만, 제2차 포에니 전쟁과 제2차 세계대전은 지도자의 끝없는 전쟁 의지에 의해서 촉발되었다. 쿠바 미사일 위기는 마침내 전쟁을 극복할 수 있다는 희망을 준다고 했다.[283]

---

283) 죠수아 골드스테인은 국제관계에서 전쟁원인을 국가이익과 명예를 위한 충돌로서 ①영토분쟁, ②전쟁을 통한 정권교체, ③경제이익관련 분쟁이 있고, 이에 더하여 사상·이념·종교 충돌형태로 ④종족·민족분쟁, ⑤종교분쟁, ⑥이념분쟁이 있다고 했다.
Joshua S. Goldstein, International Relations, 8th edition, 2016.

제9장 전쟁이란 무엇인가

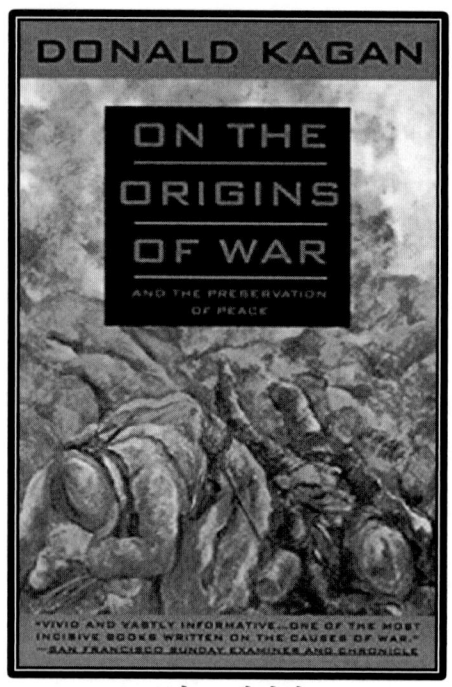

도널드 케이건,
『전쟁의 근원과 평화의 보전』

◆ 전쟁의 원인은 이익, 명예, 공포

한 국가가 다른 나라의 '이익'을 짓밟으며 자국의 '명예'를 추구하는 한 전쟁은 거의 피할 수 없는 것이다. 1914년 독일의 빌헬름 2세가 추진한 '영국의 이익을 위협'하는 함대 건설 정책은 영국의 조정을 불가능하게 만들었다.

제2차 세계대전 당시에 히틀러의 전쟁 의지는 유화정책을 그릇된 정책으로 만들었다. 서구 동맹국들이 새로운 전쟁을 두려워한 것(공포)은 체코슬로바키아를 나치에 넘겨준 뒤에 훨씬 더 나쁜 위치에서 싸워야 한다는 것을 의미했다.

기원전 434년, 에피담노스에서 내전이 일어나 코르키라와 코린토스가 참전하고, 공격받은 코린토스가 코르키라에 공격을 선포하자 두려움을 느낀 코르키라가 아테네에 도움을 요청하고, 코린토스의 해군을 염려한 아테네가 코르키라의 손을 들어주게되고 이에 스파르타가 참전하게 된다. 이렇게 시발된 '펠로폰네소스 전쟁'의 원인을 투키디데스는 아테네의 힘의 증가와, 이에 대해 코린토스와 친선관계를 유지하던 스파르타가 느낀 '공포' 때문이라고 분석하였다.

투키디데스는 각국이 '이익, 명예, 공포' 문제를 놓고 전쟁을 한다고 주장했고, 케이건은 투키디데스의 이러한 주장이 전쟁의 원인에 대한 최초의, 그리고 가장 심오한 분석 중 하나라고 믿고 있다. 전쟁을 대비하고 전쟁에서 승리하는 것 못지않게, 전쟁을 피하는 노력은 너무나도 중요하다. 저자는 "전쟁이 왜 일어나는가?"와 "전쟁을 피하고 평화를 유지하는 방법은 없을까?"에 대해 주목하고 있다. 따라서 전쟁의 기원과 원인을 파악하려는 시도 또한 소홀히 해서는 안 된다는 것이 저자가 이 책을 저술한 취지이다.

43. 도널드 케이건, 『전쟁의 근원과 평화의 보전』

◆ 펠로폰네소스 전쟁 (BC 431~BC 404년)

아테네가 10척의 선박 대신에 시보타에 무적함대를 보냈더라면 전투를 막았을 것이고, 코린토스의 코르키라에 대한 복수욕을 보류시켰을 것이다. 만약 전쟁으로 이어져도 코린토스 함대는 파괴되고 코르키라에 대한 도전도 종결되었을 것이다. 그런 결과라면 스파르타를 갈등에 끌어들일 필요도 없었다. 그것으로 스파르타의 기를 꺾기에 충분했기 때문이다. 어떤 경우든 간에 결과는 실제 일어난 것보다 더 나쁠 수는 없다. 만약 아테네인들이 강력한 군대를 포티데아에 보냈다고 한다면 그들은 당장에 반란을 막을 수 있었을 것이고, 적에게 활기차고 유망한 반란 대신에 전쟁을 요구하다가 포위된 반란군의 절망적인 실상을 보여주었을 것이다.

페리클레스의 온건정책이 코린토스를 저지하지 못했을 때, 스파르타에 대한 저지는 더이상 불가능했다. 아테네는 믿을만한 공격을 가하기에 인적자원이 불충분했고, 해상공격과 펠로폰네소스의 요새화된 기지에 대해 운운하는 것도 잘 먹혀들지 않았다. 대부분의 스파르타인들은 그런 방법이 자국과 동맹국들에 가할 위협을 예상할 만큼 상상력이 풍부하지도 못했다. 다만 우수한 군대의 강력한 공격만이 스파르타인들을 저지할 수 있었다. 그런데 아테네로서는 그런 공격력을 창출해낼 방법이 없었다.

즉, 아테네인들의 정책은 자신들의 전략적 능력과 맞지 않았다. 이러한 점을 좀 더 잘 깨달았다면 그들은 메가라 법령284)을 철회했거나 조금 더 회유적인 접근을 시도할 수 있었을 것이다. 왜냐하면 그들에게는 전쟁저지 능력이 부족했고, 전쟁의 승리를 보장해주는 어떤 전략도 없었기 때문이다. 그러나 페리클레스와 대다수 아테네인들은 그들의 해군력과 성벽, 한 번도 시험하지 않은 새로운 전략을 확신하고 있었다. 이로 인해 그들은 적들이 싸움을 단념할 것이며, 설령 그렇지 못할 경우에도 승리를 거둘 수 있다고 확신했다. 그리하여 전쟁이 일어났고 패전했다.(본서 3항 참조)

---

284) 메가라 사람들이 아테네의 성역을 침범하자, 기원전 432년 아테네의 페리클레스가 메가라 사람들이 아테네와 인근 항구를 출입하지 못하도록 제재를 가한 것으로 초기에 효과는 있었지만, 메가라 동맹인 스파르타의 법령철회요구를 아테네가 거부함으로써 펠로폰네소스 전쟁으로 이어지게 되고, 결국은 아테네가 패전하게 된다.

제9장 전쟁이란 무엇인가

■◆ 제1차 세계대전 (1914년~1918년)

　제1차 세계대전은 펠로폰네소스 전쟁처럼 위대한 문명의 역사에 있어서 괄목할만한 시기에 종지부를 찍었다. 1815년 비엔나회의가 나폴레옹전쟁을 종식시킨 후 1세기 동안, 유럽인들은 물질적인 측면에서, 문화적 측면에서, 천연자원에 대한 이해와 조절 및 이용 측면에서, 유럽 이외의 지역에 사는 다른 국가들에 끼친 유럽의 영향력과 통제력 측면에서 큰 발전을 이룩했다. 이에 대한 비판과 반대가 없었던 것은 아니지만, 유럽인들이 주도한 19세기는 전반적으로 자신만만하고 희망적이었으나, 세계대전이 이를 파괴했다.

　이 전쟁은 네 개의 제국을 붕괴시켰는데, 합스부르크가가 이끌던 오스트리아-헝가리 제국은 서로 불신하는 여러 약소국가들로 분리되었고, 오스만 제국은 소아시아와 유럽의 한 귀퉁이만을 차지한 터키로, 독일은 바이마르 공화국으로 축소됐다. 그리고 러시아 로마노프 왕조 대신 소련이 출현했다. 이 전쟁은 유럽 군주정치와 귀족정치 시대에 마침표를 찍었을뿐만 아니라, 입헌정부와 민주주의 경향 또한 반전시켰다. 결국 이 전쟁으로 러시아에서는 공산주의 정치가 등장하게 되었고, 독일, 스페인 그리고 유럽의 여러 나라에서는 독재적인 전체주의 정권이 출현할 수 있는 터전이 마련되었다.

　이 전쟁으로 유럽국가들의 힘이 급격히 약화됐고, 유럽의 경제적 지위가 손상되었다. 유럽의 식민지 정책이 종식되기 시작했으며, 장차 그 전쟁의 운명을 좌우할 거대한 초강대국 러시아와 미국이 출현했다.

■◆ 한니발 전쟁 : 제2차 포에니 전쟁(BC 218~202년)

　한니발 전쟁은 제1차 포에니 전쟁[285]의 원만하지 않은 해결과 그에 대한 복수에서 시작되었다. 제1차 포에니 전쟁에서 카르타고의 군사령관이었던 하밀카르 바르카의 맏아들인 한니발이 전권을 잡으며 전쟁이 시작됐다.

　육군의 나라인 로마는 해군의 나라인 카르타고가 함대로 쳐들어올 것을 대비하는 동안 한니발은 육상으로 침략했다. 피렌체와 론강을 넘고 혹독했던 알프스를 넘어서 한니발이 이탈리아 북부에 도착했을 때, 로마는 혼비

---

285) **제1차 포에니 전쟁** : 지중해의 패권을 둘러싸고 벌어진 로마와 카르타고 사이의 전쟁으로, '포에니(poeni)'는 카르타고를 세운 페니키아인을 가리키는 라틴어이다.

43. 도널드 케이건, 『전쟁의 근원과 평화의 보전』

백산하게 된다.286) 이처럼 험난한 여정을 겪는 동안에 한니발의 군대는 보병 2만 명, 기병 6,000명 정도로 줄어들었는데, 이는 로마가 동원할 수 있는 어마어마한 군대와 대적하기에는 턱없이 부족한 숫자였다.

그렇지만 한니발은 2년 동안 세 번의 큰 전투287)에서 로마군을 격파했다. '칸네 전투'에서는 거의 7만 명의 로마군이 사망했고, 2만 명이 포로로 잡혔다. 칸네 전투로 인해 공포에 사로잡힌 로마인들은 인간을 제물로 희생했다.288) 16년간 한니발의 군대는 이탈리아의 대부분 지역을 자유롭게 휩쓸고 다녔는데, 그 어느 로마군도 감히 한니발의 군대에게 대항하지 못했다.

그러나 카르타고는 계속된 한니발의 승리에도 불구하고, 내부적으로 분열하였고 한니발을 정치적인 적으로 여겨서 지원하지 않았다. 반면에 로마는 패전한 장수의 노고를 치하하고, 원로원 의원 전원이 전 재산을 헌납하고, 전 국민이 지원하였다. 결국 이 전쟁은 카르타고와 로마의 전쟁이 아니라, 한니발 개인과 로마 공화국의 싸움이 되어서 결말은 이미 정해져 있었다.

한니발 전쟁은 로마가 지중해를 정복하고 또다시 700년간 지속될 제국을 수립하고자 하는 상태에서 싸워야 했던 가장 크고도 위험한 전쟁이었으며, 로마가 시작하기 전에 그들의 여정을 중단시킬뻔한 전쟁이었다. 카르타고인들에게 이 전쟁은 그들 세력의 종말을 뜻하는 것이었으며, 유럽이 아닌 아프리카에 기반을 둔 제국이 지중해 전체를 지배할 수 있다는 가능성에 종지부를 찍었다. 전쟁이 끝나고 반세기가 지난 후, 이 전쟁은 카르타고라는 국가 존재의 파괴를 의미했다. 민족적 시련을 극복한 로마가 일개 도시국가에서 지중해 세계 전체에 걸친 제국으로 발전하는 전환점이 됐다.289)

---

286) **파비앙(Fabin) 전략** : '지연과 고갈전략'으로, 한니발을 무력화시키고 로마의 국가 동원력이 가동될때까지 지연전을 펼쳤던 로마 파비우스(Fabius)의 전략을 일컫는다.
287) ① 트레비아강 전투(BC218년 12월 18일. 스키피오보다는 성미 급한 셈프로니우스를 택해 승리했다.) ② 트라시메네호 전투(BC 217년 4월 24일. 매복에 의한 기습으로 승리하여 토스카나 지방을 차지했다.) ③ 칸네 전투(BC 216년 8월 2일. 완벽한 포위작전으로 로마군을 전멸시켜, 포위섬멸전의 대명사로 일컬어진다.
288) 이에 대해 로마의 역사학자 리비는 "로마인의 정신에 어긋난 것이었다"며 한탄했다.
289) 『로마인 이야기』에서 시오노 나나미는, 로마인의 지성은 그리스인만 못하고, 체력은 게르만인만 못했고, 기술력은 에트루리아인만 못했고, 경제력은 카르타고인만 못했지만, 오랫동안 로마문명을 형성하고 유지할 수 있었던 이유는 '다양한 민족과 공존할 수 있는 관용정신과 개방성, 공동체를 위한 헌신과 노블리스 오블리쥬'였다고 분석했다.

제2차 세계대전 (1935년~1945년)

1939년 9월 1일, 독일의 폴란드 침공은 1914~1918년에 일어났던 제1차 세계대전보다 더 무섭고 파괴적인 전쟁의 시작이었다. 제2차 세계대전이야말로 진정한 의미의 세계대전이었다. 유럽뿐만 아니라 아시아, 아프리카에서도 심각한 전쟁이 일어났고, 모든 대륙의 사람들이 대부분 어느 정도는 분쟁에 관련되었기 때문이다.

전쟁이 가져온 인적, 물적 피해는 엄청나서 재난에 가까웠는데, 제1차 세계대전의 손실보다도 훨씬 컸었다. 민간인에 대한 공격은 전례없는 것이라, 도시에 대한 대규모 '공중폭격'도 보편적 현상이었다. 결국 이 전쟁의 태평양 전역은 인류 최초의 '핵무기 투하'를 끝으로 종결되었다.

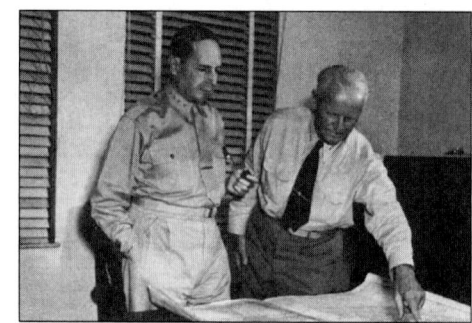

제2차 세계대전 태평양전역에서 연합군을 지휘한 맥아더 장군과 니미츠 제독. 미국은 태평양 전역에서 적의 강력한 지역은 차단하고, 방어가 약한 지역을 확보하는 '아일랜드 호핑 전략'을 구사했다.

한니발 전쟁(제2차 포에니 전쟁)처럼 제2차 세계대전은 이전의 평화조약이 지닌 결함에서 비롯되었으며, 아울러 전승국들 스스로 부여한 안정을 변화시키거나 주의 깊게 방어하지 못한 데서 비롯되었다. 그러므로 제2차 세계대전의 기원은 제1차 세계대전을 종식시키던 때로 거슬러 올라가야 한다.

쿠바 미사일 위기(1962년)-인류가 전쟁을 저지할 수 있다는 희망

1962년 10월 22일 밤, 미국 존 F. 케네디 대통령은 미국 국민과 전세계에 대해 소련이 서반구에 대한 핵 공격능력을 갖추기 위해 미국 본토에서 90마일 떨어진 쿠바에 '공격용 미사일 기지'를 구축하고 있다고 발표했다.

캐네디 대통령은 소련의 '갑작스럽고 비밀스런' 조치에 불만을 표시하면서, "미국이 결코 받아들일 수 없는, 국제정세에 대한 의도적인 도전이자 부당한 행위"라고 규정했다. 또한 소련으로 하여금 쿠바에서 미사일과 그 기지를 철거하도록 하는 첫 번째 시도로서 쿠바를 봉쇄한다고 선언했다.

43. 도널드 케이건, 『전쟁의 근원과 평화의 보전』

케네디는 "어떤 사태에도 대처할 수 있는 준비"를 하라고 명령했고, 만약 쿠바가 서반구의 어떤 국가에라도 미사일을 발사한다면 미국은 소련에 전면적인 보복조치를 취하겠다고 선언했다. 소련의 지도자 후르시초프에게 이처럼 무모하고도 도발적이며 비밀스럽게 세계평화를 위협하는 미사일 기지 건설을 즉각 중단하고 미사일을 철거하라고 요구했다.

전 세계인들이 보기에 핵무기를 보유한 초강대국인 미국과 소련이 충돌 국면에 돌입한 것 같았다. 처음으로 많은 사람들이 핵전쟁 가능성과 어쩌면 그 날이 임박했다고 믿었으며, 돌연 핵전쟁의 공포에 휩싸였다.

미 함정 183척과 전투기 1,190대가 카리브해 봉쇄선에 배치되어 소련 선단을 기다렸다. 미국은 소련 선박이 정선, 임검에 불응할 경우 격침시킬 용의가 있음을 밝혔다. 케네디 대통령의 신속하고 강력한 조치에 소련은 26일 미국이 쿠바를 침공하지 않는다는 것을 약속한다면 미사일을 철거하겠다는 뜻을 미국에 전달했고, 27일에는 쿠바의 소련 미사일 기지와 터키의 미국 미사일 기지를 상호 철수할 것을 제안했다.

미국은 소련의 '27일 제안'을 무시하고, '26일 제안'을 수락했다. 이에 소련 후르시초프가 미사일 철수 명령을 내려 쿠바로 향하던 16척의 소련 선단이 방향을 되돌리면서 지속되었던 핵전쟁의 위기는 해소되었다. 이어 미국이 쿠바 해상봉쇄를 해제하고, 소

1961년 오스트리아 빈에서 마주한 후르시초프 소련 서기장과 존 F. 케네디 미국 대통령. 이듬해 냉전중 최대 위기인 '쿠바 미사일 위기'로 대립·협력했다.

련의 미사일 철거 통보로 이어졌다. 이 사건을 계기로 1963년에는 미소 간에 '핫라인(Hotline)'이 개설되었으며, '핵전쟁 회피'라는 공통과제하에 1963년 5월에 '부분적 핵실험 금지조약(PTBT)'[290]이 체결되었다.

---

[290] 대기권내 우주 및 수중에서 핵무기 실험을 금지하는 조약. 지하를 제외한 모든 핵실험을 금지하여 핵무기 경쟁을 억제하고, 환경오염을 방지할 목적으로 미,영,소가 체결.

『전쟁의 근원』에 대한 평가

도널드 케이건이 이 책에서 고찰한 전쟁의 기원과 평화보전을 정리해보면, 첫째, 국제사회에서 '**힘의 분배와 국가이익**'을 위한 국가 간 대결은 일반적이며, 그와 같이 이해를 둘러싼 국가 간의 대결이 종종 전쟁으로 이어진다. 둘째, 보다 큰 힘을 추구하는 동기들이 안정이나 물질적인 이익만을 얻기 위한 것은 아니다. 그 동기 가운데는 '**위신과 명예**'를 위한 요구가 들어있다. 이러한 요구들은 물질적 이익에 대한 판단보다 훨씬 더 주관적인 판단을 수반해서 여전히 만족하기가 어렵다. 셋째, 이와 다른 동기는 '**막연한 공포**'에서 나오는데, 이 공포는 즉각적인 위협뿐만 아니라 안도감을 얻기가 거의 어려운 어렴풋한 위협이라는 것이다.

이 책에서 특히 흥미로운 것은 케이건의 역사적 행위에 대한 가능한 대안을 탐구하는 방법이다. 쿠바사태의 예를 제외하고, "역사적 지도자들이 전쟁으로 치닫는 가운데 평화를 유지하기 위해 무엇을 했을까"라는 질문을 함으로써 실제 사건에 대한 설명을 방해한다. 각각의 갈등에 대한 케이건의 결론적인 생각이 독자의 생각을 자극한다. 예를 들어 히틀러의 나치가 지배하는 유럽 추구를 막을 가능성이 있었는가? 아니면 세계가 제2차 세계대전을 반드시 겪어야 할 의무가 있었는가?

케이건은 모호하고 혼합된 정치적 메시지를 전쟁 발발에 기여하는 주요 요인 중 하나로 간주한다. 그는 솔직한 정책을 추구하지 못한 지도자들을 비난한다. 그는 군사적 현실을 감안하고, 억지력이 강하며, 모호하지 않은 메시지를 지지한다. 군사적 준비태세에 의해 뒷받침되는 경고가 많은 전쟁이 일어나는 것을 막았을 수도 있었다고 주장한다.[291]

우리나라에서는 『전쟁과 인간』(세종연구소, 2004)이라는 제목으로 번역 출판되었다. 원서의 주제는 "**전쟁의 근원을 고찰하여 평화를 보전하자**"는 것으로서, 원서의 제목도 '전쟁의 근원과 평화의 보전'이라고 정했는데, 이를 번역하면서 이해하기 어려운 제목을 잡았다는 아쉬움이 있다.

---

[291] 전쟁은 일반적으로 갈등-위협-위기-전쟁의 단계를 겪는데, 위기단계에서 양국 간의 해결방법으로 당사국 간의 타협, 다자간 해결방법으로 국제기구나 중재국에 의한 중재와 조정, 사실관계 조사 등이 제시되고 있는데, 명확한 메시지가 중요하다고 했다.

44 전쟁은 보다 폭넓은 문화적 행위
✎ 존 키건(John Keegan, 1934~2012)
📖 「전쟁의 역사」 (A History of warfare)

◆ 시대별 무기로 목차(돌, 말, 철, 불)를 구성한 전쟁사

군사 역사학자인 존 키건이 1993년에 유니크한 관점으로 전쟁과 전략의 역사를 서술한 저서이다. 그의 저작은 어느 것이나 영국이나 미국의 대학에서 기본문헌이 되고 있는데, 『전쟁과 인간의 역사-인간은 왜 전쟁을 하는가』와 『타임즈 아트라스 제2차 세계대전 역사지도』 등이 저명하다.

이 책은 무기에 근거해 분류하는 대단히 독특한 목차 구성으로 편성되어 있다. 제1장 '인류의 역사와 전쟁'에서 전쟁의 본질에 대하여 고찰한 후에, 제2장부터 제5장까지는 각각 '돌', '말', '철', '불'이라고 제목을 붙여서 전쟁이라는 인류의 행위 중에서 무기로 사용되었던 돌(그리고 청동), 말(경전차), 철기, 화약(그리고 화기)를 테마로 개별의 전쟁사를 그려내고 있다.292)'

'말'에서는 '말 민족'의 정복에 관한 것으로, 시리아인, 아르메니아인, 파르티아인, 7세기 아랍인, 징기스칸의 몽골인 등이 대규모의 대학살과 파괴를 배출한 사실을 기술한다. '철기'에서는 철기의 등장이 문명과 전쟁에 미친 의미, 15세기 말에 프랑스의 샤를 8세의 시대 이후에 '화약 혁명'이 전쟁형태에 큰 변화를 가져다준 사실에 주목하고 있다.293) 또한 앞에 서술한 5개의 장에 추가적으로 각장 사이에 4편의 토론을 삽입하여 전쟁이라는 다면적인 현상을 이해하는데 일조하고 있다.

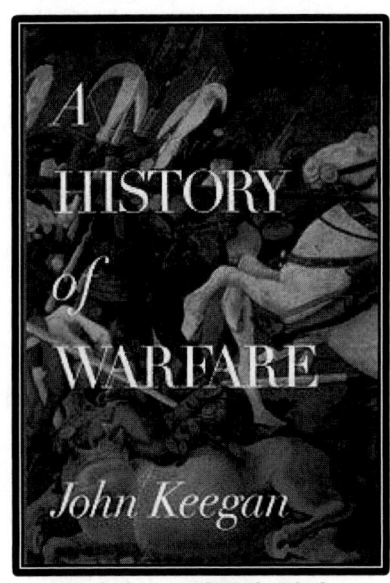

존 키건, 『**전쟁의 역사**』

---
292) 반 크레벨트는 그의 저서 『기술과 전쟁』에서 과학기술의 발전에 따른 전쟁수단과 방식의 변화를 ①도구시대, ②기계시대, ③체계시대, ④자동화시대로 구분했다.
293) 16~17세기 머스켓총의 도입이 전술변화로 근대국가의 형성을 촉진시켰다고 보고 있다.

제9장 전쟁이란 무엇인가

■◆ '정치의 연장' 이상으로 '문화적 발로'로서의 전쟁

이 책의 근저에 흐르는 사상은 전쟁이란 클라우제비츠가 주창한 '정치적인 것'인 이상으로 '문화적인 것'이라 말할 수 있다는 것이다. 키건은 전쟁의 문화성에 대해 러시아의 '코삭병'294)의 사례를 인용하기도 하고, 클라우제비츠의 전쟁관을 유럽 계몽주의의 산물이라고 비판하기도 한다.

중앙아시아 초원지대인 코삭 지방의 용맹스러운 병사인 코삭병

클라우제비츠의 전쟁관에 대하여 안티테제로서 **'문화의 발로로서 전쟁'**이라는 독특한 견해를 제시했다. 키건은 '전쟁은 정치의 연장'이라며 전쟁이 정치인들의 의식적인 통제아래 이성적으로 진행되었다는 클라우제비츠의 생각을 문제 삼고 있다. 그는 오히려 군대와 전사의 존재가 정치와 문화의 본질을 왜곡하고 때로는 지배적인 문화적 형태가 되며, 전쟁 자체는 궁극적으로 **'정치와 외교의 실패라는 비참하고 비이성적인 결과'**라고 보았다.

단적으로 말하면, 키건의 전쟁관은 전쟁을 '정치의 연장'이라고 하지 않고, **'보다 폭넓은 문화적 행위'**라고 정의하고 있다. 전쟁이라는 사회적 현상은 정치라는 협의의 틀 가운데에서 도저히 설명이 가능한 것이 아니며, 보다 광의의 문화라는 맥락에서 다루어질 때 비로소 의미를 가질 수 있다는 것이라고 했다. 전쟁을 단순한 하나의 사건으로 보는 것이 아니라, 역사적 사실과 문화, 다양한 학문적 이론이 결합된 현상으로 보는 것이다.

---

294) 러시아 코삭병은 16세기부터 19세기까지 러시아제국을 시베리아로 확장하는 데 있어 핵심적 역할을 했고, 코삭부대는 17세기, 18세기, 19세기(러-터키 전쟁, 러-페르시아 전쟁, 중앙아시아 합병 등)의 많은 전쟁에서 러시아 용병 역할을 해야 했다.

44. 존 키건, 『전쟁의 역사』

그렇기 때문에 키건은 각각의 문화권에는 고유한 전쟁관과 전쟁형태가 존재했다고 지적하고 있다. 확실히 고대의 부족간 전쟁은 두말할 것도 없고 오늘날에 이르기까지 특히 서방 선진국 이외에서의 전쟁이나 분쟁을 단순히 정치의 관점만으로 이해하는 것은 곤란하다. 클라우제비츠 자신도 인정하고 있는 것처럼 전쟁은 카멜레온 같이 시대나 지역에 따라서 다채로운 변화를 보이는 것이다.

키건과 클라우제비츠의 일견 상반되는 2개의 전쟁관이 반드시 모순된다고 말하는 것이 아니고, 안타깝게도 키건의 클

프란시스코 고야의 작품 <1805년 5월 3일>. 프랑스군에 의한 마드리드 시민의 처형 장면을 그려서 전쟁의 잔혹상을 고발했다.

라우제비츠 해석이 다소 일면이 강하다. 또한 전체로서 유럽의 전쟁양상에 비판으로부터 아시아의 전쟁, 그중에서도 중국의 전쟁에 대한 키건의 과도한 감정이입도 여기저기서 조금씩 보이고 있다.

그러나 어찌되었든 이 책은 사회와 전쟁의 역사, 사회와 전쟁의 관계성을 배우기 위해서는 매우 유익한 저서이며, 어느 정도의 역사지식이 없다면 다소 난해할 수 있겠지만, 정독할만한 충분한 가치가 있는 명저이다.

전쟁의 근본적인 원인을 다양한 각도에서 분석하여 시대순으로 나열하거나, 전쟁을 사건으로 보고 각 전쟁을 전략과 전술을 중심으로 설명하는 전쟁사와는 차별화되어 있다. 키건의 『전쟁의 얼굴』(1976년)도 명저로 꼽힌다.

국내에는 『세계전쟁사』(2010)로 소개되었다. "인류학, 심리학 등을 동원하여 전쟁의 본질을 파악하고 인류 문명과 전쟁의 상관적인 발전관계를 분석"한 『전쟁의 역사(A History of warfare)』를 교과서처럼 『세계전쟁사』로 번역한 한글본 표제는 동의하기 어렵다. 이 책의 동반서인 키건의 전쟁관에 대한 저서 『전쟁과 인간의 역사』는 뭐라고 해야 할 것인가.

[원서 정보] John Keegan, *A History of warfare* (New York; NY, Random House, 1993)

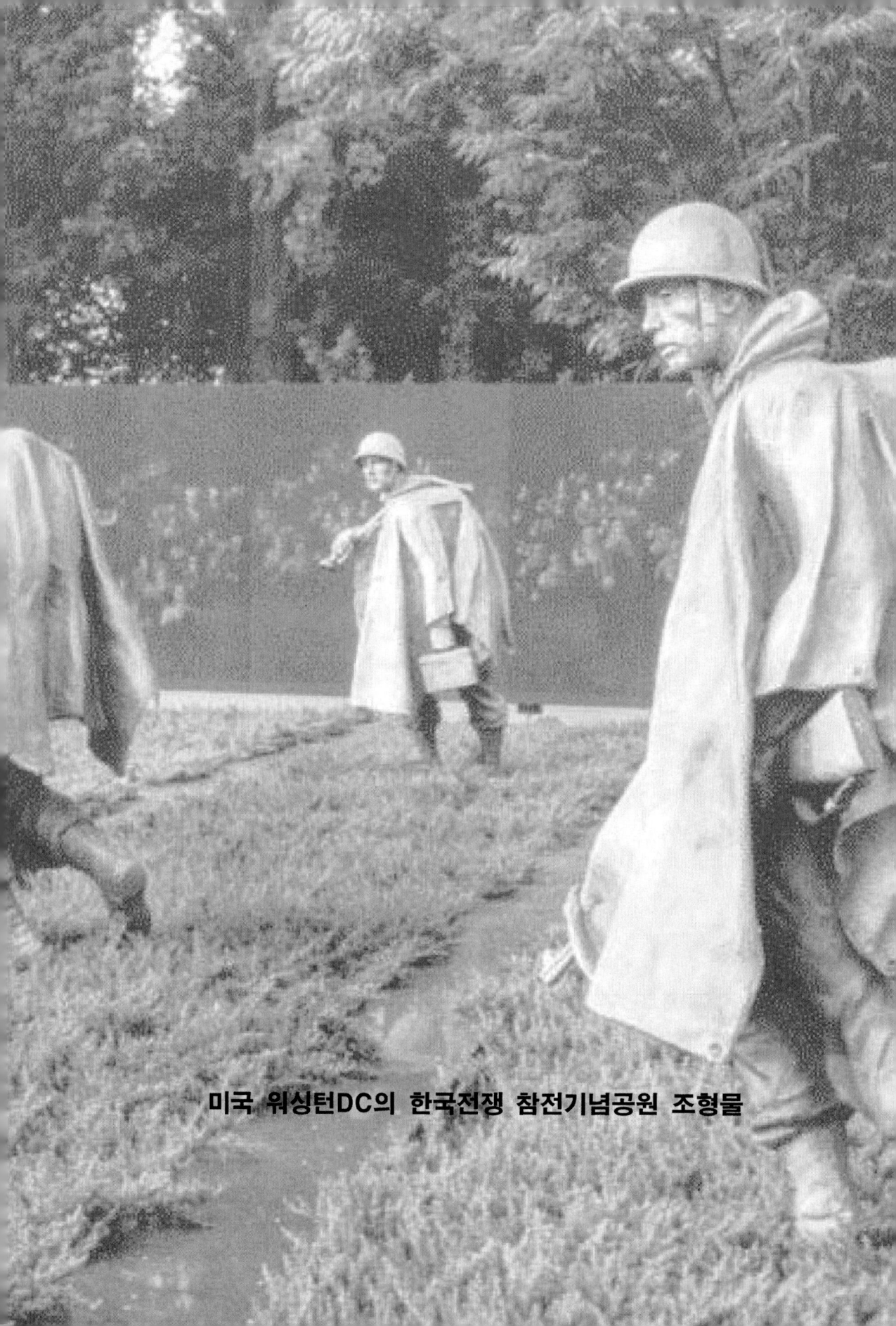

미국 워싱턴DC의 한국전쟁 참전기념공원 조형물

제10장

전쟁의 역사기술과 분석

인류의 역사는 '전쟁의 역사'라고 할 수 있다. '전쟁의 역사'를 기술하고 분석함으로써 전쟁의 원인을 찾아 책임을 논할 수 있고, 전쟁방지 노력의 방향을 설정할 수 있다. 또한 전략적인 성패를 분석하여 향후의 안보전략에 적용할 수 있다. 전쟁의 역사분석에는 결정판이 없다. 다각적인 측면에서 다양한 논의와 분석이 필요하며, 시대의 흐름에 따라 새로운 접근과 분석으로 실체에 접근할 수 있게 재구성되어야 한다.

제10장 전쟁의 역사기술과 분석

45 간결하면서도 포괄적인 유럽 전쟁사 고찰
✍ 마이클 하워드(Michael Howard, 1922~2019)
📖 『유럽사 속의 전쟁』(War in European History)

▣ 전쟁사 연구의 고전적 명저

이 책은 마이클 하워드에 의해 유럽사에 있어서 사회의 변천과 그것에 따른 전쟁형태의 변천을 개관한 저서로서, 일부 역사가의 표현을 빌리면 "이 책보다 유럽 전쟁의 역사를 이처럼 간결하면서도 포괄적으로 제시한 책은 없을 것이다." 여기서도 난해하고 복잡한 유럽의 전쟁 역사를 콤팩트하며 평이한 문장으로 표현한 하워드의 특별한 재능을 발견하게 된다.

실제로 이 책에는 천년에 걸친 유럽전쟁사가 약 150면으로 응축되어있다. (한글 번역본은 사진과 해설을 잔뜩 넣어 400면으로 2배이상 부풀렸다) 이 책도 하워드의 저작에서 나타나는 전형적인 형태인 단편임에도 불구하고 내용은 포괄적이고, 독특한 시각과 냉철한 역사적 분석을 특징으로 한다.

이 책의 목적은 정치적, 경제적, 사회적인 제도, 기술, 전쟁 목적 그리고 실제의 전쟁 양상의 상호관계를 명확히 하는 것으로, 중세로부터 제2차 세계대전까지의 유럽 역사가 그의 고찰 대상이다. 그중에 하워드는 사회가 변화하는 것에 따라서 어떻게 전쟁이 변화했는가? 역으로 전쟁이 어떻게 사회를 변화시켰는가에 대하여 간결하면서도 명확한 틀을 제공하고 있다. 이러한 틀은 '**기사**(knights)의 전쟁', '**용병**(mercenaries)의 전쟁', '**상인**(merchants)의 전쟁', '**직업군인**(professionals)의 전쟁', '**국민**(nations)의 전쟁', '**기술자**(technologists)의 전쟁', 그리고 '**핵의 시대**'(유럽시대의 종언)이다.

이 책에서 저자가 의도하는 것은 단순히 전쟁이 발발하게 된 원인을 찾아 그 전개과정을 기술하여 영향요인을 분석하는 것이 아니다. 도도히 흐르는 역사철학과 전쟁론에 근거한 고찰이며, 오늘날의 국제정치적 상황을 이해하는데 필요한 조언을 제공하는 것이다.

45. 마이클 하워드, 『유럽사 속의 전쟁』

■◆ 유럽사회 발전에 따른 전쟁시대 구분(기사, 용병, 상인의 전쟁)

하워드에 의하면, 기사와 용병을 중심으로 한 중세시대 전쟁은 비교적 그 지방으로 제한되는 현상이 있었다. 그러나 주권국가의 발전에 의해 전쟁은 상인들의 전쟁, 다음에는 직업군인의 전쟁으로 진화를 거듭함과 함께 범위도 점차 확대되었다. 8세기에서부터 십자군 전쟁(1095~1291)과 백년전쟁(1337~1453)을 거쳐 15세기까지 헤아릴 수 있는 가치가 있는 군인들은 '기사'였다는 인식으로 **'기사의 전쟁'**으로 분류했다.

'기사의 전쟁'으로 표현된 뮈레(Muret) 전투 그림(1213년)

15세기에서 16세기는 유럽의 주권군주들이 군주권력을 강화하기 위해 사적 전쟁 등에 동원한 **'용병의 전쟁'** 시대였다.295) 유럽에서 가장 악명높고 한동안 인기가 있었던 용법은 스위스 용병이었다. 14세기에 도끼창과 장창으로 연방주들의 독립을 쟁취했던 스위스인들은 열악한 경제 사정으로 자신들의 군사기술을 빌려줘야 했는데, 이 용병이 국가적 산업으로 관리되었다.

교황의 퇴로확보를 위해 분투하다 전멸한 스위스 용병(1527년)

17세기에 들어서면서부터는 유럽이 팽창하면서 새로운 부를 축적하기 위한 무역과 약탈을 목적으로 세계로 진출하였고, 신세계를 먼저 점유하기 위한 첨예한 경쟁이 무력충돌로 이어졌는데, 이것을 **'상인들의 전쟁'**이라고 명명하였다.

아편전쟁(1841년)은 물건의 이름으로 명명된 유일한 전쟁이다.

---

295) 마키아벨리가 『군주론』을 썼던 봉건주의 시대 유럽은 용병들의 전성시대였다. 1527년 신성로마제국 카를 5세에 의한 사코디 로마 사건 당시에 교황의 퇴로확보를 위해 보여준 스위스 용병의 충성으로 지금까지 바티칸 경비는 스위스 용병이 담당한다. 현대의 용병은 영국이 고용하는 네팔 구르카족 용병, 프랑스의 외인부대 등이 남아 있다.

제10장 전쟁의 역사기술과 분석

■◆ 군사업무 고도화와 직업군인의 전쟁, 혁명으로 인한 국민의 전쟁

18세기에 이르면서 유럽에는 국가 관료이며 전쟁 전문가인 직업군인이 등장하게 된다. 이것은 유럽국가들의 국력과 국가 조직의 발전, 그리고 군사업무와 기술의 고도화에 따른 것이었다. 바야흐로 '**직업군인들의 전쟁**' 시대가 되었다. 그들은 정규고용과 정기급여, 승진기회를 보장받은 국가관료였으며,

세계 최초로 사관학교의 형태를 갖추었던 덴마크 왕립 해군사관학교(1701년)

국가를 위해 평시에나 전시에도 국가에 봉사하고자 했다. 이들과 같은 직업군인이 등장하면서 사회내에서 '군사부문'과 '민간부문'을 어느 정도 명확하게 구분하는 것이 가능해졌다. 이때부터 유럽 각국은 군사부문을 전담할 장교를 양성할 목적으로 '사관학교'를 설립하기 시작했다.296)

직업군대의 진화는 점진적이었으며, 평탄치 않았다. 20세기까지도 프러시아 장교단에는 봉건적인 '군벌'에 대한 사적인 봉사의 개념이 강하게 남아 있었고, 프랑스 장교단에는 프랑스 대혁명때까지도 상당부분 싸우기를 좋아하고 방종한 귀족들로 구성되어있었다.

1789년에 시작된 프랑스혁명은 전쟁을 문자처럼 혁명적인 현상으로 변화시켜서 그 이후에 내셔널리즘을 고양시켰으며, 전쟁을 국민의 목표까지 높이는 결과를 초래하였다. 프랑스 시민군이 프로이센이나 오스트리아의 군대를 격파한 것은 '시민군'이 공유한 혁명의 열정과 헌신적인 태도에 기인한다. 여기에 나폴레옹이 등장하여 시민적인

Jemmapes전투에서 오스트리아 군대를 몰아내는 프랑스 시민군(1792년)

권리와 징집제, 관료제를 병합하여 '**국민의 전쟁**' 시대를 열었다. 그때부터 전쟁은 군주를 위한 헌신이 아니라, 자유, 국민, 혁명 등이 주제가 되었다.

---

296) 1720년 영국, 1750년 프랑스, 1765년 독일, 1802년에 미국이 사관학교를 개교했다.

45. 마이클 하워드, 『유럽사 속의 전쟁』

◈ 기술자의 전쟁 - 1, 2차 세계대전

전쟁의 형태와 전장의 모습을 하나의 단어로 표현하기는 매우 어려운데, 하워드는 산업화 혁명이후에 기술력의 급속한 발전과 이를 전장에 적용한 것을 특성으로 보고 근대시대를 '기술자의 전쟁' 시대로 분류했다.

정확한 시기로는 제1, 2차 세계대전 시대를 군사기술이 속속히 전장에 도입되어서 기술이 전쟁을 주도하는 **'기술자의 전쟁'** 시대로 분류하였다.

19세기의 기술 발전은 효과적이고, 사용이 편리한 대량생산된 무기를 가져다주었다. 보병에서는 탄약통의 등장으로 화약과 탄환을 능숙히 다루어야 할 필요가 없어졌으며, 총미로 장전하고 탄창과 수동식 노리개는 발사 속도를 향상시켰으며, 눈금이 표시된 가늠쇠는 정확도를 높였다.

줄루전쟁에 등장한 캐틀링 기관총(1879년)

이로써 수 주일 만에 모든 징집병을 프리드리히 대왕의 근위사단 중에서도 가장 능숙한 척탄병조차 결코 따라잡을 수 없을 정도의 능력을 지닌 저격병으로 만들 수 있었다. 캐틀링과 맥심 기관총은 가히 혁명적이었다. 포병에 있어서도 후장식 장전과 반동이 없는 포가의 발명으로 몇 번의 연습 훈련과 표에 의한 간단한 계산으로 나폴레옹 전쟁기간을 통틀어 공수 양측의 모든 대포가 가했던 포격보다도 더 큰 파괴력을 뿜어낼 수 있게 되었다.

산업혁명의 여파로 증기기관에 의한 증기선과 철도가 대량수송을 가능하게하여 지정학적 거리의 개념을 바꾸어놓았다. 유럽에서는 새로운 고안이 엄청나게 빨리 퍼져나갔다. 드레드노트급 전함, 항공기, 잠수함, 탱크 등 전장에 속속 등장하는 새로운 기술이 전장을 지배하게 되었다.

특히 참호전을 타파하기 위해 만들어진 탱크는 대표적인 지상무기체계로 자리잡았으며, 전장에 등장한 항공기에 관한 새로운 기술이 항공모함이라는 무기체계와 전략폭격이라는 전략을 탄생시켰다. 최종적으로는 핵무기를 개발하였고, 핵무기의 사용으로 제2차 세계대전을 종전으로 이끌었다.

제10장 전쟁의 역사기술과 분석

마이클 하워드, 『유럽사 속의 전쟁』

■▶ 핵 시대의 유럽(에필로그)

핵무기의 개발은 유럽에 재래식 군대가 굳이 있어야 하는지에 대해 심각하게 고민하게 만들었다. 미국과 소련이라는 두 초강대국에게 전략은 핵무기를 어떻게 효율적으로 사용할 것인가가 아니라, 어떻게 하면 상대방으로 하여금 핵무기를 사용하지 못하게 할 것인가의 문제가 되었다.

유럽국가중에 영국과 프랑스는 스스로 핵무기를 만들어서 확실한 보험을 마련했지만, 독일은 소련의 핵위협에 노출되어 있었고, 미국은 30년 동안 독일에게 핵우산을 제공하며 핵무기를 개발하지 않도록 설득했다. 이 기간중 NATO와 바르샤바 조약기구 국가 간의 '재래식병력 감축협상(MBFR)'은 성과를 내지 못하고, 미소의 '전략무기 제한협정(SALT)'은 정체되었다. 1976년부터 소련의 SS-20 핵미사일 배치에 대항하여 유럽은 감축협상을 진행하며 미국의 전술 핵미사일을 배치하는 '이중결정'[297]을 결의하였다. 감축협상에 실패하자 1983년부터 미국의 핵 미사일을 서독과 이탈리아에 배치하였는데, 이러한 이중결정이 독일의 통일과 소련의 붕괴에 결정적 영향을 미쳤다.

20세기의 마지막 10년, 미국과 소련이라는 양극체제는 1990년 소련의 붕괴와 함께 끝이 났다. 그러나 유럽인들은 전쟁을 더 이상 정책의 수단으로 여기지 않아서, 핵 시대에 있어서 '유럽 시대의 종언'으로 표현하였다.[298]

---

[297] **이중결정(Double Track Decision)** : 군축협상을 진행하며 결렬시를 대비해 군비증강도 병행추진한다는 정책. 이에 따른 미국의 핵미사일(개량 퍼싱2) 배치에 가장 반대가 심했던 나라는 독일이었는데, 소련과 동독이 모든 방법을 동원하여 반대운동을 확산시키는 와중에, 헬무트 슈미트 수상의 단호한 정치적 결단으로 배치를 성사시켰다.

[298] 러시아에 의한 2008년 조지아 전쟁, 2014년 돈바스 전쟁과 크림반도 합병, 2022년 2월부터 진행중인 우크라이나 침공은 유럽을 재무장하게 하는 계기가 되고 있다.

45. 마이클 하워드, 『유럽사 속의 전쟁』

◆ 군사사(軍事史)의 시작 논의

한스 델브뤼크는 군사사가 19세기부터 시작되었다고 하였지만, 이 책의 저자인 마이클 하워드는 군사작전과 행위에 주목하는 협의의 전쟁사로서의 군사사는 18세기부터 시작되었다고 보았다. 18세기 이전에는 군사사가 존재하지 않았다고 힘주어 말한다. 중세 기독교가 유럽 전체를 지배하던 시기에는 '십자군 전쟁'을 중심으로, 전쟁과 사회가 분리되어 군사사가 존재하지 않았다. 이어서 1560년부터 1648년까지 90년간 유럽을 휩쓸었던 신·구교의 종교전쟁이 1648년 베스트팔렌 조약으로 종결되면서 주권국가들에 의한 체제가 정비되면서 시작된 근대적인 연구분야라고 보는 것이다.

제1차 세계대전 이전까지는 전쟁 연구가 전쟁과 직접 관련이 있는 '군대'에 머물러있었고, 사회나 역사가에게 관심의 대상이 되지 못했다고 보았다. 그러나 제1차 대전을 겪으면서 비로소 관료와 학자, 국민들까지 전쟁의 승패와 관련된 사항뿐만 아니라 군사전략과 작전도 정치, 경제, 사회문화, 산업기술에 의해 영향을 받는다는 사실을 인식하게 되었다고 기술하고 있다.

마이클 하워드는 철저하게 **'전쟁과 사회'**라는 명제하에 전쟁사를 연구했는데, 제1차 세계대전이야말로 전쟁과 사회의 관계를 인식하고 산업화와 함께 **'국민의 전쟁'**이라고 할 수 있는 시대로 들어섰음을 강조하고 있다.

하워드는 중세의 기사나 용병시대의 용병 등 각 시대의 전투원에 초점을 맞추어서 개인의 시점으로 보는 독특한 역사관을 제시하고 있다. 독자에게는 유럽 역사에 관한 기초지식이 필요하지만, **'사회의 변화라는 커다란 맥락에서 전쟁과 전략의 변천을 간결하게 정리'**했다는 점은 오늘날 전쟁연구를 위한 기본문헌으로서의 지위를 확고히 유지하고 있다. 국내에는 2009년판이 『유럽사 속의 전쟁』으로 출판되었다.

엘리자베스 2세로부터 '명예로운 동반자 휘장'을 수여받는 마이클 하워드 경(2002). 군사사학 연구업적으로 기사작위를 받았다.

제10장 전쟁의 역사기술과 분석

46 북군사령관이 기록한 미국 남북전쟁

✎ 율리시스 그랜트(U. S. Grant, 1822~1885)

📖 「그랜트 회고록」　＊국내 미발간
(Personal Memoirs of U. S. Grant)

◆ 남북전쟁 북군사령관과 전후 대통령을 역임한 전쟁영웅

　1861년에 남북전쟁이 시작되었을 때, 링컨 대통령은 율리시스 그랜트가 누군지도 몰랐지만, 그는 전승을 쌓으며 북군사령관에 올랐다. 영광의 승리를 향한 그랜트의 여정은 미국 역사에서 흥미로운 이야기 중의 하나이다.299)

　1822년 4월 27일 오하이오에서 태어난 그랜트의 웨스트포인트 사관학교 성적은 특출나지 않았다. 그러나 미국-멕시코 전쟁(1846-1848)에 참전하는 동안, 그랜트는 자신이 특출한 능력을 가졌다는 것을 입증했다. 그는 전장의 긴박한 상황에서도 침착했고 용감했으나 무모하지는 않았다고 전해진다. 더 중요한 것은 그의 지휘를 받는 병사들이 그를 무척 신뢰했다는 점이다.

　전쟁이 끝난 뒤, 그랜트는 세인트루이스로 돌아와서 미주리주 농장주의 딸인 줄리아 덴트와 결혼했지만, 군 생활 때문에 가족과 수천마일 떨어진 북부 캘리포니아의 외딴 병영에서 단순한 임무를 맡자, 외로움을 달래려 술로 위안을 얻다가 1854년에 문책 당하는 것을 피해 전역해 버렸다. 이후 사업에 손을 댔다가 여러 차례 실패하고, 일리노이의 갈레나로 낙향하였다.

　이때 남북전쟁이 발발하여 북군은 경험있는 군인을 필요로 했고, 그의 능력이 빛을 발하기 시작했다. 그는 전공을 쌓으며 빠른 속도로 진급했다. 6개월의 짧은 기간 동안, 그는 테네시강 근처의 헨리요새와 도넬슨요새에서 대승리를 거두고, 승리의 여세를 몰아 이때까지 미국 역사에서 가장 큰 전투인 사일로(Shiloh)전투에서 활약하고, 남북전쟁의 분기점이 된 빅스버그 공략에 성공하며 진정한 장군을 고대하던 북군에 일약 영웅으로 등극한다.

---

299) 그랜트의 놀라운 삶에 대해, 당대 정치가인 프레더릭 더글러스는 이렇게 평가했다. "그에게서, 흑인들은 보호자를 찾았으며, 인디언들은 친구를 찾았고, 정복당한 적이었던 남부는 형제를, 위기에 처한 국가는 구세주를 찾았다."

46. 율리시즈 그랜트, 『그랜트 회고록』

1864년 3월, 링컨은 그랜트를 북군 총사령관으로 임명했고, 이때부터 남군의 로버트 리 장군이 항복하기까지 1년 이상의 치열한 전투가 벌어지고 마침내 전쟁이 끝났다. 리 장군이 항복한지 불과 5일(4,14.) 만에 링컨 대통령이 암살당한 후, 그랜트는 남부 어젠다를 두고 새로운 대통령 앤드류 존슨과 끔찍한 불협화음을 냈다. 앤드류는 백인 귀족성향이었는데 반해서, 그랜트는 링컨이 목표로 삼았던 해방된 노예들의 권리를 옹호하면서 충돌했다.

1868년에 그랜트는 공화당 대통령 후보로 출마해 '미국의 연방 붕괴를 막은 전쟁영웅'으로 손쉽게 선거에서 승리했고, 1872년 재선에 성공한다. 임기 중에 그는 "모든 미국 시민은 인종, 피부색, 이전에 예속된 상태와 상관없이

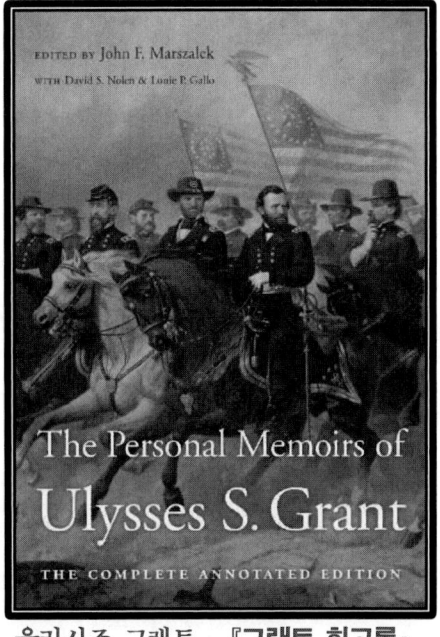

율리시즈 그랜트, 『**그랜트 회고록**』

투표권을 가진다"라는 제15차 헌법 수정안의 관철을 위해 싸웠다. 그는 법무부를 만들었고, KKK단을 해산시켰고, 대서양 횡단철도의 완성과 급속하게 확산하는 기업경제를 주재했고, 1872년 5월에는 남부연합에 부과된 형벌의 대부분을 제거하는 '사면법(Amnesty Act)'에 서명해 통합을 이뤄냈다.

그랜트는 1885년 7월 23일 사망하기 일주일 전에 회고록 집필을 마쳤는데, 소설가 마크 트웨인에 의해 출판되었다. 그랜트는 회고록에서 남부와의 전쟁을 수행하기 위한 그의 도덕적, 정치적, 경제적, 사회적 주장을 전달하려 했다. 그랜트의 회고록은 남북전쟁 당시에 북군 총사령관이었으며 재선을 달성한 대통령이었다는 경력에서 비롯된 독특한 관점을 가져 일반 대중, 군사 역사가, 문학 비평가들로부터 높은 평가를 받았다. 마크 트웨인은 그랜트의 회고록을 줄리어스 시저의 회고록(본서 4항)에 견주어 비교했고, 문화평론가 매튜 아놀드는 1886년 엣세이에서 그랜트의 저서를 칭찬했고, 그랜트의 회고록은 미국에서 빠르게 '19세기의 베스트셀러'가 되었다.300)

---

300) 최근에도 미국 군사 역사가들이 선정한 'WAR BOOK TOP 10'에 선정되어 있다.

제10장 전쟁의 역사기술과 분석

■◆ 그랜트 회고록의 구성 - 북부와 남부의 화해에 대한 성찰

회고록에서 그의 대통령직과 같은 인생의 많은 부분이 간략하게 언급되거나 전혀 논의되지 않는다.301) 이 책의 초점은 미국-멕시코 전쟁과 남북전쟁인데, 주로 남북전쟁에 관한 것이다. 회고록은 간결함과 명료함으로 독자들로부터 찬사를 받았는데, 이는 빅토리아 시대의 정교한 언어를 선호하는 경향이 있었던 현대의 남북전쟁 회고록들과 극명한 대조를 이룬다.

미국-멕시코 전쟁과 관련하여 그랜트는 전쟁이 부당하게 진행되었다는 자신의 믿음을 기록했다. "일반적으로, 육군 장교들은 합병이 완료되었는지 여부에 대해 무관심했지만, 그들 모두가 그렇지는 않았다. 나 자신도 그 조치에 몹시 반대했고, 오늘날까지도 그 결과로 일어난 전쟁을 더 강한 나라가 약한 나라에 대해 벌인 가장 부당한 전쟁 중의 하나로 간주하고 있다. 그것은 유럽 군주국의 나쁜 예를 따르는 공화국의 사례였으며, 추가영토를 얻기 위한 그들의 열망으로 인해 정의를 고려하지 않았다."라고 했다.

남북전쟁의 종말이 된 에퍼매톡스 코트하우스302)에서 리 장군의 항복에 대한 글은 주목할만하다. "내가 회의장에 들어갔을 때 리 장군을 발견하고, 인사를 나누고 자리를 잡았다. 나는 부하들과 함께 있었는데, 그들 중 상당 인원은 리 장군과 회담하는 내내 방에 있었다. 리 장군의 심정이 어떠했는지 모르겠다. 그는 위엄이 넘치는 사람으로, 도저히 이해할 수 없는 얼굴을 하고 있었기 때문에, 마침내 종말이 왔다는 것을 내심 기뻐하는 것인지, 아니면 그 결과에 슬퍼하는 것인지, 그것을 보여주기에는 너무 남자답다는 것인지 알 수 없었다. 그의 감정이 어떻든 간에, 그것들은 내 관찰에서 완전히 가려져 있었다. 하지만 그의 편지를 받고 꽤나 기뻐했던 나 자신의 감정이 리 장군과 마주했을 때는 슬프고 침울했다. 나는 비록 그 원인이 한 민족이 싸운 최악의 것 중 하나라는데 변명의 여지가 없는 것이라고 생각하지만, 그렇게 오랫동안 용감하게 싸웠고, 대의를 위해 그렇게 많은 고통을 겪은 적의 몰락에 기뻐하기보다는 최소한의 변명이 있었던 것 같이 느꼈다. 나는 우리에게 반대하는 대다수 사람들의 진정성을 의심하지는 않는다."

---

301) 대통령 재직중 부정이 집무실에 이르지는 않았으나 그의 행정부는 부패로 얼룩졌다.
302) 남북전쟁 최후의 전투가 벌어진 장소이다. 코트하우스는 카운티의 청사 소재지를 뜻하는 명칭으로 사용됐다. 항복이 이루어진 맥린하우스는 국립역사유적지가 되었다.

46. 율리시즈 그랜트, 『그랜트 회고록』

1865년 4월 9일, 남부연합군의 로버트 리 장군(우측)이 북군의 그랜트 장군(좌측)에게 항복하면서 남북전쟁이 종식을 맞이한다.(Louis Guillaume작 Appomattox Surrender)

회고록의 마무리는 1865년 5월 워싱턴에서 포토맥군(동부전선 주력부대)의 최종검열이 끝난 직후에 끝난다. 그랜트는 흑인 참정권을 선호한다는 말 외에 재건에 대한 언급을 의도적으로 피한다. 마지막 장인 '결론'은 남북전쟁과 전쟁의 영향, 그 동안 외국의 행동, 북부와 남부의 화해에 대한 성찰이다. 마지막 단락에서 **'연방과 남부연합'이 함께 할 수 있다는 낙관론**을 피력하며 끝을 맺는다. "나는 이 예언의 정확성에 대한 산 증인이 될 수는 없다. 그러나 나는 그것이 옳다는 것을 내 안에서 느낀다. 하루하루가 나의 마지막을 증명할 것으로 예상되는 시기에 나에게 표현된 보편적으로 친절한 감정은 내게 '평화를 누리자'에 대한 대답의 시작처럼 보였다."

"내가 그것의 대상이었기 때문에 이 모든 중요성이 주어져야 한다고 생각할 만큼 이기적이지 않다. 그러나 미국 내의 전쟁은 매우 피비린내 나는 전쟁이었고 값비싼 전쟁이었다. 어느 한쪽은 그들이 삶보다 더 중요하다고 생각하는 원칙들을 그것이 끝나기 전에 양보해야만 했다. 나는 승리한 쪽의 강력한 군대 전체를 지휘했다. 내게 그럴 자격이 있는지 아닌지에 상관없이, 그 논쟁의 한쪽을 대표했다. 남부연합이 화합의 자발적인 움직임에 진심으로 동참했어야 한다는 것은 중요하고 만족스러운 사실이다."

제10장 전쟁의 역사기술과 분석

■◆ 남북전쟁(1861.4.~1865.5)의 배경과 분석

전쟁사에서 19세기 미국 남북전쟁은 매우 중요한 의미가 있는 전쟁이다. 미국의 국가적 입장에서 보면, 이질적인 사회로 분할될 뻔한 위기를 남북전쟁으로 극복하고 명실공히 통일된 합중국을 유지할 수 있게 되었다. 세계전쟁사적으로 살펴볼 때에도 남북전쟁은 프랑스 혁명과 같은 대중의 열기를 지니고 산업혁명으로부터 지대한 영향을 받았다는 점에서 나폴레옹 전쟁과 함께 '현대전쟁의 효시'라고 할 수 있다. 또한 군사기술의 발전과 어우러진 '섬멸전 사상'의 잔인성은 다가오는 제1차 세계대전의 전조였다.

전쟁원인은 남북 간에 쟁점이었던 노예제도와 경제계획에서 비롯되었다. 서로 간의 증오가 증폭되던 중, 1860년 대통령 선거에서 공화당 후보 링컨이 승리하자, 최초의 7개 노예주가 미합중국에서 탈퇴하여 1861년 2월 '남부연합(CSA; Confederate States of America)'을 형성하고 제퍼슨 데이비스(Jefferson Davis, 1808~89)를 대통령으로 임명했다. 전쟁이 시작된 후 남부의 4개주가 더 탈퇴하여 11개주가 남부연합이 됐다. 북부에게는 합중국의 통일없이 평화가 있을 수 없었고, 남부에게는 독립없이 평화란 존재할 수 없었다. 그리하여 북부 합중국과 남부연합은 정치·경제·사회·이념 등 모든 면에서 한치의 양보도 없이 '전부'를 목표로 하는 '총력전'을 펼쳤다.303)

남북을 상호비교하면 처음에는 상대의 의지를 과소평가했다. 대부분의 남부사람들은 겁 많은 양키들에 대해 몇 차례 신속한 승리로서 독립을 얻고 전쟁을 끝낼 수 있다고 믿었던 반면, 북부사람들은 남부에도 분리를 반대하는 사람들이 많아서 몇 차례 승리로 남부연합정부는 붕괴되리라 낙관했다.

북부는 남부에 비해 여러 가지로 확실한 이점을 누렸다. 북부 인구는 2,500만 명이었던 데 비해 남부는 900만 명에 불과했고, 그나마 그 가운데 300만 명은 흑인 노예들이었다. 북부는 거의 대부분의 산업시설과 철도를 소유했고, 연방정부하의 육·해군 및 대부분의 관공서를 장악하고 있었다.

---

303) 남북전쟁은 격렬함과 수많은 전투의 빈도로 특징지어진다. 4년 동안 237번의 전투가 벌어졌고, 더 많은 소규모 전투와 교전이 벌어졌는데, 이는 종종 격렬한 강도와 높은 사상자(전사자 70만)로 특징지어졌다. 역사학자 존 키건은 그의 책 『미국 남북전쟁』에서 "미국 남북전쟁은 지금까지 전쟁 중 가장 잔인한 전쟁 중 하나임을 증명하기 위한 것이었다"라고 썼다. 지리적 목적이 없는 경우, 양측의 유일한 목표는 적의 병사였다.

46. 율리시즈 그랜트, 『그랜트 회고록』

그러나 남부연합도 나름대로 유리한 점을 살릴 수 있었다. 남부는 지리적으로 매우 광활하여 지연전을 편다면 침공해오는 북군을 지치게 할 수 있었다. 또한 남부는 북부처럼 반드시 이기는 데 목적이 있던 것이 아니고, 북부로부터 일정한 양보를 얻어내 독립을 쟁취하기만 하면 되었다.

병력충원으로 초기 정규군은 16,000명에 불과해 양측은 군사에서 무에서 유를 창조하면서 싸웠다. 장교들은 대군을 지휘할 수 있는 훈련을 전혀 받지 못해서, 시행착오를 반복하고 전장에서 경험을 쌓아갔다. 남북 양 정부는 처음에는 지원병들로 군대를 편성했으나, 많은 병력충원 소요 때문에 징병제도를 채택했고,304) 병사들은 훈련도 받지 못하고 전장에 투입되었다.

전술적용으로 대군을 편성과 훈련하는데 양쪽 모두 엄청난 역경을 겪었다. 전술훈련은 대부분 단순한 사격전투를 위해 산개하는 것이고, 가능하다면 언제나 수목과 바리케이드 등 장애물을 이용하는 방법을 중시했다. 남북전쟁에서 나타난 전술상의 특징은 강철이나 나무로 바리케이드를 급조하거나 참호를 파서 장애물들을 이용했으며, 당시 유럽의 군대와 같은 특별한 군대의 대형편성에 집착하지 않았다는 점이다. 그 이유는 그럴 만한 훈련을 받지 못한 데 있기도 했지만, 대부분의 전장 자체가 삼림과 늪, 강 주변이어서 특별한 대형이 어떤 효과를 거두리라고 생각되지 않았기 때문이다.

전쟁지도를 위해서 전쟁을 이해하는 정치인들은 당시에 별로 없었다. 대통령만을 비교해 보면, 남부 대통령 제퍼슨 데이비스는 웨스트포인트 출신으로 멕시코 전쟁에서 싸운 역전의 용사였고, 정계에 입문해 전쟁장관으로 재직한 경험이 있어서 적재적소에 장군을 기용하는 능력이 출중했다. 반면에 북부의 링컨 대통령은 전쟁과 군사에 대해 아는 게 없어서 국회도서관에서 보내준 전쟁사 서적들을 부지런히 읽어야 했다. 그는 너무 자주 장군들을 교체를 하는 바람에 인재를 놓치곤 했지만 시간이 지나면서 성공적으로 전쟁을 지도하는 전시 대통령으로 성장했으며, 그랜트를 발탁했다.

---

304) 남부연합은 1862년 4월에 18세에서 35세의 젊은 남성들을 위한 법안 초안을 통과시켰고, 미국 의회는 7월에 자원입대자들이 정원을 채우지 못할 때 민병대 징집안을 승인했다. 유럽 이민자들은 독일출신 177,000명과 아일랜드출신 144,000명을 포함하여 대규모로 북군에 입대했다. 1863년 1월 노예해방선언이 발포되었을 때, 이전 노예들은 주에 의해 열정적으로 모병되었고 주에 배당된 쿼터를 충족시키기 위해 사용되었다.

제10장 전쟁의 역사기술과 분석

　북부의 승리원인은 전략적 철도 이용, 남부에 대한 효과적인 해상봉쇄, 미시피강을 확보하여 남부연합을 동서로 분단시키고, 셔먼의 '바다로 진군'으로 남부 배후의 전쟁잠재력과 전쟁의지를 파괴한데서 찾을 수 있다. 그러한 요인들은 원천적으로 북부의 공업기술과 경제력에 의해 뒷받침됐다. '남부의 실책'으로 면화수출 금지조치는 남군의 어려운 상황을 가중시켰다. 남군 지도자들은 면화수출을 금지시킴으로써 그 폐해를 입게 된 영국과 프랑스가 자동적으로 개입하리라고 생각했으나, 오히려 북군의 해안봉쇄에 협조하는 상황이 되고 주요 수입품목인 무기 및 탄약의 부족을 자초했다.

　또한 남부연합은 전쟁중에 수도를 앨라배마주 몽고메리에서 버지니아주 리치먼드로 옮기는 엄청난 실수를 범했다.305) 리치먼드는 국경에서 가깝고 바다에서 쉽게 접근할 수 있었다. 남군은 워싱턴과 거리를 이격해 북군을 지치게 만들 수 있는 이점을 스스로 포기했고, 수도방어에 진력해야 했다.

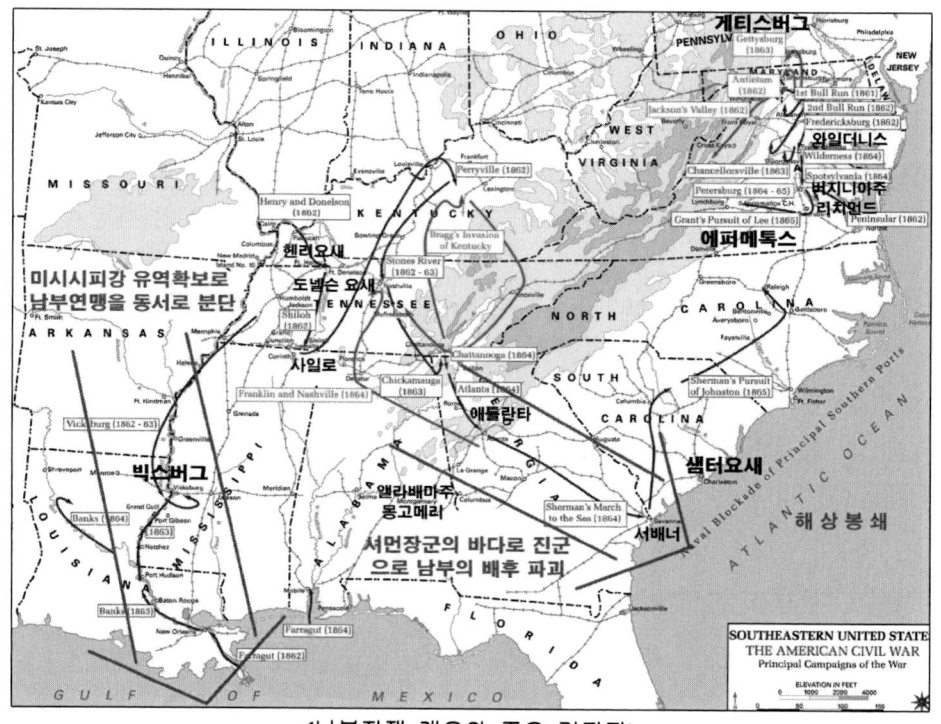

<남북전쟁 개요와 주요 격전지>

---

305) 남부연합의 수도 이전(리치먼드)은 버지니아주의 남부연합 참가에 대한 보상이었다.

📖 남북전쟁(1861.4.~1865.4)의 발발에서 종전까지

 1861년 4월 남부연합의 입장에서는 남부연합의 주요항구이자 거점인 찰스턴 인근의 군사기지에서 연방군을 물러나게 하는 것이 급선무였다. 따라서 남부연합 군대가 사우스캐롤라이나주 '섬터 요새(Fort Sumter)'에 주둔하고 있던 합중국 수비대를 공격(4.12)함으로써 남북전쟁이 발발하였다.

 미국의 남북전쟁이 시작되던 1861년 당시에 결국은 북군이 결국 승리할 수밖에 없다고 생각하기 쉽다. 북군은 훨씬 재정적으로 풍족했고, 인구도 많았고 산업화가 더 이뤄졌기 때문이다. 그러나 당시에는 아무도 그렇게 생각하지 않았다. 전쟁이 일어난 첫 해의 전황을 보면, 남군이 전쟁에서 승리할 것만 같았다. 동부지방에서 거둔 일련의 압도적인 승리는 남군의 전투력이 훨씬 더 강하고, 더 유능한 지휘관을 보유한 덕분이었다.

 1861~1862년 동부전역은 지지부진하였지만, 서부전역에서는 북군이 의미있는 전과를 거두기 시작했다. 1863년 1월 1일 링컨이 '노예해방 선언'을 발표했을 때 노예제도 폐지는 연방의 '전쟁목표'가 되었다. 노예해방 선언은 전국의 400만 명의 노예 중 350만 명 이상에게 적용되어 반란을 일으킨 주의 모든 노예를 자유로 선언했다. 서부에서 북군은 1862년 여름까지 남부연합의 해군을 격파했고, 남부해안지역의 뉴올리언즈를 점령했다.

 1863년 7월 빅스버그의 성공적인 공략으로 미시시피강을 중심으로 남부연합을 둘로 나누는데 성공했고, 남군 로버트 리 장군의 북쪽 기습은 게티즈버그 전투에서 저지되었다. 빅스버그 성공은 1864년 3월에 그랜트 장군이 모든 북군을 지휘하도록 하였다. 남군 항구에 대한 해상봉쇄를 강화하면서 북군은 모든 방향에서 남군을 공격하기 위해 자원과 인력을 집중시켰다. 이로 인해 1864년 애틀랜타는 북군 셔먼 장군에게 함락되고, 셔먼 장군에 의해 서베너까지 진행된 '바다로의 진격(March to the Sea)'으로 이어졌다.

 1864년 6월부터 10개월간 남부연합 수도 리치몬드의 관문인 '피터스버그 포위전'으로 마지막 주요전투가 벌어졌고, 남군은 리치몬드를 포기했다.

 1865년 4월 9일 리 장군이 애퍼매턱스 코트하우스전투 이후 가망이 없다고 판단해 그랜트 장군에게 항복하였고, 6월까지 남군의 항복이 잇따랐다.

제10장 전쟁의 역사기술과 분석

◼◆ 남군의 로버트 리 장군과 북군의 율리시즈 그랜트 장군

　남북전쟁을 논할 때, 남군에 '로버트 리' 장군이 있어서 남군이 초기에 승리했고, 북군에 '그랜트' 장군이 있어서 북군이 최종승리했다고 평가한다.

　남북전쟁이 발발하자 남부연합은 군 출신을 적극적으로 활용함으로써 능력을 발휘하도록 한 데 비해, 북부에서는 군 출신과 민병대의 자생적인 지휘관이나 정치적으로 임명된 지휘관들 간의 깊은 불신으로 말미암아 초기에 훌륭한 장교들이 출현할 수 없는 분위기가 형성되어 있었다. 이는 근본적으로 군대를 잘 몰랐던 링컨 대통령의 불찰에서부터 비롯된 현상이었다.

　남군의 리 장군은 남부 대통령 데이비스로부터 두터운 신임을 받고 총사령관에 기용된 당대 최고의 군인이었다. 자신있게 부대를 지휘하고 흐트러짐 없는 그를 따르는 남군들은 북군보다 훨씬 정열적으로 싸웠고, 그 결과 남북전쟁 초기인 1861년과 1862년의 주요 전투들을 주도할 수 있었다. 반면에 링컨이 북군 총사령관으로 기용한 맥클레런(George McClellan)은 리 장군의 상대가 되지 못했다. 그는 실제 행동에 있어서 자신감이 없었고, 언제나 적에게 끌려다니며 적을 과대평가한 나머지 공격을 두려워했다.

　링컨 대통령은 맥클레런을 해임하고 후임자로 할렉, 포프, 번사이드, 조지프 후커, 조지 미드 등을 기용해 보았으나 모두 만족스럽지 못했다. 각기 장점이 없는 것은 아니나, 예하 지휘관을 장악하지 못하거나 용감하지만 무모하거나, 소극적이거나 해서 그들에게 큰 승리를 기대하기는 어려웠다.

　북군의 그랜트 장군은 1864년에 이르러서야 발견된 군사지휘관이었다. 독립전쟁의 영웅 집안에서 태어나 웨스트포인트를 차석으로 졸업하고 조지 워싱턴의 후손인 메리 안나와 결혼하며 귀족적인 성향으로 기품있었던 리 장군에 비해, 아버지의 강권으로 육사에 가서 중간 정도로 졸업하고 각종 실패를 경험했던 그랜트 장군의 등장은 극적이라고 할 수 있다. 전쟁발발 당시 39세의 연대장으로 출발한 그랜트는 3년 만에 총사령관에 오른 것이다. 주로 서부에서 활약하고 사일로(Shiloh)전투에서는 많은 인명손실로 타격을 입었음에도 불구하고 동부전역에서는 거의 찾을 수 없는 완벽한 승리를 '빅스버그(Vicksburg) 공략'으로 이루어내며 북군 총사령관에 발탁되었다.

46. 율리시즈 그랜트, 『그랜트 회고록』

리 장군은 대담한 기동과 전술에 뛰어났지만, 휘하 지휘관들을 신뢰하지 못하고 인재를 발탁하는 능력이 부족했다. 그가 부하장군들을 신뢰하지 못해 전투를 그르친 실례로 게티즈버그 전투가 대표적인데, 남군은 제대로 협조를 이루지 못한 결과로 크게 패배했던 것이다. 그랜트 장군과 비교할 때 그는 전투에서 이기는 기술은 갖고 있었지만, 전쟁에서 이기는 전략을 구상하지 못했다. 그랜트가 전 지역을 놓고 작전을 구상한 데 반해, 리는 남부연합의 수도 리치먼드를 지키기 위해 버지니아에 너무 집착했다.

그랜트 장군은 부하들을 배려하고 그들의 기술과 경험에 맞춰 적절한 명령을 내릴 줄 아는 지휘관이었다. 소규모부터 대규모 군대에 이르기까지 다양한 상황의 전투에서 지휘를 경험한 유일한 장군으로서, 북군 전체를 지휘하는 전략가로서 명성을 떨치게 되었다. 그는 예하 지휘관들을 잘 활용하여 북군을 단합된 군대로 이끌었다. 전략적 기동에 뛰어난 '셔먼'과 같은 장군과 팀워크를 이뤘던 점에서도 남군의 로버트 리 장군에 비해 훨씬 유리했다. 북군은 반란진압이라는 개념에서 공세적이어야 했지만, 그랜트 앞의 총사령관들은 지나치게 소극적이고 수세적이었다. 그러나 그랜트는 항상 먼저 전진하고, 먼저 적을 압박했다. 북부의 장점이었던 우수한 무기와 많은 가용한 병력을 최대한 활용했고, 전황을 읽어내는 능력이 탁월했다. 적의 취약점을 찾아내어 집중적으로 타격하는 게 그의 최대 전략이었다.[306]

리 장군은 오로지 자신의 능력에 의존했으나, 그랜트는 현대식 참모제도를 도입해 지휘관에게 해당전역을 맡겼다. 리 장군은 전근대적 영웅으로서 헌신과 용기, 영웅주의에 입각한 최고의 정신력으로 싸웠으나, 그랜트는 급격히 변화하는 현대전을 이해하고 현대식 임무지휘를 함으로써 성공했다.

그랜트 장군은 산업화된 국가의 총사령관으로서 인적·물적·경제적·정치적 자원을 총동원하고, 남부연합의 군사력 격파라는 전략목표 달성에 심혈을 기울인 끝에 최종적인 승리를 이끌어낸 근대전의 영웅이었다.

---

306) 군사역사가 에단 라퓨즈는 그랜트의 전략에 대해 "'최대 화력, 최대 기동성'을 적용함으로써 '미국 육군의 미래'를 진화시켰으며, 그는 주요 작전형태로서 '넓은 포위(wide envelopment) 전략'에 의존했다고 평가했다.
Rafuse, Ethan Sepp, "Still a Mystery? General Grant and the Historians, 1981-2006". Journal of Military History. 71 (3). July 2007. p. 859.

제10장 전쟁의 역사기술과 분석

47 제1차 세계대전 분석의 최고 걸작
마이클 하워드 (Michael Howard, 1922~2019)
『제1차 세계대전』 (The First World War)

◆ 제1차 세계대전론의 단편 명저

옥스퍼드대학 전쟁사 강좌 담당교수인 휴 스트론 교수에 의하면, 제1차 대전에 관한 많은 저작 중에서도 이 책은 '단편의 마스터피스(명저)'로서 특별한 평가를 받는다고 말한다. 확실히 군사연구의 대가인 마이클 하워드는 풍부한 역사지식을 기초로 하면서도 평이하고 간결하게 표현하는 것으로 정평이 있고, 실제로 그의 문장에는 쓸데없는 부분을 찾아보기 어렵다.

1914년에 시작되어 1918년에 제1차 세계대전이 끝날 무렵까지 약 4년간, 천만 명에 가까운 인류가 '전 세계가 알고 있는 가장 종말론적 사건'으로 죽었다. 이 책은 대단히 치열했고 방대했던 제1차 세계대전을 간결하고 통찰력 있는 역사로 보여주는데, 이 전쟁은 왜 일어났는지, 어떻게 싸웠는지, 그리고 왜 그것이 그렇게 되었는지에 초점을 맞추고 있다.

제1차 세계대전이 병사나 일반국민에 미친 영향을 검토함과 함께, 연합국(영국, 프랑스, 러시아 등)과 동맹국(독일, 오스트리아, 헝가리 등)의 군사작전을 개관한다. 또한 전장에서 독가스의 등장으로 상징되어지는 비인도적 행위와 가속화되어졌던 기계화 전쟁, 영국에 있어서 공군의 독립, 해상전투와 그것이 유발한 미국의 참전 등에 대해서 간결하면서도 포괄적으로 묘사하고 있다. 하워드는 이른바 '후방 전쟁', 즉 식량과 연료의 결핍, 자원부족이 독일 국민의 사기저하에 결정적인 영향을 미쳤고 그것이 독일의 최종적 패배로 이어졌다고 분석하고 있다.

제1차 세계대전의 도화선이된 오스트리아 황태자 페르디난트 부처 저격 사건(1914.6.28.)
*당시 이탈리아 신문의 삽화.

47. 마이클 하워드, 『제1차 세계대전』

■◆ 제1차 세계대전의 최종책임을 독일로 명확히 규정

전쟁책임을 둘러싸고 하워드의 결론은 지극히 명확한데, 제1차 세계대전의 최종적인 책임은 그 원인이나 전쟁의 지속에 있어서도 '독일 지도자층'에 있다는 것이다.307)

제1장 '1914년의 유럽'에서 하워드는 독일 지도자층의 특징을 3가지로 열거하고 있다. 그것은 '고풍스럽기까지 한 군국주의', '지나치게 컸던 야심', '신경증적인 불안'이라는 것이다. 확실히 1914년 시점에서 군사적으로나 심리적으로나 전쟁준비가 정비되어있던 나라는 '독일'뿐이었다.

제2장 '제1차 세계대전의 발발'에서는 클라우제비츠의 '삼위일체' 개념을 단서로 하여 제1차 세계대전의 원인론을 다각적인 방면에서 고찰하고 있다.

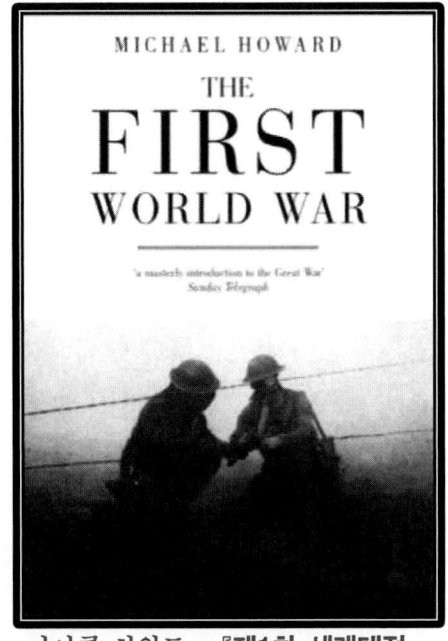

마이클 하워드, 『제1차 세계대전』

제3장 '1914년 - 초기의 싸움'은 동년의 전쟁에 대한 기술이다. 여기에서 흥미가 깊은 것은 당시의 '시대정신'308)에 대하여 하워드의 날카로운 통찰이다. 예를 들어 그 대전의 개전 당초에 있어서 유럽인의 열광하는 모습에 대해서는 자주 언급되었었지만, 하워드는 좀더 냉철하게 당시의 시대정신, 그중에서도 유난히 프랑스 국내의 분위기가 감수 내지는 체념과도 유사한 것이었다는 사실을 지적하고 있다. 대부분의 농민이 전쟁터로 동원되어진 결과, 토지의 경작을 여성이나 아이들이 맡아서 할 수밖에 없게 되었지만 프랑스 국민들은 그러한 현실을 달게 받아들였다고 분석했다.

---

307) 제1차 세계대전에 관한 다른 명저의 저자 '존 키건'은 "국가적 공동 선의가 제 목소리를 냈더라면 무력충돌에 앞선 5주간의 위기기간 중 세계대전으로 이어질 사슬을 끊을 수 있었다"며, "제1차 세계대전은 비극적이고 불필요한 전쟁이었다."라고 평가했다. 조지프 나이는 제1차 세계대전의 원인을 "독일 권력의 부상과 그 사이의 동맹 관계의 강화, 유럽 국가들의 민족주의 경향의 상승"으로 분석했다(본서 33항)
308) 한 시대에 지배적인 지적·정치적·사회적 동향을 나타내는 정신적 경향으로, 독일의 철학자 헤겔이 보편적인 역사적·시대제약적 정신문화가 존재한다고 보고 개념화했다.

제10장 전쟁의 역사기술과 분석

독일의 '슐리펜 계획'에 대한 논란

제3장에서 개전초기 독일이 사용한 '슐리펜 계획'309)을 상세하게 묘사했다. 이 계획은 독일군의 주력이 서부전선에서 벨기에를 관통하여 파리를 신속하게 점령하고, 독일-프랑스 전면에 배치된 프랑스군을 우회포위하여 단기전으로 결전하고, 소련에서 동원이 이루어지기 이전에 주력을 동부전선으로 이동시킨다는 계획이었다.310) 그러나 슐리펜 계획은 예상대로 진행되지 않았다. 서부전선에서 벨기에를 통과하는데 많은 시간이 소비되었고, 프랑스와의 전투도 마른강에서 저지되었다. 러시아군의 동원은 예상보다 빨랐다. 서부전선은 교착상태에 빠졌지만, 동부전선은 힌덴부르크와 루덴도르프의 활약으로 러시아의 1군과 2군을 대파하는 전과를 올렸다.

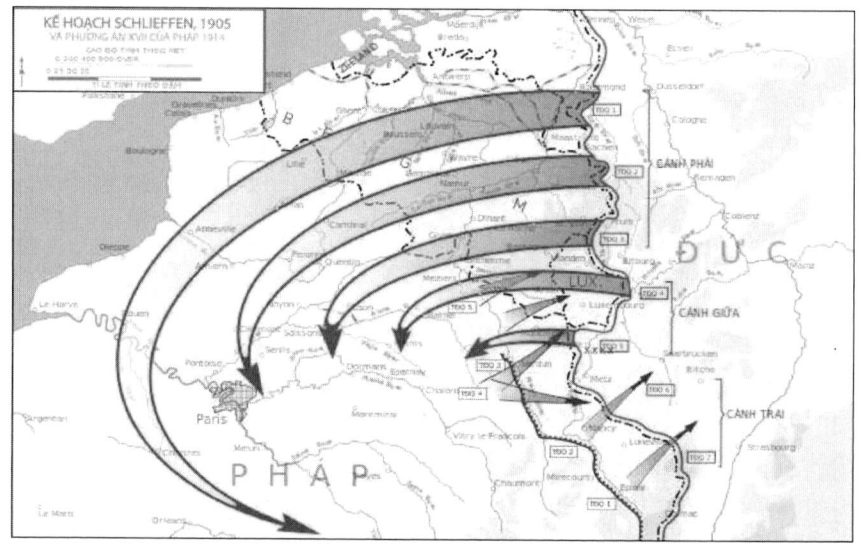

1905년에 수립된 슐리펜((Schlieffen Plan) 계획. 1956년 게르하르트 리터에 의해 『슐리펜계획의 신화 비판』이 이루어졌고, 1970년부터 마틴 반 크레벨트와 존 키건 등은 '몰트케가 슐리펜계획을 망쳤다'고 비난했다.

309) 독일의 입장에서는 1894년 러시아-프랑스 동맹이 체결되어 독일은 프랑스·러시아와 양면전쟁이 불가피했고, 전력의 열세로 단기전의 각개격파가 필요했다. 이에 따른 다정면 상황하 단기결전이며, 내선의 이점을 이용한 각개격파 전략개념이었다.
310) 1911년 참모총장이 된 몰트케는 ①폴란드 중립의사 반영, ②METZ이남의 좌익에 반격임무 부여, ③우익 북쪽에 배치된 병력 일부를 동부전선으로 이동 등으로 수정 적용했다. 동부전선으로 이동한 2개 군단은 탄넨부르크 전투 종료 후에 도착했다.

47. 마이클 하워드, 『제1차 세계대전』

하워드는 '슐리펜 계획'이 프랑스 육군을 패배시키는 것만을 의미하지 않고, 그것은 '내일이 없는 전투(Schlacht ohne Morgen)'[311]로 포위 내지는 섬멸시키는 것을 목적으로 하는 것이었다고 그 본질을 묘사해냈고, 애초부터 병참 등 실용 측면에서 실현 불가능했던 계획임을 보여주었다고 분석했다.

전쟁 지속 및 소모전과 희생의 감수

제4장 '전쟁의 계속'에서는 앞에 기술한 전쟁의 감수를 보다 부연해서 설명하고 있으며, **제5장 '1916년 - 소모전(Attrition Warfare)'**[312] 가운데에 제1차 세계대전이 약 4년이라는 장기간에 걸쳐서 계속되었던 이유에 대해서 하나의 명확하면서도 단순한 답을 제공하고 있다. 그것은 주요 교전국들의 국민 모두가 그 전쟁을 계속적으로 지원했다는 사실이다. 전체적으로 그들은 방대한 희생을 견뎌내는 것뿐만 아니라 전쟁수행을 위해 필요로 하는 이런저런 통제와 고난을 불평하지 않고 받아들였다는 것이다.

하워드는 제1차 대전을 기관총이라는 가공할 무기에 맞서기 위해 철조망과 참호라는 보호막이 필요했고, 이로 인해 전선이 고착된 '소모전'이 되었다고 정의했다. 전장에 새로 등장한 항공기는 공중정찰과 공중전에 사용되었으나 당시에는 전쟁에 결정적인 영향을 주지 못했고, 탱크와 함께 제2차대전에서의 활약을 예고했다.

---

311) Battle without Tomorrow라는 뜻으로, 짧은 캠페인으로 빠른 승리를 목표로한 교리
312) 제1차 세계대전을 "인명과 물자의 지속적인 손실을 강요해 적을 붕괴시켜 전쟁에서 승리한다"라는 '소모전략'이 적용된 대표적인 사례로 분석했다.

제10장 전쟁의 역사기술과 분석

제6장 '미국의 참전'에서는 1917년에 미국이 참전한 의미를 상세히 분석하였으며, 제7장 '1917년-위기의 해'에서는 같은 해의 교전국가들의 국내문제를 논하고,313) 제8장 '1918년-결말의 해'에서는 독일군에 의한 최후 대공세를 상세히 검토하고 있다. 1918년 봄에 있었던 독일군 대공세314)에 대해 그 공세의 결과로 독일군이 영불해협에 연하는 항만을 점령한다고 해도 전쟁은 1940년의 덩커크 철수 후와 동일하게 계속되어졌을 것이고, 또한 만약에 독일군이 프랑스의 수도 파리를 점령할 수 있었다고 해도 영국과 미국이 절대적으로 전쟁을 계속했을 것이라는 설득력이 풍부한 논의를 전개하고 있다.315) 제9장 '종결'

1918년 11월 11일, 연합군 총사령관이었던 프랑스 포슈 장군의 제안으로 프랑스 북부 콩피에뉴 숲의 열차 안에서 1차 대전 휴전협정이 체결되었다. 22년 뒤인 1940년 6월 22일, 나치는 동일한 장소에서 프랑스로부터 항복선언을 받았다.

에서는 전쟁이 종결되어 휴전협정이 체결되는 과정을 그렸다.

유럽국가들에서는 제1차 세계대전 발발 100주년을 맞이해 폴 스트롱의 「Artillery in the Great War」이나 존 키건의 「The First World War」같은 제1차 세계대전에 대한 수준 높은 연구서들이 출간되었는데, 그중에서도 마이클 하워드의 이 책(「The First World War」)이 최고의 걸작 중의 하나임에 틀림없다. 간결하고 통찰력있게 제1차세계대전을 개관하고, 전쟁의 원인과 전개, 당시 주요 교전국 국민들의 생각과 지원, 전쟁의 종말과 강화조약이 독일에 남긴 원한과 제2차 세계대전의 씨앗이 된 상황을 설명한다. 국내에는 최파일 번역(교유서가, 2015)으로 소개됐다.

[원서 정보] Michael Howard, *The First World War*(Oxford: Oxford University Press, 2002)

---

313) 독일은 제한된 전쟁자원에 비추어 준수할 단기결전을 실패함으로써 양면전쟁을 해야 했고, 무제한 잠수함전으로 미국의 참전을 유발시켜 전쟁의 승패는 이미 판가름났다.
314) 연합국측에서는 루덴도르프 공세, 춘계공세라고 하고, 독일은 카이저 전투라고 칭한다.
315) 한스 델브뤼크가 지적하고 있는 것처럼, 1918년 독일군 대공세는 그 승리의 군사적 효과는 예측할 수 있었다고 하더라도, 근본적인 정치적 의미는 기대할 수 없었다.

48. 존 키건, 『제2차 세계대전사』

48 전쟁의 다양한 측면에서 제2차세계대전 분석
✎ 존 키건(John Keegan, 1934~2012)
📖 『제2차 세계대전사』(The Second World War)

◆ 세계적인 전쟁사학자 존 키건이 정리한 '제2차 세계대전사'

1939년 9월 1일, 독일의 폴란드 침공으로 시작되어 유럽전역이 전화에 휩싸이고, 1941년 12월 7일, 일본의 진주만 기습으로 시작된 태평양전쟁으로 아태지역마저 전쟁에 빠져들어서 명실공히 전 세계가 전쟁의 소용돌이에 빠졌던 인류 역사상 최대 규모의 전쟁이었던 제2차 세계대전을 기록했다.

이 전쟁은 인간의 기술과 문화뿐 아니라 전 세계의 정치적 지형도마저 바꿔버린 대사건이었다. 톰 클랜시에 의해 '우리 세대의 가장 훌륭한 군사 역사학자'로 추앙된 존 키건은 제2차 세계대전이 테크놀러지와 인간에 어떤 영향을 미쳤는지 대담하면서도 세심하게 탐구하고 있다.

존 키건은 옥스포드 대학교 출신으로 1960년부터 영국 샌드허스트 왕립 육군사관학교에서 전쟁사를 강의하고, 1986년부터는 일간지 국방부문 대기자로 활약하면서 왕성하게 저술활동을 한 역사학계의 거목이자 군사사 연구의 대가이다. 『제2차 세계대전사』는 개별 전쟁의 경과를 분석하여 교훈을 얻기 위해 전쟁의 진행 분석에 치중하는 기존의 전쟁사 서술을 뛰어넘어, 전쟁의 역사적 근원, 기술 변화가 전쟁에 미치는 영향, 지휘관이 고비마다 부딪히는 선택과 딜레마, 군인 개개인의 경험과 감정을 능란하게 서술하고 분석한 것에서 높은 평가를 받고 있다.

존 키건, 『제2차 세계대전사』

제10장 전쟁의 역사기술과 분석

태평양 전쟁의 서막을 알린 1941년 12월 7일 진주만 기습. 공격초기에 포드 아일랜드 양쪽에 정박 중인 미 해군함정에 대해 어뢰공격 중인 일본 항공기에서 촬영한 사진. 포드 아일랜드 반대편 USS 웨스트버지니아가 방금 강타당해 물기둥이 솟아오르고 있고 (가운데), 공격 후 이탈하는 항공기와 공격 진입중인 일본해군 항공기(비행장 상공)가 보인다. 좌하단의 USS 롤리, USS 유타는 어뢰에 피격되어 연기가 피어오르고 있다.

■◆ 키건이 주목한 제2차 세계대전의 '5대 주요 전역'

키건은 유럽서부, 동부전역, 태평양 전역으로 나누고, 그중에서 '다섯 가지 중요한 전역에 초점'을 맞춘다. 현대전의 독특한 방법과 동기부여에 대한 새로운 통찰력을 제공하면서 전쟁의 성격을 변화시킨 **크레타섬의 공수전, 미드웨이 항공모함전, 팔레즈 포위전, 베를린의 도시 시가전, 오키나와에서의 상륙전**을 중심으로 현대전의 독특한 양상에 대한 새로운 시각을 제시한다. 그는 웅변적이고 통찰력 있는 분석에서 지도자들이 직면한 전략적 딜레마와 전투원들과 전쟁의 진로에 대한 결정의 결과를 전체적으로 조명한다.

크레타 전투(1941.5.20.~29)는 제2차대전 초기에 지중해의 전략적 요충지인 크레타섬을 두고 연합국과 추축국 사이에 벌어진 전투로, 독일은 공군 팔슈름예거의 대규모 공수부대 투입과 함대의 협공작전으로 시도했다.

48. 존 키건, 『제2차 세계대전사』

'팔레즈 포위전(1944.8.12.~21)'은 노르망디(6.6) 상륙이후 오버로드 작전중 벌어진 팔레즈 포켓에서의 포위섬멸전이다. 독일군의 제7군이 팔레즈 포켓에 고립되어 연합군 항공력에 일방적으로 폭격당하고 후퇴하는 동안 미국의 패튼과 영국의 몽고메리의 공격을 받았다. 독일군 30만 명과 차량 2만 5천 대가 간신히 탈출했지만, 5만 명의 사상자가 발생하고 20만 명이 포로가 되었다.

1944년 2월에서 5월 사이에 독일공군이 서부유럽에서의 제공권을 상실하면서 독일육군은 연합군 항공력에 무방비 상태로 노출되는 처지가 되었다. 노르망디 상륙작전 이후에 연합군의 진격을 저지하던 독일의 최정예부대들이 궤멸되고, 팔레즈 포켓에서 탈출에 성공한 부대들도 조직력을 완전히 상실되어, 이후에는 연합군에게 일방적으로 밀리게 되는 분기점이 되었다.

'베를린 시가전(1945.4.16.~5.8)'은 제2차대전 유럽전선의 마지막 전투로서, 소련군이 베를린 동쪽과 남쪽에서 동시에 공략했다. 소련은 전후 세력확대할 것을 꾀했고 연합군은 희생을 줄이려는 생각에 베를린을 소련이 공략했다. 베를린은 다른 도시와 달리 벙커나 대공포로 방호되

지 않았는데, 독일의 수도가 점령당한다는 가정이 없었기 때문이다. 그럼에도 불구하고 청소년과 시민까지 참여한 결사항전으로 양측에 엄청난 인명손실이 있었고, 베를린은 철저하게 파괴되었다.316) 점령 후에는 독일인들이 예상했던 것처럼 소련군에 의한 민간인 학살과 성폭력 등 잔혹행위가 만연하였다.

---
316) 베를린은 바르샤바, 마닐라와 함께 2차대전으로 가장 철저하게 파괴된 도시가 되었다.

'미드웨이 해전'(1942.6.5.~6.7)을 태평양 전역의 분기점으로 보았다. 1달 전인 산호해 해전부터 양국 항공모함에 탑재한 함재기 간 전투가 벌어졌었는데, 일본은 미드웨이 해전에서 핵심전력인 항공모함 4척 등을 잃고 참패함으로써 공세종말점을 지나서, 이후로는 방어선을 축소하고 공세에서 수세로 전환하게 된다.

태평양 전쟁의 분기점이 된 미드웨이 해전

'오키나와 상륙전(1945.4.1.~6.22)'은 사실상 태평양 전쟁을 마무리하는 전투가 되었다. 1945년 3월 26일, 미군이 오키나와 본섬에서 서쪽으로 24km 떨어진 게라마(慶良間)제도를 점령후, 4월 1일 오키나와 본섬 중부 서안에 상륙했다. 미국의 지상병력은 18만 명이었고, 일본군은 오키나와 차출병력을 포함해 약 10만 명 정도였다. 애초부터 승부는 정해져 있었지만, 서로의 목표가 달랐을 뿐이었다. 미군은 한시라도 빨리 오키나와를 점령하는 것이었고, 일본군의 목표는 미군의 진격을 조금이라도 늦추는 것이었다. 일본군은 험준한 지형으로 미군을 유인하는 지구전을 택했고, 그에 따라 쌍방의 희생이 다대했다.

80일 간의 전투에서 일본군 6만 6천여 명, 오키나와 주민 총 12만 2천여 명이 희생되었다. 본토 결사 항전까지의 시간을 벌기위해 현지주민을

태평양 전쟁의 오키나와 전투 경과

방패로 삼아서 민간인들의 희생이 컸다. 미국은 오키나와 전투의 부정적인 경험으로 인해 태평양전쟁을 종결시킬 방법으로 '원자폭탄'을 선택하게 된다.

48. 존 키건, 『제2차 세계대전사』

◆ 제2차 세계대전의 원인 분석과 평가

　제2차 세계대전의 가장 큰 원인으로 키건은 **'국민개병제'**와 **'유럽의 군사화'**를 든다. 유럽 각국은 '국민개병'의 원칙을 지켰는데, 양적·질적 모두 성장한 무기개발과 맞물리면서 유럽의 각국의 군사력 경쟁으로 이어졌다. '평화를 원한다면 전쟁을 준비하라'는 베게티우스의 금언과, 서로의 군사력이 상호 간에 위협이 되기 때문에 '평화정착을 위해서는 서로 상비군을 줄여야 한다'는 철학자 칸트의 주장 사이에서 많은 생각을 갖게 하는 대목이다. '최첨단 무기'를 장비한 유럽은 각 나라별로 저마다 규모있는 군사력을 갖추었고, 산업혁명의 영향으로 인한 생산의 비약적인 성장, 왜곡된 민족주의가 가세하면서 유럽의 분위기는 점점 전쟁 쪽으로 기울기 시작했다고 했다.

　제2차 세계대전이 남긴 유산을 "모든 전쟁을 끝낼 전쟁"이라고 기술했다. 제1차 대전과 달리 제2차 대전은 승전국이나 패전국 모두 '전쟁이란 득보다 실이 엄청나게 많은 것'이라는 사실을 새삼 깨닫게 했다는 것이다. 제2차 대전 이후에도 세계가 항상 평화로웠던 것은 아니지만, 전쟁의 실상과 위험성을 절감한 세계가 갈등이 발생했을 경우

2차대전 종반인 1945년 2월, 얄타에서 처칠(영),루즈벨트(미),스탈린(소)이 종전 후 독일처리, 국제연합설립 등을 논의했다.

전쟁보다는 대화로 갈등을 풀기 위해 노력하기 시작했던 것이다. 이러한 노력으로 1945년 10월 세계평화유지를 목적으로 국제연합(UN)이 설립되었다. 아시아와 아프리카의 유럽 식민지들이 독립하여 민족국가를 형성했지만, 미국과 소련이 양대 초강대국으로 등장하면서 새로운 냉전이 시작되었고, 강대국들의 연이은 핵 개발로 인해 인류는 '핵 시대'로 접어들게 되었다.

　존 키건은 제2차 세계대전에 대한 그의 높은 연구에, <워싱턴포스트>는 "키건의 제2차 세계대전은 반드시 표준작품으로 받아들여질 가치가 있다."고 했고, <로스엔젤레스 타임스>는 "제2차 대전이 어떻게 된 것인지를 알고 싶다면 키건의 사려깊고 우아한 저서를 읽어보라."라고 하였다. 국내에는 류한수 역, 『제2차 세계대전사』(청어람미디어, 2016)으로 번역출판되었다.

제10장 전쟁의 역사기술과 분석

49. 총체적이고 객관적으로 한국전쟁 재평가
존 톨랜드(John Toland, 1912~2004)
『존 톨랜드의 6·25전쟁』
(In Mortal Combat : Korea, 1950-1953)

■ 비밀에서 해제된 최신자료와 생존자 증언으로 재구성한 한국전쟁

존 톨랜드는 철저한 고증과 객관적인 서술로 정평이 있는 다큐멘터리 저술가로서, 그의 저술 신념은 전쟁의 역사를 어떠한 편견이나 선입견을 갖지 않고 있는 그대로 기록하고 재현하는 것이라고 했다. 그는 일제의 흥망과 태평양 전쟁을 다룬 『떠오르는 태양』으로 퓰리처상을 수상했고, 그의 저작 『히틀러』는 세계적인 베스트 셀러가 되었다.

그는 전쟁의 역사에 관한 책은 그 어떤 것도 결정판이 될 수 없다고 했다. 전쟁사에 대해서는 시간이 경과될수록 시대적인 정치적인 판단에서 자유로울 수 있으며, 보다 객관적인 시각에서 바라볼 수 있고, 다양한 사료들이 추가되어 보다 실체에 접근할 수 있게 한다고 했다.

한국전쟁은 당사자인 한국인들에게서조차 점점 잊혀져가고 있는데, 1991년에 80세가 다 된 연구자가 마치 본인의 사명처럼 한국전쟁을 재조명하는 역서를 발간했다. 비밀에서 해제된 미국, 중국, 구 소련의 최신자료들을 수집하고 남북한의 관계자, 미국과 중국 측의 참전용사 등 생존자들의 증언을 청취하여 재구성하였다. 각종 논란이 있었던 한국전쟁의 원인, 전쟁의 전개와 결과, 역사적 의의 등 한국전쟁을 가장 최근에 객관적이고 총체적으로 다룬 걸작이라고 할 수 있다.

이 책의 의의는 미국인의 입장에서 한국전쟁에 대해 균형잡힌 분석을 내놓았다는 것에 추가하여 우리에게 중요한 두 가지 의미를 갖는데, 하나는 "한국전쟁에 대해 수정주의적 시각에서 벗어나지 못한 한국 학계에 대한 자체 반성"이고, 또 하나는 "한국전쟁 기간 동안에 한국과 미국, 북한과 중국 및 소련이 주고받은 협력과 갈등에 대해 제시하였다"라는 점이다.

49. 존 톨랜드, 『존 톨랜드의 6·25전쟁』

🔲 한국전쟁의 의미와 남겨진 유산

한국전쟁이 궁극적으로 공산주의 몰락을 촉진시킨 결정적 계기를 대두시켰다고 분석했다. 제2차 세계대전이 '전체주의로부터 민주주의를 구한 전쟁'이면, '**한국전쟁은 공산주의로부터 세계를 구한 전쟁**'이라고 했다.

전쟁이 끝나자 김일성은 평양에서 대규모 환영대회를 열어 자축했지만, 이승만 대통령은 통일된 자유 대한의 꿈이 날아가 버린데 대해 크게 실망했다. 미국 국민에게는 인기 없는 전쟁이었지만, 결과적으로는 세계대전 후의 미국이 더 많은 번영을 구가할 수 있도록 국민경제에 활력을 제공했고, 한국전쟁을 통해서 "앞으로는 어떠한 국제분쟁도 미국의 관여 없이는 해결될 수 없다'라는 '팍스

존 톨랜드,, 『**존 톨랜드의 6·25전쟁**』

아메리카나(Pax Americana)'317)를 완성시켰다'라고 분석하였다.

중공의 한국전쟁 참전과 미국과의 참혹한 전투경험으로 인해 미국과 중공의 화해 가능성이 사라졌다는 것이 소련이 얻은 가장 큰 성과였다고 분석했다. 중공의 '대만점령계획'은 중공의 한국전쟁 참전으로 수포가 되었기 때문에 "대만의 장개석으로서는 천운이었다고 할 수 있다"라고 평가했다.

각국의 리더십에 대한 평가에서, 이승만 대통령에 대해서는 "용감한 애국자이자 비타협적인 반공주의자인 동시에 성마른 독재자"라고 평하였고, 김일성에 대해서는 "일부 미국인들이 그의 모습을 교육도 제대로 받지 못한 촌뜨기로 묘사하고 있지만, 그는 결코 만만한 인물이 아니었다. 그는 모스크바에서 훈련을 받았으며, 중국내전에서 싸웠다"라고 주장했다. 중국의 마오쩌둥은 중공군뿐만 아니라 북한군을 배후에서 지휘하였음을 밝혀냈다.

---

317) '팍스 아메리카나'와 같이 강력한 단극체제가 냉전과 같은 양극체제보다 국제관계가 안정된다는 '패권안정론(Hegemonic Stability)'이 네오리얼리즘학파에 의해 주창되었다. 1극 패권국이 자국 이익을 증진할 목적으로 신뢰성 높은 국제통화와 자유무역체제라는 국제공공재를 제공하고 이를 유지하기 위해 노력해 국제관계가 안정된다는 논리이다.

제10장 전쟁의 역사기술과 분석

◼︎ 김일성의 야욕과 소련·중국의 지원으로 시작된 북한의 남침

한국전쟁은 소련 스탈린과 중공의 마오쩌둥의 지원을 받은 김일성이 일으킨 남침임을 각종자료를 통해 구체적으로 설명하고 있다. 한국과 미국의 기록, 후르시초프 서기장의 회고록, 구 소련 비밀문서의 공개자료 등을 통해 증명하고 있다. 특히 소련 붕괴이후 한국전쟁과 관련된 각종 비밀밀서와 자료들이 많이 공개되었는데, 스탈린은 2년에 걸쳐 계속된 김일성의 남침 승인 요청을 무려 48번이나 거절하고 전방 위주의 게릴라전만을 허용했지만, 김일성의 강력한 요청을 꺾을 수 없어서 결국 전면전을 승인했다고 한다.

소련의 스탈린은 전차 300대, 전투기 200대, 대포 1300문, 군사고문 3000명을 보내 김일성의 남침을 직접적으로 지도했다. 중공의 마오쩌둥은 전투경험이 많은 중국공산당 팔로군 중 한국인으로 편성된 동북의용군 제166사단 2만 2천 명을 북한군 6사단으로 전환시켜서 남침의 주역이 되게 하였다. '라주바예프 보고서'에 따르면, 북한군 6사단은 국공내전 등의 전투경험이 풍부했으며, 전차와 소련의 SU-76 자주포 등으로 월등한 장비를 보유해서 개성과 옹진 일대 점령, 한강하구 도하 및 김포반도 상륙, 영등포 방향 공격, 금강 도하, 남원, 구례, 하동, 진주 점령 등의 주요 전투에서 선봉에 섰다.

북한이 주장하는 북침설, 내란 확전설, 이승만 주도설, 수정주의자들이 주장하는 남침 유도설 등은 일고의 가치도 없는 날조된 거짓말임을 자료들을 통해 증명하고 있다. 중국에서는 "내전 성격이었던 한국전쟁에 중국이 참전한 것은 이 전쟁에 개입한 미국을 저지하기 위함"이라고 주장하며 '항미원조(抗美援朝)전쟁'이라고 불렀다.318) 2011년에 중국의 기밀자료를 인용해 중공군의 참전과정 등 한국전쟁을 재조명한 홍콩 정치학자 데이비드 추이 박사는 <조선전쟁에서 중국의 역할>이라는 논문을 통해 "한국전쟁은 북한과 중국, 소련이 만든 전쟁이며, 김일성과 마오쩌둥은 북한이 남침해도 남한을 지키기 위해 미군이 개입하지 않을 것으로 예측했다"라고 했다.319)

---

318) 북한도 6.25전쟁을 '조국해방전쟁'이라는 공산주의 이데올로기적 호칭을 사용한다.
319) 중국은 경제개방과 한국과의 수교이후에는 북한 남침설을 정설로 하고, 1996년 7월에는 역사교과서로 개정하였다. 그러나 북한 김정은은 2019년 6월 21일 중국 시진핑과 함께 평양 모란봉의 '조중 우의탑'에 참배한 자리에서 여전히 "6.25전쟁은 한국군과 유엔군이 북침(北侵)한 것"이라고 억지 주장을 했다. 2024년에 김정은이 대본을 집필했다는 북한영화 '72시간'에서도 6.25때 한국과 미국이 선제공격했다고 억지 주장했다.

49. 존 톨랜드, 『존 톨랜드의 6·25전쟁』

■◆ 가장 치열했던 '장진호 전투'

미 해병 제1사단과 일부 7보병사단은 원산에 상륙한 이후 강계(북한 임시수도) 지역 점령을 목표로 진격을 하게 된다. 중공군의 개입이 암시되었지만, 지원군 형태로 파악하고 다소 안일하게 대처하고 있었다. 하지만 중공군이 개입하지 않을 것이라는 예상은 안타깝게 빗나가서 낮에는 중공군과 밤에는 추위와 싸우면서 악전고투하며 사지를 벗어나야 했다.

12만 명의 중공군 포위공격을 뚫은 미 해병 제1사단장 올리버 스미스 장군은 흥남철수작전320)이 시작되기 전에 장진호 전투 전사자 임시묘소321)에서 "너희들의

미국의 버지니아주 관티코 해병대 박물관에 있는 '장진호 전투 기념비'

죽음은 헛되지 않다. 이 민족은 피를 흘려서라도 구원해야 할 가치가 있는 민족이다."라는 말을 하면서 부하들의 죽음 앞에 용서를 구하는 무거운 묵념을 했다고 한다. 지옥의 땅에 피난민을 버려둘 수 없어서 피난민과 함께 퇴각해야 해서 1만 2천명의 미군 사상자가 발생할 정도로 희생이 컸다.322)

필자는 주일 무관으로 근무하는 동안에 재일학도의용군 동지회를 지원하는 보훈 업무를 수행했다. 재일학도의용군은 642명이 참전하여 주로 미군들을 안내하며 작전하는 동안에 135명이 전사하셨는데, 장진호 전투에서 가장 많은 분들이 전사하셨다. 12월 초에 도쿄의 민단회관에서 '장진호 전투 전사자 위령제'를 별도로 지내고 있는데, 주일무관부는 매년 참가하여 뜻을 기렸다. 그 자리에서 "나만 살아 나와서 미안하다"는 말을 되뇌이며 눈물을 계속 흘리시던 90대 노병의 모습이 지금도 눈가에 생생하다.

---

320) 1950년 12월 12일부터 24일까지 13일간 진행되었고, 피난민 10만여 명을 구해냈다.
321) 상황이 급박했던 장진호 전투에서 거두지 못했던 미군의 유해는 1996~2005년까지 미국이 북한에 발굴비용을 지불하고 유해를 찾아서 225구를 인수받았다. 미국이 인수받은 유해 가운데 한국군으로 판명된 유해만이 한국으로 돌아왔을 뿐이다.
322) 미 해병대는 가장 치열했던 3대 전투로 제1차대전의 프랑스 벨로우드 전투, 제2차 세계대전의 이오지마 전투, 한국전쟁의 장진호 전투를 꼽고 있다.

한국전쟁에 대한 평가

중공군의 인해전술에 밀려 동부전선에서 흥남철수와 함께 서부전선에서도 한없이 밀려 내려왔다. 1951년 1월 3일, 서울시민 30만 명이 한강을 도하해 피난한 후에 1·4후퇴가 이루어졌다. 서울을 수복하고 휴전에 이르기까지는 2년 반의 소모전이 지속되었고,323) 포로송환이 휴전의 걸림돌이 되었다.324)

참전했던 마이크 린지 장군은 한국전쟁에서 발생한 모든 문제를 다음과 같이 짧게 요약했다.

1월 5일 서울점령후 중앙청앞에서 기뻐하는 중공군과 북한군

"미국은 한국전쟁에서 최악의 실수를 저질렀다. **처음에는 적의 능력을 과소평가하고, 우리 자신의 능력을 과대평가했다. 휴전에 다가가서는 적의 능력을 과대평가하고, 우리의 능력을 과소평가했다.** 그래서 필요하지도 않은 타협까지를 수용했다."

존 톨랜드는 한국전쟁에 대해 다음과 같이 평가하며 마무리 지었다. "6·25전쟁은 싸울만한 가치가 있는 전쟁이었는가? 잔인성, 어리석음, 실수, 오판, 인종주의, 편견, 잔학행위로 점철된 전쟁이었다. 그러나 이것이 전부는 아니다. 끔찍한 전장에서 용감하게 행동한 사람들, 자기희생을 무릅쓴 사람들, 그리고, 적에게 온정을 베푼 사람들도 많이 있었다. 이들이 보여준 '인간애(人間愛)'야말로 필자가 이 책을 쓰게 된 이유라고 할 수 있다."

또한 "6·25전쟁은 **소련의 팽창주의에 대한 봉쇄정책을 처음 실행한 전쟁**으로 평가된다. 잊혀졌던 이 전쟁이 **궁극적으로 공산주의의 몰락을 촉진시킨 결정적인 계기**였을 가능성이 대두된 것이다. 이것과 관계없이 그 전쟁에서 싸우다 죽은 사람들은 결코 헛되이 죽은 것이 아니었다."라고 하였다. 우리나라에서는 『존 톨랜드의 6·25전쟁』으로 번역되어 2010년에 출판되었다.

---

323) 리지웨이 장군이 반격목표로 설정한 '캔사스선'은 한강하구-임진강-연천-파로호-양양으로 이어지는 186km의 지리적 연결선인데, 소모전 기간 중에 확보 기준선이 되었다.
324) 북한의 요구에 반하는 조치로 이승만 대통령이 반공포로 2만 7천여 명을 석방시켰다.

50. 해리 G. 서머스, 『베트남전에서 미국의 전략』

베트남 전쟁에 대한 비판적 분석

50 ✎ 해리 G. 서머스(Harry G. Summers, Jr. 1932~1999)
📖 『베트남전에서 미국의 전략』
(American Strategy in Vietnam: A Critical Analysis)

◆ 베트남 전쟁에서 미국의 패전이유는 '목표의 불분명'

해리 서머스는 미국이 항상 옳았다는 신화를 폐기함으로써 베트남에서의 미국 전략에 대한 이 간결하고 직관적인 연구를 시작했다. 베트남 전쟁에 대해서 많은 군인들 사이에서 널리 퍼져있던 인식은 민간 정치인들의 의지가 실패했기 때문에 군인들이 전쟁에서 졌다는 것이었다. 그러나 그는 군대가 첫 번째 임무에서 실패했다고 용기있게 말하고 있다. "군인으로서 베트남 전쟁의 진정한 본질을 판단하고 그 사실을 민간인 의사결정자에게 알리고 적절한 전략을 권고하는 것이 우리(군인)의 임무였다."고 밝히고 있다.

이 책은 베트남 전쟁 과정, 미국의 민군관계 성격, 전략 자체의 본질에 대해 중요한 질문을 제기하는 책이다. 서머스는 베트남에서의 실패를 설명하기 위해 고전적인 전략적 노력을 사용하고 있다. 이러한 분석의 도구로, **제1부**에서 **클라우제비츠의 『전쟁론』의 삼위일체론** 측면에서 분석하고, **제2부**에서 **'전쟁의 원칙'(목표, 공세, 집중, 힘의 강도, 기동, 병력절약)**의 측면에서 베트남 전쟁에 대한 분석을 담고 있다.

서머스의 주장은 도발적이다. 그는 처음부터 미국 정부와 특히 군사고문은 베트남 전쟁의 본질을 완전히 오해했다고 주장한다. "남부의 반 게릴라 캠페인(베트콩)에 집중함으로써 미국은 진정한 위협, 북베트남의 전통적인 침략(월맹군)을 무시해서 결국은 실패를 맞이했다"고 분석했다. 미국은 수많은 전투에서 승리했지만, 전쟁에서 패전하였다. 서머스에 따르면, "미국은 군대 지도자들이 우리가 무엇을 하려고 하는지 가장 중요한 질문을 놓쳤기 때문에 우리의 노력은 잘못 지시되었다. 목표에 대한 확고한 이해가 없다면, 전쟁에서의 노력은 실패로 끝날 것이다."

제10장 전쟁의 역사기술과 분석

해리 G. 서머스,
『베트남전에서 미국의 전략』

◆ 선전포고를 하지 않은 문제

존슨 대통령과 의회와 군부가 모두 선전포고를 할 필요가 없다고 생각했고, 국민의 의지를 동원하지 않은 이유는 그 누구도 월남전이 10년을 끌게 된다든가, 미 지상군이 대량투입된다든가, 또는 미국 국민의 전국적인 반전여론이 일어날 것을 예상했던 사람은 하나도 없었기 때문이다.

저자인 해리 서머스는 미국이 월남에 지상군을 파병하기 전에 대통령이 **선전포고할 것을 의회에 요청하지 않은 이유**에 대해 다음과 같이 분석했다.

첫째, 미국과 같은 강대국이 월맹 같은 소국에게 선전포고를 하는 것 자체가 우스꽝스럽게 보였고, 그러한 소국을 미국이 나서서 전쟁으로 처벌한다는 것은 너무 거창하게 보일 것 같았다.

둘째, 중공의 안보를 위협하여 한국전쟁에서처럼 중공 개입의 모험을 피하자는 것이었다. 또한 월맹에 대한 선전포고가 월맹과 안보조약을 맺고 있던 소련과 중공의 군사개입을 자초할 위험성이 도사리고 있었다.

셋째, 미 의회가 선전포고를 승인해 줄 것 같지 않았다는 것이었다.

넷째, 미국이 전쟁의 성격을 설명하기 위하여 적이 사용하는 용어를 사용하게 될지도 모른다는 것이었다. 대 게릴라전을 치르고 있는 미국 정부가 '인민 전쟁'이라고 불리우는 이름 때문에 누구와 싸우고 있는가를 국민에게 명확하게 밝히는 것이 어려웠던 것이다.

하지만, 선전포고는 국민들의 관심을 적에 대해 집중시켜 주는 최초의 국민의지를 명백하게 표명한 성명서이고, 국민의 전쟁에 대한 지지와 전쟁 개입을 대외에 공포하는 중대한 본질이 된다는 사실을 잊고 있었다.

50. 해리 G. 서머스, 『베트남전에서 미국의 전략』

◆ 클라우제비츠의 삼위일체 중에 '국민의 지지'를 받지 못한 전쟁

서머스는 미국의 베트남전쟁의 실패 이유를 '국민의 의지가 붕괴'되었기 때문이라고 말한다. 클라우제비츠의 주장처럼 전쟁을 위해서는 국가, 국민, 군대가 삼위일체 되어야 했는데, 그중의 한 축인 국민의 의지가 붕괴되고 지지를 받지 못했다고 분석했다. 군부가 군의 통수권자에게 말해야 했던 것은 전투, 폭격, 탄약 같은 것이 아니라, 미국 국민의 지지부터 받지 않고 군대를 투입하려는 것은 명백한 잘못이라는 말을 했어야만 했다고 봤다.

국민의 지지없이 군대가 전쟁을 수행한다는 것은 불가능한 일이다. 그러나 당시의 미국 전략가들은 '국민 의지의 동원'이 베트남 전쟁과 같은 제한 전쟁에서는 필요하지 않다고 잘못 판단하였던 것이다.

헌법에 의해서 의회가 전쟁을 선포하도록 한 것은 두 가지 목적을 가지고 있는데, 첫째는 전쟁 초기부터 국민의 지지를 확보하는데 있고, 둘째는 적을 응징하는데 있어서 사전에 합법적으로 의회의 승인을 받아 놓음으로써 후일에 국민의 반대가 야기되지 않도록 하자는 것이다.

베트남 전쟁에서 미국의 전략적 실패의 가장 중요한 원인은 **적에 대해 미국 국민의 관심이 집중되지 않았고, 군사력을 사용해서 달성하려는 정치적 목표에 대해서도 국민의 관심을 집중시키지 못했기 때문이었다.** 군대는 '합법적인 근거의 부재' 때문에 행정부와 입법부 틈새에 끼여 곤경에 빠져있었다. 국가의지를 동원하지 못하여 전쟁수행에 필요한 국민의 적개심을 불러일으키지 못한다는 것은 군부에게는 위태로운 일이었다.

베트남 전쟁이 진행되는 동안에 미국 국민은 '미군을 사랑하지 않았을' 뿐만 아니라 '신뢰하거나 존경하지 않았다.' 이것이 베트남 전쟁 실패의 중대한 요인의 하나라고 지적하고 있다. 군대가 베트남 전쟁을 치루는 동안 많은 반전주의자들의 목표는 정부가 아닌 군대에 초점을 맞추어 군중데모를 일으켰고, 군대를 비난했다. 게다가 미국 정부는 베트남 전쟁에서 오히려 마찰을 증가시키는 치명적 과오를 범했는데, '대학생들에게 징집연기를 허용하겠다는 정부의 결정'이었다. 전쟁터에 나가지 않아 양심의 가책을 느끼고 있던 학생들조차도 떳떳하게 전쟁을 반대할 수 있게 되었던 것이다.[325]

---

[325] 1965년 이후 반전시위는 징병제 반대에서 시작해서 반전 평화운동으로 확산됐다.

제10장 전쟁의 역사기술과 분석

월남전이 한창이던 1972년 6월, 네이팜탄에 화상을 입고 벌거벗은 상태로 공포에 질려 도망가는 베트남 아이들의 모습. 이 사진은 "전쟁의 공포"라는 이름이 붙여져 온 세계에 타전되어 나라마다 신문 1면을 장식했고 반전여론을 들끓게 했다. AP통신의 닉 우트 기자는 이 사진으로 1973년에 '퓰리처상'을 수상했다.

◆ 차단 전략과 전쟁목표에 대한 분석

서머스는 베트남 전장에서의 차단 전략을 되돌아보는 것을 선호하는 것 같다. 한국군이 지원326)한 미 육군은 바다에서 태국 국경까지 연장된 선을 점령하여 북부의 적으로부터 남부 게릴라들을 차단시켰어야했다. 미국의 전략은 적극방어 전략으로 적의 전장접근을 막는 전략이었어야 했다. 그러므로 베트남이 베트콩 반란을 진압할 수 있고, 미국의 도움으로 북베트남을 대처할 수 있는 효과적인 재래식 세력을 유지할 수 있었을 것이다. 이러한 전략 대신에 미국은 전략적으로 수동적인 방위를 선택했다. 이는 방대한 수색 및 파괴 임무로 적의 침투에 대응하는 것이었고, 이 전술적인 공격으로 실제로 수십만 명의 적군을 격퇴했으나 근원을 막지 못했다.327)

---

326) 미국은 동남아시아 조약기구(SEATO)를 가동하지못하자 파병을 요청했고, 한국정부는 '미국과의 안보동맹체제 강화와 경제부흥'이라는 목표를 위해 월남파병을 결정했다.
327) 월맹의 보응우옌잡은 삼불전략(회피, 우회, 혁파)을 구사하여, "전선은 아무 곳에도 없으며, 모든 곳이 전선이기도 하다"라고 했다. 미국의 월남전 실패요인은 여러 가지가 있겠으나, 월맹의 게릴라전 전략에 적절히 대응하지 못한 것이 주원인으로 분석된다.

50. 해리 G. 서머스, 『베트남전에서 미국의 전략』

서머스는 미국 지도자들이 한국전쟁의 교훈을 잘못 읽었다고 주장한다. 월남에 비공산국가를 유지한다는 미국의 전략목표는 불충분했다. 실제로 그는 미국이 "스스로 방어할 수 있는 대한민국을 만든다"라는 전략목표를 달성했기 때문에 한국에서의 전략은 성공이라고 분석했다. 베트남과는 달리 한국에서는 북한과 중국을 배제하고 공산주의자 게릴라를 쫓아내고 남한이 미국의 지도 아래 점차적으로 효과적이고 전통적인 민주주의 세력을 창출해 내었다.328) 그러나 "베트남에서 비공산국가를 유지시킨다"는 전략목표는 너무도 많은 것을 제한하여 전략적 실패를 가져왔고, 승산없는 싸움이라고 인식한 순간부터 출구전략329)을 찾기 시작했다.

베트남 사이공에서의 마지막 미군철수

서머스는 군인으로서 베트남 전쟁 동안 군대와 미국 사회 간의 파열에 대한 깊은 불안감을 표현하고 있다. 베트남 전쟁 중에 대규모 반전운동을 통해 보여준 민간인들의 군대를 겨냥한 적대감은 서머스의 책에 수없이 기술되어있다. 국민의 허락을 받지 못한 전쟁은 실패한다는 것을 강조한다. 하지만 앞으로도 미국은 세계질서를 보장하는 역할을 하기 때문에, 국민의 허락없이도 작고 더러운 전쟁에 맞설 준비가 되어야 한다고 평가했다.

미국은 이 딜레마에 대한 해결책으로 해병대를 독점적으로 사용하여 더러운 전쟁에 맞서왔다. 군대는 이러한 어려움을 갖고도 사명을 다할 준비가 되어야하고, 국가는 군대가 다른 어떤 이유로 임무를 수행하는 장애요소를 만들지 말아야 한다고 평가했다. 언론은 해리 서머스처럼 군인들에게는 "전쟁의 본질을 국민에게 알려야 할 의무가 있다"고 평가했다. 우리나라에서는 1997년에 병학사에서 『미국의 월남전 전략』으로 번역 출판되었다.

---

328) 한국전과 달랐던 '월남의 부패', '미국 국민들의 반전운동'과 '군대에 대한 적대감'으로 인한 '전선에 있는 군인들의 전의 상실'도 패전원인으로 꼽았다.

329) **출구전략(Exit Strategy)** : 전장이나 작전지역에서 인원 및 장비의 피해를 최소화하며 철수하는 전략. 미국이 베트남 전쟁에서 철군을 모색할 때 제기된 용어로, 경제학에서는 위기 상황을 극복하려고 취했던 이례적 조치에서 부작용과 후유증을 최소화하며 거두어들이는 전략으로 지칭되고 있다. 정치학에서는 현재의 복잡하고 어려운 상황을 타개해 나가는 전략, 어려운 상황을 빠져나가는 전략이라는 개념으로 사용되고 있다.

제10장 전쟁의 역사기술과 분석

〈 맥나마라의 "베트남 전쟁에서의 11가지 교훈" 〉

(로버트 맥나마라의 『베트남 전쟁 회고록』에서)

1. 우리는 당시 (그리고 지금까지도) 적의 지정학적 의도를 오판했다. 그리고 그들의 행동이 미국에 미칠 위험을 과장했다.
2. 우리는 남베트남의 국민과 지도자들을 우리 경험의 잣대로 판단했다. 우리는 남베트남의 정치 세력에 대해 완전히 오판했다.
3. 우리는 사람으로 하여금 그들의 신념과 가치를 위해 싸우고 죽게 하는 동기부여를 하는 민족주의의 힘을 과소평가했다.
4. 적과 동지에 대한 우리의 오판은 베트남인의 역사와 문화, 정치와 그들의 지도자의 성격과 습속에 대한 우리의 깊은 무지를 반영했다.
5. 우리는 현대의 하이테크 군사장비와 군사력, 교리의 한계를 이해하는데 실패했다. 우리는 또한 전혀 다른 문화에 속한 사람들의 마음을 얻는 데 있어서 우리의 군사전술을 적응시키는 것에도 실패했다.
6. 우리는 행동을 개시하기 전에 의회와 미국 국민들을 대규모 군사개입의 장·단점에 대한 완전하고 솔직한 논의로 이끄는 데 실패했다.
7. 행동을 개시한 이후, 예상하지 못한 사건들이 우리를 계획된 경로에서 밀어냈다. 우리는 무엇이 일어나고 있었는지, 우리가 한 일을 왜 하고 있었는지에 대해 완전히 설명하지 않았다.
8. 우리의 지도자들과 국민 누구도 모든 것을 알고 있지는 않다는 것을 인식하지 못했다. 다른 사람, 다른 나라의 가장 중요한 이익이 무엇인지에 대한 우리의 판단은 국제포럼에서 공론의 시험을 거쳐야 했다. 우리에게는 모든 나라를 우리가 원하는 이미지대로 만들 권리가 없다.
9. 우리는 미국의 군사행동이 반드시 국제공동체의 온전한 지지를 받는 다국적군과 함께 이루어져야 한다는 원칙을 지키지 않았다.
10. 우리는 국제관계에 있어서 (삶의 다른 면모와 마찬가지로) 당장은 해법이 없는 문제가 있을 수 있다는 것을 인식하는 데 실패했다. 우리는 때로 어수선하고 불완전한 세상과 함께 살아야 하기도 한다.
11. 이 모든 오류들 중에서도 우리는 행정부의 최고위층이 극도로 복잡한 정치적이고 군사적인 문제들을 해결하도록 조직화하는 데 실패했다.

51. 보급이 전장을 좌우한 군수의 역사

✒ 마틴 반 크레벨트(Martin Van Creveld, 1946~)

📖 『보급전의 역사-발렌슈타인에서 패튼까지 군수』
(Supplying War : Logistics from Wallenstein to Patton)

◆ 반 크레벨트의 군사역사에 관한 새로운 관점

반 크레벨트는 창조적인 연구주제를 제시하여 많은 논의를 이끌어내는 군사이론가이다. 그는 미공개나 희귀자료들을 바탕으로 전쟁의 '너트와 볼트'에 대해 살펴본다. 전쟁에 있어 중요성은 인정하지만 집중적으로 연구되지 못했던 기동과 보급, 수송, 및 행정에 관한 엄청난 문제들을 이야기하고 있다.330) 지난 4세기 동안 유럽에서 중요한 전쟁들에서 이러한 분야에 대한 역사를 기술한 책으로는 거의 모든 면에서 새로운 것을 말해주는 매혹적인 책이다. 또한, 보다 전통적인 전략과 전술보다는 물류에 집중함으로써, 반 크레벨트는 군사사 전체 분야의 재해석을 제공하고 있다.

마틴 반 크레벨트,
『보급전의 역사』

16세기 중반에서 제2차 세계대전에 이르기까지 350여 년 동안에 일어난 전쟁을 7개의 장으로 나누어, 시대에 따른 군대의 보급 경향을 비교하는 방식으로 병참(군수)라는 주제를 직접적으로 다루고 있다. 나폴레옹이 오스트리아군을 격파한 울름전투에서의 현지징발 사례와 1812년 러시아 침공시 수송을 마차에 의존했던 사례, 1870년 보불전쟁에서 군사목적의 철도 이용에 획기적인 발전과 1941년 독일의 러시아 침공 당시의 보급을 분석한다. 제2차 세계대전에서 연합군의 기계화 군대로의 전환에서 발생한 문제들과 롬멜의 북아프리카 전선에서의 현실적 보급 문제를 심도있게 다루고 있다.

---

330) 마이클 하워드는 전략의 4가지 차원의 하나로 '군수적 차원'을 분류하여 군수의 중요성을 강조했다(본서 360면 참조). 앙드레 보프르는 군수를 "보급(Supply)과 이동(Movement)의 과학"이라고 정의했다.

전장에서 병참체계의 발생

16~17세기 유럽 각국의 군대는 그 규모가 확대되었으나, 그 군대를 지탱할 수 있는 병참체계는 없었다. 이 시기의 군대는 주로 **'현지징발'**과 **'약탈'**에 의존했다.331) 특정지역에서 물자를 구할 수 있는지 여부에 관한 병참요소에 의해 전략이 좌우됐다. '발렌슈타인식 군세제도'332)건 약탈이건, 군대가 통과한 지역은 황폐해졌다. 이에 따라서 군주와 지휘관들은 군대를

Sebastian Vranx작 '군인들이 농장을 약탈하다'(1620년, 독일 역사박물관)

통제하고 탈주를 막기 위해, 철저한 약탈 대신 규칙적이고 확실한 보급품의 공급원을 확보하여 식량, 병기, 의복 등의 물품들을 병사들에게 공급할 필요를 느끼기 시작했다. 이는 왕정시대의 전쟁에서 보급창 설치333)로 이어졌으나, 초기의 보급창은 어디까지나 현지에서 물자 획득이 불가능할 경우를 대비한 것이었다. 그러나 이러한 현지징발은 이후에도 계속되었다.

나폴레옹 전쟁에서의 보급

나폴레옹이 아우스터리츠에서 대승리를 거둘 수 있었던 것은 '행정' 및 '병참기구'를 포함한 군사조직 덕분이었다. 특히 그는 당시로서는 혁명적이라 할 만한 일보를 내디뎠는데, 육군 휘하에 처음으로 수레를 갖고 별도로

---

331) **자체 공급 전쟁(Bellum se ipsum alet)** : 30년 전쟁 당시에 전쟁으로 점령한 영토의 자원으로 군대를 먹이고 자금을 조달하는 군사전략. 30년 전쟁 이전에 신성로마제국은 특별 전쟁세를 인상하여 군대자금을 지원했고, 전쟁중 대규모 군대에 필요 자금은 돈을 빌리거나 통화감가상각 같은 조치에 의존했다. 군대에 필요한 식량은 점령한 영토에서 징발이나 약탈에 의존하고, 용병에 대한 대가도 점령된 영토에서 나왔다. 1623년 틸리 백작이 최초로 이 제도를 시행했고, 발렌슈타인이 스스로 군대 자금을 조달하겠다며 이 제도를 강화했다. 30년 전쟁 동안 유럽은 전쟁 자체보다도 군대의 약탈로 파괴되었다.

332) 용병집단을 구성했던 발렌슈타인은 황제를 대신하여 자비로 부대를 편성하는 대가로 점령지에 대한 세금 및 공납 징수권한을 받아서 이를 시행했는데, 이를 뜻한다.

333) 18세기 초부터 왕정시대 전쟁에서는 주력부대로부터 2~3일 행군거리내에 '보급창'을 설치했다. 이 제도는 창고를 방어하고 병참선 유지를 위해 많은 병력이 필요했고, 보급창을 이동해야 하는 침투나 추격작전이 원활하지 못하다는 단점이 있었다.

'보급임무를 담당하는 부대를 편성'했다. 이 부대는 징발되거나 고용된 수레와 마부들이 아니라, 군대의 인원과 장비로 구성되었다. 직접적 징발은 군대의 사기와 군기에 악영향을 미친다는 것을 알고 가급적 그러한 방법을 사용하지 않고, 보급물자를 미리 모아두던가 보급물자를 구입하기 위해 군세

수레를 이용한 보급(나폴레옹전쟁)

를 부과하는 두 가지 방법 중에 하나를 택했다. 한편 나폴레옹의 러시아 진격 실패는 끝없이 늘어진 병참선이 주된 요인이었다고 분석했다.

철도의 등장과 병참의 혁명

산업혁명 이전 시기의 군대는 최대 10일분에 해당하는 보급품을 운반하며 전쟁을 해야 했다. 그래서 전쟁이 장기화될수록 현지조달이 원활하지 못하면 군대는 자주 굶주리고 지치고, 적과 싸우는 대신에 광야에서 식량을 찾아다니느라 많은 시간을 소비

제1차대전에서 독일의 철도 수송

해야했다. 산업화와 함께 등장한 철도는 군사적 목적으로도 이용하기 시작했지만, 초기에는 병력 전개 시를 제외하고 그다지 큰 도움이 되지 못했다.

프로이센-프랑스 전쟁(보불전쟁, 1870~1871) 당시 프로이센 육군은 이론적으로는 군의 수요를 충족시킬 수 있는 보급부대를 보유하고 있었으나, 실제로는 제기능을 발휘하지 못했다. 철도부대는 충분히 무장되지 않아 자신을 방어할 수 없었고, 차량 수리설비도 불충분하여 열차 대부분이 후방에 방치되었다. 하지만 이후 제1차 세계대전 동안에 **철도의 출현**으로 독일은 병력과 장비의 수송을 전담하여 '내선작전을 가능'하게 함으로써 다른 편에 섰던 전 세계 거의 모든 국가들의 자원에 대항할 수 있게 만들었다.

철도의 등장은 병참 상의 효율을 적어도 10배 이상 증가시키게 되었다. 철도는 본국의 군수공장에서 생산되는 대포와 기관총 등을 전장으로 수송했고, 징집병이 전장으로 가기 위해 집결하는 곳은 기차역 광장이 되었다.

제10장 전쟁의 역사기술과 분석

■◆ 제2차 세계대전에서의 보급

제2차 세계대전 당시 독일군의 소련 침공은 단일 군사작전으로는 사상 최대였고, 그에 수반하는 병참상의 문제는 상상을 초월하는 거대한 것이었다. 그러나 이러한 문제에 대한 독일 국방군의 대응은 너무나 평범했다. 독일의 패인으로는 독일 국방군이 **철도보다 차량에** 보급체제의 기초를 둔 것이 실책이었다고 지적되어왔다. 현대

제2차대전에서 차량을 이용한 보급체제는 상대방 항공기에 의한 공중공격의 주요목표가 되었다.

국가들에서도 보급물자의 전부 혹은 대부분을 궤도차량으로 운반하는 군대는 어디에도 없다. 또한 롬멜이 북아프리카에서 만난 가장 큰 문제도 아프리카 내륙에서 주파해야만 하는 긴 수송거리였다. 이는 이제까지 독일 국방군이 유럽에서 경험했던 것보다 훨씬 긴 거리였으며, 더욱이 그 거리를 연결할 차량의 수도 적었다. 이로 인하여 항구에서는 보급물자가 쌓여가는 반면, 전방부대에서는 보급이 제대로 이루어지지 않아 곤란을 겪게 되었다.

■◆ 병참의 양상 변화과정

전쟁에서 병참의 양상은 때때로 나타나는 것이 아니라 끊임없이 발생하는 난제들의 연속이다. 병참의 역사는 두 가지 기준에 따라 시기를 나눌 수 있다. 하나는 사용된 보급제도에 따라 보급창에서 보급을 받는 '상비군' 시대, 나폴레옹의 '약탈 전쟁' 시대, 1870~1871년 이후 '기지에서 지속적인 보급을 받는 시대'로 나누는 것이다. 또 다른 기준으로는 병참 분야의 지속적인 발전 이면에 있는 요인들을 조사하고 수송수단에 많은 관심을 집중시키는 것이다. 이를 통해 전쟁의 역사를 명확히 구분할 수 있는데, 말이 끄는 수레를 이용하던 시대에 이어 철도시대가 왔고, 차량이 그 지위를 대신하게 되었다는 것이다. 이들 수송수단은 각각 독특한 성격과 한계를 가지고 있지만 전반적인 경향은 보다 많은 화물을 보다 빠른 속도로 운반하려는 데 있었다. 플래닛미디어(2010)에서 『보급전의 역사』로 번역 출판되었다.

군사부문에 집중한 이라크 전쟁 분석

52

✍ 윌리엄슨 머레이 & 로버트 스케일스 소장
(Williamson Murray/Major General Robert H. Scales, Jr)

📖 『이라크 전쟁 : 군사 역사』
(The Iraq War : A Military History)

▶ 21세기 미국식 전쟁방식에 대한 의미와 교훈

미 국방분석 연구소 윌리엄슨 머레이 교수와 육군전쟁대학장이었던 로버트 스케일스 예비역 소장이 이라크전쟁이 종료된지 얼마되지 않은 시점(*서문에서 '총이 아직 뜨거울 때'라고 표현)에 주로 군사적 관점에서 이라크 전쟁을 분석했다. 이 두 사람이 힘을 합쳐 이런 최고의 역사를 만들어낸 것은 예상밖의 일이 아니다. 머레이의 군사 역사학자로서의 명성은 제2차 세계대전을 작전적 관점에서 분석한 『A War to Be Won』(2000)에서도 나타난다. 머레이 교수의 경력에는 걸프전 공군력 조사에서 주요 저자의 역할도 포함되어 있다.

스케일스는 제1차 걸프전에 대한 미군의 공식적인 역사의 프로젝트 책임자이자 주요 저자였다. 그의 이전 책인 『옐로우 스모크』의 비판적인 주제는 21세기의 육상 권력의 미래에 관한 미국 군사를 위한 『육상 전쟁의 미래』(Rowman & Littlefield, 2003)로서 이라크전쟁 내내 계속되었고, 마지막 분쟁을 더 큰 역사적 배경으로 넣는 데 도움이 된다.

이라크의 집중적인 공중 및 지상 작전에 대한 이 전례 없는 설명에서 미국에서 가장 저명한 두 명의 군사 역사가가 21세기의 첫 번째 주요 전쟁에 명확성과 깊이를 제공한다.

윌리엄슨 머레이 외,
『이라크 전쟁 : 군사역사』

제10장 전쟁의 역사기술과 분석

『이라크 전쟁』은 이라크 자유작전의 초기 군사작전의 놀라운 성공을 이끈 전쟁의 전략적 기반과 작전계획을 모두 포착한다. 최종 생산물은 주요 작전이 종료되자마자 분석한 매우 드문 경우로, 제2차 걸프전(이라크 전쟁)에 대한 통찰력 있는 개요와 평가를 내놓고 있다.

『이라크 전쟁』은 또한 안정화 작전 간의 갈등을 맥락에 담았다. 광범위한 군사 전문지식을 바탕으로 저자는 연합군과 이라크 정권의 반대 목표를 평가하고 영국군과 미군이 바스라와 바그다드로 이동함에 따라 보병과 공군 사령부의 일상적인 전술 및 병참 결정을 설명한다. 그들은 동시에 물러나서 군사력의 적절한 사용에 관한 미 국방부 내에서 오랫동안 진행된 논쟁을 조사하고 미국의 이 전쟁에 대한 이러한 논쟁의 전략적 의미를 검토하였다. 1991년 걸프전과 2003년의 이라크전 사이에 미국 군대에 일어난 엄청난 변화, 즉 교리와 무기의 변화를 조사하면서, 이라크에서 전개된 새로운 '미국식 전쟁방식'에 대한 중요한 의미와 교훈을 제시하고 있다.

이 책은 명쾌한 서술과 작전상의 세부사항을 결합하여 독자들이 바그다드로 가는 진군의 역학관계를 명확하게 파악할 수 있도록 하는 것이 흥미롭다. 이들 분석가들은 '임베디드 저널리즘'334)의 초기 전투보도와 달리, 전쟁에 대해 좁은 '소다빨대 관점(soda straw perspective)'에 국한되지 않는다. 그들은 전쟁을 적절한 전략적, 역사적 맥락에 두고, 전쟁수행의 변화에 따라 전투수행을 적절한 장소에 두었다. 선명한 텍스트는 교묘하게 편집되고 수십 장의 사진과 고품질 컬러지도 세트로 증폭된다. 후자는 역사 교과서에 거의 추가되지 않은 것이며 이 책은 더 나아가 가식적인 책과 구별된다. 마지막 장은 이 전쟁의 정치적, 군사적 함의에 대한 비판적 통찰력을 제공한다. 이 마지막 장 하나만으로도 이 책의 가치는 충분하다.

---

334) **임베디드 저널리즘**(Embedded journalism)은 종군기자보다 더 군에 밀착되어 작전 중인 군부대에 소속된 뉴스기자를 말한다. 언론과 군대 간에 상호작용은 종군기자에서 역사성을 찾을 수 있는데, 1991년 걸프전과 2001년 아프간전 동안 허용된 취재접근에 실망한 미국 언론의 압력에 대응해서, 2003년 이라크전부터는 기자들이 훈련을 받고 군부대에 소속되게 하였다. 2003년 이라크전부터 사용된 용어인데, 이라크전 초기에는 무려 775명의 기자와 사진가들이 임베디드 저널리스트로 참여했다. 미군은 작전에 언론을 적극적으로 참여시키는 것에 대해 정보전의 일부로 정보환경을 지배하려는 시도라고 밝히고 있고, 일각에서는 언론인이 선전 캠페인의 일부가 되었다는 비판도 있다.

52. 윌리엄슨 머레이 외, 『이라크 전쟁 : 군사역사』

◆ 제1차 걸프전(1991년)과 제2차 걸프전(2003년)의 변화에 초점

저자들은 1991년 걸프 전쟁 이후 각 군(육군, 공군, 해군 및 해병대)이 어떻게 전쟁기술의 숙달을 향상시켰는지 보여준다. 전통적인 **각군 경쟁관계(Interservice Rivalry)**를 완전히 제거하지는 못하더라도 내재된 '**합동성(Jointness)**'이 향상되었다. 그들은 그 결과 2003년에 이라크전쟁에서는 비효율성에 의존하지 않은 거대 성과, 효율성과 경제성 측면에서 어떤 대규모 작전과 비교할 수 있는 작전수준에서 기동전의 모델이었다고 주장한다.

저자들은 이라크의 역사와 베트남 전쟁에서 미군이 어떻게 회복했는지에 대한 유능한 조사와 미국 TV 화면을 장악한 무기체계를 설명하는 훌륭한 부록으로 그들의 작업을 보완한다. 전쟁의 짧은 기간(시작부터 끝까지 3주)동안 체계적인 분석 작업이 진행되지 않았고 앞으로 더 많은 자료가 표면화되고 선별될 것이지만 Murray와 Scales는 향후 작업의 표준을 설정했다.

걸프전쟁 종결(1991.4월) 이후 이라크 내 대량살상무기 보유 및 개발 여부 파악 및 폐기를 목적으로 한 UN 무기사찰단(UNSCOM. UN Special Commission)이 구성되어 1998년까지 무기사찰 활동을 전개했다.

2002년 1월 29일, 조지 W. 부시 대통령은 연두교서에서 이라크를 이란 및 북한과 함께 '**악의 축(axis of evil)**'으로 지목하면서, 이라크 보유 WMD의 위협성 강조, 후세인 정권 축출 의지를 표명했다. 2003년 3월 17일, 조지 W. 부시 대통령, 對국민 연설을 통해 사담 후세인에게 무기사찰이행 48시간 최후통첩을 했고, 다음날 후세인은 TV를 통해 미국의 최후통첩을 거부하고 움크린(hunkering down)전략에 의지한채 대미항전을 촉구했다.

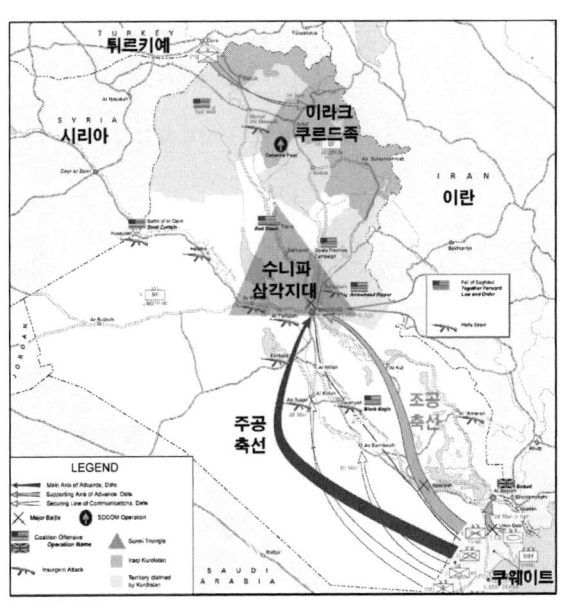

제10장 전쟁의 역사기술과 분석

2003년 3월 20일 부시 대통령은 이라크 후세인 대통령의 최후 통첩거부에 전쟁개시를 선언하며, 토마호크 미사일을 발사하고 스텔스 전투기를 투입하여 이라크 바그다드 시내 주요시설들에 대한 정밀폭격을 감행하면서 '**충격과 공포**(Shock and Awe) 작전'335)

부시 대통령이 항모 '에이브라함 링컨(CVN-72)'에 착륙하여 '주요전투 종료'를 선포하고 있다.

이 시작되었다. 20일간의 군사작전 끝에 4월 9일에 미군이 바그다드를 사실상 완전 장악했다. 후세인의 고향인 티크리트를 공습했고, 이라크 전역을 장악한 가운데 개전 40일만인 5월 1일, 부시 미국 대통령은 '주요전투 종료'를 선언했다. 이 책에서 이라크 전쟁에 대한 서술은 개전에서부터 이라크 남부 지상전, 남부에서의 영국군 전투, 항공작전336), 주요전투 종료까지를 다룬다.

■◆ 이라크 전쟁에서의 마찰요소와 적응력

저자들이 강조했듯이, 압도적인 기술적 우위에도 불구하고, 지휘관들은 "종종 모호하고, 불확실하고, 모순적이거나, 꽤 자주 틀리는 전례 없는 정보의 집중과 몇 초간의 압박 하에서 삶과 죽음의 결정을 내려야 했다."

저자들은 **속도, 정밀도, 동시성**에 대한 강조, **모듈식 병력구조**의 필요성, 각군 부대 간 **상호의존성**(interdependence), **낮은 수준에서의 연대** 등 전쟁에서 변화하는 많은 특징들을 인정한다. 그러나 그들은 또한 진정한 지식은 드물었다고 강조한다. 아무리 정교한 정보수집을 해도 인간이 목표물을 주시하기 전까지는 실제 작전계획으로 형성되는 경우가 드물었다.

---

335) 작전명을 군사전략가 할렌 울먼(Harlan K. Ullman)과 국방부차관보 출신 제임스 웨이드(James P. Wade)가 1996년 펴낸 책『충격과 공포(Shock and awe) : 신속한 지배(rapid dominance)를 위해』에서 원용했다. 저자들은 '**충격과 공포 전략**'을 압도적인 힘으로 적을 신속하게 제압하는 전략으로 "본격적인 공격 전에 첨단무기로 주요 군사시설에 대규모 공습을 감행해 사전에 적의 저항 의지를 꺾는 전략"이라고 설명했다.

336) 이라크전쟁에서 항공작전은 적의 지휘부와 네트워크를 표적으로 삼아 적을 마비시키는 **참수**, 산업과 기반시설을 공격하여 이라크 국민을 동요하게 하는 **처벌**, 공중우세가 확보하며 지상작전과 관련된 아군 지상군의 피해를 최소화하기 위해 항공차단 등을 통한 **거부**(적의 정치적, 군사적 목표 달성능력을 거부)에 항공력 적용을 집중하였다.

52. 윌리엄슨 머레이 외, 『이라크 전쟁 : 군사역사』

마지막으로, 저자들은 오늘날의 전장에서 증가하는 복잡성과 집중적인 훈련과 교육 프로그램에 몰두해온 고급 지도자들의 필요성을 교묘하게 연결시킨다. 미국 지휘관들의 적응력은 전략적, 정보적 부족을 보완하였다. 미군이 중부사령부의 체계적인 계획에서 지상의 실제적이지만 예기치 못한 상황에 대응하는 것으로 전환함에 따라 창의적이고 빠른 사고를 가능하게 한 것은 이러한 정신적 민첩성이었다.

■◆ 안정화 작전과 전략적 준비태세의 필요성

이 책의 마지막 장에서는 미국의 **전략적 준비태세**에 대해 다룬다. 미군은 반란을 진압하고 실패한 국가들을 지원하기 위해 '다차원적 작전'에 능숙해져야한다고 했다. 머레이와 스케일스는 미국이 '안정화 작전'으로의 전환에 더 잘 대비할 수 있었다는 것을 인정하고, 그들은 미국의 군대가 "명백하고

이라크 바그다드 시내의 '승리의 문(이란-이라크전 종식기념)'을 통과하는 미군 전차들

결정적인 군사작전 너머에 놓여있는 지저분한 사업을 피하는" 경향이 있다는 것을 지적한다. 원하는 최종상태를 향한 기관 간 공동체의 완전한 범용성을 포함하여 국가권력의 다른 수단을 사용하는 결합된 수단을 활용해야하는데 그렇게 좋지 못하다고 했다. 첨단 항공력과 지상기동이 결합된 '미국식 전쟁'은 전쟁수행 측면에서 타의 추종을 불허하지만, 이것이 반드시 평화를 얻는 것으로 해석되는 것은 아니라면서 '**안정화 및 지원 작전(SASO)**'[337]과 관련된 점령지 통제와 국가재건활동에 대한 중요성을 강조한다.

또한 점령군은 지역 주민내에서 적아식별이 어려워 통제하기 쉽지않고, '**반란진압 전쟁**'은 필연적으로 전쟁범죄, 잔혹행위, 각종 형태의 학대로 이어지게 되어 세계적으로는 비난의 대상이 되게 된다. 길고 지루한 점령전쟁에 대해서 미국 국민들의 지지를 지속적으로 확보하기는 어렵다고 했다.

---
337) 군대가 위협적인 세력을 억제하고 우호적인 비전투원에게 안전을 제공하는 작전

'이라크 전쟁'에 대한 20년 후의 평가

이라크 전쟁이 발발한지 20년이 지난 최근에 이라크 전쟁에 대한 평가에서는 "군사전략보다 국가 대전략을 고려했어야 되었다"라는 목소리가 높다. 부시 정부는 이라크 전쟁의 목적이 사담 후세인의 '대량살상무기 제거'라고 했지만, 그가 가지고 있지 않았던 것으로 밝혀졌다. 다음은 '중동에서 친미 민주주의 국

미군들이 피로도스 광장의 사담 후세인 동상이 이라크 국민들에 의해 끌어 내려지는 모습을 지켜보고 있다.(2003년 4월 9일)

가를 만드는 것'이었겠지만, 오늘날의 이라크는 기껏해야 '준 민주주의'이며, '친미국가'와는 거기가 먼 상황이다. 오히려 이라크의 파괴는 **걸프지역에서 '힘의 균형(equilibrium of forces)'**[338]**의 붕괴를 초래**해서 미국의 근본적 의도와는 관계없이 중동지역에서 이란의 지위를 향상시켰다.

전략적인 판단 부족도 지적되고 있다. 이라크 수니파는 바티스트 정권의 붕괴로 인한 권력과 지위의 상실로 인해 무기를 들었고, 이란과 시리아는 미국을 수렁에 빠뜨리기 위해 이라크내 반미세력 강화를 위한 다양한 조치를 취했고, 알카에다는 권력공백을 이용해 이라크 내에서 자기세력을 넓혔다.

또한 심하게 파괴된 국가와 분열된 사회인 **파탄국가(failed state)에서 '국가 재건'을 시도하는 것은 사전에 알 수 없기 때문에 본질적으로 불안하여 엄청난 도전이며, 성공하기는 쉽지 않다.** 오히려 다른 생각을 가진 집단이나 지도자를 지원해야 할 가능성이 높다. 미국 국방부는 이러한 문제들을 해결하기 위해 혁신적 조직 및 교리적 변화를 검토하고 있지만, 근본적인 해결책은 펜타곤(국방성) 너머에 있으며, 냉전 이후 실질적인 재편성에 저항해온 서투른 국가안보 구조를 포함해야만 한다.

[원서정보] Williamson Murray/Major General Robert H. Scales, Jr, *The Iraq War : A Military History*, Belknap Press: An Imprint of Harvard University Press.(2005)

---

338) 세력균형(balance of power)과 유사한 개념으로 사용하기도 하지만, 차이가 있다.

52. 윌리엄슨 머레이 외, 『이라크 전쟁 : 군사역사』

〈 파월 독트린 (미국의 해외 군사적 개입 원칙)〉

1984년에 설명된 와인버거 독트린에 더해서 1990-1991년 걸프전 당시 합참의장이었던 콜린 파월이 주장한 것으로, 미국은 군사행동을 취하기 전에' 다음과 같은 질문에 대한 답변을 확인해야 한다고 하였다.

군사개입에는 신중해야 하며, 일단 군사적 개입을 결정하면 압도적인 전력으로 적을 신속히 제압하여 인명피해를 최소화해야한다고 주장하였다. 이는 해외에서 군사력 투입에 관한 미국의 정책을 보여주고 있다.

1. 국가안보에 대한 사활적 이익이 위협받고 있는가?
2. 달성 가능한 목표가 있는가?
3. 위험(RISK)과 비용(COST)을 완전하게 분석했는가?
4. 다른 모든 비폭력 정책수단이 완전히 소진되었나?
   (비폭력적 정책수단 : 정치, 경제, 외교 등)
5. 끊임없는 얽매임을 피하기 위한 적절한 출구전략이 있는가?
6. 우리의 행동의 성공적인 결과가 완전히 고려되었나?
7. 이 행동은 미국 국민들의 폭넓은 지지를 받는가?
8. 우리는 진정한 국제사회의 지원을 받고 있는가?

콜린 파월은 1963년 존 F. 케네디 대통령 행정부에서 베트남 전쟁에 참전했으며, 1969년 워싱턴의 군사령부에 보직했고, 국가안보보좌관을 거쳐서 1989년부터 1993년까지 합참의장으로서 로널드 레이건, 조지 부시, 빌 클린턴 3명의 대통령을 보좌했다.

* 본서 61항에서 제시된 '전략수립과정'과 많은 부분이 일치한다.
전략수립과정의 1단계로 국가이익을 고려한 국가안보목표를 정의하고, 2단계로 국력수단으로 군사력을 정치, 외교, 경제, 사회심리적 역량과 연계할 것이 강조되는데, 이 요소를 포함한다. 국민의 지지와 적절한 출구전략 보유는 베트남 전쟁의 교훈에서 비롯된 것으로 보인다.
미 합참이 최근에 전략고려요소에 반영한 위험과 비용분석이 눈에 띈다.

제11장

전쟁사와 전략사상의 체계적인 분석

전쟁사와 전략사상을 학문적으로 체계화하는 노력에 대해 살펴본다. 학자들은 전쟁사에 대한 연구가 주로 군사작전 위주로 분석되어 전쟁의 교훈을 찾는 형태에서 벗어나서 사회과학의 틀로서 정치와 사회상황과 연계되어야 한다고 주장한다.
전략사상이 국가전략이나 군사전략에 어떠한 영향을 미치고 있는지에 대하여 반문하기도 한다.

군사학을 학문으로 체계적 확립

53 ✎ 한스 델브뤼크(Hans Delbrück, 1848~1929)

📖 『정치적 틀 안에 있어서 전쟁술의 역사』
(Geschichte der Kriegskunst im Rahmen der politischen Geschichte: Bd 4)

◆ 군사사(軍事史)라는 새로운 분야를 확립

독일의 역사학은 19세기에 눈부신 발전을 거두었다. 그때까지는 군인에 의해 독점되어졌던 전쟁의 역사에 대한 연구가 새로운 학문으로서 인정받았기 때문이다. 전쟁을 테마로 하는 역사서는 옛날부터 다수가 있었지만, 전쟁 그 자체에 주목하여 학술적으로 분석하는 연구는 거의 존재하지 않았다. 그래서 독일에 있어서 군사사라는 새로운 분야를 확립하는데 큰 역할을 한 인물이 이 책의 저자인 '한스 델브뤼크'이다.

한스 델브뤼크, 『정치사적 틀 안에 있어서 전쟁술의 역사』

한스 델브뤼크는 독일의 정계와 학계에 많은 인재를 배출해온 명문 하이델베르그 대학과 본 대학에서 수학했고, 그 도중에 프로이센 전쟁 등에 참전해야했다. 베를린 대학 교수시절에 방대한 역사 사료를 분석하여 고대 그리스로부터 프로이센 참모본부에 이르기까지 다양한 전쟁의 역사를 비판적으로 고찰하였다. 또한 당시 독일의 대표적인 지식인으로서 시사적인 문제에 대해 적극적으로 발언한 인물로도 널리 알려져 있다. 그는 군사사에 큰 업적을 남겼는데, 특히 고대 사료에 기술된 과장된 표현에 대해 비판적인 자세를 취하며, 실증주의, 과학적 방법론을 통해 고대 군사사를 재구성하기도 했다.

53. 한스 델브뤼크, 『정치사적 틀 안에 있어서 전쟁술의 역사』

■◆ 군사사(軍事史)를 학문으로 체계화

19세기 말부터 20세기 초에 있어서 독일제국은 모든 학문분야가 융성하여 세계 최고의 학술 대국이라고 불리워졌다. 그러나 전쟁의 역사에 관한 연구에 관해서만은 당시 오로지 참모본부가 그것을 독점하고 있었다. 이러한 '군인에 의한 전쟁사 연구'는 전쟁교훈을 도출하기 위해 역사를 단순화하는 경향이 강하다는 평가를 받고 있다.

반면에 델브뤼크는 이책을 통해서 '군인의 교육을 위해 사용하는 것을 목적으로 하는 전쟁사'와는 다르게 전쟁의 역사 중에서 객관적인 사실을 도출하기위해 노력했다. 그는 전쟁을 사회의 문화적 특징으로 간주했으며, 진화적이었으며 정치와 경제 체제의 영향을 받는 것으로 분석했다.

고대 전쟁을 분석함에 있어서, 고대 사료에 기술된 과장된 표현에 대해 비판적인 자세를 취하며, 실증주의, 과학적 방법론을 통해 고대 군사사를 재구성하기도 했다. 예를 들어, 페르시아군 전력이 264만명에 달했다는 헤로도토스『역사』에서 서술한 것에 대해서는 19세기의 프로이센군의 전개 능력을 참고하여, 그 수치가 얼마나 과장된 것인가를 해명했다. 이처럼 전장의 실상을 분석하여 전쟁술의 변화가 그 시대 특유의 정치와 사회 상황을 규정했다는 사실을 밝혀냈다.339) 또한 로마가 그들의 정복 대상에 비해 우월한 우위를 점한 것은 규율과 정교한 전술보다는 오히혀 잘 건설된 도로를 통해 지원되었던 우세한 병참에 있었다는 결론을 내리기도 했다.

중세 전쟁과 관련한 델브뤼크의 연구결과는 더욱 논란의 대상이 되었다. 중세의 핵심전력을 기사, 기마전사, 기병대로 구분하였는데, 중세 기사를 다른 전력과 연합하여 결정적인 전술적 의미를 지닌 부대를 구성할 수 없는 독립적인 전사로 간주했다. 이러한 그의 주장은 후대에 의해 검증되었다.

현대 전쟁에 대해서는 클라우제비츠에서 유래한 자신의 이론적 배경을 제시하며, 섬멸전략과 소모전략을 구분하였다. 이 구분은 클라우제비치가 적을 군사적으로 무력화하는 전략과 제한된 목표를 추구하는 전략에서 유래하였다. 이것은 정치목표와 가용병력 등에 의해 달라졌다.

---

339) 이러한 학문적 비교연구방식을 '실증비판(Sachkritik)', 사실에 기초한 비판이라한다. 확증편향성이나 부분 편취의 위험성을 해소할 수 있다고 본다.

◼◆ 2개의 전략 - 섬멸전략(殲滅戰略)과 소모전략(消耗戰略)

델브뤼크의 이러한 연구방법은 매우 높은 평가를 받았는데, 반면에 그가 이 책에서 주창한 '섬멸전략'과 '소모전략'에 대한 기술은 많은 논쟁을 불러 일으켰다. 델브뤼크는 전략의 개념을 크게 구분하여, 적의 군대가 다시 재기할 수 없는 수준까지 전멸시킬 결정적인 전투를 필요로 하는 '**섬멸전략(strategy of annihilation)**'과 동원할 군사수단이 부족할 때 적을 마모시키기 위한 여러 대안적인 수단들에 의존하는 '**소모전략(strategy of exhaustion)**'으로 대비시켰다. 일반적으로 '전략논쟁'340)으로 알려진 이 논쟁에서 프로이센 왕국이 갑자기 융성하게 된 배경의 주역인 프리드리히 대왕의 전략(본서 16항)을 어떻게 해석하는가?라는 문제가 쟁점이 되었다. 하지만 독일 참모본부의 군인들은 프리드리히 대왕이야말로 적의 부대를 격멸하는 것을 목적으로 '섬멸전략'을 최초로 실천한 인물로 평가했다.

이에 대해 델브뤼크는 프리드리히 대왕의 위대성은 전투에 의존하지 않고 다양한 방책을 구사하여 승리를 거두었다는 점이라 하며, 프리드리히 대왕이 '소모전략'을 실천했다고 주장했다.

당시의 독일 참모본부의 군인에 의한 '섬멸전략'의 사고는 프리드리히 대왕마저도 언급해야 했을 것이었지만,341) 델브뤼크는 이러한 군인의 경직된 자세를 통렬히 비판했던 것이다. 군의 지위가 사회적으로 매우 높았던 독일 제국의 민간인이 군사문제에 대해서 언급하고, 게다가 군인들과 논쟁까지 한다는 것은 델브뤼크 이전에는 생각조차도 할 수 없는 사태였다.

독일 군사사 연구에 있어서 델브뤼크가 자주 거론되고 있는 것은 편견이나 관습에 구속되지 않고, 전쟁의 역사를 비판적이며 객관적으로 고찰했던 그의 진지한 연구자세에 따른 것이다. 그는 독일군사사 연구의 시조로 평가받으며, 그의 접근방식은 미국 등에서 군사 역사학의 모델이 되었다.

국내에는 민경길 역, 『병법사 1~4』 (한국학술정보, 2009)로 소개되었다.

---

340) 델브뤼크는 강한 쪽은 필연적으로 섬멸전을 선택하고, 약한 쪽은 단 한차례의 결정적인 전투가 아니라 장기적인 소모전을 통해 적을 소진시킨다고 하였다. 전략논쟁에 대해서는 본서 61항에 소개된 로렌스 프리드먼의 『전략의 역사』 9장에 기술되어 있다.

341) 독일 군부는 19세기 몰트케에서 20세기 슐리펜, 2차대전에 이르기까지 '공격이 최선의 방어'라며, 다각적인 공세행동에 입각한 '섬멸전략'을 추구해야 한다고 믿었다.

54 사상가의 영향을 중시한 전략연구의 고전
✎ 피터 파레트 등(Peter Paret, 1922~)
📖 『현대전략사상의 계보-마키아벨리에서 핵시대까지』
(Makers of Modern Strategy from Machiavelli to the Nuclear Age)

◆ 500년간의 현대전략사상을 집대성

이 책은 에드워드 미드 알르가 제2차 세계대전 중인 1943년에 편집한 『신전략의 창시자-마키아벨리부터 히틀러까지』의 개정판으로 위치하고 있는데, 그 내용의 차이가 많은 것을 생각하면 개정판이라는 표현을 사용하기보다는 전혀 다른 저작이라고 보는 것이 사실에 가깝다.

이 책의 제1장 '마키아벨리'부터 제28장 '현재 및 장래의 전략에 관한 고찰'에 이르기까지의 약 500년에 걸치는 전쟁과 전략의 역사를 전략사상가라는 인물에 초점을 맞췄으며, 약 30명의 저명한 역사가가 분담 해서 집필했지만, 분석방법에 일관성이 있다. 집필자들은 그 시대의 연구에 있어서 세계적 권위를 인정받고 있고, 어떠한 논고의 질도 상당히 높은 수준이다.

이 책의 특징으로는 첫째, 현대에 있어서 전략적 과제라는 시점으로 역사를 고찰하였다는 점이다. 둘째, 종래는 통설로 취급되어왔던 사항들을 재검토하여 결국은 신화를 타파한 부분이 상당히 많다는 것이다. 셋째, 제2차 세계대전 후 약 40년간의 유럽 및 미국에 있어서의 전쟁과 전략의 연구활동이나 문헌을 망라해서 알 수 있다는 것에 큰 의미를 부여할 수 있다.

전략적 사고와 실천의 역사를 다루고 있어고, 내용에 있어서 논고가 매우 높아서 전략을 처음 접하는 이들에게는 개관을 알려주고 전략을 어느 정도 이해하는 사람들에게는 전략의 발전과정을 이해하게 한다.[342]

---

[342] 전략연구에는 크게 2가지 접근방식이 있다. 그 첫 번째가 역사상 저명한 전략사상가가 역설한 전략사상과 이론을 개별적으로 검증하는 방법으로 이 책이 대표적인 예이다. 두 번째 접근방식은 한 국가가 놓여있는 지리적 위치관계, 정치체의 성질, 이데올로기 등 전략의 형성에 영향을 미치는 요소에 착안하여 연구하는 방법이다.

제11장 전쟁사와 전략사상의 체계적인 분석

피터 파레트, 『현대전략사상의 계보』

◆ 5개 시대로 분류해 전략역사 분석

이 책은 '근대전의 기원', '전쟁의 확대', '산업혁명부터 제1차 세계대전까지', '제1차 세계대전부터 제2차 세계대전까지', 그리고 '1945년 이후'라는 5개의 시대로 분류하여 과거에 대한 장대한 분석을 내놓고 있다.

그렇기 때문에 독자들은 각자의 관심에 따라서 해당되는 부분만을 읽어도 전혀 문제가 없다. 게다가 한 사람의 전략사상가에 초점을 모아서 그 인물상과 그의 전략사상에 대해서만 생각해보는 것도 가능하다.

앞에 기술한 것처럼, 이 책은 전략사상가라는 인물과 그의 사상에 초점을 맞추어서 약 500년의 타임 스팬에 전쟁과 전략의 역사를 개관한 것으로 그 자체가 높게 평가받을만하다. 이 책에서는 대표되는 전략사상가에만 주목해서 전쟁과 전쟁의 전략적 특성, 정치 및 사회적 기능을 분석한 연구방법에 대해서는 일부의 비판도 있지만, 이 또한 전략연구에 있어서 하나의 접근방식이다.

◆ 전략사상가의 영향

전략사상가의 영향에 대해서 객관적으로 검토해볼 필요가 있다. 전략을 말할 때 종종 클라우제비츠와 리델 하트의 영향이라는 표현이 사용되어지고 있는데, 과연 그들로 대표되어지는 전략사상가들이 국가전략의 수준이든 군사전략의 수준이든 현실의 전략결정에 어떤 영향을 미친 것인가? 라는 물음에 대해서 단적인 대답은 그리 많지 않다는 부분 부정에 가깝다.

전략사상가가 직접적인 전략결정에 영향을 미친 사례는 과거에 많지 않았던 것으로 평가하기도 한다. 그들의 영향은 간접적이고 원론적인 수준에 머물렀으며, 전략사상가의 금언을 절대원칙으로 적용하는 경우는 적었다.

54. 피터 파레트, 『현대전략사상의 계보』

전략사상가의 현대적 영향력은 후학들이 전략이론이나 사상을 통해서 전쟁과 전략의 본질을 파악하고 이에 대한 깊은 통찰력을 얻는 것이다. 그러나 역사를 통해 살펴보면, 전략사상가의 영향력이라는 것이 도달한 것은 그 시대의 정책결정자와 군사정책결정자가 자기의 방침을 정당화시키기 위해 그 사상가의 이론, 그것 중에서도 일부를 원용하는 경우에 지나지 않았을 수도 있다. 그러한 의미에 있어서 전략사상가의 영향은 과대평가되었다고 볼 수 있다. 결국 정책결정자가 품었던 내부사정에 어두었던 '부외자(전략사상가)'의 영향은 크지 않았다고 보는 것이다.

실제, 『전략의 형성-지배자, 국가, 전쟁』(본서 63항)의 전략의 결정 프로세스를 고찰한 논고 중에 윌리암슨 머레이와 마크 크림스리는 '전략'이라는 용어를 정의하는 것의 한계를 지적함과 함께, "전략은 우수한 프로센스를 둘러싼 문제이며, 적아의 상호작용에 의한다"라는 사실을 강조했다.

그리고 전략사상과 어떤 국가의 정치체제만을 주목해서 전쟁과 전략을 분석하는 종래의 연구방법은 학계의 일각에서 비판을 받고 있는데, 거기서 비판받았던 저작이 바로 이 책인 『현대전략사상의 계보』였다.

확실히 국가전략이나 군사전략의 결정과정에 있어서 부외의 인물의 영향은 한정적인 것이었으며, 또한 전략이라는 것은 결코 '진공상태'에서 생겨나는 것은 아니기 때문이다. 그렇다고는 해도 '전략'이라는 용어의 엄밀한 정의를 부여하는 것을 시도하였고, 현대에 있어서 전략적 과제를 고찰하였다는 점에서 의미가 있다. 이 책과 같이 전략사상가의 사상을 주목하면서도, 더욱 현실적인 방법으로서 현대의 전략의 형성에 영향을 미치는 요소와 그 프로세스를 탐구하는 방법이야말로 실은 "전략이란 무엇인가를 이해하기 위한 지름길"일지도 모른다. 전략사상은 현대적 전략사상에 적합해야한다. 전략은 생존을 둘러싼 뛰어난 실천적 문제이기 때문이다.

국내에는 『현대전략사상가: 마키아벨리부터 핵시대까지/상,중』(국방대학교 안보문제연구소, 1988)로 소개되었다.

[원서 정보] Peter Paret, Makers of Modern Strategy from Machiavelli to the Nuclear Age(Princeton: Princeton University Press, 1986)

군사사상의 발전과정 분석

55 　아자 가트(Azar Gat, 1958~)
『군사사상의 역사』
(A History of Military Thought : From the Enlightenment to the Cold War.) *2001년 초판

군사역사가 아자 가트의 현대 군사사상론

이 책은 근대 이후 유럽의 군사·전략사상의 변천을 상세히 분석한 이스라엘의 역사가 '아자 가트(Azar Gat)'의 3부작을 하나로 정리한 것이다. 아자 가트는 옥스퍼드 대학에서 마이클 하워드의 대학원생으로서 박사학위 논문으로 『군사사상의 원천 - 계몽주의에서 클라우제비츠까지』를 썼는데, 이것이 그의 3부작의 최초 저작이었다. 그 후 『군사사상의 발전-19세기』

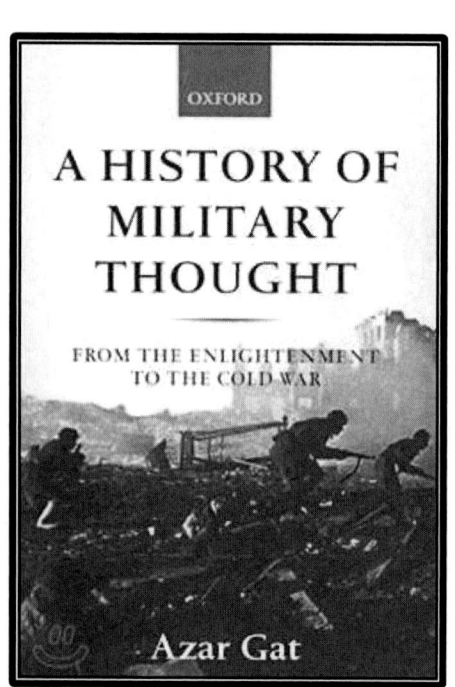

아자 가트, 『군사사상의 역사』

와 『파시스트 및 자유주의 전쟁관 - 풀러, 리델 하트, 두헤와 그 외 모더니스트』를 계속해서 세상에 내놓았는데, 최초의 박사학위 논문을 포함하여 모두 학계에서 매우 높은 평가를 받고 있다. 이 책은 이렇게 호평을 받은 3부작을 한권으로 묶어서 클라우제비츠의 사상에서부터 봉쇄와 냉전에 관한 교리와 계몽주의 시대의 전쟁 일반 이론에 대해서 일목요연하게 탐구한다.

이 책의 연구 수준에 대해서는 세계가 공인하여 재론할 필요가 없지만, 그 이상으로 중요한 점은 1000 페이지에 이르는 대 저작이 아자 가트라는 한 사람의 역사가에 의해 쓰여졌다는 놀라운 사실이다. 게다가 서지자료의 역사적 기초가 견고하고 강력하다.

55. 아자 가트, 『군사사상의 역사』

■◆ 『군사사상의 원천』과 『군사사상의 발전』, 『자유주의 전쟁관』

제1부 '군사사상의 원천'에서는 마키아벨리부터 계몽주의시대에 걸친 전략사상, 그리고 클라우제비츠의 『전쟁론』과 그 후 프로이센(독일)의 전략사상 계보를 상세히 분석하고 있다. 그중에서도 클라우제비츠가 '전쟁의 정치성'을 인식하기 시작한 것이 그의 말년에 이르러서부터였다는 것이다. 또한 클라우제비츠 자신이 나서서 전쟁의 정치성을 인정했다기보다는 오히려 마지못해 인정하지 않을 수 없었다는 아자 가트의 연구결과는 이제까지의 클라우제비츠에 대한 해석에 큰 수정을 촉구하게 되었다.

제2부 '군사사상의 발전' 부분에서는 제1차 세계대전 이전, 독일을 중심으로 한 유럽의 여러 나라의 전략을 크게 규정한 '공세주의 맹신(Cult of the offensive)'[343]이 탄생한 배경이 해명되며, 증기기관의 등장에 의해 주목을 받기 시작했던 해상 전투에 관한 전략사상, 마르크스주의에 기초한 혁명을 위한 전략의 계보가 기술되었다.

제3부 '파시스트 및 자유주의 전쟁관'은 근대 유럽 전략사상사에 관한 아자 가트의 3부작에서 마지막을 장식한 저작이다. 부제가 나타내듯이 20세기 다수의 전략사상가들을 논술의 대상으로 다루는데, 리델 하트를 예로 들자면 그의 군사전략과 국가전략을 20세기 사상사라는 폭넓은 맥락에서 분석했다는 점에서 특별히 서술할 가치가 있다.

리델 하트에 관한 이 책의 요점은 첫 번째로, 리델 하트는 제2차 세계대전 이전에 이미 기갑전(機甲戰)에 관한 포괄적인 동시에 수미일관하는 견해를 가지고 있었는데, 아자 가트는 리델 하트가 이를 실증하기 위해 영국 신문 <데일리 타임즈>에 기갑전 이론의 핵심에 대해 뛰어난 통찰력으로 기고했던 기사들을 인용하고 있다. 두 번째로, 아자 가트는 전간기(戰間期)[344]와 제2차 세계대전 때의 독일 측의 역사사 자료, 그 중에서도 특히 독일어로 쓰인 군사문제 전문잡지를 상세히 검토하였다.

---

343) 스코트 세이건은 '공세주의 맹신'이 제1차 세계대전의 근본원인이라는 주장에 대해, 강대국의 정치적 목표와 동맹 공약이 불가피한 선택을 하게 한 것이라며 반대했다.
344) **전간기(interwar period)** : 제1차대전과 제2차대전 사이 20년 동안의 과도기. 제1차대전의 결과로 맺은 베르사유조약은 독일을 제어하지 못했고, 고립주의 미국과 공산국가 소련이 빠진 국제연맹은 무기력했고, 군사기술의 발달로 탱크와 항공기가 고도화되었다.

제11장 전쟁사와 전략사상의 체계적인 분석

그 결과 아자 가트는 리델 하트가 당시의 독일 군대와 독일 국내의 전격전 이론의 구축에 큰 영향을 미치고 있었다는 사실을 실증하였다. 이는 독일군이 영국의 신문에 전개된 리델 하트의 이론에 주목했었다는 것을 발견해낸 것이다. 리델 하트는 간접접근전략과 대전략 체계의 공헌은 인정되나, 기갑전에서는 풀러의 사상을 전파하는 데에 그쳤다는

군사세미나에서 강연하는 아자 가트

식으로 최근까지도 실추되어 있었던 기갑전에 대한 혁신적이고 영향력 있는 이론가로서의 리델 하트의 명성이 아자 가트의 연구에 의해 회복되었다.

■◆ 리델 하트 전략사상에 있어서 4개의 원천

리델 하트의 전략사상에 있어서 원천을 '마비전(기동전)'의 J.F.C. 풀러, 해양전략 사상가인 줄리앙 콜벳, '아라비아의 독립운동을 지원했던 토머스 에드워드 로렌스(아라비아 로렌스)', 콜린으로 대표되는 프랑스의 '신 나폴레옹 학파', 라는 넷으로 특정한 것도 아자 가트가 본 연구를 통해서였다.

이제까지 연구자들은 리델 하트가 영감을 받은 전략사상의 원천으로 전술한 인물 중 콜벳, 로렌스, 콜린의 이름을 꼽았는데, 아자 가트는 여기에 리델 하트의 동시대 인물이자 어떤 의미로는 라이벌이었던 풀러의 이름을 추가한 것이다. 또한 아자 가트는 이 과정에서 풀러야말로 영국 육군의 기갑화를 최초로 제창한 인물이며, 리델 하트가 항상 풀러가 주장한 여러 개념을 차용하여 자신의 이론을 구축하였다는 사실을 실증하기에 이르렀다.

■◆ 자유주의 전쟁관과 서방의 자유주의 전쟁방식

무엇보다도 아자 가트가 작성한 본 연구의 최대 특징은 20세기라는 맥락 중에서 자유민주주의를 신봉하는 리델 하트의 군사전략과 국가전략의 위치를 규정한 것이다. 리델 하트가 '**자유주의 전쟁관**'의 창시자로 칭해지는 이유는 풀러가 파시즘에 경도되어 영국 국내의 파시즘 운동에 참가하는 와중에도,

55. 아자 가트, 『군사사상의 역사』

리델 하트는 끝까지 자유민주주의의 입장을 고수하면서 그 틀 안에서 최적이라 할 수 있는 군사전략과 국가전략을 끊임없이 모색했기 때문이다.

구체적으로는 1930년대 유럽이 나치의 대두에 직면하여 리델 하트는 자유민주주의국가인 영국이 무차별한 전쟁피해를 막고 도덕적 우위를 지키기 위해 필요성에 응하는 형태의 전략 구축을 모색했다. 그러한 이론적 귀결이 **봉쇄, 냉전, 억제, 경제제재, 집단안전보장, 한정적 관여, 방어의 우세**라는 개념으로 나타난 것이다. 마찬가지로 그가 전략폭격의 이름으로 행해진 인구밀집지역 공격, 무조건 항복 정책에 대해 단호하게 이의를 제기한 것도 이러한 정책들이 자유민주주의의 의사와 이념에 상반되는 것이라고 생각했기 때문이다. 리델 하트의 이러한 개념이야말로 '**자유민주주의 국가의 가치관에 합치하는 전쟁방법**', 즉 '**서방의 전쟁방법**'을 시사하는 것이었다.

'서방의 전쟁방법'은 역사적으로 <정의로운 전쟁론(正戰論)>에 근거한다. 정의로운 전쟁원칙은 전쟁결정시 조건으로 '**정당한 명분(jus ad bellum)**'[345]과 전쟁수행시 조건으로 '**정당한 수단(jus in bello)**'[346]으로 구분된다.

아자 가트는 본 연구에서 이러한 리델 하트의 사상과 유사한 예시로 냉전기 미국의 외교관이자 국제정치학자였던 '조지 캐넌'(본서 36항)의 전략사상을 들고 있는데, 미국과 공유된 자유민주주의사상의 계보는 냉전이 종결된 오늘날에까지 계승되는 것으로, 저자는 '**현대 서방의 자유주의 전쟁방법(modern western liberal way in warfare)**'이라고 명명했다.

이렇게 보면 확실히 리델 하트는 오늘날의 '서방의 전쟁방법'이라는 틀의 창시자로서도 자리매김하고 있다. 그리고 이 점에 주목하자면 확실히 아자 가트가 날카롭게 주장한대로 리델 하트는 19세기의 클라우제비츠와 비등할 만하며, 20세기를 대표하는 전략사상가라고 해도 과언이 아니다.

[원서 정보] Azar Gat, *A History of Military Thought: From the Enlightenment to the Cold War.* (NY: Oxford University Press. 2001.)

---

345) **정당한 명분** : ①적절한 권한 및 공개적인 선전포고, ②타당한 원인, ③공정한 의도, ④평화적 해결노력후 최후의 수단, ⑤성공확률, ⑥발생할 손해와 달성할 가치의 균형
346) **정당한 수단** : ①전투원과 비전투원의 구별(차별 원칙)-민간인 피해 최소화, ②전쟁수단과 목표의 균형(균형원칙)-비례성의 원칙으로 필요최소한의 힘을 사용한다. 대량살상무기(WMD)는 무차별하며 비례성 원칙을 벗어나 부도덕한 무기로 판단한다.

국제관계에서
전쟁의 원인을 찾는다

국제관계에 있어서 전쟁과 각종 분쟁에 대해 살펴본다. 철학자 칸트가 국제평화에 관해 주장한 '영구적 평화를 위한 조항'들에 대해 살펴본다. 그의 국제평화주의와 상호의존사상은 국제관계에 많은 시사점을 주고 있다. 월츠가 제시한 국제정치에 관한 세가지 이미지는 전쟁의 원인에 대한 분석틀로 매우 유용하다. 조지프 나이가 현실주의와 자유주의를 오가며 구성주의적 관점에서 국제관계에 대한 통찰력을 제시한다.

56 영구적 평화를 위한 국제관계 발전을 제시

✍ 임마누엘 칸트(Immanuel Kant, 1724~1804)
📖 『영구 평화론-하나의 철학적 기획』
(영, Perpetual Peace: A Philosophical Sketch)
(독, Zum ewigen Frieden,) *1795년 출판

◆ 전운이 감돌던 시기에 탄생한 평화론 - 칸트의 국제평화주의

'영구적 평화'라는 원대한 목표를 제시한 이 책은 대규모 전쟁이 없었던 평화로운 시기가 아니라, 프랑스 혁명에 의해 유럽 전체에 전운이 감돌던 1795년에 발표되었다. 임마누엘 칸트는 『순수이성비판』347)과 『정언명령』348)으로 우리가 잘 아는, 독일관념론을 대표하는 저명한 철학자이다. 노년까지 대학에서 교편을 잡고, 80세로 생을 마감하기까지도 철학 연구를 계속했던 순수한 철학자였다. 그의 저작 중 다수는 추상적인 철학론으로, 현실의 정책에 영향을 미치는 것을 목적으로 쓰여졌다고 하기는 어렵다.

이러한 철학자 칸트의 저작 중에 『영구 평화론』은 매우 특별한 것으로, 말년에 처음으로 일반 독자를 위해서 저술한 정치적 성향이 짙은 책이다. 그 내용은 영구적 평화를 위한 6개의 '예비조항'과 3개의 '확정조항'을 포함한 두 개의 장(章)과 두 개의 보충 설명으로 구성된 것으로, 칸트의 철학적 고찰을 기초로 한 구체적인 정치적 제안이다. 칸트의 도덕론에 의하면, 전쟁은 악이며 영구평화야말로 인류가 도달해야 할 의무였다. 전쟁이 인격을 파괴하고 자유를 손상시키기 때문이다. 유한한 인류에게 있어서 영구평화는 영원한 과제였으며, 현실적인 조건을 제안한 것이다.

칸트는 자유주의 철학자라고 생각되어지나, 이 책에 나타난 전쟁관은 상당히 현실적인 것이다. 전쟁에 대해서는 "자연상태에 있어서 폭력에 의해

---

347) 서양근대철학사를 관통한 합리주의와 경험주의 간의 논쟁을 잠정적으로 마무리지었고, 이후 철학사의 인식론, 형이상학, 과학철학, 심리철학 등에 지대한 영향을 미쳤다.
348) **정언명령**(定言命令, Kategorischer Imperativ) : 임마누엘 칸트가 제시한 도덕적 법칙으로, 어떤 조건이나 결과에 상관없이 무조건적으로 행해야 하는 명령.

56. 임마누엘 칸트, 『영구평화론』

자신의 정의를 주장하고자 하는, 비통해해야 할 비상수단에 지나지 않는다"라는 견해를 드러내고, 국가 간의 세력균형이 전쟁을 예방하는 역할을 맡는 것에 대해서도 인정하고 있다. 칸트는 이러한 현실적인 전쟁관을 기초로, 전쟁의 존재를 주어진 것으로 하고, 그 원인을 명확히 조명한 후에 그로부터 평화를 확보하는 방책을 모색했다.

칸트가 전쟁의 첫 번째 원인으로 본 것은 '상비군의 존재'이다. 상비군은 당연히 상시 전쟁에 대비하는데, 이것이 오히려 타국에 위협을 가하고, 국가 간의 군비경쟁을 불러일으키는 결과를 낳는다고 지적하였다. 또한 군비경쟁에 의해 군사비가 증대하고, 그 부담을 견딜 수 없게 되는 것이 선제공격을 행하는 하나의 원인이 된다고 보았다.

임마누엘 칸트, 『**영구평화론**』

그렇다고 해서 칸트는 국민이 일시적으로 무장하는 형식, 이른바 국민이나 민병에 의한 자위에 대해서는 부정하지 않았고, 일반적인 군사력을 부정한 것은 아니지만 상비군을 전쟁의 원인이라 생각했던 것은 분명하다. 그렇기 때문에 영구적인 평화를 위해서는 상비군의 존재가 불필요하다고 주장하기까지 하였던 것이다.

또한 칸트는 "함께 생활하는 인간들 사이의 평화상태는 자연상태가 아니며, 자연상태는 오히려 전쟁상태"라고 말한다. 이 전쟁상태로부터 빠져나오기 위해서는 평화상태를 의식적으로 만들어낼 필요가 있다. 이것은 국가관계에도 해당된다. 국가도 자연상태에 있어서는 이웃에 존재하는 것만으로도 서로에게 위협을 주게 되어, 국가의 안전을 위해서는 국내와 같은 국제적 법률과 국가의 존재를 전제로 한 체제가 필요하게 된다.

이러한 생각에 따라 칸트는 국가 간의 관계에 있어서 "국제법에 의거한 자유로운 공화제 국가로 이루어진 '평화연합'을 형성하는 것이 영원한 평화를 위한 하나의 조건"이라고 주장했다. 칸트는 국제규범의 적용을 제안한 것이지, 반드시 강력한 세계정부를 건설해야 한다는 것은 아니었다.

제12장 국제관계에서 전쟁의 원인을 찾는다

◼◆ 영구적 평화를 위한 6가지 '예비 조항(preliminary articles)'
 전쟁을 방지하고, 영구적 평화를 실현하기 위한 기반을 구축하기 위해
① 장차전쟁을 위해 유보된 거짓 평화조약을 체결하지 않는다.
② 대규모이든, 소규모이든 어떠한 독립국가도 계승, 교환, 매수, 증여 등에 의해 영토의 병합을 행하지 않는다.
③ 상비군은 점진적으로 완전히 폐지한다.
④ 국가 간 마찰을 고려하여 국가채무를 발생시키지 않는다.
⑤ 타국의 체제와 통치에 폭력으로 간섭하지 않는다.
⑥ 전시 중에도 장래의 상호신뢰를 불가능하게 만드는 비열한 적대행위 수단(암살, 항복 위반, 상대국 반역)을 사용하지 않는다.
이 가운데 첫째, 다섯째, 여섯째 조항은 즉시 실행되어야 하는 금지법칙이고, 다른 것들은 유예가 인정되는 법칙이다.

◼◆ 영구적 평화를 위한 3가지 '확정 조항'(definitive articles)'
① <u>국가들은 공화체제(republican)여야 한다.</u>
공화체제란 사회 구성원이 자유롭고 법을 준수하며, 법 앞에서 평등하다는 원칙에 기초해야 한다는 것이다. 순수한 법을 기초로 설계된 정부는 국민의 권리를 보호하기 위해서만 힘을 행사하므로 비폭력적이라고 생각했다. 또한, 전쟁의 책임을 지는 것은 위정자가 아니라 국민이므로 주권을 가진 국민들이 자기파괴적인 결정을 내리지 않을 것이다.
② <u>국가들의 법률이 자유국가연합(fedenation of free states)에 기초해야 한다.</u>
국제질서를 위해 '세계 시민적 체제'이념을 설정하여, 실제적인 목표로서 국가들 간의 다국적 연맹체를 제안하였으며, 국가 간의 공통 법률(국제법)이 주는 구속에 적응해야 한다.
③ <u>세계 시민권(world citizenship)을 보장해야 한다.</u>
세계인은 누구나 다른 나라를 우호적으로 방문할 수 있고, 안전하게 살 수 있어야 한다. 국가 간의 교통, 무역, 문화교류가 활발히 이루어질 때 국가 간 공동체 개념이 존재하고, 공동체 의식으로서의 평화가 생긴다.

56. 임마누엘 칸트, 『영구평화론』

■◆ 민주주의에 의한 평화 - 공화체제, 국제법, 세계시민권

칸트의 영원한 평화를 위한 확정조항을 '공화체제', '국제법', '세계시민권'으로 요약할 수 있다. 공화체제가 평화를 가져온다는 것은 국민이 동의하지 않으면 전쟁을 일으키는 것이 곤란하다는 이유에서이다. 즉 전쟁이 시작되면 군사비의 부담과 병역 등 모든 곤란을 떠맡는 것은 국민이기 때문에 자신을 괴롭게 할 결정에는 신중해진다는 것이 전제이다.

공화 체제는 '민주주의 체제'라고 바꿔 말할 수 있으며, 칸트의 주장은 '**민주주의 평화론**(democratic peace)'으로 알려진 이론의 근거가 된다. '민주주의 평화론'은 '**민주주의 국가끼리는 무력충돌의 가능성이 낮다**'는 **경험적 데이터에 의거하여 '민주주의를 확대하면 평화도 확대된다**'는 주장으로, 미국 학계를 중심으로 넓게 받아들여지고 있는 사고방식이다.[349]

세계가 민주주의 체제로 평화적인 관계를 구축한 후의 국제적인 통상활동과 국제법, 세계시민권의 중요성을 강조하고 있는데, 18세기에 이러한 발상을 펼친 철학자의 예지가 놀라울 따름이며, 현대의 전쟁과 평화를 생각해 보았을 때에도 중요하게 시사하는 바가 많다.

■◆ 국제평화주의의 영향과 유산

"대중적이고 책임있는 정부가 국제평화와 국가간 상거래를 촉진하려는 경향이 강해질 것"이라는 칸트의 생각은 유럽의 사상과 정치적 관행의 흐름으로 이어져 내려왔다. 그것은 19세기 영국 정치가 '조지 캐닝(George Canning, 1770~1827)'과 "국제관계에 있어서 영원한 친구도 없고 적도 없다. 오로지 우리의 영원한 이해관계만 있을 뿐"[350]이라고 말한 '파머스턴(1784~1865)'의 외교정책의 한 요소였다. 그것은 또한 14개 평화원칙을 근간으로 국제연맹 창설을 위해 노력한 미국의 28대 대통령 '우드로 윌슨(1856~1924)', 역저인 『세계문화사 대계』를 통해 '단일세계국가' 구상을 그린 '허버트 웰스(1866~1946)'의 '**자유주의적 국제주의**'[351]로 이어져 왔다.

---

349) 칸트의 이론은 이상주의로 비판받기도 했으나, 통계적 분석으로 사실로 증명되었다.
350) 1848년 3월 1일 영국 외무장관 파머스톤이 하원에서 행한 연설의 한 대목이다.
351) "국경이 없는 세계국가를 만들어서 민족 간의 싸움을 없애자"라고 주장했다.

제12장 국제관계에서 전쟁의 원인을 찾는다

『영구평화론』에서 시작된 '칸트의 국제평화주의'는 '국제연맹'(1920년)과 '국제연합'(1945년)의 이념적 근거가 되었다. 칸트가 구상했던 '국제법이 적용되는 세계 공화국 체제'는 1세기를 훨씬 더 넘어서야 실현되었다.

"국가 간 경제, 문화적 교류로 인한 공동체 의식이 전쟁을 방지할

유엔 안전보장이사회 회의

것"이라는 '칸트의 상호의존사상'도 면면히 이어져왔다. 경제적 상호의존을 넘어 국가 간 경제자유 문제로 나아간 콜롬비아 대학교수 에릭 가츠케(Eric Gartzke)는 "경제적 자유가 폭력 갈등을 줄이는 데 있어서 민주주의보다 약 50배나 더 효과적이다"라는 실증적 증거를 발견했다.352)

칸트의 평화사상은 오늘날에도 매우 설득력을 가지고 있다. 칸트의 평화사상은 규범적 국제정치이론의 선구적인 역할을 하고 있다. 출판 후 약 200년이 넘은 고전이지만, '국제평화주의'의 사상적 기반이 되어 오늘날에서도 여전히 빛을 발하는 명저로서 자리매김하고 있다. 칸트의 전쟁과 평화의 철학에 특히 주목하여 분석한 책으로는 『전쟁과 평화의 철학자』(W. B. 갈리 저)가 있다(본서 59항). 또, '민주주의 평화론'에 대해서는 『Grasping the Democratic Peace』(Bruce Russett 저)를 참고할 수 있다.

원서로 소개되는 책은 캇시러(E. CASSIRER)가 출간한 칸트 전집(I. KANTS WERKE, HRSG) 제6권에 실린 1796년도의 보완된 논문을 번역한 것이다. 국내에는 이한구 역, 『영구평화론-하나의 철학적 기획』(2008)으로 소개되었다.

[원서 정보] Cassirer, Ernst, Kants Leben und Lehre Immanuel Kants Werke, *Perpetual Peace: A Philosophical Sketch*, Band XI: Ergänzungsband (Bruno Cassirer, Berlin, 1921)

---

352) 국제정치에는 '무정부 상태(anarchy)'라는 정치적 현실이 존재하며 국가간의 관계는 권력(power)에 의해 결정된다는 현실주의가 지배적이었다. 그러나 칸트는 교통, 무역, 문화 교류를 통한 상업정신(spilit of commerce)이 활발해질수록 전쟁을 방지한다는 '경제적 자유주의'를 주창했고, 국제기구를 통해 분쟁을 방지할 수 있다는 제도적인 국제평화주의의 초석을 마련했다. 단. 이는 전쟁 자체의 도덕성 정당성을 전적으로 거부하고 전쟁의 정치적 도구성에 반대하는 순수 평화주의와는 구분된다.

57. 케네스 월츠, 『인간·국가·전쟁』

57 국제정치이론으로 전쟁의 원인 분석
✎ 케네스 월츠 (Kenneth Waltz, 1924-2013)
📖 『인간·국가·전쟁, 국제정치의 3개의 이미지』
(Man, the State, and War)

◆ 국제정치이론의 대가에 의한 전쟁 원인 분석

영국의 국제정치학자 '베리부잔'은 『전략연구 입문(An Introduction to Strategic Studies)』에서 '전략연구가 국제관계론의 일부'라는 입장을 제시했다. "전쟁연구는 전략연구에만 속해있는 것이 아니라, 전쟁에 관한 주요한 이론은 국제 시스템에 있어서 정치적, 경제적, 구조에 관한 개념을 기반으로 하는 것이어서, 국제관계론의 보다 넓은 문제영역을 섭렵하지 않으면 전쟁의 원인과 그의 대처에 관해 연구하는 것은 불가능하다"라고 주장하였다.

이러한 국제관계론의 입장에서 전쟁과 평화에 관한 문제를 연구한 대표적인 저작이 케네스 월츠가 1959년에 저술한 『인간·국가·전쟁』이다. 전쟁원인에 대한 이론적 고찰을 제공하여 국제정치 분야에서 꾸준히 사랑받고 있다. 이 책은 국제관계이론에서 국가 간의 갈등을 설명할 때 사용되는 상당히 영향력이 있는 고전인데, '전쟁의 원인이 무엇인가'라는 철학적 질문에 대해 3가지 '분석의 수준'(인간, 국가, 국제관계)을 기준으로 논의해 간다. 월츠는 『동맹의 기원(The Origins of Alliance)』이라는 명저를 내고 있어서 친숙하지만, 이 책은 철학자의 이름이 자주 나오고 이를 논리적으로 연계하려하기 때문에 읽기에는 친숙하지 않을 수도 있다.

월츠는 이러한 수준의 분석을 '이미지'라고 칭했는데, 한 명 이상의 고전 정치철학자들의 글을 사용해서 각 이미지의 주요 요점을 개괄한다. 서구 문명의 역사를 통해 주요 사상가들의 아이디어를 조사하는데, 어거스틴, 홉스, 칸트, 루소와 같은 고전적인 정치 철학자와 현대 심리학자와 인류학자들을 통해 국가 간 전쟁을 설명하기 위한 아이디어를 찾는다.

제12장 국제관계에서 전쟁의 원인을 찾는다

첫 번째 이미지 : 인간(Man)

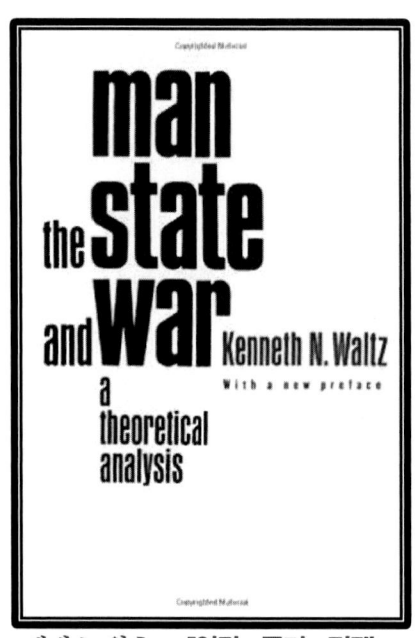

케네스 월츠, 『인간·국가·전쟁』

월츠가 전쟁 원인을 찾는 첫 번째 이미지는 '개인'인데, 전쟁은 이기심과 공격본능과 같은 인간 본성과 단순한 어리석음과 같은 인간적 요소에 의해 야기된다고 주장했다353). 또한 전쟁은 종종 나폴레옹이나 사담 후세인 등의 국가지도자들처럼 특정 정치지도자들의 개인적인 특성에 기인하기도 한다고 했다.

이는 기본적으로 고전적 사실주의와 일치하는데, 3개의 이미지 중에 국가와 국제관계에 비해 발생가능성은 적지만, '**인간의 속성**'을 전쟁이 발생하는 하나의 중요한 요인으로 보았다. 예를 들어, 현실주의의 대표적인 학자인 '한스 모겐소'는 "인간 행동의 사악함은 권력을 잡으려는 욕구에서 유래하고 있다"라고 말했다. 국가는 권력을 잡으려는 속성을 갖고 있는 인간들의 집합체이기 때문에 권력을 추구하여 타국을 지배하려는 것이다. 버트랜드 러셀(Russell)은 그의 저서 『정치학』에서 "인간이란 존재는 본래 무엇이든 상대하여 싸우려는 투쟁, 즉 전쟁을 하려는 본성을 가지고 있다고 했다."

인간은 본질적으로 호전적이므로 분쟁은 인간에게 있어서 자연적인 현상이라고 했다. 침략성은 모든 생물의 내재적인 본능이며, 인간은 자신의 이익을 끊임없이 추구하려는 욕구를 지니고 있다는 것이다.

국가 간의 전쟁은 인간이 권력을 잡으려는 욕구로 설명이 가능하며, 국가체제와 주변환경의 영향은 그리 많지 않다는 것이다. 전쟁을 방지하려면 '인간성의 변화', '패권추구 욕구를 해소'시키는 것이 중요하다고 보았다. 월츠는 철학자들의 글을 이용하여 이러한 이미지의 장단점을 분석했다.

---

353) 1989년 UN 주도로 세계적인 유전학자, 인류학자들이 공동연구한 '폭력에 관한 세비아 선언'은 "인간 본성이 폭력적이라는 것은 과학적 근거가 없으며, 인간 본성과 전쟁은 인과관계가 없다"라는 연구결과를 내놓았다. 사회학자 에리히 프롬도 "폭력성은 인간 본성이 아니라, 인간이 성장하면서 학습되는 것"이라고 반론을 제시했다.

57. 케네스 월츠, 『인간·국가·전쟁』

두 번째 이미지 : 국가(The State)의 내부구조

두 번째 이미지인 '국가'에 속해있는 전쟁이론으로, "전쟁은 국가의 국내적 구성 때문에 일어난다"고 주장한다. 대표적인 사례는 레닌의 '제국주의 이론'인데, 제국주의 이론은 전쟁의 주요 원인을 자본주의 국가들이 자국 경제체제를 영구화하기 위해 새로운 시장을 계속 개방해야 할 필요성에 뿌리를 두고 있다고 주장한다. 오늘날 서구 세계에서 더 친숙한 예는 비민주 국가들이 그들의 내부 구성 때문에 전쟁을 시작한다는 개념이다.

또 다른 예로서 정권 기반이 불안한 정부가 국민의 지지를 향상시키거나 국가 내부의 불만을 외부로 돌리기 위해 대외적으로 전쟁을 할 때, 국가가 전쟁의 원인이 된다.[354] 구체적 사례로 1982년의 '포클랜드 전쟁'은 아르헨티나 정부가 국민의 불만을 비껴갈 목적으로 당시에 영국이 실효적 지배를 하고 있던 포클랜드 제도의 점령을 시도하면서 전쟁에 돌입하게 되었다.

또한 국가의 정치체제나 사회적, 경제적인 성질에 착안하여 사악한 국가가 존재하기 때문에 전쟁이 일어난다고 보는 견해도 두 번째 이미지에 속한다. 미국의 우드로 윌슨 대통령은 제1차 세계대전에 참전하는 것에 대해서 '민주주의에 의한 평화로운 세계를 창출하기 위한 것'을 목적으로 제시했었다. 그것은 독일과 같은 전체주의 국가가 아니라, 민주주의 국가가 다수를 점하게 되면 세계는 평화롭게 될 것이라는 사고에 기초하고 있다. 후에 미국의 로널드 레이건 대통령은 냉전의 말기에 소련을 '악의 제국(evil empire)'이라고 부르며, 서방국가들이 연대하여 대항하는 것을 주창했는데, 그것도 공산주의 체제가 위협의 원천이라는 견해가 배경이 되었다.

21세기에 들어서서는 미국의 조지 부시 대통령이 이라크, 이란, 북한을 '악의 축(axis of a evil)'이라고 부르며, 이라크가 대량살상무기를 가지고 세계에 위협이 되고 있으며, 국제 테러조직을 지원하고 있다는 이유로 이라크 전쟁을 수행하였다. 이처럼 두 번째 이미지에 의한 분석의 당연한 귀결로, "국가의 체제를 변화시키면 국가 간의 전쟁의 원인은 제거될 것"이라는 사고에 도달하게 된다.

---

354) 이러한 상황을 국제정치학에서는 '전환이론(diversionary theory)' 또는 '희생양 이론(scapegoat theory)'으로 설명한다.

제12장 국제관계에서 전쟁의 원인을 찾는다

■ 세 번째 이미지 : 국제 시스템의 무정부 상태(anarchy)

월츠는 앞에 제시한 두 개의 이미지가 세 번째 이미지보다 전반적으로 영향력이 덜하지만, 궁극적으로 전쟁의 원인을 이해하는 데 필요하다고 평가한다. 월츠는 국제정치의 틀인 '국제 시스템'을 첫 번째 이미지 및 두 번째 이미지와 함께 국가의 정책을 창출하는 힘을 결정하는 것이라고 한다.

따라서, 전쟁의 원인이 주로 세 번째 이미지인 국제 시스템에서 나타난다고 보았다. 즉, '국제체제의 무정부 구조'가 전쟁의 근본 원인이라는 것이다. 이런 맥락에서 '무정부 상태'는 혼란이나 무질서의 상태로 정의되는 것이 아니라, 주권국가 간의 상호작용을 지배하는 국제적 주권 단체가 없는 것으로 정의된다. 다르게 말하면, 시민들이 이론적으로 그들의 개인과 재산을 보호하기 위해 법집행기관에 의존할 수 있는 국내 사회와 달리, 국가가 침략을 당해서 '911'에 전화하면, 누군가가 대답할 것이라고 확신할 수 없으며, 이것을 국제사회의 '무정부 상태(anarchy)'라고 한다.355)

네덜란드 헤이그에 위치한 국제사법재판소(ICJ)

이와 유사하게, 두 시민이 분쟁을 벌이면, 법원에 판결을 내려달라고 소송할 수 있다. 더 중요한 것은 법집행기관들이 법원의 판결을 집행할 수 있도록 호소할 수 있는 반면에, 국가 간에 있어서는 중요한 것은 모든 국가에 대한 규칙이나 법을 제정하고, 이 법들이 특정한 경우에 어떻게 적용되는지를 결정하는 것과, 법정의 판결을 존중하도록 각국을 설득하는 것이다.

결과적으로, 어떤 문제가 국가에 충분히 중요할 때, 다른 국가에 자신의 의지를 강요하기 위해 자신의 군사력을 사용해야만 만족스러운 결과를 얻을 수 있다. 모든 국가는 다른 국가가 무력에 의지할 수 있다고 생각되는 어느 시점에서든, 항상 만일의 사태에 대비해야 한다는 것이다. 이러한 주제들은 국제정치이론에서 보다 충분히 강조되어 있는데, 전쟁을 일으키는 원인에 초점을 맞추는 것보다 국제정치 전반에 대한 이론을 제시하고 있다.

355) 현실주의 국제정치학자 조셉 그리코는 이것을 자유주의자들이 생각하는 '집행의 부재(lack of enforcement)'가 아닌, '보호의 부재(lack of protection)'라고 설명했다.

57. 케네스 월츠, 『인간·국가·전쟁』

■◆ 현대에 있어서의 한계와 평가

물론 현실주의적 관점에서 국가 대 국민은 클라우제비츠의 '총력전'이라는 관점에서 중요하고 가치가 있다.356) 월츠의 연구는 깊이가 있지만, 알카에다, 폭력적인 극단주의 단체, IS 등의 이 초국가적 조직은 국가로서 많은 역량을 갖추고 있고 이들에 의해 전쟁이 발발하는데, 초국가단체들에 대해 월츠의 분석틀을 적용하기 어렵다는 한계가 있다. 또한 제2차 세계대전 직후의 주요 권력 블록인 서구국가와 소련에 초점을 맞추고 있다. 그는 아프리카와 중동 관계에 대해서는 거의 다루지 않고 있는데357), 이것이 아프리카나 중동에서도 동일한 관점으로 사용될 수 있는가라는 점에 한계가 있다.

최근에는 '무정부 상태'보다 '내셔널리즘'이 분쟁의 원인이 되는 경향이 있다. 과도한 내셔널리즘은 끊임없이 적을 찾아 나선다. 민족과 민족, 국가와 국가 간의 적대감뿐만 아니라, 한 국가 안에서 한 민족 안에서도 편을 가르고 적대감을 고조시킨다. '내셔널리즘'은 국가 지도자에게 매우 편리한 정치도구가 될 수 있다. 과거사 문제나 영토 문제 등으로 민족적 감정을 돋구면 쉽게 지도자를 따를 수 있게 하거나 집단을 단결시킬 수 있다.

따라서 21세기에는 '탈내셔널리즘'이 해답으로 제시된다. 세계화에 역행하는 과도한 내셔널리즘에서 벗어나야 세계평화와 공동번영을 추구할 수 있다고 주장한다. 월츠는 국가 간 충돌을 최소화하고 협력을 이끌어내기 위해 국제간 협력 매커니즘과 국제기구가 매우 중요하다는 생각으로 결론을 짓는데, 월츠의 염원대로 이 책이 쓰여진 이후 국제 중재자와 국제간 블록이 많이 늘어났다. NATO, UN, IMF, 세계은행 및 EU 등 경제블록이 교섭 매커니즘을 만들어 국가 간의 갈등을 완화하기 위해 노력하고 있다.

국내에는 케네스 월츠 저·정성훈 역, 『인간, 국가, 전쟁, - 전쟁의 원인에 대한 이론적 고찰』,(아카넷, 2007)으로 소개되어 있다.

[원서 정보] Kenneth Waltz, *Man, the State, and War,* (New York: Columbia University Press. 1959.)

---

356) 전쟁원인이론에서 월츠의 두 번째 이미지인 '국가의 내부구조' 원인을 '국가체계 이론', 세 번째 이미지인 국제 시스템의 무정부 상태(anarchy)를 '국제체계 이론'으로 부른다.
357) 국제체제의 안정성은 양극체제가 다극체제보다 안정적이라는 월츠의 관점 때문이다.

제12장 국제관계에서 전쟁의 원인을 찾는다

58 국제정치와 분쟁에 관한 교과서
✍ 조지프 나이(Joseph S. Nye, Jr., 1937~)
📖 「국제분쟁의 이해 : 이론과 역사」
(Understanding International Conflicts:
An Introduction to Theory and History)＊초판 2000년

◆ 국제분쟁뿐만 아니라 국제정치 전반을 기술

인류는 전쟁의 참상을 목도하였음에도 왜 전쟁과 분쟁은 끊이지 않고 일어나는가? 앞으로도 엄청난 파괴와 살상을 가져올 전쟁들은 다시 일어날 것인가? 이러한 우려를 딛고 철학자 칸트가 염원했던 것처럼 경제적·구조적인 상호의존의 증대와 초국가적·국제적 제도의 성장, 그리고 민주주의적 가치의 확산으로 영구적인 평화가 만들어질 것인가? 세계화는 21세기의 국제정치에 어떤 영향을 미칠 것인가? 이 책은 국제정치의 주요 논점이자 인류 공통의 과제인 이 같은 내용에 대한 이해를 돕는다. 저자는 이 책을 통해 국제분쟁의 본질과 그 이유에 대해 현대 국제정치학의 기본이론인 현실주의, 자유주의, 구성주의에 기반을 두고 국제분쟁을 알기 쉽게 설명하고 있다.

저자인 조지프 나이(Joseph S. Nye)는 학문적으로는 하버드 대학교의 케네디 스쿨 학장이었고, 카터 행정부의 국무차관보와 국가안전회의 의장, 클린턴 행정부의 국제안보 담당 국방차관보, 국가 정보위원회 의장 등 여러 정권에서 행정관료로서의 역할도 했다.

'소프트 파워' 개념을 창안했고, 국제정치에서 군사력과 경제력 위주의 '하드 파워'와 문화 등으로 자발적 매력을 갖게하는 소프트 파워를 묶은 '스마트 파워'를 제시했다.358)

하버드대학교 강연회에 초대된 조지프 나이(좌)와 헨리 키신저(우). 하버드대학교 교수출신으로, 현실정치에 기여했다는 공통점이 있다.

---

358) CSIS는 스마트 파워를 강력한 군대의 필요성을 강조하면서도 영향력 확대와 정당성을 확립하기 위해 각계각층의 동맹, 파트너십, 제도에도 투자하는 접근법이라고 정의했다.

58. 조지프 나이, 『국제분쟁의 이해』

■◆ 국제정치의 패러다임과 도덕

정치학자인 동시에 정책입안자를 역임하며 "이론과 실제가 서로 크게 기여하고 있다는 사실을 알았다"는 그는 국제정치를 다양한 관점에서 역사적 사례들을 이론적으로 분석해낸다.

국제정치를 바라보는 패러다임에 따라 정책적인 대안이 달라지는데, 힘이 모든 것을 결정한다는 **현실주의**(Realism)[359]와 도덕 및 규범을 중시하는 **자유주의**(Liberalism)[360]의 고전적 딜레마 사이를 균형잡힌 시각으로 오가며, 이러한 이론보다 맥락적이고 해석학적인 **구성주의**(Constructivism)[361]관점을 활용하여 풍부한 통찰을 제공한다. 국내정치에서보다 국제정치에서 도덕의 역할이 크지 않은 이유로는 첫째, '도덕적 가치'에 대한 국제적 합의가 약

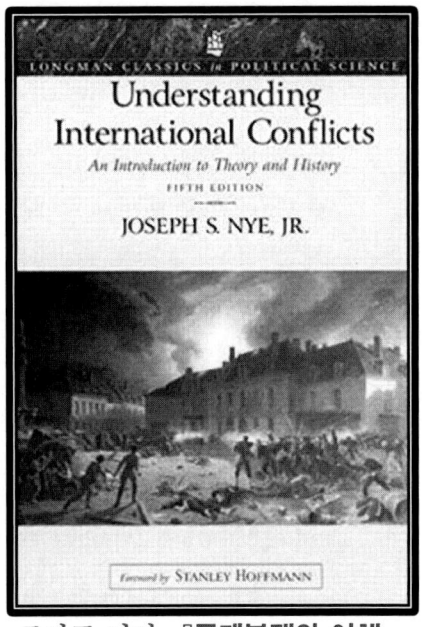

조지프 나이, 『국제분쟁의 이해』

하기 때문이며, 둘째, 국가라는 행위자는 추상적인 존재라서 가치평가가 달라진다는 것이며, 셋째, 원인변수가 복잡해서 측정하기가 힘들다는 것이다.

국제정치에서 도덕의 역할에 관해서는 크게 3가지 견해가 존재하는데, **회의론자**들은 국제정치에서 도덕적 범주는 의미없고 힘만이 정의를 만든다고 보고 있다. 반면에 **국가도덕주의자**는 국제정치에도 '규칙'은 있으며, 가장 중요한 규칙은 국가주권이라고 본다. **세계주의자**들은 국경은 도덕적 지위가 없고, 국경은 불평등을 가려주고 있을 뿐이라고 말한다.[362]

---

359) **현실주의**는 국제정치의 주요 행위자를 국가로 보고, 무정부 상태의 국 관계를 국익과 세력 균형의 관점으로 분석한다. "국제관계에서는 영원한 적도 우방도 없고, 국가이익만 존재한다"라며 힘에 의한 국제정치를 강조한 한스 모겐소 등이 이에 해당한다.
360) **자유주의**는 국제기구가 상호의존을 통해 국가 간의 협력에서 핵심적인 역할을 한다고 본다. 국가는 경제적, 재정적, 문화적 수단을 통해 다양한 방식으로 상호작용한다.
361) **구성주의**는 국제정치에서 국제관계의 상호작용과정을 통해 각자 자신의 가치관을 정의하고, 이를 통해 각 집단은 극단적으로 실리를 추구할 수도 있고, 인권이나 자유주의적 가치관을 추구할 수도 있다고 본다. 즉 각 집단의 국익 개념은 변화한다.
362) 조지프 나이의 이 책에서는 '국제정치에서 도덕의 문제'를 상세히 다루고 있다는 점이 단순히 경질의 군사력과 경제력에 대해서만 논의하는 다른 책들과 구별되게 한다.

제12장 국제관계에서 전쟁의 원인을 찾는다

■◆ 분쟁의 역사와 원인 분석

과거 그리스 시대의 분쟁의 원인은 제1, 제2차 세계대전과 냉전시대의 분쟁까지 그 원인적 맥락을 같이한다. 저자는 민족주의, 세력 균형, 갈등해결의 자세 등이 비극적인 분쟁의 원인이라고 분석한다. 역사 분석에 도달하기 위해 조지프는 **제1차 세계대전의 원인**을 결정하기 위해 3가지 수준의 분석을 사용하는데, 주요 원인으로 '**독일 권력의 부상**'과 '**그 사이의 동맹 관계의 강화**', '**유럽국가들의 민족주의 경향의 상승**'으로 분석하였다. **제2차 세계대전의 원인**으로는 제1차 세계대전이 독일문제를 해결하지 못하여 히틀러의 등장을 불러왔고, 서구 국가들은 계급대립과 이데올로기 전쟁으로 분열되어 '**집단안보 구성에 실패**'한 것을 원인으로 보았다.

■◆ 냉전이후 지속되는 '죄수의 딜레마'

저자는 국제관계가 세력균형과 관련된 '**죄수의 딜레마**'363)에 의해 움직이고 있음을 강조하고 있다. 특히 냉전시대에는 서로를 견제하느라 실제 해결해야 할 문제에 집중하지 못하는 결과를 초래했다. 서로에 대한 의심하는 안보딜레마가 결국은 과도한 군비경쟁으로 이어지고, 그러한 경쟁이 지속적인 적대관계로 이어졌다고 분석했다.

구성주의 관점에서 보면 냉전시대는 이념으로 분리되어 있어서 경제와 문화, 민족과 같은 매우 복잡한 상호연관성 수준에서 끝났지만, 냉전이후에는 새로운 자원의 전쟁, 민족주의 내전, IS와 같은 초국가단체, 종교문제 등으로 새로운 양상의 분쟁들이 발생되고 있다. 미국의 개입으로 후세인 정권은 무너졌지만, 이라크에서 분쟁은 지속되고 있는데, 이 모든 것들이 상대방을 불신하는 의구심에서 비롯된다고 보는 것이다.

국제안보환경 변화에 따라 전쟁이나 분쟁의 형태가 달라지고 있지만, 국제정치 본질에는 큰 변화가 없다는 것이 그의 지적이다.

---

363) **죄수의 딜레마(Prisoner's Dilemma)** : 자신의 이익을 위해 최선의 방법을 선택하면서도 서로 협력하지 않은 상황에서는 모두에게 이익은커녕 자신에게도 불리한 결과가 발생하는 상황을 말한다. 기원전 5세기 펠로폰네소스 전쟁도 아테네가 '죄수의 딜레마'처럼 스파르타를 불신하고 조약을 파기한 데에서 비롯되었다.

58. 조지프 나이, 『국제분쟁의 이해』

▣◆ 지속적인 개정판을 내는 국제분쟁 관련 '스테디 셀러'

최근까지 10차례 개정판 내면서 지속적으로 내용이 보충되고 있는 것도 이 책의 장점이다. 2001년 9·11 동시다발테러 이후 변화된 국제분쟁 및 정세에 대한 분석이 추가되었다. 미국이 주도한 '테러와의 전쟁'으로 다변화된 국제분쟁의 성격과 속성을 명쾌하게 설명하며, 지난 10년 사이에 폭발적인 발전을 이룬 국제기구 및 비정부기구에 대한 자료와 분석을 더했다. 냉전에 대해서도 추가적인 입장들을 서술했으며, '세계화와 상호의존', '정보화혁명과 초국가행위자'에서는 신세계질서에 대해 다루고 있다. 미래를 위한 대안적 구상에서는 무정부적 딜레마를 극복한 대안으로 세계연방주의, 기능주의, 지역주의, 생태주의, 사이버 봉건주의가 제시되어왔음을 설명한다. 앞으로의 세계가 '역사의 종언'인지, '문명의 충돌'인지에 대해서도 논하고, 복잡한 세계질서에 대한 이론과 역사를 결합하는 방법을 보여주며, 나머지는 독자의 몫이라 했다.

우크라이나전쟁에서 대활약하는 일론 머스크의 위성서비스 '스타링크'. 정보화 혁명과 초국가행위자의 사례이다.

그는 국제정치, 경제학, 국제제도, 핵무기 억제뿐만 아니라 국제도덕론 연구에도 중요하고 창의적인 학문적 기여를 해왔다. 그는 실제로 『국제분쟁의 이해』에서 전쟁과 분쟁의 본질과 그 이유에 대한 분석적인 이론에 더해 우리가 어떻게 행동해야 하는지에 대한 규범적인 이론을 설명한다.364) 그는 냉전을 다룰 때는 "핵전쟁이라는 재앙을 불러올 만한 대응을 한 것을 정당화할 수 있는가"라는 질문을 던진다. 냉전 후의 분쟁을 다루는 '개입'365)이라고 하는 개념을 중심으로 규범적인 이론을 설명한다. 책 전체에 걸쳐 윤리의 문제를 짚고 있다는 점이 『국제분쟁의 이해』를 단순히 군사력과 경제력에 대해서만 논의하는 다른 책들과 구별되게 한다. 양준희 외 번역, 『국제분쟁의 이해-이론과 역사』(한울아카데미, 2018) 등으로 소개되고 있다.

---

364) 그는 2023년 4월의 '한미동맹 70주년 안보서미트'에서 주한미군이 확실한 확장억제를 제공하고 미군이 한국에 주둔하는 한 한국과 미국은 운명공동체임을 강조했다.
365) 분쟁의 해결방안으로 국제분쟁이나 민족분규내 개입과 주권개입문제, 개입에 대한 판단들을 다루고 있다.

제12장 국제관계에서 전쟁의 원인을 찾는다

< 나이 보고서(1995 미국의 동아시아태평양 안보전략)>

美국방부는 95년 2월 동아시아태평양 지역에 대한 정책을 집약한 「미국의 동아시아-태평양지역 안보전략」(United States Security Strategy for the East Asia-Pacific Region)이라는 보고서를 의회에 제출하였다. 이 '동아시아 전략보고서(EASR)'는 이를 기초한 국제안보담당 차관보인 조지프 나이의 이름을 따서 '나이 이니셔티브(Nye initiative)'라고 한다.

美 대외정책의 방향을 밝힌「95 국가안보전략 보고서 : 개입과 확장」(Report of National Security Strategy)과 맥을 같이하는 것으로, 냉전시대 미국의 對아태정책을 재조정하여, 아시아에서의 미국의 국가이익과 **'미일동맹의 중요성을 강조'**하고, 아시아·태평양 지역에 대한 적극적 **'참여(engagement)와 확대(enlargement)'전략**을 제시했다.

미국은 90년, 92년 두 차례에 걸쳐 「동아시아 전략구상」(EASI)이란 보고서를 작성, 냉전종식후 본격적인 군비감축에 들어갔는데, 93년 3월 북한의 NPT 탈퇴로 북한 핵문제와 중국의 해양진출이 이슈로 떠오르며 이를 재조정하는 것으로 당시 '미국의 新아태전략'으로 불리웠다. 이 전략의 목표는 1990년대 초반 일련의 안보위기 이후 동맹에 대한 미국의 약속을 재확인하는 것으로, 동아시아에 미군이 존재해야 이 지역의 안전에 기여하고, 미국의 정치, 경제, 안보 목표의 성공에 중요한 결과가 있다고 주장한다. 구체적으로 Nye는 오키나와에 주둔하는 미 해병대를 포함해서 '동아시아에 10만 명의 병력을 유지'해야 한다고 주장했다.

미일동맹을 강화하여 북한의 능력과 중국의 부상에 대응하는 군사력 구조를 재점검했다. 나이 보고서는 미일관계를 동아시아에서 가장 중요한 양자관계로 규정하고 일본의 안보를 이 지역에서 있어서 미국 안보정책의 핵심으로 정의하여, 향후 일본이 더 큰 군사적 자율성과 발전계획을 확보할 수 있도록 미국이 지원해야 함을 강조하고 있다.

미일안보 동맹의 강화과정은 양국 중 하나에 의해 강요되거나 강요당한 것이 아니라, 서로의 요구와 관심을 상호인정한 결과물이라고 평가했다.

* 조지프 나이의 '95 동아시아 전략보고서(EASR)'는 지금까지도 미국 아시아·태평양 지역 정책의 핵심기조로 이어지고 있다.

59. 국제정치와 국가정책, 전쟁의 관계

게르하르트 리터(Gerhard Ritter, 1888~1967)

📖 『국가정책과 전쟁수단』
(Staatskunst und Kriegshandwerk: das Problem des "Militarismus" in Deutschland, 4 volumes)

◆ 독일 보수적 전통사학의 대표연구자

역사학을 전공하거나, 독일 역사연구를 이해하는 사람들에게 게르하르트 리터는 보수적 전통사학 역사가를 대표한다는 인상이 강하다. 리터는 같은 독일의 역사가 프리츠 피셔(Fritz Fischer)366)와의 사이에 보수파로 열전을 벌인 제1차 세계대전의 개전 책임을 둘러싼 논쟁, 이른바 '피셔 논쟁(Fischer Controversy)'367)을 벌인 것으로 유명하며, 그가 권위주의의 대표로서 비판받기도 하는 것은 그의 이러한 논쟁에 근거하고 있다.

리터는 프라이브루크 근대사 대학교수로서 제2차 세계대전 전부터 독일 국내의 보수파와의 관계가 깊고, 1945년 7월 20일의 히틀러 암살미수사건 때에는 취조를 위해 구금당할 정도였다. 그는 독일 역사학의 보수파 연구자로서 중심적 역할을 했다.

게르하르트 리터, 『국가정책과 전쟁수단』

---

366) '피셔테제'라고 불리는 그의 연구는 제1차대전의 책임을 독일의 팽창주의 노선과 국내 반체제 세력제거 목적으로 전쟁을 계획한 독일에 있다고 했다. 1912년 12월 독일 황제 빌헬름 2세가 주재한 전쟁내각에서 1914년 여름에 개전을 계획했다고 주장했다.

367) 제1차 세계대전에 독일의 전쟁목적을 중심으로 하여 독일의 근현대사 파악을 둘러싸고 벌어진 학술논쟁이다. 논쟁의 발단은 1959년에 발표한 F.피셔의 <1차대전에서 독일의 전쟁목적>이라는 논문으로 독일의 정통사학에 전면적 비판을 가하면서 논쟁이 본격화되었다. 피셔파는 정통사학에 반대하여, 나치즘 대두의 연원을 적어도 제2제정의 역사구조에까지 거슬러 올라가 '연속적'으로 파악하려고 노력하였다. 당시 독일 정통사학의 장로격인 리터가 반론에 나서, 독일의 전쟁목적을 국가방어라는 점에서 찾았다.

제12장 국제관계에서 전쟁의 원인을 찾는다

국가정책과 전쟁수단으로 규명한 정군관계

리터의 보수적 관점에 비판이 있지만, 그의 정확하고 치밀한 연구분석은 높은 평가를 받고 있다. 만년에 발표한 『국가정책과 전쟁수단』에 대한 평가도 매우 높다. 이 책은 피셔에 대한 반론을 제시하기 하고 제2차 세계대전의 참화의 원인을 규명하기 위해서 프로이센 시대로부터 제3제국까지 독일의 정치와 군사의 관계성을 명확히 규명하고 있다. 그가 마치지 못하고 사망하여 결국, 이 책은 제1차 세계대전의 패전까지만 기술되고[368] 제2차 세계대전의 원인 규명까지는 이루어지지 못하고 말았지만,[369] 이 책은 방대한 사료와 문헌을 구사하여 전권의 합계가 1856페이지나 되는 대작이다.

리터는 독일에서 군국주의가 지배하게된 역사와 그로 인한 제1차대전에 대해 연구를 집중하였다. 프리드리히 대왕 시절의 프로이센의 권력정치부터 나폴레옹과 클라우제비츠 시대의 변화, 비스마르크와 대(大)몰트케[370]에 있어서 정치와 군사의 관계를 논한 후에, 빌헬름 2세 시대부터 제1차 세계대전까지의 사이에 독일 육군과 해군의 증강문제, 슐리펜계획, 상대적으로 비중을 늘리고 있던 육군참모본부의 영향력이라는 문제를 이 책에서 다루고 있다.

제1차 대전 중이던 1916년 독일 빌헬름 2세(중앙)와 작전을 구상중인 힌덴부르크(좌)와 루덴도르프(우)

---

368) '베르사유 평화조약'이 제1차대전의 책임을 전적으로 독일로 돌리는 것으로 1919년 6월 28일 조인되자, 프랑스 포쉬 원수는 이 조약의 결과를 두고 "이것은 평화가 아니라 20년간의 휴전일 뿐이다."라고 말하며 이것이 2차대전의 발발 원인이 될 수 있음을 경고했는데, 제2차 세계대전은 그로부터 정확히 20년 64일 만에 발발했다.
369) 독일의 사회학자인 막스 베버도 연합국의 책임전가와 독일내 군국주의 전통 등을 보고 "앞으로 10년 이내에 독일은 다시 군국주의가 될 것"임을 예견했다.
370) 대(大) 몰트케(1800~1891) : 1857년 프러시아 참모총장에 임명된 뒤 1894년 덴마크 전쟁, 1866년 오스트리아와의 전쟁, 1870~71년의 보불전쟁에서 프러시아 군의 승리를 이끌어서 비스마르크와 함께 독일 통일의 주역으로 손꼽힌다.

59. 게르하르트 리터, 『국가정책과 전쟁수단』

■◆ 제1차 세계대전 책임을 둘러싼 논쟁

1918년 11월 독일의 항복으로 제1차 대전이 끝나자, 1919년 1월 18일부터 프랑스 파리의 베르사유 궁전에서 강화회의가 시작되었다. 이 회의는 연합국이 패배한 동맹국에 관련하여 평화를 보장하기 위한 회담이었다.371)

1919년 '파리평화회의'의 연합국 4대 강대국 지도자들. 왼쪽부터 로이드 조지 영국 총리, 비토리오 올랜드 이탈리아 총리, 조르주 클레망소 프랑스 총리, 우드로 윌슨 미국 대통령. 이들이 145회 이상 만나서 주요 결정을 내렸다.

이 회담에서 전승국들은 독일과 그 동맹국들이 전쟁을 초래한 책임이 있음에 동의했다.372) '전쟁 죄의식 평결'은 독일의 입장에서는 가장 굴욕적인 것이었으며, 제1차 세계대전의 원인에 대한 오랜 논쟁의 토대가 되었다.

'베르사유 평결'의 수정을 원하는 수정주의자와 반수정주의자로 나뉘어 충돌하였는데, 수정주의 역사학자들은 독일만의 책임에서 벗어나 베르사유에서 승리한 국가들의 잘못을 입증하는데 주력하였다. 전쟁발발에 대한 러시아와 프랑스의 책임을 강조하거나, 영국이 '11월 위기' 상승을 막는데에 보다 적극적인 역할을 할 수 있었다는 등의 논쟁이 계속되었다.

---

371) 패전국 독일에게 1,320억 마르크라는 엄청난 배상금을 지불토록했고, 독일은 알자스 지방을 프랑스에 양도한 것을 비롯해 영토의 1/6을 잃었고, 육군 10만명으로 제한 등의 가혹한 군비통제를 받아 독일이 제2차 세계대전을 일으키는 새로운 불씨가 되었다.
372) <베르사유 조약> 제231조 : 독일에게 전적으로 전쟁의 책임이 있다

제12장 국제관계에서 전쟁의 원인을 찾는다

제1차 세계대전의 원인은 매우 복합적인 것으로 분석된다. **영국과 독일의 제국주의적 경쟁**[373], **독일과 프랑스의 해묵은 역사적, 민족적 감정대립**[374], **3국동맹과 3국협상의 양대 집단체제의 대립**이 원인이 됐다.[375] 1905년과 1911년 독일이 모로코에 상륙해 프랑스와 대립한 1, 2차 모로코사건, 1908년 오스트리아의 보스니아 병합사건, 1911년의 이토전쟁[376], 1912년부터의 발칸전쟁 등이 평화회의로 봉합되며 불안하게 이어오고 있었다.

국가와 학자에 따라 상반된 분석을 내놓았는데, 전쟁자료가 부족했던 **1920년 이전**에는 주로 **전쟁책임을 상대방에게 전가**하는 관점으로 독일은 "제1차 세계대전이 독일의 방어전이었다"라는 입장을 고수했고, 영국과 프랑스 등 전승국들은 "독일의 세계제패 야욕에서 비롯되었다"라고 하였다.

1920년에서 60년까지 각종문서가 공개되어 새로운 연구가 진전되었는데, 초기에는 자료해석 차이 때문에 서로 엇갈린 주장이 나오다가, 학자들의 공통적인 논지로 **집단책임론**(集團責任論)이 대두되었다. 슈미트(Schmitt)는 "모든 교전국들에게 책임이 있으나, 주된 책임은 독일에게 있다"라고 했고, 페이(Fay)는 "세르비아, 오스트리아, 독일, 러시아, 영국, 프랑스 모두에게 책임이 있다."라고 했다. 1951년, 독일과 영국 역사가로 구성된 연구위원회는 "제1차 세계대전은 계획된 전쟁의사에 기인하지 않았으며, 오히려 모든 사람들이 '상대방이 침략을 계획하고 있다'고 생각했었다"라고 분석했다.

1960년대 이후에는 "각국이 모두 전쟁책임을 져야하나 **책임우선순위**가 있다. 독일> 오스트리아> 세르비아> 러시아> 영국> 프랑스"(J. Remak.)", "독일이 세계패권을 차지하기 위해 일으킨 전쟁"(F. Fisher.), "직접적인 책임자는 오스트리아(M. Howard)이다" 등 다양한 분석이 나오고 있다.

그러나 대체로 집단책임론에 무게를 갖고 있으며, 제1차 대전에 대한 일방적인 책임 전가가 제2차 대전의 원인이 되었다는 사실에 공감하고 있다.

---

373) 영국의 해양국가로서 바다를 통한 동진정책(3C정책, 케이프타운-카이로-캘커타)과 독일의 철도를 통한 남진정책(3B정책, 베를린-비잔티움-바그다드)의 충돌이었다.
374) 1870년의 보불전쟁에서 패전하여 알사스-로렌지방을 빼앗겼던 프랑스의 복수심이다.
375) 1882년 독일이 오스트리아, 이탈리아와 '삼국동맹'을 체결하여 프랑스를 고립시키자, 이에 불안감을 느낀 프랑스가 러시아, 영국과 '삼국협상'을 체결하게 된다.
376) 1911년부터 1912년까지 이탈리아가 오스만 제국의 지배하에 있던 북아프리카의 트리폴리를 점령하기 위해 일으킨 전쟁으로, 발칸전쟁의 원인이 되었다.

59. 게르하르트 리터, 『국가정책과 전쟁수단』

◆ 군국주의의 유의성 연구

비스마르크 지도아래 군사 엘리트 집단377)의 주도로 보불전쟁 전쟁을 수행해서 '독일제국을 선포'했던 당시에서 군국주의의 근원을 찾는다.

리터는 '대중의 군국주의'라는 현상에 주목하여 독일의 군국주의378)를 독립적인 존재로 떼어서 해석하지 않고, 유럽 주요국가 간의 관계 가운데서

보불전쟁에서 승리하고 1871년 1월 18일 베르사유궁전에서 '독일제국을 선포'했다.

군국주의의 근원을 찾고 있다. 그렇기 때문에 프랑스, 영국, 오스트리아 등의 '군국주의'도 언급했다. 그러나 이 비교연구는 출판 당시에 심한 비판을 받아서 리터 이후 오랫동안 군국주의의 비교연구는 거의 이루어지지 않았다. 최근에 유럽 주요국가의 군국주의의 유이성 연구가 나오기 시작했다.

또한 리터는 군국주의에 대한 대중의 영향력의 증대를 지적하였지만, 그것은 나치 독일을 초래한 것에 대한 보수적인 엘리트층의 자기변호로 여겨져서 심한 비판을 받았다. 그럼에도 불구하고 오늘날의 관점에서 여론의 문제성에 주목할 경우, 군국주의와 나치즘으로 향하는 과정 중에 이러한 문제가 클로즈업되는 것은 당연하다.

독일과 관련된 많은 우리나라 연구에서 리터의 논문과 관점이 인용되고 있지만, 안타깝게도 리터의 저서가 국내에서 번역 소개된 사례는 없다.

[원서 정보] Gerhard Ritter, Staatskunst und Kriegshandwerk: das Problem des "Militarismus" in Deutschland, 4 volumes, (Munich: Verlag R. Oldenbourg, 1968.).   * 국내 미발간

---

377) 당시 독일군부에서 전쟁을 기획하는 '최고참모본부'(Great General Staff)는 로마 원로원(curia), 영국 의회(parliament), 프랑스 오페라, 러시아 발레와 함께 '유럽의 5개 완벽한 제도'(5 perfect institutions)라고 불리울 정도로 고도화된 전쟁수행기구였다.

378) **군국주의(軍國主義, Militarism)** : 국가의 목적과 동력으로서 군사력에 의한 대외적 팽창을 추구하는 이념이자 체제. 침략, 약탈, 정복, 무기생산에 이르기까지 일련의 전쟁행위를 국가의 기간산업으로 삼는 시스템을 말한다. 군국주의의 분류하는 기준은 학자마다 조금씩 다르다. 라스웰은 "서구민주주의 국가를 제외한 모든 국가, 당시의 소련, 중국, 북한 등이 사회주의 병영국가이며 군국주의 국가에 해당된다"고 했다.

NATO군 군사위원회 전략회의

제13장

전략은 무엇이고 어떻게 발전해왔나

전략은 장수의 용병술이나 계략이라는 군사적 의미에서 출발하였지만, 가용한 수단을 사용하여 바람직한 결과를 얻기 위한 방법이라는 일반적인 개념으로까지 자리 잡았다.

전략을 정의할 때 포함되어야 할 요소는 목표(ends), 수단(means), 방법(ways)이다. 따라서 전략은 '주어진 목표를 달성하기 위해 가용수단을 운용하는 방법(술과 과학)'이라고 정의된다. 전쟁은 변화무쌍하여 규칙성을 도출하기 어려워 술(術, Art)이라는 관점과 전쟁지배원칙의 이론화가 가능하다는 과학이라는 관점이 있다. 이렇게 정의된 전략을 구성하는 체계, 전략수립과정과 전략수립에 영향을 주는 요소 등에 대한 연구를 살펴본다.

제13장 전략은 무엇이고 어떻게 발전해 왔나

60 전략의 본질과 발전의 역사
✎ 로렌스 프리드먼(Lawrence Freedman, 1948~)
📖 『전략의 역사』 (Strategy: A History)

■◆ 모든 형식의 전략을 총망라

전략에 관해 기술한 '로렌스 프리드먼' 저서 『전략의 역사』의 첫 번째 몇 페이지를 넘기다 보면, 영국의 킹스 칼리지 전쟁연구학부 교수인 그가 왜 전략연구의 최고 권위자인지를 이해하게 된다. 저자는 토니 블레어 영국 총리의 외교정책 자문을 역임하기도 하는 등 현실정치에도 참여했다.

이 책은 '전략'의 역사와 시작, 그 정의와 적용의 다양한 방식에 대한 심오한 분석서이다. 프리드먼은 본 전략에 관한 연구에 있어 '나사의 회전' 방식을 취한다. 책을 따라 진행함에 따라 분석의 복잡성이 점차 증가한다. 그는 침팬지 사회, 그리고 정치 혁명가로부터 역사상 가장 영향력 있는 전쟁, 사회, 사업 전략가들에 이르기까지 철저한 전략의 여정을 걸어간다.

또한 그는 신경과학과 같은 다양한 주제에서 게임 이론, 계급 전쟁에 대한 정치적 설득, 핵무기 전략에서 완전히 비폭력적인 전략까지 몇 가지 예를 들어 말한다. 이 때문에 사람들은 이 책이 전략에 미치는 영향에 대한 간단한 개요와 프리드먼의 전문가적 판단과 함께 영향력 있는 전략적 사상가들의 작품을 간략하게 요약한 것이라고 생각할 수도 있다.

이러한 다양한 분야, 특정한 영역에 맞춰진 전략들이 결국은 서로에게 영향을 끼쳤다는 사실을 밝혀낸다. 대표적인 예가 비즈니스나 정치전략에 접근하는 데 있어서 전략에 관한 군사용어와 사고방식의 보급이다.

이처럼 이 책은 시대의 변화에 따라 지속적으로 발전해온 전략의 모든 것을 총망라하여 구체적이고 흥미진진하게 소개하고 있다. 따라서 세계 각국에서 번역되어 출간되고 있으며, 국내에는 이경식 번역 『전략의 역사』(비즈니스북스, 2014)로 출판되었다.

60. 로렌스 프리드먼, 『전략의 역사』

■◆ 전략의 본질

이 책은 전략을 보는 방법에 대한 일종의 줄거리를 제공하기 때문에 가치가 있다. 왜냐하면 전략은 공식적으로 따라야 할 엄격한 계획이 아니기 때문이다. 전략은 바람직한 결과와 이용 가능한 수단의 빈틈없는 계산에 관한 것이다. 즉, 그 수단의 적절한 적용은 원하는 결과에 대한 지속적인 교정을 수반하며, 다음 단계에 도달하면 어떤 일이 일어날지를 고려한다. 프리드먼은 이처럼 전략이 '**힘의 출발 균형보다 상황의 균형에서 더 많이 벗어나는 것**'이라고 주장한다.

그는 '계획'과 '전략'을 명확히 '차별화' 하면서도 이 두 가지가 가질 수 있는 '모호함'을 이야기한다. 주요 차별화 요소는 전략이 사전에 정해

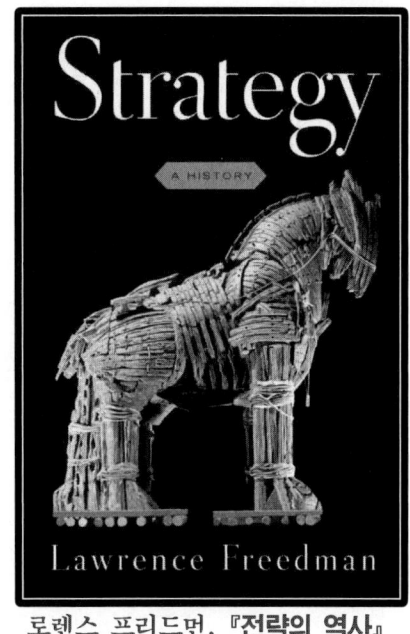

로렌스 프리드먼, 『**전략의 역사**』

진 계획의 연속적인 실행과 비교하여 바람직한 결과를 위해 자신의 행동에 적극적으로 위협이 되는 외부요인을 고려한다는 것이다.

'모호함'은 우연한 사건이나 불확실성의 복잡한 '**전략환경**'379)을 변화시키는 예측 불가능한 변수를 도입하는 방법을 가지고 있기 때문에, 장기적인 전략과 복잡한 전략은 때로 무용지물이 되기 때문이다. 계획이 틀어지는 또 다른 이유 중의 하나는 핵심적인 행위자들이 설정된 계획과 동떨어진 행동을 하는 경우가 많기 때문이기도 하다.

"전략적 계획은 종종 관리상의 환상이다"라고 그는 주장하는데, 조직의 능력은 정확히 고려하지 않고, 마치 미래를 예측할 수 있는 것처럼 목표를 설정하기 때문이다. 기획과 실행, 수단과 목적, 경영과 조직, 질서와 무질서의 필연적인 차이 때문에 그 노력은 실패할 수밖에 없다. 따라서 프리드먼은 모든 환경에서 전략의 점진성, 잠정성, 변칙성, 우연성을 강조했다.

---

379) **VUCA** : Warren Bennis와 Burt Nanus의 리더십 이론을 바탕으로 미 육군 워칼리지가 1987년 처음 사용했다. 냉전 종식에서 비롯된 전략환경을 Volatility(변동성), Uncertainty(불확실성), Complexity(복잡성), Ambiguity(모호성)으로 특성화하였다.

제13장 전략은 무엇이고 어떻게 발전해 왔나

◆ 전략의 속임수에 대한 경계

그는 또한 전략은 속임수라고 생각할지도 모르는 사람들에 대해 경고한다. 다른 사람들을 속이는 것은 처음 몇 번은 효과가 있지만, 결국 수익 감소의 운명을 겪게 된다. 고대 그리스 인물인 오디세우스는 프리드먼의 주장을 증명하는데 사용된다. 오디세우스의 명성을 아는 사람들은 그가 직설적일 때도 거의 그를 신뢰하지 않았다. 그는 이것을 중국의 전략사상가 손자와도 연결시킨다. 손자는 종종 당신의 상대방이 기대하는 것과 반대되는 행동을 할 것을 권한다. 즉, 당신의 상대방이 특정한 상황을 반대라고 믿도록 하라는 것이다. 상대방이 반대로 믿게 되는 상황은 상대방이 더 많은 자원을 얻을 뿐만 아니라, 기민하고, 용감하고, 영리한 것으로 판명될 때 발생한다. 모든 사람들이 서로를 속이려 하고 현실의 일관성있는 개념화가 없을 때, 처해진 상황은 꽤 혼란스러울 수 있다.

그러나 그리스어로 'metis'라고 불리는 '속임수'(guile)는 특정한 상황에서 유용할 수 있다. 프리드먼은 '속임수'는 유동적이고, 빠르게 움직이고, 생소하고, 불확실할 때 가장 가치 있는 존재였다고 기술했다. 또한 '변화하는 사건에 지속적으로 적응할 수 있는 능력, 예상치 못한 상황에 적응할 수 있는 충분한 유연성'을 허용한다고 덧붙였다.

◆ 약자에 의한 전략

때로 전략은 약자에 의해 많이 이용된다. 이것은 처음부터 비교가 안 되게 특정한 결과를 얻기 위해서는 제한된 자원과 지혜를 빈틈없이 적용해야 하는 사람 또는 그룹이다. 우리는 칼 마르크스나 미하일 바쿠닌(러시아 혁명가) 같은 정치 혁명가를 통해, '마틴 루터 킹'이나 '마하트마 간디'와 같은 시민권 지도자들에게 약자들의 예를 본다. 이들은 모두 우선은 변화를 요구하는 설득력 있는 '내러티브'를 만들어 대중을 격동시키는 형식을 취했는데, 이는 그 자체로 전략적인 움직임이다. 그런 다음, '기득권의 전복'이든,' 민권 부여'든 일종의 승리를 거두기 위한 전략을 시행했다. 그들이 성공했는지의 여부는 별개의 문제이다.

60. 로렌스 프리드먼, 『전략의 역사』

전략의 연속성

전략은 '일부 궁극적인 목적지보다는 **다음 단계로 나아가는 것**'이다. "전략은 3막극으로 생각하기보다는, 연이은 에피소드에 걸쳐서 전개되는 캐릭터와 줄거리가 이어지는 연속극으로 생각하는 것이 좋다"라고 말한다. 여기서 분명한 사례는 '이라크전'으로, 사담 후세인의 군부가 몰락한 것으로 보이는 **짧은** 기간의 군사적 승리에도 불구하고 이라크전은 실패이다. 중동의 주요 역내 권력 견제를 무너뜨렸다는 것을 알고, 악화되고 있는 중동의 안보상황을 완화하기 위해 보다 더 높은 수준의 전략이 필요해졌다.

전략 수립의 한계와 어려움

프리드먼은 전략을 "**가용한 수단을 사용해 정치적 목적을 달성하는 술(art)**"이라고 정의하였다. 특정 상황에 적용하기 위해 가용한 수단으로 목적을 달성하기위해 이러한 전략을 수립하는 데 있어서의 한계를 논하였다. 우리는 실제로 완전한 현실의 그림을 생각해 낼 수 없다. 프리드먼은 "어떠한 인간 정신도 작용하고 있는 요인의 총체성을 파악하지 못했다"고 말한다. 궁극적인 현실과 인식된 현실 사이에 여전히 격차가 존재하고 있는데, 이는 특정 도전에 접근할 때에 불가피하게 우리의 현실 해석과 충돌한다. 우리의 현실에 대한 자만심은 이러한 격차를 더욱 악화시킨다. 이러한 단절은 우리의 목표를 충돌시키고 방해하며, 모든 변수, 우여곡절, 그리고 가능성을 정확하게 설명하는 메커니즘을 개발하지 못한 것을 강조하는데, 이는 불행하게도 거의 불가능한 일이다. 왜냐하면 인간은 결국 자연적인 전략가가 아니기 때문이다.

프리드먼은 '2022 글로벌 전략포럼'에서 한국에 대해 "북한이 핵으로 위협하더라도 흔들리지 않는 것이 중요하다. 북한은 핵 말고 다른 협상카드가 없다. 따라서 인내심을 갖고 주변국과 협력해 위기를 관리해야 한다."라고 제언했다.

글로벌전략포럼에서 로렌스 프리드먼

61 안보전략에서 전장전략까지의 전략수립

✎ 데니스 M. 드류, 도날드 M. 스노우
📖 「21세기 전략수립」
(Making Twenty-First-Century Strategy)

▪◆ 안보전략의 개발과 수행을 제시

이 책은 안보전략을 정의하고, 전략의 목적이 무엇이고, 전략을 개발하고 수행하는데 영향을 주는 요소가 무엇인가를 밝히고, 의사결정과정으로서의 정치적 군사적 전략요소들을 제시하는 '전략 입문서'이다.

전략의 개념과 전략의 수립과정을 설명하고, 전략의 정치적 차원과 군사적 차원을 분류하여 전략수립 과정상에 영향을 주는 요인들과 각종 형태의 전쟁에서 직면하게 되는 딜레마를 명쾌하고 간결하게 설명하고 있다.

상호연관된 요소로 복잡하게 연결되고 변화무쌍한 국가안보 전략 환경은 혼란스럽고 이해가 잘 안되는 주제이지만, 국가와 국민에게 대단히 중요한 주제이다. 전략을 주제로 다루는 서적들은 대부분 전략사상사적인 접근방법을 쓰고 있는데, 이 책은 전략실무에 있어서 대단히 유용하다.

안보전략이 다루는 문제의 핵심은 국가가 직면하게 되는 일련의 위협이다. 전략의 수립과 시행은 대부분 위협평가[380]와 위기관리 활동이다. 전통적 의미에서 **위기는 "적의 위협에 대응할 수 있는 우리의 능력과 적 또는 잠재적인 적에 의해 우리의 안보에 미치는 위협의 차이"**로 정의된다.

적절한 자원(인력, 물자, 의지 등)이 가용한 환경하에서 위기는 감소되고 안보는 증진될 수 있다. 위협의 정도와 이에 대처능력 사이에 격차가 생길 때, 그 차이가 발생가능한 위기이다. 위기요소를 모두 제거하기 어려운 현실적 제한사항으로는 위협의 종류와 심각성, 대응책과 적용수준에 관한 정책결정자들의 의견 불일치, 위협에 대응할 자원의 부족이다. 전략적 문제의 핵심은 각 분쟁이 발생시키는 위기상황을 완전히 없애는 것의 불가능을 인식하면서, 국가가 직면하게 되는 위기에 대응할 최선의 대응방법을 찾는 것이다.

---

[380] 위협평가에서 기본적인 고려사항은 '적의 능력과 의도', '아측의 취약점'이다.

61. 데니스. M.드류 외, 『21세기 전략수립』

자원이 빈약하거나, 위협을 감소시키기 위한 자원의 배분이 반드시 또 다른 위협을 감소시키지 못하는 한 전략의 문제는 위기관리이지 위기감소가 아니다. 얼마나 현명하게 활동계획을 수립하고 계획을 지원할 능력을 확보하는가가 전략수립의 핵심이다.[381]

드류는 전략수립과정이 단순히 목표설정으로 끝나는 것이 아니라, 국가의 이익을 달성하기 위한 다양한 요소들을 고려해야한다고 강조하고 있다.

데니스.M.드류, 『21세기 전략수립』

◆ 전략 수립 과정과 단계

현대의 전략 수립 과정과 단계는 상호연관되는 일련의 5개 단계로, 권한의 수준에 따라 전략을 정의하고, 각 단계별 전략을 구상하는 의사결정으로 이루어진다. 그 단계는 범위가 넓고 추상적인 정책결정인 '국가안보목표'에서, 대전략, 군사전략, 작전전구에서 전역을 계획하는 작전전략, 전장에서의 전술과 관련된 전장전략까지 5개 단계로 세분화된다.

1단계는 '**국가안보목표**'[382]를 정의하는 것이다. 만약에 국가안보목표가 정확히 정의되지 않거나, 일관성이 없거나, 국민적 합의를 획득하지 못한다면 전략가의 역할 수행은 힘들어진다. 제2차 세계대전 당시에 미국이 추축국(樞軸國, Axis Powers)에 요구한 것은 '무조건 항복'이었다. 이러한 분명한 목표로 지침을 제공해서 군사작전이 성공리에 수행되게 하는 바탕이 되었다.

한국전쟁에서 미국의 안보목표는 처음 몇 개월간은 단순히 북한 침략자를 남한에서 몰아내는 것이었다. 인천상륙작전 성공 이후에는 한반도 통일로 확대되는 것처럼 보였으나, 중공군의 개입 이후에는 중공군의 축출로 바뀌

---

381) 드류는 이것을 전략의 '연계성', '미래성', '현실성'의 원칙으로 설명한다.
382) 국가안보목표는 국가이익을 현실화하기 위해 구체화한 것이다. 국가이익은 생존이익(사활적 이익), 핵심이익, 중요이익, 부수적 이익으로 구분되는데, 군사력 사용여부는 상황을 반영한 정부의 정책 결정에 따르게 된다.

었고, 어디까지를 확보할 것인가에 대해 목표의 일관성이 없었다.

　베트남전쟁의 경우, 공식목표는 월남에 독립적인 비공산국가를 유지하게 하는 것이었으나, 목표가 불분명해서 전장활동이 우왕좌왕했고, 국민들의 지지를 받지 못해 미 국민의 전쟁의지와 군대의 사기가 악화되었고, 결국은 미국이 출구전략을 찾고 수치스러운 철군에 도달해야 했다.(본서 50항)

　2단계의 '**대전략**'은 국가안보목표를 구현하기 위한 수단들의 운용과 개발을 협조하는 술과 과학이다.[383] 대전략은 국력의 제 요소[384][385] 중에서 군사부문과 비군사부문이 서로 연결되는 단계로서, 정치적, 사회심리적, 경제적, 군사적 계획이 정교하게 조화를 이루어야 한다.[386]

　3단계는 '**군사전략** 개발'로, 이는 국가안보목표를 달성하기 위한 군사력을 '개발(development)'하고 '배비'(deployment)하며 '운용'(employment)하는 것을 '조정'하는 술이며 과학이다. 예를 들어 제2차 세계대전 전에 프랑스가 막대한 비용으로 구축한 마지노선은 프랑스군의 현대화를 지체시켰으며, 독일군이 우회함으로써 간단히 무력화되었다. 프랑스군은 군사력의 개발과 배비를 효과적으로 조화시키는데 실패해 '기묘한 패배'[387]에 이르렀다.

　4단계는 '**작전전략** 설계'로서, 전구(theater) 내에서 전역(campaign)을 계획하고 조화하여 지휘하는 술이며 과학이다. 예를 들어, 걸프전쟁의 '항공전역'은 42일간 조화롭게 수행되었는데, 이후 진행된 지상전 100시간 만에 전쟁을 종결하게 하는 놀라운 작전전략이었다.(본서 35항)

---

383) 앤드류 마샬은 이때에 대전략을 수립하기 위해 복잡한 군사 경쟁의 양면을 살펴보고, 자국과 작재적 적국의 역량을 지배하는 장기적 추세와 현재요소를 조사하는 Net Assessment와 Reassessment를 실시해야 한다고 했다.

384) **국력의 제 요소** : DIME(외교, 정보, 군사, 경제)이라는 용어가 오랫동안 국력의 제 수단을 지칭하는 용어로 활용되어 왔으며, 대전략의 수단으로 인식되었다.
　＊Kane and Lonsdale, Understanding Contemporary Strategy, 2012. p. 14.

385) 최근에 미 합참은 이에 더하여 보다 광범위한 'MIDFIELD'라는 용어를 제시했다. MIDFIELD-Military(군사), Informational(정보), Diplomatic(외교), Financial(자본), Intelligence(정보), Economic(경제), Law(법률), Development(개발)
　＊*Strategy*, Joint Doctrine Note 1-18, April 25, 2018.

386) 오늘날 대전략은 국가안보전략을 의미한다. 우리나라는 국가전략과 국가안보전략을 구분하였다.(국가전략이 상위)국가안보전략은 동맹전략 및 연합전략까지를 의미한다. 냉전시 미국의 봉쇄전략은 미국의 국가안보전략이면서 NATO와 한국, 일본 등 동맹국들을 위한 동맹(연합)전략이었다. 한국의 대전략에는 한미동맹전략이 포함된다.

387) 1940년 세계 최대규모의 군대를 보유하고 있던 프랑스가 6주만에 독일에 항복한 사건.

5단계는 '전장전략 수립'으로, 흔히 '전술'이라 불리우는 전장전략을 형성하고 집행하는 단계이다. 적절한 전술 수립의 중요성은 제2차 대전시의 독일본토 공습전술 사례로 확인할 수 있다. 미국은 초기 주간 정밀폭격에 엄호기를 동반하지 않는 전술을 수립하여 운영하였으나, 독일공군 요격기에 의한 피해가 커지자, 장거리 엄호가 가능한 전투기가 배치될 때까지 독일지역 깊숙이 침투하는 공습을 보류할 수밖에 없었다.

전략의 군사적 차원

군사전략은 "전시의 군사력 운용은 물론 평시의 군사력 건설과 유지를 통해 어떻게 전쟁을 억제하며, 전시에 최종승리할 것인가에 대한 사고방식"으로 인식된다. 따라서 군사전략은 군사력의 '건설', '배비', '운용'과 이 세 가지 활동을 '조정'하는 것이다. 군사전략의 이 4가지 **건설, 배비, 운용, 조정**은 순서상 검토를 위한 논리적인 연계성을 보여준다. 그러나 어떠한 군사전략에 관한 논의에 있어서도 전력 운용개념을 제일 먼저 다루어야 한다. 먼저 전력을 어떻게 운용할지 개념을 설정함으로써 발전될 전력의 수준과 전력의 배비, 요구되는 조정사항을 결정해야 한다.

군사전략 수준에서 '군사력 운용'이란 포괄적인 것으로, 국가적 차원의 군사력 사용을 의미한다. 군사력 운용을 결정하는 것은 위협이 인지됨에 따라 주기적으로 일어나는 것이며, 다음의 두 가지 질문과 관련해서 논의될 수 있다. 첫째, 전력을 어디에서 운용할 것인가? 둘째, 누구를 대상으로 전력을 운용할 것인가? 즉 어떠한 위협에 대처하기 위해 필요한 것인가?라는 것이다. 이 두 가지 질문에 유념해서 운용 개념을 설정하여야 한다.

'**군사력 건설**'과 '**군사력 운용**'은 상호 연관적 변수이다. 군사력 운용개념이 군사력 건설의 추진력이 되지만, 군사력 운용 결정은 군사력 건설에 필요한 자원의 보유에 의존한다. 즉 군사력 건설에 직접 관련되는 것은 그 국가가 보유한 핵심자원(원자재, 산업체, 인구, 과학기술, 경제력 등)이다. 즉각적인 행동이 필요한 우발사태에 직면한 국가는 이미 건설되어있는 군사력에만 의존할 수밖에 없기 때문에 상호의존적인 변수라고 할 수 있다.

제13장 전략은 무엇이고 어떻게 발전해 왔나

■◆ 전략가의 기능과 전략가가 당면하는 문제

전략가의 기능은 이러한 요소들을 정교하게 다루어 **군사력 운용전략과 조화를 이루는 군사력을 건설하는 것**이다. 전략가가 자원을 다루는 것은 그 나라의 강점을 활용하고 약점을 상쇄하기 위한 필요에 의해 통제된다. 많은 인구를 가졌지만 상대적으로 산업기술이 낙후한 국가들은 다수의 병사들의 희생에 의존하는 대규모 병력집약적 전력구조를 강조해왔다. 이들 나라에서 생명이 값싸게 여겨지는 것이 아니라, 산업기술이 우위에 있는 적에 대항하기 위해 풍부한 인적자원을 계획한 것이다.

산업발달과 기술적 정교함이 번성한 서방국가들은 산업과 기술이 빚어낸 기계화된 파워와 화력에 의지하려는 경향을 보인다. 미국은 정밀무기를 만들어내는 노력이 무기의 비용을 엄청나게 높여서 구입할 수 있는 무기의 숫자와 군사력 구조를 제한시켰다. 반면에 소련은 무기의 정교함과 방호력은 떨어지지만, 상당히 저렴한 많은 양의 무기를 실전 배치해왔다.

여기에서 또 다른 전략가의 문제는 **기술적인 성능과 대량의 수적 능력 사이의 바람직한 균형**을 어떻게 달성하느냐 하는 것이다. 바람직한 균형을 이룬다는 것은 여러 가지 이유들로 인해 매우 어려운 문제이다.

첫째로, 기술적 정밀도(질적 측면)가 다량보유(양적 측면)를 보상해 줄 수 있는 것인가이다. 둘째로, 기술은 빠르게 변화해서 기술이 제공하는 군사적 우월성은 일시적이다. 셋째로, 새로운 기술은 그것을 필요로 하는 전쟁이 있기 전에는 실전테스트를 거치지 않기 때문에 효과성을 완벽하게 증명할 수 없다. 넷째로 우월한 기술을 보유한다는 것이 반드시 효과적인 사용을 보장해주지는 않는다. 다섯째로 현명한 작전전략이 군사력의 질적·양적 이점을 보상해줄 수 있다. 예를 들어 베트남에서 게릴라전에 기초한 월맹의 전략은 질적·양적으로 군사력이 우월했던 미국에게 좌절을 맛보게 했다.388)

미국 공군대학 등에서 교재로 사용하고 있으며, 최신판을 내기도 하였다. 소개내용 이후의 전략수립 과정상에 미치는 영향과 딜레마에 관한 내용은 다소 전문적인 요소들로서 관심있는 독자들은 원서를 참고하기를 권한다.

---

388) 따라서 창조적인 전략가의 특성으로, 지능, 지적활동, 분석능력, 지속성(인내와 신뢰), 의사전달능력, 통찰력을 꼽고 있다. John Collins, 『Grand Strategy』, pp. 420.

62 전략의 구성요소와 전략 개발

✎ 윌리엄슨 머레이 (Williamson Murray, 1941~)

📖 『전략의 형성 : 통치자, 국가와 전쟁』
(The Making of Strategy: Rulers, States, and War)

■◆ 전략이라는 용어의 다의성(多義性)과 모호성(模糊性)

이 책은 전쟁사 및 전략사 연구의 전문가 19명에 의해 작성된 논문집으로, 집필자는 문자 그대로 유럽과 미국을 대표하는 각 시대·지역 연구의 세계적 권위자로 구성되어 역사가의 관점으로 전략의 형성에 영향을 미친 정치적, 경제적, 지리적, 기술적 요소들에 대해 논하고 있다.

'전략'이라는 용어의 다의성과 모호성에 대해서는 과거부터 지적되어지고 있다. 클라우제비츠나 리델하트가 제시한 전략의 정의는 논의의 출발점으로서 자주 인용되고 있다. 예를 들어 클라우제비츠는 그의 저서『전쟁론』(본서 20항)에서 전략을 '**전쟁목적을 달성하기 위한 수단으로서 전투를 운용하는 술(Art)**'이라고 정의하고 있다. 리델하트는『전략론』(본서 28항) 중에서 전략이라는 용어를 '**정치목적을 달성하기 위해서 군사적 수단을 배분·적용하는 술(Art)**'이라고 정의하고 있다.

실제 이 책이 주로 취급하고 있는 군사전략과 국가전략의 영역에 한정하더라도 전략이라는 용어는 오늘날에는 "**전쟁을 회피하기 위한 방책, 억지, 전쟁 이후에 보다 좋은 평화를 구축하는 방책 등을 포함한 의미**"로 사용되어지는 것이 일반적이다.

그러나 전략이라는 용어가 군사의 영역과 국가정책의 수준에 한하여 사용되어졌던 시대와는 달리, 오늘날에는 전략이라는 용어는 민간기업 등에서도 많이 사용되어지고, 그 의미하는 바는 '**교묘하고 장기적인 계획**'이다. 이와 같이 전략은 그 시대의 상황에 의해 정의가 다양화되는 다이나믹한 존재라는 것을 잊어서는 안 된다.

제13장 전략은 무엇이고 어떻게 발전해 왔나

윌리암슨 머레이, 『전략의 형성』

◆ 프로세스로서의 전략

이 책의 서두(제1장) 전략결정의 프로세스를 고찰한 논고인 '서론-전략에 대하여' 중에서 윌리암슨 머레이와 마크 그림즈리는 '전략'이라는 용어를 정의하는 것의 한계에 대해 지적하면서, 전략은 우수한 프로세스를 둘러싼 문제로서, 적·아의 상호작용에 있다는 점을 강조하고 있다. 그리고 전략사상가나 어떤 국가의 정치체만을 주목하여 전략을 분석하는 종래의 연구방법을 심하게 비판하고 있는데, 이것이 1994년에 출판되었을 당시에는 전쟁사 및 전략사 연구자에게 큰 충격을 주었다. 왜냐하면 이 책은 그때까지 전쟁사 및 전략사 연구의 기본문헌이 되었던 피터 파레트의 편집에 의한 『현대전략사상의 계보』(본서 52항)에 대하여 정면으로 도전장을 내민 것이기 때문이었다.

확실히 전략사상가가 직접적으로 전략결정에 영향을 미친 사례는 과거에 거의 존재하지 않은 것으로 생각되었다. 그들의 영향은 기껏해야 간접적인 것에 그치고 말았다. 클라우제비츠와 리델하트의 사상이 전략의 사고방식에 대하여 크고 전반적인 틀을 제공해왔다는 것은 사실이다. 그러나 두 전략가는 오히려 예외적인 존재이다.

전략사상가의 영향을 살펴볼 수 있는 때는 그 시대의 정책결정자나 군사정책결정자가 자신의 방침을 정당화할 목적으로 어느 사상가의 소견이나 말의 일부를 채용하는 정도의 수준이었다고 생각되고 있다. 그런 의미에 있어서 전략사상가의 영향이 너무 과대하게 평가되어서는 안 된다고 했다.

그렇게 보면 전략이라는 용어를 엄밀하게 정의하려고 한다던가, 전략사상가의 사상 자체를 주목하기보다는 보다 현실적인 방법으로 전략의 형성에 영향을 미치는 전략의 구성요소나 전략개발시 검토사항에 집중하며 그 프로세스를 탐구하는 쪽이 실은 전략의 본질을 이해하는 지름길일지도 모른다.

전략의 구성요소와 전략개발 시 검토할 사항

한국전쟁에도 참전했던 맥스웰 테일러 육군대장이 1981년 미 육군 워칼리지에서 연설하면서, **전략의 3대 요소로 목표**(Ends, Objective), **방법/개념**(Ways, Concepts), **수단/자원**(Means, Resource)로 구분하여 특정하였다. '목표'는 전략을 통해 달성하고자 하는 궁극적인 지향점이나 최종상태, '방법'은 목표를 달성하기 위해 국가나 군이 보유하고 있는 가용자산을 운용하한 개념, '수단'은 전략개념을 구현하기 위한 유형 또는 무형자원을 말하는데, 이 세 가지는 균형을 이루어야 한다고 했다. 이때 위험요소는 달성해야 할 목표와의 차이를 말한다. 전략가는 전략의 개발에 있어서 **목표, 방법, 수단의 균형을** 통해 이러한 위험을 최소화하여야만 한다.389) 이것은 아더 리케(Arthur Lykke)의

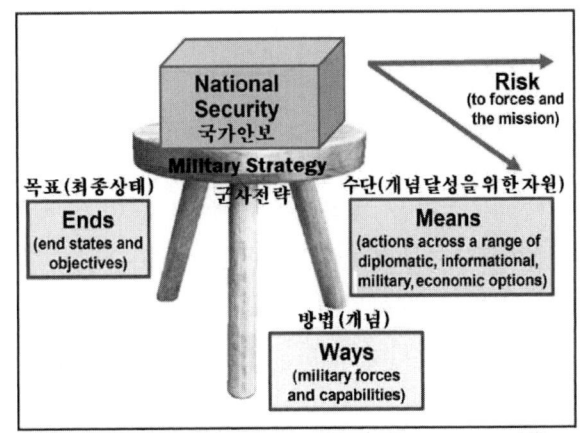

Lykke's ends, ways, and means model of military strategy (1989)

Ends-Ways-Means 모델로 체계화되어, 가장 일반적인 전략모델이 되었다.

헨리 에클스(Henry E. Eccles) 해군제독은 『전략: 이론과 응용』에서 이러한 전략의 구성요소를 분해하여 **전략의 적절성 판단기준을 '적합성', '실현가능성', '수용성'**이라고 하였다. '적합성(Suitability)'은 목표달성과 관련된 것으로, 효과를 달성할 수 있는가와 적절한 목표인가를 판단해야 한다. '실현가능성(Feasibility)'은 개념과 관련성이 있는 요소로서, 그 전략의 실현가능 여부에 관한 것이다. '수용성(Acceptability)'은 자원과 관련있는 요소로서, 바람직한 효과 중요성에 의해 정당화되는 비용의 결과를 말한다.

---

389) 미 합참은 2018년 포괄적이고 효과적인 전략의 요소로 목표(ends)-개념(ways)-수단(means)에 '그 전략과 연계된 위험(risks)과 비용(costs)은 무엇인가'를 추가하였다.
  * *Strategy*, Joint Doctrine Note 1-18, April 25, 2018.
  * 위험(risks)과 비용(costs)은 파월 독트린에서부터 나타난다.(본서 52항)

제13장 전략은 무엇이고 어떻게 발전해 왔나

전략 연구에 있어서 필독서

이 책에서 밝힌 것처럼, 전략이란 "**우연과 불확실성, 애매함으로 가득찬 세상에서 끊임없이 환경과 상황에 적응하고자 하는 프로세스**"이다. 전략의 수립은 현실이라는 커다란 프레임 속에서 강한 제약을 받게 된다. 그렇기 때문에 전략형성에 영향을 받게 되는 요소들을 정확히 파악할수록 정확하고 가치있는 전략을 구상할 수 있게 된다. 우리가 어떠한 결정을 내리기 전에 받고있는 영향요인들을 제대로 파악하지 못한다면 부정적인 영향에서 벗어날 수 없다는 것을 의미한다. 따라서 전략의 형성에 있어서 결정적인 영향을 주는 요소들을 명확히 파악하고 평가하여야 한다.

이 책은 전쟁사 및 전략사라는 문제를 진지하게 연구하기를 희망하는 연구자에게 있어서 최고의 입문서이다. 전략사상가 또는 위대한 군사지도자의 한정된 초점을 벗어나서 국가가 전략을 형성하는 과정에 집중하고 있다. 기원전 5세기부터 현재까지의 17개 사례에 대한 연구는 전략가들이 적에 대해 일관된 행동방침을 구현하려고 시도한 방법을 공통된 프레임워크를 통하여 분석한다. 역사적 사실 자체에 주목하는 이 책을 정독하는 것이 중요하지만, 동시에 항상 '전략이란 무엇인가'라는 문제의식을 염두에 두면서 이 책을 읽어나가는 것이 유용하다. 결국 전략이라는 것은 무언가 교조적인 원리나 원칙이 아니라, '**꼭 필요한 사고방식 또는 감각**'이라는 본다.

이 책의 목적은 첫 장에서 명확하게 제시되어있는데, 독자에게 원리나 원칙을 제공하는 것이 아니라, 오히려 국가의 지도자가 전략을 형성할 때에 또는 그 결과에 영향을 미칠 수 있는 넓은 범위의 요소의 존재를 제시하는 것이다.390) 실제로 이 책은 어떠한 시대나 장소에도 전략의 형성을 위한 유용한 지침을 제공하는 것은 아니다. 예를 들어 지리, 역사, 문화, 경제, 그리고 정치제도라는 요인이 전략형성의 프로세스에 크나 큰 영향을 미쳐왔다는 사실을 냉정하게 지적하고 있는 것이다.

[원서정보] Williamson Murray, MacGregor Knox, Alvin Bernstein, *The Making of Strategy: Rulers, States, and War*, Cambridge University Press, 1996. * 국내 미발간

---

390) 머레이는 전략의 형성과 결과에 영향을 미칠 수 있는 각종 요소들을 강조하고 있다.

63. 전략은 정책목적을 위한 군사력 운용

✎ 콜린 그레이 (Colin S. Gray, 1943~2020)

📖 『현대 전략론』(Modern Strategy) *1999년

◆ 21세기의 전략이론 모색

클라우제비츠의 『전쟁론』은 전략의 일반이론으로서 현재에도 최고 수준을 유지하고 있으며, 20세기에는 클라우제비츠에 필적하는 전략사상가가 존재하지 않는다. 이와 같은 인식에 기초해 21세기의 전략이론을 모색한 것이 콜린 그레이의 『현대 전략론』이다.

그레이는 영국 출신이지만, 약 20년간에 걸쳐서 미국에서의 전략연구에서 주도적인 역할을 담당했고, 1981년에는 공공정책연구소(NIPP)를 설립하는 등 정책제언에도 적극적이었고, 레이건 행정부의 브레인으로 활약했고, 영국으로 거점을 옮겨서 레딩 대학의 전략연구센터장으로 일했다.

콜린 그레이, 『현대 전략론』

그레이는 40년 이상을 전략연구가로 활동하며 군사 역사와 전략연구에 관한 30여 권의 책과 수많은 기사들을 출판했다. 그중에는 다수의 도발적인 저작이 포함되어 있는데, 예를 들어 군비관리에 관해서는 적대관계가 높아지고 있을 때에는 성립하지 않고 평화로 군비관리가 불필요한 때에만 성립되며, 그 의미는 거의 없다는 주장을 전개한 『사상누각 : 군비통제는 왜 반드시 실패하는가(House of Cards: Why Arms Control Must Fail, 1992)』가 있다. 지정학 분야에도 조예가 깊어서 『핵 시대의 지정학』이라는 저서가 있다. 이 책은 이러한 저자의 저서들에 있는 식견들을 모두 모아서 종합한 콜린 그레이 전략이론의 엣센스가 응축되어 있다.

전략의 요소와 세부적인 차원

그레이는 클라우제비츠에 의거하면서, 전략을 '**정책의 목적을 위한 군사력의 운용, 또는 그것에 의한 위협**'이라고 정의하였다. 『전략론』에서 제시된 '전략의 제 요소'에 따라서 전략을 검토한 끝에 17가지 구성요소가 있고, 이것들은 모든 시대에도 보편적으로 존재하는 것이라고 말했다.

전략의 요소들을 크게 구분하면, '**인간과 정치**(People and politics)', '**전쟁 준비**(Preparation for war)', '**전쟁**(War)'이라는 3개의 분야로 나눌 수 있다고 했다. 첫 번째 '인간과 정치' 분야에 속하는 것이 인간, 사회, 문화, 정치, 윤리라는 5개 요소이다. 두 번째 '전쟁 준비'에 속하는 것이 경제와 병참, 조직, 군사행정, 정보와 첩보, 전략이론과 독트린, 기술의 6개 요소이며, 세 번째인 '전쟁 본체'에 해당하는 요소들이 군사작전, 지휘, 지리, 마찰(불확실성 등의 우연적 요소), 적, 시간이라는 6가지 요소이다.

전략 요소	세부적인 전략의 차원
인간과 정치(5)	인간, 사회, 문화, 정치, 윤리
전쟁 준비(6)	경제와 병참, 조직, 군사행정, 정보와 첩보, 전략이론과 독트린, 기술
전쟁(6)	군사작전, 지휘, 지리, 마찰, 적, 시간

콜린 그레이가 제안한 17개의 전략 차원(17 dimensions of strategy)

그레이는 이러한 전략요소와 전략의 관계를 경주용 차에 비유했다. 레이싱 카는 엔진과 기어 등 여러 부품으로 만들어졌지만, 그 성능의 좋고 나쁨은 다른 카 레이서와의 경주에 의해 결정된다. 만약에 하나의 부품이 특별히 우수하다고 해도 다른 부품이 열등하면 레이스에서 이길 수 없다.

전략에 있어서도 마찬가지로 하나의 분야가 특별히 우수하다고 해도 반드시 전쟁에서 승리할 수는 없다. 따라서 전략에서는 모든 전략요소를 고려한 포괄적인 어프로치가 불가피하다고 주장했다.[391]

---

[391] 마이크 하워드는 전략의 차원을 작전적, 군수적, 사회적, 기술적 차원으로 구분했으며, 이 네 가지 차원을 동시에 고려하지 않으면 전략이 성공할 수 없다고 하였다.
  * 『The Forgotten Dimensions of Strategy』, 1979.

63. 콜린 그레이, 『현대 전략론』

◼◆ 모든 시대에 공통적인 '전략의 본질'이 존재한다.

이 책에서는 핵무기에 더해 테러리즘과 사이버 공격을 포함한 현대적인 테마도 다루어지고 있는데, 그것에서 일관된 주장은 "**모든 시대에 공통적인 전략의 본질이라는 것이 존재한다**"라는 것이다. 그레이는 전투와 전술이라는 전쟁의 '이론'은 시대에 따라 변화하지만, 그 '윤리'는 변화하지 않고, 현대의 전략은 고대의 전략과 마찬가지라고 주장하고 있다. 요컨대 전쟁이나 전략의 본질은 시대를 초월하여 변화하지 않고, 그 대부분은 클라우제비츠의 『전쟁론』에서 제시되고 있다고 주장하였다.

그러나 동시에 『전쟁론』은 반드시 '성전(聖典, bible)'같은 존재가 아니고 한계가 있다는 것을 그레이도 인정하였다. 예를 들어 클라우제비츠의 이론은 그가 활약했던 19세기의 시대적, 문화적 배경을 강하게 규정하고 있어서 현대에 반드시 그 상태 그대로 통용할 수 있는 것은 아니다. 또한 클라우제비츠는 전략의 일반이론을 제시하는 데에는 상당한 성공을 거두었지만, 가장 곤란한 부분이기도 한 "전략을 구체적으로 실시하는 방법"에 대해서는 거의 다루지 않았다. 그레이는 이러한 한계를 인정한데다가 클라우제비츠의 전략이론을 오늘날의 세계에 활용하기 위해서는 때에 따라서 그러한 것들을 보완하고 명확화하는 작업이 필요하다고 말하고 있다.

또한 전략은 전쟁과 평화 양쪽에 모두 필요한 것임을 강조한다. 전략가는 항상 상황전개에 대비하고 있어야 한다. 전쟁이 '다른 수단에 의한 정치'라고 한다면, 정치 역시 '다른 수단에 의한 전쟁'인 셈이다.

21세기에 있어서도 전략이나 전쟁의 본질은 불변하는 것이라서『전쟁론』의 가치도 불변하며, 이 책은 『전쟁론』을 현대에 적용하기 위한 이른바 '주석서'로서의 역할을 담당하고 있다고 말할 수 있다.

[원서 정보] Colin S. Gray, *Modern Strategy*, (Oxford University Press, 1999) *국내 미발간

작전적 차원은 보유하고 있는 전략을 어떻게 운용할 것인가에 대한 문제이고, 군수적 차원은 전력을 어떻게 양성하고 유지할 것인가의 문제이다. 사회적 차원은 어떻게 동원할 것인가의 문제로 총력전 양상의 현대전에서 핵심적인 요소이다. 기술적 차원은 기술발전으로 새롭게 변화하는 전략환경에 어떻게 대처하고, 이러한 기술을 어떻게 활용할 것인가에 대한 문제이다. 기술의 발전은 위협인 동시에 기회가 된다.

64 전략에 내재하는 패러독스와 조화
✍ 에드워드 루트와크 (Edward N. Luttwak, 1942~)
📖 『전략 : 전쟁과 평화의 논리』
(Strategy: The Logic of War and Peace)

■◆ 전략에 내재하는 패러독스(Paradox)의 논리

전략에 있어서 상식은 일반사회의 상식과 크게 다를 뿐 아니라, 그것을 지배하는 논리 또한 다르다. 예를 들어 전략연구에 있어서 널리 받아들여지는 "평화를 원하거든 전쟁을 대비하라(Si Vis Pacem, Para Bellum)"는 금언이 있다(본서 5항). 이는 고대 로마의 전략가인 베게티우스가 주장한 금언으로 '평화'라는 목적을 달성하기 위해서는 '전쟁'을 대비해야한다는 명백한 역설(逆說)로서, 패러독스(Paradox)를 포함하고 있다. "공격용 무기의 증강이 순수하게 방어적일 수 있다." "최악의 길이 전투로 가는 최선의 길일지도 모른다." "돌아가는 길이 가장 빠르다(우직지계)" 등 이러한 역설의 논리야말로 전략의 세계에 있어서는 상식이 되고, 전략의 국면을 지배하고 있다.

이처럼 전략에 내재된 특징의 논리에 착안하여, 전략의 특이성을 주장하고 있는 이가 '에드워드 루트와크'이다. 그는 전략연구의 전문가로서 명성이 높은데, 미국 워싱턴에 있는 저명한 정책 싱크탱크인 국제전략문제연구소(CSIS)의 상임고문으로 일하고 있으며, 세계적으로 유명한 『쿠데타 입문-그 공방의 기술』과 시장경제의 장래를 논한 『터부 자본주의 -시장경제의 빛과 그림자』등, 폭넓은 분야에 다양한 저작활동을 하고 있다. 그의 저서 중에서 그의 전략관을 체현한 대표작이라고 말할 수 있는 이 책은 고대 로마에서 진주만까지 평화의 전략에서 작은 전투적 표현까지를 예로 들면, 군사적 실패와 성공, 전쟁과 평화의 궁극적 논리를 드러낸다. 초판이 1987년에 발행된 이래, 2002년 개정판 등 전략연구의 교과서로서, 10개 언어로 출판되어 미국과 유럽 각국의 대학을 중심으로 널리 사용되고 있다.

64. 에드워드 루트와크, 『전략 : 전쟁과 평화의 논리』

◈ 전쟁에게 기회를 주라는 역설

이 책은 냉전 후의 변화를 반영하여 2002년에 증보개정되어 출판되었다. 개정판 추가된 것 중에 **평화유지활동(PKO)**에 대한 분석이 있다.392) 냉전 후 아프리카 등에서 내전이나 민족분쟁이 증가하고 있는데, 이러한 내전과 민족분쟁의 당사자들을 분리해 정전시키기 위해 UN에서 PKO군을 파견하고 있다.393)

루트와크는 평화유지군(PKO)을 외부로부터의 자의적 개입으로 간주하고, 개입에 의해 분쟁 당사자들이 일시적으로 휴전을 한다지만, 휴전기간 동안에 다음의 전투에 필요한 힘을 축적하기 때문에 결과적으로는 분쟁을 길게 끌고 가는 상황이 된다고 지적한다. "오히려 분쟁 당사자의 일방 또는 쌍방이 힘을 다할 때까지 죽을힘을 다해 싸우

에드워드 루트와크,
『**전략 : 전쟁과 평화의 논리**』

게 하는 것이 최종적인 평화를 가져오게 하는 것"이라며, 전쟁이 본래 갖고 있는 분쟁해결 기능을 활용하게 해야한다는 도발적인 주장을 펼치고 있다. 결국, 내분과 같은 분쟁에서는 전쟁이야말로 최종적인 평화를 만들어낸다는 역설이다. 나쁜 길이 적의 방어가 약하기 때문에 나쁜 길을 택하는 것이 전쟁에서는 좋은 방책이 될 수 있는 것과 같은 이치라고 설명하고 있다.

그의 주장은 미국의 외교평론지인 <Foreign Affairs>에 최초로 발표되어, 당시에 평화유지작전(PKO)의 분쟁해결 기능에 한창 기대를 걸고 있던 세계에 경종을 울린 것으로 화제가 되었었다. 이것이야말로 루트와크가 주장하는 '전략에 있어서 역설의 논리'를 체현한 것이라고 말할 수 있다.

---

392) PKO활동은 분쟁이전, 분쟁시, 정전이후의 5가지 활동으로 구분한다. 분쟁이전에는 분쟁 예방(Conflict Prevention), 분쟁시에는 평화 조성(Peace Making), 또는 평화강제(Peace Enforcement) 활동으로 정전을 유도한다. 정전이후에는 평화 유지(Peace Keeping)와 광범위한 평화 구축/재건(Peace Building)활동을 전개한다.
393) 유엔헌장 제6장의 '분쟁의 평화적 해결수단'은 구속력이 결여되어있다. 제7장의 '집단 안보 수단은 실제 적용이 어렵다. 따라서 평화적 분쟁관리 활동의 수단으로서 PKO (평화유지군)을 파견하여 평화유지활동을 수행하고 있는 것이다.

제13장 전략은 무엇이고 어떻게 발전해 왔나

■◆ 전략에 있어서 조화(調和)의 중요성

본문은 제1부 전략의 논리, 제2부 전략의 수준, 제3부 대전략으로 구성된다. 루트와크는 일반화되어진 3단의 전략 체계(전략-작전술-전술)에 대전략과 기술을 추가하여, 다음의 그림처럼 전쟁에는 **대전략(Grande Strategic)**, **전략(Strategic)**, **전구전략(Theater Strategic)**, **작전술(Operational)**, **전술(Tactical)**, **기술(Technical)**이라는 5개의 수직적인 레벨이 존재한다고 주장하였다. 이것들의 수준은 단층구조를 이루고 있는데, 최종적인 군사행동의 성패는 대전략의 수준에서 결정되어지는 것이다. 그러나 하위 수준으로부터 순차적으로 성공하게 된다고 해도 대전략의 수준에서 반드시 승리를 얻게 된다고는 말할 수 없다.

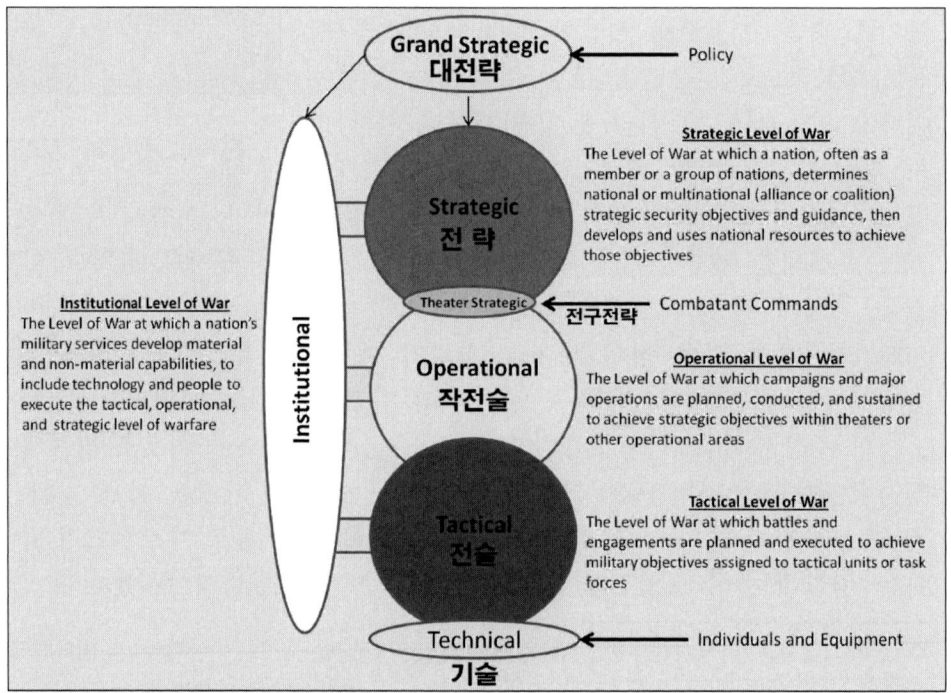

베트남 전쟁에 있어서 미국은, 기술, 전술, 작전, 전역 수준의 모든 수준에서 우위를 점하고 있었으나 최종적으로 미국은 베트남으로부터 철퇴할 수밖에 없었는데, 이것은 아무리 전략의 하위 수준에서 우위를 점하고 있다고 하더라도, 대전략의 수준에 있어서 반드시 승리할 수는 없다는 것을 보여준다고 했다.

64. 에드워드 루트와크, 『전략 : 전쟁과 평화의 논리』

또한 전략의 입안에는 군사력 이외의 수단들을 검토할 필요가 있는데, 루트와크는 이것을 전략의 수평적인 수준이라고 부르며, '**군사력**' 이외에 '**외교력**', '**경제력**', '**인텔리전스(정보력)**', '**프로파간다**'394)를 꼽고 있다.395)

경제력의 예를 들면, 태평양전쟁의 서전에서 일본은 진주만 기습으로 전술적인 승리를 거두었다고 할지라도 미국의 경제력을 생각하면 시간이 경과할수록 일본이 열세에 처하게 된다는 것은 자명한 것이었다. 미국의 경제력을 상쇄하기 위해서는 미국 본토를 점령하거나 산업시설을 폭격하는 방법이 있을 수 있었겠지만, 당시 일본의 국력으로는 불가능하였다. 그렇기 때문에 개전시점부터 일본의 패배는 불가피했다고 루트와크는 결론지었다.

결국 전략의 입안에 있어서는 5개의 수직적인 수준뿐만 아니라 수평적 수준에 있는 요소들의 상호관계도 이해하고, 이것들을 조화시키는 것이 최종적인 목표의 달성에 무엇보다 중요하다고 말하고 있다.

모든 수직적, 수평적 수준의 조화를 고려한 전략을 입안했다고 하더라도 관료조직이나 국회의 저항에 직면하기도 하고, 현실에서는 그러한 전략을 실시하기가 곤란할 수 있다. 이 책은 특정한 국가를 대상으로 한 구체적인 정책이 아니라, 전략의 일반이론을 제시하는 것을 목표로 하였기 때문에 수립한 전략을 바로 적용하는 것이 용이한 것은 아니다. 그러나 그러한 것이 이 책의 가치를 조금도 감소시키지는 못한다. 중요한 것은 이 책이 클라우제비츠와 리델 하트처럼 전략적 사고의 보편적인 틀을 제시했다는 점에서 전략론의 새로운 고전의 영역에 들어선 명저라고 말할 수 있다.

[원서 정보] Edward N. Luttwak, *Strategy: The Logic of War and Peace,* Revised and Enlarged Edition (Harvard University, 2001)

---

394) **프로파간다(Propaganda)** : 이념이나 사고방식을 설득하거나, 주입식 방법으로 하는 선전이나 선동. 라틴어로 '확장'을 뜻하는데, '무형의 이념이나 사고방식의 확장'을 말한다. 정부가 자국민을 선동할 때 사용되며, 국민들을 우매하게 볼 경우에 자주 만들어지는데, 자국의 부족한 부분을 숨기고 상대 국가를 의도적으로 폄하하기 위해 과장되거나 다수의 허위를 섞기도 한다. 기념물이나 상징물, 계속되는 주입식 방송 등이 특징이다. 나치독일의 괴벨스, 북한의 선군정치 등이 대표적인 사례이며, 주로전시에 국민들을 선동하거나 일체감을 조성하기 위해 사용한다.

395) **DIME역량** : 전략수립시 고려해야하는 국가의 역량으로 외교력(D), 정보력(I), 군사력(M), 경제력(E)를 꼽는데 이것과 일치한다. 루트와크는 여기에 프로파간다를 추가했다.

65 전쟁사와 전략 개념을 연계한 군사전략서

✍ 안툴리오 에체베리아(Antulio J. Echevarria II)

📖 「군사전략 개론」
(Military Strategy: A Very Short Introduction)

◆ 미국 육군대학 교수의 군사전략 개론서

전략의 구분은 기본적으로 전쟁의 형태에 따라, 핵전략과 재래식 전략으로 나눌 수 있다. 역사적으로는 델브뤼크가 적 군대를 전멸시킬 결정적 전투를 필요로 하는 '**섬멸전략**'과 적의 군사력의 마모를 꾀하는 '**소모전략**'을 구분하였다. 앙드레 보프르가 군사력의 직접적인 사용을 말한 '**직접전략**'과 정치, 외교, 경제 등을 동원하는 '**간접전략**'으로 구분하기도 하고(본서27항), 존 콜린스가 논한 것처럼 예기치 못한 조합을 통해 독창적 능력을 발휘하여 적이 대처할 수 없게 하는 '**비대칭 전략**'과 '**대칭전략**'으로 구분할 수 있다(본서78항). 작전의 동시성에 따라 구분하면, 한 단계를 마무리하면 다음 단계로 넘어가는 '**순차전략**'과 동시에 병행적으로 공격하여 신속결전과 기습효과를 달성하여 전쟁에서 승리하는 '**병행전략**'으로 구분한다. 와이리(J.C.Wylie)는 수단으로서의 전략을 **순차전략**(Sequential Strategy)과 **누적전략**(Cumulative Strategy)으로 구분하여, 2가지 전략의 상승효과가 중요함을 강조했다. 이러한 전략의 유형을 종합하면 다음의 표와 같다.

분류 기준	전략의 유형	관련 학자
전쟁의 형태	핵전략, 재래식전략, 혁명전략	
전쟁수행방식	섬멸전략, 소모전략	한스 델브뤼크
전략 수단	순차전략, 누적전략	와이리(J.C.Wylie)
	순차전략, 동시전략, 누적전략	미 육군전쟁대학
전장 구분	지상전략, 해양전략, 항공전략	
군사력의 직접성 여부	직접전략, 간접전략	앙드레 보프르
상대에 대한 요구형태	억제전략, 강압전략, 보장전략	마이클 하워드
상대에 대한 대처	대칭전략, 비대칭전략	존 콜린스
전쟁 기간	단기전전략, 장기전전략	
전략의 동시성	연속전략, 병행전략	존 와든

65. A.J.에체베리아, 『군사전략개론』

■◆ 군사전략의 구분과 의미

섬멸(annihilation)과 마비(dislocation)는 군사전략이 추구하는 '이상적 결과'를 달성할 수 있는 것인데, 최소의 인명손실과 경제손실로 신속하게 승리를 거두는 것이다. 이 두 개의 전략은 서로 연계되어 작동해서 실제 상황에서 구분하는 것은 쉽지 않다. 구분하자면, 섬멸은 하나의 전투나 신속하게 진행되는 전역에서 상대방 전투력의 물리적 감소를 추구하는 반면에, 마비는 예상치 못한 기동이나 기습으로 혼란을 야기한 뒤에 상대방의 싸우려는 의지를 감소시키는 것이다.

A.J.에체베리아, 『**군사전략개론**』

소모(attrition)와 소진(exhaustion)은 위의 개념들과 정반대로 진행된다. 소모는 상대방의 물리적 전투능력을 감소시키는 것이며, 소진은 상대방의 싸우려는 의지를 헐어내는 것이다. 두 개념도 유사하여 실제상황에서 구분하기가 쉽지 않다. 소모는 상대방의 저항의지가 강하여 상대방의 물리적 능력이 제거되기 이전에는 포기하지 않을 것이라는 가정에 근거하며, 소진은 상대방의 저항의지가 강하지 않아서 저항하려는 능력이 모두 파괴되기 이전에 저항의지가 붕괴될 것이라고 가정하는 것이다.

소모와 소진전략에서는 적을 강제하는 과정에 오랜 시간이 필요해서 이 전략을 채택하기 위해서는 국가의 막대한 물리적 능력 소모를 감수해야 하며, 국민의 사기가 장기간 긴장상태로 유지되기 때문이다.396)397) 하지만 많은 전략이 이 두 가지 전략 중 하나로 귀결되기 때문에 중요하여, 그러한 맥락에서 다른 전략들은 소모와 소진의 변형에 불과하다고 평가한다.398)

---

396) 미국은 JP-1에서 군사력의 전략적 사용을 보장(Assurance), 강압(Compellence), 억제(Dettenrence), 강제행동(Focible Action)으로 규정했으며, 강제행동을 통한 승리방법으로 소진(exhaustion), 소모(attrition), 소멸(annihilation)을 제시했다.

397) 랜달 바우디시(Randall Bowdish)는 군사전략으로 섬멸(extermination), 소진(exhaustion), 전멸(annihilation), 위협(intimidation), 전복(subversion)을 제시했다. Bowdish, Randall G, "Military strategy: Theory and concepts" (2013).

398) 델브뤼크는 소모전략을 '기동을 통해 계속적으로 전투를 회피하는 것'이라고 오해할 것을 우려해서, 한쪽 끝은 전투이고 다른 한쪽 끝은 기동인 '양극 전략'으로 정의했다.

강압(coercion)과 억제(deterrence)는 평시와 전시에 모두 적용하는 군사전략의 기본 형태이다. 전쟁이 발발하면 이 전략들의 평시 형태가 실패했음을 의미한다. 셸링은 '강압'은 상대방에게 무엇을 이행하도록 강요하는 것이며, '억제'는 상대방이 무엇인가를 하지 못하도록 막는 것이라 했다.399) 억제는 직접억제(자국 보호)와 확장억제(동맹국 보호)로 구분하기도 한다. 위기관리 단계에서 적에 대한 신속억제방안(FDO) 등이 특별히 중요하다.400)

전략의 관점에서 볼 때 무엇을 하도록 강요하는 것만으로는 충분하지 않으며, 많은 경우에 적이 어떤 행동을 취하지 못하도록 억제하는 것도 함께 고려해야 한다. 대 테러전과 대 반란전 전역은 강압과 억제가 연계된 상황이 적용되는 현대적 사례이다. 이 두 가지 전략의 목표는 적대적 테러리스트 조직을 무력화시키는 것이지만, 유입되는 전사들까지 저지하기는 힘들다.

테러(terror)와 테러리즘(terrorism)은 공포를 조장하여 목표달성을 추구하는 전략이다. 테러전략에는 적의 주요지역에 대한 공중폭격을 감행하여 적 국민이 평화를 갈구하도록 자극하는 것도 포함된다. 테러리즘 전략은 일반적으로 누군가의 행동에 변화를 강요하기 위해서 특정 대상 혹은 다수의 비전투원에게 공포를 주입하는 것이다. 테러와 테러리즘은 모두 강압적인 측면을 가지고 있지만, 이들은 모두 실행에 옮기지 않도록 한다는 점에서 억제하는 측면도 가지고 있다. 그런데 테러리즘을 전략으로 볼 것인지 전술로 이해해야 할 것인지에 대해서는 학문적 논쟁이 진행되고 있다.

참수(decapitation)와 표적화 살상(targeted killing)은 21세기에 접어들어 활용빈도가 급격하게 증가하였는데, 이것은 원격조종 차량이나 드론의 생산증가와 연관된다. 참수와 표적화 살상은 각각 마비와 소모에서 파생 및 발전된 개념이다. 참수는 상대 조직의 지도자를 제거함으로써 조직 전체를 마비시키거나 붕괴하려는 시도이다. 표적화 살상은 상대 조직의 구성원을 체계적으로 제거하는 것인데, 이 경우 제거대상은 핵심 지도자에 한정되지 않는다. 실효성과 윤리적 측면에 대한 문제제기로 인해 논란이 되고 있다.

---

399) 토마스 셸링은 또한 양자 간의 가장 큰 차이점을 시기와 주도권의 측면에서 분석했다. 강압은 상대방이 어떤 행동의 변화를 가져올 때까지 처벌을 계속하는 데 반해, 억제는 상대가 어떤 행동을 시작할 때 처벌을 가하는 것이다.
400) 억제는 상대방이 감당할 수 없을 정도의 유효한 보복 및 제재를 받을 것이라는 공포로 적대행위를 좌절하게 하는 것으로 억제의 조건은 의사전달, 역량, 신뢰성이 있다.

65. A.J.에체베리아, 『군사전략개론』

『군사전략 개론』에 대한 평가

2017년에 발간되어 아직 명저로 검증이 덜 된 이 책을 선정한 것은 이 책의 저자인 안툴리오 에체베리아(Antulio J. Echevarria II)가 미 육군대학의 교수라는 점이다. 전략연구소(Strategic Studies Institute) 소장을 역임했고, 2013년부터 USAWC Press의 편집장을 맡고 있다. 미국 육군을 대표하는 군사이론, 전략사상, 군사전략 분야의 최고 권위자이며, 특히 클라우제비츠의 전략사상을 현대 미군의 전략개념에 접목시킨 저작으로 명성을 쌓고 있다.401) 이처럼 미국의 권위있는 육군대학 교수가 육대 학생장교들을 대상으로 작성한 전략개론서이면 당연히 우리나라의 장교들과 군사학도들에게도 유용할 것이라는 생각에서이다.

게다가 『전략의 역사』(본서60항)의 저자인 로렌스 프리드먼은 "필드에 대한 깊은 지식을 바탕으로 군사전략의 주요 주제에 대한 체계적이고 간결하며 예리한 가이드를 제공하여 학생과 실무자 모두에게 귀중하다"고 했다.

우리나라에는 나종남 역으로 황금알(2018)에서 번역서를 내놓았다. 수준 높은 저작이면서도 참으로 읽기 쉽게 써서 이해하기 쉽다. 목차와 서문을 포함해서 200페이지 남짓이라 역자는 책이 얇아질 것을 경계해서 '그레이존 작전'에 관한 아티클을 부록으로 넣을 정도로 단숨에 읽을 수 있다.

군사전략에 관심있는 독자들은 반드시 읽어볼 것을 권한다. 역자는 이 책에는 지금까지 국내에 자세하게 소개되지 않았던 몇 가지 전쟁사 사례에 대한 '새로운 해석'이 제시되어있다고 했다. 한니발의 오류(the Hannibal's fallacy), 나폴레옹의 전략적 한계, 테러와 테러리즘에 대한 다양한 이해 등이 그것이다. '우리 시대의 클라우제비츠(Clausewitz in our age)'로 불리는 세계 최고의 군사전략가가 제시하는 수준 높은 분석을 통해 전쟁사와 군사전략에 대한 이해의 지평을 넓힐 수 있다.

[원서 정보] Antulio J. Echevarria II, *Military Strategy: A Very Short Introduction*, Oxford, 2017.

---

401) 에체베리아는 신속결정작전(RDO)의 유용성에 대해 강조했다. 이는 적에게 특정행동을 강요하거나, 적이 강압이나 공격을 가할 수 없도록 하는 것이다. RDO원칙이 대규모 장기작전에도 적용되지만, RDO 개념은 장기작전의 예비단계로 의도된 것은 아니다.

제14장

정치와 군사의 관계를 정의하다

민군(民軍)관계는 국가전략의 중요한 요소로 연구되어진다. '군으로 인한 안전'과 '군으로부터 안전'을 양립하기 위해 '문민통제에 의한 안전보장' 차원에서 '민군관계'로 일컬어진다. 민군관계는 '군과 정치'와 '군과 (시민)사회', 양측을 포괄하지만, 정치와 군사의 관계에 대해서는 정군(政軍)관계로 구별되기도 한다. 안전보장의 요청에서 정치와 군사의 관계를 어떻게 구축하여야 하는지 주로 정군관계에 대한 저서를 고찰한다.

제14장 정치와 군사의 관계를 정의하다

66 유기적인 생명체로 민군관계를 정의하다

✎ 사무엘 헌팅턴(Samuel P. Huntington, 1927~2008)

📖 『군인과 국가 : 민군관계의 이론과 정책』
(The Soldier and the State: The Theory and Politics of Civil-Military Relations) *1959년 초판

■ 올바른 민군관계(Civil-Military Relations)를 모색

민군관계의 이론을 다룬 이 책은 1957년 정치학자인 사무엘 P. 헌팅턴이 쓴 저서로서, 민군관계의 고전이다. 『문명의 충돌』이라는 저서로 우리에게 친숙한 헌팅턴은 컬럼비아 대학과 하버드대학 종신교수를 역임했고, 미국 최고의 지성으로 20세기 미국 정치학계를 주도한 세계적 정치학자이다.

이 책에서 정치가 군인을 통제한다기보다는, 국가의 주체인 국민이 군인을 통제한다는 개념을 제공하고 있다. '객관적 문민통제론'을 진전시키며, 그에 따라 군부에 대한 통제권을 주장할 수 있는 최적의 수단이 그들을 '전문화하는 것'이라고 하며, '군 전문직업주의'를 주창했다. 군의 자율성에 법적, 제도적 제한을 두는 등의 주관적 문민통제와는 대조적이다.

그의 핵심적인 주장은 "**문민 지도자와 군인의 역할 사이에는 의미있는 차이가 있고, 문민통제의 핵심은 군사적 전문성이며, 군사적 전문성의 핵심은 군사적 자율성에 있다**"는 것이다.

'직업으로서의 공직'이라는 주제로 '현대의 장교집단'이 어떻게 직업적인 조직이고, '현대의 장교'가 어떻게 군사적 전문성을 갖는지를 묘사하고 있다. 먼저, 직업의 자질을 정의하며, 장교집단이 이 정의에 부합한다고 주장한다.

헌팅턴은 **전문직업의 자질을 (1)전문성, (2)책임감, (3)협동성(내적단결성)**이라고 보았다. 구체적으로는 장교집단이 폭력관리에 관한 전문지식을 발휘하고, 그 분야의 교육과 선진화를 독점하고 있으며, 자신이 봉사하는 사회에 대한 과중한 책임을 지고 있어 개방시장에서 '경쟁'을 하지 않는다.

66. 사무엘 헌팅턴, 『군인과 국가』

직업적으로 군인은 군사의 구성, 활동 계획, 실행 및 지휘 등 지적 능력의 집합에 대한 포괄적 연구와 훈련, 그리고 이에 따른 전문성이 요구된다. 군사 전문지식, 폭력의 관리에는 전쟁과 전투의 과학은 물론 조직과 행정 능력까지 포함된다. 군사전문분야는 기술자, 조종사, 기계학, 법 전문가 등 구체적이고 광범위하다. 헌팅턴은 이런 '전문 윤리'가 폭력을 행사하는 아마추어 집단(예비병, 용병, 기술 전문가 등)이나 '공무원'과 차별화되고 있다고 주장한다.

사무엘 헌팅턴, 『군인과 국가』

◆ 군인의 직업윤리 - 보수적 현실주의

군인의 마음가짐과 군인의 직업윤리에 대해 논하였는데, **군인의 직업윤리는 (1) 기본 가치와 관점, (2) 국가의 군사정책, (3) 군과 국가의 관계**에 의거하여 전문적인 군사윤리가 정교하게 만들어진다.

헌팅턴은 군인의 마음가짐을 '**보수적 현실주의**(Conservative Realism)'로 요약했다. 따라서 군사 윤리(military ethic)는 그 군사직업에 대한 관점에 있어서 집단주의적이며, 역사적으로 집중하고, 권력지향적이며, 민족주의적이고, 군사주의적이고, 평화주의적이며, 기교주의적이라고 보았다.

'전문성'은 사회와 그 '전문성' 사이의 상호구속력을 수반한다고 강조했다. 군사 직책은 군 장교들이 국가와 정부를 운영하는 정치 관료들의 준수를 통해 국가에 대한 의무를 다하도록 요구된다. 국가와 시민에 대한 대리인 역할을 하기 때문에 공익을 제공하는 것은 군의 책임이다. 그러나 군내 계급이 한 단계씩 올라갈 때마다, 보다 전략적인 결정을 내릴 수 있는 권한이 부여되기 때문에 더 많은 책임감과 기술이 요구된다.402) 군은 작전과 전술적 결정에 책임을 갖는 반면에, 문민은 정책과 대전략에서 책임을 갖는다.

---

402) 이것을 '**군 전문직업주의**(military professionalism)'라고 하였다. 이에 대한 특징을 전문성(expertise), 책임감(responsibility), 단체정신(corporateness)이라고 했다.

제14장 정치와 군사의 관계를 정의하다

고도로 전문화된 장교단의 경우 장교들이 국가의 안보를 평가하고 국가 지도자에게 군사적 전문 조언을 제공하는 임무를 맡게 되고, 사회는 다시 그들의 전문적 군사지식과 군대조직에 대한 존경의 수단을 마련해야 한다.

군사적 제도와 국가(제도적 관점)

이어서 '서양 사회의 군직의 상승'을 개괄한다. 그는 장교단이 봉건주의 붕괴에서부터 '30년 전쟁(1618~1648년)' 후 귀족장교로 교체될 때까지 용병으로 구성됐고, 용병도 귀족도 왜 그가 정의한 전문직이 아니었는지를 설명한다. 결국 장교는 클라우제비츠가 전쟁론에서 정의한 '군사적 천재'의 개념을 빌어서 19세기에 군사적 천재에 대한 생각인 '우수한 교육, 조직, 경험으로 성공하는 평균적인 남자'에 대한 프로이센의 생각으로 대체되었다. 이처럼 군사전문직업으로 자리매김하여 직업윤리가 형성되었다고 보았다.

18세기에서 20세기 초반까지는 자유주의와 헌법이 미국 민군 관계의 역사적 변수로써 작용했다고 분석했다. 이러한 변수를 '미국의 자유주의가 만연하는 현상', '군사에 대한 진보적 접근', '자유주의', '정치의 군사적 영웅' 등 4가지로 나누어 서술하고 있다. 그는 미국 자유주의자들의 군사문제에 대한 접근은 적대적이고, 정적이며, 지배적이었던 반면에, 연방주의자들과 남부의 보수적 접근은 동정적이며, 건설적이었다고 보았다.

국제관계에 영향을 준 미국 자유주의의 요소들은 **(1) 국제문제에 대한 무관심, (2) 국제문제에 대한 국내적 해법 적용, (3) 국제문제에서의 객관성 추구**로 보았다. 그는 "미국은 힘의 균형에 관여하지 않았기 때문에 국익보다는 보편적 이상 측면에서 정의된 외교정책 목표를 추구할 수 있었다"고 밝혔다. 또한 그는 '군인의 적대적 이미지'와 '자유주의적 군사정책'을 논하고 있는데, 비전문적인 군사영웅은 일반적으로 정치적으로 성공하지 못하지만, 자유주의적인 미국에서 전통적으로 환영을 받았다고 주장한다.[403]

---

403) 제도적 관점에서 민군관계를 연구한 저서로는 모리스 자노비츠의 『전문 군인(The Professional Soldier)』이 있다. 오늘날 민군관계가 직면한 세가지 쟁점을 제시한다. 군사행동의 정치적 결과를 어떻게 판단할 것인가? 무력을 덜 사용하면서 국제관계 문제를 어떻게 해결할 것인가? 전문적인 군사적 자율성을 유지하면서 문민통제를 어떻게 강화할 것인가?

66. 사무엘 헌팅턴, 『군인과 국가』

◆ 미국 민군관계의 위기(1940~1955년)

제2차 세계대전과 제2차 세계대전 이후 10년간의 민군관계를 개괄적으로 설명하는데, 이 시기를 미국에 있어서 '민군관계의 위기'로 보았다.

따라서 합참의 정치적 역할을 재정의하고, 냉전시대 민군관계에 대한 권력분립의 영향에 대해 기술하고, 민군관계의 맥락에서 국방부의 냉전 구조를 분석한다. 또한, 냉전시대와 미국의 자유주의의 전통에 비해 계속 증가하고 있는 국방의 요구와 소련과의 사이의 '새로운 평형을 추구'라는 움직임으로 인해 직면했던 난제에 대해 논하고 있다.

민군관계의 위기라고 할 수 있는 최대 갈등은 한국전쟁 중 최고 지휘관인 맥아더 장군이 전격 해임된 사건으로 드러나고 있다. 극동에 집중하여 만주 폭격을 건의하고 중국 공격을 제안한 맥아더 장군과 소련의 원폭실험 성공을 보면서 제한전쟁 정책을 펴고 있던 트루먼 대통령 간에는 시각의 차이가 많았다. 유엔사령관 맥아더 장

1950년 10월 15일, 한국전쟁중에 중국의 개입여부를 의논하기 위해 태평양의 웨이크섬에서 만나는 트루먼 대통령과 맥아더 장군.

군은 공개적으로 트루먼 행정부의 정책을 비난했고, 대통령의 발언 중지 명령은 무시되었다. 한국전쟁이 한창이던 1951년 4월에 맥아더 장군은 전격해임되었다. 전쟁을 수행하는 정치지도자의 전쟁목적과 군사지휘관의 군사목표가 공통지향점을 찾지못해 갈등하게 되고, 전쟁중에 정치지도자에 의해 군사지휘관이 물러난 사건이다. 사무엘 헌팅턴은 이 사건을 보면서 민군관계에 주목하게 되어서 이 책을 쓰게 되었다고 밝혔다.

냉전기간 동안에 권력분립이 민군관계에 미친 영향을 설명하고, 국방부와 합참의 정치적 역할에 대해 분석한다. 그리고 냉전으로 인해 높아진 지속적인 방위 요구와 미국의 자유주의 전통이 직면한 과제를 논한다.

주관적 문민통제와 객관적 문민통제

사무엘 헌팅턴은 미국 민주주의 발전을 저해하지 않으면서, 국가안보를 맡고있는 군대를 대의민주주의 체제에서 시민사회의 의지로 선출된 정치가 어떻게 통제하는 것이 바람직한 것일까를 연구하였다.

민주주의 사회가 추구하는 권력의 정당성 측면에서 볼 때, 군부가 정치지도자의 정당성을 능가할 수 없다. '**문민통제(civilian control)**'는 민군관계에 있어서 정치와 군부의 상대적 권력에 관한 것으로, 군부의 권력을 감소시킴으로써 문민통제가 가능하다고 보았다.

이것을 주관적(subjective) 문민통제와 객관적(objective) 문민통제로 구분하여 정의하였는데, 주관적 문민통제의 위험성을 알리고 객관적 문민통제를 바람직한 문민통제 방식으로 제시하였다.

'**주관적(subjective) 문민통제**'는 특정 정치지도자나 사회 계층의 파워를 극대화하고, 군부와 군대가 그들의 통제를 받는 것을 말한다. 이처럼 군부가 주관적 통제를 받게되면 정치인이 군부의 전문성을 무시하고 군사작전에까지 관여하는 경우가 발생하고, 군부는 자신의 신분보장을 위해 군사 전문성을 제대로 주장하지 못하고 특정집단에 주관적인 충성을 바치게 된다. 이렇게 되면 군을 둘러싸고 정치집단간에 권력투쟁이 발생할 수 있으며, 군이 특정집단의 통제대상임을 인정하게 되면 군대의 정치적 중립성이 훼손되며, 나아가 민주주의 체제를 위협할 수도 있게 된다.

'**객관적(objective) 문민통제**'는 이와 반대되는 개념인데, 이것은 직업군인을 전문직업인으로 보고 **군사적 전문성을 극대화하면 군이 자신의 업무에 전념하면서 정치에 개입하지 않을** 것이라고 보는 것이다. 이처럼 정치와 군대가 분리되면 정치지도자는 안보와 국방목표를 설정하고 정책을 입안하는 역할을 담당하고, 군부는 국방목표에 따라 군사작전을 구상하고 수행하는데 전념하면서 군사적 사안에 대해서만 조언한다.

이 과정에서 정치는 군사작전에 영향을 미치지 않고, 군대는 정책에 영향을 미치지 않는다. 결국 군부가 '군사'라는 자신의 전문적인 업무영역에 전념한다면 정치적으로 중립적일 것이라는 점이 그의 논지이다.

66. 사무엘 헌팅턴, 『군인과 국가』

■◆ 인간관계 차원으로서의 민군관계

사무엘 헌팅턴은 한국전쟁이 한창이던 1951년 4월에 트루먼 대통령의 국가정책과 맥아더 장군의 군사전략이 다르다는 이유로 맥아더 장군을 해임한 사건을 보면서 민군관계에 주목하게 되고, 이 책을 저술했다고 밝혔다.

헌팅턴은 이 책을 통해 민군관계를 어떠한 시각에서 바라볼 것인가라는 민군관계에 대한 이론적 프레임 워크를 발전시키려고 시도하였다.

군대와 국가를 체제와 조직 차원이 아니라 체제와 조직의 주체로서의 인간관계 차원에서 접근하고 있다. 국가를 하나의 유기체로 의인화하여 군대를 구성하는 군인과 대비하여 민군관계를 인간관계 차원으로 해석한 부분이 절묘하다. 이 책은 발간된 지 반세기가 지났지만, 민군관계를 정의하는 고전적인 명저로서 살아있는 지혜를 제공한다.

냉전이후에 민군관계의 주제는 '평화배당'[404]에서부터 군내 동성애자 문제와 여성 차별 등 다양하다. 사회가 군에 요구하는 사항이 보다 많아졌고, 군 엘리트와 민간 정치가의 의식 차이가 넓어졌다는데서 이유를 찾는다.

헌팅턴은 민주주의 국가에서는 자유주의적 가치가 중요하며, 자유적 가치와 이상을 수호하기 위해서는 국가안보가 확보되어야 하는데 국가안보는 강력한 군사전문 직업집단의 몫이라고 하였다. 전문직업적인 무력집단인 군이 자유주의 시민과 공존해야 하며, 양자 간에 끊임없는 긴장과 갈등을 온전히 피할 수는 없다 할지라도 공존의 길을 찾아내야 한다고 했다.

이 책은 2023년도에 미국 합참의 필독 도서로 선정되었다. 국내에는 『군인과 국가』(한국 해양전략연구소, 2011) 등으로 출판되어있다.

[원서 정보] Huntington, S. *The Soldier and the State: The Theory and Politics of Civil-Military Relations.* (New York, NY: Belknap Press.(1959).

---

404) **평화배당(peace dividend)** : 1980년대말 냉전종식후 대외적 위협감소에 따라 '평화배당'논쟁이 미국 민군관계의 중요한 테마가 되었었다. 일각에서 냉전 종결은 미국의 거대한 국방예산의 정당성이 소멸된 것이라고 규정하고 이를 위해 국방예산과 병력을 대폭 감축하여 경제와 복지로 전환할 것을 주장하였다. 실제로 미국 국가 재정의 상당 부분을 안보 이외 분야로 전환할 수 있게 되었고, 이를 '평화 배당'이라고 불렀다.
최근에는 '분쟁이나 갈등상황이 마무리되면서 발생하는 경제적 이득'을 뜻하는 용어로 자리잡았다. 미중간 무역분쟁이 합의되면 발생하는 경제상황, 또는 한반도 해빙무드가 조성되면 발생될 것으로 기대되는 경제적 이득을 말할 때 사용된다.

제14장 정치와 군사의 관계를 정의하다

67 전략형성에 있어서 문민통제
✎ 버나드 브로디(Bernard Brodie, 1910~1978)
📖 『전쟁과 정치』 (War & Politics)
(New York: The Macmillan Co, 1973초판, 국내 미출판)

◆ 핵 전략 연구의 선구자인 버나드 브로디

미국에서 전략연구가 하나의 학문분야로서 인지되어진 것은 냉전이 격화되었던 1950년대 전반에 이르러서부터 이다. 그때까지도 군사전략은 군인이 독점하는 분야였고, 대학에서 연구할 대상으로 보이지 않았다.

그러나 핵무기의 등장에 의하여 그 상황은 한순간에 바뀌어버렸다. 제2차 세계대전 이후에는 핵무기가 사용되지 않았기 때문에 본격적인 핵전쟁이라는 것은 도대체 어떠한 모습이 될 것인가에 대해서는 군인이라고 해도 알지 못했다. 그렇기 때문에 특히 핵전략의 입안에 있어서는 상상력을 동원할 수밖에 없었고, 그러한 점은 군사적 지식을 갖고 있는 군인이라고 해도 문민과 큰 차이가 없었다.

그러한 상황에 있어서 미국의 핵전략의 입안에 있어서 중심적인 역할을 담당했던 사람이 대학 등에서 아카데믹한 훈련을 받았던 연구자들이었다. 버나드 브로디는 그러한 전략연구자의 최초 세대에 속한다.405)

핵무기가 사용되지 않은 시기에 브로디가 중심이 되어 발표한 『절대무기(absolute weapon』(1946년)를 '억지(deterrence)'라는 개념을 중심에 두고 쓰여졌던 것이었는데, 미국 장래의 핵전략을 예언하는 것이었고, 그 후의 핵무기에 관한 연구의 스탠더드가 되었다. 또한 미국 공군이 중심이 되어서 설립한 싱크탱크인 랜드연구소의 연구원을 오랜 기간에 거쳐서 복무한 브로디가 그것에서의 연구를 종합한 『미사일 시대의 전략』(1959년)은 1960년대 이후의 핵미사일을 중심으로 한 핵전략의 선구자가 되었다.

---

405) 핵전쟁 방지 연구로 노벨상을 수상한 토마스 쉘링도 버나드 브로디를 평가함에 있어 "등장하면서부터 그 탁월성이라는 점에서 제1인자였다"라고 인정한 존재였다.

67. 버나드 브로디, 『전쟁과 정치』

◆ 명확한 전쟁 목적과 정치

브로디가 전략연구 분야에서 크나 큰 업적을 남긴 것은 핵전략 뿐만이 아니었다. 그는 해군사에 대한 연구자로서의 명성이 높았을 뿐만 아니라, 미국에 있어서 클라우제비츠의 『전쟁론』의 영역본을 최초로 본격적으로 수행하여 출판한 집필진의 한 사람이었다. 그 책에서 브로디는 『전쟁론』에 관하여 우수한 해설논문을 썼다.(본서 20항)

그래서 브로디가 클라우제비츠의 중심적인 명제인 '전쟁은 다른 수단을 이용한 정치의 연장'이라는 인식에 기초하여, '무엇을 위해 전쟁을 하는가'라는 근본적인 문제를 추구했던 것이 그에게 있어서 최후의 저작이 되었던 여기에서 소개되는 『전쟁과 정치』이다.

버나드 브로디, 『전쟁과 정치』

군사문제와 정치의 관계에 대한 것인데, 전쟁을 하는 이유에 대한 생각을 자극하고 독창적인 시각을 제공한다.

브로디는 이 책에서 제1, 2차 세계대전과 한국전쟁 및 베트남 전쟁의 그 원인과 상황을 분석하는데, 그 중에서도 미국이 왜 베트남 전쟁에 관여하였으며, 왜 실패했는가에 대한 것이 논의의 중심이 되고 있다. 브로디는 "베트남이 공산주의 세력의 수중에 떨어지면 주변 국가들이 차례로 공산화될 것이라는, 이른바 '도미노 이론[406]' 등 근거가 희박한 정치목적에 의해 미국이 베트남에 허무하게 개입했다"는 라고 비판했다. 또한 "베트남전쟁의 실패는 미국이 달성가능한 정치목적을 설정하지 못했고, 그 목적에 부합한 수단을 사용하지 않았다는 사실이 주요한 원인이었다"라고 주장했다.

결국 브로디는 베트남전쟁에 있어서도 미국은 클라우제비츠의 전쟁관을 올바르게 이해하고, 그의 가르침을 쫓아야만 했었다고 지적하고 있다.

---

[406] **도미노 이론** : 도미노에서 하나가 넘어지면 줄지어 넘어지듯이, 어떤 지역이 공산화되면 인접지역도 차례로 공산화된다는 이론으로, 베트남 공산화 방지논리로 쓰였다.

제14장 정치와 군사의 관계를 정의하다

전략형성에 있어서 문민통제(Civilian Cotrol)

이 책의 후반에서는 전쟁에 대한 인식의 변화, 전쟁의 원인, 사활적 국익의 정의, 핵무기의 역할 등에 대해 폭넓은 테마를 언급하고 있는데, 특별히 최종 장에서 '전략의 본질'이 논해지고 있다.

브로디는 전략을 '구체적인 방법에 관한 학문'이며, '목적을 효율적으로 달성하기 위한 수단이 되는 것'이라고 규정하고 있다. 전략이론은 '행동을 위한 이론'이며, 전략이란 "**실행가능한 해결책의 추구에 있어서 진실을 탐구하는 분야**"라고 주장하고 있다. 요컨대 브로디에 의한 전략은 "**현실세계에 적용 가능한 것이 아니면 의미를 줄 수 없다**"라는 것이다.

그러면 그와 같은 전략의 입안은 누가 담당해야만 하는 것일까? 군인이 당연히 그러한 역할을 담당해야 할 것으로 기대되어진다. 그러나 브로디는 전쟁에 있어서 군인은 정치목적을 달성하는 것이 아니라, 전쟁에서 승리하는 것을 최대의 목적으로 삼고 있기 때문에 전략의 입안에는 부적합하다고 했다. 또한 군인은 전쟁이 가져다주는 정치적인 영향을 고려하지 않고 조직이익에 영향을 주는 경향이 강하다는 것을 지적하며, 군인들이 주장하는 '군사적 판단'이라는 것이 반드시 신용할 수 있는 것은 아니라고 했다.407)

일찍이 프랑스 수상이었던 조르주 클레망소의 "전쟁이란 너무도 중요한 것이라서 군인들에게만 맡겨둘 수는 없다."408)라고 한 문민의 역할에 관한 유명한 말을 버나드 브로디는 "전쟁이란 군인들만으로 적절하게 대처하기에는 너무나도 중대하고 복잡하다"라고 말을 추가하여서 문민통제의 역할이 중요하다는 것을 강조하였다. 여기서도 반복되어지고 있는 것이 '전쟁은 군사적 행위'라는 클라우제비츠의 전쟁관이다. 그의 전쟁관을 쫓으면, 정치적 요소를 폭넓게 감안할 수 있는 문민의 지도자가 군을 통제하는 것을 말하는 '문민통제(Civilian Control)'의 견지가 반드시 필요하게 된다. 이 책은 그러한 역할의 중요성을 체현한 것도 되고 있다.

---

407) 군사전략가의 요건으로 ①전문적 경험의 축적, ②사실적 자료와 가정의 복합적 관계를 파악할 수 있는 통찰력, ③문제해결에 필요한 의식적이고 이성적인 직관력을 꼽았다.
408) 후에, 샤를 드골은 1958년에 정계에 복귀하면서 "정치란 너무도 중요해서 정치인에게만 맡겨둘 수는 없다"라며 클레망소의 원래 발언을 교묘하게 뒤집어 놓은 발언으로 자신의 정치복귀를 합리화하기도 했다.

67. 버나드 브로디, 『전쟁과 정치』

◆ 브로디의 핵 억제 전략

브로디는 핵정책의 대가로서, '핵시대의 클라우제비츠'라고 불리운다. 핵억제 전략의 기본으로 핵폭탄의 유용성이 그것의 배치에 있는 것이 아니라 배치의 위협에 있다고 보았고, 핵전략의 핵심인 '억지'의 작동원리를 제시했다. 예방적 핵공격은 제한된 전쟁에서 완전한 전쟁으로 발전할 것이라고 주장함으로써, 브로디는 **제2격**(second strike)[409] 능력을 통한 억지력은 양측 모두에게 더 안전한 **'전략적 안정성'**[410]을 가져올 것이라고 했다.

브로디는 **제1격**[411]은 사실상 포기한다는 전략 때문에 제2격 능력의 강도를 확보하기 위해 육지기반 미사일 위치의 강화가 포함된 민방위 투자를 제안했다. 미국 내에 보호되는 미사일 사일로를 건설하는 것은 제2격 능력에 대한 이러한 믿음을 증명하는 것이다. 제2격 전력이 제지에 필요한 안정감을 제공하는 1차 타격능력을 갖추는 것도 중요했다. 브로디는 제2격의 타격 부대는 도시를 목표로 하는 것이 아니라, 군사시설을 목표로 해야 한다고 믿었다. 이것은 소련에게 에스컬레이션을 제한하고 미국이 전쟁에서 승리할 수 있는 기회를 주기 위한 것이었다.

브로디의 핵전략에 대한 탁월함은 '전략연구'에 체계적이고 학술적인 접근을 요구했다는 점이다. 다만, 전략에 대해 과학적인 접근의 필요성을 개관하면서 전략의 복잡성을 정량화할 수 있는 수학적 현상으로 축소시키고자 하는 체계분석적 접근법을 부추겼다. 이에 대한 대응으로 브로디는 나중에 정치와 역사를 이 주제에 재통합시킬 것을 요구했다.

---

409) 핵전략의 개념으로 제1격은 적의 핵전력을 무력화하여 핵 보복능력을 상실케하는 것을 목표로 이루어지는 핵 선제공격을 말하며, 이에 대비해 제2격 능력은 적의 제1격을 받은 후에도 여전히 보복 핵 능력으로 적에게 큰 피해를 입힐 수 있는 능력을 말한다.

410) **전략적 안정성 (Strategic stability)** : 상호 결정적인 타격을 줄 수 있는 능력을 가진 두 잠재적인 적대국가 사이의 균형을 말한다. 핵 시대에 미국과 소련이라는 강대국 사이에 도입된 안정적인 군사적 균형을 가리키는 개념이며, 미국의 안보 전략의 주요 목표로 개념화되었다. 미국은 핵 억지 전략으로 소련에 의한 최초의 핵 공격을 수행하는 것을 방지하고 결과적으로 안정된 전략적 상황이 만들었다.

그러나 1970년대에 핵무기의 대규모 군비경쟁으로 전략적 안정성이 위태롭게 되어, 핵 군축, 군비 관리의 필요성이 제기되었다. 1972년에 제1차 전략무기제한협정과 탄도탄요격미사일제한조약의 체결로 전략적 안정성을 회복할 수 있었다.

411) 먼저 공격해서 상대의 효과적인 보복능력까지 제거하는 것으로, 브로디는 사실상 불가능하다고 보고, 제2격 능력을 통한 억지력을 강조했다.

제14장 정치와 군사의 관계를 정의하다

68. 전시에 있어서 최고 리더십의 역할

✎ 엘리어트 코헨 (Eliot A. Cohen, 1956~)

📖 『최고사령부 : 군인, 정치가, 그리고 전시에서의 리더십』(Supreme Command: Soldiers, Statesmen and Leadership in Wartime)

◆ 국가 위기상황에서는 어느 시기에 누가 결정해야 하나

이 책의 저자인 엘리어트 코헨은 미국의 존스 홉킨스 대학의 선진국제연구스쿨(SAIS)의 전략 연구 교수이자 필립메릴 전략연구센터 창립이사이다. 2007년부터 2009년까지 그는 콘돌리자 라이스(Condoleezza Rice) 국무장관의 전략 고문으로 활동했다. 코헨은 2019년부터 존스 홉킨스 대학 고등 국제학 대학장을 맡고 있으며, 군사분야에 관한 진지한 저서가 많다.

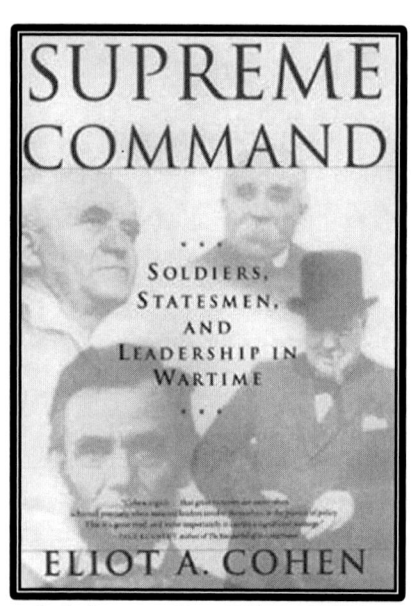

엘리어트 코헨, 『최고사령부』

이 책은 민주주의 국가에서 군대의 승리를 이끄는데 필요한 인물과 원칙을 조명하고 있다. 군대 지도자들과 정치 지도자들 간의 관계는 특히 전쟁 당시 매우 복잡했다. 위기 상황에서 어느 시기에 어떠한 상황에서 누가 어떤 결정을 내려야 하는가? 그리고 중심에 있는 사람은 정치인인가, 군부의 수장인가?

『최고 사령부』에서 엘리엇 코헨은 군대 지도자들과 정치 지도자들 간의 관계에 대해 놀랄만한 해답을 구하기 위해 국가가 전쟁 중에 위대한 국가 지도자였던 에이브레함 링컨, 조르주 클레망소, 윈스턴 처칠, 데이비드 벤구리온, 이상 4명의 민주주의국가 정치인에 대한 사례연구를 통해서 그 답을 찾으려고 하였다.

68. 엘리어트 코헨, 『최고사령부』

◆ 4명의 전쟁 지도자(링컨, 처칠, 클레망소, 벤구리온) 사례연구

위대한 지도자들은 그들의 전쟁을 그들의 장군들에게 돌리지 않았고, '장군들의 장군'이기를 원하였다. 그들은 의문을 제기하고, 핵심적인 시기에는 자문위원이기를 포기하였다. 장군들은 전쟁에서 승리의 방법을 알고 있다고 생각할 수 있지만, 지도자는 큰 그림을 보는 사람이었다.

링컨, 클레망소, 처칠, 벤구리온은 상상할 수 있는 가장 어려운 상황에서 각기 다른 종류의 민주주의를 이끌었다. 그들은 4가지의 매우 다른 배경에서 출발하였다. 그들은 비슷한 도전에 직면했었고, 전쟁의 행위가 권력에서 몰락하게 할 가능성도 있었다. 각각은 기법에 대해 세부적이며 우수함을 보여주었다. 네 명 모두 훌륭한 지도자였고, 전쟁을 자신들의 직업처럼 연구했으며, 여러 면에서 '장군들의 장군'이었을 뿐만 아니라 그것을 마스터했다.

모두는 군대와 충돌하여 스스로를 발견했고, 네 사람 모두 승리했다. 또한 민간인 출신인 이 지도자들이 전쟁지도에 있어서 각각은 군사작전 수행에 민간 차원의 방향을 제시하려는 시도에서 다른 일련의 문제들과 씨름했다.

전시 국가지도자로서 미국의 링컨 대통령과 영국의 처칠 수상은 너무도 유명하다. **링컨** 대통령은 전쟁에 대한 개념을 자신의 것으로 묘사한 그랜트(Ulysses S. Grant)장군[412]에 대해서도 전략적인 감독을 수행했다. 링컨은 자신의 장군들에게 확인 편지를 썼고, 처음부터 끝까지 전쟁 노력에 대해 지속적인 감독을 했다.(본서 46항)

영국의 2차대전 전시 수상 **처칠**은 "정치인이 군사행동을 지시하는 것은 거의 항상 어리석다"라고 말하면서도 "조사하고 확인하는 것은 항상 옳다"라고 말했다. 영국의 전략적 상황이 절망적으로 보일 때, 몽고메드 장군 등 군 지도자들에게 끊임없이 선택과 행동을 부추겼다.

북아프리카 전선에서 지휘관과 논의하며 걷고 있는 영국의 처칠 수상(가운데)

---

412) 율리시스 그랜트(1822~1885): 남북전쟁에서 공을 세웠고, 1864년 링컨에 의해 총사령관에 임명되었다. 북군의 승리의 상징적 인물로 18대 미국 대통령을 지냈다.(본서46)

제14장 정치와 군사의 관계를 정의하다

클레망소는 "전쟁이 장군에게 남겨두기에는 너무나 중요하다"라는 말로 유명한데, 1917년 프랑스 전시총리로 임명되어 제1차 세계대전 후반기에 그 지친 나라에 저항정신을 불어 넣었다. 클레망소 수상은 동등하게 유능하지만 방어전에 대한 상반된 생각을 갖고있는 군사지휘관(Philippe Pétain, Ferdinand Foch)들의 균형을 맞추기 위해 개입했다.

제1차대전 중 프랑스 북부 피카르디 전선을 시찰 중인 클레망소 수상(1917년)

1917년 프랑스군의 페텡 장군이 방어전으로 재편하고 공세를 중단하면서 영국군의 불만이 높았고 이로 인한 갈등이 커졌는데, 이를 해소하기 위해 클레망소 수상은 1918년 포슈 장군에게 프랑스군의 총지휘권을 넘겼다.

국가지도자와 군사지도자 간에는 군사계획이 실제로 원하는 전략목표를 달성할 수 있을지에 대해 가혹하지만 중요한 지적논쟁이 필요하다. 국가지도자는 군사 지도자들이 그들의 가정을 밝히고 추론을 설명하도록 강요하는 지속적인 질문이 중요하다.

벤구리온이 언급했듯이, "군사적 문제에서는 다른 실질적인 문제와 마찬가지로 기술에 정통한 전문가들의 조언과 지도가 필수적이지만, 오히려 열린 마음과 상식이 필수적이다. 그리고 이러한 자질들은 보통의 장군들은 어느 정도 소유하고 있다."라고 했다.

헬리콥터를 이용해 작전지역을 순시하는 이스라엘의 벤구리온 수상(가운데)

벤구리온은 제2차 세계대전 이후 아랍 국가들이 둘러싼 팔레스타인에 이스라엘 국가를 세우고 지키는 전쟁에서 가장 중요한 정치 지도자였다. 벤구리온[413]은 이스라엘 국가성립과정의 총리로서, 이스라엘군 지휘관들에게 군사작전이 진행되는 도중 재래식 전투능력을 전환할 것을 강조했다.

---

413) 1948년부터의 1차 중동전쟁을 이끌었고, 1949년에 초대수상이 된 이후 1956년 2차 중동전쟁, 1967년의 3차 중동전쟁, 1970년 정계은퇴 때까지 전시총리역할을 했다.

68. 엘리어트 코헨, 『최고사령부』

◆ 정치와 전략에 대한 관계

코헨은 "전쟁은 다른 수단에 의한 정치의 연속이다"라고 표현한 클라우제비츠의 이론을 "전쟁은 단지 정책의 행위가 아니라 진정한 정치적 도구이다. 현대에 있어서 정치적 요인에 의해 영향을 받지 않을 수도 있는 작은 규모의 군사행동 영역은 없다"라고 했다. 따라서 최고지도자들은 정치의 종식을 위해 군대작전을 모니터하기 위한 모든 노력을 기울여야한다. 전쟁의 '안개'와 '마찰'이 그런 관계를 실제로 확립하는 것을 어렵게한다는 것을 인정하는 것조차도 이해해야 한다.

민간인 지도자와 군대를 나누는 임의의 선은 없다. 독특하고 분리된 군사 차원을 창출하는 깔끔한 방법은 없다. 처칠은 "정치와 전략의 구별에서 정치적 관점과 전략적 관점의 차이가 커지면서 진정한 정치와 전략은 하나의 문제"라고 지적했다. 그러나 민간인 아마추어들이 전쟁의 전문적 행동을 방해하기 위해 간섭하는 것은 아닌가? 코헨은 정치인이 군사행동을 지시하려고 시도하는 것은 거의 좋지않다는 것을 인정한다. 그러나 군사활동의 전 분야는 민간인 감독에 개방되어 있어야 한다. 그러한 가운데 민간인 지도자는 감독을 언제 어디에서 행사할 것인가에 신중해야 한다고 했다.

◆ 전통적인 민군관계(Civil-Military Relations) 이론

적어도 최근 30년 동안 미국의 '민군관계 이론'에서 가장 건강하고 효과적인 민군 통제 방식은 군인들을 정치로부터 고립시키지만, 군사 문제에 있어서는 '자유로운 손'을 제공하는 것이라고 주장한다. 민간인들은 너무 많은 질문을 해서는 안 되며, 군사 전술이나 작전, 성공의 척도 또는 하드웨어 사용에 관한 명령을 줄이는 것이 좋다고 했다.

민간 지도자는 분명하고 일반적인 전략목표를 세워놓고, 군대가 이러한 목표를 달성할 수 있는 최대한의 위임을 남겨두어야 한다는 것이다. 이러한 이론의 지지자에 따르면, 베트남 전쟁에서 백악관의 민간인에 의한 '비정상적인' 간섭이 분쟁의 지리적 범위를 제한하고, 특정폭탄의 사용, 공격목표까지 지시하며 '군대의 손발을 묶었다'라는 것이다.414) 이 이론은 부시

---

414) **베트남 증후군** : 미국이 베트남전쟁에서 패배한 이후, 다른 지역에 개입하는 것을 꺼리거나, 정치가 군사에 개입하는 것을 기피하는 현상이 나타난 것을 지칭한다.

제14장 정치와 군사의 관계를 정의하다

행정부가 걸프전에서 합참의장 콜린 파월이 주도한 군사작전 수행을 방해하지 않았던 1991년 '사막의 폭풍 작전'의 성공으로 입증되었다고 했다.

그러나 코헨은 다른 입장을 제시한다. 전쟁수행중 민간과 군사기능 간의 분단의 필요성에 대해 당시에 받아들여지던 지혜와는 달리, 가장 높은 정치권력은 전쟁과 전쟁기획의 세부사항에 깊이 관여해야한다고 결론지었다.

코헨은 베트남전에서 미국 지도자들이 너무 자세하게 자신을 몰입시킨 것이 아니라, 잘못된 세부사항을 보고 잘못된 결론을 이끌어냈기 때문에 실패했다는 것을 설득력있게 주장한다. 민간인이었던 린든 존슨 대통령과 로버트 맥나마라 국방장관은 군대가 선호하는 전략 -마찰 전쟁, 수색 및 파괴-를 현장에서 실제로 시험하지 않았다. 그들은 워싱턴에서 베트남의 군대조직이 제대로 설계되고 임무를 부여받았는지를 묻지 않았다. 그들은 다른 입장을 취한 내외부의 다른 전문가들과 함께 전략에 대하여 교차 검토하거나 논쟁으로 몰아넣지 않았다는 것이다. 베트남에서 "느슨한 가정, 묻지 않은 질문, 얕은 분석"이 재앙적인 전략적 실패로 이어졌다고 했다.

남북전쟁 중 1865년 3월 28일, 링컨 대통령과 주요 지휘관의 '전략회의'
(좌측부터 셔먼 장군, 그랜트 장군, 링컨 대통령, 포터 제독이다.)

68. 엘리어트 코헨, 『최고사령부』

◼️ 코헨의 민군관계 모델 - '불평등 대화 (Unequal dialogue)'

민간인 최고지도자의 역할은 무엇인가? 처칠은 "최선을 다해 항상 확인하는 것이 옳다."고 했다. 사례로 제시한 지도자들은 손을 놓는 정책을 채택하는 대신에 전쟁에 관한 세부사항을 숙지하여 군부 지휘관들에게 지능적이고 열심있고 불편한 질문을 할 수 있는 방법을 찾았다. 그들은 때론 거칠거나 괴롭혔지만, 모든 사람들은 그들과 의견이 다른 군 지휘관들을 용납하고 실제로 승진시켰다. 코헨은 이 과정을 **'불평등 대화**(unequal dialogue)'라고 표현한다. 양측은 그들의 견해를 퉁명스럽게 그리고 종종 논쟁적으로 표현한 반면, 민간 지도자의 최종 권한은 명확하고 의심의 여지가 없다. 전쟁의 시작과 끝에 대해서만 대화를 예비하는 지금까지의 민군관계 이론을 따르기보다는 적극적으로 군사문제에 참여하였다.

확실히, 훌륭한 정치가는 실수를 저지른다. 그러나 군사전문가들도 오해할 수 있다. 코헨은 이러한 오류에 대해 자세히 설명하고 있다. 도전받지 않은 채로 남겨두면 전쟁의 과정에서 군사전문가들에 의한 오류가 발생한다. 최고지휘관조차도 제한된 견해를 갖는다. 이는 실제적이고 구체적인 작전 수행에 대한 책임 때문에 이해할 수 있다. 정치가의 임무는 군사행동의 전 범위를 이해하고 정치적 고려사항이 합법적인지 확인하고, 군사적으로 중대한 사항을 대체하거나 재설정해야 하는 시기를 결정하는 것이다.

이 책은 2001년의 9·11테러로 부시 행정부에 의해 아프간전이 개시되고, '테러와의 전쟁'[415]에서 '항구적 자유작전(Operation Enduring Freedom)'이라는 캠페인이 언급되던 2002년 봄에 발간되었다. 부시 대통령은 2002년 여름 기자회견에서 휴먼 라이딩 독서목록에 이 책을 포함했다고 밝혔다. 이 책은 정책 자체에 대해서는 말하지 않았다. 그럼에도 불구하고 이라크 전쟁 직전에 미국의 민군관계에 대한 인식을 형성하는 데 큰 역할을 했다.

코헨은 2003년 이라크 전쟁의 계획과 행동은 '불평등한 대화'의 모델을 따라갔으며, 그 과정이 고통스러울지라도 결과적으로 전쟁에서 신속하고 상대적으로 저비용 승리를 이끌어냈다고 덧붙였다. 이후 2007년 국무부 고문으로 임명된 코헨은 정책 전환에서 실질적인 역할을 수행했다.

---
415) 코헨은 '테러와의 전쟁'을 냉전(제3차)을 대체한 '제4차 세계대전'이라고 불렀다.

제14장 정치와 군사의 관계를 정의하다

69 21세기의 전략개념과 민군관계 방향 제시

✎ 휴 스트라찬 (Hew Strachan, 1949~)

📖 『전쟁 지도 : 역사적 관점에서의 현대 전략』
(The Direction of War: Contemporary Strategy in Historical Perspective) *2013년 초판

◆ 국제분쟁 뿐만 아니라 국제정치 전반을 기술

휴 스트라찬(Hew Strachan)은 옥스포드 대학교의 전쟁사 교수이던 2004년과 2012년 사이에 '전쟁의 변화하는 성격에 관한 옥스포드 연구 프로그램'의 책임자였고, 영국 국방부 자문위원, 영국 방위 아카데미 자문위원회(Strategic Advisory Panel), 국제전략연구원 이사회에서 근무했다. 현재는 세인트앤드루스 대학교에 재직중이다. 미국 외교정책 전문지는 그를 2012년 가장 영향력있는 글로벌 사상가 중 한 사람으로 지목했다. 그의 저서로 『Carl von Clausewitz의 On War』 (2007), 『전쟁의 변화하는 특성』 (2011)과 『싸우는 방법』(2012) 등이 있다.

9·11 테러 이후 수행된 이라크와 아프가니스탄전의 진행은 전략적인 실패로 간주되고 서방국가에게 좌절감과 실패감이 주었다. 많은 비난은 빈약한 전략에 기인한다. 미국과 영국 모두에서 중요 연구기관들은 일관된 지시, 효과적인 의사소통 및 정부 조정의 부재를 감지했다. 휴 스트라찬은 "이러한 실패가 '전략의 근본적인 오독과 오용으로 인한 결과'임을 보여준다. 2001년 이후의 전쟁이 실제로는 새로운 것으로 간주되지 않았으며, 우리가 전쟁을 수행하는 방식이 실제로 변화하고 있음을 확인하기 위해 현대전략에 대한 보다 역사적인 접근방식을 채택해야 한다"라고 주장했다.416)

---

416) 그는 2014년 언론 인터뷰에서, "부시는 세계적인 테러와의 전쟁을 치르려는 완전히 허황된 정치적 목표를 가지고 있었는데, 그것은 본질적으로 비전략적이었다. 하지만 적어도 그는 세계에서 무엇을 하고 싶은지에 대한 명확한 감각을 갖고 있었다. 그러나 오바마는 세계에서 무엇을 하고 싶은지에 대한 감각조차도 전혀 없었다."라고 비판했다.

69. 휴 스트라찬, 『전쟁 지도』

◈ 현대전쟁에서 전략적 고려사항

이 책은 현대 전쟁의 방향과 역사, 역사적 사례, 그리고 전략적 이론을 사용하여 일어나는 일과 일어날 필요가 있는 것을 명확히 하는 에세이 모음이다. 그리고 최근에 이라크와 아프가니스탄에서 일어났던 전쟁들에 관한 것들이다. 의회 의원이나 미국의 국방 조직, 군인들에게 관심을 갖도록 하는 방법의 일환이었다. 그는 군대와 정책 실무자와 시각을 맞추려 했을 뿐만 아니라 그들과 직접 대화하려고 노력하고 있었다. 그는 2001년 이후의 전쟁은 실제로는 널리 가정된 것처럼 새로운 전쟁이 아니었으며, 전쟁을 수행하는 방식 또한 전혀 새로운 것이 아니었기 때문에 역사적 접근방식이 중요하다고 주장한다.

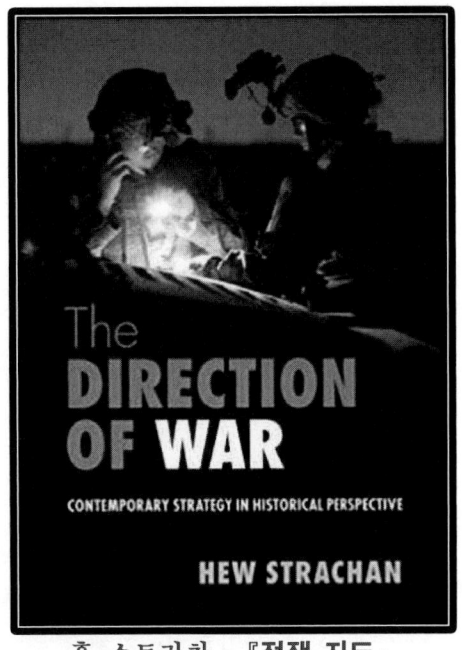

휴 스트라찬, 『전쟁 지도』

그 전략의 부담은 캠페인에 들어가는 접근방식, 즉 목표, 리소스 및 이전 방식을 달성하기 위해 수단을 사용하는 방법에 대한 것만이 전략은 아니라는 것이다. 전략은 또한 당신이 목적을 달성할 수 있도록 전쟁 중에 당신이 전쟁을 지시하는 방법이기도 하다. 어떤 전쟁에서든 사람들은 그 목적이 무엇인지를 항상 이해하지 못하는 경향이 있으며, 결과적으로 때로는 목적과 관계없이 수행하는 경향이 있다. 종종 그들은 극단적인 경우에 국가이익을 얻으려는 전쟁에서 기회를 의도적으로 소모해 버리는 것을 인식하지 못한다. 그러한 것들은 전쟁의 전반적인 노력에 반하는 것이며 전쟁을 주관하는 사람은 그러한 상황에 주의를 기울여야만 한다.

예를 들면, "'**전쟁 윤리(ethics of war)**'[417]는 클라우제비츠가 실제로 다루지 않았던 주제이지만, 오늘날에는 너무 중요하다." 이러한 것들이 이 책에 나오는 메시지 중 일부이다. 당신이 정치적 지도력을 갖는 위치에 있다면, 전쟁을 실행하기 위해 전쟁을 전쟁만으로 돌릴 수는 없다.

---

417) 정전론(正戰論)과도 관련되어 있다. 전쟁의 원칙에 '절제'와 '합법성'이 포함되었다.

제14장 정치와 군사의 관계를 정의하다

◆ '전략적 대화(Strategic dialogue)'의 중요성

그는 "우리는 전쟁이 무엇인지 확신할 수 없는 이유 중 하나는 전략이 무엇인지 아닌지에 대해 확신할 수 없다는 것이다. 그것은 정책이 아니다. 그것은 정치가 아니다. 그것은 외교가 아니다. 전략은 이 세 가지 모두와 관련되어 존재하지만, 그것들을 대체하지는 않는다."라고 말한다.

많은 사람들은 전략이 정책에 앞서야 한다고 생각하거나 정치를 뛰어넘는 것처럼 전략을 세우며, 그렇지 않으면 그것을 위해 외교적 노력을 기울여야 한다고 말한다. 이 모든 일은 전략을 위해 끝나지 않지만, 전략수행을 하는데 모두 참여할 수 있다. 이와 관련하여 우리가 정책과 국제관계에 대해 잘못한 점 중 하나는 '전쟁이 정책이나 정치의 도구'라는 생각에 과장된 관심을 쏟고 있다는 점이다. 물론 이 개념은 클라우제비츠에서 나온 것이다. 그러나 어떤 사람들은 이 표현을 맥락에서 벗어나 마치 클라우제비츠가 말한 유일한 것으로 취급한다. 마치 전쟁의 정치적 차원만이 중요한 문제인 것으로 생각한다. 전쟁을 정치적 차원에만 초점을 맞추는 것은 전쟁을 1차원으로 이해하게 하고 전략을 1차원으로 만들게 된다.

아프가니스탄 전쟁 당시에 미국의 버락 오바마 대통령이 백악관에서 미 합참 주요참모 및 전투사령관들과 '전략회의'를 진행하고 있다.

69. 휴 스트라찬, 『전쟁 지도』

냉전시대에 많은 학자들은 군사목표가 정책목표를 초과할 수 있으므로 에스컬레이션, 전면전, 또는 원치 않는 전쟁으로 이어질까봐 걱정했다. 그래서 그들은 군사 지도자들에 대한 단호한 압박을 지켜야한다고 주장했다. 그러나 그들은 정책 자체가 전쟁을 피할 수 있을 만큼 충분히 합리적인 것으로 잘못 가정했다. 이라크전이나 아프가니스탄 전쟁은 이러한 것을 충분히 증명한다. 그러나 우리는 냉전 경험의 가정이 여전히 우리와 함께 있기 때문에 전쟁이 무엇인지에 대한 우리의 감각을 잃어버렸다.

오늘날의 정치상황에서 미국은 때때로 전쟁이 필요하다고 주장하며 전쟁을 과도하게 합법화했다. 전쟁의 사용을 정책 수단으로 불러들여 전쟁의 사용을 합리화하지만 실제로는 정책은 더 많은 차원을 가지고 있다.

최고의 지도자라면 당신은 전략수립에 더욱 적극적으로 관여하고, 조종하고, 의사소통해야 한다. 문화 장벽을 뛰어넘어 올바른 일을 할 수 있는 사람들을 선택하기 위해서는 훌륭한 '민군관계'가 필요하다.

달성해야 할 목표와 달성 가능한 것 사이를 조율하는 과정에서 발생하는 **'전략적 대화(strategic dialogue)'** 를 중시해야 함을 강조하고 있다. 최고의 전략적 리더는 군사전략 수립을 인도할 수 있고 주요 전쟁에서 승리하고 핵심 동맹군을 계속 지킬 수 있는 능력을 갖추고 강력한 다수를 다루는 능력이 있어야 한다. 이러한 특성을 갖춘 전략적 리더로서 제2차 세계대전 당시의 지도자 프랭클린 루즈벨트를 꼽을 수 있다.418) 그는 독일이 폴란드를 공격하기 전에 1938년 말과 1939년 초반에 유럽에서 일어난 일에 대해 감사하는 전략적 감각을 가지고 있었고, 영국과 다른 서방 국가들에 대한 원조를 늘릴 방법을 이미 찾고 있었다.

[원서 정보] Hew Strachan, *The Direction of War: Contemporary Strategy in Historical Perspective*(University of Oxford, 2013) *국내 미발간

---

418) 프랭클린 루즈벨트 대통령은 1941년 1월 6일, 연두연설에서 세계가 안전하게 되기를 바라는 미래에 세계가 필수적인 인간의 자유에 기초해야하는 '네 가지 자유'를 제시하며 제2차 대전의 방향성을 제시했다. 첫 번째로, 언론과 의사 표현의 자유, 두 번째로, 신앙의 자유, 세 번째로, 결핍으로부터의 자유, 네 번째로, 공포로부터의 자유이다. 이것은 대서양헌장과 국제연합헌장, 세계인권선언에 반영되었다.

제15장

21세기 전쟁의 이론과 실제

현대전은 지상, 해상, 공중에서 동시다발적으로 전개되기 때문에 합동작전의 중요성이 강조되고 있으며, 전략적으로는 핵무기의 등장으로 파괴력이 극대화됨에 전략의 변화를 초래했고, 선제기습의 기회증대, 공격수단의 우위, 결정적 방어수단의 부재로 초전과 기습의 중요성이 부각되고 있다. 전쟁양상은 재래전, 비정규전, 테러, 사이버전 등 다양하고 상이한 형태의 전쟁이 동시다발적으로 진행하는 하이브리드전 양상을 띠고 있다.
또한 현대전에서 비중이 높아진 대량살상무기, 비물리적 위협에 대해서는 물리적 위협과 함께 동시적인 대비가 긴요하다.
2001년의 '9·11테러'는 탈냉전이후 안보의 개념을 바꾼 획기적인 사건이었다. 비국가 행위자의 증가로 안보주체의 복잡화, 국제범죄, 사이버 테러 등 안보위협의 내용도 다양화되고있다.

제15장 21세기 전쟁의 이론과 실제

70 현대전 수행에 관한 주제의 이론과 실제
✎ 데이비드 조던, 카라스 데이비드 등
📖 『현대전의 이해』
(Understanding Modern Warfare) *2008년 초판

데이비드 조던, 『**현대전의 이해**』

▶▶ 현대전에 대한 명확한 이해 제공

이 책은 현대전의 이론과 실제에 관한 것으로, 시기적으로는 20세기와 21세기의 전쟁수행에 초점을 맞추고 있다. 상이한 작전환경 속에서 다양한 형태로 이뤄지는 현대전을 여러 가지 면에서 균형있게 다루면서, 권위있고 구체적인 이해를 제공하고 개념을 명료화한다.

이 책은 다양한 문제를 다루고 있지만 공통적 논지를 반영하고 있는데, 첫째는 현대전이 혁명적이라기보다 진화적인 현상이라는 점을 들었다. 둘째는 합동작전에 대해 별도로 구분하지는 않았지만, 합동작전의 중요성을 강조하고 있다. 셋째는 전쟁을 상이하지만 상호연관된 수준에서 생각하는 것이 중요함을 강조한다. 전략수립의 단계(본서 61항)에서 제시된 것처럼, 대전략, 군사전략, 작전전략, 전술의 수준은 서로 연속성을 갖는다. 넷째로 미래에 대하여 성공적으로 적응하는 것은 과거와 현재를 이해하는데 달려있음을 강조하고 있다.*

제1장에서는 '전략'이 전쟁수행에서 갖는 근본적 중요성에 대해 다루고 있는데, 이 책의 백미라고 할 수 있다. 전략의 개념과 전략연구의 방향, 전략이론과 현대의 전략에 대해 일목요연하게 정리하고 있다. 특정 환경 속에서 전쟁이 직면하게 되는 특정의 도전과 기회는 전략의 성격으로부터

전반적인 영향을 받는다. 제2장부터 4장에서는 지상, 해상, 항공우주 영역에서의 전쟁에 대해 살펴본다. 이처럼 상이한 환경에서 싸우기 위해 마련된 전력의 속성에서 도출되는 특수한 개념과 원칙을 포함한다. 그러나 현대전은 점점 더 **합동성(Jointness)**[419]에 의해 이러한 영역들과 새로운 영역으로 일컬어지는 우주, 사이버, 전자기 영역을 통한 **교차영역 시너지(Cross Domain Synergy)**[420] 달성이 중요해졌다. 또한 군사적 영과의 통합은 물론이고 비군사영역과의 통합활동이 강조되고 있는데, 합동성은 합동 및 연합작전에서 반복적으로 등장하는 중요한 주제가 되었다.

제5장에서는 비정규전에 대해 다룬다. 비정규전은 주로 정치와 조직에 관한 것이다. 비정규전의 특성은 역동적이지만, 그 본질은 그렇지 않다. 이러한 특성은 사회적, 환경적, 기술적 요인에 의해 형성된다. 제6장에서는 현대전의 이론과 실제에 점차 큰 영향력을 미치는 대량살상무기에 대해 다룬다. 북한이 보유한 대량살상무기와 그 투발수단은 우리나라에 가장 위협이 되고 있어서 관심이 많은 부분이다. 대량살상무기에 대응할 수 있는 역량과 신뢰성은 위협에 대한 억제의 성패를 결정짓는 결정적인 요소임을 밝히고 있다. 2000년 이후 발생한 사건들이 '비정규전(irregular warfare)'과 '대량살상무기(WMD)'를 훨씬 중요한 주제로 만들고 있다. 분쟁의 과거와 미래의 가능성에 대해 다루며 끝을 맺는다.

냉전이 종식되면서 군사혁신이나 군사변혁이 전쟁의 효율성에서 큰 진전을 보장하는 것처럼 보였다. 지휘관에게 가용한 정보의 수준이 증대되면서 **'지배적 전장 지각'**이나 **'전 스펙트럼에 걸친 지배'** 같은 개념의 이행이 가능한 것처럼 보였다. 정밀유도무기와 연계된 '확증살상'이 명백한 현실이 될 수 있었다. 이러한 상황에서는 군사혁신을 통해 네트워크화된 군대가 우세할 것이고, 정보의 우세가 분쟁의 결과를 결정지을 수 있을 것으로 생각되었다. 소모적 전쟁은 시대착오적이라서 **효과중심작전**으로 대체될 것이고, 대량파괴를 감소시키면서 적재적소에 가해진 최소한의 공격으로 적의 응집력을 무너뜨릴 수 있는 컴팩트한 **인도주의적 전쟁**이 약속된 것처럼 보였다.

---

[419] 지상, 해상, 항공우주, 사이버, 전자기 영역의 통합을 위한 '전영역통합'이 강조된다.
[420] 상호운용성(interoperability)과 상호의존성(interdependency)을 기반으로 육·해·공 영역과 사이버, 우주, 전자기 영역을 통합하여 상승효과를 극대화하는 것을 의미한다.

제15장 21세기 전쟁의 이론과 실제

전략연구의 필요성과 전략의 정의

전략을 이해하지 못하면 우리는 승리에 대한 의미 있는 이론을 구성할 수 없다. 승리에 대한 전략이론은 '정책목표의 달성'과 연관되어있다. 전략연구는 우리가 개념적으로 전장을 넘어설 수 있게 해주고, 군사활동의 진정한 가치를 인식할 수 있게 해준다. 게다가 전략연구가 필요한 가장 중요한 이유는 '전략의 복잡성에 대응'해야하기 때문이다. 전략에 대한 분석적 접근법을 발전시켜야 하는 이유가 여기에 있다.

버나드 브로디는 "군인들은 늘 전술에 관해서는 철저히 연구하지만, 전략을 연구하는 경우는 거의 없고, 전쟁을 연구하는 경우는 사실상 없다."라고 혹평하였다. 현대 각국의 군사대학에서 전략이론은 국방관리나 무기체계 획득과 같은 현실적인 주제에 밀려 주목받지 못하고 있다고 했다. 이러한 접근법의 결과로 군이 전쟁의 원칙과 같은 전술적, 작전적 이슈와 관련된 단순화된 원칙에 과도하게 의존하는 경향을 보인다는 것이다.[421]

클라우제비츠는 전략을 '**전쟁의 목적을 위해 교전(engagement)하는 것**'이라고 정의하였고, 앙드레 보프르는 '**대적하는 두 의지가 분쟁을 해결하기 위해 무력을 사용하는 변증법적 술(術)**'이라고 정의함으로써 교전상대 간의 역동적인 상호작용을 강조하였다. 이러한 정의에 기초하여 대안적 정의를 정리하면, 전략은 "**정책목표를 달성하기 위해 지능있는 적에 맞서 군사력을 사용하는 술(術)**"이라고 정의할 수 있다.

군사력과 정책목표 간의 관계는 전략의 핵심이다. 콜린 그레이는 이러한 관계를 "**전략은 군과 정치를 연결시키는 다리**"라고 묘사한다. 엘리어트 코헨은 이 두 영역을 하나로 결합시키는 과정이라는 점을 반영하여 이 관계를 '불평등한 대화'로 표현했다. 이런 의미에서 "**전략은 군사력이 정치적 효과를 창출해내는 하나의 과정**"으로 간주될 수 있다. 정책의 지배적 지위는 잘 확립되어 있어서 군사력은 정책에 봉사해야 하지만, 그 관계가 단순하거나 일방적이지 않다. 정치지도자와 군은 정책이 무엇을 필요로 하는지, 군사적 도구가 무엇을 해낼 수 있는지에 관해 서로 토론해야 한다.

---

421) 브로디는 과학으로서의 전략연구를 강조했다. 이처럼 전쟁원칙에 의존하지말고, 사회과학처럼 개념을 구체화하고 체계적 검증을 통해 일반화해야 한다고 주장했다.(본서 67항)

70. 데이비드 조던, 『현대전의 이해』

◆ 전략은 왜 어려운가?

전략은 서로 다른 많은 요소들의 산물로서, 이들이 결합되면 실행자에게 상당히 어려운 도전을 가하게 된다. 정책과 군사력의 관계는 요소 중의 하나일 뿐이고, 전략의 성공을 위해서 다루어야 할 고려요소는 너무도 많다.

전략이 어려운 이유는 첫째, '**수준 간의 부조화**' 문제로서, 전술적 수준의 행동은 전략의 상위 수준에서 이뤄지는 행동에 부합해야 하지만, 쉽지 않다. '한니발의 칸네 전투 승리'는 전략적 승리로 이어지지 못하였고, 역으로 '제2차 세계대전 시 독일의 과도한 대전략'은 협상 불가능한 강력한 적들을 양산하여 작전적 기량을 성공적으로 활용할 수 없게 하였다.

둘째로, '**전략의 다차원성**' 문제로 전략수립에 고려되어야 하는 요소가 너무나 많다는 것이다. 클라우제비츠는 전략을 도덕적, 물리적, 수학적, 지리적, 통계적 차원의 5가지로 파악했고(본서 20항), 마이클 하워드는 여기에 기술적, 작전적, 사회적, 군수적 차원을 추가하였다. 콜린 그레이는 17가지로 분류하였는데(본서 63항), 이러한 차원들 간에 복잡한 상호작용이 발생한다는 점이 전략을 어렵게 한다.

셋째로, '**지능있는 적과의 상호작용**'이라는 점이다. 지능있는 적이 대항해서 기대했던 상황이 만들어지지 않고 일단의 성과는 시간 경과로 체감된다. 지능있는 적의 존재의 전략의 각 차원에 영향을 주어 더욱 복잡하게 만들며, 전략의 수준 간의 행동을 조화시키는 것을 복잡하게 한다.

넷째로, '**전쟁의 본질**'에 관련된 문제이다. 군사력으로 정책목표를 달성하려면 정치적, 사회적 맥락에서 전쟁의 본질은 전략가들에게 상당한 도전을 가한다. 전쟁은 정치적 행위이기 때문에 군사력만으로 수행될 수 없다.

다섯째로, '**마찰이라는 불확실성과 우연성**'이라는 '전쟁의 본질'에 관한 것으로, 클라우제비츠가 역설한 것이다. (본서 20항) 이러한 요소들이 전략을 복잡한 양상으로 만들고 상황을 더욱 어렵게 한다.

여섯째로, **전쟁의 다형적 특성**이다. 전쟁은 하나의 규칙적인 형태만을 취하지 않는다. 20세기 기술적 발전은 육해공, 우주, 사이버 공간의 복합적인 전투공간을 만들었으며, 핵과 재래식 무기가 복합적인 상황을 만든다.

군사력의 사용방법(역할) - 전략

전략은 '정책적 목표를 달성하기 위해 군사력을 운용하는 것'인데, 이는 많은 이가 가정하는 것 보다 훨씬 더 유연한 수단이다. 분석적 목적을 위해 방어, 억제, 강압, 과시, 공격, 기타의 6가지로 구분할 수 있다.422)

① **방어** : 공격을 격퇴하고, 공격이 발생한 경우 그 피해를 제한한다.423)

② **억제**424) : 처벌, 거부의 위협을 통해 상대방이 특정행위를 취하는 것을 단념시킴. 억제, 강제, 과시는 군사력의 심리적 효과에 의존한다.

③ **강압**(compellence) : 고통을 가하겠다는 위협이나 고통의 실제적 부과를 통해 상대로 하여금 특정 방식으로 행동하도록 설득. 예비된 폭력은 강력한 설득 도구가 될 수 있다. 강압전략은 적이 소중히 하는 것과 강압의 양을 이해하는 능력에 달려있다.

④ **과시**(swaggering) : 군사력을 현시함으로써 행위자의 전략적 평판을 강화한다. 억제와 강제를 간접적으로 지원하는 것이 '과시'이다.

과시의 예로서는 군사 퍼레이드, 진보된 무기체계나 능력의 획득, 군사연습, 미사일 시험발사나 무장 실험, 항만 방문 등이 될 수 있다.

⑤ **공격**(offense) : 군사력의 합법적 행사로서 공세적 사용도 정책수단으로서의 군사력 유연성을 더해준다. 많은 방법이 있으며, 침투 및 점령, 장악, 몰살, 무장해제, 접근거부, 구금, 자원몰수, 체제변화 강제, 주민의 강제 이동, 적의 능력 및 자원제거, 대량파괴무기 무장해제 등이 있다.

⑥ **기타** : 치안유지, 경찰작전 지원, 인도주의적 원조, 재난 구조, 의식 거행, 대밀수작전, 수비대 임무 등이 있고, 전쟁이외의 작전(MOOTW) 또는 '민간 당국에 대한 군사적 지원(MACA)'이 이에 속한다.

---

422) 미국의 국제정치학자 로버트 아트는 전략을 '방어, 억제, 강압, 시위'의 4가지로 분류하였는데, 이 책의 저자는 여기에 '공격'과 '기타'를 추가하였다. Robert J. Art, "To What End Military Power" International Security, Vol. 4 (1980).

423) 미국 부시 행정부는 9.11테러이후 2002년 9월, '국가안보전략서'에 보다 악한 위협에 대응하기 위해 선제공격과 예방전쟁 모두가 무력의 방어적 사용으로 간주되어야 한다고 선언했다. 이것은 방어와 공세 간의 점진적 중첩현상이다.

424) 억제가 성공하려면 억제자의 능력(capability)과 의지(intention), 상대에게 금지와 무시하면 발생할 것의 의사전달(communication)이라는 조건이 만족되어야 한다.

70. 데이비드 조던, 『현대전의 이해』

🔶 오늘날의 전략과 미래 전략에 대한 연구

군사혁신의 가설이 수립되는데 기반이 된 이러한 낙관주의의 상당부분은 1991년 걸프전의 경험에서 비롯되었다. 이라크의 쿠웨이트 침공에 대응에 미국을 위시한 다국적군은 500명이 넘지 않는 다국적군의 희생으로 세계에서 네 번째로 큰 육군을 격파했다. 이어서 이러한 정당성을 입증해 준 것은 1999년의 코소보 분쟁이었다. NATO군은 공중공격만으로 밀로셰비치 체제로 하여금 인종청소를 중단하고 코소보에서 철군시키도록 강제했다. 주목할 점은 1명의 NATO군 전투 사망자도 없이 달성되었다는 것이었다.

그러나 군사혁신은 정규전에 초점을 맞추는 경향으로 어려움에 처했다. 2001년의 9·11테러는 전쟁의 다형적 특성을 적나라하게 상기시켜주었다. 많은 연구자들은 군사혁신의 성공 자체로 서구의 적으로 하여금 '**비대칭적 전략**'을 선택하게 할 것이라고 경고했다. 9·11테러 이후 서구는 '**전 지구적 테러와의 전쟁(GWOT)**'에 의해 지배되는 미래전략을 채택했다. 2003년 이라크전의 초반은 군사혁신에 의한 하이테크 전쟁으로 보였지만, 이후의 상당부분은 '인력집약적 활동'이었다. 베트남전에서 '제한전쟁이론의 한계'가 발견된 것처럼 이라크전에서는 '**군사변혁이 전쟁의 다형적이고 복잡한 특성에 직면**'해서 불충분해 보였다. 결국 '**제4세대 전쟁**'과 같은 개념을 부각시키고, **전쟁의 다형적 특성**에 관심을 갖게했다. 미래에도 다양한 전쟁유형의 조합으로 특징지어질 것이며, **대량살상무기의 확산** 등이 주요주제가 될 것이다. 전쟁을 비롯한 국가안보 위협은 끊임없이 진화하기 때문에 이에 대한 대비가 필요하다. 이때 군사적 수단의 사용은 최우선적 고려사항인 전략에 의해 지도되어야 한다. 군사력이 정책목표에 기여하게 되는 과정인 전략은 군사지휘관들의 마음속에서 지배적인 생각이 되어야 한다.

국내에서는 한울아카데미에서 번역서(2008)를 출간해 놓고 있다. 아쉬운 점은 용어사용에 관한 것으로, 『군사용어사전』은 합동교범으로서 구속력이 있는데, 역자가 이와 다르게 번역한 용어들이 많다는 점이다.[425]

---

425) WMD에는 핵무기, 생물학, 화학무기가 포함되는데, 생물학, 화학무기는 대량파괴의 의미보다는 대량살상을 목적으로 하기 때문에 군에서는 '대량살상무기'로 규정하고 있는데, 이것을 해석이 잘못되었다며 '대량파괴무기'라고 쓰고, 중심도 다르게 쓰고 있다. 「전략사령부 설치령」 등의 법령에도 명시된 용어를 다르게 쓰면 혼란을 야기하게 된다.

71. 21세기 전쟁의 속성 분석과 미래전 대비

✎ 앨빈 & 하이디 토플러(Alvin and Heidi Toffler)
📖 『전쟁(戰爭)과 반전쟁(反戰爭)』
－21세기의 생존전략 (War and Anti-War)

■◆ 미래학자가 분석한 '제3의 물결'이 전쟁에 미치는 영향

새천년을 앞두고 세계인들은 21세기는 과연 어떤 모습이 될 것이고, 무엇을 준비해야하는가에 관심을 가졌고, 소위 '미래학자'들이 21세기의 모습을 그려냈다. 그중에서 『제3의 물결』의 저자인 앨빈 토플러는 '미래쇼크', '제3의 물결', '권력이동'으로 이어지는 저서들을 통해 '변화의 시대에 있어서 인간의 삶'에 대한 주제를 일관성있게 다루어 왔다. 1993년에 발간한 『전쟁과 반전쟁』은 이러한 저술활동의 연장선상에서 완결편이라 할 만하다. 그의 관심이 지금까지 기술적 변화와 발전이 경제에 미치는 영향을 밝히는데 있었다면, 이 책에서는 그것을 군사부문으로까지 확대 적용한 것이다.[426]

이 책은 1982년 토플러 부부가 '모렐리'라는 미 육군 장성과의 만남에서 시작되었다. 토플러의 80년 저서인 『제3의 물결』이 군에서도 크게 일어난다는 '모렐리'의 설명에는 미래의 군에 대한 설계도가 있었다. 토플러는 그와의 만남이후 군대, 전쟁, 그리고 반전쟁에 대한 관심을 가지게 되었다.

저자가 말하는 **'반전쟁(Anti-War)'**이란 전쟁과 구별되는 반대물이 아니다. 반전쟁이라 하여 단순히 평화를 요구하는 연설·기도·시위·농성 등의 반전운동을 벌이는 것이 아니다. 반전쟁에는 전쟁을 저지하거나 그 범위를 제한하는 조건들을 만들기 위해 정치인들과 심지어 전사들 자신이 취하는 여러 가지 조치들도 포함된다. 즉 작은 전쟁도 보다 큰 전쟁을 예방한다면 전쟁도 반전쟁이 될 수 있다고 보는 것이다. 가장 높은 차원의 반전쟁에는 종종 세계무대의 변화를 가져오는 폭력사태를 줄이기 위한 군사력·경제력 및 정보력의 전략적 적용이 수반된다.

---
[426] 인간의 생활방식과 변화가 전쟁방식에 밀접한 상관관계를 갖고 있다는 것에 기초한다.

71. 앨빈&하이디 토플러, 『전쟁과 반전쟁』

세계는 평화를 원하지만, 여전히 세계 도처에서는 러시아의 우크라이나 침공같이 참담한 침략전쟁과 테러, 내전 등 인류의 존재가치를 부정하는 잔인하고 추악한 분쟁이 계속되고 있다. 앨빈 토플러는 기계화로 인한 생산양식의 변화와 전쟁 양태의 변화를 연결지어 인간 생활의 한 형태인 전쟁의 속성을 분석, 미래 인류의 삶의 모습을 예견했다. 사회와 문화에 대한 광범한 지식을 바탕으로 변화의 시기에 있어서의 인간 삶의 모습과 불확실한 미래의 윤곽을 그렸는데, 전쟁의 형태는 산업기술의 발전과 함께 끊임없이 변해왔다고 하였다.

저자는 전쟁과 반전쟁의 변화에 주목하고, 우리의 이것에 대한 지식 부족을 우려한다. 급변하는 사회와 전쟁의 관계에 대한 새로운 통찰력을 갖는다면 세계공동체의 행동을 위한 더 나은 기초를 마련할 수 있을 것이다.

앨빈 & 하이디 토플러,
『**전쟁과 반전쟁**』

■◆ 전쟁방법의 변화가 평화방법의 혁명을 요구한다.

전쟁에 대한 새로운 사고방식을 제시하는 것이 평화에 도움이 된다고 생각하고, 전쟁방법의 변화가 평화방법의 혁명을 요구한다고 보았다. 따라서 반전쟁은 그것이 예방하고자 하는 전쟁에 어울리는 것이어야 한다. 이런 관점에서 이 책을 보면 저자가 구분한 6부 구성의 의미가 분명해진다.

제1부는 '충돌(CONFLICT)'이다. 1부에서는 저자가 '모글리'를 만나 전쟁이 인간사에서 수행하는 역할에 대한 새로운 이해를 얻게 된 과정을 설명하고, 새로운 전쟁 가능성을 언급한다. 제2차 세계대전이후 지금까지 일어난 전쟁을 언급하며, 이제는 국지전만이 아닌 강대국들간 전쟁도 예상한다. 그리고 그것을 특정한 부의 생산체계와 관련있는 생활방식인 '문명의 충돌'로 설명한다. 자신의 '제3의 물결' 이론에 맞춰 제1물결의 농경사회, 제2물결의 산업화사회, 제3물결 지식·정보화사회로 구분한다.[427] 서로 다른 3개의

---

[427] 피터 드러커도 인류의 문명발전과정을 농업사회, 산업화사회, 지식사회로 구분했다.

문명 간의 충돌이 전쟁으로 이어진다. 제2물결의 산업군대는 제1물결지역을 식민지로 만들었었다. 오늘날 세계는 지금은 3분화되어있고, 제3물결 문명과 낡은 두 문명 간의 충돌은 앞으로 계속 일어날 것이라고 예견했다.

제2부는 '궤도(TRAJECTORY)'이다. 이 부문은 충돌의 내용을 좀 더 구체적으로 설명하고 있다. 여기서는 제1물결 전쟁, 제2물결 전쟁, 그리고 제3물결 전쟁이라고 할 수 있는 공지전투에 대해 설명한다. 공지전투은 공군의 역할이 강조되며, 이스라엘과 시리아의 전쟁이 그 예로써 제시된다. 또한 전쟁에서 일어난 놀라운 변화를 이해시키기 위해 새로운 제3물결 경제와 제3의 물결 전쟁의 특징을 10가지로 구분하여 설명하고 있다. 제3의 물결 전쟁은 1991년도에 발발하였던 걸프전이 그 모델이다.

구 분	제2물결 시대 (산업사회)	제3물결 시대 경제 (지식·정보화 사회)	제3물결 시대 전쟁 (지식·정보화 사회)
생산 요소 (파괴요소)	토지, 노동, 원료	지식(데이터, 이미지, 정보, 심볼, 문화 등)	컴퓨터화된 지식정보 - 두뇌중심의 군대
회사의가치 (군대가치)	건물, 기계, 비축량, 재고	지식을 전략·전술적으로 획득·생성·분배 및 적용력	컴퓨터 계산력 및 통신 능력
생산 방식 (파괴방식)	대량 생산	탈 대량화(동질성으로 부터 이질성으로 전환)	파괴의 탈대량화 - 간접피해 최소화
노 동	육체 노동 (대체 가능)	기술요건 급상승으로 교환불가능한 전문노동	스마트한 군인 - 전문가 군인
혁 신	경쟁이 덜한 시기	치열한 경쟁으로 혁신만이 살길	자발적 군대
규 모	대형화 추진 -규모의 경제	작업 단위의 축소 -복잡성이 비경제에 압도	화력은 크되, 병력은 감소 -사단→ 여단
조 직	피라미드형의 관료적 기구	유연성과 기동성이 강 한 조직으로 전환	권한의 하향이동 -의사결정의 전방이동
시스템통합	수작업으로 가능	고도의 시스템통합 요구 - 정보량 증대	컴퓨터, DB, 인공위성 에 의한 정보통합
기간시설	도로, 항만, 철도	네크워크등 전자통로 가 필수 기간시설	전자적 기간 시설 - 통신이 필수
가 속 화	속도는 덜 중요	속도의 경제가 규모의 경제 대체	시스템 군대에 의한 신속한 전쟁 수행

<제3물결 경제와 제3물결 전쟁의 특징>

제3부 '탐구(EXPLORATION)'는 제3 물결 전쟁에 대한 집중적 탐구로, 틈새전쟁(niche wars), 우주전쟁, 로봇전쟁, 무혈전쟁428), 정보전쟁, 생화학무기, 생태무기 등의 활용을 예견하는데, 과거의 전쟁과는 다른 새로운 전쟁형태들이다. 전면전쟁은 없이 제한된 목표달성을 위해 실시되는

걸프전을 모델로 미래전을 예측했다.

정치군사적 투쟁인 'LIC(저강도분쟁)'이 주류를 이룰 것이라는 주장도 주목할만하다. 이것은 제2물결의 대규모 총력전보다 제3물결적 틈새전쟁에 적합한 정보집약적 전쟁이라고 했고, 저자는 이 전쟁에 대한 우려를 표명했다.

우주전쟁에서, 걸프전은 위성통신을 통해 지휘통제된 최초의 사례라고 지적하고 미래전장은 우주활용이 일상화되고 전장자체가 우주로 확대될 것이라고 하였다. 미래전에서는 인간보다 적의 공격에 잘 대처할 수 있고, 순간적 대응이 빠른 강력한 전사인 로봇이 전쟁의 주역이 될 날이 다가오고 있으며, AI의 역할이 중요해진다고 했다. 초전염병, 생태변화를 일으키는 생태무기까지 전쟁에 활용될 수 있다.

제4부 '지식(KNOWLEDGE)'에서는 제3물결 전쟁의 핵심요소인 지식을 다루었다. 저자는 제3물결 전쟁에 대응하는 반전쟁을 항상 염두에 두고 어떻게 통제할 수 있을지를 고민한다. 제3물결 전쟁형은 로봇, 인공위성, 비살상무기의 결합에 국한된 것이 아니고, 이러한 모든 요소들을 공통으로 묶는 가장 중요한 요소는 바로 '지식'인 것이다.

제3물결 전쟁형이 형태를 갖추면서 지식전략을 만들어가는 새로운 종류의 '지식 전사(Knowledge Warriors)'들이 나타났다. 이제는 지식과 같은 소프트웨어의 우위가 세계 군사적 균형을 변화시키고 있는 것이다. 걸프전에서 이라크의 정보통신시설을 우선 강타하여 손쉽게 전쟁에서 승리하였듯이, 정보와 지식의 우위는 전쟁에서 승리를 가져온다. 그러나 정보우위는 매우 취약한 것이다. 지식은 양측 모두가 동시에 사용할 수 있으며, 작은 정보에도 전체 정보가 흔들리는 위험성이 있기 때문이다.

---

428) 저자는 '비치명성(Non lethality)의 무혈전쟁'을 제기했는데, 이것이 현대전을 특징짓는 중요한 요소 중의 하나가 되고 있다.

제15장 21세기 전쟁의 이론과 실제

따라서 자국의 정보통신망이 다른나라에 의해 침투당하는 것에 대비하는 '정보보호'와 '정보시스템'에 대한 보안문제가 국가적 차원에서 중요해졌다.

저자는 정보왜곡인 '스핀(spin)'문제를 상세하게 다루며, 미래전의 승패를 좌우하는 중요한 요소로 예견했다. 상대의 생각을 바꾸도록 하는 전략으로 잔혹성을 부각시키는 것, 전쟁의 중요성을 과장하는 것, 상대를 악마로 만들거나 비인간화하는 것, 우리 편이 아니면 적이라는 양극화를 조성하는 것, 종교를 이용해 이번 전쟁이 신의 징벌임을 주장하는 것, 상대 선전의 신빙성을 헐뜯는 프로파간다 등이 있다. 이것은 제2물결 시대부터 사용되어 온 수법이지만, 이제는 인터넷과 미디어의 발달로 일시에 다수의 사람들의 마음을 움직여 전쟁의 승패에 결정적 영향을 끼친다고 했다. 미디어를 통해 정보 왜곡, 저짓선전과 내러티브 구축, 가짜뉴스, 프로파간다로 사람의 마음을 움직이는데 집중하게 될 것이라고 했는데, 현대에 현실이 되었다.

제5부는 '**위험(DANGER)**'이다. 제3물결 전쟁의 중요요소인 지식이 얼마나 위험한 것인가를 다시 상기시킨다. 저자는 지식을 방사선의 위험에까지 비유한다. 새로운 형태의 전쟁에서의 위험은 그것만이 아니다. 지금은 민간과 군대 간의 벽이 너무나 많이 허물어져서 새로운 하이테크 기술은 군사적 전환 가능성이 매우 높다. 이것은 각국이 정상적인 산업화를 이루면서도 군사강국이 될 가능성이 높음을 의미하는 것이다. 또한 핵무기의 위험과 생화학무기도 무시못할 위험이다. 과거에는 새로운 무기는 소수 강대국만이 독점할 수 있었지만, 이제는 '무기의 탈 대량화'로 인해 새로운 무기를 군소국가가 자원이 없어서 못 가지는 상황이 아니다.

이러한 전쟁의 확산 위험을 이해하려면, 세계의 대체적인 평화를 유지해 주는 틀인 '**환상지대(zone of illusions)**'를 벗어나야 한다고 말한다. '환상지대'는 전쟁보다는 경제성장 우선을 원하는 국가가 많고, 현재의 국경은 대체로 안정적이며, 미디어기구의 발달로 정치적 협상이 원활해졌고, 국제기구와 기관들이 많아 평화유지에 기여하며, 각국 간의 상호의존성 증대로 세계를 더 안전하게 만들어 준다는 막연한 기대감이다. 그러나 저자는 이것들이 이제는 매우 모호해졌으며, 이런 상황들은 모두 새로운 부(富) 창출 체계의 등장에 따른 직·간접적인 결과일 뿐이라고 주장한다.

71. 앨빈&하이디 토플러, 『전쟁과 반전쟁』

또한 무기체계의 확산을 감안할 때, 지구경제적 평화의 시대나 안정된 신세계질서 또는 민주적 평화지대를 가리키는 것이 아니라, 오히려 군소국가들은 물론이고 강대국 자신들도 말려드는 전쟁의 위험이 커지고 있음을 말해주는 것이다. 이런 위험을 극복하려면 '환상지대'를 벗어나 앞으로 전개될 '전쟁과 반전쟁'의 변모에 관해 냉혹할 정도로 현실적일 필요가 있다.

제6부 '평화(PEACE)'에서는 이를 통해 결론에 이른다. 저자는 폭력완화를 위한 방법인 '평화형(peace-forms)'을 이야기한다. 제1물결 전쟁에 맞선 평화형과 제2물결 평화형이 다름을 설명한다. '국제연맹'은 제2물결의 대량파괴 전쟁을 예방코자 했던 기구이다. 오늘날 세계의 위기는 세계체계의 새로운 상황과 제3물결 전쟁형의 현실에 부합하는 '제3물결 평화형'의 부재에서 오는 것이라고 주장한다. 제3물결 평화형을 어디에서 찾을 수 있는가. 전쟁은 빈곤, 불의, 부패, 궁핍, 인구과잉 등이 원인이라고 하지만, 이것만 해소한다고 평화가 올 수는 없다. '국제연합'만 해도 국민국가의 연합체이지만, 진정한 평화를 가져오지 못한다. 지금은 정부만이 군사력을 휘두르는 제2물결 시대가 아니라, IS나 알카에다 같은 비정부조직이나 단체에 의한 테러가 있고, 다양한 전쟁 가능성에 대항하기에는 국제연합은 부족하다.

저자는 미래의 전쟁을 막을 수 있는 새로운 평화적 패러다임을 제시하는데, 한가지 확실한 **제3물결적 평화의 도구**를 **'데이터, 정보 및 지식의 교환'**으로 본다. 투명성, 사찰, 무기감소, 정보기술의 활동, 통신업무 제지, 선전활동, 평화를 위한 교육과 훈련 등은 미디어 활용을 포함한 지식무기와 더불어 '미래를 위한 평화요소'라고 했다.

또한 줄곧 '새로운 부의 창출체계(제3물결)'와 '새로운 전쟁형(제3물결 전쟁)'의 등장은 **'새로운 평화형'**을 요구한다고 주장한다. 이 평화형은 21세기 현실을 정확하게 반영하여야 하며, 그것이 부적합할 때는 위험성이 고조된다고 보고 있다. 저자는 21세기 글로벌체계를 염두에 두고 있다. 국가 간의 벽이 많이 허물어지고, 정보통신으로 연결된 새로운 지구체계를 생각하고, 그 속에서 새로운 평화형을 모색하려고 한다. 그리고 저자는 20세기 후반 들어 한번도 핵폭탄이 사용되지 않은 것을 보며, 인간들의 평화에 대한 본능과 생존욕구에 기대를 걸기도 한다.

제15장 21세기 전쟁의 이론과 실제

■◆ 반전쟁을 위한 우리의 노력

전쟁과 반전쟁에 대한 새로운 이론을 그린 이 책은 지식, 이익, 전쟁간의 혁명적인 새로운 연관성에 관한 새로운 이해의 제공을 통해 더 평화로운 세계를 가로막는 시대에 뒤진 생각을 한가지라도 타파하는데 도움을 주는 것을 목적으로 한다. 새로운 평화, 즉 '반전쟁(反戰爭)'은 이제 우리의 과제이다. 제3

말년의 토플러 부부. 30년 전에 예측한 미래전과 대안이 현대에도 유효하다.

물결은 새로운 변화를 전쟁과 반전쟁에서까지도 일고 있는 것이다.

현대전은 모든 수단과 방법을 동원하는 총력전의 형태를 띠고 있다. 이 절박한 순간에 혁신 역량의 극명한 차이가 드러난다. 지상화력에 의한 제2물결 전쟁과 최첨단의 '스타링크' 시스템인 제3물결 전쟁이 뒤엉킨 우크라이나전쟁은 '지식과 혁신'이 '전쟁과 반전쟁의 핵심요소'임을 일깨워준다.

토플러의 전쟁관이 그대로 적용되는 대표적인 지역이 우리 한반도이다. 북한은 제2물결인 산업시대 무기로 무장하고 있고, 우리 군은 제3물결 지식정보화 시대의 산업시대 하이테크 무기와 정보·지식무기로의 개혁을 시도하고 있으며, 북한은 이러한 갭을 핵무기와 탄도미사일로 메우려하고 있다. 기술발달이 산업능력을, 산업능력과 혁신이 군사력의 우열을 결정짓는다는 그의 주장은 북한과 세계적 강국에 에워싸인 한국이 21세기에도 번영된 국가로 살아남기 위해서 앞으로 나가야 할 길이 어디인가를 명백히 제시해주고 있다는 점에서 우리에게 시사하는 바가 크다고 할 것이다.[429]

토플러는 평화를 위해서는 생산과 파괴의 혁명적인 변화를 제대로 이해해야 한다고 말했다. 저자는 서문에 '레온 트로츠키'[430]의 말을 인용했다. **"당신은 전쟁에 관심이 없을지 모르지만, 전쟁은 당신에게 관심이 있다."**

이발행 감역(1994년 초판)과, 김원호 번역본(2011년 발행) 등이 출판됐다.

---

429) 이 책이 현대에도 가치있는 이유는 전쟁에서 승리하고, 목표를 달성하며, 격변하는 시대에 평화를 유지하는 것이 어떤 문제인지를 명확히 제시하고 있기 때문이다.
430) 러시아의 사회주의 혁명가로, 군사적 역량을 발휘했으나 스탈린에 의해 숙청되었다.

72. 폴 브래큰, 『제2차 핵시대』

72 | 냉전시대 핵전략과 21세기 핵전략 비교분석

✍ 폴 브래큰(Paul Bracken, 1948~)

📖 『제2차 핵시대(전략과 위험, 새로운 무력외교』
(The Second Nuclear Age: Strategy, Danger, and the New Power Politics)

◆ 국가기술과 권력정치의 핵심요소로 재등장한 핵무기

저자인 폴 브래큰은 미국 예일대학교에서 정치학을 강의했고, 허드슨 연구소의 고위급 간부직과 랜드연구소 자문위원을 역임했다. 또한, 미 국방부 자문위원회에서 일했고, 글로벌 다국적 기업들과 함께 전략과 기술 문제를 연구했다. 2012년 프린스턴 리뷰(The Princeton Review)는 그를 미국 최고의 교수 및 학자 300인 중 한 명으로 선정했다. 또한 글로벌 경쟁, 비즈니스와 국방 분야에 대한 전략적 적용에서 존경받는 연구자이다. 그는 국방전략을 분석한 경험을 바탕으로 이 책을 2013년 11월에 초판 발간했다.

브래큰은 냉전이 끝나서 핵무기의 위협이 줄어들었다고 말하지만, 냉전과는 또 다른 '제2차 핵 시대'[431]를 맞이해 새로운 분석과 핵 정책이 필요하게 되었다고 주장한다. 이란이 핵무기를 얻거나 북한이 핵 미사일에서 폭주하는 것은 단순한 위협이 아니다. 핵무기가 국가기술과 권력정치의 핵심요소로 재등장하면서 세계 권력정치의 전체적인 인상이 바뀌고 있다.

핵무기의 존재가 어떻게 전개되고 확대되는지를 변화시킬 것인지 핵무기에 대한 새로운 관심을 기울여야 하며, 새로운 국가가 핵 능력을 획득함에 따라 이러한 문제에 대해 깊이 생각해야 할 필요가 있다고 지적한다. 그는 핵무기가 권력정치를 어떻게 바꾸고 있는지 보여주기 위해 너무 현실적인 전쟁 시나리오를 통해 분석하고, 허용해서는 안 되는 방법을 강조하기 위해 중동, 남아시아 및 동아시아를 돌아보며 위기관리의 대비내용을 제시한다.

---

[431] 냉전시대에 미·소 초강대국의 핵 지배로 '대규모 핵전쟁 가능성 속의 안정'이 유지되던 '제1차 핵시대'와 비교하여, 탈냉전이후에 핵의 분권화와 수평적 핵 확산 우려가 지속되며 지역적 불안정성이 증대되는 현 시대를 '제2차 핵시대'로 구분하고 있다.

제15장 21세기 전쟁의 이론과 실제

북한 핵 문제와 미사일

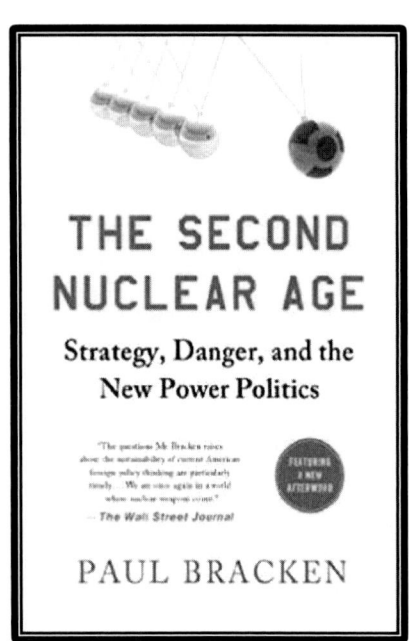

폴 브래큰, 『제2차 핵시대』

동아시아에서 핵문제에 집중해야 하는 대상은 '북한'이며, 북한의 핵문제는 미-중 관계에 지대한 영향을 받는다. 북한은 영리한 정치전략을 가진 작고 약한 핵 보유국으로, 원시적인 군사력과 핵전력을 매우 효율적으로 활용하고 있다.

2006년 7월 4일(한국시간으로 7월5일 새벽)에 다채로운 미사일 실험을 했다. 스커드, 노동, 대포동이 발사되었는데, 발사된 7기의 미사일은 당시 추정되던 북한 핵무기 보유량과 일치했다. 이날 실험으로 단시간에 일제히 미사일 발사가 가능하다는 것을 보여주었다. 그리고 당시 미국의 우주왕복선 발사에 맞춰 몇 분 후 2기 미사일을 발사했다. 이는 우주왕복선 발사를 미사일 공격으로 가정하고 실험한 것이다. 이것은 냉전

당시 미-소가 서로 잘 쓰던 방식이다. 이것은 'LOW능력'[432]을 모의실험한 것이다. 북한은 전쟁에서 패할 경우 자신들이 사라진다는 것을 잘 알고 있다. 모든 전체주의 정권 중에서 본인들이 으뜸이라는 것 또한 잘 알고 있다. 그들은 과거의 리비아 카다피나 이라크의 후세인보다도 더 지독하다.

북한 김정은은 취임 당시부터 진퇴양난이었다. 개혁하자니 정권이 붕괴될 것 같고, 안 하자니 북한 주민들이 다 굶어 죽을 판이었다. 그러면 내부 폭발을 감당해야 한다. 아직은 각종 원조로 근근이 버티고 있다.

그래서 북한은 더욱 더 핵에 의존한다. 자국의 존립을 한국, 일본의 존립과 연계시킨 것이다. 이는 냉전 시에는 없던 전략이다. 북한의 전략을 단지 핵무기가 10기뿐이라고, 최소 억지력이라 부르는 것은 적합하지 않다. 만약

---

[432] LOW(Launch on Warning) : **경보 즉시 발사**. 이는 냉전 당시 미국과 소련의 핵전략의 일환이다. 적의 대륙간 탄도미사일(ICBM)의 발사를 감지한 즉시 대응 ICBM을 발사하겠다는 핵무기 전략으로서, 상호확증파괴(MAD)전략의 필수적인 내용이다. 북한은 CNN 뉴스를 보면서 우주왕복선 발사를 미사일 발사로 가정하여 모의실험했다.

72. 폴 브래큰, 『제2차 핵시대』

미국이 항구 봉쇄, 비행금지구역 설정 등으로 북한을 극도로 압박하면, 또는 중국을 압박하여 북한 국경을 봉쇄한다고 하더라도 그래 봐야 북한의 WMD공격 위험만 높인다. 중국, 한국, 일본, 미국, 이들이 원하는 것은 안정이다. 북한은 이러한 주변국들의 심리를 역이용하고 있다.

북한 SLBM '북극성1호'(16년 8월). 이후 5호까지 개발했다.

만약 중국이 북한에 대한 지원을 끊는다면 어떨까. 이것은 일촉즉발의 화약고를 건드리는 셈이다. 이것은 매우 위험한 게임이다. 지나친 압박을 받으면 정말 방아쇠를 당길 것이라는 확신을 주기 위해 북한은 계속 긴장 국면 조성할 것이다. 2010년 한국에 대한 북한의 '천안함 피격'과 '연평도 포격'은 바로 그런 모습을 어필하기 위한 것이었던 것으로 보인다고 했다.

북한은 계속 도발하고 있지만, 그들의 도발은 더 이상 새롭지 않다. 새로운 것은 핵 정세이다. 미국과 우방국들은 전쟁확대와 그렇지 않은 경우를 면밀히 연구해서 새로운 전략을 강구해야 한다.433) 북한은 게임의 규칙을 재래식 군사력 균형 유지가 아니라, '위험관리의 경쟁'으로 바꿔 놓았다.434)

◼◼ 중국의 핵무기와 미사일

중국은 그동안 최소억지전력 정도로 핵을 보유하였다. 90년대 초까지 ICBM 20여 기 정도가 전부였다. 사실 중국은 핵을 정치적으로 이용했다. 그 덕분에 70년대와 80년대에 미국과 손잡고 소련에 맞섰다. 사실상의 NATO국가로 활동했던 것이다. 또한 핵무기로 인해 월남전 당시에 미국이 중국을 크게 의식하도록 만들었다.435)

---

433) **참수타격(Decapitation Strike) 전략** : 적대적인 적의 정부나 군사적, 정치적 리더십을 제거하여 적을 격파하기 위한 전략으로 전쟁사에 있어서 오랜 역사를 갖고 있다. 2003년 이라크 사담후세인과 이라크 군사 및 정치 지도자를 목표로 한 공습이 시도되었고, 2011년에는 리비아 카다피를 제거하기 위한 외과수술적 공습이 시도되었다. 미국과 나토 동맹국들은 알카에다 및 ISIL 같은 이슬람 근본주의 무장세력의 네트워크를 해체하려는 노력으로 이 전략을 지속적으로 추구하고 있다. 북한의 핵 보유가 확실해지고 미사일 위협이 증대됨에 따라 한반도에서의 적용이 검토되어졌다.
434) 북한은 22년 9월 '핵무력정책' 법령을 공포해 비핵화 협상은 없다는 입장을 과시했다.
435) 실제로 필자는 당시에 중국의 월남전 참여를 가정한 워게임에 참석했었다고 했다.

제15장 21세기 전쟁의 이론과 실제

닉슨은 70년대 중국을 끌어들여 소련과 맞서고자 했다. 중국의 국력이 소련에 크게 못 미쳐, 국가안전 보좌관 키신저는 중국에 '정보 이전'을 계획하게 된다. 72년 닉슨은 중국에서 주은래 총리에게 이를 전달하였다. 이때 표적선정, 병력배치, 평시의 국방기획예산 등 여러 유용한 정보가 중국에 이전됐다. 키신저는 소련의 군사 및 무기 배치도와 사진을 중국에 제공했다. 매우 구체적인 정보가 이전되었다. 중국에 대한 미국의 정보 이전은 소련이 붕괴되기 전까지 한동안 계속되었다.

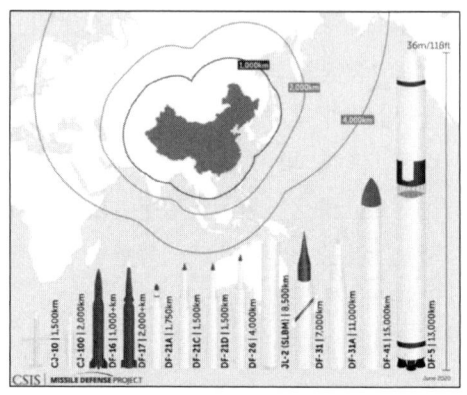
중국의 탄도미사일과 크루즈미사일

중국은 수평 갱도를 이용하여 그곳에서 이동식 발사대로 공격(미국과 러시아는 사일로에서 고정발사)한다. 이동식 발사대는 은폐하기 좋다. 미사일 수가 많으면, MD도 소용이 없어진다. 게다가 중국은 크루즈미사일도 개발했다. 중국은 서태평양에 있는 미국의 태평양 기지들을 무력화시키려 노력하고 있다. 실제로 소규모 충돌도 있었다. 그 예가 2009년 중국 잠수함과 해군 구축함 존 매케인 호의 충돌436)이다. 중국군의 현대화와 함께 중국의 해양진출과 A_2AD전략437)은 미국과 아시아에 매우 위협이 되고 있다.438)

436) 2009년 6월 11일 필리핀 근해에서 미 구축함 존 매케인호의 예인 소나와 중국 잠수함이 충돌했다. 구축함이 끌고 다니는 소나와 충돌한 것은 잠수함 탐지의 실패를 말한다.
437) '반접근/지역거부(Anti-Access / Area Denial, A2/AD)'는 중국군의 해상 군사 전략에 대한 미국의 명칭. 반접근(A2)은 아태 전역에서 행해지고있는 군사작전에 대한 미군의 개입을 저지하기위한 전략. 주로 지상기지를 기반으로하는 병력을 대상으로 하고, 지역거부(AD)는 제2열도선 이내의 해역에서 미군이 자유롭게 작전을 전개하는 것을 억제하기 위한 전략. 주로 해군력을 기반으로하는 병력을 대상으로 한다.
  2009년 미 국무성에서 의회에 제출한 연례보고서 「중국 군사력 2009」에서 제기된 명칭이다. 이후 미국 의회의 미중 경제안보조사위원회가 2011년 11월에 발표한 연례보고서에서 '영역지배 군사전략(Area Control Military Strategy)'으로 사용되었다.
438) 키신저는 "미국은 결정타를 날리기 위해 움직이는 체스를, 중국은 서서히 집을 늘려 가는 바둑을 둔다. 중국은 한차례의 충돌결과에 모든 것을 걸지 않는다. 오랜 세월 공을 들여 작전을 전개하는 것이 그들의 방식이다. 서양 전통이 결정적인 힘의 충돌을 높게 평가하는 반면, 중국인들은 상대적인 이익을 끈기있게 쌓아간다."라고 했다.

72. 폴 브래큰, 『제2차 핵시대』

◆ 제2차 핵 시대

현재 핵무기를 보유국은 미국, 영국, 프랑스, 러시아, 중국 등 유엔 상임이사국 5개국에 더해, 이스라엘, 인도, 파키스탄, 북한 등 4개국이다. 핵무기를 말하면 제1차 핵시대의 배경이었던 냉전부터 떠올리지만, 제2차 핵시대는 냉전과는 상관이 없다. 냉전이후 국제정세를 지배해 온 공포와 불안이 일상화된 역학관계 속에서 새로운 핵전력이 그야말로 '자연발생적으로' 등장한 것이다. 미국은 핵확산을 막기 위해 이스라엘, 인도, 파키스탄, 북한을 더 엄중히 단속할 수 있었을런지 모르나, 미국이 어떠한 노력을 했든 자국의 군사적 우위를 지키려는 계략으로 비춰졌을 것이고, 지역세력이 부상하며 세계질서의 윤곽조차 불분명하여 어차피 실패할 수밖에 없었다.

저자는 미국이 제2차 대전 정도의 막대한 자금이나 희생을 치루지 않는 한, 어떠한 정책으로도 제2차 핵시대를 막는 것은 성공하기 힘들다고 보았다. 러시아, 중국, 인도 같은 주요 핵보유국이나 파키스탄, 이스라엘, 가장 위험한 북한[439] 같은 2류 핵보유국과 마찬가지로 세계가 어디로 향하고 있는지는 확신하지 못한다. 미국의 전반적인 정치, 경제질서 유지능력의 저하, 질서 유지를 보장할 만한 새로운 구조의 부재, 각종 첨단 군사 기술의 확산 등이 맞물리면서, 다른 국가들이 일방적으로 군비통제라는 이례적인 조치를 취할 가능성은 없어 보인다고 했다.

한미 간 맞춤형 확장억제(TDS)의 핵심은 미 핵전력의 한반도 전개훈련과 한미 간 '핵 및 재래식 전력 통합(CNI)'인데, 한국 전투기의 미군 폭격기 호위와 같은 한국군과 미 핵전력의 통합에 대한 기획과 훈련을 포함한다.

한미 간 핵 및 재래식 전력 통합

---

439) 미국은 1978년부터 한미SCM을 통해 핵우산 제공의지를 천명해왔는데, 2006년 북한의 핵무기 보유가 확실시되고 한국과 일본이 핵우산 제공에 회의적 반응을 보이며 불안해하자, 미국은 '확장억제전략'을 제시하여 미국의 핵억제력(전략폭격기, ICBM, SLBM)에 더하여 탄도미사일 방어(MD), 재래식 전력의 수단으로 동맹국을 보호하겠다고 천명했다.

제15장 21세기 전쟁의 이론과 실제

73 과학기술 발달에 따른 현대전 준비와 수행
제임스 더니건(James F. Dunnigan, 1943~)
「무엇이 현대전을 움직이는가」
(How To Make War : A Comprehensive Guide to Modern Warfare)

전쟁의 준비와 수행, 전투의 실상과 허구

제임스 더니건은 세계적인 군사전문가이자, 워게임 전문가로 미국 워칼리지와 국방대학교, 국무부, CIA 등 여러 기관에서 강사와 자문위원으로 활동하고 있다. ABC 방송사의 뉴스 프로그램 '나이트라인'에서 워게임 시뮬레이션의 설계를 담당하여 걸프전을 정확하게 분석하기도 했다. 1995년부터 각국의 전투력 비교에서 북한의 전투력을 남한의 약 40퍼센트 수준으로 평가했으며, 국내 언론과의 인터뷰에서 "한국군은 이미 20년 전부터 DMZ를 스스로 방어할 충분한 능력을 보유하고 있다"고 말한 바 있다.

첨단무기와 전쟁의 전략, 동기 작전상의 오류를 분석한 군사전략서인 『사막의 방패작전과 사막의 폭풍작전』 등의 수많은 군사 저서가 있다.

이 책은 전쟁의 준비와 수행, 전투의 실상과 허구, 과학과 통계, 그리고 리더십으로 보는 전쟁의 기술에 대해 기술하고 있다. 제1부, 제2부, 제3부에서는 지상전투, 공중작전, 해군작전을 각각 다루고, 제4부에서는 군인들이 싸우는 이유, 리더십, 머피의 전투법칙 등 '인적 요소'를 다루고 있다. 5부에서는 전자전이나 대량살상무기 같은 '특수무기'를 다룬다. 제6부에서는 수적 우세에 관한 것으로 복잡한 군수와 물류 문제를 다루고 있다. 7부는 항공과 해상수송, 8부는 스텔스기 등 세계 최신무기를 소개하고, 전 세계 군대의 등급을 매기고 순위를 매긴다.

현대전의 대표적인 최신무기인 스텔스기 F-22, B-2, F-117

73. 제임스 더니건, 『무엇이 현대전을 움직이는가』

◆ 진보하는 기술, 변화하는 전쟁

이 책은 동서고금을 막론하고 인간 생활에 절대적인 영향을 미치고 있는 전쟁, 특히 현대의 전쟁에 관련된 중요한 사항을 포괄해서 담고 있다. 전쟁의 준비와 수행, 전투의 실상과 허구들에 대한 실제 경험들을 적나라하게 보여주는 이 책은 세계 각국의 지상군, 해군, 공군의 각 병과별 무기들과 전장의 모습을 보여주며, 정신무장이나 리더십 등의 인격적 요소, 군수지원 요소, 전략적 수준의 대규모 수송능력 등을 망라하고 있다.

그리고 첨단 전자전 장비, 인공위성, 화학·생물학 작용제, 핵무기 등 선진국에서 보유하고 있는 무기체계들의 종류와 성능, 전술적인 운용개념, 사용방법까지 수록하고 있다. 뿐만 아니라, 각종 무기체계와 장비들의 결함과 신뢰성 문제, 전장에서 사용 경험자들이 토로한

제임스 더니건, 『무엇이 현대전을 움직이는가』

실제적인 약점, 전장에 참여한 병사들에 대한 심리적인 영향까지 서술하고 있다. 이러한 것들이 워게임에 적용되는 방식까지 논의하고 있다.

이 책의 초판은 냉전시대의 막바지인 1982년에 발행되었고, 이후 2003년에 출간된 『How To Make War』의 제4판이 최신 개정판이다. 아프가니스탄 전쟁 결과까지를 포괄한 최신 정보의 집합체인 이 책은 저자 자신이 '21세기의 현대전에 대한 종합적인 안내'라는 부제를 붙이고 있다. 저자 제임스 더니건이 50여 년간의 연구에서 얻은 내용들과, 수많은 무기 전문가 및 사용경험자들과의 인터뷰에서 얻어진 정보들을 집대성한 것이다.

군사의 운용원리 속에 작용하고 있는 과학적 방법과 통계를 이용한 분석, 이를 통해 발견한 군사 발전의 해법을 제시한다. 따라서 이 책은 군사에 입문하는 후보생이나 군사문제에 관심있는 일반인에게 특히 유용하다.

제15장 21세기 전쟁의 이론과 실제

◆ 과학기술의 발달로 인한 군사상의 대변혁

새로운 전쟁 개념은 이제 정치보다는 기술공학과 더 깊이 관련되어 있다. 이러한 변화는 제1차 세계대전과 제2차 세계대전 사이의 20년 동안에 마지막으로 일어났는데, 그때 당시 모든 사람들은 전차, 전투기와 같은 신무기 그리고 전자기술, 작전의 연구와 같은 신과학 기술이 전쟁에 어떠한 영향을 미칠지를 알아내는 데 주력하고 있었다.

현대 군사상에서 대변혁을 일컫는 용어로는 1980년대의 **군사기술혁신(MTR)**, 1990년대 중반부터 사용되는 **군사혁신(RMA)**, 21세기가 시작되면서 사용되는 **군사변혁(Military Transformation)**이 있다.

1980년대에는 **군사기술혁신(MTR : Military Technical Revolution)**으로 지휘통제 네트워크를 이용하여 센서와 타격력을 결합하는 형태로 발전하여 1990년대 초반 걸프전의 성공을 달성한다. 1992년의 걸프전쟁은 현대전에서 무기의 질이 양보다 중요하다는 것을 보여준다. 외형상으로 중동지역 최강의 군사력을 보유하고 있던 이라크 군이 당시 보유한 병력과 재래식 무기의 숫자는 다국적군에 월등히 앞섰다. 그러나 이라크 군대는 다국적군의 최첨단 정밀 군사력에 대파당하고 말았다.

1990년대 중반부터는 이렇게 지속적으로 이루어진 변혁중에서 기술적인 혁신이 교리, 조직, 작전과 적절히 결합하여 전쟁수행방식을 변화하는 것을 **군사혁신(RMA : Revolution in Military Affairs)**이라 부르기 시작했다. RMA의 핵심은 ISR, C4I, PGMs를 복합시스템으로 조화롭게 구성하여 상호운용능력을 증대하는 것이며, 주요 영역은 기술, 교리, 조직의 혁신이다.

21세기부터는 2001년 **군사변혁(MT: Military Transformation)**이 QDR에 언급되면서 사용되기 시작했다. 군사기술을 토대로 혁신하면서 미래환경에 효과적인 군사력을 만들기 위해 본질적인 변화를 조성해가는 활동을 말한다.

4차산업혁명에 의한 AI와 정보통신기술은 엄청난 대변혁을 이끌어내고 있는데, 그 확산 범위와 영향은 아직 정확히 알려져 있지 않다. 20세기의 군사혁신이 자동화된 무기와 정보체계에 머물렀다면, 21세기의 군사혁신은 자동화된 무기, 정보체계, 우주까지를 작전의 범위에 포함시키고 있다.

73. 제임스 더니건, 『무엇이 현대전을 움직이는가』

◆ 인적요소와 물적요소로 바라본 현대전

　제4부에서는 인간요소를 다루고 제6부에서는 군수문제를 언급하고 있다. 군대의 전투력은 병력, 무기, 탄약, 장비들의 수를 질적요소로 곱하여 산출된다. 질적요소란 외형상으로는 애매한 것이지만 지휘력, 훈련, 사기, 무기 및 장비 등의 효과를 포함하고 있다. 양적요소만으로는 국가의 전투력을 계산하는 표준이 될 수 없다. 같은 수의 병력과 장비를 가진 부대라도 전투효과 측면에서는 본질적으로 달라질 수 있다. 다시 말하면 한 부대의 병사 한 명이 다른 부대의 여러 명과 같을 수 있다는 것이다. 보통 이러한 부대는 보병, 전차, 항공기, 포병, 함정, 트럭 등을 적절한 비율로 보유하고 있을 것으로 추정한다. 그러나 이는 성급한 가정일 때가 많다. 질이 더 높은 부대일수록 균형 면에서 더 많은 무기와 장비를 갖추고 있기 때문이다.

　그러나 용맹한 전사와 발달된 무기만으로 강한 군대가 되는 것은 아니다. 오늘날 강한 군대의 요건과 역사상 존재했던 강한 군대의 공통적인 요소 중 능력 있는 지휘관을 우선적으로 꼽는다. 때와 장소를 불문하고 리더십만큼 여러 개인이 모인 군대라는 집단을 유기적으로 만들고 시너지 효과로 강하게 만드는 요소도 없는 것이다.

　사실 위대한 장군과 성공한 경영자 사이에는 공통점이 많다. 실전에 나가 놀라운 무훈을 거둔 역사의 명장들은 누구보다 유능하고 치밀한 경영자였다. 군대의 이동, 군량과 장비 보급, 전투 준비, 작전 수립 등 전투와 전투 사이의 모든 업무가 경영이었다. 전쟁이 벌어지는 동안에도 장군이 실제로 하는 일은 산더미처럼 쌓인 잡무를 처리하고 전투와 무관한 각종 결정을 적시에 내리는 일이다. 장군의 경영능력이 부족한 군대는 교전이 시작되기도 전에 무너지거나 전투의 중압감에 눌려 쉽사리 허물어진다.

　역사 속 명장들의 기본적인 기술이란, 어느 지역 혹은 어떤 시대 사람이건 상관없이 언제나 똑같다. 조직, 훈련, 교육은 역사상 어느 시기에나 불변하는 요소이기 때문이다. 명장들의 경험은 오랜 시간과 문화적 차이와 크나큰 위기를 견디고 살아남은 경영의 실제 지식으로서, 군인들에게는 물론이고 현대의 경영자들에게도 소중한 가르침을 준다.

제15장 21세기 전쟁의 이론과 실제

◆ 현대전의 준비와 수행

전쟁의 본질은 변하지 않으나, 군사과학기술의 발전은 전쟁양상을 변화시킨다. 이 책은 변화하는 현대전의 준비와 수행에 관한 경험법칙에 관한 것이다. 이 법칙들은 계속 반복되는 역사적 산물이다. 직접적으로 전쟁을 겪지 않은 젊은 세대들은 전쟁에 대해 얼마나 오해하고 있는가? 대중매체를 통해 각인된 전장과 국가관계에 대한 낭만주의는 어디까지가 진실인가?

오늘날에는 저강도 분쟁과 정치적 갈등의 확산으로 전쟁을 이해하는 것이 점점 더 어려워지고, 냉전의 종식으로 이러한 저강도 전쟁에 대한 분석이 더욱 중요해졌다. 우리나라의 재래식 군사력은 북한에 비해 우위440)에 있으나, 북한은 핵을 비롯한 대량살상무기의 비대칭전력에 의존하고 있다. 북한의 핵 위협과 사이버 테러 행위 등은 우리에게 가장 중요한 안보위협으로 작용하고 있다. 미국을 비롯한 국제사회는 경제제재를 통한 압박과 정상회담 등을 통한 대화와 협상을 병행하며 북한의 핵 폐기를 종용하고 있다. 여전히 불명료함으로 흐려지고 근거 없는 사회적 통념으로 혼란스럽기 때문에 많은 과정들이 잘못 이해되고 있다. 대중매체는 많은 허구들을 만들어 유포시키기 때문에 저명한 전문가들도 잘못 이해하는 경향이 많다.

이 책은 전쟁이 발발하면 이러한 허구들이 왜곡된 것임이 점차 명확해질 것임을 강조한다. 이러한 잘못들 때문에 현대전을 대비하고 수행하는 것이 어려워진다. 역사에서 불변의 진리 중 하나는 어떤 국가든 간에 "승리할 가능성이 있고, 그것에 비용을 지불할 가치가 있다"고 확신하지 않는 한 전쟁을 시작하지 않는다는 것이다. 그러나 "실제로 전쟁은 시작한 사람들이 들인 비용만큼 가치 있는 것이 결코 아니다"라는 것을 설명하고 있다.

우리나라에서는 '플래닛 미디어'에서 KODEF 안보총서 12 - How To Make War(무엇이 현대전을 움직이는가)로 번역 출판되었다.

[원서정보] James F. Dunnigan, *How to Make War (Fourth Edition): A Comprehensive Guide to Modern Warfare in the Twenty-first Century.* 2003

---

440) 미국의 군사력 평가 전문기관인 '글로벌화이어파워(GFP)'에서 2025년에 발표한 '2024년 세계 군사력 순위'에 따르면 GFP지수로 볼 때, 한국은 미국, 러시아, 중국, 인도에 이어 세계 5위인데 비해 북한은 36위로 분석되었다. GFP지수는 단순 전력비교가 아니라, 총체적인 군비태세 55개 요소를 종합하여 산출하고 있다.

74 현대의 가장 급진적인 전쟁관
✏ 마틴 반 크레벨트 (Martin van Creveld, 1946~)
📖 『전쟁의 변천』(The Transformation of War)

◆ 소규모 저강도 분쟁의 확산

클라우제비츠 이후의 무력분쟁에 대해서 가장 과격한 재평가를 시도하고 있는 저작이다. 인류가 과거 약 3세기 반에 걸쳐 경험한 '주권국가가 보유하여 조직화한 군사력에 의한 전쟁'은 종말을 고하고, 전쟁양상이 극적으로 변화하고 있다고 서술하였다. 그는 장래에는 주권국가가 전쟁을 독점하는 것이 불가능하고, 주권국가와 같은 가치관을 공유하지 않은 비국가주체와 대결하는 것이 되었다고 이 책이 출판된 시점에서 이미 예측하고 있었다.

저자인 반 크레벨트에 의하면 1945년 이후의 전쟁은 대부분이 이른바 '저강도분쟁(LIC)'441)에 속한 것들이었으며, 희생이라는 관점에서도 달성되는 정치목적이라는 관점에서도 통상전쟁은 무의미한 것이 되어버렸다. 이에 따라 소규모 분쟁이 확산되는 것과 함께 통상의 군사력은 축소되고, 장차 사회를 보호하는 중책을 담당하는 것은 현재 거대하게 성장을 계속하고 있는 안전보장 비즈니스로 옮겨갈 것이라고 대담한 예측을 하였다.

또한 반 크레벨트는 하마스나 이슬람 원리주의자에 의한 지하드나 그가 말하는 '생존을 위한 전쟁(war for existence)'으로 대표되는 '비정치적인 전쟁(nonpolitical wars)'에 대해서 서방국가들의 전략사상의 기초가 되고있는 클라우제비츠적인 이론은 벌써 오래전에 무의미해졌다고 주장했다.

그래서 장차전쟁은 테러리즘, 게릴라, 무법자집단이라 할 수 있는 광신적인 이데올로기에 기반을 둔 사람들에 의한 분쟁이 주로 이루어진다고 했다.442)

---

441) 반 크레벨트는 냉전이후 국가이외의 조직에 의해 행해지는 무력분쟁을 제일 먼저 '**저강도 분쟁**(Low Intensity Conflict)이라고 명명하고 분석해 학계의 주목을 받았다.
442) 장차 전쟁의 특징으로 고도로 통합된 기술력을 갖춘 강대국에 대항하기 위해 종교적, 비국가 단체에 의한 '비대칭전' 가능성이 높아지는 반면에, 서방 선진국은 자국민이 희생되는 전쟁사상자에 대한 관용이 심각하게 감소되어 '**희생자가 없는 전쟁**(post heroic warfare)을 중시하는 경향이 있다고 했다.

제15장 21세기 전쟁의 이론과 실제

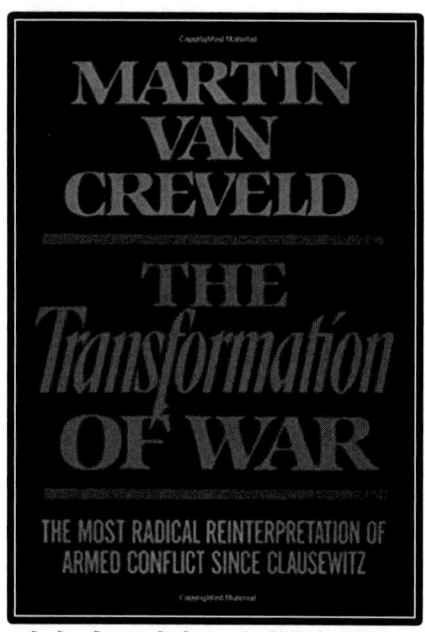

마틴 반 크레벨트, 『전쟁의 변천』

또한 일반적인 통상전쟁은 습격이나 폭탄테러 등으로 바뀌어진다. 이에 따라 사용되는 무기는 보다 원시적인 것이 될 것이라고 지적하고 있다. 반 크레벨트는 이 책에서 '전쟁은 정치의 연장이 아니라 스포츠의 연장'이라고 서술하면서, 아울러 여성을 전쟁에 끌어들이는 위험성과 전쟁에서 종교가 담당하는 역할에 대해서도 대담하게 말하고 있다. 그래서 "전쟁은 누군가가 타인을 죽이겠다고 생각할 때에 시작되는 것이 아니라, 그 개인이나 그룹이 어떤 대의를 위해 죽을 각오가 되어있을 때에 시작되는 것"이라고 지극히 도발적인 논의를 전개하고 있다.

반 크레벨트는 장래의 전쟁에서는 그 지도자가 정통성을 갖춘 정부의 대표자가 되지 않고 '산악에 은둔하고 있는 노인'이 될 것이 해서, 이것은 마치 중세의 암살자 집단과 같은 전쟁을 수행하는 경우가 있을 것이라는 불길한 예언을 하였다. 이러한 구체적인 예언은 알카에다의 지도자 '빈 라덴'이 은둔하면서 9.11테러에 구체적으로 관여한 것과 같은 사례로써 이를 증명했다.

이러한 그의 주장은 모두가 전쟁에 대한 사람들의 고정관념에 정면으로 도전하는 것이다. 반 크레벨트는 앞으로의 전쟁은 테러리즘, 게릴라, 무법자집단과 같은 비국가단체에 의한 분쟁이 기승을 부리고, 분쟁형태는 습격이나 폭탄테러 등이 주를 이루고, 무기는 보다 원시적이 되어 실제 장래의 전쟁에 있어서는 기술이나 군사적 우위가 반드시 승리를 보증하는 것이 아니라고 주장했다.443) 이러한 반 크레벨트의 주장은 최근에 소말리아나 아프가니스탄에서 1950년대에 개발된 로켓탄(RPG)으로 미군의 최신 헬리콥터를 격추시켰다는 사실 등에 의해 훌륭하게 실증되어지고 있다.

---

443) 반 크레벨트는 1945년 이후 약 100번의 제한전쟁이 발생했는데, 국가 간 정규군 전쟁은 17번에 불과하고 나머지는 국가와 비국가 주체 간의 분쟁이며, 심지어는 비국가 주체 간의 분쟁도 있었으며, 대부분 게릴라전 형태였다고 분석했다.

74. 마틴 반 크레벨트, 『전쟁의 변천』

◆ 클라우제비츠 비판 - 비삼위일체 전쟁의 출현

반 크레벨트는 그의 '클라우제비츠 비판'에서 세간에 크나 큰 논쟁을 유발하였다. 클라우제비츠의 "전쟁은 외교의 다른 수단을 이용하여 정치적 교섭을 계속하는 행위에 지나지 않는다"라는 논거에 대해, 그는 의문을 드러냈다. 반 크레벨트는 클라우제비츠가 역사상 가장 걸출한 전략사상가라는 사실을 인정했고, 『보급전』(supplying war)에서 클라우제비츠의 '마찰' 개념을 높이 평가하고 있다. 하지만 그는 클라우제비츠의 전쟁관 전반에 대해서는 부정적이며, 그중에서도 **'정치와 전쟁의 관련성'에 대한 그의 클라우제비츠 비판은** 개략적으로 다음의 네 가지 관점으로 집약된다.

첫 번째로, 클라우제비츠는 『전쟁론』을 집필하던 시기에는 공교롭게도 전쟁이 주권국가 간에서만 일어나고 있었기 때문에 그는 전쟁이 주권국가 간에서만 일어나는 것이라고 생각했다는 점이다. 이를테면 반 크레벨트는 클라우제비츠의 전쟁관은 '정치', '군사', '국민'이라는 주권국가를 중심으로 하는 것이라고 하여, 반 크레벨트의 용어에서 '**비 삼위일체 전쟁**(non-trinitarian war)'이라고 명명한 전쟁에 대한 시점을 빠뜨리고 있기 때문에, 그의 전쟁관은 **"현실에서 발생되고 있는 주권국가 이외의 다수의 주체가 얽힌 전쟁에 대해서는 타당성을 갖지 못한다"**라고 지적했다.

두 번째로, 클라우제비츠가 주창한 "전쟁은 외교와는 다른 수단을 활용하여 정치적 교섭을 계속하는 행위에 지나지 않는다"라고 말한 『전쟁론』의 틀 자체에 대한 것이다. 많은 역사적 사실들을 상세히 검토한 후에 반 크레벨트는 어떤 하나의 정치목적을 달성하기 위한 수단으로서의 전쟁이라는 개념에 대해서 부정적인 평가를 내리고 있다. 그는 예를 들어 중세 유럽의 왕조국가간의 관계에서는 정치라는 요소보다는 '정의'라는 요소가 중요시되고 있었다는 사실을 지적하고, '정의를 위한 전쟁'이 존재했었다는 사실을 주장했다. 또한 구약성서 시대와 십자군 전쟁 시대는 '종교전쟁의 시대'로 자리매김하여 '종교'가 전쟁의 매우 중요한 원인이라고 지적하고 있다. **"정치적 목적이외에, '정의를 위한 전쟁(War for Justice)'이나 '종교로 인한 전쟁(War for Religion)'이 많이 발생되었다"**는 것이다.

제15장 21세기 전쟁의 이론과 실제

반 크레벨트는 정치적 목적이 아니라, 성지회복이라는 종교적 목적으로 200년간 계속된 '십자군 전쟁'의 예를 들었다. (타이레의 윌리엄 작, 십자군 전쟁, 1337년)

세 번째로, '생존을 위한 전쟁(War for Existence)'이라는 존재를 제시했다. '생존을 위한 전쟁'이란 다른 정치적 수단이 바닥나서 전쟁이외에는 선택지가 남아있지 않은 상황에 처해졌을 때 최후의 방법으로 살아남기 위해 목숨을 거는 전쟁을 말한다. "생존을 위한 전쟁은 정치적 계산의 결과로 선택되어진 전쟁이기보다는 오히려 정치를 전혀 도외시한 것에 가깝다"라고 했다.

네 번째로, 반 크레벨트는 오늘날에 이르기까지 인류가 전쟁에 빠져들게 된 것은 전쟁이 '위험'과 '환희'라는 것이 서로 이웃하고 있었기 때문이었다고 지적하고, **"전쟁은 정치의 연장에 있는 것이 아니라 스포츠(Play)의 연장으로서의 측면이 강했다"**는 전술한 논의를 전개했다.444)

---

444) 클라우제비츠을 지지하는 학자들은 '비삼위일체 전쟁'이라는 개념이 클라우제비츠의 삼위일체에 대한 오해의 결과일 뿐이라고 주장했다. 비삼위일체 전쟁의 주창자들은 '국민, 군대, 정부'를 주요 삼위일체로 규정하지만, 클라우제비츠 학자들에 따르면 이는 단지 '열정, 이성, 우연의 작용'이라는 실제 경향을 나타낸 것일 뿐이다. 이러한 힘이나 경향은 보편적이며, 모든 전쟁에서, 심지어 반 크레벨트가 '비삼위일체'라고 지칭한 테러와의 전쟁에서도 이러한 힘이나 경향이 작용한다는 반론을 제기했다.
Hew Strachan, The Direction of War: Contemporary Strategy in Historical Perspective (Cambridge University Press, 2013), pp. 48-49.

74. 마틴 반 크레벨트, 『전쟁의 변천』

◆ 전쟁의 장래 모습과 평가

이처럼 이 책은 확실히 클라우제비츠의 『전쟁론』을 강하게 의식하고, 『전쟁론』을 뛰어넘는 저작을 목적으로 집필되어졌다. 주지하다시피 이 책은 출판 이래 엄청난 반향을 불러일으켰다. 반 크레벨트는 과학기술의 발전에 따라 전쟁의 모습이 변해왔다고 보고, 전쟁을 도구의 시대, 기계의 시대, 시스템의 시대, 자동화의 시대로 구분하였다. 반 크레벨트는 이

국내포럼에 참가한 반 크레벨트

와 같이 "『전쟁의 변천』의 집필을 마친 이상, 이후에는 아무것도 쓸 것도 없고, 오로지 후세 역사가들의 평가를 기다리는 것만 남았다"고 말했다.

현재 사실주의의 입장에서 전쟁을 논하는 역사가로서 반 크레벨트와 영국의 역사가 존 키건의 이름이 자주 거론되고 있다. 키건의 대표작인 『전략의 역사-말살, 정복기술의 변천』과 『전쟁과 인간의 역사-인간은 왜 전쟁을 하는가』 등은 국내에는 아직 소개되지 않고 있다.

반 크레벨트의 관점으로 볼 때, 전쟁의 장래상을 탐구할 때 가장 큰 문제는 주권국가의 향방이다. 전망이 가능한 장래에 주권국가는 계속 존재하지만, 적어도 주권국가가 폭력을 독점하는 시대는 종말을 고했다는 것 또한 사실이다. 일반적으로 알고 있는 1648년의 베스트팔렌 조약(Westphalia Treaty) 이후의 주권국가가 전쟁을 독점했던 시대는 19세기 전반을 중심으로 한 한정된 기간만이 타당성을 보여주었다는 것에 지나지 않는다.

제2차 세계대전 이후에 있어서도 주권국가 이외의 주체가 관여한 전쟁, 즉 반 크레벨트가 말한 '비삼위일체의 전쟁'의 수는 현저히 증가하고 있음에도 불구하고, 냉전의 그림자에 숨어있는 형태로 그다지 주목받지 못하고 있는 것에 지나지 않는다. 그러한 관점에서 보면 장차전에 있어서는 반 크레벨트가 주창한 '비삼위일체 전쟁'의 설명력이 높아지고 있음에 틀림없다.

[원서 정보] Martin van Creveld, *The Transformation of War: The Most Radical Reinterpretation of Armed Conflict Since Clausewitz. First Edition*(New York: The Free Press, 1991) * 국내 미발간

제15장 21세기 전쟁의 이론과 실제

75 현대전쟁의 패러다임 전환을 갈파

✍ 루퍼트 스미스 (Rupert Smith, 1943~)

📖 『군사력의 유용성 : 현대 세계의 전쟁술』
(The Utility of Force: The Art of War in the Modern World) *(London: Allen Lane, 2005초판)

■ '국가 간 전쟁'과 다른 '인민 간 전쟁'의 등장

제2차 세계대전 종전이후 대규모의 국가 간 전쟁은 거의 일어나지 않았으며, 특히 대국간의 전쟁은 전무하였기 때문에, 냉전은 '길고 긴 평화'라고 불린다. 반면에 냉전 후에 오히려 민족이나 종교의 대립에 의한 내전이나 지역분쟁이 제3세계 제국을 중심으로 증가했다. 이러한 분쟁에 대하여 선진국들은 국제연합 등을 통한 평화유지활동(PKO)이나 다국적군 등의 군사개입을 적극 수행하여 분쟁이 확대되는 것을 저지하기 위해 노력해왔다.

그러나 이러한 시도들이 반드시 모두 성공을 거둘 수는 없는 것이다. 소말리아나 보스니아는 하이테크 무기체계로 무장한 선진국의 군대가 소화기나 폭탄에 의한 게릴라의 공격에 고전하였으며, 분쟁은 장기화되었다. 또한 '테러와의 전쟁'445)에서 아프가니스탄이나 이라크에서는 당초의 군사작전은 순조로운 추이를 보였지만, 이후 치안유지나 부흥지원활동에서 다수의 희생자가 속출하고 수렁에 빠진 상태가 되었다. 이런 사태가 증가하고 있는 것은 전쟁의 근본적인 변화가 발생하였고, 그것에 선진국의 군대가 적절히 대응하지 못했다는 것에 원인이 있다는 것을 저자는 지적한다.

저자인 루퍼트 스미스는 NATO 연합군의 부사령관이라는, 영국 군인으로는 사실상 최고위까지 오른 빛나는 군대 경력을 갖고 있다. 또한 1991년의 걸프전에서 지휘관으로서 참전한 이후에 북아일랜드의 치안유지나 코소보, 보스니아 등 영국군의 주요 작전에 참가하는 등 실전경험도 풍부하다.

---

445) **테러와의 전쟁**(Global War on Terrorism, GWOT) : '9·11 동시다발 테러' 이후에 미국이 중동과 아프리카에서 수행한 대테러 군사작전. 알카에다, ISIL, 이라크 바트주의 반군, 탈레반 등이 대상이 되었다. 2021년 8월 미군의 아프간 철군으로 종료되었다.

75. 루퍼트 스미스, 『군사력의 유용성 : 현대 세계의 전쟁술』

그가 이러한 자신의 경험을 기초로 하여 이미 전통적인 국가 간 전쟁은 생각할 수 없으며, 오늘날의 중요 과제는 국가나 사회 내부에서 싸우는 '인민 간 전쟁(war amongst the people)[446)447)]'에 대응해야 한다고 주장하고 있다.

■◆ 핵무기로 전쟁 패러다임 변화

제2차 세계대전까지의 전쟁은 주로 국가 간의 싸움이었다. 그러한 전쟁은 국민이 총동원되어 산업력과 기술혁신을 배경으로 하기도 했고, 거의 대칭적인 전력을 갖고 있는 정규군에 의한 군사적 충돌이었다. 스미스는 이러한 형태의 전쟁을 '산업화 전쟁(industrial warfare)'이라고 불렀고, 이것이 나폴레옹 전쟁이후의 지배적인 패러다임이었다고 말하고 있다.[448)]

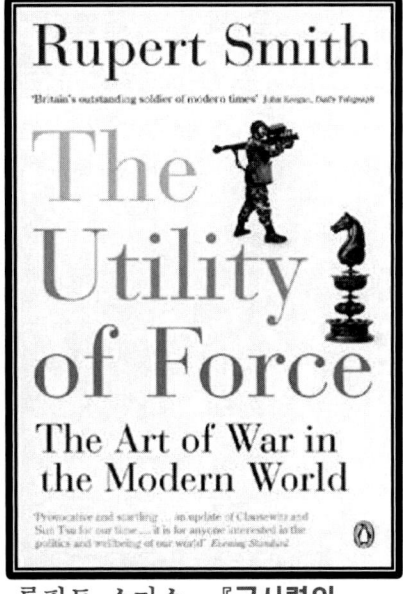

루퍼트 스미스, 『군사력의 유용성 : 현대 세계의 전쟁술』

이러한 산업화 전쟁에서 패러다임이 변화된 것은 핵무기의 등장 때문이다. 핵무기의 위력은 가공할 만한 것이고, 현대에 있어서 그 위력은 히로시마나 나가사키에 떨어진 원자폭탄의 수백 배로 증가하였다. 이로 인해 강대국 간의 핵전쟁은 상호간의 공멸을 의미하는 것이 되어서 강대국 사이에는 전면전이 발생할 가능성이 매우 희박해졌다. 따라서 제2차 세계대전 이후에는 산업화 전쟁이 사실상 일어나지 않게 되었음에도 불구하고, 냉전기를 통하여 계속해서 중심적인 패러다임으로 군림해왔다고 지적했다.[449)] 이로 인해 20세기 후반에 여러 차례의 중대한 패배를 초래했다고 주장했다.

---

446) 인민(人民, people)은 보통사람의 집단이라는 뜻으로 포괄적 개념이다. 국적을 가진 사람이라는 국민(nation), 특정사회를 구성하는 시민(citizen)과 의미가 다르다.
447) 일각에서는 이것을 '민간 전쟁'이라는 용어로 번역하기도 하는데, 민간은 군인이 아닌 일반 시민을 뜻하는 말로서, 전쟁의 주체가 비국가주체라는 것을 의미하기는 어렵다.
448) 최근의 비대칭적인 비정규전을 정의하는 용어는 저강도분쟁, 4세대전쟁, 분란전 등. 상당히 많다. '산업화 전쟁'과 '인민 간의 전쟁'으로 이분화하는 것은 다소 무리가 있다.
449) 그러나 스미스는 북한과 대치하고 있는 한반도나 대만해협을 사이에 두고 전통적인 위협을 근린에 두고 있는 대만 등 동북아에서는 국가 간 전쟁이 이미 일어나기 어렵게 되었다고 주장하는데, 이 주장을 전면적으로 수용하기는 어렵다.

제15장 21세기 전쟁의 이론과 실제

■◆ 새로운 전쟁의 형태 - '인민 간 전쟁'

스미스는 냉전 후에 현저히 나타난 '인민 간의 전쟁'은 지금까지의 전쟁의 패러다임과 몇 가지 점에서 많이 다른 특징을 갖고 있다고 말한다. '**인민 간 전쟁**'에서는 분쟁 당사자도 국가가 아니고 적어도 한 쪽의 주체는 비국가주체인 것이 대부분이고, 적도 아군도 구별하기조차 어렵게 되었다. 또한 산업화전쟁에서는 전장이 어디에 있는가가 명확했는데, 오늘날은 도시, 노상, 가옥 등이 전장이 되어 버렸다. 전쟁을 수행하는 정규군과 비정규군, 민간인의 경계조차도 모호해져서 대반란작전450)이 수행된다.

게다가 산업화 전장에서는 상대국에 대하여 자국의 의지를 강제한다는 명확한 정치 목적이 있고, 그의 달성을 위해서 적의 전력을 파괴하거나 영토의 점령이 불가결했다. 그러나 새로운 전쟁(인민 간 전쟁)에 있어서의 목적은 적의 파괴나 영토의 점령이 아니고, 오히려 평화를 위한 조건을 제시하고 조기에 철퇴하게 되는 경우가 많다. 그밖에도 '산업화전쟁'에서는 전쟁과 평화의 명확한 경계가 존재했지만, 국민 간의 전쟁은 장기화되는 경향이 있고 명확한 종료가 없는 등 전혀 다른 특징을 가지고 있다.

이러한 '전쟁의 패러다임 전환'에 대하여 기존의 군대가 적절히 대응하지 못하고 있다고 지적한다. 지금까지의 군대는 국가 간의 전면전쟁에 맞도록 구축되어왔기 때문에 '인민 간 전쟁'에 적절히 대응할 수 있는 조직이나 장비를 갖고 있지 못하다. 또한 선진국들은 냉전 종식과 함께 군대의 규모가 축소되었고, 이러한 전쟁에 개입하는 것에 의하여 희생자가 생기는 것을 기피하고 있다.451) 그 때문에 이러한 전쟁에 대한 개입은 다수의 국가가 조금씩 병력을 거출하는 형태로 행해지고 있어서 지휘명령이나 통합작전이라는 관점에서도 효율적인 군사작전을 수행하는데 지장을 초래하고 있다.

---

450) **대반란전(COIN작전, Counter Insurgency Operations) 전략** : 게릴라 또는 반란군 영역을 소탕하고 정부와 정책에 대한 대중의 지지를 얻음으로써 반란군을 제거하는 반군제거 전략. 민사작전, 전투작전, 정보작전의 3가지 요소를 포함하며, 통상 shape(형상화)-clear(소탕)-hold(유지)-build(건설)의 4단계를 거친다.
451) **희생자 없는 전쟁**(Post Heroic Warfare) : 비영웅적 현실주의를 위해 자국민과 상대국 시민의 희생자 발생을 회피하는 전쟁개념이다. 포스트 산업사회의 문화적 변화로 전쟁 사상자에 대한 관용을 감소시켰다. 군사전략가 에드워드 루트와크에 의해 대중화되었다.

75. 루퍼트 스미스, 『군사력의 유용성 : 현대 세계의 전쟁술』

◆ '국가 간 전쟁'과 '인민 간 전쟁'의 혼재

스미스는 이러한 새로운 형태의 전쟁 증가에 대응하기 위해서 '군사력의 역할을 재검토'하여 개선할 것을 호소한다. 종래 군사력의 궁극적인 역할은 적을 살상하고 대상을 파괴하는 데 있고, 군사적 효과는 그 두 가지 역할에 의해 판단되어 왔다. 그러나 '국민 간 전쟁'에 있어서 군대의 역할은 이 두 가지에 머물지 않게 되었다. 보스니아, 이라크, 체첸, 코소보 전쟁의 어느 케이스에 있어서도 군사력은 국지적인 성공을 거두었다고 해도 최종적인 정치적 해결도, 결정적인 승리도 거두지 못했다고 지적하고 있다.

또한 현대의 세계에서는 경제적 능력, 정보전, 심리전, 사이버전, 외교전 능력이 현시적인 군사력만큼이나 중요하다는 점을 강조하고 있다. 이미 '국가 간의 전쟁'과 함께, 이처럼 새로운 형태의 전쟁에 적합한 조직으로 군대를 변혁시켜가는 것이 불가결하다. 또한 '인민 간의 전쟁'에서 반란군이든 침투한 세력이든 모두 주민들의 마음을 사로잡아서 그들의 의도를 바꾸려고 한다. 이러한 분쟁에서 승리하려면 변화된 현실을 이해하고 우리의 방법과 제도를 현실에 맞게 바꿔야 한다는 것이다. 대반란전(counterinsurgency)452)에는 이라크나 아프가니스탄에서 사용된 '잉크스팟 전략'453)과 '플라이 페이퍼 전략'454) 등 전략의 변화가 있지만, 군의 변혁을 위해 근본적인 대응을 취할 것을 요구하고 있다. 그러한 의미에서 '현대 세계에 있어서 전쟁의 아트'라는 부제처럼 현대의 『전쟁론』이라고 불리울 수 있는 명저이다.

국내에서는 『전쟁의 패러다임 - 무력의 유용성에 대하여』으로 출판됐다.

---

452) 130년간의 프랑스 식민지 전쟁에 대한 경험을 바탕으로 데이비드 갈룰라(David Galula)는 미 육군의 교재로도 사용되는 그의 저서 『알제리의 평정(Pacification in Algeria)』을 통해 형상화(Shape)-소탕(Clear)-유지(Hold)-구축(Build)라는 4단계 대반란전 교리를 제시했다. 갈룰라는 대반란전의 목적은 반란세력으로부터 분리하여 일반 주민을 보호하고 바람직한 방향으로 정치적 생각을 바꾸도록 하는 것이라고 했다.

453) **잉크 스팟(Ink spot) 전략** : 비교적 작은 군사력으로 넓은 적대적 지역을 점령하는 전략으로, 점령 군사력은 해당 지역에 분산된 여러 개의 작은 안전구역을 설정함으로써 시작된다. 그런 다음에 각 안전구역에서 제어영역을 확장하고 서로 연결하여 '저항 포켓'만 남겨두는 전략이다. 명칭은 티슈에 잉크 스팟이 퍼지는 모양을 상징하여 붙여졌다.

454) **플라이 페이퍼 전략** : 아프가니스탄이나 이라크에서 수행되는 대반란전에서 사용되는 전략. 파리를 잡을 때 '끈끈이 종이'로 잡는 것처럼 섞여있는 적을 하나의 영역으로 분류해내는 것이 바람직하다는 생각에서 비롯되었다. 이 전략의 성공은 플라이 트랩에 얼마나 많은 적을 끌어들이는지와 얼마나 쉽게 해결하는지가 관건이다.

제16장

전쟁의 패러다임 변화와 미래전 양상

세계화가 진전되고 이른바 4차 산업혁명에 의한 정보통신기술이 발달하면서 예기치 못한 조합으로 독창적 능력을 발휘하여 적이 대처할 수 없게 하는 비대칭 전략의 유용성이 높아지고 있다. 핵을 포함한 대량살상무기, 테러, 사이버 공격과 같은 수단을 이용한 비대칭 위협과 4세대 전쟁과 같은 비정규전의 위협도 증대되고 있다.

미래전은 군사와 비군사 영역을 포괄하며 수단과 방법의 한계를 초월하는 복합적인 전쟁형태가 될 것이며, 로봇과 같은 기술이 지배하는 하이테크 전쟁이 될 것으로 예측되고 있다.

또한 글로벌화로 인해 전 지구적 차원의 대응이 필요한 문제가 국제환경을 변화시켜서 국가안보의 개념도 인간, 기후, 식량, 에너지, 환경 등으로 다양화되고 있다.

제16장 전쟁의 패러다임 변화와 미래전 양상

76	미래에 점점 더 중요성이 강조되는 정보전
	다니엘 바트(Daniel Ventre)
	「정보전(情報戰)」 (Information Warfare)

◆ 대량살상수단이 될 수 있는 미래의 정보전

다니엘 바트(Daniel Ventre)는 CNRS와 CESDIP의 연구원이며, Télécom ParisTech 및 ESSEC 비즈니스 스쿨 과정을 담당하고 있다. ISTE Publishing(런던)의 사이버 분야 디렉터로도 활동중이다. 사이버전과 정보전 (Cyberwar and Information Warfare, 2012), 사이버 분쟁(Cyber Conflict, 2013), 정보전(Information Warfare, 2016) 등 사이버전, 정보전, 사이버 보안, 사이버 방어를 주제로 한 수많은 기사와 저서들의 저자이다.

사이버 공간은 산업화된 사회의 발전의 기반요소이며, 경제발전의 네트워크를 제공한다. 현대사회의 사이버와 네트워크에 대한 의존도가 점점 높아지면서 그 취약성과 위협이 발생하고 있다. 사이버 공간은 새로운 권력 정책과 전략을 허용하고, 국가와 국가 이외의 행위자 모두에 새로운 무기, 새로운 공격방식과 방어작전을 제공함으로써 분쟁의 범위를 넓히고 있다.

이 책은 지난 20년간 이러한 사이버 분야의 발전을 다룬 '정보전쟁'의 개념을 다루고 있으며, 정보공간의 통제가 정말로 가능한가? 아니면 사이버 공간이 유토피아인가? 라는 다음의 질문에 답하고자 한다. 어떤 힘이 그런 지배력을 부여할 것인가, 어떤 이득이 있는가.

정책, 정부, 안보 전문가들에게 '정보전'의 다양한 개념과 더불어 군사, 외교, 정치, 경제적 맥락에서 어떻게 기능하는지를 기술하고 있다. 정보전의 포괄적인 개념과 법적, 윤리적 문제, 정보전의 미래를 언급한다. 최근의 사이버 공격을 분석하고, 사이버 공간 확보에 실패한 국가가 직면한 과제를 열거하며, 사이버 범죄, 사이버 전쟁, 사이버 테러 등을 구분하는 방안이 논의된다. 미래전에서 인공지능에 의한 로봇 및 자동화와 관련하여 사이버 공격이 이루어지면, 대량파괴무기로서 기능하게 될 것을 우려하고 있다.

76. 다니엘 바트, 『정보전』

▣ 정보전(情報戰, , IW)의 개념

정보전(IW, Information Warfare)은 정보우위를 달성하기 위해 수행되는 포괄적이고 전반적인 국가 총력전 차원의 개념. 군사 및 비군사 분야의 정보 및 정보체계의 영역을 포함하며, 정보우위를 달성하기 위해 자국의 정보 및 정보체계는 보호하고 상대국의 정보 및 정보체계를 교란·파괴하기 위해 실시하는 광범위한 제반 활동을 말한다.

상대보다 경쟁우위를 추구하기 위해 정보통신기술(ICT)455)을 전장에 이용하고 관리하는 '**기술적인 측면**'과, 국민인식영역에 작용하여 대상자가 자신의 이익에 반하지만 정보전을 수행하는 자의 이익에 부합하는 결정을 내리도록 대상자가 신뢰하는 정보를 조작하는 '**인지적인 측면**'이 있다. 그 결과 정보전이 언제 시작되고, 언제 끝나며, 얼마나 강력하거나 파괴적인지 명확하지 않다. 정보전은 전술적 정보의 수집, 자신의 정보가 유효하다는 보장, 적과 대중의 사기를 떨어뜨리거나 조작하기 위한 선전이나 잘못된 정보의 확산, 상대 세력의 정보의 질을 떨어뜨리고 정보 수집 기회를 부정하는 것을 포함할 수 있다. 반대 세력에게 볼 때 정보전은 심리전과 밀접한 관련이 있다.

군사적으로는 '**정보작전(IO)**'이라는 용어를 사용하고 있는데, 정보작전에서도 사이버전은 매우 중요하지만, 지휘통제(C4)에 있어서의 작전보안, 심리전과 같은 정보운용에 초점을 맞춘다. 미국은 군사적으로 기술을 선호하는 경향이 있어서 정보작전에서도 전자전, 사이버전, 컴퓨터 네트워크 작전이 강조되는 경향이 있다. 최근에는 대중의 소셜 네트워크 분석, 상대의 의사결정 분석, 공보작전을 구체화한 미디어전과 인지전 등 기술적인 측면에서 인지적인 측면으로 확대되는 경향이 있다.

다니엘 바트, 『**정보전**』

---

455) 정보통신기술(ICT, information and communication technology)

제16장 전쟁의 패러다임 변화와 미래전 양상

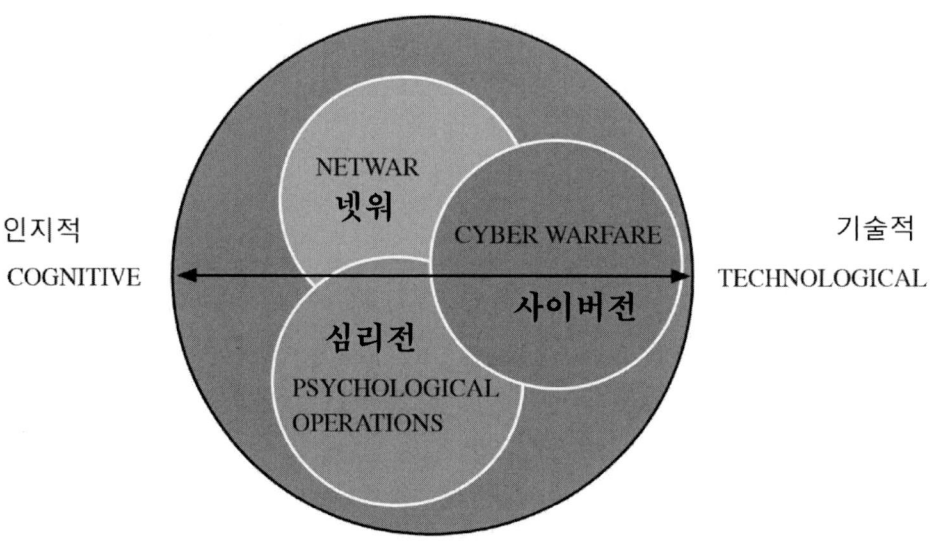

정보전은 위의 그림과 같이 인지적-기술적 연속체 위에서 일어나고 있다. 기술적 영역 내에서 정보전은 사이버전으로 나타나고, 인지영역 내에서 정보전은 넷워와 심리작전으로 나타나며 이는 기술적인 영향을 받는다.

군사적인 사이버 공간의 영역 안에는 C4ISR이 네트워크 중심으로 연결되어있다. 한 국가가 다른 국가에 대해 시작한 사이버 공간 공격은 공격당사자에 대한 정보우위 확보라는 기본목표를 가지고 있는데, 여기에는 피해당사자의 정보수집 및 배포능력, 지휘통신체계를 방해하는 것이 포함된다. 2007년 이스라엘의 시리아 원자로 공격은 사이버 공격의 위험성을 보여주는 사례이다. 이스라엘은 시리아의 방공망을 사이버 공격으로 마비시켜 놓은 상태에서 유유히 전투기 편대에 의한 공격을 감행했다. 이로 인해 시리아는 완전히 눈을 감고 국가시설을 공격 당하는 상황이 되었다. 2010년 9월 최초의 제어시스템 공격 사이버 무기인 스턱스넷(Stuxnet)이 이란의 나탄즈 우라늄 원심분리기를 파괴해 원전가동을 정지시켰다.

사이버전은 이와 같이 국가시설 사용방해 행위와 같은 네트워크 인터페이스의 군사적 사용을 중심으로 진행되는 반면, 넷워(netwar)는 범죄조직, 다국적 테러리스트, 사회운동단체 및 활동가 그룹을 포함하여 네티즌이나 네트워크 행위자에 의해 행해지는 저강도 분쟁의 한 형태로 나타난다.

넷워는 분산되고 유연한 네트워크 구조를 통해 이루어지는데, 정보동원, 해킹과 카운터 해킹과 같은 인터넷 및 네트워크 시스템에서 발생하는 충돌이다. 넷워의 본질은 응집력있는 기관이 아니라 네트워크 행위자가 지식, 이해 및 정보를 사용하여 목표를 달성하기 위해 분산된 그룹과 네트워크로 구성되는 새로운 형태의 갈등이다. 2018년 평창올림픽 당시 중국 우마오당에 의한 댓글 공격, SNS를 통한 가짜뉴스 유포 등이 여기에 속한다.

심리작전에서 본질적으로 힘과 관련된 갈등 영역은 사람들의 마음이며, 승패의 기준 또한 문화 의존도가 높다(Erikson, 1999). 국민인지영역에 작용하는 것으로서 수단으로는 미디어, 소셜미디어, 인터넷 등이 있고, 방법으로는 미디어전, 프로파간다전, 이데올로기전, 문화전, 여론전 등이 있다.

◆ 정보전의 포괄적인 개념(7가지 형태의 정보전)

미 국방대학 국가전략연구소 교수인 마틴 리비키(Martin Libicki)는 '정보전이란 무엇인가'라는 책에서 정보전을 정보의 보호, 조작, 저하, 거부와 관련된 아래의 일곱 가지 유형을 포괄하는 개념이라고 폭넓게 정의했다.[456]

① **사이버전**(Cyberwar) : 사이버 공간의 전쟁
② **심리전**(PSYOPS : PSYchological OPerationS) : 상대국의 국민이나 군인 등을 설득, 동요시키기 위한 공작
③ **지휘통제전**(C2W : Command&Control Warfare) : 상대국의 국가 지휘부, 지휘통제 시스템의 파괴 및 마비
④ **첩보전**(IBW : Intelligence-Based Warfare) : 정보원을 통한 정보 장악 (충분한 것을 추구하는 시스템의 설계, 보호, 거부로 구성)
⑤ **전자전**(EW : Electronic Warfare) : 전자·전파 관련 무기와 암호기술관련
⑥ **해커전**(HSA : Hackerwar Software-based Attacks) : 상대국의 컴퓨터 시스템과 프로그램에 대한 공격, 인프라 스트럭쳐에 대한 공격
⑦ **경제정보전**(IEW : Information Economic Warfare) : 적의 경제활동을 방해하거나 장악하기 위한 정보 공격

---

[456] **정보작전** : "사이버전, 심리전, 전자전 등 정보관련능력(IRC)을 통합하여 운영함으로써 아군의 의사결정체계를 보호하고 적의 의사결정체계에 영향을 미치는 작전"으로 마틴 리비키가 제시한 정보전의 포괄적 개념과 유사하며, 정보전의 군사적 수행이라는 개념에서 민사작전, 공보작전, 전략적 소통(SC), 유관기관협조 등이 포함된다.

제16장 전쟁의 패러다임 변화와 미래전 양상

■◆ 법적 및 윤리적 문제

전통적인 전쟁은 정의로운 전쟁관에 근거하였지만, 이와 비교하여 정보전은 도덕적, 법적 모호성을 둘러싼 세 가지 주요 이슈를 가지고 있다.

첫째, 사이버 공격을 개시하는 당사자나 국가가 감수할 위험은 전통적인 공격을 개시하는 당사자나 국가보다 상당히 낮아서 잠재적인 테러리스트나 범죄조직뿐만 아니라 정부들이 더 자주 이러한 공격을 하도록 만든다.

둘째, 정보통신기술(ICT)은 현대에 너무 몰입해 있어 매우 광범위한 기술이 사이버 공격의 위험에 처해 있다. 특히 민간 기술은 사이버 공격의 표적이 될 수 있으며, 민간 컴퓨터나 웹사이트를 통해서도 공격이 개시될 수 있다. 따라서 물리적 공간보다 민간 인프라에 대한 통제를 강화하기가 더 어렵다. 그렇게 하려고 하는 것은 또한 사생활에 대한 권리에 대한 많은 윤리적 우려를 불러일으켜 정보 공격에 대한 방어를 더욱 어렵게 만들고 있다.

셋째, ICT를 로봇이나 사이버 공격에 사용할 때 발생 상황에 대한 책임 평가를 훨씬 어렵게한다. 로봇무기와 자동화시스템의 경우, 누가 어떤 특정한 사건에 책임이 있는지 결정하는 것이 점점 더 어려워진다. 이러한 법적, 윤리적 책임 문제는 사이버 공격의 경우 더 악화되는데, 이는 애초에 누가 공격을 시작했는지 추적하는 것이 사실상 불가능할 때도 있기 때문이다.

■◆ 정보전의 미래

사이버 테러인 랜섬웨어(WannaCry 등)에서 '국가선거에 대한 국제적 디지털 간섭'까지 정보전 관련 이슈의 현주소를 고려하여, 전 세계 정부들은 정보전 능력을 적극적으로 구축해 나가고 있다. 정보전 관련 국가감시기구를 설립하였고, 연구소 등 비정부기구도 정보전 관련활동에 관여하고 있다.

정보전은 새롭게 부상하는 비상사태의 역학관계와 정보전의 의도하지 않은 결과들은 정보주도 역학의 통제에 큰 문제를 일으킨다. 정보전의 주요 무기로 부상한 넷워와 프로파간다에 의한 여론조작이나 **네러티브**[457], 근거 없는 **가짜뉴스**[458] 등이 통제가 어려워지며 대응이 더욱 중요해질 것이다.

---

457) **내러티브(Narrative)** : 일련의 사건이 갖는 서사성을 말하는데, 생각이 다른 사람의 동조를 이끌어내서 연대를 강화하는 수단이 된다. 정체감과 소속감을 표현할 수 있고, 대의와 목적, 임무를 전달한다. 반드시 분석적이지도 않고, 증거나 경험을 바탕으로 하지 않으며, 감정에 호소하거나 의심스러운 비유나 역사적으로 비슷하나 모호한 사례를 동원한다. 단순하고 일관성있고 쉽게 표현될 수 있는 내러티브는 무기화된다.

76. 다니엘 바트, 『정보전』

정부통제기관 이외의 다양한 정보전 행위자들이 출현해서 정부들은 사이버 공간뿐만 아니라 인포스피어(Infosphere)459)에서도 바이러스를 막기 위해 힘을 모으고 IT 기반시설의 방어에 노력하고 있다. 그 결과, 정보전의 일환으로 대규모 사이버 기동화와 집중화에 새롭게 초점을 맞추어서 네트워크화된 행동, 사이버-모빌라이제이션 등에 노력하고 있다.

인공지능(AI)의 부상은 특히 사이버 전쟁의 성격을 변화시킬 것이다. 적대자들은 인간 해커에게 의존하여 공격을 수행하는 대신, 앞으로 정보전을 자동화하고, 인공지능 시스템에 의존하여 상대편의 인공지능에 대항하는 탐사와 공격을 수행하고, 방어에 나설 것이다. 이 경쟁은 결국 인간의 통제나 모니터링을 능가할 가능성이 높다(Pazvakavambwa, 2018).

주권 국가와 비국가 행위자들 사이의 정보전에서 테러 조직을 포함한 비국가 행위자들은 정보전 도구에 지속적으로 노력을 투자하여 이들 조직의 일부 불규칙한 역량은 아마도 이와 관련한 국가의 역량을 능가할 것이다.

정보전을 포함한 이러한 대체로 **비대칭적인 전쟁 능력**은 개인에게 전쟁을 수행할 수 있는 권한까지 부여하고 있다. 비대칭전이라는 개념은 고대로 거슬러 올라가지만, 대부분의 현대적 분쟁은 그러한 투쟁의 성격을 재정의했다. 정보전의 발명이 말해주듯이, 전쟁은 폐쇄적이고 후원된 사건에서 인터넷과 소셜 네트워크에서 전투의 수단과 노하우를 쉽게 찾을 수 있는 사건으로 바뀌고 있다. 점점 더 강력해지는 기술 도구에 대한 이러한 개방적이고 세계적인 접근은 소그룹들이 국가들에 선전포고를 할 수 있도록 사실상 허용하고 있다. 무질서한 집단은 공통의 비전을 추구하기 위해 느슨하고 비계층적인 네트워크를 점점 더 많이 형성할 것으로 기대할 수 있다. 그 비전에 의해, 그들은 정보를 교환하고 상호 관심사에 협력한다

[원서 정보] Daniel Ventre, *Information Warfare*, Wiley – ISTE (2016).

---

458) **가짜뉴스(Fake News)** : 정보전에서 고의적으로 오도하고 내러티브를 만들기 위해 사용된다. 불행히도 사실확인은 주제에 대한 판단이나 의견을 선언하기 전에 생략되어진다. 주로 사회단체, 정치인, 칼럼리스트 등의 발언 등을 통해 생성되고 주변국에서 심리전이나 여론전 차원에서 만들어져 유포되기도 한다. 우크라이나전에서는 서방의 자발적인 연구기관에서 심리전관련 사실확인 코너를 운영하고 있다.

459) **인포스피어(Infosphere)** : 급속도로 성장하고 있는 군용 또는 상용 C4체계의 범세계적 네트워크. 여기에는 전투원이 시간과 장소에 관계없이 접속할 수 있는 정보 데이터베이스와 정보융합센터를 연동시켜주는 네트워크도 포함된다.

제16장 전쟁의 패러다임 변화와 미래전 양상

77 4세대 전쟁에 대한 분석과 권고
✎ 토마스 X. 햄즈(Thomas X. Hammes, 1953~)
📖 『21세기 전쟁: 비대칭의 4세대전쟁』
(The Sling and the Stone: On War in the 21st Century)

■◆ 비대칭 전쟁 전문가가 쓴 '4세대 전쟁'

미국 해병대의 토마스 햄즈 대령은 이 훌륭한 책에서 냉전 종식 이후에 서구의 군사적 이슈에서 지배해 온 '기술주도'적 문제에 상반되는 매우 귀중한 군사변혁 포인트를 제공한다. RMA로 대표되는 군사기술 집중에 반기를 들었다. 햄즈 대령은 4세대 전쟁 전사를 훈련시키기도 했고, 다른 지역에서는 물맷돌을 든 세력들과 싸우기도 했던 비대칭 전쟁의 전문가이다.

이 책은 '역사와 분석(History & Analysis)', 그리고 '권고(Proposals)'로 구분되어 있다. 전 세계 군대가 직면하고 있는 군사적 딜레마에 대한 내부자의 시각으로 21세기의 전쟁 변화에 대한 아이디어를 뒷받침하는 역사적인 사례를 분석하고(History & Analysis), 구체적으로는 향후 수십 년을 지배할 가능성이 있는 '4세대 전쟁'이라는 개념에 대한 철저한 이해를 제공한다. 그 결과로 서방 군사들의 기술 및 첨단무기, 정보 시스템에 대한 강한 집착에 대해 강력하게 경고하며, 해당지역 주민의 지지와 후원이 중요함을 강조한다. 동시에 토마스 햄즈는 모든 국방 및 보안 전문가들이 무시할 수 없는 전략적 수준의 권고안(Proposals)을 제시한다.

'제4세대 전쟁'이라는 개념은 최초로 등장한 것은 미국의 군사평론가 '윌리엄 린드'가 미국 해병대 관보(Marine Corps Gazette) 1989년 10월호에 발표한 <변화하는 전쟁의 모습: 4번째 세대로 (The Changing Face of War: Into the Fourth Generation)>에 표현하면서부터이다. 이후에 비국가 행위자들이 정치, 경제, 사회, 문화, 기술 등의 수단을 이용하여 정치적 목적을 달성하기 위해 수행하는 전쟁양상을 설명하는 용어로 정착되었다.[460]

---
460) 세대별 전쟁구분으로 적의 정치적 의지를 파괴한 4세대 전쟁과 구분하여, 지적능력과 인식의 파괴에 중점을 두는 5세대 전쟁을 구분하기도 하는데, 정립된 개념은 아니다.

77. 토마스 X. 햄즈, 『21세기 전쟁』

■ 윌리엄 린드의 '4세대 전쟁' 구분

'4세대 전쟁' 이전의 3개의 세대 전쟁은 근대 국가가 시작된 베스트팔렌 조약에서 냉전 종식에 이르기까지 역사의 흐름을 따라간다.461)

1세대 전쟁(1GW)의 모델은 대규모 시민군의 '나폴레옹 전쟁'과 1차대전이전의 전쟁으로, '**인력전(人力戰)**'으로 부르며, 대규모 병력과 초창기 대포가 제공하는 화력을 활용했다.

2세대 전쟁(2GW)은 '1차대전'을 모델로, 기관총 등에 의한 '**화력전(火力戰)**'으로 구분되나, 기동력 부족이 겹쳐 서부전선의 교착상태로 이어졌다. 이를 타파하기 위해 탱크와 항공기의 등장하여 기동전으로 진화한다.

3세대 전쟁(3GW)의 모델은 '제2차 세계대전'이며, 지배적인 기동전 교리가 된 전격전처럼 기동을 강조하는 '**기동전(機動戰, maneuver warfare)**'으로 대표된다.

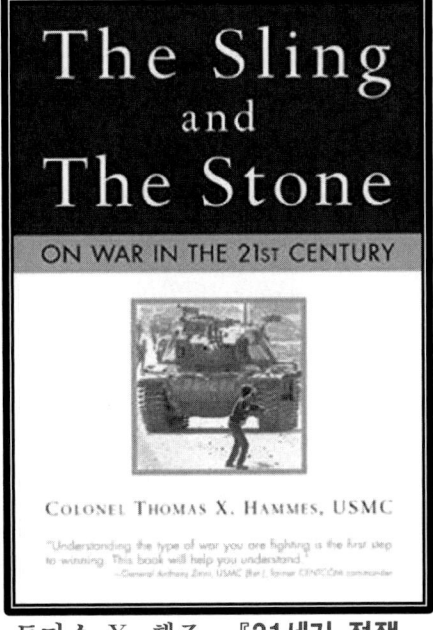

토마스 X. 햄즈, 『21세기 전쟁』

4세대 전쟁(4GW)은 제2차 세계대전 이후의 전쟁'으로 첨단 기술전쟁과는 대비된 개념으로, 게릴라전 사상에 기초하여 적의 정치적 의지에 타격을 주어 승리하는데 목표를 두는 '**분란전(紛亂戰, insurgency)**'을 말한다.

'4세대 전쟁'은 과거에 비해 분산의 정도가 커지고, 전선의 구분이 없어지고, 민간인과 군인의 구별이 애매해지고, 테러조직과 같은 비국가적 세력 등이 주체가 된다. 4세대 전쟁에서는 "누가 전쟁의 주체가 되고, 무엇을 위해 전쟁하는가를 파악하는 것이 중요하다"라고 하였다.462)

---

461) 린드가 '베스트팔렌 조약'을 기준으로 삼은 것은 유럽의 '30년 전쟁(1618~1648년)'을 종결시킨 이 조약이 주권국가와 군사체제를 제도적으로 정착시켰다는데 있다.
　　국가의 주권(sovereignty)이란 국가의 내부적인 일은 국가가 결정권을 갖는 것으로, 국가가 국내 치안과 국가안보의 주체로서 확고한 권위를 부여받는 것을 말한다.
462) 4세대 전쟁과 구분해 5세대 전쟁이론을 개념화하는 시도가 있으나 아직은 담론수준이다. 5세대 전쟁을 모든 국력을 동원하는 '총력전'을 말하기도 하고, '디지털 네트워크 전쟁'이라고도 하고, 혹자는 SNS에 의한 여론전, 인지전, 사이버전과 같이 현실세계와 가상세계가 혼재된 '복합전'을 '5세대 전쟁'이라고 부르기도 한다.

■◆ '4세대 전쟁' 관점에서 이라크 전쟁 평가

4세대 전쟁을 논할 때, 1991년 1월~2월 쿠웨이트 해방을 위해 아버지 부시 대통령이 수행했던 '걸프전'과 2003년 3월~4월 후세인 정권 붕괴를 위해 아들 부시 대통령 정부가 수행한 '이라크전'을 비교하여 설명한다.[463]

1991년의 걸프전은 최첨단 기술력과 기동력으로 승리한 '3세대 전쟁' 방식이었다. 완벽한 미국의 승리 이후 세계의 주요국가들은 하이테크 중심 전략을 도입하였고, 미국은 미래전쟁이 정보화시대의 하이테크 전쟁으로 예견하고, <합동비전 2020(Joint Vision2020)>에서 압도적 기동, 정밀 교전, 다차원적 방어, 초점화된 군수를 4대 목표로 군사력을 건설하였다.

2003년 3월 부시 정부는 '3세대 방식'의 걸프전 방식을 적용하였다. F-117 폭격기의 출격을 시작으로 과거 걸프전 당시의 전쟁수행방식대로 항공작전을 감행한 후 적의 배후기지와 중요시설에 대해 폭격을 퍼부은 다음, 대규모 지상군이 진격하는 군사전술을 적용했다. 4월 초 바그다드를 함락하고 목표했던 후세인 정권을 붕괴시켰으며, 숨어있던 후세인마저도 생포되고 처형하여 미국의 전쟁목적은 완전히 달성된 것처럼 여겨졌다.

하지만 이라크에서 3세대 전쟁이 끝나고 4세대 전쟁양상이 시작되었다. 비정규 반군세력들이 후세인 정부에 대한 충성이 아니라 그들이 속한 공동체의 종교나 세계관을 위해 싸운다는 사실이 기존의 전쟁과 다른 모습이었다. 반군이나 국제테러집단과 연계하여 분란전이 지속되고 있다. 3세대 전쟁의 특징인 기동력과 화력 중심의 군사작전은 이와 같은 새로운 양상의 전쟁을 예상하지 못했고 미래전이 정보기술 중심의 네크워크 중심전쟁이 되리라는 예상도 빗나갔다고 보는 것이다. 이러한 결과에 대해 햄즈와 같은 4세대 전쟁 주창자들은 기존의 미국 군사정책이 전쟁의 패러다임 변화[464]를 도외시했기 때문이라고 비판하고 있는 것이다.

---

[463] 일각에서는 1991년 걸프전을 '1차 걸프전', 2003년 이라크전을 '2차 걸프전'으로 부른다.
[464] 1999년 발칸반도 전쟁에서 NATO군은 전쟁의 패러다임 변화를 감지했다. 기존의 기동전 중심의 기갑부대와 병참지원 등의 **수용능력**(content capability) 뿐만아니라 지역 민간인의 문화적, 종교적 성격을 고려하여 그들과 '연계'를 모색하는 **맥락적 능력**(context capability)을 갖출 필요가 있음을 확인했다. 즉, 전투원과 민간인의 구분이 모호한 상황에서 전투임무의 무게중심은 **전투공간**(battle space)이 아니라 주민의 지지나 순응에 영향을 줄 수 있는 **개입공간**(engagement space)의 장악에 있었다.

77. 토마스 X. 햄즈, 『21세기 전쟁』

햄즈의 '4세대 전쟁' 분석

햄즈는 1부에서 4세대 전쟁에 대해 설명하고, 2부에서 제2차 세계대전 이후 '4세대 전쟁(4GW)'의 발전상을 논하는데, 4세대 전쟁을 **진화된 형태의 반란전**'이라고 기술하고 있다. 무력으로 공격하는 대신에, 네트워크(정치, 경제, 사회, 군사)를 통해 적의 의사결정권자의 마음을 직접 공격해 적의 정치적 의지를 무너뜨린다. 이것이 햄즈의 분석에서, 약한 소집단이 주요 군사 강국을 물리칠 수 있는 유일한 방법이다. 그는 이 시기 4세대 전쟁의 진화를 설명하기 위해 마오쩌둥의 '롱 마치(대장정)'(본서23항 참조)와 팔레스타인 '인티파다(민중봉기)'465)등 다양한 역사적 사례를 사용한다.

햄즈는 그의 분석에서 몇 가지 중요한 교훈을 얻었다. 첫째, 반군이 통상적으로 적응력이 뛰어나고 재래식 군사력의 '학습 곡선'을 훨씬 앞설 수 있다는 점이 입증됐다. 이것은 종종 첨단 기술군이 반란군들을 생각하고 단호하게 주도권을 유지할 수 없게 만든다. 둘째, 전략적 성공은 결코 순수하게 군사적인 것이 아니라는 것이다. 대신에, 승리는 인내심을 가지고 적용된 모든 범위의 사회적, 군사적, 정치적, 경제적 행동을 요구한다.

21세기의 도전에 대한 부응

3부에서는 4세대 전쟁에 대비하기 위해 서구의 산업세대 군대가 어떻게 변혁해야 하는지에 대해 폭넓게 논의한다. 햄즈의 메시지는 분명하다. 4세대전쟁은 현재와 예측 가능한 미래이다. 군사적 변혁이 일어나려면 3세대 전쟁 모델에서 벗어나야 한다. 미국의 '기술주도적' 군사변혁 비전에 매우 비판적인 햄즈는 전력구조, 훈련 및 교육, 독트린, 장비, 인사시스템, 그리고 가장 중요한 것은 군사문화에 대한 급진적 변화를 주장한다. 전통적인 '서방 전쟁방식'은 현대적이고 진보된 반군에 대한 적절한 대응은 아니다.

---

465) **인티파다(Intifada)** : 1987년부터 시작된 팔레스타인인의 이스라엘에 대한 무장봉기 저항운동. 1차 인티파다의 결과로 PLO와 평화협상이 시작되었고, 1994년 7월 오슬로 협정에 의해 5년간 잠정자치가 시작되어 1차 인티파다가 종료되었다. 2000년 평화협상의 난항과 이스라엘 보안군의 강경한 대처로 2차 인티파다가 발생하였으며, 하마스와 이슬람 지하드 등의 조직들이 전위부대를 자처하며 테러로 민족봉기를 자극했다.

기술이 재래식 군사력에 대항하는 전투에 가져오는 압도적 파워만으로는 불충분하다. 개방된 전투에서 정밀타격을 허용하는 첨단 센서들이 주민들 사이에 사는 반란군에게 무용지물이 되는 경우가 많은 것이 현실이다.

'4세대 전쟁 이론'에 대한 평가와 의미

수백 년의 전쟁 역사를 나름 훌륭하게 요약하였지만, 전쟁을 이런 식으로 분류한다는 발상은 지나친 일반화로 이어질 수 있고, 갈등의 복잡성에 대한 정의에도 도움이 되지 않는다. 예를 들어, 제1차 세계대전이 2세대 범주에 확실히 들어맞는다고 해도, 중동과 이탈리아 전역에서 일어난 전투들은 종종 3세대의 특징을 보여주었다. 또한, 4세대 전쟁을 논하는 학자마다 구분하는 기준과 형태가 다르다는 문제점이 있다. 무엇보다도 전쟁의 세대구분이 시계열로 분류했다고 생각하기 쉬운데, 4세대 전쟁이 현대전 전체를 설명하지 못한다는 치명적 결함이 있다.

따라서 4세대 전쟁은 "하이테크 무기체계와 전통적 군사작전으로 대응하기 어려운 비전통적 분란전을 수행함으로써 정치심리적 효과를 극대화하는 전쟁양상"으로 이해하면 될 것이다.466) 그리고 미국의 이론을 그대로 들여다 쓰는 경향에 대한 제어가 필요하다. 어쩌면 '4세대 전쟁이론'은 이 책의 제목처럼 '다윗의 물맷돌'을 들고 달려드는 소국가나 비국가단체에 대비하기 위한 '골리앗'이라는 미국에게 필요한 이론일지 모른다. 복잡하고 다양한 현대전의 성격이 하나의 이론으로 모든 것이 설명되어질 수는 없다.

따라서 한국의 군대는 첨단 과학기술에 의존하는 전통적인 통상전쟁에 대한 대비에 병행하며, 4세대 전쟁에서 말하는 다양한 위협과 비전통적인 분란전에 대한 대비에도 관심을 기울일 필요가 있다.

국내에는 토마스 햄즈 저, 하광희 외 2명 역 『21세기 전쟁 : 비대칭의 4세대 전쟁』, (한국국방연구원, 2010)으로 출판되어있다.

[원서 정보] Thomas X. Hammes, *The Sling and the Stone: On War in the 21st Century* (St. Paul, Minnesota: Zenith Press, 2004)

---

466) 햄즈는 진화된 반란전 형태의 전쟁이란 관점에서 "네트워크를 통해 적의 의사결정자들이 정치적 의지를 파괴함으로 전쟁목적을 달성하려는 장기적인 전쟁"으로 정의했다.

77. 토마스 X. 햄즈, 『21세기 전쟁』

〈 하이브리드전(hybrid warfares) 〉

'하이브리드(hybrid)'는 기계적으로 혼합된 것이 아니라, 유기적으로 통합되어 응집력이 있으며 조정되고 결합된 자연의 현상, 실체 또는 작용을 의미하는 용어이다. '하이브리드전(hybrid warfares)'은 이러한 특성을 가진 전쟁으로, 재래식 전쟁과 사이버 공격, 테러 및 비정규전 등이 복합적으로 결합된 전쟁방식을 말하며, 전면전, 비정규전, 테러, 범죄활동, 사이버전까지도 전쟁수단으로 포함하는 개념이다.

하이브리드전은 2007년 프랭크 호프만 중령이 2006년 이스라엘의 군사작전중 헤즈볼라의 행태에 대해 분석한 '하이브리드전의 부상'이라는 보고서에서 처음 사용하였다. 2007년 에스토니아에 대한 사이버 공격, 2008년 재래식 전쟁에 테러와 범죄행위 등을 활용한 조지아 침공 등 러시아의 행위를 설명하는 용어로 사용되기 시작했고, 미국이 2010년 QDR상에 최신안보 위협을 평가하는 과정에서 공식적으로 사용되었다.

2014년 7월 러시아의 돈바스 침투에 대한 은밀한 노력이 진행중일 때, 서방에서는 러시아 연방군 총참모장 게라시모프(Gerasimov)가 작성한 기사를 발견했다. 비군사적 수단이 군사적 수단보다 중심이 되어야함을 강조하며(4:1 비율) 현대전의 구성요소를 묘사하는 흥미로운 다이어그램이 포함되어 있었다. 서방 측에서는 "국가이익을 위해 선전포고없이 비물리적 조치와 비대칭적 군사조치를 시행한다"는 것을 '게라시모프 독트린'으로 풀이했는데, 추후에 독트린은 아니며 21세기 하이브리드전은 자신의 지위를 높이고 영향력을 행사하기 위해 수정주의적이고 보복주의적인 러시아나 중국이 선택한 가장 가능성이 높은 '전쟁 방법'으로 평가되었다.

군사적·비군사적 수단의 조합이라고 모두 '하이브리드전'으로 인정되는 것은 아니라는 점에 유의해야한다. 실제 목표를 부정하고 비군사적 성격을 왜곡하고 테러나 전쟁범죄 등을 활용한다는 점에서 서구의 '다영역 작전'이나 비군사적 도구를 활용하는 '정보작전' 등과는 구별된다.

하이브리드 위협은 복합적이고 광범위하기 때문에 단일한 접근법으로 대처가 불가능하므로, 국가가 보유한 군사적 수단에 외교와 경제, 국가정보력 등을 융합하여 대응하는 개념으로 발전하고 있다. 모든 국력요소의 창조적 결합을 통한 '국가 총체적인(whole-of-government)' 전략이 필요하다.

제16장 전쟁의 패러다임 변화와 미래전 양상

78	장차전은 한계와 제한을 초월한 비대칭전
	✎ 차오량(喬良)·왕샹수이(王湘穗)
	📖 「초한전(超限戰) : 제한을 초월한 전쟁」
	(Unrestricted Warfare) *1999년 초판, 국내 2021년 발간

◆ 9·11 미국 동시다발 테러를 예측한 전략서

21세기를 앞둔 1999년 중국국방대 교수인 차오량(喬良)과 왕샹수이(王湘穗), 2명의 대령이 PLA 문학예술 출판사를 통해 『초한전(超限戰, 제한을 초월한 전쟁)』이라는 전략서를 발간했다. 출판사와 공식적 출판물에 실린 이 책에 대한 중국 내의 찬사를 볼 때, 『**초한전**(Unrestricted Warfare)』467)이 중국군(PLA) 지도부의 전폭적인 지지를 얻었음을 시사했다.

중국 같은 나라들은 기술적으로 우세한 상대(미국 등)를 어떻게 다양한 수단을 통해 물리칠 수 있느냐가 최대 관심사이다. 이 책은 직접적인 군사적 대결에 초점을 맞추기보다는 초군사 부분과 비군사분야까지, 다양한 다른 방법을 검토한다. 그러한 수단으로 심리전과 여론전, 문화전, 법률전과 다양한 경제적 수단을 사용하여 상대방을 공격하여 자국의 의지를 강요하며, 직접적인 군사행동의 필요성을 회피하는 것이다.

미국 해군사관학교는 이 책을 사용할 수 있도록 저자에게 요청하여 출판하였는데, 파나마 출판사가 영어로 출간한 번역서는, '중국의 미국을 파괴하기 위한 마스터 플랜'이라는 부제와 표지에 불타는 세계무역센터의 사진(뒷면 사진 참고)을 실었는데, 선정적으로 오해하게 했다는 평을 받았다.

---

467) '초한전(Unrestricted Warfare)'을 국내에서 '무제한 전쟁'이라고 번역하는 사례가 많다. 초한전은 '한계와 제한을 초월하는 전쟁'이라는 의미로 중국과 같은 나라가 수행하는 비대칭전'을 말한다. '무제한 전쟁'은 공격대상에 제한을 두지 않는, 즉 민간인까지도 공격대상으로 하는 '무제한 전쟁'(Unlimited Warfare)을 지칭하므로 번역상 적절하지 않다. 또한 '무제한 전쟁'은 공격방법중 핵무기를 제한하는 '제한전쟁'의 반대라고 생각해서 '핵전'을 의미하는 것으로 오해될 수 있다. 같은 한자문화권인 주변국 중국, 일본, 대만과 함께 '초한전(超限戰)'으로 사용되어야 할 것이다.

78. 차오량·왕샹수이, 『초한전』

■ 이 책이 분석한 미국의 약점

이 책은 군사적인 문제에서 미국의 가장 큰 약점은 미국이 군사기술적인 측면에서만 군사혁신을 바라보는 것이라고 주장한다. 또한 미국에 있어서는 새로운 기술이 새로운 능력을 허용하기 때문에 군사 독트린이 진화한다고 주장한다. 이와 같이 미국에 있어서 군사전략은 법적, 경제적 요인을 포함하여 보다 넓은 시야를 고려하지 않고 있다고 말한다. 따라서 미국이 이러한 국제법적, 경제적 노선 등의 다양한 공격에 취약하다는 주장을 계속했다.

■ 초한전(超限戰)의 핵심 주장

차오량·왕샹수이, 『초한전』

'글로벌화와 기술의 종합'을 특징으로 하는 21세기의 전쟁은 '모든 경계와 한계를 넘어선 전쟁'으로 규정하고, "모든 것이 전쟁수단이 되고, 모든 영역이 전장이 될 수 있다. 모든 무기와 기술이 합쳐진 전쟁과 비전쟁, 군사와 비군사, 군인과 비군인이라는 경계가 사라진다"라고 했다.

초한전의 원리는 클라우제비츠가 역설한 "무력적 수단을 이용하여 자신의 의지를 적에게 강제적으로 받아들이게 하는 것"이라는 '전쟁의 원리'에, "무력과 비무력, 군사와 비군사, 살상과 비살상을 포함한 모든 수단을 이용하여 자신의 이익을 강제적으로 받아들이게 하는 것"으로 정치적 수단으로서 비무력, 비군사, 비살상의 수단을 포함시키는 개념이다.

초한전의 원칙은 '비대칭 작전'인데, 작전상대, 작전역량, 작전방식, 작전시공의 비대칭을 말하며, 이러한 전법들이 개별적으로 수행되는 것이 아니라, 효율적인 통제하에 복합적으로 사용되어야 한다고 주장한다. 가용요소를 결합하여 복합적으로 사용하는 '결합성'과 최적의 효과를 얻기위해 제한적 목표를 설정해 전체 프로세스의 통제하는 '최적성'을 특징으로 한다.

제16장 전쟁의 패러다임 변화와 미래전 양상

THE MODERN BATTLEFIELD IS EVERYWHERE
UNRESTRICTED WARFARE

NON-MILITARY	TRANS-MILITARY	MILITARY
Economic Warfare*	Espionage Warfare*	Biological Warfare
Financial Warfare*	Information Warfare*	Chemical Warfare
Transaction Warfare*	Intelligence Warfare*	Ecological Warfare
Trade Warfare*	Industrial Warfare*	Space Warfare & EMP
Resources Warfare*	Resources Warfare*	Electronic Warfare
Regulatory Warfare*	Pirating Warfare*	Guerrilla Warfare
Legal Warfare*	DarkNet Warfare*	Terrorist Warfare
Education Warfare*	Smuggling Warfare*	Conventional Warfare
Technological Warfare*	CYBER WARFARE**	Kinetic 'Smart' Warfare
Sanction Warfare	Drug Warfare*	Nuclear Warfare
Media Warfare	Infiltration Warfare*	
Propaganda Warfare	Deterrence Warfare*	"ANYTHING WARFARE" ABSENT OF ANY RULES
Culture Warfare	Psychological Warfare	
Ideological Warfare	Diplomatic Warfare	** Cyber Warfare functions as the key accelerator to all AHW methods
Religious Warfare	Subversion Warfare	
Poisoning Warfare	Environmental Warfare	* Related to Economic and Transaction Warfare

초한전에서 제시한 공격방법은 국가적 가용수단으로 영향력을 행사하는 **비군사**(Non), 군의 무력에 의하지 않으면서 군사적 효과를 획득하는 **초군사**(Trans), 군사활동에 의한 **군사**(MIL) 영역으로 나누어 제시하고 있다. 비군사 영역으로는 경제전, 금융전, 무역전, 자원전, 법률전, 제재전, 미디어전, 프로파간다전, 문화전, 이데올로기전 등이 있고, 초군사 영역으로는 스파이전, IO, 정보전, 사이버전, 심리전, 환경전, 테러전 등이 있고, 군사 영역으로는 통상전, 생화학전, 전자전, 우주전, 게릴라전, 핵전 등을 제시했는데, 이외에도 상대국의 의표를 찌르는 유효한 수단이 발견되면 그것을 적용할 수 있다고 했다.

■◆ 군사력 사용을 대체하는 공격방법

상대방을 공격하는 방법으로 직접적인 군사력 사용 이외의 여러 가지 대안적인 방법들이 제시하고 있다. 이 방법들은 군사적 수단보다 강력하고 유사한 파괴력을 가지고 있으며, 이미 과거와도 심각한 위협들을 만들어 내었던 많은 방면에서 판단할 수 있는 방법들을 제시한다.

예를 들어 법률전은 초국가적 또는 국제기구를 통한 법이나 정치적 행동은 불가능할 것 같은 정책변화에 영향을 미칠 수 있다. 현대 세계의 국제적 성격과 적극성 때문에, 국가가 국제기구나 자국법 등을 통해 다른 국가의 정책에 영향을 미치는 것이 훨씬 더 쉽다.

78. 차오량·왕샹수이, 『초한전』

　세계 경제의 상호 연결성 때문에, 금수조치, 관세장벽, 환율조정, 희토류, 최근 러시아의 천연가스 통제 등 자원전과 같은 경제 분야 조치는 군사력을 쓰지 않고도 다른 나라에 더욱 심각한 피해를 입힐 수 있다. 여기서 잘 알려진 대안 중 하나는 사이버 해킹이나 네트워크를 공격하는 구상이다. 데이터 교환뿐만 아니라 교통, 금융, 통신 등에서 네트워크가 점점 중요해지는 현 시대에. 네트워크를 무력화시키는 공격은 그것에 의존하는 체계 영역을 쉽게 방해할 수 있다. 네트워크 전쟁의 한 예는 전력을 공급하는 네트워크를 폐쇄하는 것이다. 이러한 공격으로 전력망에 심각한 고장으로 인한 대규모 정전사태로 산업, 국방, 의료, 기타 모든 영역이 마비될 수 있다.

　초한전 개념의 범위에서 국가에 대한 위협의 또 다른 예는 테러이다. 테러리즘은 특정요구에 대한 만족감을 얻기 위한 그룹에 의해 이용된다. 이런 요구들이 충족되지 않더라도 테러는 국가 복지에 막대한 불균형적 영향을 미칠 수 있다. 국가에 대한 테러 공격, 즉 광범위한 공격에 뒤이어 일어나는 경제 위기까지 보게 된다.

> **초한전(超限戰)의 주요 원칙**
> ① **비대칭성** : 가장 취약하고 보호가 덜되어 있지만, 전략적으로 중요한 대상을 공격, 침투지점과 공격방향 등은 상대의 저항이 덜 할 침투시기와 시기를 선정하여 공격468)
> ② **결합성** : 초한전의 결합은 경계와 한계를 초월한 결합으로, 비정부기구 및 비국가 행위자와 같은 초국가기구(환경 또는, 종교기구 등), 군사와 비군사 부문의 결합, 합법과 불법 수단의 결합, 전술적 수준 조치와 전략적 목표의 결합 등을 말함
> ③ **최적성** : 최적의 효과달성을 위해 제한된 목표(측정값보다 작음)를 설정하고, 무제한 수단을 채택(supra-means 조합), 다른 공간 및 도메인(supra-domain combination), 다양한 영역과 수단, 조정 및 통제 간의 최적의 조정이 필요

---

468) 리델 하트가 간접접근전략에서 주장한 '최소예상선', '최소저항선'과 맥락을 같이 한다.

제16장 전쟁의 패러다임 변화와 미래전 양상

■ 초한전(超限戰)의 비대칭 전략과 비살상 수단

비대칭 전략469)은 피아간의 강·약점의 차이를 분석해서 적의 강점을 회피하고 약점을 이용하며, 아측의 강점을 이용하여 아측에게 최대한 유리하도록 하고 적이 효과적으로 대응하지 못하게 하는 전략이다. 여기에서 차이점의 분석 대상은 군사영역은 물론이고 국민의지, 경제력, 사회체제와 제도 등도 포함되며, 군사영역에 있어서도 유형과 무형을 총망라한다.

따라서 열세한 측도 적의 허점과 틈새를 잘 이용하면 전세를 유리하게 이끌 수 있다는 인식이 기저를 이루고 있다. 비대칭적 접근은 상대의 C4I 체계를 무력화시키려는 정보전470), 사이버전, 대량살상무기를 이용한 위협, 전쟁의 장기화 및 지구전, 테러리즘을 연계한 분란전, 게릴라전, 기만전, 심리전 등을 복합적으로 활용하며, '회색지대 전략'471) 등을 사용한다.

우리나라에 대한 북한의 비대칭 전략은 역사가 길다. 1996년에 미국의 랜드연구소는 북한이 한미연합군의 약점을 찾기 위한 비대칭 전략으로 화학과 생물학 무기를 개발해놓고 있다고 분석했다. 2000년대에는 수도권을 위협하는 장사정포를 대규모로 보유하여 우리의 대응을 어렵게 했으며, 현재의 핵무기 개발과 미사일 능력 보유는 북한의 대표적인 비대칭 전략이다.

초한전에서는 이를 체계화하여 군사력 이외의 광범위한 대안을 제시하고 있다. 비군사 영역으로 경제, 법률, 미디어 등과 초군사 영역으로 외교, 정보, 심리, 사이버전 등의 비대칭 수단을 제시하고 있다. 실례로서 중국의 대표적인 비대칭 전략은 일본과의 영유권 갈등시 희토류 자원전을 펼쳤고, 우리나라의 사드 배치에 대해서는 대규모 경제보복을 시행했다. 이처럼 초한전에서 **비살상**472)의 의미는 비군사, 비무력, 비치명 수단을 의미한다.

---

469) **비대칭전략**은 비대칭전을 운용하는 전략에서 시작되었다. 학술적으로는 인식의 비대칭, 주체의 비대칭, 쟁점의 비대칭, 수단의 비대칭, 대응의 비대칭 등으로 나누는데, 주로 '수단의 비대칭'을 의미한다.
470) **정보전** : 정보자산 및 시스템, 4대 국가 핵심인프라(전력, 통신, 금융, 운송)를 지원하는 네트워크에 대규모의 공격을 가하는 전쟁.(Lewis, Brian. *information warfare*)
471) 점진주의(gradualism), 모호성(ambiguity), 기정사실화(fait accompli)이 특징이다.
472) **비살상** : 일반적으로 비살상무기(Non-Lethal Weapons)를 사용하여 인간의 치명적 손상, 자산 및 환경의 피해를 최소화하면서 적의 기능을 무력화하는 것이다. 비살상무기는 탄소섬유탄, 초저주파음탄, 고전압 대인무기와 폭동진압용 무기 등이 있다.

78. 차오량·왕샹수이, 『초한전』

◆ 초한전(超限戰)에 대한 방어

저자는 새로운 위협의 범위를 감안할 때, 군사행동을 유일한 공격행위로 간주하는 구태의연한 사고방식은 부적절하다고 지적한다. 대신에 저자들은 국익과 관련된 모든 면에서 복합세력 구성을 주장한다. 더욱이 이러한 유형의 복합세력을 감안할 때, 실제 운용에 활용할 수 있는 수단이 되기 위해서는 이러한 유형의 복합력을 갖는 것이 필요하다. 이는 군사와 비군사적 양대 분야의 모든 차원과 방법을 통합해서 전쟁을 수행하는 방식이며, 과거 전쟁에서 나온 전쟁방법과는 정반대라고 말했다.

저자들의 진술에 따르면, 새로운 전쟁방식에 대한 선택의 범위는 전통적인 전쟁을 실행하기위한 비용 상승과 결합되어 전통적인 군사행동에 대한 새로운 대안들의 지배력을 증가시키게 될 것이다. 이러한 경고에 주의를 기울이지 않는 국가는 초한전 방식의 공격에 대한 대응력의 부재로 심각한 상태를 맞이할 수 있다고 주의를 환기시키고 있다.

초한전의 가장 큰 특징은 전쟁이론인 동시에 실제 적용이 가능한 전술에 대한 제안이라는 점이다. 또한 상대를 넘어뜨리기 위해서는 규칙을 무시하거나 포기하고, 고의적으로 파괴하며 윤리적인 제동을 부정한 방법까지 허용하고 있다며, '서방의 전쟁방식'(본서 55항)과 비교되어 비판받고 있다.

따라서, 초한전은 21세기에 발생가능한 모든 전쟁양상을 논리적으로 설명했다는 평가가 있는 반면에, 수단과 방법을 가리지 않고 목적을 달성하려는 중국식 전쟁방식으로, 윤리와 법의 지배조차 무시하는 비윤리적인 전쟁관에서 발생한 중국과 북한만이 수행하는 전술이라는 비난을 받고 있다.

서방측에서 **'장차전에 대한 예언서'**인 동시에 **'더러운 전쟁의 청사진'**이라고 평가한 '초한전'을 바라보는 우리의 시각은 남달라야 한다. 민주국가는 정보가 공개되어 국민여론에 따라 움직이므로 경제전이나 제재전과 같은 외부적 압력이나 여론전, 심리전 등에 쉽게 영향을 받는 취약성을 안고 있다. 저자들이 제시한 초한전을 실제적인 중국의 위협으로 이해하고, 초한전에 대해 국가 총력적인 대응이 가능하도록 대비해야 할 것이다.

국내에는 이정곤 역, 『초한전』(교우미디어, 2021)으로 번역 소개되었고, 이지용 저 『중국의 초한전』(에포크미디어코리아, 2023)이 출판되어있다.

제16장 전쟁의 패러다임 변화와 미래전 양상

〈 중국의 삼전(三戰, The three warfares) 〉

중국은 2003년 중국인민해방군 정치공작조례를 개정하여 '삼전(三戰, three warfares)'으로 불리는 '여론전', '심리전', '법률전'을 공식적으로 정치공작에 추가했다. 이러한 3개의 전쟁방식은 중국 공산당이 인정한 중국군의 공식방침으로, 모두 앞에서 기술한 초한전의 '군사력 사용을 대체하는 공격방법' 안에 포함되어 있다.

중국군의 정치공작은 대내적으로는 '공산당의 군대'라는 기본원칙을 견지하기 위한 정치사상교육의 철저인 동시에, 대외적으로는 국가목표를 달성하기 위해 '군대의 전투력을 구성하는 중요한 요소'로서 군의 정치활동을 상대국에 작용하는 것을 의미한다.

1. 여론전(Public Opinion Warfare/Media Warfare)

보도기관을 포함한 다양한 미디어를 이용하여 타인의 인식과 자세에 장기적인 영향을 미치는 것을 의도한 지속적 활동이다. 여론전의 목적은 우호적인 분위기를 만들어 국내와 국외에서 대중의 지지를 얻고 적의 전투의욕을 꺾어 그 정세 평가를 변화시키는 것이다.

2. 심리전(Psychological Warfare)

외교적 압력, 소문, 허위정보(Fake News, 가짜뉴스) 유포 등으로 적국 안에서 적의 지도층에 대한 의구심과 반감을 만들고 적의 의사결정 능력에 영향과 교란을 의도하는 활동이다. 심리전의 목적은 적으로부터 신속하고 효과적인 의사결정 능력을 빼앗는 것이다.

3. 법률전(Legal Warfare)

적의 행동을 불법이라고 주장하며 자국의 행동을 합법적인 것이라고 정당화하는 것을 목표로 법적 주장을 하는 활동이다. 자국 입장을 법적으로 정당화함으로써 적과 중립적인 제3자 사이에 적의 행동에 대한 의심을 만들고 자국 입장의 지지를 확대하는 것을 목적으로 군사작전의 보조수단으로 이용된다.

79. 피터 W. 싱어, 『하이테크 전쟁』

79 | 21세기의 전쟁에서 로봇전쟁

✍ 피터 W. 싱어(Peter W. Singer, 1974~)

📖 『하이테크 전쟁: 로봇 혁명과 21세기 전투』
(Wired for War: The Robotics Revolution and Conflict in the 21st Century)

◆ 장차전에서 로봇의 역할과 미래상 분석

인류는 현대의 전쟁 모습은 분석하고, 장차 미래의 전쟁은 어떤 모습일 것인가에 대해 예측하고자 한다. 그러한 노력중의 하나가 피터 싱어가 무인 무기에 의한 로봇전이 될 것이라고 주장한 『하이테크 전쟁』이다. 저자는 미국 싱크탱크 중 하나인 브루킹스연구소의 선임연구원이며, 세계 100대 글로벌 사상가로 선정되기도 했던 국제정치 전문가이다. 하버드대학교에서 저명한 사무엘 헌팅턴 교수의 지도하에 박사학위를 받았었다. 이러한 미래 전문가가 오랜 조사와 인터뷰 등을 통하여 최첨단 로봇이 개발되어 시험되고, 전장에서 무기화되는 현대전의 양상을 생생하게 보여주고 있다.

'현대전의 새로운 변화'는 피터 싱어의 주요한 연구과제이다. 『전쟁대행주식회사』에서는 군사업무의 민영화로 인한 폐해를 보여주었다. 사설 용병산업의 부상, 전쟁범죄를 묻기 어려운 PMC(민간군사기업)[473]를 동원한 전투행위와 '소년병' 등 비인간적으로 변해가는 현대전 양상을 그렸다.

로봇의 역사, 로봇에 영감을 제공한 SF소설, 컴퓨터와 인공지능(AI)의 발전상, 로봇병사의 등장에 따른 군 체제의 변화, 책임소재와 귀결, 국제법과 윤리적 문제 등 로봇 혁명과 관련해 예상되는 이슈들을 모두 망라해서 미래지향적인 관점에서 서술하였다. 이 책은 과학적 식견과 역사적 안목을 겸비한 군사전략의 전문가가 현재 실전에서 사용 중이거나 개발 중인 놀라운 무인 무기들의 비밀을 상세하게 밝히고, 장차전에서의 로봇의 역할과 관련된 미래상에 분석했다는데 의미를 더한다.

---

[473] 우크라이나전쟁의 러시아PMC '바그너 그룹'은 수감자들도 동원하는 용병에 가깝다.

제16장 전쟁의 패러다임 변화와 미래전 양상

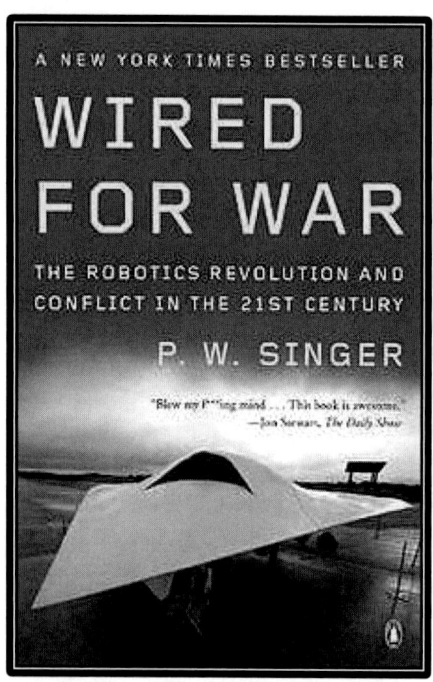

피터 W. 싱어, 『하이테크 전쟁』

■◆ 무인시스템의 폭발적인 증가

공상과학 소설이 전장에서 현실로 나타나게 된다면 어떻게 될까?

전장에서는 전쟁의 방식뿐 아니라 전쟁 자체를 둘러싼 정치, 경제, 법률, 윤리까지 변화시키기 시작하는 놀라운 혁명이 일어나고 있다. 이러한 격변은 이미 일어나고 있다. 원격 조종 드론이 이라크에서 테러리스트들을 제거했지만, 지난 5년 동안 이라크의 지상 무인 시스템의 수는 0개에서 12,000개로 늘어났다. 무인정찰기 및 폭격기의 대표주자인 '프레데터'474)만 하더라도 2005년 이라크전에 본격 투입된 첫해에만 2천 회 이상의 작전에 참가, 2만 개 이상의 표적을 정찰했고, 독자적 공습도 242회나 수행했다. 군 장교들은 새로운 무인시스템475)들이 더 많은 인간의 역할을 대체하게 될 것임을 조용히 인정하면서, 미 국방부는 엘리트 특수부대가 다루고 있는 정찰 작업을 수행하기 위해 초소형 로봇도 연구하고 있다.

로봇무기가 급성장하게 된 계기는 미국이 2001년 '9·11 동시다발테러'를 겪은 뒤 아프가니스탄과 이라크에서 '테러와의 전쟁'을 벌이기 시작하면서부터이다. 이는 자국 군인들의 희생을 최소화하면서 대테러전 및 국제분쟁에 효율적으로 개입하기 위한 미국의 전략적 선택에 따른 것이다.

로봇공학 기술을 바로 무기화하는 데에는 미 국방성 산하 국방고등연구기획청 등의 기관이 대학과 민간 연구소의 관련기술을 적극 후원하면서 앞장서고 있다. 로봇무기 관련 예산도 급증하여 지상로봇 예산은 매년 2배씩, 무인항공기 예산은 매년 23%씩 늘어나고 있다.

---

474) MQ-1 Predator은 1995년부터 실전에 사용된 미국의 MALE(중고도 장시간 체공) UAV시스템으로, 헬파이어를 4발 장착하는 MQ-1C와 MQ-9 리퍼 등의 파생형이 있다.
475) **무인시스템**은 UAV(무인기), UGV(무인차량), USV(무인수상함), UUV(무인잠수정) 등으로 분류한다. 사족보행하는 Q-UGV와 ADW(대 무인무기)도 발전하고 있다.

79. 피터 W. 싱어, 『하이테크 전쟁』

　미 의회는 2001년 미 상원군사위원장인 존 워너 의원 주도로 <국가방위허가법>을 제정해 2010년까지 모든 군용 항공기의 3분의 1, 2015년까지 지상차량의 3분의 1을 무인시스템으로 바꿀 것을 지시했다. 나아가 2017년 미 의회는 향후 신무기 개발 시에는 예외없이 유인무기보다 무인무기개발을 우선하며, 기존에 추진돼온 유인무기 개발계획에서도 무인로봇으로 전환할 수 없는 증거를 제시해야 예산지원이 가능하다고 명시했을 정도이다.

　저자는 이런 추세가 가속화되면서 로봇 무기가 기하급수적으로 늘어나는 '특이점'에 들어섰다는 징후를 다양한 자료 및 인터뷰 등으로 보여주고 있다. 이는 곧 인간 군인의 존재는 급속히 줄고, 수천 킬로미터 떨어진 곳에서 원격으로 조종하거나 혹은 자동으로 적을 살상하는 '로봇병사'의 대리전으로 21세기 전쟁이 새롭게 재편된다는 뜻이다. 저자는 이를 "전쟁에 대한 인간 독점권의 종언"이라고 표현한다.

◆ 로봇전을 수행하고 있는 현실

　21세기 전쟁의 판도를 근본부터 뒤흔드는 로봇전의 실상을 곳곳에서 보여준다. 기묘한 새로운 전쟁을 직접 수행하는 다양한 수행자들을 이 책에서 만날 수 있는데, 그것은 바로 교외에 위치한 '스컹크 워크'[476]에서 후반작업에 열중인 괴짜 로봇티스트, 라스베가스 외곽의 군부대 사무실 한 켠에서 실제 전투임무를 수행하는 무인기 조종사들. 그들의 목표는 이라크 저항군들이다. 관련된 저널리스트들은 전쟁에서 로봇의 역할들을 찾아서 그려내고 있다. 반면에 인권 운동가들은 점점 더 우리의 전쟁이 기계에 넘겨지는 세상에서 무엇이 옳고 그른지를 구분하기 위해 씨름하고 있다.

　만약 이러한 문제들이 공상과학소설처럼 들린다면, 새로운 기술들이 실제로 터미네이터와 스타트랙에서부터 아시모프와 로버트 하인라인(미국의 SF작가)에 이르기까지 위대한 공상과학에서 영감을 받았기 때문이다.

---

476) 스컹크 워크(Skunk work) : 비밀개발실을 말한다. 제2차 세계대전 당시에 독일이 제트엔진을 장착한 전투기를 개발했다는 첩보를 입수한 미군이 록히드마틴에 의뢰해 비밀리에 단기간 내에 대응하는 제트엔진 전투기를 개발하게 했는데, 비밀 유지를 위해 개발실을 악취가 심한 플라스틱 공장 인근작업실에 두었던 데서 유래한다.

제16장 전쟁의 패러다임 변화와 미래전 양상

◼◆ 로봇전의 영향 - AI와 무인체계

그 기원이 무엇이든 간에 우리의 새로운 기계들은 전장에 맞닿은 전선이 아니라 집에서 전쟁을 수행할 수 있도록 크게 바꿀 것이다. 비행기를 10,000마일 떨어진 사무실에서 조종할 수 있을 때, 전쟁의 경험과 전사의 모습이 극적으로 변한다. 싱어는 전쟁이 시작되기 쉬워지고, 살인에 대한 전통적인 도덕적, 심리적 장벽이 무너질 것이며, 군인들을 하나로 묶는 명예와 충성심이 퇴색할 것이라고 주장하는데, 이러한 것들을 역사적 선례와 최근의 국방성 연구로부터 이끌어낸다.

이라크와 아프가니스탄 상공에서 비행하는 무인 항공기 대다수는 미국 네바다주에 있는 무인항공기 조종사들이 조종했다. '칸막이 방'에서의 전투 수행과 관련하여 비정하고 전장에 있는 경우와는 달리 감정이 배제되고 있음을 우려하기도 한다.

역설적이지만, 이러한 새로운 무인기술은 오락용으로 다운로드 받은 전투 비디오도 포함하여 우리의 집 현관 계단에 전쟁을 더 가깝게 할 것으로 보인다. 그러나 싱어는 또한 우리의 적들이 우리의 첨단기술 연구소들과 그들 자신 영역에서 싸우는 것에 만족하지 않을 것이라는 것을 증명한다. 그는 예를 들어, 헤즈볼라가 어떻게 2006년 레바논 전쟁에서 무인기를 배치했는지, 그리고 어떻게 미국이 이 혁명에서 심지어 뒤처질 수 있는지, 미

79. 피터 W. 싱어, 『하이테크 전쟁』

국의 적들이 미국의 기술을 어떻게 얻어내는지 심지어 더 나은 기술을 어떻게 개발하는지를 기록하고 있다.

로봇 무기가 급속히 발전하면서 생기는 다양한 문제도 이 책은 냉정하게 따지고 있다. 인간의 개입 없이 로봇의 판단이나 자동으로 무기를 발사할 수 있는 '자율형' 로봇

우크라이나전쟁에서 공중탐지 및 무장투하 등에 활약하는 '바이락탈 TB-2' 무인기

무기가 대표적이다. 이 과정에서 로봇 무기에 자체적인 사격 판단을 내리는 것의 문제가 현실화되고 있다.

또한 로봇무기 대부분이 민간에서 개발되고 있고, 이중 상당수가 공개 무기시장에서 거래되고 있다는 사실도 놀랍다. 시민운동을 벌이는 일개 대학생이나 용병기업, 민병대는 물론이고 테러리스트, 불량국가까지 돈만 있으면 첨단 로봇무기나 드론을 구매 혹은 임대할 수 있는 상황이다.[477]

로봇무기를 이용한 '원격 전쟁'이 가능해지면서 자국 군인의 인명 희생이 적어지는 이점을 이용해 과거 어느 때보다 전쟁이 쉽게 벌어질 수 있는 가능성이 커진 것도 문제이다. 그리고 언제 어디서건 누구나 로봇으로 작은 분쟁이나 큰 전쟁을 벌일 수 있다 보니 자연히 적과의 대치전선이 점점 모호해지고, 기존의 '국방' 및 '안보'의 개념까지 크게 흔들리는 실정이다.

피터 싱어는 로봇개발과 관련된 군 장성에서부터 중동 지도자들, 은둔적인 공상과학소설 작가들까지 인터뷰하고 현지조사하여 자료를 도출하였다. 그러나 접근하기 쉽도록 대중문화와 일화들을 매끄럽게 엮어내고 있다. 미래의 기술이 우리를 미래로 나아가게 하는 곳을 마련하는데 있어서, 이 책은 무서울 만큼이나 매혹적이다. 국내에는 권영근 역, 『하이테크 전쟁 - 로봇 혁명과 21세기 전투』(지안출판사, 2011)로 출판되었다.

[원서 정보] Peter W. Singer, *Wired for War: The Robotics Revolution and Conflict in the 21st Century* (Penguin, 2009)

---

[477] 2019년 9월 14일 예멘반군들이 드론으로 사우디아라비아의 쿠아리스 유전지대를 폭격하는 테러를 자행하는 상황이 현실로 나타났고, 2022년 2월 이후부터 3년 넘게 진행된 우크라이나 전쟁을 통하여 드론전은 현대전의 대표적인 특징이 되었다.

제16장 전쟁의 패러다임 변화와 미래전 양상

80. 우주의 활용, 그리고 우주 경쟁과 협력

✍ 제임스 클레이 몰츠(James Clay Moltz)

📖 「붐비는 우주궤도: 우주에서의 갈등과 협력」
(Crowded Orbits: Conflict and Cooperation in Space)

◆ 우주개발의 역사와 우주경쟁, 그리고 협력

제임스 클레이 몰츠(James Clay Moltz)는 해군 대학원의 교수이며, 국가안보부와 우주시스템 학술그룹에서 공동직책을 맡고있는 우주분야 전문가이다. 몰츠는 이 책에서 우주활동의 모든 영역에서 우주개발의 역사와 현재, 접근가능한 미래를 간결하게 설명하면서 '우주에 대한 평화롭고 지속가능한 접근 및 개발'의 중요성을 강조하고 있다.

냉전 종식 이후 새로운 국가, 기업, 심지어 민간인까지 인공위성을 운용하면서 우주는 점점 더 복잡해지고 있다. 전세계 국가들로부터 인공위성, 탄도미사일, 우주비행체들이 쏟아져 나오고 있어서 우주궤도는 매우 혼잡해졌다.

이 책은 독자들에게 국제적인 관점에서 우주정책에 대한 귀중한 입문서 역할을 한다.

우주궤도에 발사된 인공위성은 5천여 개로 매우 혼잡하다.

우주 기술, 외교, 상업, 과학 및 군사 응용의 기초에 대한 이해를 제공하며 '우주 경쟁과 협력'이라는 주제를 검토한다. 최근 인간의 우주 활동 확장은 우주에 대한 기존 조약 및 기타 거버넌스 도구에 새로운 도전을 제기하여 지구에 매우 유익한 위치와 자원의 감소 풀에 대한 충돌 가능성을 높인다.

또한 저자는 우주 교통 관리, 궤도 파편 제어, 무선 주파수 스펙트럼 분할, 군사적 충돌의 예방에 대해 다룬다. 이어서 우주 상황 인식, 과학적 탐사 및 유해한 군사활동 억제에 대한 국제협력 강화를 위한 정책 권장사항으로 결론을 내린다. 이 책은 미 공군과 미 우주군의 필독도서로 선정되어있다.

80. 제임스 C. 몰츠, 『붐비는 우주궤도』

■ 이 책의 구성

제1장 '궤도진입(Getting into Orbit)'에서는 우주에 진입하기 위한 인간의 노력의 역사를 기술한다. 인간은 우주방정식을 연구하고 우주에 도달하는 로켓을 개발했지만, 역사는 또한 궤도 잔해의 위험을 포함하고 있으며 우주를 무기화하려는 노력이 실패했거나 잔해 문제를 악화시켜왔다고 했다.

제2장 '우주시대의 정치'에서는 "군은 '우주의 평화적 이용'의 경계를 넓히고 있으며, 그들의 활동이 방어적이며 평화의 대상이 아니라고 주장함으로써 유해한 활동에 앞서 협의해야 하는 우주 조약의 다소 모호한 요구사항을 회피하고 있다"라고 말한다.

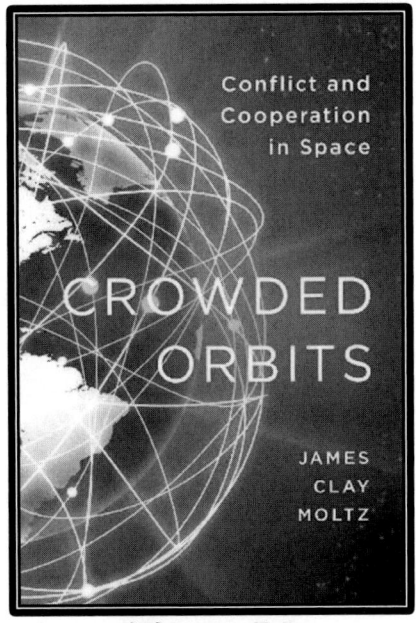

제임스 C. 몰츠,
『**붐비는 우주궤도**』

제3장 '민간 공간: 과학과 탐구'에서는 우주 탐사를 통해 우주공간을 더 잘 이해하는 것이 인류의 생존에 중요하다는 것을 강조한다. Star Trek(우주여행)의 가까운 유토피아에 따라 과학자들은 우주에서의 협력이 우주여행 국가와 다른 국가 사이에 가교를 형성하고 대중에게 혜택을 줌으로써 많은 이점을 제공할 수 있다고 믿는 경향이 있다.

제4장에서는 '**상업적 우주 개발**'을 다룬다. 여기에서 몰츠는 급성장하고 있으며, 성숙해져가는 상업적 우주 부문에서 발전된 과제에 대해 논의한다. 예를 들어, 정지궤도 슬롯과 우주 교통 통제와 관련된 주요 문제가 대두되고 있으며, 일론 머스크의 스페이스 엑스와 같은 회사들이 우주영역을 활용하고 우주 활용의 주역으로 나서는 것에 대해 논의한다.

제5장에서는 '**군사적 목적을 위한 우주 기술의 사용**'을 탐구한다. 한 가지 측면에서, 우주 기술은 표면에서의 일반적인 군사작전을 더 효율적으로 만든다. 반면에, 미국과 같은 나라들은 반위성 시스템을 포함한 우주무기로 무장함으로써 미래의 분쟁에 대비한다. 이는 단순히 '우주 대 우주' 무기뿐만 아니라, 탄도탄 방어 시스템을 포함한 우주 대 지구 무기에 국한된다.

제16장 전쟁의 패러다임 변화와 미래전 양상

제6장 '**우주 외교**'에서는 주로 냉전시대의 현실아래 구축된 현재의 우주 거버넌스 프레임워크가 현재의 우주 사용, 역량 및 경쟁 현실에 맞지 않고 닳고 부적절하다고 주장한다. 기존 구조가 흔들릴 때 미국이 군사적 우주 지배, 국제협력, 우주 무정부 정책 또는 대안을 추구할지 여부를 논한다.

제7장 '**트렌드 및 미래 옵션**'에서는 우주에서 국제관계의 미래로 대답하기 어려운 일련의 문제를 제기한다. 1970년대 초에 발전된 데탕트나 1990년대 초반에 구소련의 해체 이후에 등장한 긴밀한 협력 대신에 충돌이나 심지어 전쟁 가능성을 제시하고 있다.

저자는 미래학자인 아서 클라크(Arthur C. Clarke)의 인용문을 바탕으로 "오직 우주 비행을 통해서만 인류는 공격적이고 선구적인 관심을 위한 영구적인 배출구를 찾을 수 있다."라고 했다. 인공 재난이나 유입되는 우주 물체로 인한 멸종 위협이 우주 협력을 강요할 것이라고 제안한다. 세계가 이러한 위기에 직면하기 전에 협력을 촉진해야하며, 민간영역의 우주탐사와 상업적인 우주 개발이 성장하는 가운데, 우주의 군사적 이용은 인간의 생존을 보장하기 위한 노력의 일환으로 볼 수 있는지를 질문한다.

<우주 기반 무기체계의 개념>

80. 제임스 C. 몰츠, 『붐비는 우주패도』

■◆ 이 책에 대한 평가

저자는 모든 잠재적인 우주 시나리오가 군사 헤게모니의 출현, 다양한 플레이어 간의 단편적인 합의 또는 전담 국제 거버넌스를 초래할 것이라고 주장한다. 그는 모든 우주 분쟁과 협력이 통제에 대한 군대의 욕망, 부에 대한 경제적 욕망 또는 인류의 미래 우주 문제를 해결하려는 이타적이고 국제적인 통치 접근방식에서 비롯된다는 이론을 세웠다.

구성의 구체적인 장점으로는, 모든 섹션이 주제 영역별로 명확하고 잘 표시되어 있어 전체적으로 쉽게 참조할 수 있으며, 한 지점

F-15에서 발사한 ASM-135위성 공격미사일. 미국,러시아,중국은 위성공격능력을 갖추고 있다.

에서 다른 지점으로 진행하지 않고 특정 영역을 강조 표시하려는 경우 빠른 검토가 가능하다. 발사 용량, 최초의 우주 이벤트, 기존 부스터 차량 기능과 같은 물리적 특성을 비교하는 여러 차트와 그래프도 쉽게 참조할 수 있다. 명확한 섹션 표시, 유용한 차트 및 대중적인 접근방식은 모두 공간에 대한 대략적인 개요만 필요로 하는 독자에게 텍스트의 가치에 기여한다.

국가 군대나 정부 사이의 우주에서의 실제 충돌(반위성무기에 의한 위성 공격478)) 등의 가능성에 대해서도 언급하지만, 보다 혼잡한 우주 궤도에서 발생하는 문제에 더 많은 지면을 할애한다. 반복해서 본문은 협력이 갈등보다 낫다고 강조하지만, 협력이 공유 거버넌스 기술에 반대되는 단일 헤게모니에 의해 상당히 적절하게 해결될 수 있다고 생각하는 경향이 있다.

하지만 전반적으로 '붐비는 궤도'의 우주 영역이나 오늘날의 국제환경이 제시하는 고유한 문제에 익숙하지 않은 독자들에게 가치있는 출발점이 된다. 확실히 정지궤도 내의 혼잡한 궤도, 제한된 발사 용량, 통일된 글로벌 접근법 제공 실패와 같은 문제에 대한 논의에서도 매우 유용하다.

[원서 정보] James Clay Moltz, *Crowded Orbits: Conflict and Cooperation in Space,* Columbia University Press(2014) *국내 미발간

---

478) 중국은 2007년 1월, SC-19미사일을 발사해 수명을 다한 자국 기상위성을 파괴했다.

〈 우주 군사작전(Space Operations)〉

우주에서 군사작전의 목적은 우주영역을 활용하여 군사작전에 기여하고, 국가 우주자산의 생존성을 보장하는 것을 목표로 한다.

1. 우주 정보 지원(Space Information Support)

가용한 국가, 민간 및 동맹의 우주자산 등을 활용하여 우주영역을 통해 획득 또는 제공되는 정보, 통신, 항법능력 등을 군사작전이 효과적으로 수행될 수 있도록 지원하는 것으로, 위성정찰, GPS를 활용한 위성항법 및 무기체계 운용, 위성통신을 통한 우주통신능력 확보, 우주를 활용한 조기경보체계 구축 등이 있다.

2. 우주 영역 인식(Space Domain Awareness)

가용한 국가, 민간 및 동맹의 우주자산 등을 활용하여 우주영역에서 군사작전에 영향을 미칠 수 있는 모든 요인들 효과적으로 식별하고 특성을 파악하는 것으로, 우주물체 감시, 우주기상감시, 우주정보 통합 활용 등이 있다.

3. 우주 통제(Space Control)

우주영역인식 정보를 활용하여 우주위협 및 위험 상황에 대응하고, 군 및 국가 우주자산의 생존성과 우주영역의 활용을 보장하는 것으로, 자국의 우주자산을 보호하는 '방어적 우주통제'와 적성위성에 대한 공격능력을 갖추는 '공세적 우주통제'가 있다.

4. 우주 전력 투사(Space Power Projection)

가용한 군, 국가, 민간 및 국제 우주발사 능력을 활용하여 요구되는 우주전력을 우주공간에 배치 및 유지하는 것으로, 위성을 발사하거나 우주공간에 우주수송기나 우주스테이션과 같은 전력을 배치하는 것이다.

* 미국 우주군은 핵심역량으로 정보 이동성(Information Mobility), 우주영역인식(SDA), 우주경계(Space Security), 우주 기동 및 군수(Space Mobility and Logistics), 전투력 투사(Combat Power Projection)를 제시한다.

부 록

부록. 군사교육기관별 추천도서/필독도서 목록

〈한국 육군사관학교 필독 군사서적 10선〉

1. 『난중일기』 - 이순신　　　　　　　　　　　　　　〈본서 11항〉
2. 『손자병법』 - 손자　　　　　　　　　　　　　　　〈본서 06항〉
3. 『육사생도 2기』 - 박경석
4. 『전문직업군』 - 존 하키트
5. 『전술론』 - 마키아벨리　　　　　　　　　　　　　〈본서 14항〉
6. 『전쟁론』 - 클라우제비츠　　　　　　　　　　　　〈본서 20항〉
7. 『전쟁술』 - 앙리 조미니　　　　　　　　　　　　　〈본서 19항〉
8. 『전쟁이 만든 신세계』 - 맥스 부트
9. 『펠로폰네소스 전쟁사』 - 투키디데스　　　　　　　〈본서 03항〉
10. 『한민족 전쟁사』 - 온창일

〈미국 육군사관학교 필독도서 고전 10선〉

1. 『전쟁론』 - 클라우제비츠　　　　　　　　　　　　〈본서 20항〉
2. 『해양전략의 제원칙』 - 줄리앙 콜벳 -　　　　　　　〈본서 31항〉
3. 『정치사적 틀 안의 전쟁술의 역사』 - 한스 델뷔르크　〈본서 53항〉
4. 『제공권』 - 줄리오 두헤　　　　　　　　　　　　　〈본서 32항〉
5. 『전투 연구』 - 아르단트 뒤피크　　　　　　　　　　〈본서 25항〉
6. 『전쟁술』 - 앙리 조미니　　　　　　　　　　　　　〈본서 19항〉
7. 『전술론』 - 마키아벨리　　　　　　　　　　　　　〈본서 14항〉
8. 『해양력이 역사에 미치는 영향』 - 알프레드 마한　　〈본서 29항〉
9. 『손자병법』 - 손자　　　　　　　　　　　　　　　〈본서 06항〉
10. 『펠로폰네소스 전쟁사』 - 투키디데스　　　　　　　〈본서 03항〉

● 미 육사는 3대 전략서로 불리는 『전쟁론』, 『해양력이 역사에 미치는 영향』, 『제공권』과 동·서양의 양대 군사고전으로 꼽히는 『펠로폰네소스 전쟁사』와 『손자병법』을 중심으로 '필독도서 고전 10선'을 선정했다.
● 해사·공사는 국내외 신간도서를 다양하게 필독도서로 선정하고 있어서, 군사 고전과 명저를 고찰하는 본서의 취지와 상이하여 소개하지 않는다.

전략의 엣센스

부 록

〈미국 합참의 필독도서 TOP 15〉

1. 『7가지 치명적인 시나리오』 - 앤드류 크리피네비치
2. 『20세기 미국 전기 시리즈: 조지 마샬』 - 마크 스톨러
3. 『군인과 국가』 - 사무엘 헌팅턴　　　　　　　　　　＜본서 66항＞
4. 『한때 독수리였다.』 - 안톤 메이어
5. 『전쟁론』 - 클라우제비츠　　　　　　　　　　　　　＜본서 20항＞
6. 『몬순 : 인도양과 미국 권력의 미래』 - 로버트 카플란
7. 『해양전략의 제 원칙』 - 줄리앙 콜벳　　　　　　　　＜본서 31항＞
8. 『조지워싱턴과 미국의 군사전통』 - 돈 히긴보탐
9. 『제공권』 - 줄리오 두헤　　　　　　　　　　　　　　＜본서 32항＞
10. 『보이드 : 전쟁술을 바꾼 전투기 조종사』 -로버트 코람 ＜본서 34항＞
11. 『블랙스완』 - 나심 니콜라스
12. 『전쟁술』 - 앙리 조미니　　　　　　　　　　　　　　＜본서 19항＞
13. 『손자병법』 - 손자　　　　　　　　　　　　　　　　＜본서 06항＞
14. 『상상할 수 없는 시대』 - 조수아 쿠페
15. 『가르시아에게 보내는 편지』 - 엘버트 허버드

〈전략의 근원 - 역대 가장 위대한 군사고전 (토마스 필립스)〉

1. 『손자병법』 - 손자　　　　　　　　　　　　　　　　＜본서 6항＞
2. 『군사학 논고』 -베게티우스　　　　　　　　　　　　＜본서 5항＞
3. 『나의 환상』 - 모리스 삭스(전쟁술에 관한 고찰)
4. 『군사적 훈령』 - 프리드리히 대왕　　　　　　　　　＜본서 16항＞
5. 『나폴레옹의 전쟁금언』 - 나폴레옹의　　　　　　　　＜본서 17항＞
6. 『전투 연구』 - 아르단트 뒤피크　　　　　　　　　　＜본서 25항＞
7. 『전쟁론』 - 클라우제비츠　　　　　　　　　　　　　＜본서 20항＞
8. 『전쟁술』 - 조미니　　　　　　　　　　　　　　　　＜본서 19항＞
9. 『해양력이 역사에 미치는 영향』 - 알프레드 마한　　＜본서 29항＞
10. 『해양전략의 제원칙』 - 줄리앙 콜벳　　　　　　　　＜본서 31항＞
11. 『제공권』 - 줄리오 두헤　　　　　　　　　　　　　　＜본서 32항＞
12. 『윙드 디펜스』 - 빌리 미첼　　　　　　　　　　　　＜본서 33항＞

《합동군사대학교 추천도서(안보, 군사, 전쟁사분야)》

1. 전쟁론 - 클라우제비츠   <본서 20항>
2. 전략론 - 리델 하트   <본서 28항>
3. 롬멜보병전술 - 엘빈 롬멜
4. 21세기 4세대 전쟁 - 토마스 햄즈   <본서 77항>
5. 미국의 월남전 전략 - 해리 섬머스   <본서 50항>
6. 기동전 - 리처드 심프킨
7. 국제 분쟁의 이해 - 조지프 나이   <본서 58항>
8. 전쟁의 기술 - 로버트 그린
9. 21세기 해양력 - 제프리 틸
10. 세상의 모든 전략은 전쟁에서 탄생했다 - 임용한
11. 무엇이 현대전을 움직이는가 - 제임스 더너건   <본서 73항>
12. 롬멜 전사록 - 리델 하트
13. 미국의 걸프전 전략 - 해리 섬머스
14. 전략은 어떻게 만들어지나? - 데니스 M. 드류   <본서 61항>
15. 강대국의 흥망 - 폴 케네디
16. 전쟁과 인간 - 도널드 케이건   <본서 43항>
17. 현대전략사상가 - 피터 파레트   <본서 54항>
18. 21세기 전략기획 - 데니스 드류 외   <본서 61항>
19. 전쟁과 반전쟁 - 앨빈 & 하이디 토플러   <본서 71항>
20. 강대국 국제정치의 비극 - 존 J. 미어셰이머
21. 군사사상사 - 온창일
22. 전략과 전술 - 권터 블루멘트리트
23. 결정의 엣센스 - 그레이엄 앨리슨
24. 낙엽이 지기 전에 - 김정섭
25. 인간, 국가, 전쟁 - 케네스 왈츠   <본서 57항>
26. 예정된 전쟁 - 그레이엄 엘리슨
27. 전투의 심리학 - 데이브 그로스먼
28. 미중 패권경쟁과 한국의 전략 - 이춘근
29. 백년의 마라톤 - 마이클 필스버리
30. 제2차 핵시대 - 폴 브래큰   <본서 72항>

부 록

《국방대학교 추천도서(국방, 군사 분야)》

1. 제2차 세계대전사 - 죤 키건　　　　　　　　　　　　　　　<본서 48항>
2. 21세기 군사혁신과 미래전 - 권태영, 노훈
3. 21세기 전략 기획 - 데니스 M. 드루 외　　　　　　　　　　<본서 61항>
4. 21세기 제4세대 전쟁 - 토마스 햄즈　　　　　　　　　　　　<본서 77항>
5. 국제분쟁의 이해 : 이론과 역사 - 조지프 나이　　　　　　　<본서 58항>
6. 군사사의 관점에서 본 펠로폰네소스 전쟁 - 손경호
7. 군인과 국가 - 사무엘 헌팅턴　　　　　　　　　　　　　　　<본서 66항>
8. 군주론 - 마키아벨리　　　　　　　　　　　　　　　　　　　<본서 13항>
9. 난중일기 - 이순신　　　　　　　　　　　　　　　　　　　　<본서 11항>
10. 네트워크 중심 전장기술 - 리차드 S. 디킨
11. 미래전, 국방개혁 그리고 획득전략 - 김종하
12. 북한 핵과 DIME 구상 - 전경만 외
13. 우리 국방의 논리 - 한용섭
14. 이라크 전쟁 : 부시의 침공에서 오바마의 철군까지 - 이근욱
15. 인간, 국가, 전쟁 - 케네스 월츠　　　　　　　　　　　　　<본서 57항>
16. 전략의 본질 - 노나카 이쿠지로
17. 전략의 역사 - 로렌스 프리드먼　　　　　　　　　　　　　<본서 60항>
18. 전략의 탄생 - 애비너시 덕시트 외
19. 전쟁과 반전쟁 - 앨빈 & 하이디 토플러　　　　　　　　　　<본서 71항>
20. 전쟁론 - 클라우제비츠　　　　　　　　　　　　　　　　　<본서 20항>
21. 전쟁신과 군사전략 - 강성학
22. 제2차 핵시대 - 폴 브래큰　　　　　　　　　　　　　　　　<본서 72항>
23. 제국 일본의 전쟁 1868-1945 - 박영준
24. 중일전쟁 : 역사가 망각한 그들 1937-1945 -래너 미터
25. 징비록 - 류성룡　　　　　　　　　　　　　　　　　　　　<본서 10항>
26. 한국군, 어떻게 싸울 것인가 - 김정익
27. 한국의 군사사상 : 전통의 단절과 근대성의 왜곡 - 박창희
28. 한국의 군사혁신 - 정연봉
29. 현대의 전쟁과 전략 - 박영준 외
30. 현대전의 이해 - 데이비드 조던 외　　　　　　　　　　　　<본서 70항>

군사고전과 전략명저 다이제스트

전략의 엣센스

초판 인쇄   2025년 5월 21일

지은이   김학준

디자인   로얄컴퍼니

펴낸곳   도서출판 로얄 컴퍼니
주 소   서울시 중구 서소문로 9길 28 로얄컴퍼니
전 화   070-7704-1007
팩 스   02-3274-1007
이메일   royalcom@royalcom.co.kr

ISBN 979-11-989699-2-7